谨以此书为中国共产党建党 100 周年献礼

China's Participation in
Ocean Governance：
Perception and Practice

中国参与
全球海洋治理的
理念与实践

主　编｜张宏声
副主编｜丁一凡　杨　剑　王　斌

海洋出版社

2021·北京

图书在版编目(CIP)数据

中国参与全球海洋治理的理念与实践/张宏声主编. —北京：
海洋出版社,2021.6

ISBN 978-7-5210-0766-4

Ⅰ.①中… Ⅱ.①张… Ⅲ.①海洋学-研究-中国
Ⅳ.①P7

中国版本图书馆 CIP 数据核字(2021)第 113410 号

责任编辑:任　玲　向思源
责任印制:安　淼

海洋出版社　出版发行

http://www.oceanpress.com.cn

北京市海淀区大慧寺路 8 号　邮编:100081

中煤(北京)印务有限公司印刷　新华书店北京发行所经销

2021 年 6 月第 1 版　2021 年 6 月北京第 1 次印刷

开本:710mm×1000mm　1/16　印张:35.5

字数:520 千字　定价:198.00 元

发行部:62100090　邮购部:62100072　总编室:62100034

海洋版图书印、装错误可随时退换

序

　　中国具有陆海兼备的独特地理位置优势，孕育了陆海兼备的独具特色的海洋文明。以"天人合一"的宇宙观认知海洋，彰显了中国从古至今海洋文化中的人海和谐景象，也深刻影响着现代海洋治理的思路和方式。当前，全球海洋形势严峻，过度捕捞、环境污染、气候变化、海平面上升、海洋垃圾等问题时有发生，制约着人类社会和海洋的可持续发展。进一步完善全球海洋治理成为国际社会共同面临的重要课题。海洋是全球系统的重要组成部分，各个国家、各个地区之间的联系经由海洋变得更加紧密。中国如何在全球化的趋势下深度参与全球海洋治理，以陆海统筹、人海和谐的传统实现现代海洋的有效治理，通过具有约束力的国际规制和广泛的协商合作与其他国家和地区共同解决全球海洋问题，进而实现全球范围内的海洋可持续发展，是我们必须面对和深入研究的重要课题。在全球化时代，全球海洋治理已经成为国际社会共同的责任和一致行动的共识，但是，全球海洋治理的国际规范及制度框架尚未真正建立。

　　在这样的大背景下，2019年习近平主席在集体会见应邀出席中国人民解放军海军成立70周年多国海军活动的外方代表团团长讲话中首次提出海洋命运共同体的重要理念，为各方共同努力实现海洋可持续发展指明了前行方向。海洋命运共同体的理念体现了深邃的历史眼光、深广的天下情怀，为完善全球海洋治理贡献了中国智慧、中国方案。构建海洋命运共同体，彰显中国高举多边主义旗帜，推动各方共护海洋和平、共筑海洋秩序、共促海洋繁荣的负责任大国担当。

　　构建海洋命运共同体是中国参与全球海洋治理的集中表达。构建海洋命运共同体追求人与自然和谐统一、国家间共存共生，凝聚了国际社会共同的价值公约数，是对人类共同追求的海洋治理观的具体表达。在规则建立方面，倡导维护以国际法为基础的国际海洋秩序，各国平等参与国际海洋规则制定，以法治精神适用和善意解释《联合国海洋法公约》制度规则，尊重当事国自主选择和平解决国际争端方式方法的权利，反对使用武力或以武力相威胁，应基于和平、善意、相互尊重、互利共赢，来定位和处理与其他国家的海洋关系。在海洋生态环境治理方面，尊重海洋发展的客观规律，倡导人海和谐共生，推动形成公平合理的海洋资源开发与成果分享秩序，落实联合国可持续发展目标14，推进海洋的保护与可持续利用。在高质量发展蓝色经济方面，以共建"21世纪海上丝绸之路"加强与沿线国的交流与合作，建立积极务实的蓝色伙伴关系，本着共商共建共享精神，与各方深化海上互联互通和务实合作，与各国分享海洋经济发展成果，致力推动构建更加公平、合理和均衡的全球海洋治理体系，引领全球海洋治理进入新时代。

近年来，中国太平洋学会作为中国海洋领域的国家级学会，坚持以国家海洋发展战略为指导，以维护国家发展利益和海洋权益为使命，充分发挥自身优势，依托学会在海洋各领域的知名专家学者和主办的《太平洋学报》，在海权、海洋争端、蓝色经济发展、海洋环境保护、"一带一路"建设、陆海统筹战略、"蓝色伙伴关系"、人类命运共同体理念和海洋强国建设等诸多领域和方面发表了大量高水平的学术文章，积极推动了对前沿问题、热点问题、重大问题上的深入研究和跟踪反映，受到了政府机关、国内外许多学术机构和广大研究者的高度关注。在建党100周年之际，我们遴选一批高质量学术成果，策划出版了《中国参与全球海洋治理的理念与实践》一书，通过集中展示我国参与全球海洋治理的理念与实践，为全球海洋善治、构建海洋命运共同体贡献中国智慧与中国力量做出努力。

党的十八大开启了建设海洋强国的新征程。在构建海洋命运共同体的背景下，深度参与全球海洋治理成为中国加快建设海洋强国，实现中华民族伟大复兴"中国梦"的重要实现路径。未来，中国太平洋学会将继续深入学习贯彻习近平新时代中国特色社会主义思想，持续聚焦海洋经济发展、海洋生态文明建设、国家海洋权益维护以及全球海洋治理，充分发挥跨区域、跨行业和跨学科组织的优势，不断加大研究的深度和广度，助力海洋强国建设，助推海洋经济高质量发展，为推动海洋事业发展实现新跨越贡献力量。

张宏声

中国太平洋学会会长

2021年6月

前　言

海洋是人类社会赖以生存和可持续发展的共同空间和宝贵财富，保护海洋生态环境、实现蓝色经济高质量发展、推动海洋可持续发展、稳定海洋安全关系等，是全人类共同的职责和使命。在构建海洋命运共同体的进程中，随着"21世纪海上丝绸之路"倡议和海洋强国建设的稳步推进，中国在深度参与全球海洋治理方面已形成一定的知识积累，并开展了多方面的实践。在建党100周年之际，中国太平洋学会和海洋出版社联合策划出版《中国参与全球海洋治理的理念与实践》一书，展示现阶段中国学者在全球海洋治理研究方面取得的高质量成果，并为今后的研究提供理论和实践的路径探索。

本书选取了近年来发表在《太平洋学报》的相关优秀文章，系统展示我国学者在国际战略格局深度调整，国际秩序不断变革中，紧跟时代步伐，把握发展大势，在现代海洋治理方面的一些重要思考。主要包括海洋命运共同体构建、海洋生态环境治理和蓝色经济高质量发展三个主题，每个主题由10篇左右文章构成。这些文章主要围绕党的十八大以来我国相继提出的"海洋生态文明""蓝色伙伴关系""海洋命运共同体"等有关海洋治理的新理念、新思想，深入分析探讨我国在参与"一带一路"建设、极地治理、海洋环境治理、海洋能源合作、BBNJ国际协定谈判等方面已取得的进展、面临的形势和未来发展建议，以期为海洋社会科学领域研究者提供文献支撑，为海洋管理者提供决策参考，并希望引起社会大众对海洋命运共同体理念的普遍关注，使相关理论不断丰富和创新，实践不断扩展和深入。文章半数以上为国家社科基金重点项目等国家级或省部级项目的阶段性成果，且均经过严格的同行评议，政治方向正确，能够代表本领域较高的专业性和前沿性。为了反映最新政策变化和研究进展，本书出版前，所有论文均由作者结合新形势、新问题、新思想重新修订。同时，我们还邀请了丁一凡、杨剑和王斌三位专家作专家综述，就各自领域的前沿研究进展、需关注的主要问题以及各篇文章的内在逻辑向读者进行阐释说明，起到提纲挈领、总览全局的作用。

本书的出版是中国参与全球海洋治理研究方面的阶段性总结，也是未来研究的开始，中国要真正实现深度参与全球海洋治理，完善新时代国际海洋秩序，构建海洋命运共同体，任重道远。中国太平洋学会将持续关注这一方向，海洋出版社也将为专家学者提供优质海洋学术出版平台，为读者奉献更多理论前沿、内容丰富，兼具思想性和实践性的高质量精品力作，为全球海洋治理做出贡献。

谨以此书向中国共产党建党 100 周年献礼！

本书每一篇文章无不凝聚了编委、作者、审稿人和责任编辑的智慧、心血和汗水，在此向他们表示敬意。编撰工作难免有疏漏和不当之处，敬请广大读者提出宝贵意见。

丁磊

中国太平洋学会常务副会长

海洋出版社有限公司党委书记、董事长、总经理

2021 年 6 月

目 录

海洋命运共同体构建篇

海洋生态环境治理篇

蓝色经济高质量发展篇

海洋命运共同体构建篇

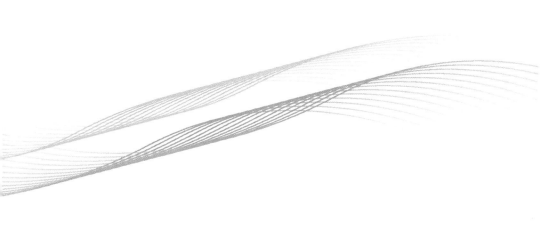

构建海洋命运共同体的探索与实践

杨 剑 | 研究员，上海国际问题研究院副院长，上海国际组织与全球治理研究院院长，中国太平洋学会副会长

　　海洋是生命的摇篮，海洋孕育了我们的地球文明。古往今来，蔚蓝深邃的大海一直在激励着人类对未知世界展开探索。因此海洋也是人类探险精神和创新精神的来源。人类源自海洋，依赖海洋，我们的未来也在海洋。

　　随着技术和经济的发展，人类的活动在海洋中不断延展。各国人民之间的联系经由海洋变得更加紧密。今天海洋深处已经逐渐成为新资源的产生之地。与此同时，海洋的治理结构和利益分配问题也日益凸显。国家之间围绕领海和海洋权益的争执，大国之间围绕海洋秩序的实力竞争和规则之争仍然难以弭平。海洋治理一方面要解决主权、安全以及资源归属与分配的问题，另一方面要解决地球生态承载能力所面临的"增长极限"的问题。海洋集中体现了人类的新挑战、共同利益和共同关注，因此海洋成为全球治理新的问题。从生存角度讲，极地冰川的融化会加速全球气候变暖和海平面的上升，同时还会造成不可修复的极端气候和生物环境灾难。从发展的角度看，海洋是人类可持续发展的新空间。深海和极地所蕴含的资源是有待开发的宝库，有助于帮助人类克服资源短缺和环境恶化的制约。海洋曾经见证了人类在地球上的进步，包括技术的发明。造船技术、捕鱼技术和石化技术虽然改善了人类的生活，但也给陆地和海洋带来了污染，给海洋生物带来了威胁。当今时代，海洋治理的复杂性以及系统性的要求，对人类智慧和理性都是一个极大的考验。

2019 年习近平主席首次提出"海洋命运共同体"理念，指出"我们人类居住的这个蓝色星球，不是被海洋分割成了各个孤岛，而是被海洋连结成了命运共同体，各国人民安危与共"。"海洋命运共同体"理念的提出，有利于打破旧有的海洋地缘政治的束缚，有利于应对人类所面临的共同挑战，也有利于促进国际海洋秩序朝着更为公平、合理的方向发展。

海洋是全球系统的重要组成部分，构建海洋命运共同体是新的全球治理理念在海洋问题上的率先实践。中国学界有责任与世界其他国家的科学家一起，积累知识，汇集智慧，为全球海洋治理做出知识贡献。围绕海洋命运共同体的建设，中国学界无论是涉海的自然科学还是关于海洋的社会科学都要努力完成知识储备，建立起基于事实发现和逻辑推理的多学科多领域相互联系的知识体系，为构建海洋命运共同体的制度体系提供支撑，为践行"海洋命运共同体"的中国外交提供方法和路径。这是我们这一代学者的责任。为此海洋出版社和太平洋学报组织一批学者围绕这一命题从不同的角度展开研究和分析。

本篇所选的十篇文章就是这样一种探索的展现。本篇共有四组文章。第一组文章聚焦于"海洋命运共同体"的理论和实践路径探索。

"海洋命运共同体"是"人类命运共同体"治理理念在海洋问题上的具体体现。"海洋命运共同体"建设是一项国际性的社会工程。"海洋命运共同体"所展现的全球治理的意义还在于它的制度建设，体现的是现代海洋治理能力的提升。根据党的十九届四中全会关于推进治理体系和治理能力现代化，坚持和完善中国特色社会主义制度的精神，在全球海洋治理问题上，我们应当思考如何通过"海洋命运共同体"建设获得制度性收益，如何通过制度建设统筹国内外两方面的海洋治理资源。要在"海洋命运共同体"理念下，下大力气推动制度建设，构建区域性制度、领域性制度、海事和渔业等方面制度，形成完善的制度体系。构建"海洋命运共同体"是将基于规则的治理和基于目标的治理结合的最佳方式。

第一组文章包括翟崑《海洋命运共同体构建需知行合一》、陈杰《面向海洋命运共同体构建的中国海洋公共外交》、马金星《全球海洋治理视域下构建"海洋命运共同体"的意涵及路径》。三篇文章从海洋治理的需求出发，以不同的路径探索建构"从理论概念到制度体系，再到外交实践"的知行合一的立体框架。

第二组文章则聚焦于"大国海洋实力和影响力竞争"。在未来相当长的一段时间内，中国与主要发达国家的海洋领域的合作会受到国际地缘政治的干扰。大国之间围绕海洋的实力之争、治理理念之争、国际规则之争以及伙伴关系与盟国体系之争都会日益显现。美国以霸权政治和盟国体系为工具对中国的海洋事业以及中国在海洋治理中日益上升的作用开始实施遏制政策时，我们更应当加强与全球各种行为体的合作，运用外交体系、法律体系、环境治理机制、技术和市场的全球联系来抵消美国霸权政治的阻碍。

中国海洋外交也离不开公共产品的提供。在"海洋命运共同体"建设中，中国要想赢得全球伙伴的尊重，提升中国在全球海洋治理中的影响力，就必须提供相应的公共产品，为全球公正、合理、可持续的海洋秩序做出贡献，并做出表率。中国作为一个正在实现伟大复兴的发展中大国，已经展现出其核心技术的创新潜力、庞大统一的市场容量、超大系统性的技术基础设施的综合实力。我们要加强海洋治理的公共产品提供系统的建设，应当梳理一下未来5～10年中国在参与全球海洋治理方面的各个部门所能提供的公共产品，通过大国外交的支撑、技术装备能力的支撑和庞大的经济潜力的支撑来实现一个海洋治理大国的抱负。

傅梦孜、陈旸《对新时期中国参与全球海洋治理的思考》一文把中国参与全球海洋治理放在了国际竞争加剧和治理赤字凸显的时代背景下加以思考。作者认为，基于现有的国际海洋治理机制和历史实践经验，中国既不能当异想天开的理想主义者，亦不能遵循西方列强弱肉强食的强盗逻辑，而应以海洋强国建设为基础，以和平正义为特质，以合作共赢为导向，以人海和谐为追求，为全球海洋治理注入新的中国海洋观。黄宇等的《中美博弈视角下国家的海洋依赖性和海洋综合实力的耦合分析》通过对海洋的依赖度和海洋综合实力等重要指标的分析，从历史发展的纵深中概括中美两国对新世纪全球海洋秩序的影响力和作用。提供全球公共产品是一个国家从一个地区性大国走向具有全球影响力大国的必由之路。一方面，全球海洋治理还存在着公共产品不足的状况；另一方面，中国、美国、欧盟等世界主要大国也通过提供公共产品来影响世界海洋秩序。崔野、王琪的《全球公共产品视角下的全球海洋治理困境：表现、成因与应对》会给读者带来新的启发。

第三组文章研究的重点是"知识、科技创新与海洋治理"。健康的海洋生态对人类和地球未来至关重要。清洁的海洋是全球生物链稳固的重要依托。海洋的可持续需要国际合作。创新是解决人类面临的时代问题的钥匙。当今海洋治理的许多难点和重点都需要知识和数据来支撑。推动"海洋命运共同体"建设，也需要我们具备提出治理方案的完整的知识体系。知识就是力量，知识所反映的发展规律可以形成说服其他行为体参与集体行动的软实力。知识体系的一个重要特征是科学性和系统性，它是治理方案和治理制度的根基。例如，海洋自然保护区的治理体系就是基于海洋生物多样性和自然生态规律而建立的知识体系，在此基础上，才会有科学的海洋治理方案和机制。发展"海洋命运共同体"理念下的知识体系，需要从自然科学知识积累到中国的哲学思维的概括，是一个从粗浅、模糊的认识，走向系统化、理论化的科学知识系统的过程。

海洋可以为人类未来的发展提供新的资源，随着认识的深入和技术的进步，以海洋能为代表的海洋可再生能源逐步得到开发利用。但是在地球的环境负担如此之重的今天，我们不能再重复人类在陆地上的"先污染后治理"的发展老路。海洋治理要解决的一个重要矛盾就是，人类对海洋的不断开发与海洋环境保护之间的矛盾。人类必须依靠科学知识和技术创新来形成可持续的资源利用模式。吴磊、詹红兵的《全球海洋治理视阈下的中国海洋能源国际合作探析》，郑海琦、胡波的《科技变革对全球海洋治理的影响》，蒋恩源、李晶的《基于科学的海岸和海洋治理：来自东南亚更新的案例》三篇文章在这方面做了许多开创性研究。

本篇的第四组文章是关于"极地治理和中国的参与"。北冰洋是全球重要大洋之一，而南极大陆是联通太平洋、印度洋、大西洋的遥远陆地。参与南北极事务是中国海洋强国战略中重要的课题。2014年中国在外交领域首次提出了要积极参与太空、网络和极地等战略新疆域的国际治理。中国要根据公平协商和合作共赢的方式，实现有序推进、科学参与、共同受益的目标，在新疆域中体现中国人"关怀天下"和"人类命运共同体"思想。在新疆域的国际治理中，中国的治理观更加体现时代进步，体现国际关系正在走向全球秩序的历史潮流，体现发展中国家不断发展的利益需求，促进国际体系朝着更加均衡方向发展。在中国走向世界强国行列的过程中，中国和国际社会的互动将达到空前水平，在国际威望提升并受到国际社会重视的同时，外交将面临更加复杂和尖锐的挑战。中国的海洋和极地事业得到来自国际责任承担和综合国力提升所形成的前引后推的巨大动力，同时也会感到来自发达海洋国家的巨大的牵制力。

北极国家和南极事务重要参与国大多是技术发达国家和全球性大国。中国与这些国家的合作与互动有助于增加利益交汇点，加深伙伴关系，促进彼此间的良性互动。中国是重要的近北极大国，是北极主要资源产品的市场目标国和航道资源的潜在使用国，在北极事务中的作用受到重视。中国是南极条约协商国，对稳定南极条约体系，促进南极事务朝着科学、和平、环保的方向发展发挥着重要作用。中国极地科学考察事业的拓展和科学贡献为中国外交在极地事务上的影响力的提升奠定了良好基础。丁煌、云宇龙的《中国南极国家安全利益的生成及其维护路径研究》、杨剑的《"冰上丝绸之路"与中国在北极事务中的角色》两篇文章围绕中国在南北极的利益、责任和政策做了很好的解读。

在当今全球化时代，气候、环境、海洋、资源等全球性问题突出。海洋和极地问题这些全球性问题地位日益显著。在中国经济持续发展，海外利益和影响力不断增长的同时，中国回应全球性问题的需求以及提供国际公共产品的能力都在同步上升。中国参与海洋极地事务的国际治理，是建立和提升中国国际威望的重要组成部分，是中国进行国际战略运筹以提升国际地位并优化国际战略环境的重要内容。

中国应当围绕"海洋命运共同体"建设的需要，整合国际上与此目标相一致的政治资源、经济资源和科技资源，有效地规划和推进国际合作，维护以国际法为基础的国际海洋秩序，共同应对全球海洋危机，完善全球海洋治理体系。中国需要在国际社会中团结理念和利益的志同道合者，支持以"海洋命运共同体"为伦理基础的治理方案。中国应当同重要政府间国际组织加强合作，同科学家组织、环境保护组织等非国家行为体保持协调，形成以人类命运共同体为伦理基础的"认知共同体"，共同推进海洋的国际治理。中国一直是广大第三世界国家海洋权益的维护者。中国在开展国际海洋治理合作中应将其与"21世纪海上丝绸之路"的建设有机结合起来，重视"一带一路"建设的双边和多边合作在区域性海洋治理中发挥重要作用。

海洋命运共同体构建需知行合一

翟　崑[*]

　　2019 年 4 月 23 日，中国国家主席习近平在青岛出席中国人民解放军海军成立 70 周年的讲话中首次提出构建海洋命运共同体的理念。海洋命运共同体理念，是人类命运共同体理念在海洋领域的具体实践。海洋命运共同体是实现海洋和平与繁荣的中国方案。海洋命运共同体的理念和实践体系的构建亦需要实现理念与实践的统一。

一、海洋命运共同体的知行体系

　　"知行合一"的"知"是对道德的认知；"行"是对道德的践行。后世也将这对辩证统一关系延展至道德以外的其他知识领域[①]。知行合一作为君子道德修养的核心目标之一，强调认知与实践相互助益。主要有三层意思：第一层意思是知与行在本质上的一体性，相辅相成。"未知有而不行者：知而不行，只是未知"，[②] 脱离实践的认识不算真知。"知是行的主

＊　翟崑（1972—），男，山东济南人，北京大学国际关系学院教授、博士生导师，法学博士，主要研究方向：东南亚问题、亚太问题、"一带一路"研究、世界政治和国际战略问题等。北京大学国际关系学院博士后由凯宇，2018 级博士生范佳睿为课题组成员，他们是本文的共同作者。
　　基金项目：本文系国家社科基金"维护国家海洋权益"研究专项"中国参与全球海洋治理：理念政策与路径"（17VHQ009）以及 2018 年自然资源部海洋战略规划与经济司、中国海洋发展研究会支持项目"印太战略与'一带一路'的对策和应对研究"（8204500327）的阶段性研究成果。
①　郑宗义："再论王阳明的知行合一"，《学术月刊》，2018 年第 8 期，第 5 - 19 页；郁振华："论道德—形上学的能力之知——基于赖尔与王阳明的探讨"，《中国社会科学》，2014 年第 12 期，第 22 - 41 页。
②　[明] 王守仁著，王先华译注：《传习录全集》，天津人民出版社，2014 年版，第 21 页。

意，行是知的功夫；知是行之始，行是知之成"。① 强调知与行的一体两面，不可割裂偏废。第二层意思是"知行合一并进"②，双向互动。从知到行与从行到知不能单向发展，而应双向并举，彼此助益。知行并举，是说同时性，知时已行，行时已知，互为始末。"知之真切笃实处，即是行；行之明觉精察处，即是知，知行功夫本不可离"。③ 第三层意思是知行目标的高标准，堪当典范。"君子动而世为天下道，行而世为天下法，言而世为天下则"。④ "性之德也，合外内之道也，故时措之宜也"⑤，强调将主观能动性、客观局限性有机地协调在一起，促进时间与空间的默契配合，从而促使君子的思想理论和行动方法成为天下的真理、典范和准则。

君子修己达人如此，国家战略的践行亦如此。习近平总书记多次在讲话中强调知行合一的重要性，身体力行，由己及人。2019 年 3 月 1 日，习近平总书记在中央党校（国家行政学院）中青年干部培训班开班式上发表重要讲话，强调"在常学常新中加强理论修养……在知行合一中主动担当作为"。⑥ "知"是基础，是前提，"行"是重点，是关键，必须以知促行，以行促知，才能真正做到知行合一。在国家战略实践上，习近平主席提出的最高理念是推进人类命运共同体的构建，并不断完善该目标的概念和实践，使之成为一个知行合一、知行互促的高标准人类发展事业的体系。就在"在知行合一中主动担当作为"提出的一个多月之后，2019 年 4 月 23 日，习近平主席在青岛出席中国人民解放军海军成立 70 周年的讲话中，首次提出构建海洋命运共同体的理念。习近平主席指出，海洋孕育了生命、联通了世界、促进了发展。我们人类居住的这个蓝色星球，不是被海洋分割成了各个孤岛，而是被海洋连结成了命运共同体，各国人民安危与共。⑦

---

① ［明］王守仁著，王先华译注：《传习录全集》，天津人民出版社，2014 年版，第 22 页。
② ［明］王守仁著，王先华译注：《传习录全集》，天津人民出版社，2014 年版，第 156 页。
③ ［明］王守仁著，王先华译注：《传习录全集》，天津人民出版社，2014 年版，第 158 页。
④ 王治国编著：《中庸译评》，北京师范大学出版社，2012 年版，第 119 页。
⑤ ［明］王守仁著，王先华译注：《传习录全集》，天津人民出版社，2014 年版，第 103 页。
⑥ "在常学常新中加强理论修养，在知行合一中主动担当作为"，人民网，2019 年 3 月 2 日，http：//cpc. people. com. cn/n1/2019/0302/c64094-30953299. html，访问时间：2019 年 12 月 23 日。
⑦ "习主席海洋命运共同体理念引共鸣"，新华社，2019 年 6 月 8 日，http：//www. xinhuanet. com/world/2019-06/08/c_ 1210153933. htm，访问时间：2019 年 12 月 23 日。

海洋命运共同体作为人类命运共同体的有机组成部分，其知行合一体系的构建，也应符合以上知行合一的三个内涵：一是知行一体，海洋命运共同体的政策概念与战略实践在本质上具有一体性，一体两面，相辅相成。二是知行互促，海洋命运共同体政策概念与战略实践需要知行合一、知行并举，既不能脱离海洋建设的实际情况而空谈海洋命运共同体的政策概念，也不能只谈海洋命运共同体的政策概念而没有实际的海洋建设行为支撑。三是高标准，海洋命运共同体作为习近平主席提出的全球海洋治理的中国方案，在政策理念设计和战略实践上都要高标准、严要求，在构建过程中提高自己，助益世界，争取成为构建人类命运共同体在海洋领域具有典范意义的样本。

二、构建海洋命运共同体的政策概念体系

海洋命运共同体是一个典型的来自中国，但又延伸到中国以外的政策概念。目前，海洋命运共同体政策概念体系的构建刚刚开始，是人类命运共同体理论体系中相对薄弱的部分，需要根据人类命运共同体理念的总体属性、中国海洋事业发展的自身逻辑、全球海洋治理的基本原则等综合构建。

从时代意义上看，海洋命运共同体是人类命运共同体提出后的新理念。海洋命运共同体既是对人类命运共同体理念的丰富和发展，又是人类命运共同体理念在海洋领域的具体实践。[①] 因此，构建完整的海洋命运共同体政策概念体系，首先需要将其纳入习近平新时代中国特色社会主义的战略概念体系中，并加以丰富、完善、创新，而不是另起炉灶、另行一套。同时，海洋命运共同体既是利益共同体、责任共同体，也是命运共同体。当前，全球治理体系和国际秩序变革正在加速推进，加强全球治理，完善全球治理体系是大势所趋，改革全球海洋治理体系的呼声也越来越高。对此，中国应抓住全球海洋治理体系变革的有利时机，引导全球海洋治理向好变革，与各国共同面对和处理在海洋领域面临的信任赤字、和平赤字、发展赤字和治理赤字。海洋命运共同体理念体现了中国兼顾自身海

---

① "共同构建海洋命运共同体"，新华网，2019 年 4 月 24 日，http://www.xinhuanet.com/mrdx/2019-04/24/c_138003753.htm，访问时间：2019 年 12 月 23 日。

洋利益与全球性海洋权益的追求。

从空间连结性上看,在全球互联互通的时代,海洋命运共同体在空间维度上有三层连接含义:一是地球是被海洋连结的命运共同体,全球海洋一体,构建海洋命运共同体需要重视内外统筹。二是海洋命运共同体的建设需要陆上空间的支持,要继续秉承海洋强国战略所强调的陆海统筹,包括中国的陆海统筹,以及亚太海洋体系与欧亚大陆体系的陆海统筹。三是全球互联互通意义上的海洋连接,这里的全球互联互通是指全球物理空间的互联互通,具体是指"海—陆—空—天—网"通过万物互联而成为一个整体空间,海洋命运共同体是万物互联下的共同体建设。

从人海关系上看,海洋命运共同体既要处理好人与海的关系,也要处理好涉海多利益相关方的关系。在人海关系方面,根据人类命运共同体的内涵,海洋命运共同体至少包含了树立共同、综合、合作、可持续的海洋新安全观;维护海洋和平安宁与良好秩序的责任观;推动蓝色经济发展,共同增进海洋福祉的利益观;防治海洋环境污染,保护海洋生物多样性的海洋生态文明观等。[①] 在涉海多利益相关方关系方面,海洋命运共同体构建的基本原则与中国推进全球治理和"一带一路"建设的原则相同,即"共商、共建、共享"。习近平主席在 2019 年 4 月第二届"一带一路"国际合作高峰论坛上提出推动"一带一路"倡议,需要构建全球互联互通伙伴关系。以此类推,海洋命运共同体建设需要建设全球海洋互联互通伙伴关系。在全球海洋秩序方面,随着传统发达国家相对衰弱和新兴国家的崛起、新的海洋问题不断出现,因而海洋命运共同体的构建需要与国际海洋秩序变革相协调,引导国际海洋秩序朝着更加公正合理的方向发展。近代以来,国际海洋秩序主要由欧美国家主导,其内核是在重视国家主权的基础上,各国最大限度地争取本国的海洋权益。过去几个世纪,荷兰、葡萄牙和英国等海洋强国主要以武力拓展霸权和划定势力范围来追求海洋权

---

① 曹川川:"人民海军成立 70 周年习近平首提构建'海洋命运共同体'",人民网,2019 年 4 月 24 日,http://guoqing.china.com.cn/2019zgxg/2019-04/24/content_74715138.html,访问时间:2019 年 12 月 23 日。

益，那时的海洋观念是冲突对立的。随着海洋的整体性和流动性逐渐被认识，全球海洋问题凸显，各国的海洋观念合作性和包容性日益增强。实践促进认知，人类治海方式的转变促进了知海谱系的重构，而海洋命运共同体理念体现了追求和谐、包容与合作的全球海洋秩序。

三、完善海洋命运共同体的战略实践体系

海洋命运共同体战略实践体系的推进更需要顶层设计的规划和多利益相关方协调的与时并进。自 2012 年党的十八大以来，中国的治国理政和深化改革开放进入顶层设计的暴发期。党的十八大报告首次提出海洋强国战略。2013 年 7 月中共中央政治局就建设海洋强国研究进行第八次集体学习，习近平总书记阐述了海洋强国建设的内涵、意义和实现路径，指出要进一步关心海洋、认识海洋、经略海洋，推动中国海洋强国建设不断取得新成就。要提高海洋资源开发能力，着力推动海洋经济向质量效益型转变。要保护海洋生态环境，着力推动海洋开发方式向循环利用型转变。要发展海洋科学技术，着力推动海洋科技向创新引领型转变。要维护国家海洋权益，着力推动海洋维权向统筹兼顾型转变。① 这是海洋命运共同体战略实践的来源，也需要建立一套"行"的体系。

第一，行之有范。海洋命运共同体的构建需要放在国家总体发展目标和战略体系框架之内。2013 年以来，习近平主席相继提出"一带一路"倡议，推进全球治理，构建人类命运共同体，其中"21 世纪海上丝绸之路"建设与海洋强国战略相辅相成。2017 年 6 月国家发展和改革委员会与国家海洋局共同发布《"一带一路"建设海上合作设想》，进一步将"一带一路"建设与海洋强国战略相结合。② 2019 年 4 月海洋命运共同体理念的提

---

① 习近平："进一步关心海洋认识海洋经略海洋推动海洋强国建设不断取得新成就"，人民网，2013 年 8 月 1 日，http://cpc.people.com.cn/n/2013/0801/c64094-22402107.html，访问时间：2019 年 12 月 23 日。

② "国家发展改革委、国家海洋局联合发布《'一带一路'建设海上合作设想》"，新华社，2017 年 6 月 20 日，http://www.xinhuanet.com/politics/2017-06/20/c_1121176743.htm，访问时间：2019 年 12 月 23 日。

出，为海洋强国战略指明了更具内外融通含义的目标。2019 年 10 月，党的十九届四中全会进一步提出治理体系和治理能力的现代化，为中国在 21 世纪第三个十年推进海洋命运共同体建设，提高全球海洋治理体系和治理能力的顶层设计提供了大思路框架：一是要"坚持和完善独立自主的和平外交政策，推动构建人类命运共同体"，推动构建海洋命运共同体是题中应有之义。二是"必须统筹国内国际两个大局，高举和平、发展、合作、共赢旗帜，坚定不移维护国家主权、安全、发展利益，坚定不移维护世界和平、促进共同发展"，这是建立海洋命运共同体的战略总要求。三是"要健全党对外事工作领导体制机制，完善全方位外交布局，推进合作共赢的开放体系建设，积极参与全球治理体系改革和建设"，这为海洋命运共同体建设提供了涉海国际交流、对外开放、海洋治理等方面的战略指导原则。

第二，行之有矩。海洋命运共同体的建设需要统筹管理，综合施策，并加强法律保障。一是对海洋管理体制进行顶层设计。新一轮的党和国家机构改革决定不再设立中央维护海洋权益工作领导小组，而是在中央外事工作委员会办公室内设立了维护海洋权益工作办公室。此举将维护海洋权益工作纳入中央外事工作的全局统一谋划、统一部署，能集中外事和涉海部门的力量和资源，更有效地对海洋权益相关事项进行决策部署，更有力地维护了海洋权益。[①] 二是通过部门调整和协调实现了综合施策。国务院整合了以前 8 个部门的相关职责，组建了自然资源部，对外保留国家海洋局牌子，把全民所有自然资源统筹起来，[②] 有利于高屋建瓴、统一规划，进一步破除体制限制，使市场在资源配置中起决定性作用。[③] 2018 年 6 月，根据全国人大常委会决定，原属国家海洋局的海警队伍整体划归中国人民

① 张兴华："中共中央印发《深化党和国家机构改革方案》"，新华社，2018 年 3 月 21 日，www. gov. cn/zhengce/2018-03/21/content_ 5276191. htm#1，访问时间：2018 年 12 月 24 日。
② 徐敬俊："海域空间自然资源的立体分布特征与其资产化管理路径探索"，《太平洋学报》，2019 年第 4 期，第 91－104 页。
③ 刘鹏："专家：组建自然资源部对自然资源可持续发展利用大有裨益"，中国经济网，2018 年 3 月 29 日，http://www. ce. cn/cysc/newmain/yc/jsxw/201803/29/t20180329_ 28646934. shtml，访问时间：2018 年 12 月 24 日。

武装警察部队领导指挥，调整组建中国人民武装警察部队海警总队，称中国海警局，统一履行海上维权执法职责。[①] 三是加强海洋命运共同体建设的法律保障。在国内层面，可以考虑出台"海洋基本法"以在整体上界定海洋权益；出台《中华人民共和国领海与毗连区法》《中华人民共和国专属经济区和大陆架法》《中华人民共和国海上交通安全法》《中华人民共和国海洋环境保护法》等配套实施细则，补齐海洋法律体系的立法空缺。在国际层面，现有的国际法在全球海洋治理中作用有限，无法有效应对日益兴起的全球海洋安全和海洋污染等问题。因此，海洋命运共同体建设也需要中国与其他国家一起推动国际法的守正创新。四是加强海洋经济评价体系的标准对接，推动海洋经济评价体系标准国际化。以蓝色伙伴关系为基础，增加对联合国等相关国际组织的资金和人员支持，争取相关涉海国际组织落户中国，重视在国际组织框架下构建海洋命运共同体，推动海洋经济规则制定和评价标准国际化。

第三，行之有效。海洋命运共同体建设的行之有效，需要加强以下几方面的工作：一是海洋命运共同体的构建需要国家间海洋发展战略的对接，在顶层设计层面为海洋合作提供保障。拓展构建海洋命运共同体建设的高层政策沟通磋商与对话机制。推动政府间、部门间签署海洋合作伙伴关系协议，制定对接对方海洋发展战略的合作计划和精准实施方案。在双边海洋经济合作基础上，探索建立跨国涉海部门合作机制，积极探索与更多国家发展双边或多边的海洋合作伙伴关系。海洋命运共同体建设可将东南亚作为重点地区，如进一步深化与印度尼西亚的"全球海洋支点"战略的对接，在安全、经贸、文化、科技等各层面为海洋命运共同体构建提供支撑。二是建立海洋命运共同体构建的评估体系。建立健全海洋合作的评价—反馈—优化机制。联合国内外官产学研等主体，定期对海洋经济、科技、环保等方面合作进行评估。建立评估信息反馈机制，协调各方优化海洋合

---

① "（受权发布）全国人民代表大会常务委员会关于中国海警局行使海上维权执法职权的决定"，新华网，2018 年 6 月 22 日，https：//baijiahao. baidu. com/s？ id = 1603982295792659131&wfr = spider&for = pc，访问时间：2019 年 12 月 24 日。

作。对海洋命运共同体建设的优劣短长评估，中国既要设立自己的评估指标体系，也要参照西方和第三方的评估，才能做到公正客观。三是加强学术界和舆论界的交流，增强海洋命运共同体理念和践行的国际接受度、共识度和参与度，消减来自西方的负面影响。

第四，行稳致远。海洋命运共同体是在百年未有之大变局背景下、全球治理和全球海洋治理供求失衡的条件下，中国提出的全球海洋治理知行并举的方案，其行稳致远需要变通发展、兼顾矛盾、创新突破。一是变通发展，注意目标和能力的长期动态平衡。大战略能否成功在于目标和能力的平衡，量力而行。中国仍处于国力上升阶段，国内外对海洋合作的需求和投入大大增加，但中国能够提供的投入有限，可能的产出也不明确，需要审时度势，与时俱进，不断调整，变通行事。二是兼顾矛盾，海洋命运共同体也是矛盾共同体，需妥善处理多对矛盾，分清主要矛盾和次要矛盾。比如与其他国家在海洋问题上的合作与对抗的矛盾，海洋经济发展与海洋安全和生态保护的矛盾等。三是创新突破，不断增加海洋命运共同体的内生动力。比如，中欧班列开通，遍布全国，打通亚欧海陆体系，是连贯"一带一路"东西向的陆海大动脉。中欧班列活跃了中国中西部的互联互通，铁海联运。2019年8月，国家发改委出台了《西部陆海新通道总体规划》，以基础设施建设和复合立体交通将西部13个省区联通起来，形成从内蒙古到广西的向海大通道，给西部的陆锁省创造"下海"条件，连贯"一带一路"南北向的陆海大动脉。两条大动脉交叉互益，在充分发挥临海省市地缘优势的同时，积极调动陆锁省市的出海意识，统筹国内各省区发展，这将成为中国建设海洋命运共同体的内生驱动力，形成"全国—全球"陆海统筹新模式。

四、在长期实践中动态优化海洋命运共同体的知行体系

海洋命运共同体建设的知行合一体系应致力于一体化、知行并举和高标准三个目标，但知与行都不易，需要攻坚克难，在长期实践中动态优化。

其一，海洋命运共同体政策概念与战略实践的知行合一。古今中外，大战略的推进均讲究知行合一，但认识与实践"两张皮"的问题也如影随

形。海洋命运共同体建设也得克服知行"两张皮"的问题。由上可知，中国的人类命运共同体建设的知行体系已有深厚的基础，但海洋命运共同体知行体系的建设才刚刚起步，政策概念体系和战略实践体系很不完备。比如，海洋命运共同体目前主要停留在政策概念的完善和建构上，相关实践也比较散乱。知行"两张皮"、难合一的原因主要在于学术研究成果较难转化为政策实践，而政策实践又缺乏信息透明度，只有少数政府机构的智库可以得到较为充分的政策实践信息。而这一情况在党的十八大后有所改观，大力加强智库建设，学以致用渐成风气。学术研究机构向政府部门传递研究成果，政府部门向学术部门寻求智力支持。今后需要进一步完善的是海洋领域的跨学科交流、跨部门协调、跨界别合作。进一步而言，建立海洋命运共同体知行合一的体系，需要学术界和实践方共同制定相关政策概念体系和战略规划。

其二，海洋命运共同体政策概念与战略实践的知行互促。海洋命运共同体建设的知行互促是个动态过程，具体可以分成五个由低到高的方面，为全球海洋治理提供公共产品：一是从"中国倡议"转为"国际共识"，中国倡议仅仅是个开始，还需要把国际共识内化为中国的海洋认识。二是从"中国担当"到"国际责任"，中国要在海洋命运共同体建设中有所担当，而且要把海洋命运共同体建设转化为一种各方共担的国际责任。三是从"中国推动"到"国际共建"，中国首先起到对海洋命运共同体的引领推动作用，更要把单一国家行为转化为国际共建的集体行为。四是从"中国标准"到"国际规则"，中国海域辽阔，涉海事务繁杂，全球海洋治理充满复杂性，中国标准是诸多海洋治理标准和规则的一部分，应尽量使"中国标准"和"国际规则"相通相融。五是从"中国道路"到"国际秩序"，中国提出的海洋命运共同体建设是"中国道路"的一部分，正在"弄潮儿向潮头立"的阶段，虽无太多知识储备和实践经验，但必然会给全球海洋治理秩序带来很大影响。只有与其他各方一起，通过共商、共建、共享，才能有利于全球海洋治理秩序的良性互动，做到"手把红旗旗不湿"。

其三，海洋命运共同体政策理念与战略实践的高标准。海洋命运共同体的构建具有高道德标准要求，可遵循目前已经建立的体系：一是习近平主席提出的正确的"义利观""亲诚惠容"等带有明显中国特色的理念。二是习近平主席在 2019 年 4 月第二届"一带一路"国际合作高峰论坛上提出的"高标准、可持续、惠民生"这三个更具世界普遍意义的目标。"高质量"强调海洋命运共同体的知识生产和项目落实是高标准的。"可持续"是海洋命运共同体的构建要遵循联合国 2030 年可持续发展目标，可持续发展是全球道义制高点。"惠民生"是海洋命运共同体的构建要以各国人民为中心，让普通民众切实得益，获得最普遍的民意支持。三是参照"一带一路"建设的实际情况，不断为海洋命运共同体提出新的建设要求，如和平、繁荣、开放、创新、文明、绿色、廉洁等。

　　总之，海洋命运共同体的构建需要"上合于道，下合于身""知天、知人、成己、成物"，才能知行合一、知行并举，具有高道德标准。

面向海洋命运共同体构建的中国海洋公共外交

陈 杰*

2013 年 7 月 30 日，习近平总书记在主持中共中央政治局第八次集体学习时指出"建设海洋强国是中国特色社会主义事业的重要组成部分"①。2013 年 10 月 3 日，习近平主席在印度尼西亚国会发表演讲，提出建设"21 世纪海上丝绸之路"。如果说海洋强国战略体现了中国怀揣着实现中华民族伟大复兴的"中国梦"这一抱负的话，那么，"21 世纪海上丝绸之路"倡议则体现了中国基于丝路精神打造人类命运共同体的天下情怀。两者构成彼此促进的互动关系，而海洋是它们共同的载体和纽带。

目前中国海洋强国建设与"21 世纪海上丝绸之路"建设都取得了积极成效，但也都存在较大的提升空间，如海洋强国战略和海洋命运共同体思想需要在全世界更大范围内进行阐发，蓝色伙伴关系需要拓展广度和深度，中国在海洋领土问题上的声音还不够响亮，很多时候是被动发声。有些国家对中国海洋战略存在蓄意误读甚至刻意"污名化"的做法。而公共外交在提升国家形象、消解污名、拓展伙伴关系以及建立互信等方面可发挥政府外交所不具有的独特优势。"海洋问题的多样化、敏感性和复杂性增加了各国应对海洋事务的难度……单靠政府间的对话无法解决所有问题，这就使得海洋公共外交成为未来公共外交发展的重要方向之一。"② 本

---

* 陈杰（1978—），男，江苏泰州人，中山大学国际翻译学院中东研究中心教授、博士生导师，中山大学"一带一路"研究院研究员，文学博士，政治学博士后，主要研究方向：公共外交、中东研究。

① "进一步关心海洋认识海洋经略海洋推动海洋强国建设不断取得新成就"，《人民日报》，2013 年 8 月 1 日，第 1 版。

② 岳鹏："中国开展海洋公共外交的和平路径"，《公共外交季刊》，2016 年第 2 期，第 14 页。

文拟对海洋公共外交的概念以及中国海洋公共外交的理念和使命进行探讨。

一、海洋公共外交的概念

从逻辑层面来看，海洋公共外交是海洋外交（maritime diplomacy）与公共外交（public diplomacy）的交集，具体来说，是海洋外交中以公共外交手段开展的那一部分，或公共外交中事关海洋议题的那一部分。海洋公共外交的命名既与智库公共外交、企业公共外交、城市公共外交等以公共外交行为体命名不同，也与文化外交、宗教外交、旅游外交、体育外交等以具体领域命名不同，它是一种议题型的公共外交，即海洋是公共外交实践所围绕的议题，而海洋议题又牵涉经济、军事、旅游、文化等多个领域。就好比在探讨中国的海洋战略时，可将其看作是涉及政治、经济、法律、社会、军事等多领域的综合战略体系。①

目前国内外对公共外交的理论研究已较为丰富，普遍接受公共外交主体的多元特征，公共外交行为体从单纯的政府主体扩展到媒体、智库、社会组织、企业甚至是个人在内的多元行为体，这也构成了传统公共外交与新公共外交的重要分野。相比之下，国内对海洋外交的理论研究尚较为滞后，导致对海洋公共外交的认识和研究也就显得更加不足②，无法指导中

---

① 刘中民著：《世界海洋政治与中国海洋发展战略》，时事出版社，2009 年版，第 363 页。

② 国内对海洋公共外交的研究散见于各处，缺乏整体性和聚焦性。经中国知网检索，仅有一篇论文直接研究中国海洋公共外交，即《中国开展海洋公共外交的和平路径》；另有一篇论文围绕美国海洋公共外交，为《美国海洋公共外交的兴起及其对南海问题的影响》。其他与海洋公共外交相关的研究成果包括：（1）围绕特定目标，如《中国开展南太平洋岛国公共外交的动因及现状评析》《试论"一带一路"倡议在南太平洋岛国的实施路径》《中国对东盟的公共外交：现状、动因与方向》《21 世纪海上丝绸之路与环南海公共外交》；（2）围绕特定议题，如《南海争端视角下我国智库公共外交的创新发展》《从南海问题看"争端中的公共外交"》；（3）围绕历史视角，如《论郑和航海时期的中国海洋外交》；（4）围绕其他国家的做法，如《日本南海战略中的智库作用：参与背景、路径与局限性》；（5）围绕"21 世纪海上丝绸之路"，如《以对东盟国家公共外交策略的创新推动 21 世纪海上丝绸之路建设》《21 世纪海上丝绸之路背景下的中国—东盟博览会公共外交》《侨务公共外交在海丝建设中的实践策略》。这些相关研究均没有直接围绕海洋公共外交，因此总体上缺少学理分析，如对海洋公共外交在海洋外交中的定位缺乏清晰描述，对海洋公共外交的定义几乎没有涉及，对海洋公共外交的主体和实践路径缺乏系统化分析，对海洋公共外交的目标国多设定在周边国家，议题也因此多限于南海等热点问题。

国海洋公共外交的实践。譬如，在一些学者看来，海洋外交主要是一种政府外交，地方政府、大型海运公司、港口物流公司等在内的非专职外交行为体或非官方行为体不构成海洋外交的主体。[①] 否认海洋外交主体的多元性，相当于自我捆绑，不利于为包括海洋公共外交在内的中国海洋外交实践提供更为广阔的舞台和更多的想象空间。再如，有学者指出，海洋外交按照强制性高低和社会属性差异，可分为炮舰外交、海军外交、海洋法律外交、海上合作外交和涉海民间外交五种实践形式。[②] 这一分类指出涉海民间外交是海洋外交的一种形式，然而，民间外交也只是公共外交的一部分，并非是公共外交的全部，因为公共外交"涵盖'政府对政府外交'以外的各种对话方式，包括双方或多方的官方—民间或民间—民间的各种直接交流"[③]。涉海民间外交作为一种单纯的民间对民间的外交行为，仅构成海洋公共外交的一个侧面。此外，海军外交和海上合作外交也都承担着一些公共外交的职能。以前者为例，中国"郑和舰"在 2012 年沿着当年郑和的航迹先后到访 14 个国家的港口，传播"和谐海洋"理念，就是一次系统的公共外交实践；而"和平方舟号"的历次"和谐使命"任务亦构成一次次生动的公共外交实践。

迄今为止，国外学界虽没有明确区分或命名海洋公共外交，但对其开展的大量相关探索实际上是存在的。这些相关探索通常涵括在两类研究中。一类是在"海洋外交"研究或"海洋环境外交""海洋科学外交""海洋教育外交"等子领域研究中将公共外交视作实施手段。[④] 另一类研究

① 沈雅梅："当代海洋外交论析"，《太平洋学报》，2013 年第 4 期，第 39 页。

② 马建英："海洋外交的兴起：内涵、机制与趋势"，《世界经济与政治》，2014 年第 4 期，第 68 页。

③ 赵启正："从民间外交到公共外交"，《外交评论》，2009 年第 5 期，第 2 页。

④ 此类代表性研究如：Tumai Murombo, "The Role of International Environmental Diplomacy in the Sustainable Use of Marine Biodiversity in Areas Beyond National Jurisdiction: Ending Deep Sea Trawling", *The Comparative and International Law Journal of Southern Africa*, Vol. 40, No. 2, 2007, pp. 172 – 192; Robert Patman and Lloyd Davis, "Science Diplomacy in the Indo-Pacific Region: A Mixed But Promising Experience", *Politics & Policy*, Vol. 45, No. 5, 2017, pp. 862 – 878; Czarnecka Agnieszka and Katarzyna Muszynska, "The Role of Maritime Education and Training of Young Adults in Creating a Strategic Model for the Management of a Public Diplomacy Project", *International Journal on Marine Navigation and Safety of Sea Transportation*, Vol. 13, No. 2, 2019, pp. 387 – 392。

虽也没有直接使用海洋公共外交的整体概念，但类似的概念，如"合作性
海洋外交"或"海洋软实力外交"等，在很大程度上就是一种公共外交。
伦敦国际战略研究所高级研究员克里斯蒂安·勒米尔（Christian Le Mière）
是这类研究的典型代表，其著作《21世纪的海洋外交：动因和挑战》将海
洋外交分为"合作性海洋外交"（co-operative maritime diplomacy）、"劝服性
海洋外交"（persuasive maritime diplomacy）和"强制性海洋外交"（coercive
maritime diplomacy）三类。其中，"合作性海洋外交"既包括访问港口、
联合海上演习或训练、海上人道主义援助和救灾，也包括海洋领域的教育
项目、个人访问和合作办会等形式，"这些活动在本质上是赢得人心的尝
试"。"合作性海洋外交事件都有一个共同的政治目标。每个事件都在寻求
建立影响力、联盟或信任。合作性海洋外交的目的不是欺凌、威慑或强
迫，也不是强行说服，相反，它通过吸引、同化和激励等手段来诱使其他
政府合作或令其安心"。[1] 因此，除联演联训外，"合作性海洋外交"的主
体就是海洋公共外交。而"劝服性海洋外交"，其目标是"提高对一国海
上或总体实力的认识，为一国在国际舞台上建立声誉"，它"不针对特定
的接受者，也不是为了让潜在的对手感到恐惧"，而是"说服其他人，使
其相信自己的海军（或广义的军事力量）是存在的和有效的"。[2] 显然，
"劝服性海洋外交"与公共外交也有较大程度的重叠。此外，印尼穆罕马
迪亚大学的学者纳贾穆丁·哈鲁尔·里亚尔（Najamuddin Khairur Rijal）在
克里斯蒂安·勒米尔的基础上研究了"合作性外交""劝服性外交"代表
的软性模式与"强制性外交"代表的硬性模式的融合，提出了"海洋巧外
交"（Smart maritime diplomacy）的概念[3]；美国佐治亚南方大学的学者纳
兰达·罗伊（Nalanda Roy）则以中国在南海问题上的做法为例提出"魅力

[1] Christian Le Mière, *Maritime diplomacy in the 21st century：Drivers and Challenges*, London：Routledge, 2014, pp. 8 – 11.

[2] Christian Le Mière, *Maritime diplomacy in the 21st century：Drivers and Challenges*, London：Routledge, 2014, p. 12.

[3] Najamuddin Khairur Rijal, "Smart Maritime Diplomacy：Diplomasi Maritim Indonesia Menuju Poros Maritim Dunia", April 2019, https：//e-journal. unair. ac. id/JGS/article/download/10494/7160.

外交"概念，指出"魅力外交"的目的是"为了赢得邻国信任"。① 因此，无论是"通过吸引、同化和激励等手段来诱使其他政府合作或令其安心"的"合作性海洋外交"，还是"为一国在国际舞台上建立声誉"的"劝服性海洋外交"，以及"为了赢得邻国信任"的"魅力外交"，都与公共外交的旨归趋于一致，那就是"吸引人、鼓舞人、说服人、打动人"②。

虽然从国内外已有的对海洋外交的研究中均难以找到对海洋公共外交概念的现成界定，但是，随着海洋治理在全球治理中的地位上升，以及出于对公共外交对一国海洋战略实施重要性的理解，有必要为海洋公共外交设置一个整合性的界定。当然，对海洋公共外交的概念界定一定是非常困难的，因为即便对于其上位概念"公共外交"来说，其界定也因人而异、因时而异，因学科不同而侧重点有所不同，诚如以色列巴伊兰大学学者埃坦·吉尔博阿（Eytan Gilboa）所说，"学者和实践者们对公共外交使用了形形色色的令人困惑、不完整甚或存在问题的定义"③。即便是"公共外交"概念提出者埃德蒙·格利恩（Edmund Gullion）的定义，也存在多方面的不足。④

尽管如此，本文仍尝试将海洋公共外交定义为：一国政府或代表其利益的相关行为体为了维护国家海洋权益、促进国际海洋合作、引导涉海国际舆论或提升海洋软实力而面向国外公众开展的信息或观念传播活动的总和。根据这一定义，海洋公共外交的主体既可以是一国政府，也可以是代表其利益的其他行为体，如城市、企业、媒体，甚至是个体，这些行为体从政治传播的角度可称为"代理人"⑤，它们凭借"不同的能力、不同的优

---

① Nalanda Roy，"The Dragon's Charm Diplomacy in the South China Sea"，*Indian Journal of Asian Affairs*，Vol. 30，No. 1/2，2017，pp. 15 – 28.

② 赵可金等："公共外交的目标及其实现"，《公共外交季刊》，2011 年第 1 期，第 79 页。

③ Eytan Gilboa，"Searching for a Theory of Public Diplomacy"，*The Annals of the American Academy of Political and Social Science*，Vol. 616，2008，pp. 55 – 77.

④ 郑华："新公共外交内涵对中国公共外交的启示"，《世界经济与政治》，2011 年第 4 期，第 145 – 146 页。

⑤ 张萍："政治传播过程中的公共外交：概念、范式与逻辑"，《南京社会科学》，2017 年第 8 期，第 146 页。

势和未开发的潜力"在公共外交领域各具影响。① 行为体范围的扩大契合了外交平民化、社会化的总体趋势，也符合新公共外交对行为体多元化的要求。海洋公共外交的目标对象则是广义上的"国外公众"。基于此，海洋公共外交就存在"政府→民众"、"民众→民众"以及"民众→政府"②这三条进路。在实质方面，海洋公共外交是"信息或观念的传播"，这构成公共外交对国外公众产生影响的核心因素之一，也正如 1965 年埃德蒙·格利恩在爱德华·默罗公共外交研究中心成立仪式上所称的，公共外交的核心是"信息和观念的流动"③。在目标方面，海洋公共外交既服务于"引导涉海国际舆论、提升海洋软实力"，也通过"维护国家海洋权益、促进国际海洋合作"服务于海洋主权、安全和发展利益，兼顾了国家海洋形象的构建需要和国家海洋利益的现实需要④。至于海洋公共外交的具体手段，则因行为体和目标的不同而有所不同。

二、中国海洋公共外交的理念

一国海洋公共外交的理念，常因意识形态和文化传统的不同而有所不同。以美国海洋公共外交为例，其目的是为了制造特定涉海舆论、培植当地亲美势力、对他国公众施加政治影响进而对他国政府涉海决策进行"战略性干预"⑤。因此，美国海洋公共外交中的对抗性思维以及干预性、功利性特征异常明显。而印度的海洋公共外交理念则具有明确的指向性和显著的狭隘性。"主流分析人士的叙事话语是，印度正在东盟地区建立深层次的战略联系，以

---

① Geun Lee and Ayhan Kadir, "Why Do We Need Non-State Actors in Public Diplomacy: Theoretical Discussion of Relational, Networked and Collaborative Public Diplomacy", *Journal of International and Area Studies*, Vol. 22, No. 1, 2015, pp. 57 – 77.

② 目前学界对"民众→政府"的公共外交进路讨论不多，但这一进路在实践中是客观存在的。例如，招商局集团曾用中国"蛇口经验"成功说服吉布提总统启动吉布提港口建设。参见"西方解决这问题说要用几百年中国人不需要这么久"，人民日报海外版官网，2018 年 9 月 10 日，http://news.haiwainet.cn/n/2018/0910/c3541083-31393332.html。

③ "What is Public Diplomacy", http://www.publicdiplomacy.org/1.htm.

④ 国内有学者指出"中国的公共外交应当坚持国家利益高于国家形象的取向"，笔者同意这一观点。参见莫盛凯：中国公共外交之理论与实践刍议"，《外交评论》，2013 年第 4 期，第 45 页。

⑤ 白续辉、陈惠珍："美国海洋公共外交的兴起及其对南海问题的影响"，《太平洋学报》，2017 年第 4 期，第 15 页。

抗衡中国在印度洋地区日益增长的影响力。"① 相比之下，中国海洋公共外交作为新时代中国特色大国外交的一部分，在理念上必然有别于美、印等国。

2019 年 4 月 23 日，习近平总书记在会见应邀参加中国海军成立 70 周年海上阅兵庆典的各国海军代表团团长时指出："海洋孕育了生命、联通了世界、促进了发展。我们人类居住的这个蓝色星球，不是被海洋分割成了各个孤岛，而是被海洋连结成了命运共同体，各国人民安危与共。"② 由此，打造海洋命运共同体成为中国在全球海洋治理领域的一个重要理念性公共产品。海洋命运共同体的提出打破了某些西方国家的霸权式海洋治理思维，有助于促进国际海洋秩序朝着更为公正、更为合理的方向发展，③因为海洋命运共同体的核心是基于"互信、互助、互利"原则④的互动型蓝色伙伴关系的建立，其中，互信是前提，互助是过程，互利作为结果，同时也增进互信，从而形成良性的海洋交流合作循环发展模式。从具体路径来说，海洋命运共同体构建需要对接各国海洋发展战略，把海洋交流合作和海上互联互通落到实处。

当然，中国海洋命运共同体的理念不是纯粹为了与西方海洋治理观竞争而提出来的，它是中国海洋观发展到新时代的必然，是人类命运共同体理念在海洋领域的直接反映，更深深地植根于中国厚重的历史和文化传统之中。从历史溯源来说，中国的海洋公共外交理念从一开始就具有和平的特征，且一以贯之。郑和下西洋这一伟大的海洋公共外交实践就是明证。从文化基因来说，中国海洋公共外交的理念中传承了天下情怀与友好互助精神。如果说《汉书·高帝记》中的"且夫天子以四海为家"展示了中国传统的天下情怀，那么《论语·颜渊》中的"四海之内，皆兄弟也"、

① G. Padmaja, "Modi's Maritime Diplomacy: A Strategic Opportunity", *Maritime Affairs*, Vol. 11, No. 2, 2015, pp. 25 – 42.

② "习近平集体会见出席海军成立 70 周年多国海军活动外方代表团团长"，《人民日报》，2019 年 4 月 24 日，第 1 版。

③ 杨剑："建设海洋命运共同体：知识、制度和行动"，《太平洋学报》，2020 年第 1 期，第 94 页。

④ 在 2019 年中国海洋经济博览会开幕之际，中共中央总书记、国家主席、中央军委主席习近平在贺信中提出了深化海洋交流合作需要"秉承互信、互助、互利的原则"。参见"秉承互信互助互利原则让世界各国人民共享海洋经济发展成果"，《人民日报》，2019 年 10 月 16 日，第 1 版。

《孙子·九地》中的"同舟而济，遇风，其相救也如左右手"则展示了中国传统文化中的平等、互助精神。习近平总书记提出的"太平洋足够大"的形象说法也正反映了中国传统文化中的包容性特征。

因此，从根本上来讲，中国海洋公共外交要以服务于构建海洋命运共同体为最高理念遵循和最终价值旨归。而海洋命运共同体对"合作、一体化与和平"的鲜明诠释①，必然决定了中国海洋公共外交在使命和手段方面需要具有和平性、包容性与合作性的特征，在实施主体方面需要走一条多元化和社会化之路。在具体实践中，中国海洋公共外交要服务于海洋强国战略的实施。只有中国自身实现了海上和平崛起，其提出的海洋治理理念和海洋合作倡议才会拥有广泛的说服力和感召力，其实施的海洋互联互通项目——无论是硬联通还是软联通项目——才有可能发挥巨大的示范性和引领性，从而带动全人类海洋事业的发展。从这个意义上来说，中国以海洋公共外交实践服务于海洋强国战略推进构成倡导和通往海洋命运共同体之路上不可跳过的行动路径。

三、中国海洋公共外交的使命

2017年10月，党的十九大报告提出要"讲好中国故事"；2018年8月，习近平总书记在全国宣传思想工作会议上提出要"向世界展现真实、立体、全面的中国"。因此，中国公共外交的核心任务就是"讲好中国故事""向世界说明中国"，它与政府外交"向世界宣传中国"形成协力。相应地，中国海洋公共外交的使命就是在海洋命运共同体理念的指引下，在海洋领域讲好"中国故事"，向世界说明中国的海洋观、海洋战略、海洋理念和海洋倡议，以形成广泛共鸣和积极回应，助力打造基于"互信、互助、互利"原则的蓝色伙伴关系。

（一）阐释中国海洋战略，助力建立战略互信

不同于西方殖民性的海洋强国发展路径，中国海洋强国建设强调和谐

---

① 陈秀武："东南亚海域'海洋命运共同体'的构建基础与进路"，《华中师范大学学报（人文社会科学版）》，2020年第2期，第153页。

与合作，是以建立海洋命运共同体为战略导向的共赢型发展。① 但是，现实政治中，中国的海洋战略面临严峻的国际舆论环境，有些周边国家和域外国家刻意渲染中国海洋威胁论，误导国际社会对中国海洋战略的认知。如东海问题是日本炒作中国海洋威胁论的抓手。南海则成为美国和一些主权声索国渲染中国海洋霸权论的最好工具。美国甚至形成"领导人亲自表态，高官直接推动，官僚具体操作，非官方献计献策"的南海舆论宣传机制，意图通过持续的舆论渲染强化中国"侵占者"形象，从而使国际社会特别是周边国家对中国加强防范。② 在中国经略印度洋方面，一些域外大国和域内国家有意强化对中国海洋威胁论的话语传播③，把中国进入印度洋刻意描画成"珍珠链"战略，称印度洋地区"被蒙上了中国持续入侵的阴影"④。而对于中国提出的共建"21世纪海上丝绸之路"倡议，有国外学者称，"中国已证明其不会回避使用经济胁迫的手段寻求利益，将经济投资作为潜在武器"。⑤

随着特朗普上任后的首份《国家安全战略报告》将中国定义为"修正主义国家"和"战略竞争对手"，中国须直面美国政、媒、学三界对中国海洋威胁的刻意渲染、对中国海洋战略的蓄意抹黑。可以料想，中美两国在全球海洋治理领域的竞争将不断持续。从中国角度，必须主动向全世界说清楚中国海洋战略的和平性、防御性、包容性特征，说清楚中国与历史上的海洋霸权不同，走的是建设和平之海、和谐之海的道路，以最大限度打消一些国家的疑虑和猜忌，助力建立战略互信。

（二）讲好海洋合作故事，推动发展战略对接

"一带一路"建设不是另起炉灶、推倒重来，而是实现战略对接、优

---

① 谢茜："新中国70年海洋强国建设"，《中国高校社会科学》，2019年第5期，第25页。
② 李忠林、侯天佐："试论美国在南海问题上的舆论宣传"，《和平与发展》，2017年第3期，第35－36页。
③ 刘思伟："印度洋安全治理制度的发展变迁与重构"，《国际安全研究》，2017年第5期，第94页。
④ Chinmoyee Das，"India's Maritime Diplomacy in South West Indian Ocean：Evaluating strategic part-nerships"，*Journal of Strategic Security*，Vol. 12，No. 2，2019，pp. 42－59.
⑤ 楼春豪："21世纪海上丝绸之路的风险与挑战"，《印度洋经济体研究》，2014年第5期，第13页。

势互补。① 构建海洋命运共同体不是口号，需要不同国家之间对接海洋发展战略，以在顶层设计层面为海洋合作提供保障。② 目前中国与有关国家的海洋战略对接和海上合作已初显成果。如中国与泰国、马来西亚、柬埔寨、印度、巴基斯坦、马尔代夫、南非等国已签署政府间海洋领域合作文件。在具体项目方面，希腊比雷埃夫斯港建设成效卓著，巴基斯坦瓜达尔港、斯里兰卡科伦坡港口城、汉班托塔港二期工程等项目有序推进，中荷海上风电合作，中国与印尼、伊朗等海水淡化合作项目也正在落实。中国海洋公共外交应通过讲述这些海洋合作的成功故事、描绘未来海洋合作的愿景，推动中国与"21世纪海上丝绸之路"更多沿线国实现发展战略对接。

2017年6月，国家发展和改革委员会与国家海洋局联合发布的《"一带一路"建设海上合作设想》（下称《海上合作设想》）提出了海上合作的总体思路，其中包括"加强与'21世纪海上丝绸之路'沿线国战略对接，全方位推动各领域务实合作"。③《海上合作设想》不仅是中国描绘的合作愿景，更包含了具体的行动设计，如通过实施一批具有示范性、带动性的合作项目，在25个细分领域共建绿色发展、依海繁荣、安全保障、智慧创新和合作治理之路。然而，这一《海上合作设想》尚未引起国外广泛关注。因此，中国海洋公共外交需将中国的系统化海上合作设想传递给"21世纪海上丝绸之路"的沿线国，努力增加其国际显示度和认可度，争取把单方面的"设想"转变为大家共同的关切、共同的行动。

（三）促进理解蓝色伙伴关系，扩大蓝色朋友圈

伙伴关系是"国家间基于共同利益，通过共同行动，为实现共同目标而建立的一种独立自主的国际合作关系"。④ 中国自20世纪90年代起在全球发展伙伴关系，目前，伙伴关系已成为中国积极推动构建新型国际关系

① 习近平："携手推进'一带一路'建设"，《人民日报》，2017年5月15日，第5版。
② 翟崑："海洋命运共同体构建需知行合一"，《太平洋学报》，2020年第1期，第100页。
③ 《"一带一路"建设海上合作设想》，新华网，2017年6月20日，http://www.xinhuanet.com/politics/2017-06/20/c_1121176798.htm，访问时间：2020年3月8日。
④ 门洪华、刘笑阳："中国伙伴关系战略评估与展望"，《世界经济与政治》，2015年第2期，第68页。

的重要内容。2017 年 1 月 18 日，习近平主席在日内瓦发表《共同构建人类命运共同体》的主旨演讲，强调为了构建人类命运共同体，国际社会要从构建伙伴关系等方面入手。① 同样，海洋命运共同体的形成也要从构建蓝色伙伴关系入手。基于对此深刻理解，2017 年 6 月，中国政府在联合国首次举办的海洋大会上正式提出"蓝色伙伴关系"倡议。与会的联合国副秘书长吴红波强调，没有国与国之间、组织与组织之间顺畅、协调、高效的伙伴关系，就无法实现海洋资源的可持续利用与养护。② 而"养护和可持续利用海洋和海洋资源以促进可持续发展"正是联合国可持续发展目标（SDGs）之十四。当前，国际层面的海洋垃圾伙伴关系（GPML）、东亚海环境管理伙伴关系计划（PEMSEA）等都为相关具体领域的治理提供了富有成效的解决方案。③ "蓝色伙伴关系"作为中国在全球海洋治理领域的倡议，其提出尚不足 3 年。期间，中国已与葡萄牙和塞舌尔就建立"蓝色伙伴关系"签署了政府间文件，与 12 个小岛屿国家签署《平潭宣言》鼓励共同构建蓝色伙伴关系。尤其值得一提的是，中国与欧盟的蓝色伙伴关系发展驶上了快车道：2017 年，中欧双方共同举办"中国—欧盟蓝色年"，2018 年共同签署《在海洋领域建立蓝色伙伴关系的宣言》，2019 年共同举办首届"中国—欧盟海洋蓝色伙伴关系论坛"。虽然中国的蓝色伙伴关系网络构建已取得初步成效，但整体而言，对"21 世纪海上丝绸之路"沿线国的覆盖还远远不够，与构建海洋命运共同体的要求尚有较大距离。因此，促进全球各国尤其是"21 世纪海上丝绸之路"沿线国对蓝色伙伴关系的理解和接受，激发这些国家加入蓝色"朋友圈"的愿望，就成为未来一段时期中国海洋公共外交的重要任务。通过海洋公共外交促进蓝色伙伴关系构建也契合约瑟夫·奈提出的公共外交涉及"建设长期关系以构建一个

① 习近平："共同构建人类命运共同体"，《人民日报》，2017 年 1 月 20 日，第 2 版。
② "构建蓝色伙伴关系促进全球海洋治理"，自然资源部官网，2017 年 7 月 5 日，http://www.mnr. gov. cn/zt/hy/lhgkcxfzhy/201707/t20170705_ 2102733. html，访问时间：2020 年 3 月 8 日。
③ 朱璇、贾宇："全球海洋治理背景下对蓝色伙伴关系的思考"，《太平洋学报》，2019 年第 1 期，第 54 页。

对政府政策有利的环境"的观点。①

（四）传播传统海洋文化，传递命运共同体理念

中国丰富的海洋文化遗产反映了中华民族对海洋的传统认知，融合了中国传统文化中的价值精髓。经过数千年的沉淀，中国人对海的想象是"博大"与"包容"，是"和平"与"互助"。古代海上丝绸之路，不仅仅是中国与各民族的商业贸易之路，更是文化交流、文明互鉴之路。伟大的航海家郑和以"宣德化而柔远人"的宗旨，为中国古时的海洋外交实践深深地打上了和平烙印。他"没有签订一个不平等条约，没有拓展一块疆土，没有带回一个奴隶，还为沿途国家剿灭海盗，广播仁爱于友邦"，开创了海上和平与友好往来的世界范例。②

中国的海洋公共外交既要将这些中国传统海洋文化传播出去，更要讲清楚当前中国海洋强国战略、中国的全球海洋治理观与中国传统海洋文化之间的渊源关系。正如习近平总书记强调的那样，"把继承传统优秀文化又弘扬时代精神、立足本国又面向世界的当代中国文化创新成果传播出去"③。中国提出的海洋命运共同体理念就蕴含了中国传统文化精髓中的"包容""和平"和"互助"精神，其提出反映了中国面对当前全球海洋领域存在治理赤字、信任赤字、和平赤字、发展赤字而展示出来的担当意识，应该通过公共外交的手段传播出去。

（五）塑造良好国家形象，提升蓝色软实力

国家形象是"主权国家最重要的无形资产"④。"良好的形象能产生信任和合作，有助于建立联盟，为经济提供动力，从而为国家利益做出贡献"。⑤ 因此，国家形象与国家利益之间存在密切关联。海洋公共外交应将

① Joseph S. Nye, Jr, "Public Diplomacy and Soft Power", *The Annals of the American Academy of Political and Social Science*, Vol. 616, No. 1, 2008, pp. 94–109.

② 吴胜利："构建和谐海洋，就应当让海洋远离战争"，中新网，2009 年 4 月 21 日，http://finance.chinanews.com/gn/news/2009/04-21/1655971.shtml，访问时间：2020 年 3 月 10 日。

③ "建设社会主义文化强国着力提高国家文化软实力"，《人民日报》，2014 年 1 月 1 日，第 1 版。

④ 管文虎：《国家形象论》，成都科技大学出版社，2000 年版，第 23 页。

⑤ Falk Hartig, "How China Understands Public Diplomacy: The Importance of National Image for National Interests", *International Studies Review*, Vol. 18, No. 4, 2016, pp. 655–680.

树立良好的国家形象作为重要使命。

作为中国参与全球海洋治理的重要方式，涉海公共产品供给是提升中国国家形象的有效路径。目前，中国在海洋领域已经打造了一系列不同性质的公共产品。如中国政府提出的"蓝色伙伴关系"是倡议类公共产品，覆盖阿拉伯海和孟加拉湾等海域的"海上丝绸之路"海洋环境预报保障系统是信息类公共产品，中国军队在亚丁湾护航是安全类公共产品，中国海洋经济博览会则属于经济类公共产品。面向各国民间提供海洋公共产品，其本身就是一种公共外交，有助于塑造中国在海洋领域的良好国家形象，从而"赢得全球伙伴的尊重"①。例如，中国海军从 2008 年 12 月至 2018 年 12 月，组建 31 批护航编队在亚丁湾、索马里海域为中外船舶执行护航任务 1190 批次，将"危险海域"重新打造成"黄金航道"②，"不仅增强了中国在反海盗伙伴眼中的海上形象，而且有助于缓解人们对中国海军有朝一日崛起后可能威胁到近海以外地区的海上繁荣的担忧""提升了中国的'蓝色软实力'"③。

四、结　语

海洋是"流动的连续整体"，这注定海洋问题不是一国的问题，而是全人类共同的问题。同样，海洋发展也不再是单纯的海上军事力量的发展，而是牵涉多个领域的复合体④。应该说，中国海洋公共外交在服务于海洋命运共同体构建方面，拥有巨大的发展机遇和宽广的实践空间。然而，中国海洋公共外交实践与研究的现状与海洋的战略性特征严重不相称。在海洋公共外交实践方面，缺乏规划和协调的顶层设计，对已有公共外交资源挖掘不够，在具体操作上还处于"大写意"阶段，尚未向"工笔

---

① 杨剑："建设海洋命运共同体：知识、制度和行动"，《太平洋学报》，2020 年第 1 期，第 95 页。

② "中国海军第 31 批护航编队启航致敬护航十周年"，新华网，2018 年 12 月 9 日，http://www. xinhuanet. com/mil/2018-12/09/c_ 1210011656. htm，访问时间：2020 年 3 月 12 日。

③ Andrew Erickson and Austin Strange, "China's Blue Soft Power: Antipiracy, Engagement, and Image Enhancement", *Naval War College Review*, Vol. 68, No. 1, 2015, pp. 71 – 92.

④ 谢茜："新中国 70 年海洋强国建设"，《中国高校社会科学》，2019 年第 5 期，第 29 页。

画"转型。在海洋公共外交研究方面，国内学界产出严重不足。但是，比这些更需要引起重视的是，中国各个涉海行为体以及涉海研究界的公共外交意识尚需进一步加强。詹姆斯·帕门特（James Pamment）指出，公共外交中存在"责任意识"或"责任文化"，公共外交的政策执行者和学者都需要加倍努力，把国家责任感和责任文化融入到未来的公共外交实践之中。① 因此，中国海洋公共外交迎来大发展的前提之一就是各个海洋公共外交行为体要自觉拥有强烈的公共外交责任意识。从这个角度来看，2017年11月中国太平洋学会在第七届公共外交"北京论坛"上成立"公共外交专业委员会"，其意义除了为中国海洋公共外交研究搭建专业的交流平台外，还将有助于激发或引导多元行为体公共外交责任意识的培育。

---

① ［英］詹姆斯·帕门特著，叶皓等译：《21 世纪新公共外交：政策和实践的比较研究》，南京大学出版社，2016 年版，第 145 页。

全球海洋治理视域下构建"海洋命运共同体"的意涵及路径

马金星*

一、引　言

　　海洋治理是全球治理的重要领域，是国际社会应对海洋领域已经影响或者将要影响全人类的全球性问题的集体行动。[①] 进入 21 世纪，海上非传统安全威胁、海洋垃圾、溢油污染、海洋酸化、过度捕捞等全球性海洋危机，严重制约着人类社会可持续发展，区域性海洋问题通过地缘政治、贸易体系、生态环境等系统要素向全球蔓延，扩展为对全人类生存与发展的严重威胁，各国在全球海洋治理中也具有越来越广泛的共同利益。"全球治理体制变革离不开理念的引领，全球治理规则体现更加公正合理的要求离不开对人类各种优秀文明成果的吸收"。[②] 要化解全球海洋治理困境，推动国家之间在海洋事务领域构建平等互利、友好合作关系，维护人类与海洋和谐共生的关系，就必须确立以对话取代对抗、以双赢取代零和

*　马金星（1986—），男，天津人，中国社会科学院国际法研究所助理研究员、中国社会科学院海洋法治研究中心研究人员，法学博士，主要研究方向：国际海洋法，海洋治理。
　　基金项目：本文系 2020 年国家社科基金青年项目"国际组织在国际海洋法律秩序演进中的功能研究"（20CFX087）阶段性成果。

① 目前尚不存在一个被普遍接受的"全球海洋治理"定义。有关全球海洋治理概念的讨论，参见黄任望："全球海洋治理问题初探"，《海洋开发与管理》，2014 年第 3 期，第 51 页；王琪、崔野："将全球治理引入海洋领域：论全球海洋治理的基本问题与我国的应对策略"，《太平洋学报》，2015 年第 6 期，第 17 – 18 页；Edward H. Allison，"Big laws, small catches: global ocean governance and the fisheries crisis"，*Journal of International Development*，Vol. 13，No. 7，2001，pp. 933 – 950.

② 习近平：《论坚持推动构建人类命运共同体》，中央文献出版社，2018 年版，第 261 页。

的新理念。2019 年习近平主席首次提出"海洋命运共同体"理念,指出"我们人类居住的这个蓝色星球,不是被海洋分割成了各个孤岛,而是被海洋连结成了命运共同体,各国人民安危与共"。① 海洋命运共同体是人类命运共同体在全球海洋治理领域的延伸,构建海洋命运共同体秉持共商共建共享原则,倡导和平合作、开放包容的治理理念,寻求国际社会携手应对全球性海洋威胁与挑战。以海洋命运共同体理念聚合全球海洋治理共识,顺应和平与发展的时代主题,构建以合作共赢为基础的海洋伙伴关系,维护以国际法为基础的国际海洋秩序,对于国际社会共同应对全球海洋危机、完善全球海洋治理体系,具有重要的理论价值和现实意义。

二、全球海洋治理中的既存困境:构建海洋命运共同体的时代需求

全球海洋治理属于全球治理范畴。全球治理从根本上讲是基于国际规则和综合国力的"相互治理",② 全球海洋治理亦然。伴随世界多极化和经济全球化向纵深发展,海洋领域呈现全球共治的发展趋向,在此过程中,国家利己主义和国际社会集体行动协调困境加剧了全球海洋治理领域内的对抗。以构建海洋命运共同体化解全球海洋治理困境,是维护海洋和平安宁和实现可持续发展的时代选择。

(一)多极化时代全球海洋治理困境的解构

解构困境是推进全球海洋治理的出发点之一。全球海洋治理面临的种种问题,穷根溯源来自于理念的偏差,从基于国际法和综合国力的"相互治理"的视角出发,国家利己主义以及缺乏寻求持久性解决方案的国际社会集体行动协调困境,是阻碍全球海洋治理效能提升的主要因素。

---

① 《习近平集体会见出席海军成立 70 周年多国海军活动外方代表团团长》,《人民日报》,2019年 4 月 24 日,第 1 版。
② 参见何亚非:"全球治理改革与新世纪国际秩序的重塑",《中国国际战略评论(2016)》,世界知识出版社,2016 年版,第 20 页。

国家利己主义①冲击国际海洋秩序。国际海洋秩序是全球海洋治理的运行基础，其建立和维持则是国际社会采取共同行动的结果，具有国际协调性，充满了多层次的国际互动和制度创新。有学者指出，第二次世界大战后，国际海洋秩序逐渐分化为两条截然不同的路径，形成以 1982 年《联合国海洋法公约》（以下简称《公约》）为基础的海洋政治经济秩序和以美国为主导的海洋安全秩序，② 当前个别国家对国际海洋秩序不负责任的破坏行为以及单边主义、贸易保护主义等，都是国家利己主义的表现。③具体而言，在海洋政治经济方面联合国秩序与强权秩序并存并行，《公约》构建的机制与规则被全球 168 个国家所接受，④ 具有相对开放性和均衡性特征，联合国在促进国际社会更广泛地接受《公约》并以合理和一致的方式加以应用等方面，发挥着重要作用。但是，公约作为国家之间、国家与国家集团之间利益博弈与妥协的产物，许多条款具有原则性和宏观性特征，甚至具体含义模糊不清。近年来围绕《公约》及其附件适用及解释方面的争端，反映了少数国家解释和适用《公约》方面的双重标准和实用主义取向，将不公正的意志强加于他国，进而强化和掌控其所主导的海洋政治经济秩序。在海洋安全秩序方面，自二十世纪九十年代以来，世界海洋军事力量对比呈现"一超多强"的格局，美国海军在冷战结束后成为全球最强大的海上军事力量，不可否认，当今的国际海洋安全秩序带有较强的美国烙印。⑤ 与此同时，国际海上力量对比正在发生深刻变化，新兴市场

① 所谓国家利己主义，便是在国际关系和世界事务中只考虑本国、本民族的利益，不顾及其他国家、民族以及整个人类的利益，甚至将本国、本民族的利益凌驾于其他国家和民族之上，为了自己的利益而不惜损害他人利益以及全人类的根本利益。参见贾高建："当代世界发展格局与构建人类命运共同体"，《经济社会体制比较》，2019 年第 6 期，第 3 页。

② 参见胡波："中国海上兴起与国际海洋安全秩序——有限多极格局下的新型大国协调"，《世界经济与政治》，2019 年第 11 期，第 8 - 9 页。

③ 参见郭延军："凝聚国际共识，推动全球治理"，光明网，2019 年 6 月 30 日，https://theory. gmw. cn/2019-06/30/content_ 32960469. htm. 访问时间：2020 年 3 月 15 日。

④ "United Nations Convention on the Law of the Sea"，May 27, 2020, Office of Legal Affairs UN, https：//treaties. un. org/Pages/ViewDetailsIII. aspx？ src = TREATY&mtdsg_ no = XXI- 6&chapter = 21&Temp = mtdsg3&clang = _ en. 访问时间：2002 年 3 月 15 日。

⑤ 参见张军社："国际海洋安全秩序演进：海洋霸权主义仍存"，《世界知识》，2019 年第 23 期，第 14 页。

国家和发展中国家群体性崛起正在改变全球政治经济版图，参与全球海洋治理的主体既有强权国家也有非强权国家，既有发达国家也有发展中国家，非政府组织等非国家行为体也参与其中，① 国际海洋秩序呈现平等参与、共同发展、共享成果的时代特征，任何海上力量已无力追求单极的全球霸权与秩序。以单边主义和强权政治为内核的"海权论"的核心在于"控制"，由一国控制海洋并剥夺他国享有海洋权益的霸权主义行为，是典型的逆全球化行为，不符合当今世界奉行的多极化和全球化价值共识。②

国际社会集体行动协调困境造成海洋"公地悲剧"。海洋占地球表面积的71%，其中公海面积约占全球海洋总面积的64%，海洋"公地悲剧"是根据自身利益独立行动的个体通过耗尽或破坏国家管辖外海域资源而损害群体共同利益的现象。③ 现代海洋开发活动在迅速展现其巨大的经济效益的同时，对国家管辖外海域也带来一系列全球性海洋生态环境问题。④ 与发生在大陆的"公地悲剧"相比，海洋"公地悲剧"是国家主权地域空间外的结构陷阱，化解海洋"公地悲剧"显然既无法依靠私有化、污染者付费、许可证制度等政府治理方式，也无法依靠以控制为核心的国际强权政治。当前全球海洋治理的窘境体现在治理效用与治理意愿两方面：就治理效用而言，现实境遇下全球范围内发生的海洋微塑料污染、海洋酸化、海洋垃圾漂移等问题一再表明，任何一国不负责任的行为足以引起全球性海洋生态环境危机，但却没有一个国家具备独立承担推进全球海洋治理的能力。就治理意愿而言，参与国际交往的每一个国家都具有特定的海洋利益，其参与全球海洋生态环境治理的内在动力源于追求利益最大化和自身绝对安全的天性。而"公地悲剧"是个体获得利益，但是却将危机转嫁给国际社会的现实写照，某一国家追求自我利益的行动并不会促进国际社会

① 陈吉祥："构建'善治'的新型海洋秩序"，《人民论坛》，2019年第10期，第56页。
② 金鑫、林永亮："共同推动世界多极化深入发展"，《人民日报》，2019年2月15日，第9版。
③ See Joris Gillet, Arthur Schram, Joep Sonnemans, "The tragedy of the commons revisited: the Importance of group decision-making", *Journal of Public Economics*, Vol. 93, No. 5, 2009, pp. 785–786.
④ "中国海洋21世纪议程"，中国人大网，2009年10月31日，http://www.npc.gov.cn/zgrdw/huiyi/lfzt/hdbhf/2009-10/31/content_ 1525058. htm。访问时间：2020年3月20日。

公共利益。同时，获益行为体与具备海洋控制力的国家行为体并不必然耦合，甚至不具备消除自身引发环境危机的实力，在收益外溢效应面前，要求具备一定海洋治理能力的国家行为体"无偿"为获益者"买单"，不仅有违国际交往的法理与道义，而且也是不切实际的幻想。

（二）构建海洋命运共同体符合全球海洋治理的时代趋向

经济全球化和国际经济一体化加速发展，促使各国认识到在各自国家利益中，必然存在有"人类具有超越单个国家利益的共同利益"，① 构建海洋命运共同体不是要建设一个凌驾于主权国家之上的世界政府，② 也非中国"一厢情愿"构建国际海洋秩序话语体系的单边行动，而是基于世界多极化、经济全球化、国际关系民主化的把握和判断，在国际社会价值共识基础上"求同存异"，对人类共同追求的海洋治理观的具体表达。

海洋命运共同体符合人类共同追求的国际法治观。当今国际体系是在一套国际法原则之下进行运作的，③ 为谋求一己之私，粗暴践踏国际法和国际关系基本准则，将会把世界推入混乱无序甚至对抗冲突的危险境地。④ 将人类与海洋视为一个整体、合理开发利用海洋资源的思想早在二十世纪初即被国际法所认可，1911 年《北太平洋海豹保护公约》、1931 年《国际管制捕鲸公约》等国际公约，率先尝试通过国际合作协调利用和有效管理海洋生物资源。《公约》在"序言"中明确"各国意识到各海洋区域的种种问题都是彼此密切相关的，有必要作为一个整体加以考虑"，第 136 条规定"'区域'及其资源是人类的共同继承财产"，体现了全人类的利益和需要。此后，在《生物多样性公约》《国际船舶压载水和沉积物控制与管理公约》等国际公约中，都存在有关共同体思想的表述。概言之，人与海洋和谐共生是全人类共同关切的事项，海洋命运共同体理念强调以整体思

---

① 李赞："建设人类命运共同体的国际法原理与路径"，《国际法研究》，2016 年第 6 期，第 68 页。
② 参见苏长和："构建人类命运共同体的制度基础"，《光明日报》，2018 年 3 月 27 日，第 6 版。
③ 王江雨："权力转移、模式之争与基于规则的国际秩序——国际关系与国际法视角下的中美关系"，《中国法律评论》，2018 年第 5 期，第 11 页。
④ 《新时代的中国与世界》白皮书（2019 年 9 月），国务院新闻办公室网，2019 年 9 月 27 日，http://www.scio.gov.cn/ztk/dtzt/39912/41838/index.htm。访问时间：2020 年 3 月 20 日。

维解决日益复杂的全球性海洋问题，反映了国际法的基本原则和普遍价值，与国际海洋法律制度致力于维护海洋和平利用、追求以人类为整体利益的目标具有一致性。

构建海洋命运共同体顺应全球共治的趋向。全球海洋治理的本质是全球共治，全球共治的基本框架是构建全球性的权威协调，国家间关系结构强调从利益关系向朋友关系转变，对待异见的方式是求同存异，互动形式则是多主体协商民主。① 全球化时代国际政治向全球政治转型，需要建构一种全球共治的新理论，这种理论的核心原则是全球所有角色的共治，即审视当代国际事务必须要有全球视野、全球观念，参与治理的主体必须从传统国家行为体扩展到非国家行为体，② 在全球多边主义合作基础上实现共同治理。当今人类社会的命运、利益和诉求正以前所未有的紧密程度交织在一起，③ 民族国家间以海洋为纽带形成的相互依赖，只会日益加深而不会减弱。这种相互依赖关系，不可避免地促使各民族国家在政治、经济、文化、科技等各个方面为了谋求和维护相关利益而进行不同程度的协调与联合、交往与合作。④ 构建海洋命运共同体致力于推动全球化朝着更为公平的方向发展，世界各国均可参与海洋治理，以避免造成全球化时代海洋权益的分配不均及助长全球化逆流。但是，构建海洋命运共同体并非完全等同于全球共治，二者既存在联系，也存在区别。就联系而言，构建海洋命运共同体与全球共治均认同全球性海洋问题需要国际社会以共同治理的方式加以解决，不同国家、不同民族应当以共同发展为特征，以平等参与为手段，以成果共享为目标，⑤ 以良性竞争拓展共同利益，通过对话协商的形式，在广泛合作基础上构建超越狭隘单边主义的海洋控制价值规则，基于共同体本位推动国际海洋秩序朝着更加公正合理的方向发展。就

① 高奇琦："全球共治：中西方世界秩序观的差异及其调和"，《世界经济与政治》，2015 年第 4 期，第 67 页。
② 蔡拓："全球治理的反思与展望"，《天津社会科学》，2015 第 1 期，第 109 页。
③ 廖凡："全球治理背景下人类命运共同体的阐释与构建"，《中国法学》，2018 年第 5 期，第 42 页。
④ 李爱华等：《马克思主义国际关系理论》，人民出版社，2006 年版，第 279 页。
⑤ 陈吉祥："构建'善治'的新型海洋秩序"，《人民论坛》，2019 年第 10 期，第 57 页。

区别而言，全球共治的基本框架是构建全球性的权威协调，构建海洋命运共同体强调在国际关系民主化基础上，国际社会在全球海洋治理中是一个整体。概言之，在全球海洋治理中实现双赢和多赢是构建海洋命运共同体的基本态度，在海洋资源利用、产业对接、科技研发等诸多领域，以和平方式消弭冲突，以合作取代对抗，深化国际合作，符合各国的长远利益。

三、全球海洋治理中的价值共识：构建海洋命运共同体的精神底蕴

一般需求或共性需求催生出主体间的共同利益，进而孕育出基于相同的需求和利益取向的价值共识。[①] 2015 年习近平主席提出"和平、发展、公平、正义、民主、自由"是全人类的共同价值这一基本论断，[②] 是对当代人类文明基本价值观的一个总的表达，也是构建海洋命运共同体的精神底蕴。在全人类共同价值观基础上构建海洋命运共同体，既不是意识形态领域价值观的单向输出，也不是将全球海洋治理纳入为某一国家的利益服务的体系，而是基于全球海洋治理中的价值共识塑造国际海洋治理体系。

（一）和平发展是构建海洋命运共同体的时代价值

时代及时代主题，是马列主义看待和研究世界的独特方法和视角。[③]党的十九大报告指出，"世界正处于大发展大变革大调整时期，和平与发展仍然是时代主题"。[④] 和平与发展是立足于时代共识的客观生成规律，在对世界形势进行了全面深刻分析基础上，对于时代主题的科学论断，也是中国参与全球治理秉持的价值观。

和平利用海洋是全球海洋治理的时代共识。第二次世界大战结束后，尽管美国成为唯一一个海军力量遍布全球、具备在全球任何地点采取决定

---

① 汪亭友："'共同价值'不是西方所谓'普世价值'"，《红旗文稿》，2016 年第 4 期，第 8 页。
② 习近平："携手构建合作共赢新伙伴，同心打造人类命运共同体"，人民网，2018 年 1 月 4 日，http://theory.people.com.cn/n1/2018/0104/c416126-29746010.html。访问时间：2020 年 4 月 5 日。
③ 胡波："后马汉时代的中国海权"，《边界与海洋研究》，2017 年第 5 期，第 9 页。
④ 习近平：《决胜全面建成小康社会 夺取新时代中国特色社会主义伟大胜利——在中国共产党第十九次全国代表大会上的报告》，中国政府网，2017 年 10 月 27 日，http://www.gov.cn/zhuanti/2017-10/27/content_5234876.htm。访问时间：2020 年 4 月 5 日。

性攻势战略能力的国家，但是既存国际政治格局和国际关系体系与二十世纪初叶相比，已经大不相同。第三世界国家成为反抗经济、政治与文化等诸多层面霸权主义压迫的新兴政治力量，英国、法国、日本、俄罗斯、中国等国家及一些国际组织也是国际格局中的重要力量。① 伴随海上权力的扩散与转移，任何国家很难通过战争手段改变目前的海洋地缘政治格局、实现海洋霸权，大国之间的大规模海上武装冲突鲜有发生，② 少数海洋强国放弃政策自主性以换取制度化合作的必要性逐步提升，全球海洋和平得以维系。与此同时，国际海洋法编纂工作取得了很大成就，规范各类海上活动的国际条约日益增加，和平解决国际争端成为一项普遍性国际义务，"炮舰外交"越来越受到海洋政治格局、国际法与国际舆论的束缚，在全球海洋治理中共同维护和平稳定的国际环境，成为全人类的主流诉求和价值共识。在总体和平的国际环境下，海洋不仅成为所有国家发展所需战略资源的获取空间，也是助力经济全球化及区域经济一体化的联系纽带，③ 世界经济相互依存度越来越高，全球各国的经济、政治、文化联系更加紧密，这意味着任何国家都不能游离于全球海洋治理体系之外，④ 必须以命运共同体的形式携手合作构建新型国际关系，共同让和平的薪火代代相传，让发展的动力源源不断。⑤

可持续发展是全球海洋治理的时代认知。海洋与人类的发展息息相关，人类直接或间接地受益于沿海和海洋生态系统所提供的产品和服务，全球67%的人口生活在距离海岸400公里范围内，⑥ 全球国内生产总值的

① 参见郑雪飞："第一次世界大战初期的美英伦敦宣言之争"，《史学月刊》，2001 年第 4 期，第 91−95 页。

② 如 1982 年英国与阿根廷的福克兰群岛（马尔维纳斯群岛）争夺战、1984 年美国在尼加拉瓜实施的军事及准军事行动、1988 年中国与越南在南沙群岛发生的海战、1999 年韩国与朝鲜在延坪岛海域发生的海战等；有时武装冲突会从陆地蔓延至海上，如两伊战争（Iran-Iraq War）期间爆发的"袭船战"。

③ 李国选：《中国和平发展进程中的海洋权益》，中国民主法制出版社，2016 年版，第 6−7 页。

④ 杨守明："不断深化的马克思主义时代理论研究"，《人民日报》，2011 年 9 月 29 日，第 14 版。

⑤ 张明："中欧合作构建新型国际关系和人类命运共同体"，中国驻欧盟使团网，2018 年 5 月 30 日，http://www.chinamission.be/chn/dswz2017001/t1563907.htm.访问时间：2020 年 4 月 10 日。

⑥ Christopher Small, Joel E. Cohen, "Continental physiography, climate, and the global distribution of Human Population", *Current Anthropology*, Vol. 45, No. 2, 2004, p. 272.

61% 来自海洋和距离海岸线 100 公里之内的沿海地区①。自二十世纪七十年代以来，因陆源污染、海难事故、过度捕捞、气候变化等原因，导致了一系列举世震惊的海洋生态灾难及环境公害事件。此后，国际社会对海洋的认知重点从其自然属性扩展到社会经济属性，海洋不再被单纯视为自然环境的一部分，而是人类社会获取可持续发展的保障，② 海洋治理与消除贫困、实现持续经济增长、保证粮食安全、应对气候变化、保护生物多样性等全球治理核心议题紧密联系在一起。海洋命运共同体综合了经济、社会、生态环境三大目标，秉持共商共建共享的全球海洋治理观，强调人类的命运与海洋的命运紧密相连，沿海国家、内陆国家和岛屿国家人民的命运紧密相连，倡导保护生态环境，推动经济、社会、环境协调发展，实现人与自然、人与社会和谐的基本理念。海洋命运共同体蕴涵的发展观对于全球海洋治理的意义是双重的。一方面，构建海洋命运共同体尊重和维护可持续发展作为全人类主流诉求的价值判断，认可以可持续方式开发利用海洋，由各国共同分享海洋发展成果。另一方面，构建海洋命运共同体追求人类社会共同发展，突出世界各国在全球海洋治理中不仅是利益共同体，也是责任共同体，在全球海洋治理进程中应当团结互助、相互支持，共同落实全球海洋治理的责任与义务。

（二）公平正义是构建海洋命运共同体的目的价值

构建海洋命运共同体继承和发展了马克思主义公平正义观。马克思主义公平正义观否定超自然存在的唯心主义公平正义观，主张公平正义是对现实经济关系与评价主体利益之间关系的反映，③ 公平正义在不同领域的具体涵义不尽相同。④ 构建海洋命运共同体是在国际关系理论和实践层面，对马克思主义公平正义观的继承和发展，它倡导在充分尊重国家合法权益

---

① Paulo A. L. D. Nunes, Andrea Ghermandi, "The economics of marine ecosystems: reconciling use and conservation of coastal and marine systems and the underlying natural capital", *Environmental and Resource Economics*, Vol. 56, No. 4, 2013, p. 460.

② 朱璇、贾宇："构建蓝色伙伴关系 推动全球海洋治理"，《中国海洋报》，2019 年 2 月 26 日，第 2 版。

③ 参见《马克思恩格斯全集》第 18 卷，人民出版社，1995 年版，第 309 – 310 页。

④ 参见杨宝国：《公平正义观的历史·传承·发展》，学习出版社，2015 年版，第 39 页、第 53 页。

的同时，以民族国家为构成的国际社会应树立一种和睦团结的精神，以及基于共同体的价值关怀与责任意识。在全球海洋治理进程中，构建海洋命运共同体蕴涵的公平正义观包含三层含义。

首先，在全球海洋治理中坚持正确的义利观。"义，反映的是我们的一个理念，共产党人、社会主义国家的理念……我们希望全世界共同发展，特别是希望广大发展中国家加快发展。利，就是要恪守互利共赢原则，不搞我赢你输，要实现双赢"。[1] 在全球海洋治理中追求公平正义，是实现人类社会内在的和谐统一，而不是表象上的相同和一致，它不仅在国际关系及国际政治领域中施行，还应当在社会经济的领域中施行。[2] 正确的义利观是对西方现实主义国际关系理论狭隘国家利益观的超越，[3] 它既蕴涵了经济伦理，也包括政治伦理。[4] 在全球海洋治理中坚持正确的义利观，倡导摒弃"零和"思维，在海洋开发利用过程中，"不能只追求你少我多、损人利己，更不能搞你输我赢、一家通吃。只有义利兼顾才能义利兼得，只有义利平衡才能义利共赢"。[5] 换言之，实现海洋领域共同繁荣和清洁美丽，必须秉持义利相兼、以义为先的原则，使本国利益与他国利益协调平衡，兼顾发展中国家、小岛屿国家发展经济、保障就业、消除贫困等利益诉求。

其次，公平分担全球海洋公共产品供给责任。全球海洋公共产品对于消除贫困、实现持续经济增长、保证粮食安全及创造可持续生计和有包容性的工作都发挥着不可替代的作用。[6] 由于国家领土、国家实力、经济发展水平、海洋地理等因素的差异，全球海洋公共产品的供给与消费是不对

---

① 《习近平的外交义利观》，中国日报网，2016 年 6 月 19 日，https：//cn. chinadaily. com. cn/2016xivisiteeu/2016-06/19/content_ 25762023. htm。访问时间：2020 年 4 月 10 日。
② 张清："马克思主义公平正义观的新境界"，《学习时报》，2017 年 8 月 28 日，第 3 版。
③ 尚伟："正确义利观：构建人类命运共同体的价值追求"，《求是》，2018 年第 10 期，第 60 页。
④ 范希春："人类命运共同体：科学社会主义的最新理论成果及其世界性贡献"，《中共杭州市委党校学报》，2020 年第 1 期，第 10 页。
⑤ 《习近平的外交义利观》，中国日报网，2016 年 6 月 19 日，https：//cn. chinadaily. com. cn/2016xivisiteeu/2016-06/19/content_ 25762023. htm。访问时间：2020 年 4 月 10 日。
⑥ See Cristiana Pasca Palmer, "Marine biodiversity and ecosystems underpin a healthy planet and social well-being", *UN Chronicle*, Vol. 54, Iss. 2, 2017, pp. 59－61.

称的，在全球海洋治理中无论是霸权垄断公共产品供给，还是在权利和义务分配上一味追求达到某种程度的"平等"，其结果可能是在不平等基础之上的恶性竞争、从而产生更多有失公平正义的现象。① 构建海洋命运共同体强调建立公平正义的国际海洋新秩序，意味着在国家政治地位平等的基础上，海洋大国及强国在追求自身权力和国家的生存过程中，应主动承担应有的供给责任，不应将公共产品供给作为对外关系中相互残杀、争夺霸权的工具，② 其他国家在自身发展阶段、能力和国情基础上，主动承担与自身发展阶段、能力相适应的责任，最大限度地实现平等互利互惠的治理目标。

最后，倡导共商共建共赢的新型国际合作路径。"现在，世界上的事情越来越需要各国共同商量着办，建立国际机制、遵守国际规则、追求国际正义成为多数国家的共识"。③ 恩格斯曾说："国际合作只有在平等者之间才有可能，甚至平等者中间居首位者也只有在直接行动的条件下才是需要的。"④ 霸权合作与制度合作论是西方主流国际合作理论，霸权合作论依赖的霸权国的权力，制度合作论依赖的国际制度，二者发挥保障作用的落脚点皆为具有强制力的大国权力。⑤ 在霸权合作与制度合作逻辑之下，公平正义的定义具有单向性，以自身秉持的价值观为判断标准。构建海洋命运共同体改变了传统西方国际合作范式，在推动国际关系民主化进程中，以各国自主追求共同发展的合规律性选择作为立足点，"共商"即通过各国共同协商达成政治共识、寻求共同利益；"共建"即在主权平等基础上共同参与海洋治理，在治理过程中优势互补，各尽所长；"共赢"是指各国分享发展机遇和成果，在全球海洋治理中形成互利共赢的命运共同体。概言之，倡导共商共建共赢的合作路径，体现了海洋命运共同体所具有的

---

① 参见阎学通："公平正义的价值观与合作共赢的外交原则"，《国际问题研究》，2013 年第 1 期，第 6 – 14 页。
② 参见李爱华等：《马克思主义国际关系理论》，人民出版社，2006 年版，第 280 – 281 页。
③ 习近平：《论坚持推动构建人类命运共同体》，中央文献出版社，2018 年版，第 259 页。
④ 《马克思恩格斯全集》第 35 卷，人民出版社，1971 年版，第 261 页。
⑤ 蔡建红："人类命运共同体合作观探析"，《中国社会科学报》，2019 年 12 月 31 日，第 1 版。

开放性、平等性。

（三）民主自由是构建海洋命运共同体的秩序价值

以主权平等为基础的民主自由作为塑造当代国际海洋秩序的共识价值，在全球海洋治理中所体现的正义性、合理性使各种形式的海洋霸权主义、强权政治黯然失色。构建海洋命运共同体重申民主自由是塑造全球海洋治理框架的价值评估标尺，倡导各国人民齐心协力的共治秩序观，坚决反对和摒弃冷战思维和强权政治的统治秩序观。[①]

构建海洋命运共同体是全球海洋治理民主化的中国方案。二十世纪中叶至今，主权国家之间围绕国际海洋秩序的构建既存在合作也存在博弈，1958 年第一次联合国海洋法会议以来，和平利用海洋，通过编纂国际法律规则和广泛协商合作解决全球性海洋问题成为国际社会主流趋势，全球海洋治理主张建立以全球共治为主要内容的新秩序，而非强权统治下的大国共治。以 1982 年《公约》为基础的现代国际海洋法律体系，在规范海域法律地位、确保各国家在开发利用海洋的权益方面扮演着无可替代的角色。进入二十一世纪，追求控制海洋、频频挑战他国合法海洋权益的霸权主义和国际强权政治并未消失，反而严重干扰了全球治理秩序的稳定性。当发展中国家要求推进全球海洋治理民主化时，某些发达国家的心态便出现了失衡，试图推脱大国应尽的义务，[②] 因而以霸权主义和强权政治建构全球海洋治理体系，并不符合民主的精神和原则。针对全球海洋治理中的民主缺陷，在民主价值基础上推动构建海洋命运共同体，其目的不是将世界各国纳入为某一国家的利益服务的体系，而是坚定维护以联合国为核心的国际体系，坚定维护以国际法为基础的国际秩序，[③] 建立各国共同发展的海洋治理体系。概言之，在以联合国和公认的国际法则为基础的海洋秩

---

① 王永贵、黄婷："人类命运共同体为打造世界新秩序提供中国智慧"，《红旗文稿》，2019 年第 9 期，第 34 - 35 页。

② 李向阳："人类命运共同体理念指引全球治理改革方向"，《人民日报》，2017 年 3 月 8 日，第 7 版。

③ 《习近平会见联合国秘书长古特雷斯》，新华网，2019 年 4 月 26 日，http://www. xinhua-net. com/politics/leaders/2019-04/26/c_ 1124422622. htm。访问时间：2020 年 4 月 10 日。

序得到国际社会普遍认同的历史背景下，维护以《联合国宪章》（以下简称《宪章》）宗旨和原则①为基石的国际关系基本准则，善意适用和解释《公约》的规定，推动构建海洋命运共同体，是中国支持多边主义和国际关系民主化的具体方案。

构建海洋命运共同体倡导基于国际法的海洋秩序。就国际秩序而言，海洋不同于陆地的显著特征在其法律地位的层次化特征，《公约》将海洋划分为内水、领海、毗连区、专属经济区、大陆架、公海和国际海底区域等空间区域，并设定了相应的法律制度，沿海国对其领海享有主权，对其专属经济区享有主权权利和特定事项的管辖权；公海对所有国家开放，沿海国及内陆国均享有航行、飞越、捕鱼等《公约》规定的公海自由。构建海洋命运共同体继承了马克思主义"每个人的自由发展是一切人的自由发展的条件"的思想，②并融入"求同存异""和平共处五项原则"等中国特色外交理念。一方面，只有在每个国家依据国际法主张海洋权利得到充分尊重的情况下，参与全球海洋治理的国际力量才能不断扩张，建立民主、公正的全球海洋治理体系才具备可能性和现实性。另一方面，由于多边条约建构的国际海洋法在制度设计、规则解释和适用方面仍然存在模糊甚至缺陷，一国应善意行使其海洋权利，尊重和维护他国符合国际法的海洋自由。简言之，保护海洋自由需要在国际关系民主化进程中构建基于国际法的海洋秩序，以限制和约束国际强权政治保护正当海洋自由。构建海洋命运共同体展现了民主和自由价值的结合。

四、以构建海洋命运共同体推动全球海洋治理的路径指向

海洋命运共同体以价值共识为导向，追求"利益"与"价值"的融合，形成最大公约数意义上的行为规则和制度架构。构建海洋命运共同体

---

① 参见《联合国宪章》第1、第2条。

② "自由人联合体"之间到底是一种什么样的关系，马克思和恩格斯没有进行过论述。但从"自由人联合体"的性质、宗旨和原则可以推论，"自由人联合体"对外奉行的将是平等、互利、和平、民主的政策。李爱华等：《马克思主义国际关系理论》，人民出版社，2006年版，第280-281页。

不仅是对全球海洋治理体系理论基础的补充与完善，也是维护国际法治、构建和谐国际海洋秩序的中国方案。

（一）维护以国际法为基础的国际海洋秩序

构建海洋命运共同体在遵循《宪章》宗旨和原则基础上，致力于维护和谐海洋、共筑包容开发的国际海洋秩序，对此可以从三方面理解：一是以《宪章》宗旨和原则作为处理国际海洋事务的基本准则。《宪章》作为多边主义的基石，其有关宗旨和原则的规定确立了当代国际关系的基本准则，发展了公认的国际法原则，为人类社会发展指明了前进方向。[①] "当今世界发生的各种对抗和不公，不是因为《联合国宪章》宗旨和原则过时了，而恰恰是由于这些宗旨和原则未能得到有效履行。"[②] 海洋命运共同体强调维护及发展以《宪章》宗旨和原则为核心的国际海洋治理体系，反对独享或垄断海洋权益。在推动构建海洋命运共同体征程中，《宪章》的作用只能加强不能削弱，各国应共同维护《宪章》的权威性和严肃性，不可借国际法之名逃避国际责任或破坏和平稳定。二是遵循《联合国宪章》的宗旨和原则，和平解决国际海洋争端。国际海洋争端范围广泛、类型多种多样，这些争端背后往往纠结着长期的历史根源、敏感的民族情感、重大的现实利益和长远的未来需求等多方面因素，当事国政府均不会轻言放弃。[③] 一些国家在面对海洋争端时，采取挑起事端，使用或威胁使用武力的行为，不仅无法从根本上解决国际争端与矛盾，也难以营造持久和平。构建海洋命运共同体强调遵循《宪章》有关武力使用的规则，尊重各国根据国际法，在相互同意基础上自主选择和平方法与机制解决海洋争端的法律权利，"反对动辄使用武力或以武力相威胁，反对为一己之私挑起事端、激化矛盾，反对以邻为壑、损人利己"。[④] 三是建立包容性的国际海洋安全

[①] 徐晓蕾："中国代表：中国坚定维护《联合国宪章》宗旨和原则"，中央电视台网，2020 年 1 月 10 日，http://news.cctv.com/2020/01/10/ARTIposJqjydawSRio5cHoP3200110.shtml。访问时间：2020 年 4 月 10 日。

[②] 习近平：《论坚持推动构建人类命运共同体》，中央文献出版社，2018 年版，第 260 页。

[③] 张海文："全球海洋岛屿争端面面观"，《求是》，2012 年第 16 期，第 56 页。

[④] 习近平："积极树立亚洲安全观，共创安全合作新局面"，《人民日报》，2014 年 5 月 22 日，第 2 版。

秩序。以海洋命运共同体理念完善国际海洋安全秩序，倡导各国之间应当"对话而不对抗、结伴而不结盟"，以包容合作精神构筑共同安全，尊重和照顾彼此的海洋利益和关切①；"大国之间相处，要不冲突、不对抗、相互尊重、合作共赢；大国与小国相处，要平等相待，践行正确义利观，义利相兼，义重于利"②。基于历史经验和现实考量，必须承认不同国家在应对安全事务能力方面存在的差异，稳定的海洋安全秩序离不开大国协调和大国贡献，③ 大国应当承担更多国际责任。

基于法治理念发展《公约》确立的规则及制度。国际规则是全球海洋治理公平化、合理化的制度基础，个别国家在全球海洋治理规则协商制定及解释适用中推行实用主义、保护主义、孤立主义政策，是典型的逆全球化行为。④ 习近平主席指出："规则应该由国际社会共同制定，而不是谁的胳膊粗、气力大谁就说了算，更不能搞实用主义、双重标准，合则用、不合则弃""变革过程应该体现平等、开放、透明、包容精神，提高发展中国家代表性和发言权，遇到分歧应该通过协商解决，不能搞小圈子，不能强加于人。"⑤ 全球海洋治理追求人类作为一个整体的共同利益，国家不分大小、强弱、贫富，都是国际社会平等一员，都应该平等参与国际海洋规则制定。新兴市场国家和发展中国家是参与全球海洋治理的重要主体，制定和发展《公约》相关制度规则，不仅仅需要防范海洋霸权主义的恣意、限制强权国家任性专断地对待国际规则磋商的可能，更需要提高新兴市场国家和发展中国家代表性和发言权，维护发展中国家海洋发展空间。在规则适用和解释方面，构建人类命运共同体要求善意、准确、完整地解释和适用国际海洋法，反对缔约国及相关国际组织或机构无视《公约》的规

---

① 习近平：《论坚持推动构建人类命运共同体》，中央文献出版社，2018 年版，第 254 – 255 页。
② 习近平：《论坚持推动构建人类命运共同体》，中央文献出版社，2018 年版，第 254 页。
③ 胡波："中国海上兴起与国际海洋安全秩序——有限多极格局下的新型大国协调"，《世界经济与政治》，2019 年第 11 期，第 22 页。
④ 马峰："国际规则应由国际社会共同制定"，《人民日报》，2018 年 12 月 19 日，第 7 版。
⑤ 《习近平主席在亚太经合组织工商领导人峰会上的主旨演讲》，新华网，2018 年 11 月 17 日，http：//www.xinhuanet.com/politics/leaders/2018-11/17/c_ 1123728402.htm. 访问时间：2020 年 4 月 15 日。

定、滥用《公约》权利的行为。构建海洋命运共同体主张缔约国在《公约》框架内享有的自主选择争端解决程序和方式的权利，对于《公约》未予规定的事项，应继续遵循一般国际法的规则和原则予以解释和适用；国际司法及仲裁机构应以促进当事国最终和长久解决争端为己任，尊重当事国意愿，在当事国授权范围内依法准确解释和适用《公约》，避免越权、扩权和滥权。[1]

(二) 践行人与海洋和谐共生的国际环境治理路径

海洋可以没有人类，但是人类不能没有海洋。海洋生态系统是地球上最大的生态系统，全球90%的生物生长及生活在海洋，海洋吸收了四分之一人类排放到大气中的温室气体，[2] 全球约30亿人的生计依赖于海洋生物多样性，[3] 生态环境治理是国际海洋治理的重要一环，也是构建海洋命运共同体的应有之意。

倡导人与海洋和谐共生，海洋利用与保护有机结合。海洋利用与保护的关系是人类社会进入工业化发展阶段以来，人与海洋关系冲突的具体反映，具体表现为，人类对海洋资源开发的强度不断增大与海洋资源稀缺性、环境脆弱性之间的矛盾。党的十九大报告指出："人与自然是生命共同体，人类必须尊重自然、顺应自然、保护自然。"[4] "人与自然共生共存，伤害自然最终将伤及人类。空气、水、土壤、蓝天等自然资源用之不觉、失之难续。"[5] 构建海洋命运共同体秉持非人类中心主义伦理观，将中国传统文化中的"天人合一"思想融入其中，认可海洋生态系统的独立价值是

---

[1] "中国代表团在《联合国海洋法公约》第29次缔约国会议'秘书报告'议题下的发言"，联合国网，2019年6月19日，http://statements.unmeetings.org/media2/21996150/china-cn-.pdf。访问时间：2020年4月15日。

[2] Food and Agriculture Organization of the United Nations, "International Symposium on Fisheries Sustainability", FAO, November 21, 2019, http://www.fao.org/about/meetings/sustainable-fisheries-symposium/en/. 访问时间：2020年4月15日。

[3] 联合国："保护和可持续利用海洋和海洋资源以促进可持续发展"，联合国网，2019年9月25日，https://www.un.org/sustainabledevelopment/zh/oceans/。访问时间：2020年4月15日。

[4] 习近平：《决胜全面建成小康社会 夺取新时代中国特色社会主义伟大胜利——在中国共产党第十九次全国代表大会上的报告》，中国政府网，2017年10月27日，http://www.gov.cn/zhuanti/2017-10/27/content_5234876.htm。访问时间：2020年4月15日。

[5] 习近平：《论坚持推动构建人类命运共同体》，中央文献出版社，2018年版，第242页。

一种高于工具价值的客观存在，人类在维持充分的生命必需以外，没有减少海洋生物多样性的权利，[1] 承认人类与海洋具有共体性，要求人类尊重海洋发展的客观规律，在海洋生态环境承载限度内和确保海洋资源永续利用的前提下，科学合理地开发利用自然资源是开发利用海洋的基本目标。利用与保护在全球海洋治理中不是对立的，而是统一的，保护是开发利用海洋资源的前提，保护是为了更好地开发海洋资源，开发利用是保护海洋的必要体现，合理的开发本身就是一种保护。海洋资源类型千差万别，不同类型、区位海洋资源禀赋也各不相同。不科学的海洋利用方式是造成资源浪费或生态环境破坏的重要原因之一，协调海洋利用与保护方式目的在于保持经济发展与生态环境保护的一致性，以可持续发展引领海洋保护和利用，要求在特定地区及时间条件下来实现对海洋资源的科学利用和保护，同时还要通过一定的组织模式，协调人和环境、资源间的关系，真正意义上实现可持续发展。

构建海洋命运共同体蕴涵的环境治理内涵可以概括为三方面。一是遵循海洋自然规律，保障海洋资源基本存量。对于海洋不可再生资源，要有计划地适度开发，并着力提高循环利用的水平。[2] 海洋可再生资源在特定时间范围内的数量或种群也是有限的，并且资源存量和质量直接受到海洋环境的影响。因此，对于海洋资源的利用首先着眼于"量"的状态的维持，[3] 而非只看重其带来的经济效益，枉顾海洋生态环境变化。只有保障海洋资源的存量，同时维持海洋生态环境的稳定，才能够保持全球海洋资源生产力的持续增长或稳定的可用状态。二是实现海洋资源的合理利用，禁止权利滥用。合理利用海洋资源是世界各国共同追寻的目标，一些国家基于自身海洋利益的考虑，在和平利用海洋、抑制海洋酸化、消除海洋垃圾等领域，选择"搭便车"以逃避在全球海洋治理中应承担的责任，这些

---

[1] 参见黄德明、卢卫彬："国际法语境下的'人类命运共同体意识'"，《上海行政学院学报》，2015 年第 6 期，第 84 – 90 页。

[2] 孙志辉："用科学发展观引领我国海洋经济又快又好发展"，《求是》，2006 年第 11 期，第 57 – 58 页。

[3] 杜群："环境法与自然资源法的融合"，《法学研究》，2000 年第 6 期，第 121 页。

现象的出现严重影响了全球海洋治理的效果。① 《中国海洋 21 世纪议程》倡导海洋整体论，指出"一个国家邻近海域出现的生态与环境问题，往往会危及周边国家海域，甚至扩大到邻近大洋，有的后期效应还会波及全球"。② 各国负有确保在其管辖范围内或在其控制下的海洋使用行为不致损害其他国家环境的责任；如果一国因行使主权而对他国环境造成损害，则应承担相应的国家责任。三是优化海洋环境国际治理结构，完善资源的配置方式。中国倡导国际海洋治理多边主义，坚持在可持续发展框架内讨论环境问题，推动形成公平合理、合作共赢的国际环境治理多边体系，以实现环境保护与经济、社会发展的协调统一。③ 在应对渔业资源危机、海洋垃圾、海平面上升等危机方面，中国倡导以双边或多边合作的方式推进国际海洋环境治理，严格遵守相关政府间国际组织通过的养护和管理措施，④ 形成公平合理的海洋资源开发与成果分享秩序。

（三）以蓝色伙伴关系推动全球海洋经济可持续发展

经济全球化是全球海洋治理的原动力，推动全球海洋经济可持续发展是构建海洋命运共同体的"经济路径"。伙伴关系是一种新型的治理模式，是动员多元主体参与，调动多渠道资源以实现可持续发展的途径。⑤ 2017年中国提出构建开放包容、具体务实、互利共赢的蓝色伙伴关系的倡议，体现了以经济发展为内容的物质共同体。

以"蓝色伙伴关系"为纽带不断深化海洋领域国际经济合作，共同分

---

① 贺鉴、王雪："全球海洋治理视野下中非'蓝色伙伴关系'的建构"，《太平洋学报》，2019 年第 2 期，第 77 页。

② 参见《中国海洋 21 世纪议程》第 10.1 项，中国人大网，2009 年 10 月 31 日，http：//www. npc. gov. cn/zgrdw/huiyi/lfzt/hdbhf/2009-10/31/content_ 1525058. htm. 访问时间：2020 年 4 月 15 日。

③ "王毅部长在《世界环境公约》主题峰会上的发言"，外交部网，2017 年 9 月 28 日，https：// www. fmprc. gov. cn/web/wjbz_ 673089/zyjh_ 673099/t1497787. shtml. 访问时间：2020 年 4 月 20 日。

④ "中国常驻联合国副代表吴海涛大使在第 73 届联大关于'海洋和海洋法'议题的发言"，中国常驻联合国代表团网，2019 年 12 月 10 日，https：//www. fmprc. gov. cn/ce/ceun/chn/hyyfy/ t1621110. htm. 访问时间：2020 年 4 月 20 日。

⑤ 朱璇、贾宇："全球海洋治理背景下对蓝色伙伴关系的思考"，《太平洋学报》，2019 年第 1 期，第 59 页。

享来自海洋的发展机会、承担全球海洋治理责任，是构建海洋命运共同体的应有之义，也是海洋命运共同体"落地生根"的经济举措。迄今为止，中国已经与葡萄牙、塞舌尔、欧盟等国家和组织就构建蓝色伙伴关系签署了政府间文件，就建立"蓝色伙伴关系"达成共识。① 从上述政府间文件内容看，中国以蓝色伙伴关系打造海洋命运共同体、推进全球海洋经济可持续发展，具有以下内涵：一是维护多边贸易体系，促进全球经济一体化。面对单边主义和贸易保护主义严重冲击国际经济秩序，中国以建立蓝色伙伴关系作为参与全球海洋治理的主要途径，本质上是在践行多边主义、倡导贸易自由，以伙伴关系不断拓展与其他国家在海洋领域的合作，构建开放型的世界经济格局。二是追求代际公平，实现经济可持续发展。公平性在可持续发展原则中居于首要地位，实现海洋经济可持续发展不仅要求缩小区域之间的发展差距，满足当代人的共同福祉和利益需求，也强调不能损害后代发展与满足其自我需求的能力。代际公平是衡量可持续发展的标准之一，构建海洋命运共同体蕴涵的公平理念不仅涉及人与海洋的关系，也涉及当代人之间、当代与后代之间的公平关系。在当代人享受海洋带来的资源与便利的同时，后代子孙也有权拥有一个生机勃勃的海洋，并从中获取经济、文化及精神利益。三是寻求利益交汇点，务实合作应对共同挑战。在国际经济合作中，正常的贸易关系是建立在等价交换基础上的互惠互利关系。② 蓝色伙伴关系意味着一国发展其海洋经济不应将他国锁定在依附地位、永享垄断利润，而是尊重互利互惠的平等竞争关系，致力于推动优势互补、互通有无的开放型经济格局。从长远考量，只有共同增进海洋福祉才能促进海洋经济可持续发展，为建设新型国际海洋秩序注入强劲经济源动力。

以蓝色伙伴关系推动共建"21世纪海上丝绸之路"。共建"21世纪海上丝绸之路"旨在促进经济要素有序自由流动、资源高效配置和市场深度

---

① 刘川、鄂歆奕："参与全球海洋治理，推动海洋务实合作"，《中国海洋报》，2019年11月28日，第3版。
② 青原："认清本质洞明大势斗争到底——中美经贸摩擦需要澄清的若干问题"，《求是》，2019年第12期，第53页。

融合，其途径不是从排他性国家联盟的角度狭隘地组建经济联合体，也非将其他国家纳入中国设计与主导的联盟体系与制度网络中，而是以目标协调、政策沟通为主，由中国与沿线国家一道，不断充实完善合作内容和方式，共同制定时间表、路线图，积极对接沿线国家发展和区域合作规划，[①]以命运共同体理念将中国的发展同沿线国家发展结合起来，实现世界经济再平衡。《"一带一路"建设海上合作设想》提出建立全方位、多层次、宽领域的蓝色伙伴关系，进一步加强与"21世纪海上丝绸之路"沿线国的战略对接与共同行动。一是铸造互利共赢的蓝色经济引擎。共建"21世纪海上丝绸之路"、实现海洋经济可持续发展是多边进程，需要各国在海洋资源禀赋和生产技术方面优势互补，《"一带一路"建设海上合作设想》提出要重点建设以中国沿海经济带为支撑，向地中海、南太平洋和北冰洋延伸的三条蓝色经济通道，积极构建与各国经济社会发展目标契合的发展模式，体现了多元开放的经济合作进程。二是共同推动建立海上合作平台。《"一带一路"建设海上合作设想》申明中国愿与"21世纪海上丝绸之路"沿线各国一道开展全方位、多领域的海上合作，共同打造开放、包容的合作平台。在此基础上，中国与沿线国家积极探索环境与经济协调发展模式，[②]倡导并推动合作促进可持续渔业发展以及打击非法、未报告及不受管制的捕捞活动，发挥海洋环境和科学合作在发展蓝色经济、提升投资前景方面的潜力[③]，开展海洋科技、海洋观测及减少破坏合作；以双边或多边合作的形式，在全球、地区、国家层面，以及科研机构之间搭建常态化合作平台，[④]设立丝路基金，组建"一带一路"国际智库合作委员会，打

---

① 国家发展改革委、外交部、商务部："推动共建丝绸之路经济带和21世纪海上丝绸之路的愿景与行动"，商务部网，2016年1月26日，http://www.mofcom.gov.cn/article/ae/ai/201503/20150300928878.shtml。访问时间：2020年4月20日。

② "第二十一次中国-欧盟领导人会晤联合声明"，外交部网，2019年4月9日，https://www.fmprc.gov.cn/web/ziliao_674904/1179_674909/t1652696.shtml。访问时间：2020年4月20日。

③ "中国-中东欧国家合作杜布罗夫尼克纲要"，外交部网，2019年4月13日，https://www.fmprc.gov.cn/web/gjhdq_676201/gj_676203/oz_678770/1206_679306/1207_679318/t1654172.shtml。访问时间：2020年4月20日。

④ 张旭东："倡议有关各方共同建立蓝色伙伴关系"，新华网，2017年4月17日，http://www.xinhuanet.com//fortune/2017-04/17/c_1120825396.htm。访问时间：2020年4月20日。

造"一带一路"国际合作高峰论坛，为伙伴关系框架内的海洋合作与海上互联互通提供平台支持。

五、结 论

综上所述，海洋维系着国际社会的共同利益。当今世界正面临百年未有之大变局，渲染强权控制、奉行单边主义、逃避共同责任只能加剧全球海洋治理的复杂性，无助于破解全球性海洋问题，只有从人类整体利益的宏大视角出发，推进海洋治理国际合作，才能实现真正的海洋和平安宁、共同发展。构建海洋命运共同体秉持共商共建共享原则，倡导和平合作、开放包容的治理理念，寻求国际社会携手应对各类海上共同威胁与挑战，是实现有效全球海洋治理的行动指南。

构建海洋命运共同体是中国参与全球海洋治理理念的集中表达。构建海洋命运共同体追求人与自然和谐统一、国家间共存共生，凝聚了国际社会共同的价值公约数，是对人类共同追求的海洋治理观的具体表达。在理念转化层面，构建海洋命运共同体倡导维护以国际法为基础的国际海洋秩序，各国平等参与国际海洋规则制定，以法治精神适用和善意解释《公约》制度规则，尊重当事国自主选择和平解决国际争端方式方法的权利，反对使用武力或以武力相威胁，在《宪章》基础上推动构建具有包容性的国际海洋安全秩序。在海洋生态环境领域，尊重海洋发展的客观规律，倡导人海和谐共生，推动形成公平合理的海洋资源开发与成果分享秩序。在海洋经济领域，以共建"21世纪海上丝绸之路"加强与沿线国战略对接及共同行动，建立积极务实的蓝色伙伴关系，寻求和扩大国家间利益交汇点，由各国分享海洋经济发展成果，致力推动构建更加公平、合理和均衡的全球海洋治理体系，引领全球海洋治理进入新时代。

对新时期中国参与全球海洋治理的思考

傅梦孜　陈　旸[*]

　　全球海洋治理是国际社会应对海洋问题的整体方案与积极努力，是构建人类命运共同体的重要组成。习近平总书记在十九大报告中明确提出，要推动构建人类命运共同体，建设"持久和平、普遍安全、共同繁荣、开放包容、清洁美丽的世界"。[①] 积极参与全球海洋治理与建设海洋强国是中国海洋战略的一体两面，是与"第二个百年"征程中新发展格局相契合的海洋布局，也是构建人类命运共同体的题中之义。本文拟通过梳理当前全球海洋治理的时代背景，分析中国参与全球海洋治理的紧迫性和必要性，廓清中国参与全球海洋治理的主要任务和主导理念，提出全面参与全球海洋治理的可能路径和政策选择。

一、时代背景

　　冷战结束是全球治理时代到来的重要时间界点。东西方对抗的消失，为全球治理的兴起提供了前所未有的政治空间和学术环境。也就是自 20 世纪 90 年代初冷战结束后开始，市场化、自由化、私有化浪潮涌现，新的时空条件使全球化得以迅速推进。与此同时，过去被压倒一切的安全问题所

---

[*]　傅梦孜（1963—），男，湖南岳阳人，武汉大学边海院国家领土主权与海洋权益协同创新中心学术委员，中国现代国际关系研究院副院长，研究员，博士生导师，主要研究方向：国际政治与经济、"一带一路"和海洋治理问题等。
　　陈旸（1981—），男，福建漳州人，中国现代国际关系研究院欧洲所副所长，副研究员，历史学博士，主要研究方向：欧洲一体化、欧洲对外关系及安全问题等。
[①]　"习近平在中国共产党第十九次全国代表大会上的报告"，人民网，2017 年 10 月 28 日，http：//cpc. people. com. cn/n1/2017/1028/c64094-29613660. html。

掩盖的矛盾不断显现，全球性问题的凸显，催生地球村公民意识的进一步觉醒。全球范围内多层次、多主体的治理机制大量涌现，全球治理获得了更为强劲的动力、更为具体的目标、更为广泛的文化土壤以及更为广博的认同基础。在此时空背景下，全球治理理念与实践快速发展。全球海洋治理则是全球治理在海洋领域的具化和应用，是各主权国家及非国家行为体"通过具有约束力的国际规则和广泛的协商合作来共同解决全球海洋问题，进而实现全球范围内的人海和谐以及海洋的可持续开发和利用"。① 当前，全球海洋治理正处于酝酿渐变的形成期，也是百舸争流的博弈期。海洋问题对人类活动的影响日益深远，海洋作为国际政治、经济、军事、外交领域合作与竞争的舞台，其作用日益凸显。在我国由海洋大国向海洋强国迈进的征程中，参与全球海洋治理是应对海洋问题、完善海洋秩序的时代邀约，是实现中华民族"向海而兴"的必由之路，亦可为构建人类命运共同体贡献"人海和谐"的范式模板，具有时代的紧迫性和必要性。

（一）治理赤字凸显

习近平总书记指出，"21 世纪，人类进入了大规模开发利用海洋的时期"。② 随着全球化和科学技术的加速发展，人类大规模挺进深远海域，迎来了开发利用海洋的新高潮。截至 2017 年，全球 98 个国家建立了 784 个海洋观测研究站点，拥有 10 米至 65 米以上大小不等的科考船 325 艘。③ 我国自行设计、自主集成研发的"蛟龙号"载人潜水器在马里亚纳海沟创造了 7062 米的同类载人潜水器的最大下潜纪录。④ 2017 年，最新一代的科考

---

① 王琪、崔野："将全球治理引入海洋领域——论全球海洋治理的基本问题与我国的应对策略"，《太平洋学报》，2015 年第 6 期，第 20 页。
② "习近平：进一步关心海洋认识海洋经略海洋 推动海洋强国建设不断取得新成就"，新华网，2013 年 7 月 31 日，http：//www. xinhuanet. com/politics/2013-07/31/c_ 116762285. htm。
③ "Global Ocean Science Report： The Current Statutes of Ocean Science around the World Executive Summary"，United Nations Educational，Scientific and Cultural Organization，June 7，2017，http：//unesdoc. unesco. org/images/0024/002493/249373e. pdf.
④ "'蛟龙'从这里出发——国家深海基地'探密'"，新华网，2018 年 1 月 28 日，http：//www. xinhuanet. com/politics/2018-01/28/c_ 1122327673. htm。

船"向阳红01号"首次执行整合大洋与极地科考的环球海洋综合科学考察。[1] 国家海洋局局长王宏指出,"时至今日,海洋对各国的影响越来越深远,各国对海洋的需求和依赖也越来越强"。[2] 但海洋治理主体间的竞合博弈日趋激烈,治理客体问题十分突出,海洋污染、生态失衡、资源开发、海上安全、海洋争端等问题层出不穷,国际海洋秩序面临失调、失约、失效的风险,海洋治理的软弱性、滞后性和有限性暴露无遗。

1. 海洋生态环境承压日甚。海洋是地球上最大的自然生态系统,是人类的生命线,但人均可利用的海水资源却十分有限,海洋覆盖地球面积的70%,全球海洋平均深度为4000米,海水体积达13亿立方千米,但人类有70亿人口,人均仅拥有0.2立方千米的海水资源,至2050年将仅剩0.125立方千米,这意味着我们每个人的一生将仅有不足1/8立方千米的生态系统维持。[3] 海洋是21世纪的希望,但近年来,海洋污染加剧,海洋正成为"人类最大的垃圾回收站"。海洋垃圾遍布所有海上生物栖息地。包括废弃渔网、绳索等渔具组件的"幽灵渔具"每年导致超过10万头鲸、海豚和海豹死亡。[4] 越来越多的海鸟和其他海洋生物死亡后被发现胃里装满了小块塑料。据估算,从2015年到2025年,全球海洋塑料垃圾总量将增长3倍,不可降解的塑料将分解成微塑料,进入体型更小的海洋生物体内,最终影响人类健康。[5] 海水酸化与温室气体排放是"破坏环境的魔鬼双胞胎",海水酸度从工业革命至今上升了近30%,倘若保持该速率,下世纪初海洋生态系统势必发生颠覆性变化。世界自然基金会发布《蓝色地球生命力》报告显示,过去40多年,全球海洋物种种群数量减少过半,

① "'向阳红01'船开启我国首次环球海洋综合科考",中国政府网,2017年8月29日,http://www.gov.cn/xinwen/2017-08/29/content_5221251.htm。
② "国家海洋局局长王宏就全球海洋治理提出四点倡议",人民网,2018年5月24日,http://world.people.com.cn/n1/2018/0524/c1002-30011497.html。
③ Lorna Inniss and Alan Simcock(Coordinator),"First Global Integrated Marine Assessment",United Nations Division for Ocean Affairs and the Law of the Sea,January 1, 2016,http://www.un.org/depts/los/global_reporting/WOA_RPROC/Summary.pdf.
④ 高悦:"'幽灵渔具'已成为海洋灾害",《中国海洋报》,2018年8月29日,第3版。
⑤ 陈佳邑:"全球海洋待解的四大难题",《中国海洋报》,2018年3月27日,第4版。

金枪鱼、鲭鱼等数量下降了 74%。[1] 据预测，到 2100 年，全球海洋将升温 1.2℃~3.2℃，不仅海洋生物多样性将遭遇结构性破坏，而且温室效应还将导致海平面上升，危及沿海及海岛民众的生活，极大地改变人类社会的生产生活秩序。

2. 海洋治理机制缺陷显现。现有的全球海洋治理机制是二战结束后的产物，是由联合国和主权国家相互补充协调的海洋秩序，《联合国海洋法公约》（以下简称《公约》）为国家管辖外的资源管理和保护提供顶层法律框架。[2] 不可否认，现行的海洋治理体系为和平利用海洋、协商解决海上争端提供了重要的谈判平台，为维护国际海洋秩序奠定了关键的法律基础。但随着海洋治理客体向纵深发展，跨界污染、海洋塑料、海洋酸化、海洋保护区、海洋新疆域（指随着人类活动拓展而得到进一步开发利用的深海极地）等新问题不断涌现，以议题为导向的海洋秩序和国际规则亟待发展完善。海洋划界问题亦长期悬而未决，据估算，全世界约有 240 个海洋边界需要划定。到 20 世纪 90 年代初，达成划界协议并且生效的有 132 个，已经签署、尚未生效的还有 22 个，其余尚有近百个划界问题没有解决。[3] 与此同时，由于各国治理能力的不平衡日益扩大，海上责任与义务的不对称性日渐凸显，美国作为全球海洋治理体系的主要角色之一，对全球海洋治理的引领性却日益弱化，同时还注入了破坏性的行为。美国游离在《公约》之外，长期规避海洋强国的义务，凭借其超群的海权力量，在事实上享受着和《公约》有关的全部海洋权利，却反对受到条约义务和规则的限制，尤其是特朗普执政以来，决然退出《巴黎气候协定》，退出联合国教科文组织，屡次三番呈请国会削减美国国家大气与海洋局的预算经费，为的是拒绝提供海洋公共产品及责任承担。美单边主义的倾向不会因

---

① 赵婧、兰圣伟："撑起海洋生物多样性'保护伞'"，《中国海洋报》，2018 年 5 月 22 日，第 3 版。
② Lisa M. Campbell, "Global Oceans Governance: New and Emerging Issues", Annual Review of Environment and Resources, July 6, 2016, https://www.annualreviews.org/doi/10.1146/annurev-environ-102014-021121.
③ 高兰：《冷战后美日海权同盟战略：内涵、特征、影响》，上海人民出版社，2018 年版，第 60 页。

特朗普去留而根本性改变，也不会因海洋问题的全球性而网开一面。美国在海洋问题上"宽于律己，严于待人"，虽然有助于实现美国国家利益的最大化，但却削弱了《公约》的权威性。

3. 突如其来的新冠肺炎疫情给全球海洋治理蒙上了阴影，造成了新的难题。疫情重创全球海洋经济，海洋渔业、冷链加工、航运业深受其害，海上公共卫生体系短板突出、状况堪忧。集运业大规模停航，海上供应链中断，货物堆积港口，全球航运业盈利萎缩。病毒还侵入了极地，格陵兰岛、北极漂流站、南极极地相继发生新冠肺炎感染事件。大量使用过的手套、口罩、消毒液流入水中，对地球水体造成污染，对海洋生态系统构成新的威胁。由于疫情下人员流动受限，许多海洋科考与国际海洋会议被迫取消或延宕，如南极条约协商会议、世界海洋峰会、联合国海洋大会等，全球海洋治理机制运行被按下了暂停键。同时，疫情也暴露了海上公共危机治理的短板。新冠肺炎疫情暴发后，"各人自扫门前雪""本国优先"的单边主义大行其道，一些感染病毒的船只靠岸难、停泊难，成为"海上游魂"，全球超过 160 万名海员滞留海上，成为考验人类道德底线和安全红线的全球海上人道主义危机。

（二）国际竞争加剧

海洋在国家战略博弈中的分量越来越重，有学者甚至断言，"1945 年后建立的世界体系是海洋而不是陆地体系"，"海洋主导着国际经济，谁主导海洋，谁就主导世界经济"。[①] 当前，海洋生态环境保护和可持续利用问题的国际规则进入调整和改革的关键时期，主要大国加速布局，纷纷推出自己的海洋战略、发展规划，宣示立场和雄心，抢占全球海洋新秩序的制高点。

美国尽管不愿承担当下全球海洋治理的领导义务，但却丝毫没有放慢发展海洋开发能力、超前经略海洋的脚步。美国国家海洋委员会制定《海洋变化：2015—2025 海洋科学 10 年计划》，确定海洋基础研究的关键领域。美国国家海洋大气局（NOAA）出台《未来十年发展规划》，着眼于

---

① 郑永年：《中国通往海洋文明之路》，东方出版社，2018 年版，第 52 页。

保护海洋及海岸生态系统，分析美国海洋开发面临的主要发展趋势，提出美国海洋发展的基本方略。与此同时，美国不断推出"印太"战略、"全球介入"等新概念、新理念，欲藉此保持左右全球海洋事务的"杀手锏"。此外，针对北极海域的升温，美国主要涉海部门均制定了长期性的北极政策，并出台综合性的《北极地区国家战略》，将北极纳入海洋战略的核心内容。与此同时，美国对华敌意与日俱增，明确将中国定位为头号战略竞争对手，对华全方位打压势必延伸到海洋。海洋是美国的战略高地，是其不会轻易放弃主控的空间，亦是其打击扼杀对手的前线。美军在中国南海巡航、对黄渤海的抵近侦察，在台湾海峡的穿梭游弋，仅仅只是一场宏大的海洋竞合史的序曲，中美博弈注定将在波澜壮阔的大洋中持续上演。

欧盟作为全球海洋治理的首倡者，致力于巩固自身在海洋治理体系中的"标杆地位"，逐步完善海洋治理内涵，构建了海洋治理领域的"三大支柱"。一是"环境支柱"，2018年《海洋战略框架指令》提出以生态系统为基础管理人类海洋活动；二是"经济支柱"，2012年《蓝色增长：海洋和海岸可持续增长的机会》提出可持续利用具开发潜力的海洋和海岸带，推动就业和经济增长；① 三是"安全支柱"，2014年《欧盟海洋安全战略》认为欧经济、交通、能源等利益与海洋安全息息相关，列出武装冲突、恐怖主义、有组织犯罪、威胁航行自由等九大传统及非传统安全威胁。② 与此同时，欧盟海洋治理的视野也从周边海域扩至全球。2009年《欧盟海洋综合政策的国际扩展》提出，欧介入海洋事务的地理范围应从大西洋、地中海、波罗的海等周边海域扩至印度洋、太平洋、东亚和南北极。2016年《国际海洋治理》则表示要"试图探索"南海、马六甲海峡和几内亚湾的安全行动机会。在先期经营的基础上，欧盟率先明确"海洋

① "Blue Growth: Opportunities for Marine and Maritime Sustainable Growth", European Committee of the Regions, January 31, 2013, https://eur-lex.europa.eu/legal-content/EN/TXT/PDF/? uri = CELEX: 52012DC0494&from = EN.
② "For an Open and Secure Global Maritime Domain: Elements for a European Union Maritime Security Strategy", EU Law and Publications, June 3, 2014, https://eur-lex.europa.eu/legal-content/EN/TXT/PDF/? uri = CELEX: 52014JC0009&from = EN.

治理"概念。2016 年，欧盟在《国际海洋治理》中首次提出"国际海洋治理"的概念，指出《联合国 2030 议程》下的海洋可持续发展目标是国际海洋治理主要目标，将结合外交、经济、安全、海洋政策，在国际海洋治理中发挥引领作用。

此外，俄罗斯 2015 年新版《海洋学说》提出确立俄在全球海洋事务上的"领导地位"，强调维护海洋战略空间；日本出台《海洋基本法》《海洋政策基本计划》《日本北极政策》等，提出"海洋法治"和"自由开放的印太战略"；印度先后发表《自由使用海洋：印度海军战略》《海洋学说》和《确保安全海域：印度海洋安全战略》，海洋战略视野从印度洋拓展至印度洋—太平洋，欲扮演地区"净安全提供者"。新一轮的海洋治理博弈已拉开序幕，涵盖领域广，各国摩拳擦掌，未来国际海洋治理长远性制度安排的竞争势必更加剧烈。随着大国信任度下降、对抗性上升，全球海洋治理或趋于区域化、短线化、甚至意识形态化，实现科学合理的全球海洋治理之路更为曲折漫长。

（三）国家利益拓展

海洋对我国发展的重要性日益突出。习近平总书记在中央政治局集体学习会议上强调，21 世纪，"海洋在国际经济发展格局和对外开放中的作用更加重要，在维护国家主权、安全发展利益中的地位更加重要，在国家生态文明建设中的角色更加显著"。[①] 近年来，随着我国经济持续快速增长，对外开放程度不断深化，我国的国家战略利益和发展空间不断向深远海延伸，遍布全球域。

"向海而兴"已成为我国重要的国家战略。党的十八大作出"建设海洋强国"的重大部署。2013 年，习近平总书记明确指出，"建设海洋强国是中国特色社会主义事业的重要组成部分"。"十三五"规划写入"拓展蓝色经济空间""建设海洋强国"，党的十九大报告进一步提出"陆海统筹，加快建设海洋强国"。中国参与全球海洋治理的意愿和声音逐渐趋强。中

---

① "习近平：进一步关心海洋认识海洋经略海洋 推动海洋强国建设不断取得新成就"，新华网，2013 年 7 月 31 日，http://www.xinhuanet.com/politics/2013-07/31/c_ 116762285. htm。

国海洋经济日趋活跃。目前，中国有3800万涉海就业人员，海洋经济占国内生产总值近10%，据估计，2030年海洋经济对国民经济的贡献率将达到15%。其中，沿海地区（11个省、区、市）海洋产业增加值占其生产总值的比重将由2015年的13%上升至2030年的25%，成为沿海地区名副其实的经济支柱。① 与此同时，我国"21世纪海上丝绸之路"建设也如火如荼地展开，与沿线国的海洋合作方兴未艾，海洋产业走出国门，走向全球。海洋事业越来越关系国家兴衰安危，关系民族生存发展。作为负责任的世界大国和崛起中的海洋强国，中国理应加入引领海洋治理时代的排头兵行列，为治理体系的演进贡献中国智慧，提供中国方案。中国是全球海洋治理的"后来者"，但中国是世界上人口最多的国家，是全球第二大经济体，在全球海洋治理的议程上，中国只是迟到，不会缺席。

国家海洋局局长王宏在2017年全国海洋工作会议上明确提出："要进一步聚焦国际治理，使之成为海洋强国的重要标志"。② 目前中国是个海洋大国，却远谈不上海洋强国，在海洋治理问题上面对的挑战纷繁复杂，甚至与日俱增。中国拥有庞大的涉海就业人口，海洋经济发展快、规模大，但产业结构差、底子薄，离世界海洋强国尚有一定差距。海洋环境恶化将制约我国经济建设和可持续发展，影响人民对美好生活的向往和追求。2008—2017年海洋灾害给中国造成的直接经济损失达1 140亿元。中国是半封闭的大陆边缘涉海国，外部海障环生，地缘政治形势复杂，海上强国虎视眈眈。国内全民海洋意识不强，海洋监测管理滞后，为全世界提供海洋治理公共产品的能力还十分有限，引领海洋开发利用技术，引导设置海洋治理议题的能力尚有不足，国内人才储备、机制建设等方面存在相对薄弱环节。纵观古今，重陆轻海、倚陆弃海的历史时期皆国运艰难，在实现中华民族伟大复兴的关键时刻，补强短板、经略海洋的重要性更加凸显。

---

① 贾宇、高之国主编：《海洋国策研究文集（2017）》，海洋出版社，2017年版，第50页。
② "国家海洋局学习贯彻习近平海洋强国思想纪实"，中国政府网，2017年10月19日，http://www.mnr.gov.cn/dt/hy/201710/t20171019_ 2333333.html。

二、治理理念

毋庸置疑，全球海洋治理是包含着价值导向的，需要海洋伦理观念的支撑。当前，建构在西方理论基础上的海洋治理具有"重博弈轻合作"的倾向[1]，中国积极参与全球海洋治理则带有强烈的人类命运共同体意识。参与全球海洋治理是新时代中国整体外交政策的重要组成部分，是探索和构建人类命运共同体的重头戏，可成为"人类命运共同体意识从外交理念到外交实践的突破口和试验田"。[2] 中国参与全球海洋治理的理念与人类命运共同体意识一以贯之、一脉相承，包含了平等相待、公道正义、开放互惠、兼收并蓄、绿色发展的理论内涵，秉持以人为本的发展观，凸显人海和谐的人文色彩。2014 年，李克强总理在"中希海洋合作论坛"上强调了"和平、合作、和谐"。2019 年 4 月 23 日，习近平主席在青岛会见应邀出席中国人民解放军海军成立 70 周年多国海军活动的外方代表团团长时表示："人类居住的这个蓝色星球，不是被海洋分割成各个孤岛，而是被海洋连结成命运共同体，各国人民安危与共。"这是中国首次向世界正式提出"海洋命运共同体"的重要理念。这是在国家海洋力量积累发展的过程中逐渐形成，是对中国传统海洋思想的继承和发展，亦是对西方海洋强国治理理念的扬弃，为全球海洋治理注入了中国理念。海洋命运共同体理念以人类命运共同体理念为观照，以建设海洋强国为根基，以平等尊重、合作共赢、绿色可持续为导向，构成了中国参与全球海洋治理的重要理念支柱。

（一）以和平正义为特质

海上生明月，天涯共此时。中华文明素来秉持四海一家、和为贵的理念。全球治理协商共治的理念虽然为越来越多的人所认知，但其和平特质

---

[1] Lisa M. Campbell, "Global Oceans Governance: New and Emerging Issues", Annual Review of Environment and Resources, July 6, 2016, https://www.annualreviews.org/doi/10.1146/annurev-environ-102014-021121.

[2] 张耀："'人类命运共同体'与中国新型'海洋观'"，《山东工商学院学报》，2016 年第 5 期，第 95 页。

并非总能得到充分体现，例如在处理海上争端问题时，不乏非和平的、甚至恐吓威慑的手段。我国所倡导的海洋命运共同体则始终坚持以和平为特质，与掠夺主义、殖民主义、强权主义等格格不入。一方面，中华文明对海洋有丰富的认知，也有深切的体悟。在船坚炮利的帝国主义时代，中华民族经历了一段屈辱的"被治理"史，对恃强凌弱的霸权主义行径深恶痛绝，积极探索超越"海权论"中对立、对抗的一面。在海洋命运共同体中相互尊重，实现权、责、能的一体平衡。中国支持以《公约》为基础的海洋秩序，倡议召开中国—小岛屿国家海洋部长圆桌会议，与涉海非政府组织开展官方合作，体现了中国对所有海洋治理主体的尊重。另一方面，我国是"优进优出，两头在海"的开放型经济体，对和平稳定的海洋环境有依赖性，"中国发展海军力量的首要目标是保护中国对海上商业利益日益增加的依赖"①。事实上，中国追求的目标是全体人民的幸福，而非资本的逐利扩张，一个开放、包容的中国的海洋强国之路遵循的是和平崛起。从世界发展潮流看，以和平方式解决国际海洋争端具有现实的可能性。2018年，澳大利亚和东帝汶签署了《帝汶海海洋边界协议》，结束了两国十余年来的海洋划界争端，是依照《公约》"附件五"调解程序达成的首个和解协议。② 这表明《公约》的调解程序获得了实践的认可，也为日后类似协议的达成提供了范本。

（二）以合作共赢为导向

"全球海洋治理是超越单一主权国家的国际性海洋治理行动的集合"。③它包含了国家间合作、区域性合作以及全球性合作等多个层次，合作是贯穿全球海洋治理各个层次的主题。我国倡导的海洋命运共同体应以合作共赢为导向。中国有句老话，朋友多了路好走。中国改革开放40年的经验证

---

① Tabitha Grace Mallory，"Preparing for the Ocean Century：China's Changing Political Institutions for Ocean Governance and Maritime Development"，*Issues and Studies*，Vol. 51，No. 2，2015，p. 130.

② 刘丹：《澳大利亚与东帝汶签署海上划界协议的背后》，《中国海洋报》，2018 年 4 月 10 日，第 4 版。

③ 崔野、王琪：《关于中国参与全球海洋治理若干问题的思考》，《中国海洋大学学报》（社会科学版），2018 年第 1 期，第 12 页。

明，惟有打开大门、精诚合作、优势互补，才是社会进步的康庄大道。中国的海洋发展观不是排他的，不是以压缩他人的发展空间为代价的，中国主张同舟共济，携手抵御海洋风险，参与协商建制，共同开发利用海洋。中国在发展海洋经济的过程中，主动推广技术，注重利益分享，中国的海洋合作伙伴遍布五大洲、四大洋，中国为发展中国家发展海洋事业提供资金、人才、技术支持，与发达国家合作开展海洋科研项目，诸如此类的例子不胜枚举。中国提倡的海洋命运共同体将是一张互利合作的大网，共同捕获海洋给予人类的财富之鱼。

（三）以人海和谐为追求

海洋孕育哺育着人类，人类应尊重海洋价值，优化提升海洋生态系统，反哺而非伤害海洋。《公约》序言第三段提出"各海洋区域的种种问题都是彼此密切相关的，有必要作为一个整体来加以考虑"。这一思想摒弃了自由开发掠夺海洋，错误割裂人海关系的观点，承认海洋自然系统与人类社会紧密相连，互相影响。全球海洋治理的行为体是人，客观对象是海洋及围绕海洋而衍生的一系列矛盾冲突，其终极目标是实现海洋的善治和可持续利用。道法自然、天人合一，人与自然和谐相处深深根植于中华文明之中，可持续发展已成为中国政府和人民的自觉追求，美丽中国需要美丽海洋，而海洋是全人类的海洋。中国主张构建海洋命运共同体，即是要打破海洋区块化的思维，克服海陆藩篱、就海论海的片面，从全球海洋的整体视角来促进海洋开发利用与环境资源保护的平衡，推动海洋开发方式向循环利用型方向发展。

三、参与路径

海洋关系到人类发展的前途，海洋治理的效果对海洋国家和非海洋国家同样利害攸关。全球化时代各国参与全球海洋治理的路径不尽一致，需要在探索过程中加强协同，不断完善。党的十九大报告提出，"坚持陆海统筹，加快建设海洋强国"。习近平总书记指出，要坚持走依海富国、以海强国、人海和谐、合作共赢的发展道路，通过和平、发展、合作、共赢方式，实现建设海洋强国的目标，指明了我国海洋事业发展的大方向，体现了和平、合作、和谐的海洋观，也为新时代中国参与全球海洋治理确立了基本原则，提供了明确的路径指引。

（一）由己及人

中国是一个崛起的大国，中国的国家海洋治理是全球海洋治理的重要组成，也是中国参与全球海洋治理的先行基础，一个国家在全球海洋治理体系中的权重，往往与该国的海洋实力呈正相关联系。随着中国外交的天地变得更为广阔，面向全球，参与全球治理的程度将更为深入，中国外交的具体目标构成更为多元、多样与多重。[①] 我们应充分认识到，作为一个大国，中国有着影响世界的独特路径，既不走强加于人的老路，也不会因前路艰辛而畏缩不前，充当不负责任的旁观者。一个在改变自己、完善自己的中国将深刻影响世界。这就是，只有把自己的海管好了、治好了、用好了，才谈得上引领全球海洋开发利用，提供海洋公共产品，才能有效协调各国关系，实现共同利益最大化。因此，参与全球海洋治理首先要"练内功"，从自我改革启航。一方面要大力发展我国开发利用海洋的能力。纵线上，比照"两个一百年"目标，确定海洋战略的总目标和阶段性目标，有步骤、有计划地推进海洋强国建设。可先从我国近海的"四海"入手，理顺海域功能区划，形成联动互通、次第开发的局面。横线上，明确海洋强国建设的具体领域和任务。抓好自身的海洋生态环境保护，在海洋科技创新、海洋科考、装备制造等领域取得突破性进展。另一方面，厘清国内海洋管理体系体制，不能简单地认为海洋问题只是涉海单位的事，要切实贯彻执行陆海统筹的原则，由陆入海，由海定陆，河海一体，全方位、立体化实施基于生态系统的海洋综合管理，以超前的战略眼光，加强中国海洋治理体制的顶层设计，强化管理部门在海洋事业发展中的服务功能，全面整合海上执法力量，提高全民海洋意识，提高海事人才储备。同时建立部际协调和工作机制，统筹组织国内参与全球海洋治理议程的相关

[①] 傅梦孜：《国家力量变迁背景下的中国与世界》，《学术前沿》，2018 年第 5 期，第 95 页。

部门，形成对外合力，共同维护我国在全球海洋治理体系中的权益。[1]

（二）由片到面

全球海洋治理是海洋治理在全球层面的延伸，有特定的地理范畴，主要指向区域海洋治理和公海治理。简而言之，全球海洋治理，是要理清"海"，治好"洋"。客观而言，目前我国在全球海洋治理领域力量有限，因此，我国参与全球海洋治理不能抓到篮里都是菜，要在不同的发展阶段有所取舍，有所侧重。我国参与全球海洋治理应坚持底线思维的原则，先要守住已有的盘子，然后遵循循序渐进、统筹兼顾的路径，逐步走向深海。要有全球海洋视野，但要准确研判世界海洋事务的发展趋势，保持头脑清醒，廓清战略重点，根据由近及远的原则，适当分配力量，把握效果。要集约优化利用近海，有效开发管辖海域，合理合法分享其他区域海洋资源。具体而言，首先要守住我国的海洋权益，在涉及领土主权的核心利益问题上，在涉及经济社会可持续发展的重大通道问题上，我们不仅没有妥协退让的余地，而且必须陆海统筹，文武兼备，进一步巩固和提升维护国家核心重大利益的能力。其次，抓住有利时机，适时走向印度洋，走出西太平洋，加强地区合作，巩固海上大通道，2018年国家海洋局局长王宏围绕深化亚太海洋合作，提出四点倡议：即增进全球海洋治理的平等互信；促进海洋产业健康发展；共担全球海洋治理责任；共同营造和谐安全的地区环境，提出了亚太地区海洋治理的中国方案。[2] 最后，密切关注全球海洋治理最新进展，及时跟进，确保不掉队，同时就远洋海洋保护区建设、海底资源开发、两极地区活动等问题做好能力和舆论上的准备，在适当时候，在联合国框架下，就具体领域召开国际大会，引进设立国际海洋常设机构，为我国引领制定全球海洋规则，经略公海大洋，角逐极地深海做好铺垫。

---

[1] 刘岩：《推进海洋治理体系现代化的思考和建议》，转引自贾宇、高之国主编：《海洋国策研究文集（2017）》，海洋出版社，2017年版，第26页。

[2] "国家海洋局局长王宏就全球海洋治理提出四点倡议"，人民网，2018年5月24日，http://world.people.com.cn/n1/2018/0524/c1002-30011497.html。

（三）先易后难

我国经略海洋应从软议题做起，除非迫不得已，应避免硬实力对撞。大力建设海军，提升装备实力，实现我国海军走向"深蓝"海域固然是我国海上力量建设不可或缺的一环，但军事维安、坚船巨炮容易引起其他国家的反弹，成为矛盾的焦点。我国应以长远的目光掌握好海军建设节奏，慎之又慎展示军事肌肉。要利用已有的国际海洋话语平台，积极参与全球议程，建立多层次的海洋合作平台；要高度重视涉海国际规则的制定和解释，适时提出我方立场和关切，提高我国在世界海洋事务管理过程中的话语权和能见度。在具体议题上，可以从深化海洋科学合作、加强海洋环境保护等相对低敏感的领域率先入手，树立我国负责任的海洋治理大国的正面形象。然后逐步走向海上联合执法、海洋技术开发合作、海洋数据信息交流共享等次敏感领域，以提供海洋公共产品为依据，切实提升我国海洋治理水平与能力。最终要实现海底资源开发共享、海洋政策协调发展等涉及主权的核心敏感领域，在全球海洋治理中坚持公平正义，占据引领者的优势。

四、主要政策

2021 年中国政府在《关于国民经济和社会发展第十四个五年规划和2035 年远景目标纲要》中设专节，系统阐述深度参与全球海洋治理的政策，"推动构建海洋命运共同体"正式列入国民经济计划。在新的历史条件下，中国积极参与全球海洋治理的制度建设，维护海洋权益，提供海洋公共产品，展现大国担当，要秉持开放包容的心态和兼收并蓄的理念，在遵守现行国际秩序与规则，尊重国际法与国际义务的基础上，积极参与甚至引领新规则和新秩序的塑造。要学会做"减法"，减少不合时宜的涉海机制，及时消除海洋治理的负能量，更要积极做"加法"，致力于提供增量，创造并推广全球海洋治理的中国方案，正如习近平总书记指出的那样，"要在国际海洋规则和制度领域拥有与我国综合国力相称的影响力"。

（一）海洋国际秩序领域

中国作为全球海洋治理的后来者，要争取合理合法的海洋权益，构建公平正义的海洋国际秩序，应在支持《公约》的基础上，积极主动倡导"海洋命运共同体"理念。海洋命运共同体，是人类命运共同体的子命题①，旨在塑造人类与海洋和谐统一的海洋观，将个体的海洋私利置于全球海洋共同利益之中，以合作、和谐的共同体发展引领个体共赢发展。而"蓝色伙伴关系"则是构筑海洋命运共同体的基本细胞。"蓝色伙伴关系"建立在平等相互尊重的基础上，为务实推进海洋资源开发、海洋环境保护、海洋文化交流多领域合作提供了机制性的平台，实现同舟共济、互利共赢、风险共担的合作目标，建设成为"共促海洋可持续发展的互信共同体，共享蓝色发展的利益共同体，共担海洋环境和灾害风险的责任共同体"。② 目前，中国已相继同葡萄牙、欧盟签署了共建"蓝色伙伴关系"协议，未来中国应与尽可能多的国家打造全方位、多层次、最广泛的"蓝色伙伴关系"，不断积累海洋外交经验。当前，中国是国际海事组织 A 类理事国、海管局理事会 A 组成员，并多次成为海委会的执理国③，我国应抓住机遇，在国际海洋组织中树立中国威信，推动互相协作、命运共享的进程，以建设者和改革者的姿态，增进对海洋国际秩序的塑造和引导。

（二）保护海洋环境领域

海洋生态保护是当前海洋国际合作与竞争的前沿，深海海域生物多样性养护和可持续利用已成为国家间海洋政治、外交和经济斗争的热点。中国应有重要利益攸关方的自觉，将防止海洋污染、阻止海洋环境恶化作为头等大事来抓，牢固树立绿水青山就是金山银山的理念，要"为我们的子孙后代留下蓝天碧海、绿水青山"，就得以科技为先导，创新科技研发，大力发展洁能治污技术，在塑料垃圾处理、生物多样性保护等方面打造样板工程，努力突破制约海洋生态保护的科技瓶颈，为自身构建技术高地。加强对深海极地的科考与评估，为人类海洋治理提供可靠的公共产品。积

---

① 袁沙：《倡导海洋命运共同体，凝聚全球海洋治理共识》，《中国海洋报》，2018 年 7 月 26 日，第 2 版。
② 孙安然：《中葡共同推动建设蓝色伙伴关系》，《中国海洋报》，2017 年 10 月 31 日，第 1 版。
③ 刘晓玮：《新中国参与全球海洋治理的进程及经验》，《中国海洋大学学报》（社会科学版），2018 年第 1 期，第 18 - 25 页。

极推进国际交流合作，适时开展联合科考活动。例如中国地质调查局与德国波罗的海海洋研究所签署了《海洋地学合作谅解备忘录》，组织科研人员登上科考船，赴南海北部进行联合科考活动。①

（三）发展海洋经济领域

"海洋经济"的概念形成于 20 世纪 60 年代，随着大陆资源衰竭、生态环境恶化，海洋科学技术进步，海洋经济的地位日益提升。② 我国海洋经济正处于蓬勃发展的上升通道，已成长为国民经济的重要支柱。据《2017 年中国海洋经济统计公报》，2017 年全国海洋生产总值 77 611 亿元，同比增长 6.9%，海洋生产总值占国内生产总值的 9.4%。③ 鉴于我国当今世界第二大经济国的规模，我国也初步具备了与世界分享海洋发展成果，与国际社会共同挖掘"蓝色经济"发展机遇的能力。目前，经国际海底管理局核准，中国已在国际海底区域获得三块专属勘探矿区，这是国际社会对中国开发利用海底矿产资源能力的认可，也为中国提供了向全球海洋经济科技发展做贡献的重要平台。发展海洋经济，一是共同推进海洋空间开发，发力海上通道建设，可以"21 世纪海上丝绸之路"为重点推进目标，落实好《"一带一路"建设海上合作设想》，抓住"带路建设"从"写意画"向"工笔画"转化的契机，以亚洲基础设施投资银行为助力，统筹协调陆海经济发展，抓紧互联互通建设，做深做实海洋合作项目，推进形成开放包容、互利共赢的海洋经济合作模式。二是合力打造海洋产业链，海洋产业包罗万象，未来可成为高技术、高投入、高回报的经济高地，小国没有足够的力量发展高精尖的海洋技术，大国没有足够的精力覆盖海洋产业的细枝末节，基于技术进步和劳动分工基础上的全球化浪潮势不可挡，海洋产业概莫能外。我国作为海洋大国，应重点布局高新技术产业，优先

---

① 吴庐山：《中德合作项目 2018 年联合科考航次起航》，《中国海洋报》，2018 年 9 月 5 日，第 2 版。

② 张莉：《海洋经济概念界定：一个综述》，《中国海洋大学学报》（社会科学版），2008 年第 1 期，第 23 页。

③ "2017 年中国海洋经济统计公报"，自然资源部网站，2018 年 6 月 19 日，http：//m. mnr. gov. cn/sj/sjfw/hy/gbgg/zghyjjtjgb/201806/t20180619_ 1798495. html。

发展海洋生物技术、海水淡化、深海资源技术等产业，通过"有来有往"、互利互惠的经济活动，实现国际优势互补，全球产业互通。三是创建海洋经济发展的国际合作体系，当前海洋经济发展存在各国各自为政的瓶颈，不利于合作开发，产业协作，我国可以全球蓝色经济伙伴论坛等平台为抓手，与各方加强协调形成共识，积极构建高效、平等、务实的海洋经济合作体系，推动全球海洋经济可持续发展。

（四）维护海上安全领域

海洋从来就不是风平浪静之地，海洋不仅是大国角力的竞技场，而且非传统安全也在向海上蔓延，近年来，海上非法移民、毒品贩卖、海盗劫掠、海上恐怖主义以及气候变化带来的一系列自然灾害有增无减。全球海洋治理概念出现伊始，是以环境、发展和裁军为三大支柱。[1] 其中裁军的愿景缘起于冷战结束的历史背景，有些过于乐观和理想化。海上安全问题是全球海洋治理不容回避的重要内容，合作安全是解决这一问题的必然之路。我国发展海上军事安全力量是为了有效担负起维护国家发展和海上权益的责任，也是为遏制战争，维护海上和平安全提供中国力量，是"以战止战"的中国智慧和"兼济天下"的中国情怀。我国应着力加强自身海上安全力量建设，在人道主义救援、打击海上犯罪、危机管理处置等领域提供更多公共产品，为海上安全秩序铸造军事支柱。在应对传染病海上蔓延方面，要把海上公共卫生体系建设纳入全球海洋治理视野，综合科技和规则手段，体现大国担当。上海合作组织是全球安全治理的重要机构[2]，组织机制成熟，合作经验丰富，维安实力突出，可以成为我国参与维护全球海上安全的重要抓手和可靠路径。同时，积极配合涉海国际组织工作，与各国签署双、多边海上安全磋商机制，妥善协调各国关系，努力构建全方位、重合作、可持续的全球海上安全体系。

---

① Peter Bautis Payoyo, *Ocean Governance: Sustainable Development of the Seas*, 1994, p. 273.

② 贺鉴、王璐：《海上安全：上海合作组织合作的新领域?》，《国际问题研究》，2018 年第 3 期，第 69 页。

五、结　语

全球海洋治理是一项十分复杂的系统工程，国际社会有着共同的诉求。作为一个迅速崛起的大国，中国参与其中责无旁贷，国际社会对此也充满期望。中国也有参与全球海洋治理的能力和意愿，具有现实可行性和发展必然性，并将取得重大成效。我国参与全球海洋治理基于人类治海治洋的基本需要，以推动构建海洋命运共同体为指向，秉持着开放、包容、和平、合作、和谐理念，且有着大国担当精神，同时会积极兼顾中小国家利益；通过平等协商，解决彼此纠纷；通过互利合作，发展海洋经济；通过共同应对，化解安全威胁；通过技术创新，实现可持续发展。通过由己及人、由片及面、由易到难的路径，循序渐进参与全球海洋治理。在建成海洋强国的同时，为全球海洋治理做出真正的贡献。

中美博弈视角下国家的海洋依赖性和海洋综合实力的耦合分析

黄　宇　刘晓凤　葛岳静　马　腾*

在全球化背景下，2/3 以上的国际贸易通过海上运输，无论陆权国家还是海权国家，对海洋的依赖性都与日俱增，海洋利益（包括资源、航运、空间等）已成为国家利益的重要组成。尤其对于沿海国家而言，海洋是国家主权权益的重要组成，影响国际关系和地区稳定。① 因此，国家的海洋综合实力在很大程度上可以反映该国在国际社会中的权力大小和地位高低，海洋地缘政治逐渐被关注和研究。太平洋沿岸有 50 多个国家，覆盖了大半个地球，集中了世界一半以上的人口和财富，近几十年来太平洋地区经济持续高速增长，对外贸易占世界贸易的份额不断提升，国际格局已由 20 世纪的"大西洋世纪"转变为 21 世纪的"太平洋世纪"，且目前正处于由太平洋东岸向西岸转移的过程之中，亚洲的崛起更加剧了这一过程。

---

* 黄宇（1991—）：女，湖北恩施人，中国科学院青藏高原研究所特别研究助理，主要研究方向：地缘政治和边境安全。

刘晓凤（1994—），女，山东青岛人，香港大学地理系博士研究生，主要研究方向：政治地理学。

葛岳静（1963—），通讯作者，女，北京人，北京师范大学地理科学学部教授，博士生导师，主要研究方向：全球化与地缘环境。

马腾（1990—），男，江西人，杭州师范大学经济与管理学院讲师，主要研究方向：全球化与地缘政治。

基金项目：国家社科基金重大项目"中缅泰老'黄金四角'跨流域合作与共生治理体系研究"（16ZDA041）。

① Long Chen, "Study on Party Newspaper International News Report Strategy of Maritime Rights and Interests Disputes", Jiang Z, Xue Y. *Advances in Social Science Education and Humanities Research*, Atlantis Press, No. 62, 2016, pp. 561–565.

中美两国是太平洋地区举足轻重的大国，作为传统陆权大国的中国想要走向海洋就必然以西太平洋的边缘海为战略支点，通过不断地开放成为东亚新的力量中心，并积极向外寻求发展空间；而作为传统海权大国的美国，在全球的影响虽日渐式微，但仍旧存在，正在进行战略收缩和调整以保存实力，亚太地区（尤其是西太平洋的岛链）也成为美国的战略重点①。从中国所面临的地缘政治环境来看，面对中国强劲的发展态势，美国为了保持其战略优势，极力渲染中国对美国造成的威胁与挑战，将中国视为"战略竞争对手"和美国国家安全的首要威胁②，并提出"印太战略"，利用中国周边国家对中国影响力的疑虑，挑起地区争端③，以实现其遏制中国的目的④，使中国东部的太平洋地区面临较大的海洋纠纷和战略压力⑤，新冠肺炎疫情暴发后，中美战略竞争从经贸领域蔓延到双边关系的所有领域，在太平洋海域（尤其是南海）的对抗特征愈发明显。2020年2月以来，美国海军在南海不断扩大其军事存在，7月13日，美国国务卿蓬佩奥宣称中国对南海权利主张"完全不合法"，显示出其南海政策正出现危险转型，海洋（南海）问题可能成为中美分歧最大的领域⑥。协调两国的海洋地缘关系对太平洋地区甚至世界的持续稳定发展具有重要意义。在此背景下，本文以中美两国为例，从海洋依赖性和海洋综合实力及两者的关系出发，尝试对国家与海洋的关系进行深入的探讨，并从中长期视角对比分析中美两国海洋系统的发展特点和趋势。

---

① Steve Rolf and John Agnew，"Sovereignty regimes in the South China Sea：assessing contemporary Sino-US relations". *Eurasian Geography and Economics*，Vol. 57，2016，pp. 249 – 273.

② White House Office. National Security Strategy of the United States of America DECEMBER 2017. https：//www. lawfareblog. com/document-december-2017-national-security-strategy-and-transcript-remarks. 访问时间：2021 年6 月27 日。

③ 赵振宇，范艳红："美兜售'印太战略'难如愿"，中国军网，2019-06-13. http：//www. 81. cn/jmywyl/2019-06/13/content_ 9529382. htm. 访问时间：2021 年6 月27 日。

④ 吴敏文："遏制中国的'印太战略'是如何稳步推进的"，新华网，2018-08-09. http：//www. xinhuanet. com/mil/2018-08/09/c_ 129929588. htm. 访问时间：2021 年6 月27 日。

⑤ 冯传禄："'一带一路'视野下南亚地缘政治格局及地区形势发展观察"，《南亚研究》，2017年第3 期，第1 – 32 页。

⑥ 朱锋，樊吉社："笔谈：中美关系与美国南海政策的变化"，《边界与海洋研究》，2020 年第5期，第21 – 30 页。

一、国家的海洋依赖性与海洋综合实力

国家的海洋依赖性是指国家对海洋的开发利用程度，反映海洋和沿海地带对国家的重要性，是一个由地理基础决定的动态变化的概念。它随着国家的海陆位置、海岸线特征、沿海和内陆发展水平的差异以及对海洋的利用程度而不同。沿海国家的海洋依赖性明显比内陆国家更高；海洋边界比重大的国家海洋依赖性明显高于陆上边界比重大的国家；弯曲破碎的海岸线容易建设优质大港，会使得国家的海洋依赖性提高；经济、人口集中于沿海地区的国家对海洋的依赖性也更高；另外，由于生产力水平的差异，不同国家或同一国家的不同时期，开发利用海洋的能力和开发程度不同，使得对海洋的依赖性不同。从国家海洋依赖性的表现来看，不同国家的海洋活动受到上述海洋依赖性形成的地理基础的限制，在社会经济上呈现出不同的特征。例如海洋经济是国民经济的重要组成，海洋就业解决了部分国民的就业，海洋运输是物资运输的重要方式，同时人口和经济集中于沿海地区，使海洋的缓冲作用提高到了保障国家安全的战略层面。可见，海洋经济、海洋就业、海洋运输、沿海地区的人口和经济等是海洋依赖性的具体表现。

国家的海洋综合实力是广义上的海权，是指依靠海洋生存的能力以及保护这种生存模式的能力。海权的思想在 19 世纪 90 年代由马汉（A. T. Mahan）正式提出。他认为海权是一个国家对海洋的开发和控制，强调海权是海上权利的防御性力量，而发展海权的重点是海洋贸易和海军力量的结合。[①] 有学者进一步将海权划分为海洋军事力量和海洋非军事力量，前者的主要目的是夺取海洋的指挥权，后者的主要目的是获取和积累财富，为海洋军事力量提供物质基础。[②] 海权的内涵随着时代的发展愈加丰富，为了与仅强调海洋军事实力的狭义海权相区分，我们把广义的海权称为国家的海洋综合实力，它由国家的地理位置、自然形态构成、领土范

---

① ［美］艾尔弗雷德·马汉著，李少彦、董绍峰、徐朵译：《海权对历史的影响》，海洋出版社，2006 年版，第 1 页。

② 秦天、霍小勇著：《中华海权史论》，国防大学出版社，2000 年版，第 3 - 7 页、第 12 页。

围、海洋人口、民族性格、政府特征等自然和人文地理因素决定。其中自然地理因素影响着人文社会因素，[1] 决定了海洋经济和海洋军事。海洋经济是指人们依赖海洋的生存模式，包含依赖海洋的生产、资源获取、寻求市场和交通；海洋军事是指生存模式需要的保障机制，这两者之间存在着保障和支持的相互关系。海洋科技在该系统的各环节中扮演着重要的动力角色（图1）。在国家的海洋综合实力之上一系列的国际海洋制度和海洋组织，对国家的海洋行为具有一定的约束作用。

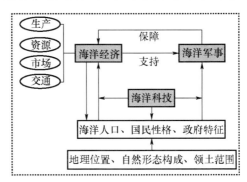

图 1　海洋综合实力图示

　海洋依赖性是国家发展海洋综合实力的前提，决定了国家发展海洋综合实力的必要性和可能性。一方面，对海洋产生依赖的国家才有发展海洋综合实力的必要性，发展海洋综合实力的目标是保障国家对海洋的依赖能够得到持续稳定的满足；另一方面，对海洋产生依赖的国家才有发展海洋综合实力的可能性，对海洋的依赖决定了国家人口生存部分根植于海洋、部分经济收入来源于海洋，成为发展海洋综合实力必不可少的支撑条件。国家依赖海洋的生存模式需要一定的能力予以保障，包括依靠海洋生存的能力及保护这种生存模式的能力；海洋综合实力从国家的海洋依赖性中获取发展的动机和条件，同时又为海洋依赖性的进一步发展提供保障，如此形成一个耦合的国家海洋系统。[2] 国家海洋系统要求国家的海洋依赖性与海洋综合实力相互配合、协同发展，任何严重的失调都将导致国家海洋系

① Eleanor Hubbard，"Sailors and the Early Modern British Empire: Labor, Nation, and Identity at Sea"，*History Compass*，Vol. 14，No. 8，2016，pp. 348–358.

② Rahman Ahmed，"Fighting the Forces of Gravity--Seapower and Maritime Trade between the 18th and 20th Centuries"，*Explorations in Economic History*，Vol. 47，No. 1，2010，pp. 28–48；Jun Young-Seop，"The Realization of Trade Power and Sea Activity of East Asia in 10th ~ 13th Century-Related with a Seaport City and National Rivalry Relation"，*Cultural Interaction Studies of Sea Port Cities*，No. 3，2010，pp. 1–25.

统的崩溃，进而影响国家、国民的根本利益。如英国在 18 世纪晚期和 19
世纪早期拥有强大的海洋综合实力，依赖海洋的生存模式和对这种模式的
强大保障，使英国成为伟大的国家。[1] 而 15 世纪到 19 世纪的中国，在封
建社会体制下闭关锁国，迁海和海禁政策几乎断绝了沿海贸易和海洋力量
的发展，造成中国历史与世界历史发展近 400 年的大断层，最终陷入被西
方列强瓜分的境地。[2]

国家的海洋依赖性和海洋综合实力的发展水平及二者之间的耦合程度
影响国家海洋系统的安全稳定发展，从而影响国家在国际权力格局中的地
位变化。国内外许多学者从国家或区域尺度，探讨了国家的海洋权力[3]、
海洋战略[4]，区域的海洋争端[5]和国际海洋合作[6]等，这些研究大多从历
史、政治视角，进行定性分析，少有的定量分析大多针对海洋综合实力的
测度。[7] 较少有学者以定量的方式衡量国家的海洋依赖性，也很少考虑到
国家海洋综合实力发展的限度以及海洋依赖性与海洋综合实力的内在关
系。本文构建了海洋依赖性和海洋综合实力的评价指标，采用基于层次分
析法（AHP）和熵值法为基础的加权和法求得指标权重，继而建立海洋依

---

[1] James Davey, "Securing the Sinews of Sea Power: British Intervention in the Baltic 1780-1815", *International History Review*, Vol. 33, No. 2, 2011, pp. 161 – 184.

[2] 秦天、霍小勇著：《中华海权史论》，国防大学出版社，2000 年版，第 49 页。

[3] 郑义炜、张建宏："论陆海复合型国家发展海权的两难困境——欧洲经验对中国海权发展的启示"，《太平洋学报》，2013 年第 3 期，第 59 – 67 页；杨震、杜彬伟："基于海权视角：航空母舰对中国海军转型的推动作用"，《太平洋学报》，2013 年第 3 期，第 68 – 78 页。

[4] 周云亨、余家豪："海上能源通道安全与中国海权发展"，《太平洋学报》，2014 年第 3 期，第 66 – 76 页；李家成、李普前："马汉'海权论'及其对中国海权发展战略的启示"，《太平洋学报》，2013 年第 10 期，第 87 – 95 页。

[5] Min Gyo Koo, "Japan and the Identity Politics of East Asian Maritime Disputes", *Korean Social Science Journal*, Vol. 44, No. 1, 2017, pp. 73 – 86；杨震、周云亨："论后冷战时代的中国海权与航空母舰"，《太平洋学报》，2014 年第 1 期，第 89 – 100 页。

[6] Yangsun Choi, "Changes in the East Asian Maritime Security Environment and the Security of ROK Sea Lines of Communication: Security Dilemma in the ROK-US Alliance", *Strategic Studies*, Vol. 24, No. 1, 2017, pp. 7 – 45.

[7] 殷克东、房会会："中国海洋综合实力测评研究"，《海洋经济》，2012 年第 4 期，第 6 – 12 页；王泽宇、郭萌雨、韩增林："基于集对分析的海洋综合实力评价研究"，《资源科学》，2014 年第 2 期，第 351 – 360 页；田星星："海洋强国评价指标体系构建及世界主要海洋强国综合实力对比研究"，华东师范大学博士论文，2014 年，第 76 页。

赖性与海洋综合实力的耦合分析模型，以中美两国为例进行对比分析，尝试解释国家的海洋依赖性与海洋综合实力之间的关系。

二、研究区域概况

本文以位居太平洋两侧的中国和美国为例探讨国家的海洋依赖性和海洋综合实力之间的关系。中美两国在海洋方面之间具有许多相似的特点：①均位于太平洋沿岸，海陆兼备；②都有漫长曲折的海岸线和丰富的港口资源；③经济、人口都集中于沿海地区；④都是海洋运输需求大、海运能力强的国家。

但两国之间亦有明显的差异。中国长期的农耕文明历史造就了其"陆重海轻"的思想；美国强权的岛链封锁影响中国海洋力量的远洋发展；同时中国陆上周边多强邻，强化了陆上国防的必要性。而美国长期的商业文明造就其开放进取的文化，直接濒临三大洋加之众多的海外军事基地，对海洋的可进入性比起中国更强；孤悬于欧亚大陆之外，南北两侧均为弱邻，使得美国的威胁更大的可能是来自海上，美国可在无后顾之忧的情况下大力发展海上力量，成为典型的海洋国家，并长期把持海上霸主的地位。相比而言，美国发展海洋力量具有天然优势。

对比中美两国距海100千米、200千米和300千米地区的面积，可以发现距海相同距离的地区面积美国约为中国的两倍，这与中美两国沿海省/州的面积接近（表1），鉴于社会经济数据的可获得性，本文的国家沿海地区定义为中美两国的沿海省/州，其中中国沿海地区包括11个省级行政区（我国台湾地区数据暂缺），美国沿海地区包括23个州。

表1　中美两国项目对比　　　　　　　　单位：平方千米

对比项	美国	中国
距海100千米地区面积	106.7万	55.3万
距海200千米地区面积	192.3万	97.5万
距海300千米地区面积	274.4万	134.8万
沿海地区面积	299.5万	134.3万

数据来源：ArcGIS计算结果。

三、研究方法和数据来源

（一）研究方法

为探究国家的海洋依赖性与海洋综合实力之间的关系，本文首先构建海洋依赖性和海洋综合实力评价指标，采用基于层次分析法（AHP）和熵值法为基础的加权和法确定各指标的权重，然后建立海洋依赖性与海洋综合实力的耦合分析模型，并以中美两国为例进行分析。

1. 海洋依赖性和海洋综合实力评价指标体系。国家的海洋依赖性表现在国家的海洋经济、海洋就业、海洋运输、沿海地区的人口和经济等对于国家的重要性上，可用以下指标来反映：①海洋经济依赖，用"海洋生产总值/全国国内生产总值（GDP）"表达；②海洋社会依赖，用"涉海就业人数/全国就业人数"表达；③海洋运输依赖，涉及利用海洋进行运输的货物和人员等，由于石油在对外贸易和海洋运输中的重要意义（据海关总署统计，2015 年通过海洋运输进出口的原油占中国进出口原油总量的 92%），因此海洋的运输依赖用"石油进口量/石油消费量"表达；④海洋战略缓冲依赖，这是沿海地区重要性的体现，用"沿海地区 GDP/全国 GDP"和"沿海地区人口数/全国人口数"表达。

为定量评估国家的海洋综合实力，参考已有的研究成果，本文归纳出以下五大要素：①海洋自然资源实力，用"海上原油产量"和"海洋渔业产量"表达；②海洋社会资源实力，用"涉海就业人数"表达；③海洋经济实力，用"海洋生产总值"和"港口集装箱运输量"表达；④海洋军事实力，用"国防预算额""武装部队人数"和"海军装备"表达；⑤海洋科技实力，用"科研经费"和"科研从业人员"表达。①

2. 基于 AHP 和熵值法加权求和的评价模型。首先采用 AHP 法得到海洋依赖性和海洋综合实力评价指标体系中各指标的权重。AHP 是多属性决策工具，以层次结构的形式来组织问题，将问题分为目标、标准和子标准

---

① 殷克东、房会会："中国海洋综合实力测评研究"，《海洋经济》，2012 年第 4 期，第 6 - 12 页；王泽宇、郭萌雨、韩增林："基于集对分析的海洋综合实力评价研究"，《资源科学》，2014 年第 2 期，第 351 - 360 页。

三层。[1] 基本步骤是：构造层次结构，成对比较各标准的重要性并进行一致性和交叉检验，[2] 综合建构各个标准的重要性。[3] 然后通过熵值法分别对海洋依赖性和海洋综合实力的各项评价指标进行分析，根据各项指标对于整个评价系统的影响水平，确定各项指标的权重。[4] 其主要原理是指标数据的离散程度越大，信息熵越小，指标数据的影响力越大，则权重越大。[5]

---

[1] Omer Soner, Erkan Celik and Emre Akyuz, "Application of AHP and VIKOR Methods under Interval Type 2 Fuzzy Environment in Maritime Transportation", *Ocean Engineering*, Vol. 129, No. 1, 2017, pp. 107 – 116.

[2] Shaher Zyoud and Daniela Fuchs-Hanusch, "A bibliometric-based survey on AHP and TOPSIS techniques", *Expert Systems* with Applications, Vol. 78, 2017, pp. 158 – 181.

[3] Namhyun Kim, Joungkoo Park and Jeong-Ja Choi, "Perceptual differences in core competencies between tourism industry practitioners and students using Analytic Hierarchy Process (AHP)", *Journal of Hospitality Leisure Sport & Tourism Education*, Vol. 20, 2017, pp. 76 – 86.

[4] 熵值法的计算步骤如下：

步骤 1：原始数据的标准化

正向指数（数值越大系统水平越高）

$$X'_{ij} = \frac{X_{ij} - \min\ (X_j)}{\max\ (X_j)\ -\min\ (X_j)}$$

负向指数（数值越小系统水平越高）

$$X'_{ij} = \frac{\max\ (X_j)\ - X_{ij}}{\max\ (X_j)\ -\min\ (X_j)}$$

步骤 2：计算第 i 年第 j 项指标的比重

$$Y_{ij} = \frac{X'_{ij}}{\sum_{i=1}^{m} X'_{ij}}$$

步骤 3：计算指标的信息熵

$$e_j = -k \sum_{i=1}^{m} (Y_{ij} * \ln Y_{ij}), k = \frac{1}{\ln m}, 0 \leqslant e_j \leqslant 1$$

步骤 4：计算信息熵冗余度

$$d_j = 1 - e_j$$

步骤 5：计算指标权重

$$w_i = \frac{d_i}{\sum_{i=1}^{n} d_j}$$

式中：X_{ij} 是第 i 年的第 j 项指标，$\max\ (X_j)$ 和 $\min\ (X_j)$ 是所有年份中第 j 项指标的最大值和最小值，m 是总的年份数，n 是总的指标数。

[5] 王富喜、毛爱华、李赫龙等："基于熵值法的山东省城镇化质量测度及空间差异分析"，《地理科学》，2013 年第 11 期，第 1323 – 1329 页。

最后取两种方法计算结果的平均值作为各指标最终的权重，各项指标通过加权相加即构成了海洋依赖性和海洋综合实力的最终结果。

3. 耦合分析模型。耦合是指两个或两个以上的子系统相互依赖、相互协调、相互促进，使得整个系统由无序变为有序，形成一个结构、功能更加完善的整体。[1] 耦合度即系统内部各个子系统之间协调程度的度量。[2] 海洋依赖性和海洋综合实力构成了海洋系统，本文试图探索海洋系统的两个子系统如何基于协同原理构成一个完整的系统，并通过建立耦合模型来测量海洋系统的协调程度和发展水平。本文主要采用耦合度、发展水平和耦合发展度三个指标来评价海洋系统的发展情况。耦合度指标反映国家海洋系统中的海洋依赖性和海洋综合实力之间的协调程度，海洋依赖性和海洋综合实力发展水平越接近则耦合度越高、海洋系统的发展越协调；相反两者的发展水平差异越大耦合度越低、海洋系统的发展越失调。发展水平指标反映国家海洋系统整体的水平高低，由海洋依赖性和海洋综合实力的发展水平共同决定。耦合发展度指标表示海洋系统整体协调程度和发展水平，由耦合度和发展水平两项指标共同决定。这三项指标经过标准化处理[3]后均在（0，1）之间变化，越接近于 0 表示耦合度（或发展水平）越低，越接近于 1 表示耦合度（或发展水平）越高。[4]

（二）数据来源

本文有关中国的数据来自《中国海洋统计年鉴》《中国渔业年鉴》

---

[1] Wang Ranghui, Zhang Huizhi, Zhao Zhenyong, et al, "Characteristic analysis on ecosystem coupling relations in arid zone", *Ecology and Environment*, Vol. 13, No3, 2004, pp. 347 – 349.

[2] 吴玉鸣、张燕："中国区域经济增长与环境的耦合协调发展研究"，《资源科学》，2008 年第 1 期，第 25 – 30 页。

[3] 数据标准化处理的步骤同熵值法步骤 1。

[4] 耦合模型

$$C = \left\{ \frac{f(MD) * f(MCP)}{\left[\frac{f(MD) + f(MCP)}{2} \right]^2} \right\}^K$$
$$T = \alpha f(MD) + \beta f(MCP)$$
$$D = \sqrt{C * T}$$

式中：C 是海洋依赖性和海洋综合实力的耦合度；K 是调整系数，本文中取 2；T 是海洋系统的发展水平，α 和 β 是权重系数，在本文中取 0.5；D 是海洋系统的耦合发展度；$f(MD)$ 是标准化后的海洋依赖性的综合评价指数，$f(MCP)$ 是标准化后的海洋综合实力的综合评价指数。

《中国海洋经济统计公报》《中国统计年鉴》和中华人民共和国国家统计局官方网站；有关美国的数据来自于美国经济分析局、美国国家海洋和大气局（NOAA）、美国海岸管理办公室、美国国家科学基金会、美国人口统计局、美国能源信息署和美国运输部等官方网站。其他数据来自于世界银行的世界发展指标、联合国教科文组织、环球军力网和《英国石油公司2017年6月世界能源统计年鉴》。①

四、中美两国的海洋依赖性和海洋综合实力及其耦合分析

（一）国家海洋依赖性与海洋综合实力的指标综合权重

参考已有研究②和专家打分结果，利用层次分析法构建各评价指标的成对比较矩阵，计算权向量并进行一致性检验，其中国家海洋依赖性的一致性比例为0.0602，国家海洋综合实力的一致性比例为0.0404，均小于0.1，计算结果通过一致性检验。利用中美两国2006—2015年十年间各评价指标的数据，采用熵值法计算各指标的权重，取两种方法所得权重的算术平均，并对其进行标准化处理，③获得各指标的综合权重（表2）。

---

① 指标数据来源：中美两国GDP、全国人口数、全国就业人数、海洋渔业产量、国防预算额、武装部队人数数据来源于世界银行的世界发展指标；中美两国石油进口量、消费量数据来源于《英国石油公司2017年6月世界能源统计年鉴》；中国海洋生产总值数据来源于《中国海洋经济统计公报》；美国海洋生产总值数据来源于美国国家海洋和大气局（NOAA）以及美国海岸管理办公室；中国涉海就业人数、海上原油产量、港口集装箱运量数据来源于《中国海洋统计年鉴》；美国涉海就业人数数据来源于美国人口统计局；中国沿海地区GDP、沿海地区人口数据来源于《中国统计年鉴》；美国沿海地区GDP、沿海地区人口数数据来源于美国经济分析局；美国海上原油产量数据来源于美国能源信息署；美国港口集装箱运输量数据来源于美国运输部；中美两国海军装备数据来源于环球军力网；中美两国科研经费数据来源于联合国教科文组织、美国国家科学基金会；中美两国科研从业人员数据来源于联合国科教文组织。

② 王泽宇、郭萌雨、韩增林："基于集对分析的海洋综合实力评价研究"，《资源科学》，2014年第2期，第351－360页；田星星："海洋强国评价指标体系构建及世界主要海洋强国综合实力对比研究"，华东师范大学博士论文，2014年，第76页；殷克东、张斌、王立彭等："世界主要海洋强国综合实力测评研究"，《海洋技术》，2007年第4期，第121－125页。

③ 数据标准化处理的步骤同熵值法步骤1。

表2　国家海洋依赖性和海洋综合实力的指标综合权重

目标	标准	指标	综合权重
海洋依赖性	海洋经济依赖	海洋生产总值/全国GDP	0.29
	海洋社会依赖	涉海就业人数/全国就业人数	0.27
	海洋运输依赖	石油进口量/石油消费量	0.14
	海洋战略缓冲依赖	沿海地区GDP/全国GDP 沿海地区人口数/全国人口数	0.12 0.17
海洋综合实力	海洋自然资源实力	海上原油产量 海洋渔业产量	0.06 0.06
	海洋社会资源实力	涉海就业人数	0.06
	海洋经济实力	海洋生产总值 港口集装箱运输量	0.11 0.10
	海洋军事实力	国防预算额 武装部队人数 海军装备	0.17 0.13 0.15
	海洋科技实力	科研经费 科研从业人员	0.10 0.06

（二）中美两国海洋依赖性和海洋综合实力的比较

根据国家海洋依赖性与海洋综合实力模型的计算，得到中美两国十年的变化情况（图2）。

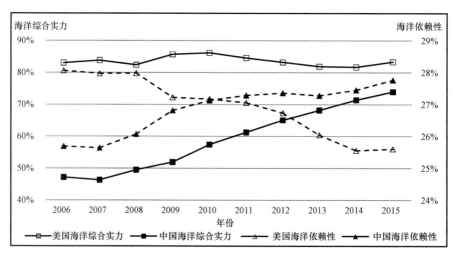

图2　中美两国海洋依赖性和海洋综合实力变化（2006—2015年）

十年间，美国的海洋依赖性逐年下降（从28%下降到25.5%），中国的海洋依赖性逐年上升（从25.7%上升到27.8%）并在2010年超过美国。美国的海洋综合实力一直处于较高水平的稳定状态，中国的海洋综合实力起点低但发展快，与美国之间的差距在不断缩小。

中美两国的海洋依赖性都集中体现在海洋的战略缓冲依赖和海洋的运输依赖两方面，即沿海地区人口、经济的集中和海洋运输对两国具有绝对重要的意义。相比之下，两国的海洋经济依赖和海洋社会依赖相对于陆地地区而言均较小。与中国相比，美国的海洋依赖性更加侧重于海洋的战略缓冲依赖，美国沿海地区人口和GDP占全国的比重一直维持在60%和63%左右的水平，其集中程度高于中国，并表现出不断向沿海集聚的趋势，沿海地区对于美国的重要性在不断上升，海洋的战略缓冲依赖不断提升。中国沿海地区人口占全国人口的比重从2006年的41.71%上升到2015年的43.30%，而中国沿海地区GDP的比重从2006年的61.59%下降到2015年的57.39%，表现为人口向沿海集中，但经济向内地偏移的趋势，沿海地区对于中国的重要性和海洋的战略缓冲依赖基本保持稳定。对中国而言，海洋依赖更多的表现在海洋运输上，中国海洋的运输依赖从2006年的52.26%上升到2015年的68.49%，而美国的海洋运输依赖从2006年的65.80%下降到2015年的48.47%（表3），可见中国对海外资源的依赖逐步上升并超过美国，这在某种程度上决定了中国海洋依赖性的不断上升，以及美国海洋依赖性的不断下降。美国的海洋经济依赖和海洋社会依赖变化较小且均低于中国，十年来中国的海洋经济占GDP的比重变化很小，但海洋就业人员占总就业人员的比重从2006年的3.48%上升到2015年的4.46%，可见中国的海洋经济在吸引就业方面起到了一定作用。

表3 国家海洋依赖性各项指标情况 单位：%

海洋依赖性指标	中国		美国	
	2006年	2015年	2006年	2015年
海洋生产总值/全国GDP	9.84	9.39	1.79	1.69
涉海就业人数/全国就业人数	3.48	4.46	1.79	1.94

海洋依赖性指标	中国		美国	
	2006 年	2015 年	2006 年	2015 年
石油进口量/石油消费量	52. 26	68. 49	65. 80	48. 47
沿海地区人口数/全国人口数	41. 71	43. 30	60. 41	59. 87
沿海地区 GDP/全国 GDP	61. 59	57. 39	63. 13	63. 54

美国的海洋军事和海洋科技实力一直强于中国，美国在军事和科技方面的资金投入一直数倍于中国，但差距在不断缩小。美国 2006 年的国防资金投入和科研经费投入分别是中国的 9.5 倍和 9.4 倍，2015 年变成了 2.8 倍和 2.2 倍；从海军实力来看，美国海军目前拥有 11 艘现役航空母舰，远超中国的 2 艘，美国的护卫舰、驱逐舰、潜艇等也在数量和质量上远超中国，而且拥有丰富的实战经验，这决定了美国拥有绝对的海洋控制能力。中国的相对优势主要体现在海洋经济和海洋运输方面，2006 年中美两国的海洋经济规模相当，美国一直稳定在这一规模，但十年来中国海洋经济的规模扩大了 3 倍左右。十年来中国的海运能力一直数倍于美国，从集装箱运输量来看，2006 年中国的运量是美国的 3.1 倍，2015 年则增至 6 倍；此外，中国在海洋从业人数上占据优势，如涉海就业人数一直维持在美国的 10 倍左右，科研人数逐年增加到美国的 3 倍左右。

（三）中美两国海洋系统的耦合发展

国家的海洋依赖性是国家海洋综合实力发展的前提，而国家的海洋综合实力从国家的海洋依赖性中获取发展的动机和条件，也为其进一步发展提供保障，两者相互作用，形成一个耦合的国家海洋系统，国家海洋系统要求国家的海洋依赖性与海洋综合实力相互配合、协同发展。

借助中美两国海洋依赖性和海洋综合实力的耦合模型结果（图3），可以看出十年来美国的海洋依赖性逐年下降，但海洋综合实力一直稳定保持在较高水平，这使得美国海洋系统的耦合度不断下降，特别是 2013 年，由于美国海洋依赖性的大幅下降，导致耦合度的断崖式下跌，但由于美国的海洋综合实力一直很强，使得海洋系统发展水平的下降幅度相对较小，耦合度和发展水平的特点最终导致美国海洋系统的耦合发展度不断下降，且在 2013 年出现急速下跌。与美国相比，十年来中国的海洋依赖性和海洋综合实力均在不断增强，二者之间的耦合度波动上升，整个海洋系统的发展水平和耦合发展度均不断上升。美国的海洋依赖性大幅下降，其主要原因在于美国逐年下降的海外石油依赖。与之相对比的是中国逐年升高的海外石油依赖，显示出海洋对于中美两国国家安全战略意义的差异变化（图4），对于中国而言，石油进口依赖度过大是无奈之下的一种高风险的状态；相反美国通过页岩气革命，主动降低对海外石油的依赖是明智之举。但在中国高度依赖海外石油的状态已然存在且短期内无法缓解的情况下，重要的是如何加强保障，因此，石油依赖度高必然需要保障能力强，同样的保障能力强也是建立在依赖度高的基础之上的，这样方能达到协调。本文的模型测算结果表明海外石油运输在较大程度上决定了国家的海洋依赖性，并与海外石油运输的保障能力一起决定了国家海洋系统的协调程度，但这种协调是一个长期过程，模型测算中的突变并不能完全说明问题，还应该放在更全面和长时段的视角下，并综合国家的能源安全战略、陆海统筹战略加以考虑。

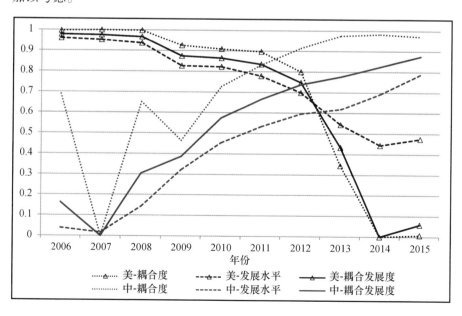

图 3　中美两国海洋系统耦合度变化（2006—2015 年）

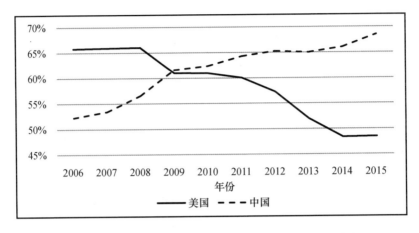

图 4　中美两国石油进口量/石油消费量（2006—2015 年）

　　2006—2015 年间，中国和美国海洋系统呈现出不同的发展特点和趋势，这种差异对中美两国各自的海洋发展和中美两国关系产生了影响。中国对海洋的依赖性不断增强，并在 2010 年超过美国，但中国的海洋综合实力与美国仍有不小的差距，不断增强的依赖与尚未健全的保障系统之间矛盾重重，这使得中国的海洋系统面临更大的风险，对海洋依赖的保障成为中国安全和稳定发展的关键，总体来看，中国海洋系统的发展呈现出一种经济上进取，但军事上保守发展的特点。而美国则是从国家安全的角度主动地降低了对海洋的依赖程度，但其海洋综合实力仍然保持较高水平，采取的是经济上保守，军事上进取的方式。对比而言，美国的海洋系统发展是守成国家典型的发展模式，而中国则是新兴国家的发展模式。

　　海洋综合实力不断增强的中国逐渐缩小了与美国之间的差距，在某些方面甚至已经超过了美国，比如中国的海运能力在 2006—2015 年一直数倍于美国，集装箱运输量从 2006 年的 3.1 倍变成了 2015 年的 6 倍；中国的海洋经济规模亦扩大为美国的 3 倍左右。但美国在海洋军事方面的实力远超中国，而军事实力至今仍对国家间的权力关系产生重要影响。除了军事、经济等传统的制约因素之外，国际组织、国际制度等也对国家的海洋综合实力和海洋实践产生影响，例如《联合国海洋法公约》对作为签约国的中国发展海洋权力具有强大的制约作用，而美国出于自身的利益考虑拒绝加入公约，从而使得美国的海洋行为具有更大的灵活性。

对外贸易和战略物资对海洋依赖程度的升高和海上领土争端等问题，使中国为满足自身的安全与发展需求，进一步发展海洋实力，尤其是在安全保障方面，加大远洋保障能力是中国发展的必要。但在"和平发展"的战略目标下，中国在发展远洋力量时并未将美国作为假想敌，无意于挑战美国的霸权地位，[①] "太平洋足够大，容得下中美两国发展"，合作共赢符合中美两国的共同利益。在人类命运共同体以及海洋系统可持续发展的背景下，中国的海洋发展与世界发展相结合，随着中国经济在全球的扩展，中国利益与国际社会利益越来越多地重叠，中国海洋力量的增长会在全球注入新的合作力量。[②]

五、结论与讨论

（一）结　论

本文以中美两国为例，构建指标评价国家的海洋依赖性和海洋综合实力，并通过耦合分析来探究国家的海洋依赖性和海洋综合实力之间的关系。通过计算和对比可以看出，中美两国的海洋系统在近十年来表现出明显不同的发展特点和趋势：

1. 2006—2015 年，海洋依赖性方面美国逐年下降，中国逐年上升并在2010 年超过美国。两国的海洋依赖性都集中体现在海洋的战略缓冲依赖和海洋的运输依赖两方面，但美国更加侧重海洋的战略缓冲依赖，中国则更侧重海洋的运输依赖。在海洋综合实力方面，美国的海洋军事和海洋科技实力一直强于中国，但差距在不断缩小，中国的优势主要体现在海洋经济和海洋运输方面。

[①]　Shih Yueh Yang and William Vocke, "Understanding the Chinese Aircraft Carrier Development Saga: A Technological and Geostrategic Analysis", *Korean Journal of Defense Analysis*, Vol. 24, No. 4, 2012, pp. 503 – 514.

[②]　Andrea Ghiselli, "The Chinese People's Liberation Army 'Post-modern' Navy", *International Spectator*, Vol. 50, No. 1, 2015, pp. 117 – 136.

2. 美国在试图保持其海洋实力水平的同时，却出现海洋依赖性与海洋综合实力之间不断下降的耦合水平，美国对海外战略物资依赖程度的下降，将在很大程度上影响其发展海洋实力的决心与动力，在海洋依赖性逐年下降的背景下，美国发展海洋综合实力的可能性存在，但内驱力不足，促使美国进入到了海洋战略的收缩阶段。①

3. 中国不断升高的海洋依赖性和持续增强的海洋综合实力则形成了良好的耦合发展关系，二者之间呈现不断增强的互动和反馈，不断提升中国的海洋影响力、推动中国海洋系统的发展。中国海洋依赖性的不断提高主要体现在海洋的运输依赖方面，中国海外贸易规模的扩大使得这种依赖变得更加明显，尤其是涉及国家安全的战略物资方面，海洋依赖性与海洋综合实力之间良好的耦合关系又在很大程度上提高了海洋运输的保障程度和对海洋依赖的安全程度，将对国家安全意义重大。

（二）讨　论

海洋自然条件是海洋系统发展的基础，在海洋自然条件基础之上的海洋社会发展和海洋依赖性的变化对海洋系统影响重大。较之前人研究，本文关于海洋综合实力的测算在前人已有的方法和指标基础上，更重视海洋人力资源的作用，加入了涉海就业人数的指标；而关于海洋依赖性的概念和测算方法，前人的研究中几乎没有涉及，属本文首次提出，并得出了中美在海洋依赖性和海洋综合实力之间耦合关系优劣程度的启示。

虽然出于数据的可获得性，本文采用的是截至 2015 年的数据，但不可否认的是 2015—2020 年，尤其是 2018 年之后的一连串重大事件（尤其是中美贸易战和新冠肺炎疫情），都深刻影响着中美在海洋依赖性和海洋综合实力上的关系。具体来说，2018 年 7 月以来中美之间此起彼伏的贸易战，在一定程度上降低了两国（尤其是中国）的海洋经济竞争

---

① Parag Khanna, "Asia is building its own world order", CNN, August 8, 2017, https://www.cnn.com/2017/08/08/opinions/china-and-the-asian-world-order-parag-khanna-opinion/index.html. 访问时间：2021 年 6 月 28 日。Tim Lister, "Apolarizing year dominated by hashtags and Trump", CNN, December 28, 2017, https://www.cnn.com/2017/12/28/opinions/2017-review-tim-lister-intl/index.html. 访问时间：2021 年 6 月 28 日。

力。美国将包括海洋产业在内的一系列重点制造业部门关税比例从 10% 增加到 25%，并要求中国政府削减对国企的支持，让国企退出市场，中国也通过提高对美国商品加征关税税率的方式作出反制。而作为高风险的海洋产业，尤其海洋工程产业，受油价和海洋油气开发影响大，前期投入高，进入门槛极高，（对中国而言）几乎只有国企能够承担。由于对政治风险的担忧，贸易战争端使得中国部分海洋企业在与韩国和新加坡等强劲竞争者的激烈争夺中丧失优势，给中国海洋工程行业造成了一定打击。此外，中美贸易摩擦也波及海洋渔业和海产品等领域，双方的加征关税清单中都涉及渔业海产品，这些产品是双方海洋渔业生产产值的重要组成部分。因此贸易摩擦使得海洋渔业成本上升，一定程度上降低了海洋产值。2020 年新冠肺炎疫情则更是对中美双方的海洋产业造成了极大影响。上半年，由于严峻的疫情，各国采取封锁措施使得货物运输需求降低，全球海运业掀起了停航潮，暂停航线，减少航次并拆解闲置的集装箱船，海洋运力大大下降，许多中小型船运公司陆续倒闭，航运业遭受巨大打击。其中 5 月份全球海运贸易下降 10% 以上，意味着超过 10 亿吨的全球贸易"损失"。下半年，随着经济活动的重启，航运需求回暖，但受破产等影响，海洋运力难以恢复到疫情之前的水平，导致运费飙涨，海运行业重新恢复，也带动海洋贸易的重塑。总体来看，新冠肺炎疫情冲击在一定程度上会促进国家对内的经济循环，短时期内降低国家的海洋依赖性，可能带来陆上交通发展的机遇，进一步改变海权和陆权的格局。同时，随着海运行业、海洋贸易重新恢复，也将带来海洋综合（主要是经济）实力的重大重组。

由于复杂的现实状况较难用数学模型加以抽象表述，因此本文用耦合模型来描述海洋依赖性和海洋综合实力之间的关系存在一定的机械之处和研究深度的可提升空间。一是指标的选取仍有继续探索的空间，如海洋依赖性的指标中未充分考虑国家的海外人员、海外机构等对海洋的依赖（例如跨国公司等），这可能导致对结果的估计偏小；海洋综合实力的指标选取未考虑结构性的因素和中美两国海外军事力量的影响，也未考察两国的海洋关键通道和重点区域以及中美两国与其海上邻国的关系，对生态、制度、法律、文化等海洋软实力考量不足。二是指标权重的确定方法具有一定的主观性，要素的选取和权重的设定难以充分考虑各要素之间的相互转化机制。三是国家海洋系统的协调是一个长期过程，模型测算的近十年的情况不能完全反映海洋系统的演化过程，还需要更长时段的时间序列分析，并加入不同发展阶段国家发展战略综合考量。

全球公共产品视角下的全球海洋治理困境：表现、成因与应对

崔　野　王　琪*

　　作为全球治理的一个实践领域，全球海洋治理是指主权国家、国际政府间组织、国际非政府组织、跨国企业、个人等主体，通过具有约束力的国际规制和广泛的协商合作来共同解决全球海洋问题，进而实现全球范围内的人海和谐以及海洋的可持续开发利用。① 虽然全球海洋治理相比于全球治理的其他领域来说仍是一个相对新生的产物，但其在实践过程中也同样存在着一些困境，这些困境在全球海洋公共产品方面体现得尤为明显。因此，基于全球公共产品的视角来探究全球海洋治理困境的表现、成因与应对等问题，便成为全球海洋治理研究中的重要内容。

一、全球海洋公共产品的内涵

　　全球海洋公共产品是全球公共产品中涉及海洋的那一部分，而全球公共产品则是公共产品这一概念在国际层面的延伸。公共产品原是一个经济学概念，是指一国政府为全体社会成员提供的、满足全体社会成员公共需

---

*　崔野（1991—），男，黑龙江鹤岗人，中国海洋大学国际事务与公共管理学院讲师，主要研究方向：全球海洋治理。

　　王琪（1964—），女，山东高密人，中国海洋大学国际事务与公共管理学院院长，教授，中国海洋大学海洋发展研究院研究员，主要研究方向：全球海洋治理、海洋环境治理。

　　基金项目：本文为国家社会科学基金重点项目"面向全球海洋治理的中国海上执法能力建设研究"（17AZZ009）的阶段性成果。

①　王琪、崔野："将全球治理引入海洋领域——论全球海洋治理的基本问题与我国的应对策略"，《太平洋学报》，2015 年第 6 期，第 20 页。

求的产品与劳务。① 一般认为，严格意义上的公共产品具有消费的非竞争性和受益的非排他性两大属性。在此基础上，全球公共产品可以界定为"全球所有国家、所有人群、所有世代均可受益的物品"。这一经典定义包含三个特征：一是全球公共产品的受益空间非常广泛，突破了国家、地区、集团等界限；二是受益者包括所有人，任何国家的国民从中得益时都是非竞争、非排他的；三是全球公共产品不仅使当代人受益，而且还必须要考虑到未来数代人从中受益。②

比照全球公共产品的经典定义，全球海洋公共产品可以简单地理解为由主权国家和非国家行为体共同提供和使用的、用以解决各类海洋问题和塑造良好海洋秩序的、各种有形的和无形的公共性产品的统称。除了具有非竞争性与非排他性这两种普遍属性外，这一定义还揭示了全球海洋公共产品的三个特点：一是主体的广泛性，即国际关系领域中的各类主体均可以成为全球海洋公共产品的提供者和享用者；二是指向的明确性，即全球海洋公共产品针对的是各类海洋问题以及人类的涉海实践活动；三是类型的多样性，即全球海洋公共产品既包括实在的物质形态，也囊括了抽象的非物质产品。

全球海洋公共产品可以根据不同的标准来分类：一种是根据其约束力强弱，将其划分为制度性公共产品与精神性公共产品。前者是指用以约束和规范国家和非国家行为体行动的一套正式和非正式的规则体系，后者是指被国际社会广泛认可并具有积极意义的观点或理念。相较而言，前者的约束力更强一些。另一种则是着眼于全球海洋治理的主要目标，将全球海洋公共产品分为公正合理的海洋治理体系、清洁美丽的海洋生态环境、和平稳定的海洋安全局势等三大类。需要说明的是，这两种分类标准并不是绝对的、对立的，而是相互交叉，有所重叠。下文便是结合这两种分类标准来展开分析和论述的。

---

① 樊勇明："区域性国际公共产品——解析区域合作的另一个理论视点"，《世界经济与政治》，2008 年第 1 期，第 7 页。

② Inge Kaul, Pedro Conceicao, Katell Le Goulven, *Providing Global Public Goods: Managing Globalization*, Oxford University Press, 2003, p. 16.

二、全球海洋治理困境的表现

同一般意义上的产品相类似，全球海洋公共产品也经历着由供给、分配、消费等环节所构成的产品生命周期。对照这三个不同阶段，全球公共产品视角下的全球海洋治理困境突出表现为全球海洋公共产品的供给不足、结构失衡和使用不善。

（一）全球海洋公共产品的总量供给不足

全球海洋公共产品在总量上的供给不足是全球海洋治理面临的最大困境，即与全球治理的其他领域相比，全球海洋治理所能运用的公共产品相对较少，远远不能满足应对全球海洋问题的需要，这一点在制度性公共产品上体现得更为明显。

在制度性公共产品方面，现有的涉海规制、组织、会议、机制等制度性产品的总量严重不足，且层次有待提升。例如，受制于多种因素，目前尚未建立起全球性、综合性的政府间海洋组织，而在经济和环境领域内，世界银行、世界贸易组织、联合国环境规划署等国际组织不仅早已成立，其运行机制也已非常成熟。再如，全球海洋治理缺乏机制化的政府间高层会议，未能形成有效的国家间交流平台；而反观经济和安全等领域，G20、金砖国家峰会、上合组织峰会、北约峰会等会议不仅定期召开，议题丰富，且基本上都是由各国国家元首或政府首脑亲自参加，参会人员的高级别使其更容易达成实质性成果。此外，《联合国海洋法公约》作为当今全球海洋领域内最为重要的法律文件，其条款不仅存在诸多争议之处，且正逐渐沦为某些强国干涉他国内政、维护自身霸权的工具，亟待改革或再供给。

另一方面，当前的全球海洋秩序虽然维持了总体稳定的局面，但局部冲突不断，传统安全威胁和非传统安全威胁复杂交织，海洋环境问题日益严重，而应对这些问题的全球海洋公共产品却相对匮乏，解决全球问题的方案的有效国际供给一直不足。[①] 另外，在海洋生物和环境保护领域，国

[①] 庞中英："'全球治理中国方案'的类型与实施方略"，《学术界》，2018 年第 1 期，第 7 页。

际社会也举步维艰。建立南极海域海洋保护区的计划一再推迟、特朗普废除奥巴马政府时期的海洋环境保护政策、日本退出国际捕鲸委员会等一系列事件不仅表明维持正常的全球海洋治理秩序的不易，更反衬出目前全球海洋公共产品的供不应求。

（二）全球海洋公共产品的分布结构失衡

与总量供给不足相伴的另一种困境类型是全球海洋公共产品在分布结构上的不平衡，主要体现在领域分布、空间分布和种类分布等三个层面。

首先，从全球海洋公共产品的领域分布来看，呈现出"低政治领域的产品较多，高政治领域的产品相对较少"的特征。通常来说，高政治领域关注的是与国家权力和国际政治高度相关的外交、军事、安全等议题；低政治领域则关注与政治权力的关联度相对较小、易于为各国普遍接受的那些议题，如经济、社会、文化、科技等议题。参考这一划分标准，我们可以发现现有的全球海洋公共产品更多地集中于低政治领域，特别是集中于海洋环境保护、海洋生物多样性养护、海洋航运与贸易、海洋资源开发与渔业捕捞等有限的几个领域。而在海洋安全、海域划界、全球气候调控、极地治理等政治属性较强的高政治领域内，不仅现有的全球海洋公共产品在数量上屈指可数，而且也普遍面临着约束力不强、使用不到位等风险。

其次，从全球海洋公共产品的空间分布来看，呈现出"近岸海域的产品较多，国家管辖范围外海域的产品相对较少"的特征。全球海洋公共产品的供给和使用在根本上是为了解决全球海洋问题，从这个意义上看，全球海洋公共产品的空间分布必然会在总体上与海洋问题的高发区域保持基本一致。目前，虽然国际公海区域的环境保护问题和极地的治理问题等已引起国际社会的普遍关注，但多数海洋问题依旧发生在国家管辖范围内海域，由此导致各国的政策注意力和治理资源更加倾向于近岸海域，全球海洋公共产品的空间分布也相应地向此倾斜，进而形成了"近岸海域的产品较多，国家管辖范围外海域的产品相对较少"的特征。

最后，从全球海洋公共产品的种类分布来看，呈现出"制度性产品较多，精神性产品相对较少"的特征。具体来看，一是制度性公共产品的供给数量相对较多。虽然制度性公共产品也同样面临着供给不足的困境，但相较于精神性公共产品，其在现有数量上占据着相对优势。究其原因，主要是因为这一类公共产品的供给大多依靠双边或多边的国际合作，多方主体的共同参与降低了各方所需付出的成本，增强了各方的合作意愿。二是精神性公共产品的供给数量相对较少。受制于各国意识形态和发展理念的不同，一国提供的精神性公共产品的接受程度和适用范围通常是有限的，甚至会受到他国的抵制。即使得到了国际社会的普遍接受，其效用的显现也会经历一个较长的时间跨度。加之这一类公共产品一般不具有法律上的约束效力和经济上的利益激励，从而抑制了各国的供给积极性，限制了精神性公共产品的供给数量。

（三）全球海洋公共产品的使用不尽合理

在全球海洋公共产品总量已然不足的不利条件下，使用过程的不合理更加放大了治理困境的严峻程度。总体而言，这种困境突出体现为全球海洋公共产品的"私物化"现象。

公共性是全球公共产品的本质属性之一。无论是出于什么原因，任何国家都不得排斥或限制其他治理主体对全球公共产品的使用。然而，理论上的主张与现实中的实践并不总是相一致的，美国学者查尔斯·金德尔伯格早已在理论上论证了全球公共产品被霸权国家"私物化"的必然性，即霸权国家把本应服务于国际社会的全球公共产品变为为本国谋取私利的工具。[1] 具体到海洋领域，也同样存在着部分全球海洋公共产品被某些国家"私物化"的现象，这其中最为典型的事例当属美国出于自身利益的需要而肆意曲解"航行自由原则"，以其为借口来指责中国妨碍南海地区的"航行自由"，并多次派出军舰和军机闯入中国南海岛礁及附近水域进行所谓的"航行自由"宣示。美国的这一做法不仅激化了南海的紧张局势，也使得航行自由原则的公信力大为下降，日渐沦落为美国维护其霸权地位的工具。

此外，其他类型的全球海洋公共产品也面临着被"私物化"的风险。

---

① Charles P. Kindleberger, "International Public Goods without International Government", *American Economic Review*, Vol. 76, No. 1, 1986, pp. 1–13.

例如，在菲律宾单方面挑起的所谓"南海仲裁案"中，海牙国际仲裁庭判决菲律宾"胜诉"，宣称中国在南海没有"历史性所有权"等。但稍加分析便可发现，作为应菲律宾单方面请求建立起的一个临时机构，仲裁庭悍然违反《联合国海洋法公约》的规定，一味全盘接受菲律宾的非法无理主张，随意扩权和滥权，完全偏离了第三方程序应当具有的公正立场与审慎品格。这种做法不但无助于通过和平方式解决争端，反而滥用了国际法，对国际法治产生极其负面的影响。总之，在当前的国际政治环境下，大多数的全球海洋公共产品都有可能变为某些国家维护其霸权、追求其私利的"私物性"工具，而这将会在很大程度上削弱全球海洋公共产品的公共属性，加重全球海洋治理的困境。

三、全球海洋治理困境的形成原因

主体、客体、规制和目标是全球海洋治理的基本构成要素，其治理成效的高低在很大程度上取决于这四种要素的协调程度。全球海洋公共产品之所以在供给、分配和使用等环节上面临着多重困境，也可以从主体、客体、规制和目标这四个层面加以分析。

（一）供给主体类型单一及其供给能力不足

包括主权国家、国际政府间组织、全球公民社会等在内的全球海洋治理主体是全球海洋公共产品的直接供给者，决定了全球海洋公共产品的丰裕程度。但在现实中，这些主体却未能充分发挥各自的作用，实际参与到供给活动中的主体有限，且供给能力也难以满足日渐增长的对全球海洋公共产品的需求。

一方面，全球海洋公共产品的供给主体类型相对单一，过度倚赖主权国家的作用。不可否认，公共产品的特性和政府的属性决定了主权国家（政府）理应成为最重要的供给主体。但在主权国家之外，国际政府间组织、非政府组织、科研机构、跨国公司、沿海社区等其他治理主体也应当在不同的领域中担负起各自的供给责任，贡献各自的力量。全球海洋治理困境的产生在很大程度上就是由于供给主体的类型单一，除主权国家之外的治理主体未能充分参与到全球海洋公共产品的供给过程中。例如，某些国际政府间组织作为一种全球海洋公共产品被供给或创设出来后，其公共性逐渐减弱，深受国家意志、特别是大国意志的左右，限制了其供给全球海洋公共产品的能力；而国际非政府组织、跨国公司等主体则缺少足够的能力基础、权威资源和激励因素，在供给全球海洋公共产品方面往往"力不从心"。

另一方面，即便从主权国家的角度来分析，其供给意愿和供给能力也存在明显的不足，难以提供足够的全球海洋公共产品。全球公共产品不同于一般的国家内部公共产品，具有投入成本高昂、受益周期漫长、管理方式复杂等特征，需要耗费巨大的资金、技术、人力、组织等资源，这对于大多数国家来说是一种难以承受的重担。全球虽然有超过 3/4 的国家是沿海国，但这其中的绝大多数都是发展中国家或经济落后国家，真正具有供给全球海洋公共产品能力的国家并不多，由此便决定了大国，特别是发展程度较好的国家自然就要更多地承担起提供和管理全球公共产品的责任。①然而，在部分具有供给能力的少数海洋大国或海洋强国中，却不同程度地存在着供给意愿和供给能力持续减退的现象，从而加剧了全球海洋公共产品的供不应求。在这些国家之中，尤以美国最为典型。而如果缺少了美国等海洋强国的积极参与和贡献，供给全球海洋公共产品将变得异常艰难，甚至事倍功半。

（二）现有的治理体系不尽民主，监督作用弱化

公正合理的治理体系是维护全球海洋秩序的根本保障，而在紊乱、落后或带有缺陷的治理体系下则难以达成全球海洋治理的目标。从这一角度来分析，全球海洋治理困境的产生便是由于现有全球海洋治理体系的不完善，这种不完善突出体现为决策机制的不民主与监督作用的弱化。

供给和使用全球海洋公共产品在本质上是一种国际合作与协商的过程，因而全球海洋公共产品的决策机制应当是建立在平等基础上的民主决策。但在实际中，这种决策机制并未达到民主的要求，而是少数海洋强国的集团决策，甚至是个别霸权国家的专断决策。这些国家追求本国利益最

---

① 蔡拓："中国参与全球治理的新问题与新关切"，《学术界》，2016 年第 9 期，第 9 页。

大化的行为倾向，势必会使大部分全球公共产品配置于这些国家。① 进一步而言，传统的海洋强国主导了全球海洋公共产品的整个生命周期，新兴海洋国家和广大的发展中国家未能获得足够的参与权、发言权和决策权，难以有效制止这些国家的不当行为。在这一不尽民主的治理体系之下，新兴海洋国家和发展中国家被排斥在决策体制之外，既无法通过积极参与决策来平等地享受全球海洋公共产品所带来的收益，也严重束缚了它们供给全球海洋公共产品的动力和努力。

此外，当前的全球海洋治理体系也无法对全球海洋公共产品的供给和使用进行有效的监管。之所以出现这一问题，从根本上看，一方面是由于现有国际规制的约束力普遍不足，即便是诸如《联合国海洋法公约》这样的国际基本海洋法律制度，也难以对各种破坏全球海洋公共产品"市场"秩序的行为施以强有力的监管；另一方面则是由于目前并不存在全球范围内的"世界政府"，缺少一个统一的、居于主权国家之上的权威性机构来对全球海洋治理的各个主体施以约束。这两方面因素的交织叠加，使得当前的全球海洋治理体系未能有效地监督和规范全球海洋公共产品的供给与使用，从而引发"搭便车"现象和"公地悲剧"，加重了全球海洋治理困境的严峻程度。

（三）主权国家间在治理目标上的差异性

由于每个国家面临着不同的发展阶段和国情，决定了它们参与全球海洋治理的目标也不尽相同。而目标的差异性必然会导致行动的不协调，即各个国家往往是根据自身的利益和需求来供给、配置和使用全球海洋公共产品，无法在整体上实现共识最大化与效益最优化。

主权国家间治理目标的差异性突出体现在发展中国家与发达国家上。发展中国家以发展经济和改善国民生活水平为首要任务，即便其有能力供给全球海洋公共产品，优先的供给方向也主要是集中在消除贫困、应对自然威胁等"生存"层面，如发起或参与经济合作计划、建设海洋基础设

---

① 徐增辉："全球公共产品供应中的问题及原因分析"，《当代经济研究》，2008 年第 10 期，第 21 页。

施、共同捕捞渔业资源、共享灾害预警等；而发达国家则更加侧重于维护海洋安全、研发海洋科技、保护海洋环境、应对气候变化等"发展"和"改善"层面，如远洋护航、极地科考、削减船只的碳排放等，两者的治理目标存在着层次性的差异。而且，即便是在发展中国家或发达国家的内部，其治理目标也很难达成完全一致。总而言之，国家间治理目标的差异性会引发各国在供给和使用全球海洋公共产品上的各自为政，难以形成协调高效的国际合作，造成资源浪费与供给不足。

（四）全球海洋公共产品供需差距的不断拉大

从全球海洋治理的客体角度来看，之所以需要供给和使用全球海洋公共产品，就是为了解决全球海洋问题。由此，化解全球海洋问题与供给全球海洋公共产品之间构成了目标与手段的关系，任何一方的变动都会对另一方产生重大影响。相比于供给端的周期性与滞后性，需求端却无时无刻不在发生变化，很多已有的海洋问题日趋严重，一些新的治理难题不断涌现，新老问题的复杂交织使得治理难度大幅增大，对相关全球海洋公共产品的需求也日渐强烈。一面是供给的总量不足与使用低效，另一面是需求的持续增长，供需之间的差距迅速拉大，直接导致并放大了全球海洋治理困境。

以良好的海洋生态环境这一典型的全球海洋公共产品为例，在过去的三四十年中，陆源污染物排放入海、海上石油泄漏、船舶废弃物污染等传统海洋环境问题不仅没有得到根治，反而有愈演愈烈的趋势。与此同时，海洋塑料垃圾的迅速增长、赤潮等海洋灾害的蔓延等新的海洋环境问题也日益频发。在这些新与旧的全球海洋环境问题面前，全球海洋公共产品的供给与使用情况远远不能满足治理的要求，全球海洋治理困境显而易见。

四、全球海洋治理困境的应对路径

（一）提升主权国家的供给意愿和能力

应对全球海洋治理困境，最为直接的措施当属持续增加全球海洋公共产品的供给量。毫无疑问，在相当长的一段时期内，主权国家将继续在这方面发挥着决定性的作用。无论是大国还是小国、沿海国还是内陆国,都应当加入到供给全球海洋公共产品的国际行动中,提升自身的供给意愿和能力,为消除全球海洋治理困境贡献出各自的力量。具体而言,对于综合实力较强的传统海洋强国和新兴海洋大国来说,应当主动承担起绝大部分的供给责任,在资金、技术、器物等硬实力资源层面以及人才、组织、制度等软实力资源层面加大供给力度,以其自身的积极行动来引导和带动其他国家的共同参与;对于为数众多的沿海发展中国家和岛屿国家来说,应当妥善处理好国内发展与国际公益的关系,积极参与和配合海洋大国或国际组织发起的行动计划,在力所能及的范围内尽其所能;而对于内陆国来说,即便其在地理空间上不直接与海洋发生联系,也仍旧可以在应对气候变化、国际海洋法治建设、海洋环境保护等领域内做出重要贡献。

(二)强化非国家行为体的供给作用

在主权国家之外,国际政府间组织、国际非政府组织、科研机构、学术团体、跨国企业、社区乃至公众等主体亦是全球海洋公共产品的重要供给者,在很大程度上弥补着主权国家供给的不足。因此,应根据这些主体的不同属性和比较优势,引导它们发挥各具特色的供给能力,构建起涵盖各主体的多元供给体系,并与主权国家的供给行为相互补充、相互配合。在这些非国家行为体之中,国际非政府组织以其成员的广泛性、目标的非逐利性以及较强的独立性等优势,在供给全球海洋公共产品方面发挥着更为明显的作用。另一个值得关注的方面是,由主权国家和非国家行为体共同组成的治理网络正在成为一种全新的全球海洋公共产品供给来源,应当得到更大规模的推广与应用。简而言之,国际社会应当全面看待每一类主体的多重属性,强化各类主体的供给作用,寻找和扩大各类主体在供给全球海洋公共产品方面的最大公约数。

(三)采取符合时代需求的供给策略

全球海洋治理困境的消除是一个漫长而复杂的过程,不会一步到位,理性的做法应当是在不同的时期内根据主客观条件的变化而采取有针对性的行动策略,突出阶段特征,适度有所侧重。在当前的时代背景下,可采取以点带面、由易渐难、海陆结合三种供给策略,以提升全球海洋公共产品的供给效率，并将全球海洋公共产品的分布失衡控制在合理的范围内。

以点带面：从区域性海洋公共产品切入，以区域带动全球。一般而言，供给全球范围内的海洋公共产品通常会涉及更多的主体和参与者，协调与监督的难度也更大，很容易产生集体行动的困境。针对这一问题，不妨首先从区域性海洋公共产品切入，即同一地理单元内的国家优先供给本地区的海洋公共产品，在凝聚共识、建立信任和积累经验的基础上逐渐向全球海洋公共产品扩展。事实上，区域海洋公共产品与全球海洋公共产品之间并没有严格的界限，如果实现了区域海洋公共产品的充分供给，全球海洋治理困境也就将迎刃而解了。

由易渐难：以易于达成供给合作的领域为突破口，逐步向纵深方向延展。试图在所有领域内同步供给足够的全球海洋公共产品是不现实的，在未来的一段时期内，首要任务应当是以易于达成供给合作的领域为突破口，重点加强海洋环境保护、海洋经济合作、海洋科技研发、海上救助、海洋气象预报与防灾减灾、海洋资源开发与渔业捕捞等低政治领域内的公共产品供给。而随着主客观条件的变化和供给能力的增强，再逐步将供给的重点向海洋安全、海洋争端调解、打击海上犯罪、全球气候调控等纵深方向和高政治领域延展。

海陆结合：统筹谋划海洋与陆地及其他治理领域内公共产品的供给。由于海洋独特的自然特性，使得几乎所有其他治理领域的客体都可以在海洋上找到相对应的坐标。因此，为了以更小的成本和更高的效率实现消除全球海洋治理困境这一目标，应当将全球海洋公共产品与相关的陆上公共产品及其他领域内公共产品的供给结合起来，不可单纯将视线局限在海洋上，就海论海。海陆结合的供给策略不仅能够达到更为高效而持久的供给效果，更为明显的一个优势则是，这一策略将内陆国也涵盖在内，为内陆国参与全球海洋治理、供给全球海洋公共产品提供了契合点。

（四）加强全球海洋公共产品使用过程的监督

在国际体系缺少权威性机构的无政府状态之下，不断完善的公约、协定、声明等为全球海洋治理构建了具有约束力和权威性的法制保障，界定了各行为体的义务和责任。① 也就是说，全球海洋公共产品的供给与使用需要利用国际规制来进行监督。在目前已有的涉海国际规制中，绝大多数都是从微观的治理客体的角度来制定的，尚未在宏观上、整体上构建起有关全球海洋公共产品的规则制度体系，无法为全球海洋公共产品的正常运转提供坚实的制度保障。为解决这一问题，国际社会应加快制定系统且权威的国际规制体系，明确界定各方在全球海洋公共产品的资金来源、任务分配、获益方式、使用监管等方面的权利和义务，并设计与之配套的激励和惩戒措施。此外，"软法"亦是国际规制的重要组成部分，它是对以"国家同意"为基础的国际法的突破和创新。因而，在制定公约、条约、制度等正式的硬法机制面临着"国家同意"门槛的情况下，国家或国际组织利用软法文件建立合作关系是当前国际法上的流行现象②，可以将行动纲领、合作框架、操作规范等非正式规制作为与硬法相配合的补充内容。

另一种行之有效的监督方式是充分发挥国际舆论的作用。国际舆论以其来源的多样性、内容的丰富性及立场的相对客观性等特征，也可以在监督主权国家的公共产品供给与使用方面大有可为。为此，应赋予国际舆论以相对宽松、不受操纵的外在环境，保障其自由表达的权利，丰富传播渠道，并增强国家对国际舆论的回应性。当然，宣传并不总是等同于事实，国际舆论同样存在着过度夸大或肆意诋毁等有违于客观原则的现象，这需要全球海洋治理的各个主体仔细辨别，去伪存真。

五、中国在应对全球海洋治理困境中的角色

全球海洋治理的发展离不开中国的积极参与，日益走近世界舞台中央的中国有能力、也有责任为应对全球海洋治理困境贡献出中国力量。在应对全球海洋治理困境的国际行动中，中国应扮演好供给者、协调者和完善

---

① 吴士存、陈相秒："论海洋秩序演变视角下的南海海洋治理"，《太平洋学报》，2018 年第 4 期，第 28 页。
② 黄德明、杨帆："跨部门合作法律机制在国家管辖范围外海洋保护区建立管理中的作用——兼论对'海上丝绸之路'倡议的启示"，《云南师范大学学报》（哲学社会科学版），2018 年第 6 期，第 47 页。

者三种角色。

（一）全球海洋公共产品的主要供给者

全球海洋公共产品的主要供给者是中国最基本的角色定位，也是中国力量的直接体现。伴随着国家实力与国际影响力的迅速提升，中国应主动承担起与自身地位和能力相匹配的供给责任，增强全球海洋公共产品的供给力度。特别是在美国等传统海洋强国的供给意愿和供给能力持续减退的不利条件下，中国更应勇于担当，加大供给各类全球海洋公共产品，努力缩减供需之间的差距。具体而言，中国应在以下两个方面重点作为。一是积极传播先进的治理理念，推动构建海洋命运共同体。先进的治理理念是一种无形的海洋公共产品，也是促进全球海洋治理健康发展的重要保障。近年来，我国相继提出全球治理观、总体安全观、新型国际关系、人类命运共同体、海洋命运共同体等多种治理理念，受到国际社会的广泛认可。这些治理理念对于全球海洋治理具有重大的指导意义，阐明了应对全球海洋治理困境的原则、目标、途径与方向等基本问题。下一步，中国应积极传播这些先进的治理理念，并以其来引领全球海洋治理的发展。二是着力建设好"21世纪海上丝绸之路"这一最为重要的全球海洋公共产品。"21世纪海上丝绸之路"倡议的内容涵盖了海洋领域的政治互信、经贸合作、科技创新、环境保护、安全维护、人文交流等多个层面，是当前和今后一个时期内中国向国际社会贡献的最为重要的全球海洋公共产品。接下来，中国应继续增强"21世纪海上丝绸之路"的建设力度，在扩展国家间海洋经济合作水平的同时，更加关注海洋环境、海洋科技、海洋防灾减灾、海上搜救、海上执法等领域的务实合作，以充分彰显这一倡议在供给全球海洋公共产品方面的时代价值，惠及各国人民。

（二）全球海洋治理合作的关键协调者

无论是参与全球海洋治理，还是供给全球海洋公共产品，它们在本质上都是一种国际合作，其中不可避免地会伴有国家间的分歧、博弈甚至冲突。只有依靠有效的国际协调，才能化解这些分歧和冲突，保障合作的顺利推进。世界上最大的发展中国家与最为重要的新兴国家这一双重身份，使得中国成为沟通发达国家与发展中国家的纽带，赋予中国以关键协调者的显著角色。大国协调是全球海洋治理合作的重中之重。全球海洋公共产品能否充分供给、全球海洋问题能否有效解决，大国起着主导性的作用。在当前的国际政治格局下，中国应着重深化与美国、俄罗斯、欧盟等大国和国际组织的协调，通过高层访问、定期会晤、对话机制、国际会议等途径增进彼此间的相互了解与政策沟通，并在此基础上共同开展互为促进的治理行动，合作供给全球海洋公共产品。同时，大国之间的有效协调还具有良好的示范效应，中国应以此为突破口，带动提升与其他海洋大国的协调广度和深度。鉴于发展中国家的发展阶段和治理目标的独特性，中国应以海洋经济合作为主要的突破点，充分利用各种双边和多边的机制框架，在政策设计、目标设定、行动落实、成本分配等方面加强与发展中国家的协调。特别是要吸引更多的发展中国家加入到"21世纪海上丝绸之路"的建设中，与它们共同探求合作的具体内容，保障合作项目的顺利实施。此外，另一个可以重点协调的方面是，中国与广大的发展中国家应当共同反对全球海洋治理秩序中的不公正、不合理之处，积极维护自身的正当权益，推动建设公平正义的新型国际关系。

（三）全球海洋治理体系的积极完善者

公正合理的全球海洋治理体系是惠及全人类的公共产品，也是消除全球海洋治理困境的重要推动因素。面对现有治理体系中的诸多不足，中国应发挥积极的建设性作用，在"改革存量"与"注入增量"两方面协同推进。所谓改革存量，是指中国应综合运用政治、经济、法律、外交等多种手段，修正现有治理体系中的缺陷，推动全球海洋治理体系的完善。在未来的一段时期内，中国应重点在以下三个方面扮演好完善者的角色：一是健全全球海洋法律制度，特别是要完善《联合国海洋法公约》中的模糊和争议条款；二是坚持岛礁主权和海域划界争端应由直接当事方通过谈判协商解决，坚决反对某些域外大国插手争端解决、破坏治理规则的行为；三是大力引导和鼓励非政府组织、学术团体、科研机构、智库等非国家行为体参与改革全球海洋治理体系中的软法，形成治理合力。所谓注入增量，是指在维持现有治理体系总体稳定的前提下，中国应主动供给出若干全新的、符合时代发展趋势的国际制度、规则、标准和机构，以增量的注入来消解存量中的消极因素。在这一方面，中国已取得了很大的成绩，如发起成立中国—小岛屿国家海洋部长圆桌会议多边治理框架、与多个国家建立"蓝色伙伴关系"、稳步推进"21世纪海上丝绸之路"建设等。在巩固已有成绩的基础上，中国应在力所能及的领域内加大供给增量的力度，如适时牵头成立区域性政府间海洋组织、传播海洋命运共同体等先进的治理理念、推动国家管辖外区域海洋生物多样性谈判和"南海行为准则"案文磋商、推介我国制定的海洋科技标准等。

全球海洋治理视阈下的中国海洋能源国际合作探析

吴 磊 詹红兵[*]

众所周知，全球海洋面积占地球表面积的71%。海洋与地球生态息息相关，与人类社会的发展息息相关。海洋不仅是生命的摇篮，也是能源资源大宝库。21世纪将是人类全面开发海洋能源资源的世纪，也是开展全球海洋治理的世纪。然而，海洋能源资源开发与全球海洋治理正如21世纪一样年轻，还处于童年阶段。早在20世纪，世界各国就已经在探索开发利用海洋能源资源，并且取得了丰硕的成果。文献检索发现，国内外关于海洋能源资源开发的文献非常丰富，主要集中在海洋能源利用技术领域；但从全球海洋治理的高度，从海洋能源资源开发的整体角度研究海洋能源的文献还非常少。随着陆上油气资源开发进入平台期，化石能源利用带来温室气体排放，以及海洋可再生能源利用技术的进步，大规模及商业化开发利用海洋能源资源已经提上日程。开发利用海洋能源资源作为发展海洋经济的重要组成部分，也将是全球海洋治理的题中应有之义。本文综合散见于各领域的海洋能源文献资料，致力于从宏观和整体的角度，在全球海洋治理的视阈下考察世界和中国海洋能源开发利用及国际合作的现状，着重探讨中国未来如何开展海洋能源国际合作、如何深度参与全球海洋治理，并尝试提出建设性的相关建议。

---

* 吴磊（1962—），男，云南昆明人，云南大学国际关系研究院院长，教授，博士生导师，主要研究方向：国际能源安全与中国石油安全。
詹红兵（1983—），男，云南宜良人，云南大学国际关系研究院2015级博士研究生，主要研究方向：能源与国际关系。

一、全球海洋能源开发及国际合作现状

浩瀚的海洋蕴藏着巨大的能源资源，理论上其资源量要远远高于陆上能源资源量。原因有三：一是假设地球蕴藏的化石能源与地球表面积成正比，海洋面积占全球面积的71%，那么理论上海底蕴藏的煤炭油气等化石能源储量也将占71%，远高于陆地的29%。二是假设地球表面的太阳能、风能及地底的地热能与地球表面积成正比，那么理论上海洋与陆地太阳能、风能、地热能等的资源量比例也将是71∶29。三是海洋拥有陆地没有的独特的海洋能，包括潮汐能、波浪能、潮流/海流能、温差能和盐差能等。① 海洋蕴藏的能源资源量到底有多少至今仍是一个未知数。2016年欧盟《全球海洋治理联合声明》指出，截至目前，人类已开发利用的全球海底面积还不到3%，还有90%的海底面积处于未知状态。据科学家估计，如果能够有效开发利用，仅海水中蕴藏的能量就能满足人类全部的能源需求。巨大的海洋能源宝库正在等待人类的探索与开发，海洋能源技术创新与进步是开启海洋能源宝库的金钥匙。

（一）世界海洋能源勘探开发状况

1. 海底传统化石能源。宽广的大洋底部蕴藏着丰富的煤炭、石油和天然气等传统化石能源。化石能源的储量与勘探技术和勘探程度紧密相关。由于勘探程度较低，目前探明的海底化石能源储量只是冰山一角。有专家估算，全球石油和天然气储量的70%以上集中在海洋。例如，初步勘探表明，仅北极地区，海底煤炭储量就达1万亿吨，占全球煤炭总储量的1/4，石油和天然气蕴藏量分别占全球石油和天然气总蕴藏量的20%和30%。② 自1896年美国在加利福尼亚近海打出第一口海上油井以来，海洋油气工业已经发展了100多年。目前，全球有100多个国家在进行海上油气开采，有50多个国家已经挺进深海油气领域。在当前的海洋油气技术条件下，海洋油气的探明储量和产量都已占到全球油气探明总储量和总产量的三分之

---

① 夏登文、康健主编：《海洋能开发利用词典》，海洋出版社，2014年版，第1页。
② 李长久："公海资源：国家间下一个激烈争夺点"，《经济参考报》，2013年2月21日。

一，且探明储量和产量都在逐年增加。根据国际能源署和油气杂志公布的数据看，近10年来新发现的亿吨级以上的大型油气田中，60%位于海上，且有一半在水深500米以上的深海。有专家预计未来全球油气田储量40%都将集中在深海。[1] 在陆上油气勘探开采进入平台期时，海洋油气正展现出光明的前景。

2. 海洋可再生能源。海洋可再生能源的资源量惊人，是名副其实的取之不尽用之不竭的可再生能源宝库。海洋可再生能源可分为两大类：一类是海洋新能源，包括海面上的太阳能和风能、海洋生物质能，以及海底地热能等；另一类就是通称的海洋能，主要包括潮汐能、波浪能、潮流/海流能、温差能、盐差能等。在能源转型和应对全球气候变化的压力下，海洋可再生能源已经成为全球可再生能源发展的重要组成部分，成为世界各国争先发展的重要领域。21世纪以来，全球范围可再生能源包括海洋可再生能源都获得了较大发展。

目前，海上风电是海洋新能源发展的标杆和重点领域。进入21世纪，伴随着低碳经济运动的兴起，欧洲国家率先进军以太阳能和风能为代表的新能源领域，其中也包括海上风电和海上太阳能发电。在海上风电领域，英国、德国、中国引领发展，你追我赶。"英国已投运的海上风电项目装机规模超过700万千瓦，还有近700万千瓦的项目处于施工中或者签订了开发合同，是全球最大的海上风电市场。"[2] 德国近年来也在大力发展海上风电，德国联邦政府已通过税收政策鼓励海上风电发展，用以替代核电并最终完全废止核电。[3] 相比较而言，我国海上风电起步较晚，但发展较快。据国际可再生能源署（IRENA）统计，2019年全球新增海上风电装机容量4.6吉瓦，使海上风电装机总容量达28.2吉瓦。就国别而言，2019年英国海上风电累计装机容量9.8吉瓦，仍居世界第一位；德国累计达7.5吉瓦，

---

[1] 傅小荣、赵婵："海洋油气开发将引领海洋工程新时代"，《中国能源报》，2018年1月8日，第4版。

[2] 夏云峰："英国海上风电规模有望十年内翻番"，《风能》，2018年第7期，第62页。

[3] 杨娟、刘树杰、王丹："英、德可再生能源政策转型及其对我国的启示"，《中国电力企业管理》，2018年第16期，第34－37页。

居第二位；中国累计达 5.9 吉瓦，居第三位；2019 年新增装机容量最多的国家是英国，为 1.6 吉瓦。[1]

海洋能（Ocean Energy）是海洋可再生能源的重要组成部分，也是当前国际能源领域研究开发的热点和前沿。海洋能是指以海水为能量载体，以潮汐、波浪、潮流/海流、温度差和盐度梯度等形式存在的潮汐能、波浪能、潮流能/海流能、温差能和盐差能。[2] 国际可再生能源署将正在研发的海洋能利用技术分为五类：潮汐能（Tidal Power）、潮流/海流能（Tidal/Marine Currents）、波浪能（Wave Power）、温度差能（Temperature Gradients）和盐度差能（Salinity Gradients）。[3] 目前，这五类技术都还处于研发和示范的早期阶段，还不能大规模商业化应用，主要原因除了能源效率有待提升外，还要应对复杂多变的海洋环境以及保护海洋生物、海洋生态、海洋运输等复杂因素。即便是最先进的潮汐能和波浪能利用技术也都还面临着许多问题和挑战。例如潮汐坝发展最早，且技术相对成熟，但其装机容量和选址都受到一定限制。[4] 虽然海洋能开发利用技术的发展尚需时日，但海洋能的资源量和开发前景非常鼓舞人心。以潮汐能为例，苏格兰的彭特兰湾海域拥有世界上最强大的潮汐能。据估计，"苏格兰的潮汐能蕴含量占世界潮汐能总量的 7%"。[5] 克莱尔（A. Kalair）等专家认为，如果得到合理开发，全球潮汐能每年能发电 800 太瓦时，全球盐差能每年能发电 2 000 太瓦时，全球波浪能每年能发电 8 000 ~ 80 000 太瓦时，全球温差能每年能发电 10 000 ~ 87 600 太瓦时，各种海洋能发电量之和远远超过当前全球每年 16 000 太瓦时的电力需求。[6] 此外，据海洋能系统（OES）估计，如果

[1] "Renewable Energy Statistics 2020", International Renewable Energy Agency, July 2020, pp. 38–39, https：//www.irena.org/-/media/Files/IRENA/Agency/Publication/2020/Jul/IRENA_Renewable_Energy_Statistics_2020.pdf.
[2] 夏登文、康健主编：《海洋能开发利用词典》，海洋出版社，2014 年版，第 1 页。
[3] "ocean energy", IRENA, https：//www.irena.org/ocean，访问时间：2018 年 6 月 20 日。
[4] Mehmet Melikoglu, "Current Status and Future of Ocean Energy Sources：A Global Review", *Ocean Engineering*, Vol. 148, January 15, 2018, pp. 563–573.
[5] 王海霞："海洋能源开发 苏格兰欲独立潮头"，《中国能源报》，2010 年 8 月 23 日，第 9 版。
[6] N. Khan, A. Kalair, N. Abas, A. Haider, "Review of Ocean Tidal, Wave and Thermal Energy Technologies", *Renewable and Sustainable Energy Reviews*, Vol. 72, May 2017, p. 590.

海洋能技术发展成熟并实现全球规模化、商业化应用，则仅每年的海洋能发电量就能满足当前全球约 20 000 太瓦时的电力需求。[①]

尽管仍然面临诸多挑战，但在国际社会的共同努力下，近年来海洋能技术获得较大进展。早在 1966 年，法国就在兰斯河口建成了 240 兆瓦的潮汐坝电站，成为世界上最早和规模最大的潮汐能利用项目。2011 年，韩国建成 254 兆瓦的西华湖潮汐能电站，超越法国兰斯潮汐坝电站成为世界第一大规模的潮汐能电站。近年来，世界各国都加大了海洋能技术的研发和投入，诸多兆瓦级规模的研发项目相继进入试验阶段。2017 年，英国在潮流能开发技术方面取得突破。亚特兰蒂斯资源公司在苏格兰彭特兰湾的梅根项目（MeyGen）完成第一期 6 兆瓦潮流能涡轮机发电和并网试验，成为目前世界上最大的潮流能发电试验项目。面对海洋能蓬勃的发展前景，英国石油公司作出乐观展望：到 2040 年，非化石能源预计将能够与石油、天然气、煤炭四分天下。[②] 对此，国际可再生能源署保持着谨慎态度：国际可再生能源署在其发布的《全球能源转型 2050 年路线图》中指出，要实现《巴黎协定》达成的将全球气温升高控制在 2℃以内的目标，在技术上是可行的，但需要全球将可再生能源在最终能源消费总量中的比重从 2017 年的 19% 提高到 2050 年的三分之二。[③] 这需要整个国际社会团结合作并付出巨大努力。

3. 海洋非常规能源。当前，非常规能源主要是指非常规油气，包括致密油气、页岩油气、煤层气、天然气水合物等。广袤的海底世界不仅蕴藏着丰富的常规油气资源，也蕴藏着丰富的非常规油气资源。邹才能等专家指出，常规油气和非常规油气的资源量比例为 2∶8。据美国地质调查局（USGS）等机构公布的数据，全球非常规石油的资源量约为 4 120 亿吨，全球非常规天然气的资源量约为 921.9 万亿立方米，天然气水合物可采资

---

① "What is Ocean Energy", OES, https：//www. ocean-energy-systems. org/ocean-energy/what-is-o-cean-energy/，访问时间：2018 年 6 月 22 日。

② "BP Energy Outlook 2018 Edition", BP, 2018, p. 69, https：//www. bp. com/content/dam/bp/en/corporate/pdf/energy-economics/energy-outlook/bp-energy-outlook-2018. pdf.

③ "Global Energy Transformation：A Roadmap to 2050", International Renewable Energy Agency, April 2018, p. 8-18, http：//www. irena. org/-/media/Files/IRENA/Agency/Publication/2018/Apr/IRENA_ Report_ GET_ 2018. pdf.

源量约为 3 000 万亿立方米。① 由于技术条件的限制，目前深水油气资源也可以算是一种非常规油气。随着非常规油气技术的突破，陆上油气领域的"能源革命"也开始向海洋油气领域传播。当前，油气工业的勘探开发呈现出"三个并进"态势，即非常规与常规并进、深层与浅层并进、海洋与陆地并进。而且，常规油气资源采出程度仅为25%，非常规油气资源采出程度更低。② 除非常规油气外，海底还蕴藏着一种被公认为将替代石油、天然气的"未来能源"——可燃冰。可燃冰广泛分布于深海海底和陆上永久冻土中，不仅能量高出普通化石能源10倍，而且储量巨大。据科学家估算，可燃冰的资源量相当于全球已探明传统化石燃料碳总量的2倍，能够满足人类使用1000年。③ 由此可见，海底非常规油气和可燃冰等能源资源将是今后开发的新领域，前景也相当广阔。

（二）世界海洋能源国际合作平台及机制

当前，能源领域各个层次的国际合作平台基本上都已建立，包括国际能源署、能源宪章、世界能源理事会、国际可再生能源署、二十国集团能源部长会议、亚太经合组织能源部长会议等。但是，专门的海洋能源国际合作平台还很少见，仅在国际能源署框架下设立了海洋能系统技术合作计划。此外，国际可再生能源署也将海洋能列为研究对象。

1. 国际能源署框架下的海洋能系统技术合作计划。为了开发全球巨量的海洋能资源，国际能源署框架下的海洋能系统技术合作计划（The Technology Collaboration Programme on Ocean Energy Systems under the International Energy Agency，简称海洋能系统，OES）应运而生。海洋能系统最先由丹麦、葡萄牙、英国三国倡议，于2001年成立，是国际能源署框架下的旨在加强国际海洋可再生能源技术研发的政府间合作组织。截至目前，海洋能

---

① 邹才能、杨智、张国生等："常规—非常规油气'有序聚集'理论认识与实践意义"，《石油勘探与开发》，2014年第1期，第14-25页。
② 邹才能、翟光明、张光亚等："全球常规—非常规油气形成分布、资源潜力及趋势预测"，《石油勘探与开发》，2015年第1期，第13-25页。
③ 李刚："历史性突破！南海可燃冰试采成功"，人民网，2017年5月18日，http://scitech.people.com.cn/n1/2017/0518/c1007-29285098.html。

系统已经拥有包括欧洲委员会在内的 25 个成员国以及来自全世界的 6000 多名海洋能专家。各成员国派出缔约方代表组成执行委员会，负责管理该系统的工作计划及日常事务。执行委员会每年召开两次执委会会议。① 2019 年 3 月 26 日至 27 日，第 36 届执行委员会会议在墨西哥里维埃拉召开；2019 年 10 月 2 日至 3 日，第 37 届执行委员会会议在爱尔兰敦劳费尔召开。截至 2019 年底，全球波浪能和潮汐能发电量已经从 2009 年的不足 5 吉瓦时增长到 45 吉瓦时。②

2. 国际可再生能源署的海洋能研究机制。国际可再生能源署（International Renewable Energy Agency，简称 IRENA）是可再生能源领域的政府间国际合作组织，于 2009 年 1 月在德国波恩成立，总部设在阿拉伯联合酋长国首都阿布扎比，目前已有 158 个成员国。其宗旨是支持各成员国向可持续能源转型，建立一个可再生能源政策、技术、资源和资金的权威知识库，搭建一个有效的国际合作交流平台。国际可再生能源署鼓励各成员国广泛运用生物质能、地热能、水能、海洋能、太阳能、风能等可再生能源，致力于实现可持续发展、能源可获得性、能源安全、低碳增长和经济繁荣等目标。③ 鉴于近年来海洋能利用技术的快速发展，国际可再生能源署也将目光投向了海洋能，将海洋能列为重要研究对象，建立相应的研究机制。2020 年 12 月，国际可再生能源署发布了《创新展望：海洋能技术》和《培育蓝色经济：海洋可再生能源》两份重要报告，全面介绍全球海洋能领域的前沿发展及未来前景。④

二、中国海洋能源开发及国际合作现状

（一）中国海洋能源开发利用状况

1. 中国海洋油气勘探开发情况。中国是海陆兼备的世界大国。"我国

---

① "Who is OES?", OES, https：//www. ocean-energy-systems. org/about-us/who-is-oes-/.

② "The OES Annual Report 2019", OES, https：//www. ocean-energy-systems. org/publications/oes-annual-reports/，访问时间：2020 年 4 月 30 日。

③ "The History of International Renewable Energy Agency", International Renewable Energy Agency, http：//www. irena. org/history.

④ "Recent Publications in Ocean Energy", IRENA, https：//www. irena. org/ocean.

主张管辖的海域面积约 300 万平方公里，其中近海大陆架约 130 万平方公里，蕴藏着丰富的油气资源。"① 根据 2015 年全国油气资源评价，现阶段，我国石油地质资源量为 1 257 亿吨，其中陆上占比 80.99%，资源量 1018 亿吨，近海占比 19.01%，资源量 239 亿吨；我国天然气地质资源量为 90.3 万亿立方米，其中陆上占比 76.86%，资源量 69.4 万亿立方米，近海占比 23.14%，资源量 20.9 万亿立方米。② 当前，与世界油气工业勘探开发格局相似，我国陆上油气勘探和生产进入平台期，而海上油气勘探开发处于早期阶段，前景广阔。我国海洋油气工业起步较晚，但发展较快。1982 年 1 月 30 日，国务院颁布《中华人民共和国对外合作开采海洋石油资源条例》，并决定成立中国海洋石油总公司（简称中国海油），全面负责我国对外合作开采海洋石油资源业务。自 1982 年 2 月 15 日成立以来，经过 30 多年的发展，中国海洋石油总公司已经发展成为主业突出、产业链完整、业务遍及 40 多个国家和地区的国际能源公司。③ 2019 年，中国海油全年油气总产量 1.07 亿吨，全年实现营业总收入 7509 亿元，在《财富》杂志"世界 500 强企业"中排名第 63 位，在《石油情报周刊》（PIW）评选的"世界最大 50 家石油公司"中排名第 31 位。④ 据自然资源部统计，2019 年我国海洋油气产业持续增长，原油产量 4916 万吨，天然气产量 162 亿立方米。⑤

2. 中国海洋可再生能源开发情况。"我国拥有 1.8 万公里的大陆海岸

---

① 史丹、刘佳骏："我国海洋能源开发现状与政策建议"，《中国能源》，2013 年第 9 期，第 6 – 11 页。

② "2017 年中国海洋油气资源行业发展现状及预测分析"，中国产业信息网，2017 年 8 月 1 日，https：//www.chyxx.com/industry/201708/546044.html。

③ "中国海洋石油集团有限公司简介"，中国海洋石油集团有限公司官网，https：//www.cnooc.com.cn/col/col661/index.html。

④ "中国海洋石油集团有限公司 2019 年度报告"，中国海洋石油集团有限公司企业管理部（政策研究室），2020 年 4 月，第 2 – 7 页，https：//www.cnooc.com.cn/attach/0/bb00bb81c2a64031a53c91ead9f13846.pdf。

⑤ "2019 年中国海洋经济统计公报"，自然资源部海洋战略规划与经济司，2020 年 5 月，http：//search.mnr.gov.cn/axis2/download/P020200509639115853986.pdf。

线和 1.4 万公里的岛屿海岸线，1 万多个大大小小的海岛和岛礁。"① 海域辽阔使我国拥有丰富的海洋能储量。史丹、刘佳骏指出："我国海流能、温差能资源丰富，能量密度位于世界前列。其中海流能可开发的资源量约为 1 400 万千瓦，温差能可开发的资源量超过 13 亿千瓦，是我国资源量最大的海洋能。我国潮汐能资源较为丰富，位于世界中等水平，可开发的资源量约为 2 200 万千瓦。我国的波浪能资源具有开发价值，可开发的资源量约为 1 300 万千瓦。此外，我国海上风能资源和海洋生物质能资源也都具有巨大的开发潜力。仅海上可开发的风电资源量就达 7.5 亿千瓦，是陆上风能资源的 3 倍。我国拥有大量富油藻类种群，可大力发展海洋生物质能。"②

自 20 世纪 50 年代以来，我国也开始了海洋能开发利用的科学研究。1975 年和 1980 年先后建成海山和江厦潮汐能电站，成为我国海洋能研究利用的先驱。进入新世纪，我国加快了海洋可再生能源开发利用的步伐，加大了政策支持和资金投入力度。在政策方面，《海洋可再生能源发展"十三五"规划》推动实现海洋能装备从"能发电"向"稳定发电"转变，形成了一批高效、稳定、可靠的技术装备产品，产业链条基本形成。《全国海洋经济发展"十三五"规划》进一步推进了海洋能开发应用示范，海洋新能源新兴产业规模持续壮大。在资金方面，自 2010 年以来，海洋可再生能源专项资金累计支持经费约 13 亿元，共支持了 114 个项目。截至 2019 年底，我国已有超过 20 家研究机构和高校开展海洋能开发利用研究，如中科院广州能源研究所、浙江大学、中国海洋大学等。经过努力，我国在潮汐能机组、波浪能装置等装备取得了长足发展。在潮流能技术进展方面，共验收 6 个潮流能项目，新支持 3 个潮流能项目，总体技术接近国际先进水平，我国已成为世界上为数不多的掌握规模化潮流能开发利用技术的国家。在波浪能技术进展方面，共验收 6 个波浪能项目，新支持 4 个波

① 刘伟民、麻常雷等："海洋可再生能源开发利用与技术进展"，《海洋科学进展》，2018 年第 1 期，第 1 - 18 页。
② 史丹、刘佳骏："我国海洋能源开发现状与政策建议"，《中国能源》，2013 年第 9 期，第 6 - 11 页。

浪能项目，基本接近国际先进水平，并研发了小功率发电装置，约30台装置完成了海试。在温差能技术进展方面，共验收两个温差能项目、1个盐差能项目。[①]

3. 中国海洋非常规能源开发情况。在海洋非常规能源领域，中国也取得了显著成绩。以中国海油为龙头的能源企业已经挺进深水和非常规油气领域。在天然气水合物领域，我国南海可燃冰试采成功，取得标志性成果。2017年5月18日，中国国土资源部部长姜大明宣布"我国首次可燃冰试采宣告成功"，标志着我国实现天然气水合物勘探开发理论重大突破和天然气水合物全流程试采核心技术重大突破，成为世界上第一个实现海底可燃冰安全可控开采的国家。[②] 2017年11月3日，国务院批准同意将天然气水合物列为新矿种，成为我国第173个矿种。[③]

（二）中国的海洋能源政策及国际合作状况

中国地处亚洲大陆东部，太平洋西岸，具有陆海兼备的独特地理位置优势，孕育了陆海兼备的独具特色的中国海洋文明。在新时代中国特色社会主义思想的指导下，我国的海洋事业将迎来前所未有的大发展。

首先，明确了建设海洋强国的战略思想。党的十八大报告将我国海洋事业发展的战略目标由"海洋大国"提升到"海洋强国"，体现了一种质的飞跃。党的十九大报告再次明确："坚持陆海统筹，加快建设海洋强国。"[④] 海洋强国战略思想的提出，为我国在新时代发展海洋事业、建设海洋强国指明了方向。此外，还提出了坚持走依海富国、以海强国、人海和谐、合作共赢的发展道路，通过和平、发展、合作、共赢方式，实现建设

---

① "自然资源部国家海洋技术中心发布《中国海洋能2019年度进展报告》"，中国政府网，2019年10月31日，http：//www.gov.cn/xinwen/2019-10/31/content_5447018.htm。

② 李刚："历史性突破！南海可燃冰试采成功"，人民网，2017年5月18日，http：//scitech.people.com.cn/n1/2017/0518/c1007-29285098.html。

③ "国务院批准天然气水合物成为我国第173个矿种"，中华人民共和国自然资源部网站，2017年11月17日，http：//www.mnr.gov.cn/dt/kc/201711/t20171117_2322259.html，访问时间：2018年9月3日。

④ "习近平：决胜全面建成小康社会 夺取新时代中国特色社会主义伟大胜利——在中国共产党第十九次全国代表大会上的报告"，新华网，2017年10月27日，http：//www.xinhuanet.com/politics/2017-10/27/c_1121867529.htm。

海洋强国的目标。①

其次，制定了建设海洋强国的系列战略规划和政策法规。2017年5月4日，国家发展改革委、国家海洋局印发了《全国海洋经济发展"十三五"规划》，成为我国"十三五"期间海洋经济发展的行动指南。具体到海洋能源开发领域，2016年12月30日，国家海洋局印发了我国第一个海洋能源发展专项规划——《海洋可再生能源发展"十三五"规划》。规划明确提出："到2020年，全国海洋能总装机规模超过50 000千瓦……海洋能开发利用水平步入国际先进行列。"②

再次，积极参加已有国际合作组织，维护自身利益并发挥中国作用，贡献中国智慧。2011年4月，我国正式加入国际能源署框架下的海洋能系统技术合作计划，国家海洋技术中心作为中国政府指派的缔约方，派出代表参加海洋能系统执行委员会，参加一年两次的执行委员会会议，具有投票权和相应的决策管理权。2013年，我国加入国际电工委员会海洋能转换设备技术委员会，并于2014年成立全国海洋能转换设备标准化技术委员会，成为该组织的对口机构，以促进国际海洋能标准转化工作。2014年1月2日，中国正式加入国际可再生能源署。③

最后，明确提出深入参与全球海洋治理，共建"21世纪海上丝绸之路""冰上丝绸之路"，积极构建蓝色伙伴关系，推动海洋命运共同体建设。首先，积极推动共建"海上能源丝绸之路"和"冰上丝绸之路"。自2013年国家主席习近平提出"一带一路"倡议以来，建设"海上能源丝绸之路"就成为"21世纪海上丝绸之路"的题中应有之义和重要组成部分。郑崇伟指出：

---

① "王宏局长在全国海洋工作会议上的讲话（摘登）"，中华人民共和国自然资源部网站，2018年1月22日，http://www.mnr.gov.cn/dt/hy/201801/t20180122_2333429.html，访问时间：2018年9月8日。

② 国家海洋局印发《海洋可再生能源发展"十三五"规划》，中华人民共和国自然资源部网站，2017年1月16日，http://www.mnr.gov.cn/dt/hy/201701/t20170116_2333114.html，访问时间：2018年12月26日。

③ "自然资源部国家海洋技术中心发布《中国海洋能2019年度进展报告》"，中国政府网，2019年10月31日，http://www.gov.cn/xinwen/2019-10/31/content_5447018.htm。

"海洋新能源开发无疑将为'海上丝路'关键节点建设做出积极贡献。"[①]
为深入推进"一带一路"建设，促进沿线各国在能源领域务实合作，2017
年5月国家发展改革委、国家能源局共同制定并发布了《推动丝绸之路经
济带和21世纪海上丝绸之路能源合作愿景与行动》。[②] 为深化与沿线国家
的海上合作，2017年6月19日，国家发展改革委和国家能源局编制并印
发了《"一带一路"建设海上合作设想》。设想勾勒出了"21世纪海上丝
绸之路"宏伟蓝图的框架与路线图，并且对构建蓝色伙伴关系进行了阐
述。[③] 2018年1月26日，国务院新闻办公室发表了《中国的北极政策》白
皮书。白皮书正式提出与各方共建"冰上丝绸之路"。[④] 其次，在构建新型
国际关系、推动建设人类命运共同体框架下，中国政府提出在海洋领域积
极构建蓝色伙伴关系。2017年6月5日，时任国家海洋局副局长林山青在
首届联合国海洋大会边会上首次提出"构建蓝色伙伴关系，促进全球海洋
治理"。[⑤] 2017年11月3日，中国与葡萄牙正式签署了建立"蓝色伙伴关
系"的概念文件及海洋合作联合行动计划框架，葡萄牙成为欧盟国家中第
一个与中国正式建立蓝色伙伴关系的国家。[⑥] 2018年7月16日，中国和欧
盟签署了《蓝色伙伴关系宣言》。中欧"蓝色伙伴关系"将推动双方携手
完善全球海洋治理体系、发展可持续性蓝色经济和促进可持续渔业治理，
共同应对气候变化、海洋生态环境保护、海洋资源养护和可持续利用所面

---

① 郑崇伟："21世纪海上丝绸之路：关键节点的能源困境及应对"，《太平洋学报》，2018年第7
　期，第77页。
② "推动丝绸之路经济带和21世纪海上丝绸之路能源合作愿景与行动"，国家能源局网站，2017
　年5月12日，http：//www. nea. gov. cn/2017-05/12/c_ 136277473. htm。
③ "'一带一路'建设海上合作设想"，中国国家发展和改革委员会网站，2017年6月19日，ht-
　tps：//www. ndrc. gov. cn/fzggw/jgsj/kfs/sjdt/201711/W020190909680492626157. pdf，访问时间：
　2018年10月20日。
④ "中国的北极政策"，新华网，2018年1月26日，http：//www. xinhuanet. com/politics/2018-
　01/26/c_ 1122320088. htm。
⑤ "国家海洋局倡议的边会在联合国海洋大会首日召开——构建蓝色伙伴关系 促进全球海洋治
　理"，中华人民共和国中央人民政府网站，2017年6月12日，http：//www. gov. cn/xinwen/
　2017-06/12/content_ 5201829. htm，访问时间：2018年9月8日。
⑥ "中国与葡萄牙正式建立蓝色伙伴关系"，中国日报网，2017年11月3日，http：//cn. china-
　daily. com. cn/2017-11/03/content_ 34076042. htm。

临的挑战，一道努力实现 2030 年可持续发展议程目标。[①]

三、全球海洋治理视阈下中国海洋能源国际合作建议

在新时代，开展海洋能源国际合作，推动全球海洋治理，需要坚持"四个革命、一个合作"的能源安全新战略，构建清洁低碳、安全高效的现代能源体系，坚持立足国内、开放发展的基本原则，统筹国内国际两个大局，充分利用两个市场、两种资源，确保国家能源安全，推动全球能源治理。立足国内，就是要推动"四个革命"，尤其是要推动能源技术革命，聚焦重大技术研发、重大装备制造与重大示范工程建设，集中攻关重点领域和核心技术，推动我国从能源生产消费大国向科技装备先进的能源强国迈进。开放发展，就是要深度融入到全球能源合作体系当中，积极参与全球能源治理，推动"一带一路"建设，推进能源基础设施互联互通，积极构建能源伙伴关系、全球能源互联网、能源命运共同体。

（一）深度融入多边能源合作框架，推动全球海洋能源治理

推动全球海洋能源合作与治理，首先必须依靠联合国多边合作框架。"二战"后至今，虽然联合国机制本身还存在一些不完善的地方，但毫无疑问，联合国在全球多边事务中发挥的作用无可替代。以《联合国宪章》的宗旨和原则为基础建立的国际多边合作机制，仍将在全球海洋能源治理中发挥最重要的作用。因此，推动全球海洋能源治理，必须依靠联合国这个全球最大的多边合作机制。当前，在海洋治理、海洋能源开发利用领域，在联合国框架下，如前所述，已有的多边合作机制包括联合国可持续发展议程、国际可再生能源署。《中国实施千年发展目标报告（2000—2015 年）》表明，在过去 15 年中，中国政府坚持不懈地落实联合国千年发展目标，取得了前所未有的卓越成就。[②] 在落实联合国可持续发展议程的新征程上，国家主席习近平明确表示，"落实可持续发展议程是当前国际发展合作的

---

① "中欧签署《宣言》建立蓝色伙伴关系"，中国城市规划协会网站，2018 年 7 月 20 日，http://www.cacp.org.cn/hyzs/6769.jhtml，访问时间：2018 年 10 月 28 日。

② "联合国赞赏中国实施千年发展目标的进展及其最终报告"，中国新闻网，2015 年 7 月 24 日，http://www.chinanews.com/gn/2015/07-24/7426103.shtml。

共同任务，也是国际社会的共同责任，中国将坚持不懈落实可持续发展议程，推动国家发展不断朝着更高质量、更有效率、更加公平、更可持续的方向前进。"① 其次，要高度重视海洋能源国际合作，在多边双边国际合作平台积极推动海洋能源发展议程，提高海洋能源国际合作水平。在国际能源合作领域，除联合国外，还有二十国集团能源部长会议、亚太经合组织能源部长会议、能源宪章、国际能源署、国际可再生能源署等国际合作组织。中国已经积极参加了这些国际合作平台，但需要进一步推动将海洋能源合作列入会议议程，参与海洋能源重大事务的决策以及规则制定等。正如韩雪晴所指出："全球主义范式开启了全球治理的3.0时代。"全球主义范式不仅需要多元治理网络的"软治理"，更需要制度共建、利益共享、责任共担、问题共解等整合度更高的"硬治理"。② 在海洋合作领域也一样，如亚太经合组织海洋部长级会议、中国—小岛屿国家海洋部长圆桌会议、中国与南欧国家海洋合作论坛、中国—东南亚国家海洋合作论坛等，中国需要主动推动将海洋能源合作列为合作内容，提升海洋能源合作水平。此外，在这些国际合作平台下成立专门的海洋能源合作工作小组，通过建立分论坛、分会场等方式将海洋能源纳入到这些合作机制当中。

（二）建设好"一带一路"合作平台，积极打造海上能源丝绸之路、冰上能源丝绸之路

进入21世纪，保障能源安全、保护生态环境、应对气候变化已经成为世界各国的普遍共识和一致行动。沿海国家和地区尤其重视海洋能源开发利用、海洋生态环境保护和应对海平面上升带来的影响。建设"21世纪海上丝绸之路"已经获得沿线国家的普遍认同，携手共进、合作共赢已经成为共识。此外，中国的"一带一路"建设是中国对国际社会贡献的公共产品。正如王义桅所指出，中国的"一带一路"建设为国际社会贡献了物质性、制度性和观念性公共产品，为全球治理贡献了中国智慧和中国方案。③

---

① "习近平：中国将坚持不懈落实可持续发展议程"，新华网，2017年8月22日，http://www.xinhuanet.com/mrdx/2017-08/22/c_136544831.htm。
② 韩雪晴："全球公域治理：全球治理的范式革命?"，《太平洋学报》，2018年第4期，第7-8页。
③ 王义桅："'一带一路'彰显改革开放的世界意义"，《太平洋学报》，2018年第9期，第7-9页。

当前，"21 世纪海上丝绸之路"建设已经取得成效。中国与柬埔寨签署了海洋领域合作谅解备忘录；与印度尼西亚、泰国等国签署了双边海洋领域合作文件，建立了东亚海洋合作平台、中国—东盟海洋合作中心、中国—东盟海洋科技合作论坛等双边、多边合作平台；与葡萄牙、乌拉圭等国签署了多项合作协议或举行了双边海洋合作联委会。开发利用北极航道和北极资源的"冰上丝绸之路"也提上议程，并且取得了中俄亚马尔液化天然气项目的早期成功。中国应积极利用这些海洋合作平台，将海上能源合作纳入其中，积极构建海上能源丝绸之路。《推动丝绸之路经济带和 21 世纪海上丝绸之路能源合作愿景与行动》提出，将在政策沟通、贸易畅通、能源投资合作、能源产能合作、能源基础设施互联互通、推动人人享有可持续能源、完善全球能源治理结构七个领域加强合作，积极实施中国-东盟清洁能源能力建设计划，推动中国-阿盟清洁能源中心和中国-中东欧能源项目对话与合作中心建设，共建"一带一路"能源合作俱乐部，依托多双边能源合作机制，促进"一带一路"能源合作向更深更广发展。[1] 推动与沿线国家的能源合作是建设"21 世纪海上丝绸之路"的重要内容，甚至是核心内容。因此，推动建设海上能源丝绸之路、冰上能源丝绸之路是"一带一路"建设的重中之重。今后，推动建设海上能源丝绸之路、冰上能源丝绸之路建设，需要加快与沿线国家的战略对接（如中国的"一带一路"与印尼的"全球海上支点"战略对接），尽快搭建合作平台，加强能源规划、能源政策方面的交流合作；需要加快推进能源基础设施互联互通，加快能源产能合作，确保海上油气稳定供应及海上油气运输通道安全畅通；需要加快落实"一带一路"国际合作高峰论坛成果，尽快出台《"一带一路"建设海上合作规划》，加快建设"一带一路"能源合作俱乐部，加强能源技术、投资、政策等方面的合作，推进沿线电力电网合作，推动海上能源丝绸之路服务于全球能源互联网建设和全球海洋能源治理。

（三）抓住构建蓝色伙伴关系契机，积极构建蓝色能源伙伴关系

构建新型国际关系，推动建设人类命运共同体，需要国际社会切实携

---

① "推动丝绸之路经济带和 21 世纪海上丝绸之路能源合作愿景与行动"，国家能源局网站，2017 年 5 月 12 日，http://www.nea.gov.cn/2017-05/12/c_ 136277473.htm。

弃单边主义与零和博弈思维，跳出简单的国家主权及国家利益至上的狭隘主义，从人类命运共同体的高度，在维护自身发展利益的基础上，担负起维护全球及全人类利益的责任，积极开展交流合作，互利共赢。2017年6月，在联合国海洋大会上，为了加强全球海洋治理，中国政府提出了构建蓝色伙伴关系的倡议。中国与葡萄牙、欧盟已经签署了建立蓝色伙伴关系的协议，正式建立了蓝色伙伴关系。蓝色伙伴关系的合作内容包括海洋资源开发利用、应对海洋污染、保护海洋生态环境、海洋渔业发展、应对气候变化等内容。其中，开发海洋资源、保护海洋生态环境、应对气候变化等都与开发利用海洋能源资源息息相关。因此，在蓝色伙伴关系的框架下，应该着重发展海洋能源国际合作，建立蓝色能源伙伴关系。在当前的海洋能源发展形势下，加强海洋能源技术合作是关键。在多边领域，以海洋能系统为依托，加快推进海洋能技术合作，尽快降低海洋能开发利用成本，提高海洋能利用效率，尽早实现海洋能开发的规模化和商业化。按照《海洋可再生能源发展"十三五"规划》提出的要求："积极参与国际海洋能事务，开展国际海洋能技术路线图、开放水域测试、规模化应用、发电成本、环境影响、政策许可及国际标准等热点问题研究，借鉴国际海洋能发展经验，不断提升我国海洋能发展水平。鼓励联合开展资源调查评估，开放和共享海洋能公共服务平台，启动人才联合培训计划等。"[①] 在双边领域，以建立蓝色伙伴关系为主导，加强能源技术、装备与工程服务领域的合作，深化合作水平，开展重点技术的联合研发、重大装备的联合制造等，以双边能源合作为基础，引领和推动区域、国际层面的多边能源合作。

（四）坚持创新驱动发展战略，积极打造海洋能源技术强国

打铁还需自身硬。国际合作的基础与重心始终在国内。引领和推动国际海洋能源合作，中国必须掌握海洋能源领域的关键技术和核心技术，否

---

① 国家海洋局印发《海洋可再生能源发展"十三五"规划》，中华人民共和国自然资源部网站，2017年1月16日，http：//www.mnr.gov.cn/dt/hy/201701/t20170116_ 2333114.html，访问时间：2018年12月26日。

则合作将会受制于人，成为国际合作的配角，而不是主角，更无法主导国际合作的话语权、决策权和规则制定权。胡波等明确提出："对中国而言，如何利用科技成果服务海洋强国战略和构建人类命运共同体将是未来优先事项。"[1] 在主动参与对外合作、深度融入国际合作机制、充分共享全球海洋能源领域的创新资源和市场的同时，中国还需要立足自身的能源技术和产业优势，坚持"引进来"和"走出去"的技术创新发展战略，"深入实施创新驱动发展战略，加快推进能源重大技术研发、重大装备制造与重大示范工程建设，超前部署重点领域核心技术集中攻关，加快推进能源技术革命，实现我国从能源生产消费大国向能源科技装备强国转变。"[2] 在海洋油气领域，加快海洋油气勘探开发，向 1 500 米以下深海常规油气，渤海湾等地区超低渗油、稠油、致密油等低品位资源，以及页岩油、页岩气等非常规资源进军；加快重大装备研发，包括国产水下生产系统、万吨级半潜式起重铺管船、海上大型浮式生产储油系统、非常规油气勘探开发技术装备、重大海上溢油应急处置技术装备等。在海洋可再生能源领域，"坚持陆海齐进，积极开发海上风电和太阳能发电，积极开展海上风能和太阳能资源勘测评价，完善沿海各省（区、市）发展规划，加快在建和规划项目的开工建设，确保到 2020 年建成 500 万千瓦海上风电。"[3] 因地制宜开展海洋能开发利用，初步建成山东、浙江、广东、海南等四大重点区域的海洋能示范基地，提高海洋能装备制造水平，重点开发 300～1 000 千瓦模块化、系列化潮流能装备，50～100 千瓦模块化、系列化波浪能装备，开展万千瓦级低水头大容量潮汐能发电机组设计及制造，形成具备国际市场竞争能力的潮汐能装备，力争潮汐能总装机规模突破 3 万千瓦，积极推进潮流能、波浪能示范工程建设，开展海岛可再生能源资源评估，发展技术

---

① 郑海琦、胡波："科技变革对全球海洋治理的影响"，《太平洋学报》，2018 年第 4 期，第 47 页。

② "能源发展'十三五'规划"，中国国家发展和改革委员会网站，2016 年 12 月，https：//www. ndrc. gov. cn/xxgk/zcfb/ghwb/201701/W020190905497899281430. pdf，访问时间：2018 年 5 月 31 日。

③ "可再生能源发展'十三五'规划"，中国国家发展和改革委员会网站，2016 年 12 月，https：//www. ndrc. gov. cn/xxgk/zcfb/tz/201612/W020190905516142777684. pdf，访问时间：2018 年 5 月 31 日。

装备，积极利用海岛可再生能源，依托高校、科研院所和企业，依靠战略性新兴产业政策，创建海洋能国家重点实验室和工程实验室，推进政产学研用创紧密结合，构筑海洋能科技创新服务平台，构建技术创新体系。①

四、结　语

在全球化时代，全球海洋治理已经成为国际社会共同的责任和一致行动的共识。但是，全球海洋治理的国际规范及制度框架尚未真正建立。海洋不仅是生命的摇篮，也是巨大的资源宝库。开发利用海洋能源资源，有利于保障全球能源安全、保护海洋生态环境、应对全球气候变化。中国作为世界第二大经济体，世界上最大的发展中国家，最大的能源生产国和消费国，有责任也有能力推动和引领全球海洋能源合作，实现人海和谐。在全球海洋治理的框架下，中国制定了明确的海洋强国战略目标，通过国际、区域多边合作，"一带一路"倡议，蓝色伙伴关系三根支柱构建全球海洋能源合作平台，推动海洋能源领域更大范围、更高水平和更深层次的开放交融，为全球海洋治理做出应有贡献。

---

① 国家海洋局印发《海洋可再生能源发展"十三五"规划》，中华人民共和国自然资源部网站，2017 年 1 月 16 日，http：//www. mnr. gov. cn/dt/hy/201701/t20170116_ 2333114. html，访问时间：2018 年 12 月 26 日。

科技变革对全球海洋治理的影响

郑海琦　胡　波[*]

　　世界 90% 以上的贸易都需要经过海洋，到目前为止，海洋仍是全世界运送货物和原材料的最有效方式。[①] 在全球化不断深入的背景下，海洋作为地球表面最大公共空间的重要性持续上升，全球性海洋问题日益凸显，海洋治理的相关问题也逐渐受到各国重视。在全球海洋治理的各项因素中，科技占据重要地位。一方面，科技进步拓展了海洋治理的深度与广度，另一方面，很多治理难题伴随着科技发展而出现。对二者关系的把握有助于各国在当前的科技革命中抓住机遇，并提前做好应对举措。

一、全球海洋治理的概念与科技的视角

　　美国南加州大学的罗伯特·弗里德海姆（Robert L. Friedheim）最先提出全球海洋治理的概念。他认为，这一概念是指制定一套进行海洋利用和分配海洋资源的公平有效的规则和实践、提供解决海洋冲突的路径，以及从海洋获益，特别是缓解相互依赖世界中的集体行动问题。[②] 国际海洋学院的伊丽莎白·鲍格才（Elisabeth Mann Borgese）教授认为，海洋治理是

---

[*]　郑海琦（1994—），男，安徽泾县人，中国人民大学国际关系学院博士研究生，主要研究方向：国际安全、海洋治理。
　　胡波（1980—），男，北京大学海洋战略研究中心执行主任，研究员，主要研究方向：海洋战略、国际安全、美国军事。

[①]　IMO, "IMO and its role in protecting the world's oceans," https: //www. imo. org/en/MediaCentre/HotTopics/Pages/oceans-default. aspx. 访问时间：2020 年 12 月 18 日。

[②]　Robert L. Friedheim, "Ocean governance at the millennium: where we have been-where we should go", *Ocean & Coastal Management*, Vol. 42, Issue 9, 1999, p. 748.

指海洋事务不仅由政府管理，而且由团体、企业和其他利益相关者管理的方式，包括国家法律、国际公法和私法、习俗、传统和文化以及各行为体建立的机构和制度。① 有效的海洋治理需要全球认同的国际规则和程序、基于共同原则的区域行动以及国家法律框架和政策。② 还有学者提到，海洋治理是国家、市场、公民和政府与非政府组织之间正式和非正式的制度、机制、关系和过程，借此阐明集体利益、确立权利和义务并弥合分歧。③ 国内已有的研究认为，全球海洋治理是在全球化的背景下，各主权国家的政府、国际政府间组织、国际非政府组织、跨国企业、个人等主体，通过国际规制和协商合作来共同解决全球海洋问题，进而实现全球范围内的人海和谐以及海洋的可持续开发和利用。④ 全球海洋治理的目标是解决全球海洋问题和实现人海可持续发展。⑤ 海洋治理的六个原则包括责任、规模匹配、预防、适应性管理、完全成本分配、参与。⑥ 海洋治理的三个维度包括规范、制度安排和实质性政策。⑦ 综上，全球海洋治理概念具有以下特点。第一，全球海洋治理主体多元化，涵盖从个人到国家多个层次。第二，机制与制度安排不可或缺。第三，治理客体包括安全、经济和环境等多个领域，本文主要考虑安全领域。

关于科技与全球治理的关系，现有的研究主要聚焦于技术层面，即重点探讨科技如何推动治理规则及制度的发展。有学者以《联合国特定常规

---

① Elisabeth Mann Borgese, *Ocean Governance*, International Ocean Institution, 2001, p. 10.

② D. Pyc, "Global Ocean Governance", *The International Journal on Marine Navigation and safety of Sea Transportation*, Vol. 10, No. 1, 2016, p. 159.

③ Peter Lehr, "Piracy and maritime governance in the Indian Ocean", *Journal of the Indian Ocean Region*, Vol. 9, No. 1, 2013, p. 105.

④ 王琪、崔野："将全球治理引入海洋领域——论全球海洋治理的基本问题与我国的应对策略"，《太平洋学报》，2015 年第 6 期，第 20 页。黄任望："全球海洋治理问题初探"，《海洋开发与管理》，2014 年第 3 期，第 51 页。

⑤ 袁沙："全球海洋治理：从凝聚共识到目标设置"，《中国海洋大学学报》（社会科学版），2018 年第 1 期，第 8 页。

⑥ Robert Costanza, Francisco Andrade, "Principles for Sustainable Governance of the Oceans", *Science*, Vol. 281, Issue 5374, 1998, pp. 198 – 199.

⑦ Edward L. Miles, "The Concept of Ocean Governance: Evolution Toward the 21ˢᵗ Century and the Principles of Sustainable Ocean Use", *Coastal Management*, Vol. 27, No. 1, 1999, p. 5.

武器公约》为例，认为技术进步推动了全球规则的制定。但随着各国政府和国际机构争相在有关人类福祉和全球秩序领域的创新，技术变革的激烈步伐可能会使全球治理出现大幅滞后。例如在外空和网络、无人机作战等领域，国际法和国际规则并不存在。[1] 福山分析了信息和生物技术对治理的影响，认为信息技术可能用于犯罪和恐怖活动，生物技术可能带来跨国治理问题，因此需要国际合作建立新的治理机制。[2] 联合国开发计划署的报告分析了技术与全球治理中的发展问题的联系，认为国际安全与贸易的诸多规则与技术相关，技术在经济和人类发展中发挥主要作用。目前技术未能满足贫穷国家的发展需求，很大程度上是由于全球治理体系不足以引导技术变革进程。[3] 还有学者分析了人工智能和大数据技术对全球治理的影响。第一，大数据虽然增加了人类在治理方面的能力，但涉及大数据的算法、技术构件、物联网等日益独立于人类控制。第二，大数据因其来源多元化而带来新的边界冲突，大国试图通过控制大数据和排除竞争对手来获取优势。[4] 大数据使全球治理由事后治理向事先预警转变；由粗放式治理向精准化治理转变；由千篇一律式治理向量身定制式治理转变。[5] 人工智能可以改变全球治理过程，克服人类思维的偏见和局限性，提高决策效率，为解决诸如气候变化等高度复杂问题提供全新的方法。但政府需要加强风险管理，避免技术伤及自身。[6]

唐纳德·伯施（Donald F. Boesch）分析了科学在海洋治理中的角色，认为科学在全球海洋治理机制中作用有限，但科学为区域海洋治理做出了

[1] Stewart M. Patrick, "Technological Change and the Frontiers of Global Governance", Council on Foreign Relations, March 14, 2013, https: //www.cfr.org/blog/technological-change-and-frontiers-global-governance. 访问时间：2020 年 12 月 20 日。

[2] Francis Fukuyama, Caroline S. Wagner, *Information and Biological Revolutions: Global Governance Challenges*, RAND, 2000, pp. 2 – 3.

[3] UNDP, *Global Governance and Technology*, December 2000, p. 3.

[4] Hans Krause Hansen and Tony Porter, "What Do Big Data Do in Global Governance?" *Global Governance*, Vol. 23, No. 1, 2017, p. 31.

[5] 沈本秋：“大数据与全球治理模式的创新、挑战以及出路”，《国际观察》，2016 年第 3 期，第 19 – 23 页。

[6] Marcella Atzori, *Global Governance in the Age of Disruptive Technology*, Global Challenges Foundation, 2017, p. 43.

重要贡献，特别是存在强烈的科学共识、明确的问题和解决方案以及文化观念趋同的情况下。[①]

显然，学界从科技视角探讨全球治理的研究仍显不足，关于科技与全球海洋治理关系的研究更为欠缺。然而，从历史上看，科技创新与应用是全球海洋治理发展的前提和原生动力。全球海洋的连通性和不可分割性决定了海洋的利用与管理具有先天的开放性特征，各沿海国在开发和利用海洋时，需要考虑到自己的国际责任并兼顾他国利益。正是科技进步使得一切成为可能，推动人类足迹不断从沿岸到近海再到远洋，从水面到水下再到海底。海洋事业的发展与科技进步息息相关，同样，海洋治理的每次大发展，基本是与历次科技革命和重大科技变革相伴随的。同时，海洋治理的难题或困境也是推动海洋科技变革的重要动力之一。

二、历次科技变革对全球海洋治理的影响

第一次科技革命的核心是蒸汽机的发明与蒸汽动力的运用，远洋航行从主要依靠自然能转为依靠机械能，人类海洋活动范围取得质的扩展。在蒸汽时代之前，各国的海上贸易主要由风力驱动的帆船完成。风力为船只提供的动力有限且具有极大不确定性，尤其是印度洋地区的季风，严格约束了舰队行动。此外，海上贸易遭到海盗破坏后，海军很难短时间内予以应对。蒸汽技术产生后很快运用于海洋，为海军舰船动力带来第一次革命性提升，使各国海军可以摆脱自然条件束缚。1850 年蒸汽舰就已经表现出比帆船更快的速度和更优的性能，风帆战舰开始向铁甲巨舰转变。蒸汽动力使海洋国家获得相对海盗的巨大优势，困扰数世纪的痼疾很大程度上得以缓解。有学者指出，19 世纪末 20 世纪初蒸汽动力的发展和海洋大国海军的建立使海盗问题濒于结束。[②]

第二次科技革命以电力和电磁通信为主要特征。从治理主体来看，舰

---

① Donald F. Boesch, "The role of science in ocean governance", *Ecological Economics*, Vol. 31, 1999, p. 189.

② Jason Abbot and Neil Renwick, "Pirates? Maritime Piracy and Societal Security in Southeast Asia", *Global Change, Peace & Security*, Vol. 11, No. 1, 1999, p. 11.

船通信技术得到显著改善，不同水域舰船之间能迅速进行信息传递。电磁通信设备发明之前，海上信息传递主要通过个体与船队相互交换获得，这种通信方式效率低下且容易造成信息滞后。电力的首次有效运用是在通信领域，无线电报等技术使信息能快速跨洋传播。1899 年，基于马可尼（Guglielmo Marconi）在英吉利海峡的成功试验，英国皇家海军 3 艘舰艇装备无线电通信设备，其后各国也利用无线电保持船只联系和协调海军行动。同时，内燃机和电力又一次提升舰船动力并改善蒸汽推进。舰艇的电力推进装置被称为柴电或涡轮电力系统，柴电驱动比已有的蒸汽机速度更快、更高效、更安静，并于 1900 年后在海军的引领下改进诸多不足之处。1815 年的船只与 1650 年的船只差别不大，但 1910 年的舰船与半个世纪前的蒸汽船几乎没有共同之处。柴电系统此后逐步取代蒸汽机，并用于水面舰艇和常规潜艇，直至今日仍是海军的主要推进系统之一。[1]

科技的进步刺激着新的治理问题不断涌现，而新的治理问题又促使各类海洋机制和规范不断达成，协调国家的海上行为。1855 年，美国海洋学家莫里（Matthew Fontaine Maury）就指出，随着蒸汽技术的发展，北大西洋的船只可能由于大雾和高密度通行量而存在碰撞的危险。1898 年，在美国海军的支持下，五家主要的跨大西洋蒸汽轮船公司缔结了北大西洋航线协议，为蒸汽船提供定期航线，这些航线一直沿用到 1924 年。在海上传统安全方面，1922 年《华盛顿海军条约》和 1930 年《伦敦海军条约》推动了主要国家的海军军备削减，一定程度上缓解了海上安全竞争。在海上运输方面，第二次工业革命带来了石油海上运输的迅速增加，由此产生海洋环境问题。1954 年《防止海洋石油污染公约》旨在采取共同行动防止船舶泄露的石油污染海洋。此外，考虑到铁甲舰相比风帆战舰的优势战斗力，各国还开始重视海上人员安全问题。1899 年 29 个国家签署《关于日内瓦公约的原则适用于海战的公约》，保护海上医疗和救援船只，减少海战带

---

① Joel Mokyr："The Second Industrial Revolution, 1870-1914"，Northwestern University，1998，p. 7. https：//cpb-us-east-1-juc1ugur1qwqqqo4. stackpathdns. com/sites. northwestern. edu/dist/3/1222/files/2016/06/The-Second-Industrial-Revolution-1870-1914-Aug-1998-1ubah7s. pdf. 访问时间：2021 年 1 月 5 日。

来的损害。① 1913 年《国际海上生命安全公约》在伦敦签订，并于 1924 年和 1948 年分别进行修正，用以保障海上人员安全。1948 年日内瓦国际会议通过公约，正式建立国际海事组织的前身政府间海事协商组织，处理海上安全、防止和控制船舶造成海洋污染等问题。

兴起于 20 世纪 50 年代左右的第三次科技革命以原子能、电子计算机等为主要标志，这些技术在海洋领域获得广泛运用。核动力的出现使舰艇能长时间在海上执行任务。此外，核燃料占用空间相对较小，能够节约空间携带其他战略设施，如小型飞行器、远程自主潜航器以及其他武器。一艘核动力航母能比常规航母多携带 2 倍的舰载机燃料、30% 的武器和 30 万立方英尺（约 8500 立方米）的额外空间。② 核潜艇相比常规潜艇最根本的优势是能够控制使用核反应堆中的巨大能量，使核潜艇长时间保持高航速，在全时段、全天候、全潜深条件下使用，具有无与伦比的战术灵活性。③ 长时间续航能力有助于保持前沿存在的稳定和治理的持续。目前，核动力推进的舰艇已被不少国家用于反海盗。2009 年，美国向亚丁湾部署"艾森豪威尔"核动力航母打击群，以应对日益猖獗的海盗威胁。由于其能搭载更多飞机，因此适于向海盗发起快速打击。④ 2013 年 12 月，为了配合索马里反海盗任务，中国"商"级核攻击潜艇首次在印度洋进行为期三个月的巡航。核技术的应用引发了新的治理问题，从而推动新规范的达成。考虑到核武器的巨大杀伤力，美英苏于 1963 年达成《部分禁止核试验条约》，限制水下核试验。国家还于 1971 年达成《海上核材料运输民事责任公约》，管控海上核材料的秘密运输。此外，1971 年美苏等 22 国签署《关于禁止在海床、洋底及其底土放置核武器和其他大规模毁灭性武器条约》，防止核武器和国际冲突向海底扩散。1982 年的《联合国海洋法公

① Official Document, "Convention for the Adaption to Maritime Warfare of the Principles of the Geneva Convention of August 22, 1864", *The American Journal of International Law*, 1907, p. 161.
② Jack Spencer and Baker Spring, *The Advantages of Expanding the Nuclear Navy*, The Heritage Foundation, November 2007, p. 1.
③ ［美］安德鲁·埃里克森等主编，刘宏伟译：《中国未来核潜艇力量》，海洋出版社，2015 年版，第 63 页。
④ Martin Sieff, "U. S. nuclear supercarrier sent to fight Somali pirates", UPI, February 23, 2009.

约》列出了核动力船只和运载核材料的船只应遵循的国际规定，并对海上争端提供了系统的解决方案。1986 年，联合国五大常任理事国签署《南太平洋无核区条约》，规定不得在南太平洋无核区内使用核爆炸装置。

计算机技术在信息处理方面带来了革命性变化，速度和效率得到根本性提升。在此之前，完全依靠人力收集信息成本高且效率低下，特别是在海洋上，复杂的气象条件会极大限制信息获取。计算机技术在海洋领域的运用较早出现，20 世纪 60 年代美国海军开发的海军战术数据系统（NTDS）就得益于此。在海军战术数据处理系统中，计算机将情报送往控制台，在战斗状态时提供行动方案，能将很多常规工作自动化，加快工作进度和精确性。① 在经过不断改进后，海军战术数据系统仍服务于美国海军。

与计算机技术相伴随的是网络技术的发展。网络技术改变了海洋治理的"碎片化"态势，有助于推动整合治理。网络使信息共享更为快捷，减少了行为体间由于空间距离和人员素养差异导致的信息不对称，有助于海上力量的联合行动。计算机的信息存储和检索能力能实时提供潮汐、水流和海上交通的准确信息，大大减少航行风险。网络技术能将各港口联合起来，提供船只信息，从而改善港口运行并提升海上贸易的安全和效率。此外，更广的覆盖范围将有助于监管机构监测船只流动情况，加强海岸管理。② 1979 年通过的《国际海上搜寻救助公约》中提到，救助中心需要迅速获得有关海上遇险船舶或人员提供的位置、航向、航速及呼号或船舶电台识别号等情报，且此类情报须保存在救助中心以便在必要时迅速取得。1979 年成立的国际海事卫星组织（IMSO）旨在提升海上搜救效率，海岸站需要利用网络和海事卫星进行连接，从而将船只信息储存在计算机中备用。这方面计算机技术将发挥不可替代的作用。有分析认为，在索马里反海盗行动中，各国的分散行动和信息网络较差往往导致重复工作，使海盗

---

① "美海军战术数据系统的计算机"，《电子计算机动态》，1961 年第 8 期，第 56 页。

② Marine Safety Council, "How Technology is Affecting the Maritime World", *Proceedings*, Vol. 53, No. 3, 1996, pp. 11 – 12.

从中获益。因此地中海国家需要通过彼此的信息网络展开合作，协调各国作战中心。①

计算机技术也加剧了国家在网络领域的竞争，依靠网络整合海上力量并取得优势。美国海军于1998年提出"网络中心战"（Network Centric Warfare）概念，使地理或结构上分散的舰艇、飞机和岸基设施加强有效沟通，并连续快速地共享大量关键信息。网络使其能够共享信息和建立共享意识，并相互协作以达到行动的同步。② 美国还认为，中国海军的信息化建设是对美国以及其他西方国家军队提出的"网络中心战"、制信息权以及相关构想的吸收和重新包装，因此需要予以重视和应对。③

三、第四次科技革命带来的机遇与挑战

2014年11月19日，习近平主席在首届世界互联网大会的贺词中指出，当今时代，以信息技术为核心的新一轮科技革命正在孕育兴起。④ 兴起于21世纪10—20年代的第四次科技革命以信息技术为核心，主要表现为机器人和人工智能、3D打印、精准医疗、新能源和新材料。⑤ 与前三次科技革命一样，第四次科技革命对全球海洋治理既提供了难得的机遇，也带来了新的不确定性和挑战。

其一，新的科技将成为全球海洋治理的倍增器，有助于壮大参与全球海洋治理的力量，实现多层次、多维度治理。当下全球治理主体主要是主权国家政府，其他主体参与程度有限。治理主体的不平衡主要表现为国家

---

① "各国海军，联合起来打海盗"，中国青年报，2011年3月18日，http：//mzqb.cyol.com/ht-ml/2011-03/18/content_10005.htm. 访问时间：2021年1月5日。
② David S. Albert, John J. Garstka, Fredrick P. Stein, *Network Centric Warfare*：*Developing and Leveraging Information Superiority*, DoD C4ISR Cooperative Research Program, 1999, p. 6.
③ Andrew S. Erickson, Michael S. Chase, "PLA Navy Modernization：Preparing for 'Informatized War' at Sea", *China Brief*, Vol. 8, Issue 5, 2008, p. 4.
④ "习近平致首届世界互联网大会贺词"，中国政府网，2014年11月19日，http：//www.gov.cn/xinwen/2014-11/19/content_2780747.htm。访问时间：2021年1月5日。
⑤ 冯昭奎："科技革命发生了几次——学习习近平主席关于'新一轮科技革命'的论述"，《世界经济与政治》，2017年第2期，第19-20页。

和其他国际组织地位和作用上的差异。① 国家在全球海洋领域的治理优势更为明显，因为海洋治理的门槛相对较高，需要大量的人力、物力、科技和军事力量的投入。国家具备强大的力量投送和前沿存在能力，使得它是唯一有能力应对重大海上挑战的行为体。② 而且，国家提供海洋公共物品的意愿更强。提供海洋公共物品是保持国家形象、构建海洋软实力的重要途径，在主要国家的海洋战略与政策文件中都有所反映。当前，全球海洋治理面临的最大问题是，公共产品的供给与需求严重不平衡，治理赤字现象突出，一些大国提供公共产品的意愿较弱。即便是国家也无法承担所有治理责任，需要非国家行为体做出更大的贡献，因此治理主体的多元化显得尤为必要。第四次科技革命加剧了技术的全面扩散，使得诸多非国家行为体拥有了更强大的治理能力，这虽然不会撼动国家的主导地位，但其他主体将获得更多机会参与全球治理。

此外，高科技能够有效降低治理成本，增加公共产品供给。在科技取得突破性进展前，国家往往需要投入大量成本进行治理，由于公共产品具有非排他性和非竞争性，其他国家可能会"搭便车"，享受他国提供公共产品的红利，事实上增加了治理成本，从而抑制国家进一步投入的动力。第四次科技革命在多个方面降低了全球海洋治理成本。一方面，科技能够在一定程度上减少国家的物质投入。例如，作为海洋经济治理的重要构成，港口建设需要大量的资金和基础设施投入，一些小国难以负担。为了避免这种情况，一些国家采取了技术驱动的方法，给港口配备无人驾驶车、无人机和数据分析，尽可能多地使流程自动化以减少人工干预，从而增加港口吞吐量。基于此，国家能够较少投入人力或资金，消耗更少成本实现目标。另一方面，技术能够增强国家的海洋治理能力。例如，在大数据和人工智能等技术出现前，国家更多依靠人力或计算机监视海洋安全动态或海域环境变化，海域态势感知能力相对有限。然而，基于人工智能系统进行跟踪、计算、检测、绘制图表和执行操作增强了海域态势感知能

---

① 石晨霞："全球治理机制的发展与中国的参与"，《太平洋学报》，2014年第1期，第19-20页。
② Sarah Percy, "Maritime Crime and Naval Response", *Survival*, Vol. 58, No. 3, 2016, p. 156.

力，尤其是在需要持续的海洋环境情报、监视和侦察场景中，人工智能系统可以消除水压、盐度等海洋环境的复杂性。①

其二，新的技术变革将使得人类对海洋的全面治理成为可能，有助于丰富全球海洋治理的议题领域。海洋特别是深海是最后未被人类全面系统感知和利用的战略空间，迄今为止，无论是对海洋的开发还是治理，都尚停留在点状和线状的探索，绝大部分海洋空间还处在待有效认知的状态。大数据、人工智能和量子通信等新技术的兴起，为全面探索、开发和治理海洋提供了前所未有的机遇。对于此前人类极少进入的深海空间，各国在新兴技术的支撑下，正在推动各类"透明海洋"计划，新的感知、通信和观测技术推动着深潜器、无人潜航器等装备的日新月异，后者大大增强了人类在深海空间的活动能力。无人装备和系统的发展为深海治理带来突破性变革，推动其迈向新的开发阶段。深海因其环境特殊性和复杂性，长期以来一直处于未开发状态，是最大和最具潜力的公共空间。然而，科技的发展提供了机遇。人类在进入、勘探、开发深海等方面每前进一小步，均有赖于相关深海科技研发所取得的一大步，世界各国深海科技的充分发展与合理运用仍是提升国际社会深海治理能力和治理成效的主要抓手。② 无人装备等装备的出现能够有效强化国家的治理能力，海军部署大量无人潜航器进行搜寻和监视，无人潜航器可以作为集群运行，提高行动效率。同时，无人装备能够减少人力成本损耗，使载人平台能够用于执行其他任务。2017 年《未来海军白皮书》提出将更多精力转移到无人水面、水下舰艇和无人机，有助于进一步降低单位成本。③《美国海军计划 2017》提出，无人潜航器将为海军提供强大、持久、多任务的水下工具，扩大水下部队的行动范围，通过执行各类任务补充和增强水下载人平台，释放载人平台

① United Nations Institute for Disarmament Research, *The Weaponization of Increasingly Autonomous Technologies in the Maritime Environment*: *Testing the Waters*, 2015, pp. 5 – 6.
② 王发龙："全球深海治理：发展态势、现实困境及中国的战略选择"，《青海社会科学》，2020 年第 3 期，第 63 页。
③ Chief of Naval Operations, United States Navy, *Future Navy*, May 2017, pp. 5 – 6.

以执行更高更复杂的任务。① 未来，第四次科技革命将大大拓展人类认知和利用海洋的深度与广度，人类也有可能实现对海洋空间的全面系统治理。

其三，技术的快速进步可能引发新一轮的军备竞赛，重塑海洋战略格局，进而影响全球海洋治理格局。经验表明，技术的变革往往导致国际力量对比发生新的重大变化。与历次科技变革类似，新技术可能会引发海洋强国的军事竞争，最终形成新的战略格局。未来，究竟是美国继续扩大与其他力量的能力差距，强化"一超优势"的态势，还是中国等其他大国能进行弯道超车，这在很大程度上取决于它们对新技术的创新与应用。就海洋科技发展的历史轨迹来看，技术的进步和突破往往首先应用于军事领域。在第四次科技革命浪潮来临之际，世界主要国家纷纷将颠覆性技术作为未来决胜战场的制高点。新技术的发展可能会造成大国竞争，冲击海洋安全秩序。新技术将以不确定和不可预知的方式改变大国军事关系，随着中国崛起为科技强国，美国在军事领域的优势正在下降。② 美国认为，中国正在发展一系列具备人工智能和自主作战能力的巡航导弹，在战时帮助军队定位目标。同时，中国还可能将核潜艇与人工智能结合，虽然核潜艇的有效运作依赖船员的技巧、经验和效率，但现代战争的复杂性可能会使个体操作失灵，引入人工智能决策支持系统可以减少指挥人员的工作量和精神负担。③ 技术发展的不确定性推高了战略误判的可能性，中国、俄罗斯等国开发并运用新技术的行为又会被美国视为挑战与"威胁"，这种负面认知螺旋容易造成海上战略关系的不稳定。

其四，新技术会带来新的治理真空，需要构建相应的国际机制和规范。信息化和智能化的发展将产生诸多原本不存在或存在而未暴露的问

---

① US Department of The Navy, *US Navy Program Guide* 2017, 2017, p. 129.

② Elsa Kania, "Strategic Innovation and Great Power Competition", RealClearDefense, January 31, 2018, https://www.realcleardefense.com/articles/2018/01/31/strategic_ innovation_ and_ great_ power_ competition_ 112987. html. 访问时间：2021 年 1 月 10 日。

③ Ayushman Basu, "China's Nuclear Submarines To Get Artificial Intelligence Systems To Assist Commanders," International Business Times, February 5, 2018, https://www.ibtimes.com/chinas-nuclear-submarines-get-artificial-intelligence-systems-assist-commanders-2649833. 访问时间：2021 年 1 月 10 日。

题，导致治理真空出现。随着人类科技和开发能力的快速发展，部分沿海国借助"国家管辖范围外区域海洋生物多样性"谈判在专属经济区及大陆架以外的海洋空间掀起新一轮"海上圈地"行动，试图进一步圈占全球海洋空间。[①] 此类问题的出现意味着国际社会需要构建制度性安排，应对技术发展带来的治理机制滞后。治理的核心是制度性安排，引发了社会实践，为实践的参与者分配角色，并指导实践者彼此的互动。治理机制本身就是公共产品。[②] 因此，全球海洋治理同样需要制度规束，保证各类行为体的有序参与，防止部分行为体凭借优势力量占据资源。深海安全是海洋治理真空的突出表现之一。由于技术条件限制，深海直到目前仅为特定国家利用和开发，受到的国际关注相对较少。深海作为最后未被人类大规模进入或认知的空间，各类规则制度有待构建。此外，深海空间潜在战略意义重要，深海规则与秩序的未来发展趋势攸关全球治理结构和国际秩序。[③]目前，有关深海的国际制度和规范主要聚焦于资源开发和保护，如《多金属结核探矿和勘探规章》《多金属硫化物探矿和勘探规章》《富钴结壳探矿和勘探规章》《国家管辖范围外海域生物多样性国际协定》，但军事安全方面缺乏相关制度安排，仍然接近治理真空。在深海军事战略价值逐渐为各国认识的背景下，新技术的出现为大国发展深海军事能力提供了契机。美国智库的报告提到，技术进步很可能会引发水下战的新一轮剧变。大数据能实时运行复杂海洋模型，新燃料能提升水下平台的续航和隐身能力，用于长时间军事行动。无人潜航器和远程潜航器已开始普遍用于深海活动。[④]美国正在发展深海无人平台项目，被称为浮沉载荷（Upward Falling Payloads）的平台能够用于作战保障和从深海发射无人机。俄罗斯也不甘落后，与美国进行深海安全竞争。俄罗斯开发了自主远程侦察潜航器，并可能正在研

---

① 胡波："中国海上兴起与国际海洋安全秩序——有限多极格局下的新型大国协调"，《世界经济与政治》，2019 年第 11 期，第 27 页。

② ［美］奥尔·扬著，杨剑、孙凯译：《复合系统：人类世的全球治理》，上海人民出版社，2019年版，第 52 页。

③ 胡波："中国的深海战略与海洋强国建设"，《人民论坛·学术前沿》，2017 年第 18 期，第 15 页。

④ Bryan Clark, *The Emerging Era in Undersea Warfare*, Center for Strategic and Budgetary Assessment, January 2015, pp. 8 – 10.

制自主水下潜航器。同时也致力于开发能在深海进行复杂操作的无人潜航器。[①] 美俄等大国的深海安全博弈需要妥善应对，因此深海规则和秩序的建立显得更为必要，全球海洋治理的议程也需要随着技术进步而扩大。

其五，技术进步会加剧全球海洋治理结构的不平衡。通常而言，大国和发达国家因其实力超群能在科技革命浪潮中占据主动，是科技进步最直接的受益者，而处于科技链末端的广大发展中国家很难享受技术红利。尽管发展中国家日益成为推动全球海洋治理体系的一股不可忽视的力量，但并没有构成对这个体系的根本性挑战和威胁，西方国家在总体上仍然主导着全球海洋治理的全过程。[②] 第四次科技革命也不例外，目前主要的尖端技术均掌握在美国等发达国家手中，在大规模应用之前几乎不会向小国倾斜。因此，缺乏新技术的海洋国家仍然不能通过技术解决海洋公共问题，海洋治理结构的不平衡甚至存在进一步加剧的趋势。在某种程度上，技术进步可能进一步加大海洋大国对小国的资源掠夺。例如，美国和英法等欧洲大国能够通过无人潜航器、深海钻探技术等加大非洲沿海的资源开发，但作为海底资源所有者的非洲小国却难以从中获利，或仅仅在低端产业方面获得较少收益。从这一角度看，新技术不仅没有帮助非洲沿海国家实现海洋经济治理的改善，反而加剧了治理失衡。

四、中国的应对举措

随着"21世纪海上丝绸之路"建设的展开，中国参与全球海洋治理的程度也不断加深。2017年，国家发展改革委和国家海洋局联合发布的《"一带一路"建设海上合作设想》提出，共同参与海洋治理，并加强海洋科技创新。[③] 在6月的联合国海洋大会上，时任国家海洋局副局长林山青

---

① Dave Majumdar, "Russia vs. America: The Race for Underwater Spy Drones", The National Interest, January 21, 2016, http://nationalinterest.org/blog/the-buzz/america-vs-russia-the-race-underwater-spy-drones-14981. 访问时间：2021年1月16日。

② 叶泉："论全球海洋治理体系变革的中国角色与实现路径"，《国际观察》，2020年第5期，第78页。

③ "'一带一路'建设海上合作设想"，中国政府网，2017年6月20日，http://www.gov.cn/xinwen/2017-06/20/content_5203985.htm。访问时间：2021年1月16日。

表示，增进全球海洋治理的平等互信，共同承担全球海洋治理责任，推动构建更加公正、合理和均衡的全球海洋治理体系。①

首先，运用新技术提供海洋公共产品，推动建设"海洋命运共同体"。中国需要将人工智能成果用于反海盗、海上搜救、海洋经济发展等活动，加强对区域国家的海洋公共产品供给，帮助小国实现善治，塑造良好的国际形象。同时，面对美国近年来在海上咄咄逼人的竞争姿态，中国需要利用高科技壮大自身，推动海上力量现代化，在南海等海洋热点问题上保持治理能力有效性，防止美国的科技霸凌。

其次，遵循已有的国际机制与规范，在海洋治理真空领域推动构建合作机制与平台。中国需要在现有框架下参与解决新技术带来的问题，保持中国在海洋治理上的国际形象。当前，中国的深海活动主要聚焦于科研与开发海底资源，因此需要遵守国际海底管理局的制度安排。而在治理真空特别是深海安全领域，中国可以联合具有同样诉求的国家，建立相应合作机制与平台。中国可以推动美俄等大国构建深海安全管理机制，保持热线联系和建立信心举措，防止出现事故性冲突。机制的建立能够弥补双边或多边条约关系的缺陷，确立有形的制度保障，为维护深海安全提供合作平台，降低合作成本。

最后，加强对企业等非国家行为体的管理，防止出现非法或危害国家安全的技术流通。中国发布的《新一代人工智能发展规划》提到，建立健全公开透明的人工智能监管体系，实现对人工智能算法设计、产品开发和成果应用等的全流程监管。促进人工智能行业和企业自律，切实加强管理。② 随着人工智能企业积极走向海外合作，监管显得更为必要。中国可以建立人工智能的专业部门，推动有关立法的产生，以制度化形式确立监管。

---

① "中方呼吁构建公正合理均衡的全球海洋治理体系"，环球网，2017 年 6 月 8 日，http://world. huanqiu. com/hot/2017-06/10799963. html。访问时间：2021 年 2 月 10 日。

② "国务院关于印发新一代人工智能发展规划的通知"，中国政府网，2017 年 7 月 20 日，http://www. gov. cn/zhengce/content/2017-07/20/content_ 5211996. htm。访问时间：2021 年 2 月 10 日。

五、结　语

全球海洋治理具有多元化的参与主体与议程内容，随着整个世界加快走向海洋，海洋治理问题显得愈发重要。历史上数次科技变革给全球海洋治理带来了不同程度的机遇和挑战，正在兴起的第四次科技革命再次推动全球海洋治理进入一个全新的发展阶段，抓住机遇的同时也需要管控好挑战。国际社会已经充分认识到，全球性海洋问题无法依靠一国之力解决，因此在治理中具有主导地位的国家需要坚持合作治理，避免陷入军事竞争。但仅仅依靠国家仍显不足，尤其考虑到企业在人工智能领域取得的先进成果，全球海洋治理亟须纳入更多非国家行为体。对中国而言，如何利用科技成果服务海洋强国战略和构建人类命运共同体将是未来优先事项。总之，全球海洋治理问题随着科技变革不断产生，需要各方在共同利益下长期协作。

基于科学的海岸和海洋治理：
来自东南亚更新的案例

蒋恩源 李 晶*

　　过去半个世纪里，东南亚在海岸和海洋资源的管理上有长足的进步。20 世纪 80 年代初期，当时的工作重点是放在能力建设上。如海洋生物学教育，推广认识海岸海洋生态系统的重要性。在以下主题上举办了许多训练班：海洋生物学、生物分类学、海洋测量和记录、污染管理等。通过这类训练，使得海洋科学升格为大学主修科目。东南亚也培养出了许多新一代海洋科学家，有些甚至闻名于世界。发达国家和国际组织给予的资金、技术和人力协助，也促进了海洋科学的发展。国际非政府组织（Non-Government Organization，NGO），如世界自然基金会（World Wide Fund for Nature，WWF）、大自然保护协会（the Nature Conservancy，TNC）、联合国环境规划署①（United Nations Environment Programme，UNEP）以及东盟（Association of Southeast Asian Nations，ASEAN）都扮演了重要的角色，帮助和提高了东南亚在海岸及海洋资源方面的建设和管理。

---

* 蒋恩源（1971—），女，美国人，现居泰国曼谷，美国杜克大学（Duke University）湿地生态学硕士。在亚洲拥有超过 20 年帮助社区提高其保护和管理海岸和海洋资源能力的工作经验，主要研究方向：服务于粮食安全的资源可持续利用、海岸社区的补充生计以及自然资源管理等。

李晶（1981—），女，北京人，中国海洋大学博士研究生，主要研究方向：海洋环境与资源管理、社区保护地及替代生计等。

本文由任朱莉译。任朱莉（1943—），女，美国人，"台湾大学"社会学本科毕业，主要从事文件的英汉互译工作，自 20 世纪 70 年代起协助翻译了众多联合国文件。此外，任女士在泰国的难民营从事英语教学十余载，并同时在泰国教授中文。

① 现称"联合国环境署"（UN Environment）。

到了二十一世纪，海岸和海洋方面的数据和信息似乎到了饱和的地步。从事这方面工作的人们都能够列出生态系统的危机；也知道自己国家的以及国际的法律；能找出许多管理和行动计划；能举出在这方面熟知数据和讯息的科学工作者；也知晓已有的管理工具。这并非说在这一领域的知识已达顶峰（进一步的研究总是需要的，特别是当面临新出现的问题时）。核心问题是，这些讯息是否在自然资源治理中得到正确的运用。

海岸和海洋生态系统为人类提供了自然、社会和经济的各项服务，因此对它的知识、价值的了解并维系它的正常运作，乃是生态系统管理工作中的重中之重。如今类似"基于自然的管理"和"基于科学的管理"等名词大众都能琅琅上口。可是核心的问题仍然是：第一，我们是否在做？第二，这方面的资讯应用到什么程度？第三，这一行动是可行的吗？实用的吗？行动的可持续性又如何？

本文旨在回顾这类科学知识应用于实际行动的案例，这使得自然与社区充满活力，可以永续享有生态系统。以下用东南亚的案例来说明科学知识与治理的关联，本文将列举一些成功的项目是如何使用海岸和海洋资源治理知识的。

一、数据、资讯和知识

（一）对海洋环境的威胁

互联网上能够搜寻到关于全球各地海岸及海洋环境危害的各种信息，包括那些之前未被深入研究的问题。诸如海洋酸化，水母暴发、大型藻类涌现以及微塑料等。

在东南亚和许多发展中国家，经济发展是头等大事。其发展建设时并没有将保护环境深植心中，可是区域内的政治、经济、社会系统跟它们的环境却是息息相关的，如拥挤的海峡、群岛，宽阔的海湾以及深度较浅的河口地区。还有很多人口众多的国家，国民摄取的蛋白质大部分是来自于海产品。区域内所面临的诸多威胁仍然存在，主要包括：渔业对珊瑚礁的破坏、过度捕捞、红树林的衰减、海草床和海洋栖息地的损毁、海岸发展的不可持续性、土地开发引起水土流失和盐渍化、滥垦伐、乱开矿、土地及海床的污染、有机污染、外来物种入侵、自然灾害、排放未经处理的垃圾，等等。

（二）已有的信息

我们已有大量关于动植物栖息地和生态系统的报告。新的研究结果仍将源源不断问世。例如：关于珊瑚礁的情况①②，关于红树林③④，关于海草⑤，还有关于湿地⑥⑦。以上仅举东南亚地区几个重要生境的例子。还有跨界诊断分析（Transboundary Diagnostic Analysis，TDA）以科学技术确认、量化并分析区域性环境问题的成因和对环境和经济上的冲击。TDA 包括了辨识在国家、区域及全球层面上的社会、经济、政治和制度上的原因和影响。通过寻找原因确认其源头、位置和相关的政府部门。亚洲的跨界诊断分析报告主要来自大海洋生态系统（Large Marine Ecosystem，LME）计划。该计划由全球环境基金（Global Environmental Facility，GEF）资助。跨界诊断分析可在以下报告里找到：黄海⑧⑨、中国南海⑩、苏禄-西里伯斯

① Burke L., Reytar K., Spalding M. and Perry A., *Reefs at Risk Revisited*, World Resources Institute, 2011.

② GCRMN（2020）. The 2020 Global Report on the Status of Coral Reefs（in press）.

③ Spalding M, Kainuma M and Collins L., *World Atlas of Mangroves*, A Collaborative Project of ITTO, ISME, FAO, UNEP-WCMC, UNESCO-MAB, UNU-INWEH and TNC. London: Earthscan, 2010.

④ Friess, D. A., Rogers, K., Lovelock, C. E., Krauss, K. W., Hamilton, S. E., Lee, S. Y., Lucas, R., Primavera, J., Rajkaran, A., and Shi, S. (2019). The State of the World's Mangrove Forests: Past, Present, and Future. Annual Review of Environment and Resources 44: 1, 89-115. https://www.annualreviews.org/doi/abs/10.1146/annurev-environ-101718-033302.

⑤ UNEP-WCMC, Short FT. Global distribution of seagrasses（version 7.1）. Seventh update to the data layer used in Green and Short（2003）. Cambridge（UK）: UN Environment World Conservation Monitoring Centre. 2021. Data DOI: https://doi.org/10.34892/x6r3-d211.

⑥ Gardner R. C., Barchiesi S., Beltrame C., Finlayson C. M., Galewski T., Harrison I., Paganini M., Perennou C., Pritchard D. E., Rosenqvist A. and Walpole M., "State of the World's Wetlands and Their Services to People: A Compilation of Recent Analyses", *Ramsar Briefing Note No.7*, Gland, Switzerland: Ramsar Convention Secretariat, 2015.

⑦ Ramsar Convention on Wetlands（2018）. Global Wetland Outlook: State of the World's Wetlands and their Services to People. Gland, Switzerland: Ramsar Convention Secretariat.

⑧ UNDP/GEF, *Reducing Environmental Stress in the Yellow Sea Large Marine Ecosystem Transboundary Diagnostic Analysis*, UNDP/GEF YSLME Project, 2007.

⑨ UNDP. 2020. *Transboundary Diagnostic Analysis for the Yellow Sea Large Marine Ecosystem*（2020）. UNDP/GEF Yellow Sea Large Marine Ecosystem（YSLME）Phase II Project, Incheon, RO Korea. pp 75.

⑩ Talaue-McManus, L., *Transboundary Diagnostic Analysis for the South China Sea*, EAS/RCU Technical Report Series No.14. UNEP, Bangkok, Thailand, 2000.

海域①、阿拉法拉和帝汶海②以及孟加拉湾③。

除以上生境现状报告和跨界诊断分析评估之外，还有检视上述评估的评估。由一群海洋科学家在联合国环境署及联合国教科文组织政府间海洋学委员会协调下发行了海洋环境状况的报告（包括其社会经济方面的情况）。第一份报告在 2009 年出炉④。还有联合国环境署定期发出环境系列报告：《全球环境展望》（Global Environment Outlook，GEO）。此一系列报告是应联合国 21 世纪议程和环境署 1995 年 5 月理事会决议的要求而出版的。自 1997 年起已出版六份报告，最新的报告于 2019 年出版⑤。

社会上有很多海岸与海洋事务资讯的数据库和信息，但也有很多资讯湮没无闻了，这是因为缺少维护讯息的资源和永续管理。以下介绍几个生命力较强的资料库，到现在仍常年为相关人士使用，例如：ReefBase⑥：全球珊瑚礁信息库；FishBase⑦：全球鱼种信息库；太平洋岛屿海洋资源之窗⑧：全球海洋资源资料库。

（三）工具

技术和管理工具不断发掘、测试、试用和改进着。美国自 20 世纪初以来一直通过河流及港口法案评估自然资源的经济价值⑨。类似举措在东南亚实施的历史却很短。自然资源的经济价值和利益可分为两类：一是具有

---

① UNDP/GEF, *Transboundary Diagnostic Analysis*, *Sulu-Celebes Sea Sustainable Fisheries Management Project*, 2014.

② ATSEA, *Transboundary Diagnostic Analysis for the Arafura and Timor Seas Region*, 2012.

③ BOBLME, *TDA Synthesis Report*, BOBLME-2012-Project-01, 2011.

④ UNEP and IOC-UNESCO, *An assessment of assessments*, *findings of the group of experts. Start-up phase of a regular process for global reporting and assessment of the state of the marine environment including socio-economic aspects*, 2009.

⑤ UN Environment. (2019). Global Environment Outlook-GEO-6: Healthy Planet, Healthy People. Nairobi. DOI 10. 1017/9781108627146. .

⑥ http: //www. reefbase. org/main. aspx.

⑦ http: //www. fishbase. org/search. php.

⑧ http: //www. pimrisportal. org/global-marine.

⑨ U. S. Environmental Protection Agency and Department of the Army. 'Economic Analysis for the Navigable Waters Protection Rule: Definition of "Waters of the United States'. 2020. https: //www. epa. gov/sites/production/files/2020-01/documents/econ_ analysis_-_ nwpr. pdf. 访问时间：2021 年 6 月 27 日。

市场价值的，如渔获等能以重量计值的；二是可带来福利的，像休闲活动，其利益是无法以市场价值衡量的。在确定自然资源市场价值和非市场价值方面已有诸多概念和方法，包括：成本效益分析法、旅游成本模式、随机利得模式、享乐计价法、意外价值、自然资源灾害评估和永续发展评估等。

图 1 表示成本与效益的关联，以及说明在管理上是否要采取行动①。最左一列是当前估计的经济价值；第二列为假设环境趋向恶劣，经济价值下降的程度；如果实施了管理行动，经济价值下降程度则会减少（第三列显示了因行动增加的效益）。比较实行管理措施和不实行措施就能知道行动确实可以得到效益；最后一列是实行行动的成本和效益（增加）的比较。如果效益高于成本，那就可以付诸行动。

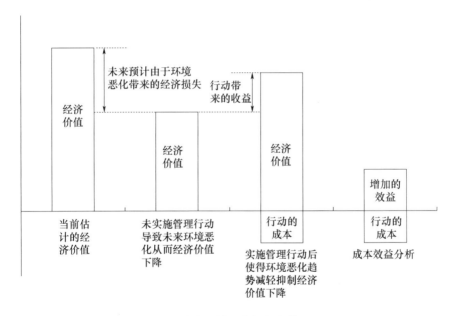

图 1　成本—效益分析概念模型

大部分的国家都有监控措施。虽然单凭监控频率的多寡并不足以判定该环境的状况和趋势，在边远地区常因缺乏资源而无法监控，可是在沿海

---

① UNDP/GEF, *Guideline for Economic Analyses of Environmental Management Actions for the Yellow Sea*, UNDP/GEF YSLME Project, 2008, p. 23.

人口稠密地带应当通过有形或无形的激励措施，动员当地社区自己来监控甚至管理。监控的结果不一定会变成管理行动，可能只止于数据的搜集罢了。即便如此，这类资讯也应该共享，并以令各种使用者易得和易懂的方式传播。

海洋空间规划（Marine Spatial Planning, MSP）①②③ 是一种科学工具，能用于应对各处特殊海洋管理的挑战，也能促进经济的发展与保护。此工具的设计，是为了减少使用者的冲突，提高规划和法规的效率，减少成本费用和延误，加强社区人士的参与，并保持重要生态系统的正常功能与服务。它是一个自下而上的过程，改进了海岸和海洋相关人士的协调与合作。进一步更好地启示并引领在经济、环境、安全、社会文化上的各种决策。

最后，"公民科学"（Citizen Science）作为当地社区参与科学研究和资源监测的一种低成本而高效率的工具，正在东南亚地区慢慢流行开来。在一个"公民科学"计划开始时，需要进行初始投资，即向非专业的"公民科学家"提供必要的能力建设培训。一旦他们具有相应的技能，公民科学家即可在进行常规生计活动的同时快速地开展研究和监测活动。由居住在湄公河沿岸的泰国村民实施的"Tai Baan"研究就是一个很好的案例④。通过培训，当地居民可以开展渔业资源评估，包括当他们为了生计出海捕鱼时，顺便记录鱼群出现位置。他们也学习了如何记录作为收入来源的非木材林产品（Non-timber forest products, NTFP）的收获，并跟踪社会经济数据。这些数据将由项目人员进行检验，直到当地居民具有独立开展研究和分析数据的能力时。世界自然基金会泰国办公室持续地为其提供必要的支

① National Oceanic and Atmospheric Administration（NOAA），*Adapting to Climate Change: A Planning Guide for State Coastal Managers*. NOAA Office of Ocean and Coastal Resource Management，2010.
② UNEP-COBSEA，*Spatial Planning in the Coastal Zone of the East Asian Seas Region: Integrating E-merging Issues and Modern Management Approaches*，Interim Edition，Nov. 2011.
③ UN Environment. （2018）. Conceptual guidelines for the application of Marine Spatial Planning and Integrated Coastal Zone Management approaches to support the achievement of Sustainable Development Goal Targets 14. 1 and 14. 2. *UN Regional Seas Reports and Studies* No. 207.
④ WWF. （2016）. Community-based fish conservation. Case Study 2016，10pp.

持和指导。除提供信息外，"Tai Baan"研究也使得当地居民能够获取关于自然资源可获得性的第一手资料，并参与当地资源的有效治理。这种类型的"公民科学"可应用于其他生态系统，包括森林、海岸和海洋环境等。

（四）管理和政策资源

管理和行动计划经常是从多国性计划里衍生出来的，比如战略行动计划（Strategic Action Plan，SAP）就是 LME 的主要产物。SAP 中的管理行动是基于 TDA 的成果，而它的一系列有关环境的问题和应对的手段也是通过 LME 项目来实现的。举例来说，黄海的 SAP 列举了 11 项管理目标，目的是维系黄海生态系统的服务①。为了达成目标，它又通过 32 个技术管理行动和相关的治理行动来改进其法规工具的有效性，鼓励有关人士参与到计划里来，并且成立了专门的机构来维持管理行动的影响力，并督促和监控行动的有效性。在过去三年中，战略行动计划中提出的部分管理行动已得到实施，并被证实可以满足联合国可持续发展目标 14.5 的要求②。

虽然政府有关部门同意也参与到 SAP 的每个计划里，但是并没有一个法律工具保证政府能实施该行动，或者能使 SAP 整合到国家的行动计划里来。无论如何，这方面的资讯是客观存在的。必须要将之与《国家生物多样性战略行动计划》以及国家或省级的发展规划等整合起来，以达到全盘、更好地监管。

现在已有许多政策和管理文件，其中有法律、法规、文告、行为准则以及对海岸和海洋资源的管理文件，互联网上也可查询到各国的各种相关法律。很多时候并非是缺少立法或相关知识，而是因为执法的欠缺或意愿、能力（有时是动机）的不足，缺乏有效的国家和地区的监管，加倍了自然生态系统的威胁。在东南亚几乎所有国家的环境管理计划，都分散在多个部门，而机构彼此之间又缺乏合作，其结果是部门之间法令的重叠或矛盾；缺乏对陆源入海营养盐的有效控制；生态系统与有效管理行动之间

① UNDP/GEF, *Reducing Environmental Stress in the Yellow Sea Large Marine Ecosystem. Strategic Action Programme*, UNDP/GEF YSLME Project, 2009.
② 联合国可持续发展目标 14.5：到 2020 年，根据国内和国际法，并基于现有的最佳科学资料，保护至少 10% 的沿海和海洋区域。

缺乏信息及知识的交流——等等事例不断发生。

在东南亚，经济发展是第一优先的，这常以牺牲环境为代价。加强能力建设，推广本文所推荐的工具，使利益相关方的呼吁能被听到，不同利益相关方的能力均需得到增强，使得他们能掌握其空间和资源，并采取抵御生态系统的压力和威胁的方式生活。

不管哪一层次的环境问题，都不是一个国家、一个地域或一个国际组织所能解决的。因此应多管齐下，需要政府机构、科研机构、非政府组织、公民社会组织和国际组织集合起力量，通过合作实施有效的管理，才能对症下药，解决问题。

二、治　理

联合国教科文组织（United Nations Educational, Scientific, Cultural Organization, UNESCO）关于"治理"的概念可以表述为：为了确保职责、透明度、复原力、法治、稳定性、平等和包容性、赋权、广泛的参与而设计的结构和过程。治理还代表为了实现公共事务管理的透明性、参与性、包容性和责任性而实施的规范、价值和准则。

在治理时选择正确的工具、管理和政策资源以及利益相关方，将会为解决沿岸和海洋问题带来更强有力的治理方案。通过在区域内强化治理以及认识和实施治理措施的能力，可以提高生态系统以及社会—经济部门的复原力。通过提高各国的治理能力将有助于解决跨边界环境问题。在区域内加强治理的原因包括：（1）在国家和地区层面针对解决沿岸和海洋问题，并没有系统性的职责体系，在不同的政府部门之间，职责交叉的问题广泛存在，从而导致在地区和区域层面无法很好地协调；（2）对沿岸和海洋问题的关注度不足，这点由国家对解决这些问题的投入相对较少可以看出；（3）基于结果的规划欠缺，从而导致对于资源使用的控制和对生态系统服务的维护较弱；（4）公众参与较弱，有效的治理要求各利益相关方广泛参与决策制定，以及各方通力合作以确保决策在实施过程中的灵活性与适应性，决策制定者需适应接受和设计可应用于该地区的新的制度形式、创新的法律概念与实践；（5）公众意识和公众教育、科研与创新以及知识和信息共享方面的欠缺。

各利益相关方在沿岸和海洋问题的治理中均有重要角色。表1列出了各利益相关方的主要职责。当确定利益相关方在沿岸和海洋治理中的作用时，需区分治理的层次，如区分跨国的、国内的和地方层面的问题。在不同的层面，治理的主角可以是不同的利益相关方。

由于海洋和沿岸环境问题通常较为复杂并涉及多个方面，因此任何单一的利益相关者，都不可能独自解决海洋资源不同利用方式所带来的各类影响。海岸带综合管理（Integrated Coastal Management，ICM）① 和海洋空间规划概念的产生与实施，正是为了整合与协调沿岸与海洋管理的各种手段，以更聪明的方式利用海洋。因此，不同利益相关者之间的合作，对实现沿岸和海洋的有力治理至关重要。下文强调了不同利益相关者之间的联系：政府部门在立法、政策、法规和规划的制定等方面起主导作用，并为沿岸和海洋生态系统恢复和修复提供资金支持。与沿岸及海洋管理相关的不同政府部门之间的协调与合作，对于提高决策制定与实施的效率及效果至关重要。政府可以通过与科研机构的合作来完成上述任务。后者在发现问题、分析原因以及寻求基于科学的解决方案等方面有较强优势。直接通过科研项目或是观测收集的数据和信息，应该以易懂的方式传递给决策者（如向不同级别的政府部门提交政策建议），以确保其制定有科学依据的决策。公众、非政府组织和公民社会组织对当地的情况和背景最为了解，因此也应被纳入决策制定机制（如参加听证会）。

其次，由于绝大多数的沿岸及海洋环境问题是不同国家所共同面对的问题，因此国际组织也是政府部门的重要合作伙伴。一些由国际组织负责协调的跨边界合作计划，通过建立各国长效对话解决机制、共享信息和全球最佳实践与教训、加强利益相关者能力建设等行动，已经显示出其对于海洋治理的成效和贡献。上述行动均有助于指导政府决策的制定。

此外，政府也应致力于通过政策宣传以及在决策实施阶段鼓励公众参

---

① Cicin-Sain B. and R. Knecht, *Integrated Coastal and Marine Management: Concepts and Practices*, Washington: Island Press, 1998.

与［如通过直接资助或鼓励实施"环境补偿"（*Environmental Offsetting*）①
等手段］，来提高公众（包括当地社区和私营企业）的意识。在意识提高
方面，非政府组织、公民社会组织和媒体亦可发挥重要作用。而科研机构
可以向社区提供关于可持续渔业或可持续养殖的技术指导。非政府组织和
公民社会组织也可以作为召集当地社区参与改变他们自身资源使用行为和
参与资源共管的领导者。

当地社区是资源的直接利用者。他们最有条件也最有动机去保护他
们的"后院资源"。因此，他们应该作为知识和技能转移的最主要对象，
以确保其有能力实施治理行动。当地社区可通过参与 NGO 组织的活动或
科研机构开展的培训提高其知识和技能水平。上述活动和培训应充分利
用社交网络等现代媒体来影响更大范围内的受众。当地社区居民直接观
测的结果或通过实施"公民科学"计划，也可向科研机构提供现场监测
数据。

科研机构可与企业合作共同开发环境友好的产品或服务（如可生物降
解的产品；不包含微塑料的产品；有利于珊瑚礁保护的旅游项目如下文提
到的"绿色脚蹼项目"）。通过参与保护行动履行企业社会责任，中和其生
产行为带来的环境影响；参与或实行国际公认的标准，如国际标准化组织
（International Organization for Standardization，ISO），海洋管理委员会（Ma-
rine Stewardship Council，MSC）和水产养殖管理委员会（Aquaculture Stew-
ardship Council，ASC）等，从而减少对于沿岸及海洋生态系统的压力。此
外，提高企业员工的环境意识也很重要，这有助于确保员工意识到海洋和
海岸保护的重要性，并将其纳入企业文化。

最后，除了每个利益相关者的专业角色，作为个体，每个人还可以在
监督和报告任何利益相关者群体的不当行为中发挥作用，以影响决策者对
政策和行动做出相应改变，从而提高其治理水平，并最终构建一个更可持
续的社会。

---

① "环境补偿"是指为了抵消某一特定活动对环境产生的重大残留影响而采取的行动。'Environ-
mental Offsets Act 2014'，Queensland，Australia，2014，p.10.

表1　各利益相关方在沿岸和海洋资源治理中的角色

利益相关群体	角色
政府部门	直接负责整体的资源政策、法规和管理； 提供资金支持（与其他出资方一起） 包括：环境部门、渔业部门、农业部门、灌溉和水资源规划部门、发展部门、投资部门；省级、市县级、村镇级政府部门
科研机构	提供科学信息和知识、提出基于科学的解决方案； 辅助生态系统监测和评估； 信息传播
非政府组织和公民社会组织	宣传和环境教育； 提高公众意识； 可持续的社区发展； 推广"公民科学计划"
当地社区	资源的直接使用者； 资源的共同管理者； 资源的监督者
国际组织	议题制定； 提供资金支持； 协调国家间对话和信息共享； 为其他利益相关方提供落地的行动支持
私营部门	提供资金支持； 开发环境友好的产品和服务； 中和其生产行为带来的影响
公众	关心资源的可持续利用及其国家发展的公众，可参与监督和报告任何利益相关群体的不利行为； 参与支持更好地使用和管理资源的活动； 提高其自身关于资源使用问题的认知

三、基于科学与基于生态系统的管理：东南亚的实例

这一节描述东南亚的实例，说明如何应用科学数据、资讯和知识以实现对自然资源更好的管理。本文的第一作者亲身参加了所述的所有计划。因此，对这些计划的成就能提出第一手的深入观察。

（一）泰国和缅甸红树林的社区管理

在位于泰国最东面的哒叻府（Trat Province），红树林是多种水生生物的产卵地和育婴所。在过去二十年里，因为采薪、养殖虾、农业、工业和

住宅用地，红树林遭到极大的破坏。然而，通过近日的再造努力，根据泰国海洋资源部门的调查①，2002—2009 年红树林的面积有所增加。因红树林破坏而遭到影响的社区的参与，促使了这一行动的成功。

在大学和非政府组织的支持下，当地社区通过参与式的研究，将当地传统知识与科学方法所搜集到的资料相结合，掌握了在废弃的养殖虾塘恢复种植红树林的技能。在过去六年里，该社区新种植了那些被自然灾害破坏了的无法自我重生的红树林。在红树林生态系统里，其根部水系能养殖鱼类，给了当地社区食物供给多一重的保障。

这些社区也累积了自然资源和社区发展管理计划中所需要的资讯和技术；与当地小学共同议定了课程；并成立了本地的"学习中心"，以确保红树林保护的知识能代代传承下去。至今，该"学习中心"一直吸引泰国各地的政府部门和学校前来参观，了解红树林和其他保护行动。

虽然上述计划的直接资金支持在 2013 年结束了，但项目的影响始终延续，关于生态系统服务的知识，其重要性已深植人心，这使得本地区的红树林自我管理成为可能。例如监控红树林的健康，向管理机关禀报非法使用红树林情况等。健康的红树林通过提供水产品保证了社区食物供给，并可作为社区抵御自然灾害的屏障。

同样，在缅甸，全国各地都存在红树林被砍伐用作薪柴或转化为农田和建设用地的现象。据估算，自 1980 年以来，全国范围内已经损失了超过100 万公顷的红树林②。在缅甸的东南部，面朝安达曼海的 Pyinbugyi 岛，正暴露于热带气旋和强浪的风险之中。先前为该岛提供天然屏障的红树林被砍伐，使得海岸遭到侵蚀、强风和风暴潮增强、洪水发生，并使得土壤的盐分和酸化程度增加，这对稻米种植造成了影响。同时，商业公司的过度捕捞减少了当地个体渔业者可捕捞的渔业资源量。据当地人介绍，蛤、青蟹和其

① Siriwong S., Chaksuin S., Sereepaowong S. and Shutidamrong F, *MFF Thailand Resilience Analysis of Laem Klad and Mai Rood Sub District*, *Trat Province*, 2014, p. 10.

② Thin, L. W.（2017）. Mangrove-planting drones on a mission to restore Myanmar delta. Thomson Reuters Foundation. 21 August 2017. https：//news. trust. org/item/20170821040419-4b7td/. 访问时间：2021 年 6 月 27 日。

他甲壳类动物的数量和体长均在减小；十年前人们捕到的青蟹是现在的 2 倍大①。他们也尝试重新种植红树林，但这需要花费大量人力，并且由于强风、水文变化和海岸加速侵蚀等原因，并不太成功。

由于就业机会和技能有限，并且资源不断减少，当地的一些居民感到与世隔绝并缺乏对环境的主人翁感。然而，作者于 2015 年对当地进行的环境评估显示：岛上的居民开始认识到采取行动防止环境进一步退化的紧迫性，以确保他们的生计得以持续。村庄环境保护委员会（Village Environmental Conservation Committee，VECC）于 2017 年在环境保护和林业部的批准下成立，作为 Pyinbugyi 环境项目实施的第一步。委员会的成员已接受了关于"如何绘制当地的自然资源地图"和"如何制订可持续利用他们的海岸和海洋资源的管理计划"的培训。通过提高认识和增强社区管理自身资源的能力，当地居民对通过新的环境投资手段来管理其自然资源充满信心。

尽管在 Pyinbugyi 岛仍需要进一步努力，环境评估的结果依然催化出由委员会主导、可改善管理的活动〔如：为生计活动提供低息贷款、建立由当地管理的海洋区域（Locally Managed Marine Area，LMMA）〕，从而复原渔业和水生资源。

（二）补充生计——泰国的案例

在过去十年里，三个过去以小规模捕鱼为主的渔村，也承受着过度捕捞和海岸侵蚀带来的后果（表 2），而后者通常是由不合理的沿海土地利用规划导致。土地侵蚀破坏了红树林和沿岸以及它们作为观光和住宅用地的可能。同时，过度捕捞也降低了食物的永续供应。

表 2 哒叻府的沿岸侵蚀情况　　　　　单位：千米

地区	次一级地区	沙滩长度	岸线长度	总侵蚀长度
	Klong Yai		11 337. 87	2 094. 24
Klong Yai	Mai Rood	17 740. 42	21 285. 90	5 330. 19
	Had Lek		13 078. 91	1 300. 76

---

① 来自与 San Mu 女士的交谈。

续表

地区	次一级地区	沙滩长度	岸线长度	总侵蚀长度
Muang	Tha Prik		2 717. 35	1 739. 42
	Huang Nam Kaw		17 594. 34	1 942. 05
	Laem Klad	29 613. 68	32 083. 49	18 519. 04
	Ao Yai		23 336. 76	1 643. 64
Laem Ngop	Klong Yai	12 509. 50	16 465. 95	230. 12
	Bang Pit	4 133. 75	16 137. 48	6 142. 98
	Laem Ngop	2 634. 27	9 608. 34	7 697. 23

资料来源：Siriwong S. , Chaksuin S. and Sereepaowong S. , Shutidamrong F, *MFF Thailand Resilience Analysis of Laem Klad and Mai Rood Sub District*, *Trat Province*, 2014, p. 11。

　　为改善沿海社区生计，当地启动了一个收入补充治理计划。当渔获量减少时，蛋白质供应会随之减少，补充收入和食物成为必要。青蟹是达叻府沿海一个普遍而重要的经济产物。当地一个以贩卖青蟹为生的渔民说，在 1980—2000 年，她一天能捕捞 30 千克青蟹，获益 6000 泰铢。但到了 2010 年，她的日获量降到 1~2 千克，仅能得到 200~300 泰铢①。

　　当地建立了一个"青蟹银行"，在 5—6 月青蟹产卵的季节，参加的成员捐献怀孕母蟹到"银行"（圈养笼子）。两天之后，可得 25 万至 200 万个仔蟹。七日后仔蟹便长成，届时它们会被放到渔村的养鱼池去成长繁殖。这一措施保障了青蟹银行里不断的孕蟹数目，也使所需仔蟹源源不断。"青蟹银行"会将会员所捐的母蟹还给会员去贩卖。会员也可以将母蟹捐给银行，其收益充为银行运作的经费。

　　事实证明，"青蟹银行"增加了青蟹的数量及渔民的收入。在与哒叻府相对的泰国湾另一侧的春蓬府（Chumphon Province），鲜活的青蟹现在可以卖到每千克 500 泰铢以上②，如果蟹卵中有 0.1% 能成活，则能产出 100 千克青蟹，渔民因此可获得最高 50 000 泰铢的收益。在过去二十年，

① Vipoosanapat, W. "Trat fishermen say crab bank may save industry." The Nation. 28 September 2014. https://www. nationthailand. com/news/30244337. 访问时间：2021 年 6 月 27 日。

② Theparat, C. "Even crabbers bank assets." The Bangkok Post. 13 April 2018. https://www. bangkokpost. com/business/1445591/even-crabbers-bank-assets. 访问时间：2021 年 6 月 27 日。

"青蟹银行"项目显现出的积极成果，促使191个"青蟹银行"在泰国20个沿海府建立起来。每个"青蟹银行"都根据当地的实际情况按其自身的规则运行。其中一些是根据渔民存入银行的螃蟹数量，给予他们相应的配额，使其在严格的指导下捕捞更多的青蟹。渔民通常不会采用细网目的渔网，或者其他对幼蟹有伤害的工具去捕蟹。低息应急贷款等其他手段可以吸引更多的成员参加，并且成为捕鱼量较低时渔民的替代生计选择。基于上述积极成果，泰国政府目前向沿海的300个渔业社区提供15万～20万泰铢的贷款，用于建立"青蟹银行"。人民国家的公私合作机制为社区产品提供分销渠道，而商务部则为线上销售和出口提供支持。

"青蟹银行"增加了水产数量，从而提高了当地社区的经济收入和食物供给安全。同时，社区里的居民也从事了相关业务，增加了收入。例如鱼肉和蟹肉的加工（鱼干、鱼酱、蟹酱、剥壳蟹肉）和民宿旅游，上述行动也为当地社区提供了食物和收入。截至目前该项目仍在当地社区的主导下实施，社区居民将项目内容看作是他们自己的工作。类似的关于项目可持续性的设计应融入项目设计中，从而使受益者能在未来长期享受项目带来的有利影响。

（三）环境友善的旅游

越南的"绿色脚蹼"计划旨在推广对环境友好的旅游业。潜水公司作为会员参与，一致同意履行"绿色脚蹼"的行为准则，例如参加的会员"禁止潜水者贩卖珊瑚及海洋生物"、"潜水者不可触摸或践踏珊瑚"[1]。

每一年都有评审员检查潜水者是否履行了行为准则，成绩优良的公司会被授以奖状。这让旅游者能选择"较绿色"的公司，以此推广对环境负责的行为。

一个参加"绿色脚蹼"计划的成员意识到有必要对越南 Hon Mum 海洋公园的管理层进行潜水培训，使他们更好地了解他们需要解决的问题。在培训中，公园的工作人员能够更近距离地观测到海洋公园中非可持续的旅游活动造成的影响。此外，经过培训的工作人员能够在水中停留更长时

---

[1] https：//greenfins.net/material/gf_ all_ eng_ codeofconduct_ a4/. 访问时间：2021 年 6 月 27 日。

间并无不适，从而使其可以近距离地检查珊瑚礁受到的损害、海洋空间规划的调查区，以及确定每一个潜水点适宜的活动。公园的工作人员也对清晰而有效的分区系统有了进一步的认识，并认识到拥有充足的锚系浮标以减少船舶自行抛锚对公园内珊瑚礁损害的重要意义。

有鉴于这一计划能保护健康的珊瑚礁生态系统和旅游收益，越南的文化体育及旅游部将"绿色脚蹼"计划进一步整合进国家关于潜水旅游的政策中。在庆和（Khanh Hoa）省更将之写入省的海洋潜水体育及休闲活动管理条例里。"绿色脚蹼行动计划 2015—2020"也被包括在省级行动计划里，如生物多样性保护及旅游业，还有芽庄湾（Nha Trang Bay）保护区的行动计划中①。

这一案例阐明，提高自觉和推广生态旅游的项目，能够通过对保护区管理团队进行培训，改进资源的治理，并最终能够影响政策，使之变为法律，以推进海岸和海洋资源的治理。这些行动可作为其他地区实施生态旅游和对环境政策实施影响的范例。上述受到法律认可的决策使得不同的利益相关者共享由有效管理带来的收益，并保证各利益相关者获得与其相应份额的收益。

四、结　语

本文介绍了很多现有的有关海岸和海洋环境的现状及趋势的资讯，有些现状报告会定期更新，同时互联网也有很多资讯。数据和信息并不一定只能从科研机构获取。事实上，当正确的技能被赋予当地居民时，"公民科学"计划可以在数据收集和资源监测中起到重要的作用。无论数据来自何处，将这些数据与资讯通过恰当的管理行动，应用于基于科学的海岸和海洋治理是至关重要的。文章也讨论了"治理"及不同利益相关方在治理中的作用。任何一个利益相关方都有不同的角色，但有时这些角色相互重叠。因此，识别和关注各利益相关方的长处，并促进相互合作，对确保实施正确的治理行动至关重要。

---

① 来自与 Vo Si Tuan 先生的交谈。

最后，本文的案例介绍了在东南亚的三个国家中，资讯和知识是如何被转化成治理措施的。这些案例介绍了生态系统的威胁是如何被确认及管理措施是如何介入的，并进行了调整以满足当地的需要。泰国和缅甸的红树林社区管理的案例，介绍了当地如何以新的知识去提高意识、改进红树林的治理，并重新建立社区投资于当地资源的意愿。"青蟹银行"的案例是通过给予补助收入的机会，使得渔业社区居民的生计得以维系，同时也减轻了对渔业资源的威胁以及盲目的土地利用。它还推动了政府在紧急情况下为居民提供经济支持的计划。在最后一个"绿色脚蹼"的案例中，政府部门在海洋公园管理方面的技能得到提升，并将珊瑚礁重要性的知识，整合进省一级和全国性的立法里，以保证珊瑚礁能永续维持观光事业的收益。这些都说明了资讯可以也应当用做管理工具，来更好地管理海岸和海洋环境。此外，不论是地方项目或是国际合作项目，只有充分尊重当地的知识，充分认识到提高当地社区居民生计的重要性，才能被当地社区所接受。不同利益相关者的通力合作也是项目成功实施的关键。这些行动除了要保护珍贵的生态系统外，对于当地依靠那些资源生活的人们也能改进其收入和生计。一言以蔽之，资讯和知识可以通过不同的方式获取。它们存在于各种形式中，一旦它们能被正确地应用到治理行动中，人们就能享受到实际行动带来的好处。

中国南极国家安全利益的生成及其维护路径研究

丁　煌　云宇龙*

人类南极活动由来已久，对大自然现象和规律的好奇、对推动科学技术进步的热情、对人类探索精神的推崇等诸多因素，促使人们不断进军南极、深入开展南极活动。这些活动的背后，或多或少均带有个人及国家利益诉求的影子，南极也因之从人类未涉足之前的自然状态开始转变为人类南极活动数量增多、程度增强的非自然状态，南极治理色彩也越发浓厚。尤其是在 1959 年由美国、苏联、英国、阿根廷等国家主导签署《南极条约》之后，以南极条约体系为核心的治理机制推动着南极治理格局的演变。事实上，越来越多的国家高度关注南极保护与利用，除了希冀保护南极这一"地球上最后的净土"之外，更多是希望参与南极开发利用，增强本国当前和未来发展的战略需求与保障能力。各国围绕国家安全利益与发展利益进行的南极治理博弈，在一定程度上推动着南极从自然的、非治理的、较少受人类影响状态转向社会的、治理的、深受人类影响与干预的状态。作为南极条约协商成员国，我国在南极享有广泛的国家安全与发展利益，并具有维护南极和平、安全、稳定的责任与义务。我国如何把握南极

*　丁煌（1964—），男，河南息县人，武汉大学"珞珈学者"特聘教授、国家治理与公共政策研究中心主任、国家领土主权与海洋权益协同创新中心"中国极地政策与极地权益研究"创新团队负责人，主要研究方向：国家治理与公共政策。

云宇龙（1990—），男，湖南湘阴人，湘潭大学公共管理学院讲师、武汉大学国家治理与公共政策研究中心研究人员，主要研究方向：国家安全与极地政策。

基金项目：本文系国家重大专项课题"南北极环境综合考察与评估"（CHINARE2016-04-05-05）、教育部哲学社会科学研究重大课题攻关项目"中国参与极地治理战略研究"（14JZD032）的阶段性研究成果。

治理状态，在国际合作的背景下维护我国南极国家安全利益，创造有利于贯彻落实总体国家安全观的外部条件，是国家南极战略制定与实施应予以考虑的基本问题，也是包括南极在内的全球治理研究的题中之义。

一、国家安全利益及其在南极的体现

（一）国家安全利益的内涵

国家安全利益是国家利益的重要组成部分，国家利益可以视为一切满足民族国家全体人民物质与精神需要的东西，在物质上，国家需要安全与发展，在精神上，国家需要国际社会尊重与承认[①]。国家安全利益是国家利益在国家安全层面的集中体现，也是主权国家在内政外交政策制定与实施过程中需要维护与实现的根本利益。在很长一段时期内，我国学者对国家安全到底是"主观状态说""客观状态说"还是"主客二元状态说"存在争议[②]。在不同的国家安全状态主张下，国家安全利益具有不同的指向，要么指向于主观感知的需要满足，要么指向于客观存在的利益诉求，抑或指向于两者的统一。本文倾向于认为国家安全利益是矛盾普遍性与特殊性的统一。一方面，国家安全利益普遍且客观地存在于主权国家的不同发展时期，与国家主权独立、领土完整、民族团结、基本制度得以保全和实施等客观需要相联系，并要求主权国家不断增强国家安全基本能力。另一方面，国家安全利益又与主权国家的特殊发展时期及特定安全领域相联系，促使主权国家尽最大的努力维系本国在当前与未来的具体国家安全利益。这两方面的特性使国家安全利益兼具稳定性与变化性，国家安全需要、边界及实现能力的不同要求多样化的国家安全利益维护路径。国家安全利益已经成为全球化时代主权国家制定与实施对外战略的重要考量方面，其内涵与外延随着国家对外活动与能力的增强而不断拓展，并成为理论研究者与实践工作者的共同关注点。

---

① 阎学通著：《中国国家利益分析》，天津人民出版社，1996 年版，第 10 - 11 页。
② 刘跃进著：《为国家安全立学——国家安全学科的探索历程及若干问题研究》，吉林大学出版社，2014 年版，第 165 - 175 页。

（二）国家安全利益在南极的体现

当前，南极正在迈向全球治理时代，在以南极条约体系为核心的治理机制下，国家南极利益关切及实践行动从来都是不同国家南极战略与政策出台、变化的根本原因之一。国家安全利益是国家利益的关键内容，主权国家关注南极本身安全，关心本国自由进出南极及在南极的资产、人员与活动安全，关切本国参与南极利用的战略安全等，均可以纳入国家安全利益范畴。国家安全及其利益维护已经成为相关国家，尤其是在南极具有实质性科考活动的国家的核心战略考量。

随着全球气候变化加剧与南极人类活动增多，南极事务中的安全考量色彩也越发浓厚。事实上，包括1959年《南极条约》、1964年《南极动植物养护议定措施》、1972年《南极海豹保护公约》、1980年《南极海洋生物资源养护公约》、1991年《关于环境保护的南极条约议定书》等在内的多项南极区域性决议与法律等，均是指向于维护南极的和平与安全，将各国在南极的利益诉求、安全关切限定在一个合理的行动框架之内。但"南极洲是一面镜子，人类的希望、恐惧和欲望已经投射了好几个世纪"①，近年来，有关南极领土主张争议、渔业及生物资源勘探开发、商业旅游活动等并未消停，再一次折射出人类对南极的欲望。以主权国家为后盾的南极行动日趋增多，希望通过参与南极治理最大化自身利益的意图日渐凸显，国家安全及其利益诉求也被日益提上议事日程。如何合理把握本国国家安全利益，将其融入南极自然、区域及国际共同安全格局，维护南极永久和平、稳定、开放，成为众多南极治理参与国家应予考虑的现实问题。在全球治理中扮演负责任大国角色、主张构建"人类命运共同体"的中国更不应例外。

《中华人民共和国国家安全法》（以下简称《国家安全法》）第二条指出，国家安全是指国家政权、主权、统一和领土完整、人民福祉、经济社会可持续发展和国家其他重大利益相对处于没有危险和不受内外威胁的状态，以及保障持续安全状态的能力。新时期我国国家安全利益是指一切满

---

① David Day, "Ice Works: Three Portraits of Antarctica", The Monthly, March 2012, https://www.themonthly.com.au/issue/2012/march/1330562639/david-day-ice-works.

足上述具体安全内容与领域相对处于没有危险和不受内外威胁状态的客观需要，并通过基于这种客观需要的主观能动性的发挥，有效识别和维护我国在特定时期与特殊事务中的国家安全利益，切实提升保障国家持续安全的能力。由此，我国南极国家安全利益主要是指一切满足我国在南极资产、人员、活动等南极事务相对处于没有危险和不受外部威胁的客观需要。一方面，我国南极国家安全利益的客观属性不会因为其他国家南极治理参与较早、南极实力较强而我国参与较晚、实力稍弱而发生改变，亦即我国享有的南极国家安全利益是作为一个主权国家应有的权利。另一方面，随着我国南极国家战略的明晰及国家综合实力的提升，我们对客观存在的南极国家安全利益的认识也在不断深化，原本未受或不太受重视的安全利益范畴在当前或未来的南极治理参与进程中将会进一步显现，这就需要我们具有保证南极国家安全利益持续认识与实现的战略能力。

二、中国南极国家安全利益生成的理由

我国南极国家安全利益的生成必须立足于南极治理的既有事实，防止陷入过于强调国家绝对获益的利益误区。这就要求我们注重将这种利益生成建立在充分的、可令人信服的治理参与理由的基础上，既不应是一厢情愿式的国家安全利益自我界定与实现，也不该是随波逐流式的国家安全利益简单例举与关切，而是应注重国家安全利益识别、表达与维护过程的系统理由寻求。

（一）理由一：中国南极治理身份与相关主张

中国参与南极治理的双重身份属性使我国在南极的国家安全利益生成变成可能。首先是作为一个主权国家天然享有的南极国家安全权利。国家安全是主权国家存在和发展的根本，主权国家注重关切本国在全球特定领域与事务中合理正当的安全利益，应当受到国际社会的普遍认可与尊重。我国是世界上最大的发展中国家和世界第二大经济体，中国国家安全的实现有利于降低全球安全风险、保证全球安全。因此，中国关切南极安全、注重维护南极国家安全利益，是我国和其他国家普遍享有的一项国家权利。并且，中国作为南极条约协商成员国与《联合国海洋法公约》缔约国，依据《南极条约》体系①及相关国际法享有维护南极安全、寻求南极国家安全利益保障的国家权益，与中国国家安全密切相关的海外与海洋权益也客观地存在于南极。中国参与南极治理兼具合理性与合法性，与上述治理身份相挂钩的中国南极国家安全利益，也衍生出我国和其他国家一道保持南极永久和平、稳定的国家义务与责任。

中国与南极事务相关的诸多主张使我国在南极的国家安全利益生成变得可靠。中国坚持和平发展道路，推动构建人类命运共同体。中国秉持共商共建共享的全球治理观，并将继续发挥负责任大国作用，积极参与全球治理体系改革和建设，不断贡献中国智慧和力量②。近年来，我国以实际行动推动全球治理机制变革，积极参与国际事务、承担国际责任，与世界各国共享发展机遇、携手应对风险挑战。这些基本主张要求我国在参与南极治理的过程中，注重通过和其他国家的合作来完善以南极条约体系为核心的南极治理机制，推动南极保护与利用，为确保南极和平局面、远离人类利益冲突做出中国贡献。在 2017 年 5 月中国首次作为东道国举办的第 40 届南极条约协商会议上，中国向世界阐明了中国参与南极治理的基本角色，中国是南极国际治理的重要参与者、南极科学探索的有力推动者、南极环境保护的积极践行者，强调一个和平、稳定、绿色、永续发展的南极符合全人类共同利益，是我们对子孙后代的承诺，并提出五点具体倡议③。

---

① 南极条约体系主要是由《南极条约》和其相关的公约以及在历次南极条约协商会议上通过的具有法律效力的 160 余项建议措施构成，这些多项有关南极的国际环保协议、资源协议组成的南极体系，也被许多法学家称之为"南极法系"。参看胡德坤、唐静瑶："南极领土争端与《南极条约》的缔结"，《武汉大学学报》（人文科学版），2010 年第 1 期，第 69 页。

② 习近平："决胜全面建成小康社会 夺取新时代中国特色社会主义伟大胜利"，《人民日报》，2017 年 10 月 19 日，第 4 版。

③ 这五点具体倡议为：一是坚持以和平方式利用南极，增强政治互信，强化责任共担，努力构建人类命运共同体。二是坚持遵守南极条约体系，充分发挥南极条约协商会议的决策和统筹协调作用，完善以规则为基础的南极治理模式。三是坚持平等协商互利共赢，拓展南极合作领域和范围，促进国际合作的长期化、稳定化和机制化，把南极打造成国际合作的新疆域。四是坚持南极科学考察自由，加强对南极变化和发展规律的认识，进一步夯实保护与利用南极的科学基础。五是坚持保护南极自然环境，把握好南极保护与利用的合理平衡，维护南极生态平衡，实现南极永续发展。参看中国政府网："张高丽出席第 40 届南极条约协商会议并致辞"，2017 年 5 月 23 日，http://www.gov.cn/guowuyuan/2017-05/23/content_5196172.htm。

特别是中国倡导的"构建人类命运共同体"理念，可以成为解析现有南极治理规则、丰富和发展新规则的指南针①。中国识别与维护南极国家安全利益是建立在和平利用南极、遵守南极条约体系治理规则、发挥南极科考价值、保护南极环境的目标与基础之上的，中国在南极的国家安全利益与南极整体安全、其他国家的南极利益诉求密切相关，这是利益生成的基本理由与出发点。

（二）理由二：中国国家能力与国家责任同步增长

全球化时代，国家能力在国家内部治理与国家参与国际事务治理上均具有解释力，南极治理就是一个展现与检验国家能力的场域，国家能力越强，则参与南极治理的层次越深、掌握的话语权也越多。而随着南极治理机制朝着更加公平、合理的方向发展，国家南极责任的承担与履行也变得愈发重要和迫切，成为防止南极陷入"公地悲剧"的一道关键防线。我国南极国家安全利益的生成，是近年来我国国家能力与国家责任同步增长的结果。2017 年 5 月 22 日，国家海洋局发布了《中国的南极事业》白皮书，指出目前我国已初步建成涵盖空基、岸基、船基、海基、冰基、海床基的国家南极观测网和"一船四站一基地"的南极考察保障平台，基本满足南极考察活动的综合保障需求。2019 年 7 月 11 日，我国自主建造的"雪龙 2"号极地科学考察破冰船在上海正式交付中国极地研究中心使用，并于当年 10 月首航南极，形成了双船作业模式，南极科考效率进一步提升。这充分说明 30 多年来，我国南极科考能力稳步增长，产生了许多有关南极及其变化的自然科学研究成果，有利于进一步探寻影响南极安全的深层次因素及其与我国国家安全的关联，从而强化我国南极国家安全利益生成与对外表达的理由。与此同时，中国参与南极治理的国家责任感及其行动也不断增长。比如 2013 年中国积极参与救援被浮冰和暴风雪困在南极海域的俄罗斯科考船"绍卡利斯基院士"号，并用"雪鹰 12"直升机成功转移该船的

---

① 刘惠荣、郭红岩、密晨曦等："'南北极国际治理的新发展'专论"，《中国海洋大学学报》（社会科学版），2019 年第 6 期，第 14 页。

52 名乘客①。比如 2017 年我国牵头倡导南极"绿色考察"以推动南极科研与环保工作、国家海洋局印发《南极考察活动环境影响评估管理规定》以对我国公民、法人或其他组织拟组织开展的南极考察活动进行环境影响评估。再比如 2018 年,我国提出的罗斯海新站企鹅特别保护区选划提案获得南极条约协商会议等国际组织的初步认可,会议同意形成以中方为主的工作小组牵头研讨,向下届会议提交管理计划草案等②。中国南极国家责任的落实,不仅是基于我国南极事务参与能力增长,向世界展现中国"负责任大国"形象的需要,也是我国南极国家安全利益生成的重要保障。

(三) 理由三:中国国家发展与国家安全双重需要

习近平总书记指出:"安全是发展的前提,发展是安全的保障。"党的十九届五中全会审议通过的《中共中央关于制定国民经济和社会发展第十四个五年规划和二〇三五年远景目标的建议》,专章论述了"统筹发展与安全"的内容和要求。国家发展与国家安全统一于国家治理的整个系统与过程。近年来,我国经济社会发展的对外依存度越来越高,捍卫国家海外利益成为重要现实命题。我国坚持贯彻落实总体国家安全观并将其写入《国家安全法》,强调以促进国际安全为依托,打造国家安全"命运共同体",实现中国与其他国家的共同安全,这是维护国家海外利益安全的政策回应与行动指南。国家安全历史经验与现实情况证明,统筹国家发展与国家安全,确保中华民族伟大复兴进程不被延缓、打断乃至破坏,成为我国未来很长一段时间内的重大战略使命。在这种背景下,我国南极国家安全利益的生成具有相当的战略意义。

一方面,我国在南极享有广泛的科研、生态、资源等方面的国家利益,南极科研的高水平成果可以有效证明我国整体科研实力,有助于获取国家发展所需要的科学技术资源;南极生态环境变化直接或间接影响到我国天气异常、农业生产安排及南极活动安全,有可能形成国家持续发展的

---

① 人民网:"中国直升机成功营救俄被困船上所有 52 名乘客",2014 年 1 月 2 日,http://politics. people. com. cn/n/2014/0102/c70731-24008280. html。

② 搜狐网:"极地工作:凝聚奋进力量 谱写新篇章",2019 年 1 月 18 日,https://www. sohu. com/a/290132219_726570。

外在风险；南极的渔业、生物勘探、旅游开发、科学研究等资源，在一定程度上影响着我国南极治理过程参与中的国家发展利益分配及获取。另一方面，总体国家安全观要求我们注重弥补"安全短板"，维护国家总体持续的安全。中国南极国家利益或多或少均带有国家安全的底色，科研安全是我国南极人员、装备及活动安全的重要内容，生态安全与资源安全是当前与未来我国南极国家安全利益的主要方面。国家发展与国家安全的双重需要，是我国南极国家安全利益生成的长期推动力，需要我们不断识别我国在南极存续、具有可实现性的国家安全利益。总的来看，中国南极国家安全利益生长的三重理由形成了一个发展的连续体，国家身份、国家主张通过国家能力、国家责任与国家发展、国家安全建立联系，国家发展与安全的需要又要求提升国家能力、履行国家责任以强化国家身份、增强国家主张的真实性。中国南极国家安全利益生成的理由连续体详见图 1 所示。

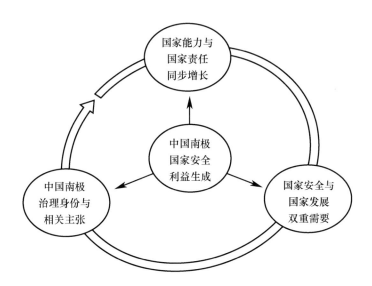

图 1　中国南极国家安全利益生成的理由连续体

三、中国南极国家安全利益生成的实践逻辑

建立在理由充分基础之上、具有客观属性的中国南极国家安全利益，究竟是如何生成的呢？任何特定利益的生成，总是与利益诉求者的需要、

能力及其所处的客观环境密切相关，并促使利益诉求者发挥主观能动性来识别与维护特定利益，其主要原因在于"利益的大小取决于主体需要的满足程度或主体对所需稀缺资源的占有程度"①。我国南极国家安全利益是在我国南极治理参与的实践阶段中，不断被识别进而生成的具体利益体系。我国参与南极治理可以以 1985 年和 2009 年为时间节点，具体划分为三个阶段：第一阶段是 1980—1985 年，第二阶段是 1986—2009 年，第三阶段是从 2010 年至今②。我国南极国家安全利益就是在上述不同参与阶段逐步显现、明晰的，进入当前能够有效判别的、具有可实现的利益生成与实现时期。

（一）第一阶段：潜在型与关切型南极国家安全利益的生成

1978 年党的十一届三中全会之后，以邓小平同志为核心的党的第二代中央领导集体，吸取中华人民共和国成立以来内政外交政策的经验教训，及时有效地判断当时的国际形势，适当修正国家安全观，认为"战争是可以避免的"，中国改革开放事业不断提上日程。我国慢慢将国家安全目光转向"预备打世界大战"之外的其他领域，开始关切中国在更多国际事务上的权益。正是在这种大背景下，我国开始着手南极科考准备，以圆包括决策者、科学家、民众等无数中国人的多年南极梦想③。1980 年之后中国开始实质性地参与南极事务，1980 年初我国科学家随澳大利亚考察船赴南极考察，澳科学与环境部南极局局长克拉伦斯·麦丘（Clarence Machu）亲自陪同、接待，并表示愿意为我国今后南极和南极洋考察提供便利④。1981 年，我国成立国家南极考察委员会及其办事机构南极办公室，1983 年

---

① 丁煌："利益分析：研究政策执行问题的基本方法论原则"，《广东行政学院学报》，2004 年第 3 期，第 28 页。

② 陈玉刚、王婉潞："试析中国的南极利益与权益"，《吉林大学社会科学报》，2016 年第 4 期，第 97 页。

③ 早在 1957 年中国科学院副院长竺可桢曾提出，中国人应该去南极，研究南极。1964 年 2 月 21 日，中共中央批准成立国家海洋局的六项任务中，指定的第三项任务是"将来进行南极、北极海洋考察工作"。1977 年 5 月 25 日，在贯彻全国第二次"学大庆"精神工作会议上，国家海洋局党委提出"查清中国海、进军三大洋、登上南极洲"，到本世纪末在海洋调查技术上接近、赶上和超过世界先进水平的宏伟目标，南极考察工作被提上了日程。1978 年 8 月 21 日，国家海洋局向国家科委提交了《关于开展南极考察工作的报告》。参看郭培清："中国挺进南极"，《海洋世界》，2007 年第 7 期，第 72—73 页。

④ 赵士金："澳大利亚南极局局长麦丘来青讲学"，《海洋湖沼通报》，1980 年第 4 期，第 98 页。

批准加入《南极条约》成为缔约国，并派员参加当年 9 月在澳大利亚首都堪培拉举行的第十二届南极条约协商国会议。但由于我国没有独立开展南极科考活动，在此次会议中只有列席权而无发言、表决权，这刺激着我国加快向南极国家学习，尽快开展南极考察，实现在南极的实质性存在。1984 年在南极委、国家海洋局、中国科学院等单位的努力下，我国首次南极科考得以成行，当年 12 月 31 日我国科考队员登上南极洲南设得兰群岛的乔治王岛，1985 年 2 月建成中国南极长城站，随后被正式接纳为南极条约协商国，并于 1986 年成为南极研究科学委员会（SCAR）正式成员国。纵观这一阶段我国的南极事业，并没有十分明确的国家安全利益考量，更多的是出于政治需要和科学需要，回应我国社会各界对南极的关切感与对国家早日参与南极事务的盼望感，以及 1983 年会议事件的刺激感和由此产生的长期缺席南极事务的危机感。国家安全利益是以一种潜在型和关切型的状态存在，获取南极事务参与资格成为这一阶段我国参与南极治理的重大目标，更多内在的科学与利益诉求潜藏在中国要"为人类和平利用南极做出贡献"① 的宏伟目标与构想之中。

（二）第二阶段：关联型与合作型南极国家安全利益的生成

这一阶段中国南极治理参与实践跨度大致从 1986 年至 2009 年，之所以 2009 年作为该阶段与第三阶段分界的标志性时间节点，是因为我国当年 1 月在南极内陆冰穹 A 地区（80°25′01″S，77°06′58″E）建立了我国第一个南极内陆科考站和人类在南极地区建立的海拔最高的科考站——昆仑站，这标志着我国南极事业走上了一个新的历史台阶。在这一阶段，我国的国家安全观开始与时俱进。从认为"当今世界不安宁的根源来源于霸权主义的争夺"②，自身经济社会发展是保障国家安全、反对霸权主义的关键

① 1984 年 10 月 15 日，邓小平同志为中国首次南极考察队挥毫写下了"为人类和平利用南极做出贡献"的题词。
② 1984 年 5 月 17 日，邓小平在会见厄瓜多尔总统乌尔塔多时指出：我看世界现在存在两个最根本的问题。第一是反对霸权主义，维护世界和平。当今世界不安宁的根源来源于霸权主义的争夺，它损害的是第三世界国家的利益。第二是南北问题。这是今后国际问题中一个十分重要的方面。参看中共中央文献研究室编：《邓小平思想年谱（1975—1997）》，中央文献出版社，1998 年版，第 282 页。

条件，到 1992 年党的十四大报告强调"和平与发展仍然是当今世界两大主题"；从 2002 年党的十六大报告主张建立公正合理的国际政治经济新秩序，树立互信、互利、平等和协作的新安全观，再到 2005 年提出构建"和谐世界"，2007 年党的十七大报告要求深入贯彻落实科学发展观，把握以人为本这个核心，实际上指明了包括国家安全在内的一切内政外交工作均必须以人为本，高度重视人的安全。这一阶段我国国家安全观的变化，在诸多方面影响着我国参与国际事务的政策理念及实践行动，主动作为促进世界和平、强调合作推动共同发展成为常态。这种理念变革有力地推动了这一阶段我国南极事业的发展，也充分体现在我国南极国家安全利益的生成过程中。主要表现如下。

第一，最大限度保证我国南极科考安全，提升南极安全科考的能力，并服务于我国国家利益。从 1984 年到 2008 年，中国已派出 24 次国家南极考察队，完成了一系列从南大洋到内陆高原的考察计划，在地质、冰川、气象、陨石、极光、磷虾等方面取得了可喜的进展。这无论是揭示自然奥秘，增进人类对极区的了解，或者探测南极地区自然资源，评估其开发利用前景与风险，都为中国和世界"和平利用南极"做出了重要贡献①。这些成绩的取得与我国长期重视南极科考安全密不可分，自我国 1984 年首次南极科考开始，保障科考队员的人身安全就成为优先考虑的问题。以贯彻执行南极安全作业计划与提升南极医疗保健技术能力为核心的具体举措，为我国南极科考队员安全作业、健康监测、疾病预防、营养保障等提供了有力指导和保证，我国南极科考 30 多年来现场"零"死亡就是最好的证明。除此之外，我国南极科考技术装备能力的提升，进一步强化了我国的南极科考安全，1986 年到 2009 年期间，我国先后建成中山站和昆仑站两座科考站点，前者具有先进的通信设备和较为舒适的生活条件，后者生活区与科研区分离、可以成为满足科考人员越冬的常年站，形成了"一船两站"的综合保障能力。从《南极条约》签订之后主要国家参与南极治理的情况来看，包括资金与技术装备投入、人员与安全保障、研究成果产出等

---

① 张青松、王勇："中国南极考察 28 年来的进展"，《自然杂志》，2008 年第 5 期，第 252 页。

在内的南极科考能力，已经成为衡量一个国家南极事业发展水平、维护本国南极战略利益的重要指标。我国遵循这种思路，将南极科考安全摆在首位，奠定了我国识别南极国家安全利益的基础。

第二，南极安全与中国国家安全存在具体关联的研究成果开始出现。相关证据显示，中国确实在南极存在客观的国家安全利益，特别是生态与气候安全方面的利益。早在 1981 年，就有学者发现一个有意义的事实：南极地区的冰雪状况与长江流域梅雨出现的时间早晚具有密切联系[1]。这一阶段类似这种能够证明南极与我国生态气候变化具有高度相关性的研究成果较为丰富，为我们识别南极国家生态安全利益提供了证据。以天气与降水为例，南极温度的时空特征与我国夏季天气存在关联：当南极大陆夏季温度偏高时，翌年我国华北地区夏季降水往往偏多，东北地区夏季温度偏低，反之亦然[2]。东南极（0－120°E）海冰变化异常与我国降水关系密切，其中包括两大重要标志：（1）东南极 3—4 月份的海冰增长速度和强弱是关系到我国夏季华南降水多和少的重要标志；（2）东南极海冰有超前 3 年、2 年和 1 年的长时间尺度的与我国降水极密切的相关期，是研究我国气候变化的重要标志[3]。2000 年以来，更多的研究证据显示，南极的绕极波动[4]、涛动[5]等自然现象分别与我国夏季降水异常、江淮梅雨异常的时滞性等密切相关。从这些研究成果的质量、科学性、说服力等不断提高的情形来看，我们通过科学研究识别、发现南极与我国生态气候变化原本存在的客观关系，强调和平地参与南极研究，并开始重视我国与南极存在的关联型利益，自然科学研究成果逐渐服务于我国的南

---

[1] 符淙斌："我国长江流域梅雨变动与南极冰雪状况的可能联系"，《科学通报》，1981 年第 8 期，第 484－486 页。

[2] 卞林根、陆龙骅等："南极温度的时空特征及其与我国夏季天气的关系"，《南极研究》，1989 年第 3 期，第 8－15 页。

[3] 解思梅、郝春江等："东南极海冰异常与中国夏季洪涝"，《海洋湖沼通报》，1994 年第 2 期，第 48－59 页。

[4] 谢基平、郭品文等："南极绕极波动及其与中国夏季降水异常的关联"，《南京气象学院学报》，2005 年第 3 期，第 376－382 页。

[5] 鲍学俊、王盘兴等："南极涛动与江淮梅雨异常的时滞相关分析"，《南京气象学院学报》，2006 年第 3 期，第 344－352 页。

极事业决策。

第三，逐渐认识到我国南极安全利益的维护必须注意南极政治的发展变迁，注重加强与其他国家的合作，才能创造有利于实现我国南极国家安全利益的机遇，获得外部理解与认可。以南极条约体系为核心的治理机制的形成并非一日之功，从较早英国、法国、澳大利亚、阿根廷、智利等国家对南极提出领土主张，与苏联、美国、巴西等国家保留本国的南极领土主张权力，到1959年12国通过《南极条约》；从20世纪70年代一些国家试图开发利用南极矿产资源并进入谈判阶段，再到1991年《南极环境保护议定书》的签署，禁止2048年之前有关南极矿产资源的一切开采活动。不同国家间南极政策博弈从未中断，围绕本国权益衍生出来的领土诉求、矿产开发、渔业捕捞、保护区与管理区设立等政策主张暗流涌动。我国正是在这种具有历史延续性的现实情况中，不断认识并把握南极国家安全利益，比如我国自由安全进出南极与持续开展南极考察的利益，南极气候、环境、生物、资源等与我国发展密切相关的安全利益，以及我国在参与国际南极事务合作中的人员、资产、信息等涉及国家安全方面的具体利益等。

这些具体国家安全利益的实现，建立在南极本身安全与南极事务参与国家的共同安全基础上，因而国际合作成为这一时期我国参与南极治理、维护南极国家利益的首要选择。事实上，我国自20世纪80年代开始着手准备南极考察事务就是以国际合作为开端的，我国与澳大利亚、阿根廷等国的合作，有力地推动了我国早期南极事业的起步与发展。早在1988年5月我国和阿根廷在北京签订《中华人民共和国政府和阿根廷共和国政府南极合作协定》，中阿两国在南极条约第四条的制约下相互尊重对方在南极洲的合理利益，并形成了两国在科技与后勤领域的合作细则。1999年1月我国和新西兰在惠灵顿签署《中华人民共和国政府和新西兰政府关于南极合作的联合声明》，确定中新两国在南极条约体系内的政治、法律、科学和环境事务进行磋商的目标与合作方式等。另外，在南极条约体系（ATS）、国际科联南极研究科学委员会（SCAR）、国家南极局局长理事会（COMNAP）的健康运行下，南极考察真正走上了有序管理、国际合作的崭新阶段，构成了一个完整的南极国际合作体系①。这为我国寻求南极国际合作的切入点与机会提供了条件，包括国家安全在内的我国南极国家利益的维护应当以国际合作为基础，实现国际共赢。

总的来看，这一阶段我国南极国家安全利益生成虽然过程缓慢但效果明显，客观存在的国家安全利益逐步被我们发现、识别；而我国南极治理参与能力的增强又为我们维护这些日益明晰的国家安全利益提供了保障。我国南极关联型与合作型的国家安全利益是在我国国家安全观念不断更新的背景下逐渐生成的，新的国家安全诉求及其战略导向，需要我们切实关注与维护我国在南极的国家利益，夯实国家安全总体保障。

（三）第三阶段：可实现性南极国家安全利益的生成

中国参与南极治理的第三阶段主要是 2010 年至今，我国南极事业蓬勃发展。2013 年南极天文台等 16 项建设重点纳入《国家重大科技基础设施建设中长期规划（2012—2030 年)》；2014 年我国建成继长城站、中山站、昆仑站之后的第四座南极科学考察站——泰山站，大大拓展了中国在南极科考的领域与范围。从 2016 年中国第 32 次南极科考进入地空立体时代到 2017 年第 33 次南极科考开启海陆空立体化协同考察新纪元；从 2018 年第 34 次南极科考为中国在南极恩克斯堡岛建设新站奠定前期基础、2019 年第 35 次南极科考在基础研究与核心技术研发领域取得新突破，再到 2020 年第 36 次南极科考首次"双龙探极"圆满完成等，标志着中国进入南极探索新时代。迄今为止，我国南极治理参与已经和我国极地科研人才培养、技术装备能力提升、国际科学交流等形成了良性循环，为我们充分认知中国南极国家安全利益提供了有效保障。特别是在总体国家安全观的指导下，我国南极国家安全利益生成不断成为一个主客观相统一的实践过程。总体国家安全观强调了一系列国家安全范畴，要求构建集政治安全、国土安全、军事安全、经济安全、文化安全、社会安全、科技安全、信息安全、生态安全、资源安全、核安全、生物安全等于一体的国家安全体系，并分别形成了具体的国家安全利益内容。这为我们全面识别南极国家安全

---

① 靳晓明主编：《国际科技合作征程（第四辑)》，科学技术文献出版社，2009 年版，第 361 页。

利益提供了指导思路，有利于可实现性南极国家安全利益的生成。我国《国家安全法》以法律条文的形式，指明了当前我国在南北两极国家安全的能力与范畴，前者意指安全进出、科学考察、开发利用极地的能力，后者包括极地活动、资产与其他利益的安全，这构成了符合法律要求的、具有可实现性的中国南极国家安全利益的主要内容。从这一阶段我国南极事务的主要投入与发展来看，从新建泰山站并开始准备第五座南极科考站的选址建设，到目前已完成罗斯海新站奠基，进入正式建站阶段；从首架极地固定翼飞机"雪鹰601"投入使用、着手打造新一代极地科学考察破冰船，到首艘自主建造的"雪龙2"号正式交付使用等，均是为了增强我国极地安全能力，回应总体国家安全观的极地安全要求。具体而言，符合《国家安全法》要求并具有指导意义的南极国家安全利益如下。

首先是国家南极活动安全利益。基于前两个阶段的南极事务参与，我国形成了以南极科考为核心，强调南极事务国际合作、以南极生物资源开发与南极旅游等为辅助的南极国家活动体系。其中包含人员、装备、信息安全等在内的南极科考活动安全利益是长期以来我国南极治理参与需要捍卫的关键利益，事关我国在南极的实质性存在地位。南极国际合作活动的安全既包括南极合作项目共同作业中的人员与装备安全，又包括南极合作规则制定权与话语权的安全，这些方面安全利益的维护是科考安全利益实现的基础。我国参与南极生物（如南极磷虾）资源开发中的企事业单位活动安全利益、中国公民组团参与的南极旅游活动安全利益等是我国南极活动安全利益的重要补充。

其次是国家南极资产安全利益。南极严酷而独特的自然环境，虽然有利于科学观测、试验、探索等活动，但南极考察队员们既要面对来自海上的超强风暴和巨浪，还要经受南极内陆极寒、地吹雪、白化天气、暴风雪、强烈紫外线照射等恶劣极地环境的考验[1]，同时也对科研、保障与运输设备的安全性能提出了特殊严苛的要求。有形资产小到科学仪器、基本

---

[1] 赵宁："发扬南极精神建设极地强国——访国家海洋局党组书记、局长王宏"，《中国海洋报》，2017年4月26日，第001版。

生活保障设备，大到车辆、船舶、飞机等极地交通运输工具与科考站点，无形资产包括南极科学观测与实验数据、成果，科考人员的身心健康状态，中国科考队员形成与体现的新时期的爱国、求实、创新、拼搏的南极精神及其产生的自我荣誉感、收获的国际赞誉感等。中国南极国家安全利益的生成与识别，就是要从国家安全的角度维护上述具体的资产安全利益，夯实南极活动安全利益的基础。

最后是南极国家安全的其他重大利益，这种利益一方面可以立足于总体国家安全观下具体的国家安全利益范畴，进一步识别可生成的中国南极国家安全利益。比如，确保南极永久和平保护与利用，杜绝一切以武器开发测试、武装力量训练等为目的的军事行为，以维护我国的军事安全利益。再比如，前文所言的科考活动安全，这直接关系到我国的科技安全利益。还比如，南极环境与气候异常变化影响着我国局部地区的降水情况、南极冰川融化造成全球海平面上升而有可能造成我国东部沿海城市面临海水倒灌受淹的安全风险，这间接地与我国的生态安全利益、国土安全利益等相关。另一方面，这种利益应该根据当前和未来某一特定时期中国南极事务参与情况来予以判定。比如，识别与维护我国在特定时期南极事务中的特殊性国家安全利益，包括通过南极科考提高我国在南极事务中的规则制定权与政策话语权，与其他国家共同努力杜绝南极科考活动中的军事与准军事行为，防止不同国家将在其他地区与领域的竞争乃至冲突对抗关系投射到南极，引发南极安全风险等。再比如，"南极条约体系的不稳定性对中国南极安全利益构成潜在威胁"①，将来如果出现南极领土诉求与争议再次升级、南极矿产资源开发重新提上议程等情形，我国如何有效维护相关的经济安全与资源安全利益等，均需要我们有所考虑并提前统筹谋划。

四、中国南极国家安全利益生成效果与维护路径

（一）中国南极国家安全利益生成的效果

通过我国不同阶段的南极治理参与实践，我国客观的南极国家安全利

---

① 王文、姚乐："新型全球治理观指引下的中国发展与南极治理——基于实地调研的思考和建议"，《中国人民大学学报》，2018年第3期，第127页。

益得以进一步显现、识别，成为总体国家安全观下国家安全利益不可或缺的一部分。具体而言，第一阶段潜在型与关切型国家安全利益的生成，已然逐步具有国家安全的内在诉求：在其他国家已经热火朝天地参与南极事务，还未设置难以达到的参与门槛且国家参与时间与机会窗口还存在不确定性的情况下，我国因为历史原因造成的参与缺位，将损害我国未来的战略安全利益，我国必须尽早获取南极治理参与的实质资格。第二阶段主要是关联型与合作型国家安全利益的生成，前者间接地推动着我国的南极科考除了研究冰川学、海洋学、地质学、气候学等重大自然科学问题之外，还应该关注南极与我国安全和发展的关系并为之提供相关科学证据。后者直接促进了我国将国际合作视为实现国家利益的首选，我国的南极国家安全与南极本身安全、南极地区国家间共同安全乃至全球安全高度关联，我国南极国家安全利益的生成与维护必须打造一个基于国际合作与交流的南极安全共同体。第三阶段主要是在总体国家安全观的指导下，生成具有可实现性的中国南极国家安全利益，科考安全、资产安全、人员安全及其他重大安全利益构成了当前我国南极国家安全利益体系的重要内容，也为我国进一步识别更加具体的南极国家安全利益指明了方向，有利于我国未来深度参与南极治理。

从国家安全与国家发展的战略高度把握我国南极治理参与，是确保我国南极事业再上新台阶的有力保障。在一定程度上而言，当前南极治理更多的是一种以国家为后盾的行为，国家战略眼光、战略能力与保障是增强国家南极实质性存在地位的根本，也是未来随着南极治理机制朝着更加公平、合理方向发展，国家获得话语权、发展权及安全权的基础。我国重视南极国家安全利益，有助于我国更加有的放矢地参与南极治理，提高战略定力；同时也有利于在全球治理格局变化的趋势下维护我国的总体国家安全，提升国家安全保障能力。除此之外，明晰我国生成的南极国家安全利益也是我们参与南极国际合作、承担中国南极治理责任的基本条件。全球化时代国家间的共同利益是国际合作形成及发展的基础，我国秉承正确义利观、倡导构建人类命运共同体等主张，首先就要求我们正确识别自身合理利益进而寻求与其他国家的共同利益，推动全球合作治理。其次也要求我国正确处理国家利益与国家义务、国家责任的关系，努力承担与我国核心利益诉求、国家能力及国际地位相匹配的义务与责任。这形成了我国未来南极治理参与必须考虑的战略议题。

（二）中国南极国家安全利益的维护路径

作为一个远离南极的后来者和正在成长中的世界大国，中国应统筹南极战略与全球战略，塑造有利的安全环境①。我国南极国家安全利益是基于多重理由、符合实践逻辑而得以生成的，其内在的客观属性需要我们不断发挥主观能动性去挖掘利益内涵，寻求利益的维护路径。尤其是要结合我国秉持的国家安全理念、南极治理参与阶段及特征，进一步强化中国南极国家安全利益实现的国家保障，形成共同捍卫我国南极国家利益的最大合力。

第一，在持续参与南极治理的过程中，坚持贯彻落实总体国家安全观，将其作为维护中国南极国家安全利益的根本指导。习近平总书记在党的十九大报告中指出，坚持总体国家安全观，必须坚持国家利益至上，以人民安全为宗旨，以政治安全为根本，统筹外部安全和内部安全、国土安全和国民安全、传统安全和非传统安全、自身安全和共同安全，完善国家安全制度体系，加强国家安全能力建设，坚决维护国家主权、安全、发展利益②。总体国家安全观强调的是国家全方位的、长期的安全并具备真正保证国家持续安全的能力，要求正确处理好多方面具体的国家安全内容之间的辩证关系，不断扬国家安全能力保障之长、补国家安全威胁应对之短。这就要求我们参与南极治理，首先就要树立人类和平安全"命运共同体"的理念。捍卫南极条约体系基本的治理价值并推动南极治理机制朝着更加合理、公平的方向发展，和世界各国一道维护南极永久和平与稳定安全。其次是要践行总体国家安全观强调的国家安全能力观念。中国的南极人员安全、科考安全、资产安全的维护最终还是落脚于国家能力之上，国家能力边界能够有效覆盖地球最南端的南极，我国才能在南极国际合作与

---

① 丁煌主编：《极地国家政策研究报告（2015—2016）》，科学出版社，2016年版，第88页。
② 习近平："决胜全面建成小康社会 夺取新时代中国特色社会主义伟大胜利"，《人民日报》，2017年10月19日，第4版。

竞争并存的实际情形下立于不败之地。国家安全能力观念应该是每一个国家南极事务决策者、参与者、执行者需要具备的观念之一，我们30多年的南极事业发展归根结底是增强我国的南极治理参与能力，助益我国从"南极大国"向"南极强国"转变。最后是要打造有助于贯彻落实总体国家安全观的引导与教育氛围。我国新闻界、文艺界长期宣传南极，宣传我国南极考察队员振兴中华、为国争光、艰苦奋斗、团结拼搏的"南极精神"，牵动和凝聚了亿万人民的爱国之心、强国之志，为推动和发展我国南极事业产生了巨大的影响①。中国南极国家安全利益的维护与每一个中国南极人的努力和行动密切相关，要在不断发扬"南极精神"的基础上，进一步通过爱国主义、集体主义教育，引导赴南极人员树立国家安全观念，强化总体国家安全意识。

第二，更加注重外部学习与国际合作，夯实维护中国南极国家安全利益的多样化路径选择。中国应统筹南极战略和全球战略，促进二者的良性互动，加大对南极政治议程和制度建设的塑造能力，更有效地维护中国的南极国家利益②。实际上，我国参与南极治理始于向其他较早参与南极治理国家的政策学习，这种学习的动力可能产生于外部世界变化的刺激或内部的自我调整，学习的内容既包含了抽象的政策理念和信念，也包含了具体的政策工具和方案③。我国早期派员随船科考积累南极科考资料、邀请相关国家来华介绍经验到首次南极考察得以成行并建立首个科考站点，均可以纳入我国外部学习的范畴。当前和未来很长一段时期内，我国需要维护南极国家安全利益，一方面应该深化外部学习，在学习诸如其他国家如何通过国内立法确保本国南极国家利益、通过全面的南极教育与宣传凝聚助推本国南极事业的国民共识、通过公共外交等途径获得本国南极利益诉求的支持等方面，形成为我所用的经验知识；另一方面应该朝着超越以往

---

① 宋健："传播科学知识弘扬南极精神"，《海洋世界》，1994年第11期，第2页。

② 阮建平："南极政治的进程、挑战与中国的参与战略——从地缘政治博弈到全球治理"，《太平洋学报》，2016年第12期，第29页。

③ 李宜钊："政策学习：推动政策创新的新工具"，《云南行政学院学报》，2015年第5期，第135页。

单纯的学习者角色，掌握更多的南极治理话语权和规则制定权，努力成为南极全球治理中的引领者与学习典范。这样不论将来南极治理机制如何演进发展，我国都能为实现南极永久和平稳定做出应有贡献，有效维护我国融入在全球安全利益格局中的国家安全利益。除此之外，维护我国南极国家安全利益，国际合作是必不可少的选项，未来我国可以进一步深化与美国、澳大利亚、阿根廷等国家在南极气候、环境、海洋、冰川、生物安全等方面的合作，强化在南极视察监督、应急救援、数据共享等方面的安全责任，寻求维护中国南极国家安全利益的国际合作保障路径。

第三，进一步强化中国南极事务保障，构建有利于维护南极国家安全利益的技术、装备、人才、法律、体制机制保障体系。尽管我国30多年来南极事业成绩突出，但是与美国、英国、澳大利亚、阿根廷等国家相比还存在一定差距。以公认的南极强国美国为例，美国南极经费投入从2002—2003年的2.36亿美元增加到2009—2010年的4.54亿美元，且呈现逐年增长的趋势。正是在长期较高经费投入保障下，美国南极考察船、专用飞机、从业人员、发表的核心论文（SCI）数量等一直维持在较高的稳定水平[1]。这大大强化了美国维护南极国家利益的能力，奠定了美国在南极治理诸多领域的领导地位。我国维护南极国家安全利益，首先要强化硬件方面的安全投入保障，增强在远洋海空运载装备、极地安全进出与保障设备、极地科学研究技术等方面的投入，夯实维护南极国家安全利益的物质基础。其次要注重软件方面的供给安全保障，持续加强南极自然科学与社会科学人才的培养，推动南极事务的国内立法[2]进程，优化南极治理参与的体制机制，为实现我国的南极国家安全利益提供全面保障。

---

[1] 华薇娜、张侠编著：《南极条约协商国南极活动能力调研统计报告》，海洋出版社，2012年版，第28-46页、第63-68页。

[2] 比如相关学者认为中国作为南极活动的大国，有义务履行国际义务，建议在制定国家层面南极立法的同时，完善南极活动行政许可制度。在我国"海洋基本法"立法中纳入"极地条款"，其中"南极条款"主要宣示我国南极事务基本法律原则，授权制定国家南极事务规划，规定我国可以开展的南极活动，宣示我国将积极参与南极治理和视察等监督活动。参看郭红岩："南极活动行政许可制度研究——兼论中国南极立法"，《国际法学刊》，2020年第3期，第57-75页；董跃："我国《海洋基本法》中的'极地条款'研拟问题"，《东岳论丛》，2020年第2期，第136-145页。

"冰上丝绸之路"与中国在北极事务中的角色

杨　剑[*]

就中国参与北极事务而论，2013 年是令人关注的一年。在 2013 年中国政府首次提出了"一带一路"倡议，中远公司的"永盛轮"首航北极。而且就在这一年，中国与其他几个亚洲经济体一起被北极理事会接纳为正式观察员国。作为世界上第二大经济体和最大的碳排放国家之一，中国在北极经济发展和北极气候和环境治理的重要性获得世界广泛的重视。中国从一个普通的非北极国家，如今变成了北极事务的重要伙伴、北极重要的利益攸关方。

2018 年 1 月，中国政府发布了白皮书《中国的北极政策》（以下简称白皮书）。通过发布白皮书，中国政府向全世界表明了积极参与北极治理并共同应对全球挑战的立场、政策和责任。该文件的出版增进了中国与北极国家以及北极事务中其他利益相关者之间的相互了解。它还有助于中国人民了解北极与全球气候变化之间的关系，并提高中国民众和企业保护地球家园的意识。作为中国政府关于北极事务的文件，它将有效地协调和指导中国政府各部门、机构和产业在北极的行动。

中国在北极有自身的关切，但总体上讲，中国的北极政策指向是"人类命运共同体"思维下应对人类面临的共同挑战。它代表着北极治理的新需求，代表着人类文明的新方向，代表着国际秩序的新结构。它与全球治

---

[*]　杨剑（1962—），研究员，上海国际问题研究院副院长，上海国际组织与全球治理研究院院长，中国太平洋学会副会长。主要研究领域包括国际政治经济学、地区战略、极地和网络战略等。

理的大方向相一致，因而具有更长周期的生命力。实现北极治理的新需求，需要全世界各国共同努力。中国在建设海洋强国和参与北极治理的过程中会遇到美国霸权的阻碍，也会遇到其他一些地缘政治结构的制约。自中国的北极政策形成以来两年已经过去，世界形势发生了巨大的变化。在新冠肺炎疫情流行的影响下，北极的国际合作受到极大影响。美国特朗普政府坚持退出巴黎气候协定，并将中美在全球范围内的战略竞争投射到北极，这影响了北极事务的健康发展，也挑战了中国的北极政策。今后中国如何在大国博弈、地缘政治摩擦的条件下，坚持北极的有效治理和以可持续方式推进"冰上丝绸之路"建设将是一个艰巨任务。

一、中国在北极事务中的角色定位

人类正在见证地球系统剧烈的变化。气候变化和经济全球化使得北极事务成为了全球的一个新关注点。这其中既包括了全球化对北极经济开发和社会发展的影响，也包括了北极气候对世界其他地区的影响。北极国家基本上都是发达国家，经济发展全球化程度高，而且北极国家拥有丰富的自然资源。穿越北冰洋的航线因为海冰的融化而变得更加具有商业价值，这为全球航运和造船业（尤其是亚洲和欧洲）带来了机遇和挑战。如何保持北极的和平与稳定以及实现北极的可持续发展成为北极治理的一个努力方向，需要全球性大国的关注和参与。2004 年，冰岛北极事务高级官员（SAO）主席古纳尔·帕尔森（Gunnar Palsson）前往北京拜会了中国外交部官员。古纳尔·帕尔森向中国政府介绍了北极理事会的工作，尤其是其在通过开展"北极气候影响评估"（ACIA）来提高气候变化意识方面所起的主导作用。作为北极理事会成员国的代表，他试图传达的信息是非常明确和直接的：北极对世界其他地区都很重要，非北极国家也应关注北极。2013 年，吸收中国等亚洲大国成为北极理事会的正式观察员也是基于这样一种思路。北极国家和其他北极利益攸关方对中国参与北极事务既有期待又有关切。中国政府对自身参与北极事务的身份定位、责任定位和利益定位回应了上述期待和关切。

（一）身份定位

北极地区资源丰富、气候极端且环境脆弱，是全球气候变化的晴雨表，也是国际合作应对全球性挑战的重点地区。中国从地缘政治、地缘经济和地缘环境方面讲都与北极高度相关。

根据中国政府政策白皮书的界定，中国属于非北极国家的范畴，同时也是一个近北极国家。作为一个非北极国家，除了根据相关国际法拥有的合法权益外，中国并不单独拥有在北极的土地和主权。中国政府宣称其近北极国家身份则表达了地缘上的接近性。在气候系统和生态系统等方面中国与北极地区交互影响。中国是一个土地广阔的北半球大国，其气候变化受北极气候系统影响很大。北极气温上升的速度是全球平均升温速度的两倍。北极地区的自然环境系统与中国生态系统的运行紧密关联，它关系到中国生态系统的稳定和农业生产安全。中国与最大的北极国家俄罗斯是邻国。流入北冰洋的鄂毕河主要发端地在中国新疆境内。中国的海岸线与北极海岸线整体相联，也是北极候鸟的迁徙路线。

中国在北极事务中既是利益攸关方，同时也是权益攸关方和责任攸关方。中国早在 1925 年就参加了《斯匹次卑尔根群岛条约》。改革开放之后，中国开始实质性参与北极事务和北极科学考察。截至 2020 年底，中国在北极地区已经开展了 11 次科学考察和 17 个年度的黄河站站基科学考察，围绕气候变化与环境保护，开展了冰雪、水文、气象、海冰、生物、生态、地球物理等多领域研究。极地和海洋的变化对人类的生存环境构成挑战。人类关于北极"人类与自然"系统变化的知识积累和规律认识还十分有限，还不足以支撑可持续的北极治理。中国科学家已经成为北极全球科学合作的主力军，"从知识到行动"为北极治理的知识积累和制度完善做出了中国贡献。

2013 年，中国成为北极理事会的正式观察员。中国与俄罗斯、加拿大、美国和北欧国家开展了多领域的北极事务对话，并积极参与重要的北极国际论坛如北极圈论坛、北极前沿大会、北极对话区域、北极问题科技部长会议等，并设立了中国北欧北极研究中心这样的国际北极研究合作平台，加强了信息沟通和政策协调，成为北极治理的重要参与方。

（二）责任定位

从全球政治上讲，中国是联合国安理会常任理事国，肩负着共同维护北极和平与安全的重要使命。中国代表团在国际海事组织、全球气候谈判等国际平台保持与各方的沟通，掌握了北极问题发展的信息，了解了北极治理之需。在联合国等重要平台上，中国作为一个全球性大国围绕着气候变化、环境治理、资源利用、生态和动植物保护为北极治理发挥了重要作用。从全球经济上讲，中国是世界贸易大国和能源消费大国，北极的航道和资源开发利用可能对中国和北极的经济可持续发展都产生巨大影响。从国际法的权益方面讲，中国在北冰洋公海、国际海底区域等海域和北极特定区域享有《联合国海洋法公约》《斯匹次卑尔根群岛条约》等国际条约和一般国际法所规定的开展相应活动的自由或权利。从为北极治理和经济开发提供公共产品的角度讲，中国的资金、技术、市场、知识和经验可以发挥重要作用。

作为一个地理上靠近北极的非北极国家，中国尊重涉北极的国际法律框架和主要治理体系，尊重北极国家在北极的主权和主权权利，尊重北极原住民的关切，同时也希望北极国家能尊重非北极国家依照国际法享有的在北极开展活动的各项权利和自由，尊重国际社会在北极的整体利益。中国政府确认将通过平等互利的国际合作，共同认识北极、发展北极、保护北极，承担国际责任，实现互利共赢。白皮书充分体现了中国政府对自身北极责任的理解，也包含了对北极国家和国际社会期待的回应。中国愿意与国际社会一起寻找发展利益的交汇点、创造利益的共享面，推动共同应对气候变化等全球性挑战，提高北极治理的针对性和有效性。

（三）利益定位

"中国是北极事务的重要利益攸关方"。[①] 利益攸关在这里指的是，一国与北极的地缘相邻性以及利益的紧密相关性。北极的自然状况及其变化与中国的气候系统和生态环境有着直接的关联，进而影响到中国在农业、林业、渔业、海洋等领域的经济利益。同时，中国与北极的跨区域和全球

---

① 国务院新闻办公室：《中国的北极政策》，人民出版社，2018 年版。

性问题息息相关，特别是北极的气候变化、环境、科研、航道利用、资源勘探等问题，关系到包括中国在内的北极域外国家的共同利益。北极的气候环境、经济开发和技术进步通过自然系统以及社会经济系统与世界其他地区紧密相连，为此域外国家和其他行为体在北极都有自己的利益关切。例如，欧盟就明确指出，"欧盟在北极地区发挥关键性作用方面具有战略利益。"[1] 地球系统的远距离耦合现象日益明显，如岛国马尔代夫虽然远离北极，但因为气候变化可能导致极地冰盖的融化并致海平面上升，该国整个国家都有遭受灭顶之灾的可能。该国也多次在北极治理国际论坛上表达自己的关切。

北极的航道、油气、渔业等资源是世界经济发展的一个组成部分。中国是全球第二大经济体。中国在北极资源利用方面主要有两类情况，第一类是以市场与相关北极国家的资源产品相联系，在世界贸易框架和规则之下开展双边贸易，比如俄罗斯、美国等北极国家的油气产品进口到中国，又如冰岛、丹麦、挪威的北冰洋水产品进入中国市场等。双边贸易一方面丰富了中国的市场供应，同时也促进了北极地区当地的经济发展和居民就业。第二类是中国以参股方和投资方的身份在相关国家的北极地区开展经济活动。如中国作为投资方之一参与了俄罗斯亚马尔液化天然气项目，又如中国通过市场规则接手投资格陵兰矿业项目。中国政府与很多国家政府一样，都认为北极资源的利用需要以保护环境为前提。白皮书还特别强调国际合作，共同探索风能等清洁能源的利用，实现全球的低碳发展。

（四）政策定位

中国政府将自己的北极政策目标确定为："认识北极、保护北极、利用北极和参与治理北极，维护各国和国际社会在北极的共同利益，推动北极的可持续发展。"白皮书提出了中国参与北极事务的"尊重、合作、共赢、可持续"的原则。中国将尊重视作中国参与北极事务的基础，将合作

[1] The Communication from the Commission, "An integrated European Union policy for the Arctic", (JOIN (2016) 21 final), Brussels, 27. 4. 2016, http://eeas.europa.eu/archives/docs/arctic_region/docs/160427_joint-communication-an-integrated-european-union-policy-for-the-arctic_en.pdf.

视作参与北极事务的途径，将共赢作为参与北极事务的价值追求，并将可持续作为参与北极事务的目标。这些政策定位的原则主要源自中国外交的基本理念、中国对世界发展趋势的判断、中国对身份的认定以及对北极事务主要矛盾的认识。中国奉行的是独立自主的和平外交政策，遵循和平共处五项原则；对当今世界的主要判断包括：世界多极化、经济全球化、社会信息化、文化多样化的发展趋势，全球治理体系和国际秩序变革加速推进的趋势，各国相互联系和依存度日益加深的趋势，气候变化等人类面临的共同挑战日益严峻的趋势。① 在北极事务中存在着治理机制相对滞后的问题、资源的开发利用与北极环境保护之间的问题，以及北极国家利益与人类共同利益之间的关系问题，需要相关国家通力合作，实现北极的有效治理。

白皮书的一个重要的功能就是明确政策，增信释疑。针对一些外国评论说中国不安于北极现有秩序的言论，白皮书做了原则性的回应。一是通篇一以贯之地强调了依循相关国际法开展北极活动；二是在北极事务中体现"结伴不结盟"的原则，强调与所有北极国家和重要的利益攸关方开展有益的对话，促进北极的地区稳定及国际合作；三是尊重北极理事会等北极治理主要机制的角色和作用。② 在白皮书发布会的现场会，发言人也形象地表明中国在北极事务中"不缺位也不越位"的立场。③ 针对中国在北极经济活动对环境构成压力的担心，白皮书强调了极地活动的"可持续性原则"，强调了北极活动遵循《联合国海洋法公约》以及国际海事组织的相关规则，也强调了遵循北极国家关于环境保护的国内法规。与此同时中国政府还承诺要通过国内协调，要求所有参加北极活动的中国法人和公民遵守相关法律和保护环境。针对"中国大肆获取北极资源"的言论，白皮书在阐述中国政府参与开发利用北极资源的政策时体现了严格依法利用、

---

① 习近平：《在中国共产党第十九次全国代表大会上的报告》，人民出版社，2017年版，第58页。
② 国务院新闻办公室：《中国的北极政策》，人民出版社，2018年版。
③ 外交部副部长孔铉佑在2018年1月26日新闻发布会上说，"不越位"指中国作为非北极国家，不会介入完全属于北极国家之间以及北极区域内部的事务，将依据国际法参与北极事务；"不缺位"指中国将在北极跨区域和全球性问题上积极发挥建设性作用。

绿色使用、合作利用，并遵循商业规则的思路。

二、关于处理北极治理主要矛盾的中国主张

北极之所以在过去数十年内又重新回到国际社会的视野之中，是因为全球气候变化。在全球气候快速变化的背景下，冰川融化、物种濒危、海水酸化、大气洋流异动，使全球处于一个自然灾害频发、发展受限的时期。而经济全球化的发展又使得北极的资源与全球经济紧密相连。围绕着北极的全球治理存在着三大矛盾：一是人类对北极资源的开发利用与北极环境保护之间的矛盾；二是人类活动在北极的增加和治理机制相对滞后的矛盾；三是北极国家利益与人类共同利益之间的矛盾。

（一）资源开发与环境和生态保护之间的矛盾

北极地区蕴藏着丰富的油气资源和其他资源，气候变暖使得这些资源的开采条件大为改善。北极航道开通将促进环北极经济圈的整体增长，全球贸易和航运格局将发生重大改变。北极融冰使航道开发和离岸油气开采前景日益明朗，将给世界经济带来机会，但伴随着气候变暖和人类活动在北极的增加，脆弱的北极生态环境也面临着巨大挑战，冰川退缩，冻土融化，海冰面积变小。这些变化所引发的反馈机制降低了北极海面的太阳光反射率，改变了地球气候系统的变化轨迹。人类活动所带来的船舶漏油事故、施工废弃物的排放都会给海洋和冻土环境带来难以修复的破坏，甚至威胁到北极动物的生存。

作为北极事务的建设者和贡献者，中国政府在白皮书中，明确了自己在北极环境和生态保护方面的责任和义务。围绕保护北极，白皮书在中国的北极政策基本目标部分写道，保护北极就是要积极应对北极气候变化，保护北极独特的自然环境和生态系统，不断提升北极自身的气候、环境和生态适应力。[①] 要在北极推动环境保护、资源开发利用和人类活动的可持续发展。实现人与自然的和谐共存，实现生态环境保护与经济社会发展的有机协调，实现当代人利益与后代人利益的代际公平。在海洋保护方面，

---

① 国务院新闻办公室：《中国的北极政策》，人民出版社，2018年版。

中国支持北冰洋沿岸国依照国际条约减少北极海域陆源污染物的努力，切实遵守《极地水域船舶航行安全规则》，与各国一道加强对船舶排放、海洋倾废、大气污染等各类海洋环境污染源的管控，切实保护北极海洋环境。在生物多样性方面，中国政府承诺，开展全球变化与人类活动对北极生态系统影响的科学评估，加强对北极候鸟及其栖息地的保护，提升北极生态系统的适应能力和自我恢复能力，推进在北极物种保护方面的国际合作。在北极渔业问题上，中国坚持科学养护、合理利用的立场，主张各国依法享有在北冰洋公海从事渔业资源研究和开发利用活动的权利，同时承担养护渔业资源和保护生态系统的义务，支持基于《联合国海洋法公约》建立北冰洋公海渔业管理组织或出台有关制度安排。

（二）人类活动增加与北极治理机制相对滞后的矛盾

随着北极气温加速升高，海冰的快速融化，商业航运、油气开发、矿产开采、水产捕捞和极地旅游等人类活动逐渐增多。参与到北极活动的行为体也日趋多元，政府、国际组织、企业、科学家、旅行者都参与到北极的各类活动之中。现行的北极治理机制未能与人类活动增加的新趋势同步发展，显示出严重的滞后性。在白皮书中，中国主张构建和完善北极治理机制，坚持维护以《联合国宪章》和《联合国海洋法公约》为核心的现行北极国际治理体系，努力在北极国际规则的制定、解释、适用和发展中发挥建设性作用，维护各国和国际社会的共同利益。

中国政府在鼓励中国科学界认知北极为北极治理做出知识贡献的同时，在全球层面、区域层面、多边和双边层面为北极治理机制的完善做出制度贡献。在全球层面，中国积极参与全球环境、气候变化、国际海事、公海渔业管理等领域的规则制定。中国不断加强与各国和国际组织的环保合作，推动发达国家履行在《联合国气候变化框架公约》《京都议定书》《巴黎协定》中作出的承诺，为发展中国家应对气候变化提供支持。中国建设性地参与国际海事组织事务，参与《极地水域船舶航行安全规则》的制定过程，参与修改完善关于保障海上航行安全、防止船舶对海洋环境造成污染等各项国际制度。中国积极参与北冰洋公海渔业管理问题相关谈判，与相关国家一起研究制定有法律拘束力的国际协定来管理北冰洋公海渔业资源。在区域层面，中国高度重视北极理事会在北极事务中所扮演的主要平台的作用，作为一个观察员国全力支持北极理事会工作。中国支持并积极参与北极科技部长会议协调全球北极科技资源共同应对气候变化等全球性挑战。在多边和双边层面，中国积极开展在气候变化、科考、环保、生态、资源开发等领域的信息沟通和政策协调，促进北极治理机制在双边方面的落实。鼓励中国的科研机构和智库与外国同行开展学术交流，为北极治理机制的变迁和完善提供智力支撑。在参与各层级的北极治理活动时，中国政府也明确将切实加强中国北极对外政策和事务的统筹协调，通过国内立法和监督管理，对中国公民和法人的北极活动进行规范和监督。

（三）北极国家利益与人类共同利益之间的矛盾

总体上讲，北极国家利益与人类共同利益是一致的，但不一致的情况也存在。一类是一些北极国家试图扩大其在北冰洋的海洋权益与北极公海区域人类共有财产保有之间的矛盾。另一类是关于北极事务责任分担和利益分享之间的矛盾。北极的资源分享具有市场特征，有限的资源利益驱使区域集团的成员拒绝新的加入者，以减少竞争者。实在无法拒绝的情况下，提高加入的门槛或者进行歧视性地位安排则成为选择。北极国家正是因为存在着减少利益分享和增加公共品投入两种思考，很容易在气候、环境、生态问题上采取开放兼容的态度，与域外行为体寻求共同利益和共同责任；但在资源等问题上采取排外的政策，独享其利。[1] 正如北欧学者所说，北极俱乐部在成员数量问题上，当考虑资源分配时，成员是越少越好；当考虑环境治理分担成本时，成员是越多越好。[2]

这样一种矛盾在北极面临的巨大的全球性挑战的场景中是不难调和的。首先，中国政府在白皮书中对北极国家的核心利益和重要关切是给予高度尊重的。白皮书承认并尊重北极八国在北极的领土主权，同时也指出北冰洋中还有公海和国际海底区域。强调，非北极国家要尊重北极国家在

---

[1] 杨剑："域外因素的嵌入与北极治理机制"，《社会科学》，2014 年第 1 期。

[2] Olav Schram Stokke, Arctic Change and International Governance, SIIS-FNI workshop on Arctic and global governance, Shanghai, Novmeber 23, 2012.

北极享有的主权、主权权利和管辖权，北极国家也应"尊重北极域外国家依法在北极开展活动的权利和自由，尊重国际社会在北极的整体利益"。[1]其次，强调按照涉北极的国际法兼顾域内国家利益、域外国家利益和人类全体之利益。"北极域外国家在北极不享有领土主权，但依据《联合国海洋法公约》等国际条约和一般国际法在北冰洋公海等海域享有科研、航行、飞越、捕鱼、铺设海底电缆和管道等权利，在国际海底区域享有资源勘探和开发等权利。此外，《斯匹次卑尔根群岛条约》缔约国有权自由进出北极特定区域，并依法在该特定区域内平等享有开展科研以及从事生产和商业活动的权利，包括狩猎、捕鱼、采矿等。"[1]中国政府坚持维护以《联合国宪章》和《联合国海洋法公约》为核心的现行北极国际治理体系，维护各国和国际社会的共同利益。再次，重视加强北极国家与非北极国家之间的沟通与协调。中国主张在北极国家与域外国家之间建立合作伙伴关系，目前已与所有北极国家开展北极事务双边磋商。此外中国还重视发展与其他北极域外国家之间的合作，2016 年，中国、日本、韩国启动北极事务高级别对话。在欧洲方向与德国、英国、法国开展双边海洋法和极地事务对话或极地科学合作，保持政策协调和信息沟通。

在全球层面，中国是全球经济大国，是联合国安理会常任理事国，是《联合国海洋法公约》的签署国，是众多环境保护国际制度的重要建设者，这些身份决定了中国可以在维护和平问题上、在合理处理国家主权与人类共同遗产之间矛盾问题上，在平衡北极国家与非北极国家利益上，在维护北极脆弱环境保护人类共同家园问题上扮演领导者和协调者的角色。虽然中国在北极没有主权利益，但明确支持有关各方维护北极安全稳定的努力，因为北极的和平与稳定是各国开展各类活动的重要保障。北极的和平来之不易。曾几何时北极还是美苏两个超级大国进行导弹核威慑的对峙之地。尽管冷战已经结束，但北约与俄罗斯在北极的矛盾依然存在，相关国家还存在涉北极领土和海洋权益的争议。中国主张通过和平方式解决北极领土和海洋争议，消除冷战遗产，符合世界各国的根本利益。

---

[1] 国务院新闻办公室：《中国的北极政策》，人民出版社，2018 年版。

（四）中国在北极治理方面的贡献

北极治理是全球治理的一个重要组成部分，重点要解决北极环境与全球自然和社会系统的相互支撑，实现发展环境的稳定和可持续性。中国作为一个全球性大国在北极治理方面显示出日益重要的作用。

治理理念的贡献。为应对全球性挑战，中国已经形成了自己独特的全球治理理念。治理的核心思想是"人类命运共同体"，治理的具体路径和目标包括：（1）在互信、平等、协作的基础上追求和平和共同安全。（2）以互利共赢的开放战略参与全球经济治理。（3）同有关国家共同维护海洋的安全稳定和经济生态平衡。（4）以平衡、绿色、可持续为理念，建设全球资源—环境的治理生态。（5）主动承担国家减排温室气体责任，推进应对气候变化全球目标的实现。中国的治理理念强调基于目标的治理，强调系统的优化，重视快速反应和集体行动。

知识的贡献。中国政府的白皮书指出，"中国的北极政策目标是：认识北极、保护北极、利用北极和参与治理北极，维护各国和国际社会在北极的共同利益，推动北极的可持续发展。认识北极就是要提高北极的科学研究水平和能力，不断深化对北极的科学认知和了解，探索北极变化和发展的客观规律，为增强人类保护、利用和治理北极的能力创造有利条件。"① 由于北极环境严酷，荒远无助，人类在那里的科学考察受到技术条件和自然条件的限制。应当承认目前知识和信息的缺乏极大限制了人类对北极环境的有效保护和对资源的可持续利用。以北极海洋地质和海冰状况的数据积累为例。测绘北冰洋海底等深线难度很大，但它对于模拟洋流以及洋流对气候的影响，甚至对开发安全航道都是至关重要的。海冰范围和季节性海冰厚度逐渐减少的事实表明，北极气候变暖速度远远超过了全球平均水平。对海冰的范围、厚度、漂移、分布以及物理特性的观察，对海洋、冰、大气相互作用的研究有助于人类对北极升温与全球气候相互作用的认识，也有助于了解航运全面商业化的自然条件。充分的监测和预测区域天气系统对北极海洋作业、海上搜救有很大帮助。拓展气候观测网络和

---

① 国务院新闻办公室：《中国的北极政策》，人民出版社，2018年版。

坚持长期记录气候都是研究数据获得的必要条件。科学考察是目前中国最主要的极地活动，也是中国与北极国家开展合作的重要基础。自20世纪90年代以来中国科学家开展了北极地质、地理、冰雪、水文、气象、海冰、生物、生态、地球物理、海洋化学等领域的多学科科学考察，掌握北极变化的第一手资料和科学数据。中国在北极机制化和常态化的科学考察，促进了与北极国家之间的共同利益和合作意愿，为科学地推进"冰上丝绸之路"奠定了知识基础。

国际治理和制度的贡献。除了参与北极理事会等区域层面的国际合作外，中国作为联合国等全球性机构的重要成员国，在一些政府间国际组织和专业性国际组织中都发挥着重要作用，为北极治理提供了全球合作的大环境。北极的问题发生在北极，却具有全球影响，例如北极冰盖融化，会造成海平面的整体上升。而全球其他地方的环境保护和动植物保护行为，也会促进北极的治理。中国积极推动各国参加的《联合国气候变化框架公约》《京都议定书》《巴黎协定》的落实，促进气候变化问题的全面解决。中国建设性地参与国际海事组织活动，与相关各方共同推动"极地水域船舶航行准则"的制定，积极履行保障海上航行安全、防止船舶对海洋环境造成污染等国际责任，寻求全球协调一致的海运温室气体减排解决方案。2018年10月，中国与北冰洋沿岸五国以及冰岛、日本、韩国、欧盟等利益攸关方签署《预防中北冰洋不管制公海渔业协定》（Agreement to Prevent Unregulated High Seas Fisheries in the Central Arctic Ocean），初步建立了北冰洋公海的渔业管理秩序和管理模式。该协议填补了北极渔业治理的空白，初步建立了北冰洋公海的渔业管理秩序和管理模式，有助于实现保护北冰洋脆弱海洋生态环境等目标。在这个过程中，中国与各方一道，开展了基于目标的治理方案的讨论，在北极渔业治理问题上体现了追求"人类共同命运"和"人与自然共存共生"的治理理念。

三、"冰上丝绸之路"与北极的可持续发展

"冰上丝绸之路"是中国政府在白皮书中提出的一个以可持续发展思想促进北极经济合作的倡议，其目标是有关各方在应对气候变化等全球性

挑战同时，依托极地航道枢纽性的联通作用，发展绿色技术，促进航道沿途地区生态保护与经济发展的平衡，实现区域性社会可持续发展。

(一)"一带一路"倡议与北极的"冰上丝绸之路"

中国的"一带一路"倡议是对 2008 年金融危机引发的世界经济低迷的一种应对。危机发生后中国政府决策者感觉到世界经济的流动性在下降。美国的应对措施是将制造业的投资拉回国内，通过强势的双边贸易谈判重新获得贸易优势。基于自身的发展阶段，中国政府发现促进区域的流动和循环才是其应对世界经济低迷最好的办法。促进区域的流动和循环，可以为未来世界经济重新繁荣准备新的市场。

中国这种通过加入和促进流动来促进自身繁荣的想法源自改革开放以来融入亚太地区经济流动的经验。在改革开放的四十多年间，中国与日本、韩国、美国、东盟之间经济流动的经验，让中国政府相信，参与到最密集的经济流动当中，是保持经济发展并弥补中国经济短板的最有效方式。对于中国来说，经济的流动包括货物的流动（带动了港口建设、港口装备、造船、航运产业）、资金的流动（带动了投资、金融市场）、技术的流动（带动了装备的技术标准、知识产权交易、数据的流动）和建设能力的流动（带动了基础设施装备和建筑劳动力输出）。

中国提出的"一带一路"倡议就是要在保有太平洋国家之间的经济流动的基础上，开发并参与以"欧洲为另一端"的海陆的环绕形流动。而且在这些通道上已经存在并发展着许多重要的促进地区流动的"引擎国家"，如东盟国家、印度、土耳其、哈萨克斯坦。中国希望通过自己的资金、技术、生产能力和基础设施的建设能力来整合这样一种已经存在的并不断增长的市场和经济流动。通过北冰洋的航运通道促进环北极地区经济发展，总体上符合这样一种促进流动的精神。

2017 年国家发展改革委和国家海洋局联合发布《"一带一路"建设海上合作设想》，提出了包括"经北冰洋连接欧洲的蓝色经济通道"在内的三条海上丝绸之路的合作设想。文件指出：中国政府愿积极参与北极开发利用。"愿与各方共同开展北极航道综合科学考察，合作建立北极岸基观测站，研究北极气候与环境变化及其影响，开展航道预报服务。支持北冰洋周边国家改善北极航道运输条件，鼓励中国企业参与北极航道的商业化利用。愿同北极有关国家合作开展北极地区资源潜力评估，鼓励中国企业有序参与北极资源的可持续开发，加强与北极国家的清洁能源合作。积极参与北极相关国际组织的活动。"① 文件虽然没有直接使用"冰上丝绸之路"一词，但非常明确地提出将共建"经北冰洋连接欧洲的蓝色经济通道"纳入了国家"一带一路"倡议，并提出了包括北极治理、科学考察、环境监测、航道条件改善和利用、资源的可持续开发利用等领域的国际合作。

2017 年 11 月 1 日，习近平主席会见了到访的俄罗斯总理梅德韦杰夫。中俄双方正式提出了共建"冰上丝绸之路"。习近平主席指出，要做好"一带一路"建设同欧亚经济联盟对接，努力推动滨海国际运输走廊等项目落地，共同开展北极航道开发和利用合作，打造"冰上丝绸之路"。② 这是中国领导人第一次在国际场合确认了中国愿意与相关国家进行战略对接，共建北极的"冰上丝绸之路"。2018 年 1 月《中国的北极政策》白皮书发布。在白皮书中中国政府正式提出："中方愿与各方以北极为纽带增进共同福祉、发展共同利益。""愿依托北极航道的开发利用，与各方共建'冰上丝绸之路'。"文件简要论述了"冰上丝绸之路"与"一带一路"的总体关系，以及合作的重点领域。"加强共建'一带一路'倡议框架下关于北极领域的国际合作，坚持共商、共建、共享原则，开展务实合作，包括加强与北极国家发展战略对接、积极推动共建经北冰洋连接欧洲的蓝色经济通道、积极促进北极数字互联互通和逐步构建国际性基础设施网络等。"③

（二）"冰上丝绸之路"与各国发展战略对接

"冰上丝绸之路"概念指的是一个特定的北极区域，涉及北极的主要

---

① 国家发展改革委员会、国家海洋局：《"一带一路"建设海上合作设想》，国家海洋局网站，2017 年 6 月 20 日，http://www.soa.gov.cn/xw/hyyw_90/201706/t20170620_56591.html。
② 李忠发："习近平会见俄罗斯总理梅德韦杰夫"，新华网，2017 年 11 月 1 日，http://www.xinhuanet.com/2017-11/01/c_1121891929.htm。
③ 国务院新闻办公室：《中国的北极政策》，人民出版社，2018 年版。

航线及其沿岸地区，以及这个区域与世界的地缘经济联系。重点包括俄罗斯，以及挪威、冰岛、芬兰、丹麦、瑞典等北欧国家，未来也可能包括北美的加拿大和美国。根据开发利用北极航道的近期展望，"冰上丝绸之路"目前还是集中于俄罗斯、北欧国家以及东亚港口国家和欧洲港口国家。这也是为什么中国政府关于海上丝绸之路合作设想和北极政策的文件都明确提出北冰洋连接欧洲的蓝色经济通道。

"一带一路"建设承接历史，面向未来，是一个统筹陆海文明、共创繁荣的世纪发展蓝图。中国方面在"一带一路"合作倡议框架下"与各方共建冰上丝绸之路，为促进北极地区互联互通和经济社会可持续发展带来合作机遇"①。中国政府希望通过这个倡议带动各方合作，促进北极的环境保护和社会经济发展，在北极地区"共走绿色发展之路，共创依海繁荣之路，共筑安全保障之路，共建智慧创新之路，共谋合作治理之路"。② 因此"冰上丝绸之路"展示的是北极各国、相关国际组织以及利益攸关方基于北极气候和环境变化，以及经济和社会建设发展趋势制定的各种发展政策的集合。

北冰洋连接着世界主要经济体，海冰的融化将使得北极航道成为全球贸易的重要通道之一。中国政府倡导多方合作共商共建北极"冰上丝绸之路"，强调与各国北极发展战略的对接，并将经济合作的重点放在北极航道和能源合作开发的前瞻性投资上。这些前瞻性的投资对于改善整个经济运行环境，改善投资、贸易、交通、劳动力供给的良性循环具有重要意义。为了应对北极变化带来的机遇和挑战，北极航道沿线国家纷纷出台和更新本国的发展战略。冰岛北极战略的关键词是"国际合作、话语权、航道开发、经济发展"。通过加强国际合作，促进和强化北极理事会，加强冰岛在北极事务上的话语权，确保冰岛北冰洋沿岸国的地位，促进北极资源发展和环境保护，发展贸易关系，加强经济活动，防止北极地区重新军

---

① 国务院新闻办公室：《中国的北极政策》，人民出版社，2018年版。
② 国家发展改革委员会、国家海洋局：《"一带一路"建设海上合作设想》，国家海洋局网站，2017年6月20日，http://www.mnr.gov.cn/dt/hy/201706/t20170620_2333219.html。

事化。瑞典北极战略的关键词是"环境保护、经济发展和人类视野"，强调瑞典是一个拥有自身利益的北极国家，在北极双边和多边治理中扮演着非常重要的角色。关注气候变化、生态环境保护，减少温室气体排放，促进北极地区经济、社会和环境的可持续发展，包括北极石油、天然气和森林资源的开发，北极地区陆地运输和基础设施的建设，海上航行的安全和旅游业的开发等。保护北极原住民权益和生活方式。芬兰北极战略首先是要加强北极地区环境保护，其次是要促进北极地区经济活动，第三是要改进北极运输网络，第四是要确保原住民在北极事务中的参与权和决策权。丹麦北极战略的关键词是"主权、安全、发展和合作"，丹麦连同其自治领地格陵兰岛和法罗群岛一起，致力于建设一个"和平的、有保障的和安全的北极"。挪威北极战略的关键词是"存在、活动和知识"。挪威北极战略优先事项包括：维护在北极的主权、管辖权和专属经济区的权利。加强在北极的活动，增强挪威可持续管理北极可再生和不可再生资源的能力，加快发展北方基础设施建设。加强对北极环境和资源的保护和利用。为石油开发活动提供有效的制度框架，促进北极石油开发。加强对原住民保护。重视北极地区跨国合作，努力使高北地区成为"高北纬、低冲突"的地区。

俄罗斯的地区合作发展战略是欧亚经济联盟战略，其要旨是推动跨越欧亚大陆的各成员国商品、服务、资本和劳动力的自由流通，并推行协调一致的经济政策，促进地区发展。俄罗斯针对北极地区发展先后于2008年和2013年出台了《俄联邦北极国家政策原则》和《2020年前俄联邦北极地区发展和国家安全保障战略》。[①] 2020年俄罗斯又出台了《2035年前俄联邦北极地区发展和国家安全保障战略》。北方海航道作为整个北极东北航道的一部分，是连接俄罗斯欧洲部分和远东部分的重要运输线，曾扮演着连接苏联东西部的战略运输线的作用。苏联解体后，北方海航道也随着俄罗斯经济的崩溃而陷于停顿。普京领导下的俄罗斯政府有意将北方海航道打造成与传统国际商业航道一样有竞争力的世界航道。其目的要促进北

---

① 钱宗旗：《俄罗斯北极战略与"冰上丝绸之路"》，时事出版社，2018年版，第77–88页。

极能源开发，同时吸引国际航运公司使用北极航道，进而带动俄罗斯北极地区的整体发展。因为北极地区气候条件严酷，基础设施薄弱，大规模的利用还必须通过国际合作完成必要的能源投资，加强运输网络的建设，基础设施的完善，技术装备的升级换代。俄罗斯同时希望在高纬度地区提升通信能力、航空支援和应急能力。

中国在参与北极事务过程中，遵循的是"尊重、合作、共赢、可持续"的基本原则。中国与北极国家的双边和多边合作是否纳入"一带一路"的框架之中，中国政府尊重合作方的意愿。中国外交部副部长孔铉佑在记者招待会上说，中国将依托北极航道的开发利用，与俄罗斯等有意愿的国家共同建设"冰上丝绸之路"。① 2015 年 5 月，中俄两国领导人在莫斯科会晤，为拓展欧亚共同经济空间，带动整个欧亚大陆发展和稳定，两国元首商定，将中方丝绸之路经济带建设同俄方欧亚经济联盟建设对接。② 中俄两国元首还签署了具有里程碑意义的《关于丝绸之路经济带建设和欧亚经济联盟对接合作的联合声明》，"确保地区经济持续稳定增长，加强区域经济一体化"。③ 2017 年习近平主席访问芬兰时，双方认为中芬面向未来的新型合作伙伴关系是中国欧盟全面战略伙伴关系的补充，同意共同致力于打造中欧和平、增长、改革、文明四大伙伴关系，推动落实《中欧合作 2020 战略规划》，促进中国—北欧合作。在中国的北极政策白皮书发布之后，芬兰总统尼尼斯托（Sauli Niinisto）指出，"冰上丝绸之路"是一个公路、铁路和航运的联通计划，更是一个促进不同地区人民之间相互了解的愿景。④ 冰岛和中国在 2012 年就签署了中冰北极合作框架协议并在 2013 年签署了自由贸易协议。中国与冰岛、挪威、丹麦（格陵兰）、瑞典、芬兰在科研、经济、治理等多个领域开展了务实合作。在中国的"一带一

---

① 白洁、伍岳、和丽霞："为北极发展贡献中国智慧"，人民网，2018 年 1 月 28 日，http://world.people.com.cn/n1/2018/0128/c1002-29790964.html。

② 习近平同俄罗斯总统普京会谈，《人民日报》，2015 年 5 月 9 日，第 1 版。

③ 《中华人民共和国与俄罗斯联邦关于丝绸之路经济带建设和欧亚经济联盟建设对接合作的联合声明》，《人民日报》，2015 年 5 月 9 日，第 2 版。

④ China's Arctic policy in line with international law: Finnish president, http://www.xinhuanet.com/english/2018-03/07/c_137021608.htm.

路"倡议提出后，俄罗斯、挪威、芬兰、瑞典、丹麦、冰岛等北极国家给予了积极回应，并成为"亚洲基础设施投资银行"意向创始成员国。这说明北极东北航道的沿岸国对在"一带一路"框架下与中国开展北极合作充满期待。另外，与北极航路开通有着重要利益关切的德国、荷兰、法国、韩国也都成为"亚洲基础设施投资银行"意向创始成员国。

（三）"冰上丝绸之路"建设的主要方向

《中国的北极政策》针对各方关心的"冰上丝绸之路"这样写道："中国发起共建'丝绸之路经济带'和'21 世纪海上丝绸之路'（'一带一路'）重要合作倡议，与各方共建'冰上丝绸之路'，为促进北极地区互联互通和经济社会可持续发展带来合作机遇。"① 北冰洋是全球海洋的一个组成部分，又是东亚到欧洲的最短的海上航程，是全球贸易的重要通道之一。"随着经济全球化和区域经济一体化的进一步发展，以海洋为载体和纽带的市场、技术、信息等合作日益紧密，发展蓝色经济逐步成为国际共识，一个更加注重和依赖海上合作与发展的时代已经到来。"② 中国政府倡导多方合作共商共建北极"冰上丝绸之路"，并将经济合作的重点放在北极航道和能源合作开发的前瞻性投资上。

与南极不同，北极是一个环境脆弱并有人口居住的、且资源丰富的地区。由于北极特定的环境，科学数据的积累、绿色技术的开发以及大规模的基础设施投资需要国际组织、各国政府以及科学家和企业的共同努力。"世界经济论坛"关于北极发展的报告特别指出，这些紧迫的投资需求需要北极国家和北极域外国家（北极产品的消费者）通力合作。由于项目的成本巨大和环境的复杂性，在北极投资并非易事，需要国际社会形成一个合作框架来导引北极跨境的投资合作。③ 为此，"冰上丝绸之路"第一阶段的投资主要是拓展和完善诸如港口、机场、道路、铁路等基础设施，着力发展能源供给，开发适用北极地区需求的通信、机械、破冰船等特种设

---

① 国务院新闻办公室：《中国的北极政策》，人民出版社，2018 年版。
② 国家发展改革委员会、国家海洋局：《"一带一路"建设海上合作设想》，http：//www.mnr. gov. cn/dt/hy/201706/t20170620_ 2333219. html。
③ World Economic Forum Global Agenda Council，Demystifying the Arctic，January 2014，pp. 9 – 10.

备。这些投资有助于提升北极可持续发展的水平，有助于提升当地居民与其他地区的联系，有助于吸引和保有北极治理和发展所必需的人才。

"冰上丝绸之路"重视陆海统筹，通过基础设施连通，促进主要经济要素在内陆经济和海洋经济之间的流动，同样重视运输和经济通道的便捷、安全和高效。海上贸易仍然是世界货物贸易的主要依托。近几年穿越北极航道的船只数量快速增长，德国、挪威、中国、韩国等国的船只先后利用了北方海航道进行商业试航，实现了欧洲与太平洋之间的货物运输。随着资源开发利用活动的增加，围绕设备运输、资源运输和其他原材料的运输促进北极航运的机制架构的形成。北极经济机会增大，但基础设施建设薄弱，缺口巨大，对中国市场、资金和技术有重大需求。"冰上丝绸之路"积极推动共建经北冰洋连接欧洲的蓝色经济通道，就是对北极航道的商业前景给予了呼应。欧盟作为世界发达经济体，也对打通与东亚新的海上通道和利用北极资源充满期待。欧盟的战略文件指出，欧盟成员国拥有世界上规模最大的商船队，未来对北冰洋航道的利用可以大大缩短从欧洲到太平洋的海上航程，节约能源，减少排放，减轻对传统国际航道的压力。欧盟文件提出其目标是探索和改善北极通航条件，逐步引导北极商业航行。[1] 北欧国家新一轮的发展对国际合作的需求也日益提升。其中包括芬兰的破冰船建造项目以及北极铁路和海底电缆计划，冰岛的北极航运港口建设计划，格陵兰的资源开发计划，挪威的离岸水产养殖计划和冰区油气资源开采计划。在欧盟的支持下北欧地区计划修建一条铁路将中东欧地区与北极航道打通，同时修建北冰洋海底数据电缆项目，大力发展可用于北极开发与保护的破冰船建造技术。

俄罗斯北极地区是全球石油天然气储量最丰富的地区之一，其中以伯朝拉海域以及相邻的亚马尔半岛地区为重。俄罗斯希望借助于海外资金和国际技术合作开发北极资源，将北极地区建设成为俄罗斯新的现代化能源基地，保持俄罗斯世界能源出口大国地位，为俄罗斯经济发展提供支撑。[2]

① 杨剑：《北极治理新论》，时事出版社，2014 年版，第 227 - 228 页。
② 钱宗旗：《俄罗斯北极战略与"冰上丝绸之路"》，时事出版社，2018 年版，第 100 - 109 页。

北极地区资源的开采已经开始，2017 年 12 月俄罗斯亚马尔半岛的液化天然气第一条生产线的开通就是北极资源开采一个重要的里程碑。①

　　基于以上事实，目前中国在北极经济合作项目基本上集中于两个区域，分别是北欧和俄罗斯。2014 年克里米亚事件发生。随后西方对俄罗斯的制裁，使得中国有机会成为俄罗斯主要的外部资金来源和北极项目的主要合作者。而且亚马尔半岛的液化天然气项目正好对应了中国更多使用相对清洁能源减少大气污染的国内需求。包括中国的丝路基金和国家开发银行也开始参加到对俄罗斯的能源和港口建设项目上。中国在北极开展的项目重点大多与有助于促进区域经济流动的基础设施相关。比如说机场、港口、铁路、智能港口设备、信息技术基础设施等。中国中远集团所属"永盛轮"在 2013 年首次穿越北极东北航道后，2015 年又完成了北极航道往返双向通行的任务。2017 年，中远集团的海运特运公司的 5 艘船舶全部顺利通过北极东北航道，这标志着中国航运公司东北航道常态化运营初具规模。② 亚马尔液化天然气项目是俄罗斯北极开发中一个能将能源开发与航道开发高度结合的项目。项目完成后设计产能为每年 1650 万吨。夏季通过北方海航道运往基础市场——东亚的中国、日本和韩国，冬季则可以通过管道供应欧洲。该项目由俄罗斯诺瓦泰克天然气公司负责开发，法国的道达尔公司持有 20% 的股份，中国石油和中国的丝路基金分别持有 20% 和 9.9% 的股份。③ 中国航运、能源以及基础设施建造公司通过"冰上丝绸之路"的实践，积累了极区施工和冰区航行的经验，储备设计和建造知识，培育了市场，锻炼了人才，带动北极经济圈的形成，促进了亚欧贸易的繁荣。

　　尽管俄罗斯在促进北极的经济流动方面具有重要的地理优势和关键作用，但是就整个环欧亚大陆的北方通道来说，还需要欧洲特别是北欧国家

---

① 王晨笛："俄总统普京：亚马尔天然气项目助推中俄合作"，人民网，2017 年 12 月 9 日，http://world.people.com.cn/n1/2017/1209/c1002-29696294.html。
② "中远海运特运 5 艘船全部通过北极东北航道"，国际船舶网，2017 年 9 月 22 日，http://www.eworldship.com/html/2017/ShipOwner_0922/132131.html。
③ 钱宗旗：《俄罗斯北极战略与"冰上丝绸之路"》，时事出版社，2018 年版，第 194 - 196 页。

与俄罗斯之间流动动能的提升，以及俄罗斯远东地区和东亚重要经济体之间的经济流动的动能。在北欧方向上，冰岛希望在北大西洋中扮演一个北极运输的枢纽的作用，希望与美国、中国这个全球重要的经济体合作。中冰之间在极地科学和教育、地热能源、港口城市合作已经持续多年。芬兰作为北欧最东侧的一个国家，赫尔辛基不仅有着与俄罗斯打交道的长期经验，而且有意扮演北欧与波罗的海国家、俄罗斯、东亚国家之间的经济流通的枢纽。挪威是全球性的海洋大国，挪威在保护海洋和有效利用海洋方面与中国开展了积极的合作。挪威的港口城市基尔克内斯（kirkness）的代表也专程到中国探讨未来中国航运界对北极港口的需求。在吸引中国参与北极经济流动的同时，北极国家也一直在为自己的产品扩大在中国的份额，比如说来自冰岛、法罗群岛、挪威的海鲜产品，俄罗斯等国的能源产品。

除了北欧和俄罗斯两个重点合作区域外，在北极事务上，中国重视加强与同处东亚的日本和韩国的协作。中国与日本、韩国的合作可以反映出北极事务中的"太平洋视角"。中、日、韩都是全球重要的经济体，他们对北极经济要素的看法比较接近，利益关注点也基本一致。在液化天然气的开发利用问题上，日本、韩国、中国都是液化天然气的重要市场、液化天然气生产设备的制造者、开发资金的提供者，也都是俄罗斯北方港口基础设施建设的合作方。日本已经成为亚马尔项目第二期的投资方，而且日本企业通过与中国航运企业的合作实现了经济利益。韩国通过其造船企业为俄罗斯建造液化天然气运输船，为液化天然气通过北方海航道运往东亚提供了航运装载工具。

（四）促进北极的可持续发展

中国政府在其白皮书中称，"可持续是中国参与北极事务的根本目标。可持续就是要在北极推动环境保护、资源开发利用和人类活动的可持续性，致力于北极的永续发展。实现北极人与自然的和谐共存，实现生态环境保护与经济社会发展的有机协调，实现开发利用与管理保护的平衡兼顾，实现当代人利益与后代人利益的代际公平。"

"冰上丝绸之路"的建设也有其特殊性，那就是北极环境的脆弱性和北极经济开发人员工作的风险性。尽管北极航道的经济利益驱动会使北极的经济开发速度提升，但是北极地处高纬度，其低温、磁暴、冰雪等极端天气会给船舶航运带来极大的挑战，会给船舶和船员安全带来威胁。另外北极环境比其他地区更加脆弱，溢油污染更加难以清理和降解，给北极动植物和整个生态环境带来威胁。而且北极区域内由于经济活动所造成的排放增加，也会加速北极冰川和冻土的融化。因此北极经济活动与生态环境保护的平衡是北极治理的关键。北极是全球多种濒危野生动植物的重要分布区域。中国因此特别重视北极可持续发展和生物多样性保护，开展全球变化与人类活动对北极生态系统影响的科学评估，提升北极生态系统的适应能力和自我恢复能力，推进在北极物种保护方面的国际合作。

北极地区的特殊性迫使人类思考发展"绿色经济"的机会。以海洋为载体的"蓝色经济"领域，如水产养殖、渔业、近海可再生能源、海洋旅游和海洋生物技术都是应当着力实现转型发展的领域。发展可持续的能源系统也是绿色发展之路的重点，包括离岸和离岸风力发电、海洋潮汐能源、地热能和水力发电。另外生态旅游和低排放的粮食和水产品生产也是大有可为之领域。白皮书特别提及清洁能源和极地低碳旅游。中国致力于加强与北极国家的清洁能源合作，探索地热、风能等清洁能源的供应和利用，实现低碳发展。

中国政府认识到技术装备是认知、利用和保护北极的基础。北极地区极端的气候也使它成为寒冷气候技术和服务的理想创新场所。人类社会发展遭遇了能源制约和环境的制约，恶劣的气候条件和脆弱的环境需要专门的技术和专门知识来实现更高的环境标准。在建造"冰上丝绸之路"的过程中，北极技术创新的重点应放在解决气候变化、资源、环境问题上，更好地服务于北极治理和北极可持续发展。中国是技术装备大国，中国政府鼓励发展注重环境保护的极地技术装备，在参与北极基础设施建设中提高技术标准、环境保护能力以及创新本领。推动冰区勘探、大气观测、海洋考察等科学考察技术专备的升级，促进可再生能源开采和航行技术的创新。各种科学监测和探测技术、适合极地环境的工程技术、适合冰区航行的造船技术和航行技术、冻土地区和脆弱环境下的资源利用技术都是技术创新的重点领域。

促进北极数字互联互通和逐步构建国际性的基础设施网络，也是"冰上丝绸之路"发展的一个重要指标。为实现开发和保护的平衡，中国政府着力为北极地区基础设施建设和数字化建设贡献力量，重视绿色开发技术的利用。除了地面的数字技术的国际合作外，太空数字和海底光缆建设也是中国参与北极技术应用国际合作的重点。中国工信部和中国电信公司正与芬兰方面就计划中的跨北极海底光缆项目进行合作，这条北极光缆将途经北极东北航道，由中国和芬兰主导建设，日本、挪威也将参与合作，并得到俄罗斯的积极支持。① 在2015年《中俄总理第二十次定期会晤联合公报》中两国明确，进一步加强卫星导航务实合作，在中国北斗系统与俄罗斯格洛纳斯系统兼容与互操作、增强系统与建站、监测评估、联合应用等领域推动实施标志性合作项目。②

北极地域广阔，天寒地冻，人烟稀少，民众的居住条件因为交通和通信的缺乏与北极国家其他地区发展水平差距较大。发展有效便利的交通和通信，加快交通基础设施、数字网络建设以及空间基础设施建设，将在促进人民福祉和经济发展方面发挥越来越重要的作用，有助于满足北极当地社会发展教育、健康、语言和文化之需要。中国倡导的"冰上丝绸之路"的行动应有助于为北极地区实现联合国2030可持续发展目标消弭数字鸿沟。中国参与北极基础设施的建设和信息技术建设，使北极地区居民和原住民成为北极开发的真正受益者。

四、如何应对北极可能出现的"新冷战"

今日北极的合作局面得益于冷战的结束。在冷战时期，北极成为美苏导弹相互威慑的军事敏感区域，北极地区的地缘政治格局基本上是一个以美苏安全对抗为中心的单一结构。冷战结束使得北极事务多领域发展成为

---

① "北极海底光缆搭建数据'丝绸之路'"，新华丝路网，2018年3月7日，http://silkroad.news.cn/2018/0207/83602.shtml。参见 Elizabeth Buchanan, "Sea cables in a thawing Arctic". https://www.lowyinstitute.org/the-interpreter/sea-cables-thawing-arctic.
② "中俄总理第二十次定期会晤联合公报"，新华网，2015年12月18日，http://www.xinhuanet.com/politics/2015-12/18/c_1117499329.htm。

可能，尤其是在科技、环境和经济等领域的国际合作。在全球化浪潮中，北极地区也成为国家行为体和多种非国家行为体竞相参与的重要国际舞台，包括国家、国家集团、政府间国际组织、国际非政府组织、跨国公司等在内的不同类型的行为体积极参与北极事务。

和平稳定也是在北极开展"冰上丝绸之路"合作的基础。但冷战思维仍然不时地干扰和影响北极地区的经济合作和环境治理。新的军事增长、安全局势恶化的隐患时有浮现。俄罗斯与北约在安全领域的对抗没有根本性改变。俄罗斯加强其北极地区军事投入和建设，既有开发北极、治理北极的意图，也有抵御北约在北极联手对付俄罗斯的含义。乌克兰冲突和克里米亚危机爆发后，美欧以及美国的东亚盟国相继启动多轮对俄罗斯的制裁，内容扩展到禁止向俄出口用于深海、北极资源开发的技术，终止与俄罗斯已经开展的和将要开展的合作项目，以及对俄石油公司和银行的制裁等。这些制裁严重影响到俄北极地区发展战略的开展速度，也影响到北极治理合作的相互信任基础。西方国家与俄罗斯摩擦，对北极国家之间的相互信任造成严重伤害，同时对北极域外国家参与北极事务带来更多不确定性。最近两年一些美国政客和西方舆论也从地缘政治的角度制造"中国威胁论"，歪曲中国参与北极事务的目的，给北极地缘政治增加了新的变数。

（一）警惕北极出现"新冷战"的可能

近几年北极有"冷战化"的迹象。在俄美关系没有得到改善的情况下，中美之间的战略对抗持续不减，美国把这种全球战略对抗投射到北极问题上。北极治理和国际合作正经受考验。

2019 年上半年，美国国务卿蓬佩奥发表了针对中俄北极政策的批评言论。与此同时，美国海岸警卫队发布《北极战略展望》，美国国防部发布《北极战略报告》。这两份报告都显示出美强调地缘政治对抗的意涵。美国海岸警卫队的报告中，强调增进在变化中的北极动能和有效运作的能力，加强北极基于规则的秩序，在北极环境适应力的条件下，强调创新和适应。① 海岸警卫队的报告结合了环境、经济和安全因素，把区域合作、环

---

① https：//assets. documentcloud. org/documents/5973939/Arctic-Strategic-Outlook-APR-2019. pdf.

境治理和地缘安全综合加以考虑。国防部则强调全球战略意义，注重战略安全。国防部的报告中提出建立预警感知系统、加强军事运作能力，维护北极基于规则的秩序等。作为北极最有影响力的国家之一，美国国防部的北极战略在于在北极维持其全球投放的机动性，强调航行和飞越的自由。美国国防部的报告中还要求掌握涉及各国北极活动的各类信息，包括大气环境冰情观测数据、海洋资源环境评估、航船通行数据和溯源、人类活动和经济基础设施的增长等自然环境数据和过往船只的全部信息。①

北极出现"冷战化"倾向的具体表现还包括：一些北极国家在美国的压力下不愿意在多边场合公开呼应我方提出的"冰上丝绸之路"的倡议。一些国际论坛和北欧国家对可能出现的美中俄在北极对抗的担忧。这些担忧包括：如果北极重新变成超级大国的战略竞技场会对气候变化和互联互通等国际合作产生多大的冲击？北京在北极的真实意图是什么？中俄北极合作会对欧洲和美国的军事优势构成挑战吗？

对于中国参与北极合作和北极治理来说，美俄关系的缓和是重要基础，直接影响到中国参与北极的经济活动和治理活动。在北极气候变化和环境治理议题下，中国在北极有着一定的参与空间。2013年中国能够成为北极理事会观察员国，与当时的美国政府将北极事务纳入全球气候变化的框架有很大关系。当时的美国和北欧国家希望说服中国政府参与到全球气候变化的体系中来，在温室气体减排和环境保护方面承担更大的责任。如今在地缘政治占上风的情况下，中国参与北极活动则面临新的挑战。

美国挑起"北极新冷战"议题，是美国的对抗战略在北极地区的投射。它会引发地缘政治对北极治理重要议题的冲击，也会引发北极国家对中、俄以及其他一些域外国家的不信任，对北极地区的和平和地区合作起到破坏作用。美国挑起的"北极新冷战"议题，是在欧美国家民粹主义抬头、排外情绪上升的背景下发生的，容易得到当地社会呼应。

北极国家总体讲可分为三大板块，俄罗斯板块、加拿大和美国组成的北美板块以及北欧国家板块。俄罗斯是中国在北极的重要的合作伙伴；北

---

① https：//media. defense. gov/2019/Jun/06/2002141657/-1/-1/1/2019-DOD-ARCTIC-STRATEGY. PDF.

欧国家是支持开放条件下的北极和平与合作，支持全球合作应对气候变化和北极的生态变化，因此对中国的参与总体是欢迎的，但各自都有对北极地缘安全的担忧。如挪威担心中国会强力反对其在巩固和扩大其在斯瓦尔巴地区的管辖权和科学活动控制权，丹麦担心中国与格陵兰经济合作会增强格陵兰独立的倾向，冰岛有意扮演北美和欧洲海上枢纽的角色，因此也在乎美国的关切。北美的加拿大对西北航道的主权控制是其核心利益，宁可牺牲经济开发利益，也要防止他人染指。在排斥中国问题上加拿大与美国有呼应，虽然加拿大的重点不在战略竞争上。

中国参与北极事务因此又多了一个责任，那就是如何通过国际协商把北极事务的主轴稳定在应对气候变化和北极的可持续发展上，而不是军事竞争和安全对抗上。各方应当警惕"北极新冷战"带来的挑战，但不应当被人为地带入到一个"自我实现"的漩涡中去。如果国际社会确信北极治理仍然是全球气候治理的重要环节，确信气候变化将是全世界最大的治理需求，那就不应当偏离过去二十几年的努力方向。中国要继续支持基于目标的治理，沿着北极渔业治理、北极航运治理、北极气候和环境治理的路径开展有益的国际合作，体现"人类命运共同体"的全球治理价值观。

应对北极可能出现的"新冷战"趋势，我们要重视发挥高层交往的对外影响作用。党和国家领导人高屋建瓴，能够高度概括国家战略、国家利益和全球责任。国家领导人在重要国际场合特别是在与外国领导人的互动中，直接面对受访国的媒体和民众，阐明我国的极地政策和大国责任，可以起到巨大的正面效应。习近平主席2017年在达沃斯世界经济论坛以及在联合国日内瓦总部发表的关于世界经济和全球治理的论述，极大地宣传了我国对世界经济发展和全球治理的独特贡献，加深了各国人民对与中国合作的期待，也带动了全球媒体对中国贡献的正面反应。另外要发挥重要对话机制和国际论坛的作用。在多边和双边层面，中国积极推动在北极政策对话，在北极理事会和北极经济理事会、北极事务科技部长会议等机制中，宣传好中国的北极政策。利用好中美、中加、中俄的双边对话机制，针对对方主要关切做好预案。同时利用国际大型的北极事务论坛，如"北极—对话区域""北极圈论坛""北极前沿""中国—北欧北极研究中心"

等平台促进与各利益攸关方的交流和沟通。

(二)警惕出现针对中国的地缘政治和环境政治的双重排挤

如前所述，北极理事会欢迎中国等域外国家参与北极事务的一个最重要的需求就是应对气候变化和保护环境。换言之，应对气候变化和保护环境一直是北极国家"纳入中国"而不是"排斥中国"的理由。但是当中美战略竞争的因素投射到北极，当中国作为全球第二大经济体参与北极开发时，如果处理不慎的话，环境问题可能成为"排斥中国"的理由。

全球环境政治是应对气候、环境和生态等全球性挑战过程中，不同价值观和不同利益群体围绕着应对方式和资源投放方式展开的博弈。这一博弈过程对"冰上丝绸之路"建设形成了一种严苛的舆论环境。北极环境保护主要围绕两种逻辑展开：一种逻辑是北极理事会及其成员国的观点，即坚持可持续发展原则基础上进行资源开发。认为北极是有人类社会生存发展的一个区域，不是自然公园，必要的经济开发是不可缺少的。但在资源开发过程中，要求保护自然资源、维护北极原住民生态、保护野生动植物，而且经济活动在北极海域造成的污染不能超过环境的自净能力等。另一种是以绿色和平组织为代表的生态环保激进主义的观点，即禁止开发的观点。绿色和平组织对北极生态环境的未来抱有浓厚的悲观情绪和危机意识。他们主张应该在北极范围内停止资源开发，停止物质资料生产和人口在该地区的增长。[1] 国际许多石油公司在北极的资源开发活动都遭遇绿色和平等环保组织反对，倍感压力[2]。2013年绿色和平组织成员搭乘"北极曙光号"前往俄罗斯天然气工业股份公司位于伯朝拉海油田的钻井平台，阻碍勘探活动并与俄罗斯公司和政府发生了冲突。

气候变化正给北极生态系统带来重大变化和威胁，包括物种范围变化、湿地丧失、海洋食物链破坏等。北极地区生态系统十分脆弱，系统损

[1] Emerging Environmental Security-Monthly Security Scanning-Items Identified Between August 2002 and June 2010, http: //www. millennium-project. org/millennium/env-scanning. html.

[2] Timo Koivurova, and Erik J. Molenaar, International Governance and Regulation of the Marine Arctic, http: //www. cfr. org/arctic/wwf-international-governance-regulation-marine-arctic/p32183, January 8, 2014.

伤后的自我修复能力极低，一旦被破坏后果十分严重。而且北极区域内由于经济活动所造成的排放增加，也会加速北极冰川和冻土的融化。北极自然资源丰富，北极的煤炭、金属、石油、天然气和渔业资源都是重要自然资源。但这些丰富的资源却储存于生态脆弱和生产条件十分恶劣的环境之中。所以对北极自然资源的探测和研究，除了勘测北极自然资源储量外，还要进行开采的环境风险、生产安全风险和生态敏感性评估。

为此全球、地区和国家层面的环境保护制度一直在不断加强和细化。《联合国海洋法公约》是全球海洋治理的主要工具，考虑到北极的特殊情况，专门制定了"冰封区域"条款。公约的第八节第234条特别说明，冰封区域的特别严寒气候和一年中大部分时候冰封的情形对航行造成障碍或特别危险，而且海洋环境污染可能对生态平衡造成重大的损害或无可挽救的扰乱。为此"沿海国有权制定和执行非歧视的法律法规，以防止、减少和控制船只在专属经济区范围内冰封区域对海洋的污染"[1]。船源污染是海洋污染的主要来源，船舶在航行中故意或无意排放废弃水、油类物质、烟尘等其他有害物质，可以造成冰区海洋环境污染、生态危机，加速北极冰雪融化。为此国际海事组织还特别制定了《极地水域船舶航行安全规则》，从船舶设计、制造、运行、管理等全过程加强对船舶排放、海洋倾废、大气污染等各类海洋环境污染源的管控，切实保护北极海洋环境。

1991年北极八国在芬兰的罗瓦涅米召开了第一届保护北极环境部长会议，并通过了《北极环境保护战略》，这一战略成为北极理事会成立的动因。在随后北极理事会的推动下，北极国家与其他利益攸关方开展合作，推动了跨地区的"北极监测与评估""北极海洋环境保护""北极动植物保护""可持续发展和利用"等环境和生态保护项目。针对日益增加的人类经济活动，北极理事会等机构还制定了"北极近海油气开发指南"等相关文件，要求在北极地区进行开发和建设基础设施必须采取以下保护措施：（1）环境影响评估；（2）环境监测；（3）安全和环境管理；（4）操作实践经验；（5）紧急事件处理；（6）任务解除和现场清理等。

---

[1]　参见《联合国海洋法公约》第八节第234条。

北极地区各个国家根据自身的发展需要和保护水平也制定了严格的环境保护法律法规。加拿大的《北极水域污染防治法》以保护海洋环境为目的，在北冰洋水域设置了 100 海里的污染防治区，并赋予加拿大政府规定船舶建造和航行标准的权利，在必要时亦可禁止航道的通行。丹麦的《环境保护法》《格陵兰岛自然保护法案》、挪威的《自然保护法案》《海水渔业法案》和《限制渔区和禁止外国在渔区内钓鱼法案》、瑞典的《瑞典环境法》《驯鹿管理法令》和《瑞典森林法》、芬兰的《荒地保护法令》等一系列法律法规，加强对北极特殊地区的管理和治理，特别是对北极的经济活动进行制约。根据《格陵兰矿产资源法案》，矿产石油开发必须采用严格的环境保护标准对北极海域进行特殊性保护。开采者必须具备应对紧急情况和事故的能力，并承担清洁作业的责任。[①] 在一个新的油气开采许可前，格陵兰政府都要进行战略性的环境影响评估，并召开专项公共听证会。

俄罗斯通过了《北极地区环境保护战略行动纲要》，规定了资源利用的特别制度。根据纲要，在冰区条件下开发石油的权利只赋予那些具有最成熟技术、环保能力和资金保障能力的公司。根据普京总统批准的"俄联邦北极地区发展和国家安全保障战略"，为了保证北极能源开发与环境保护目标同时实现，俄罗斯将采取措施提高联邦生态监督机制，有效监督北极地区的经济和其他活动场地，将现有经济和其他活动对俄属北极地区环境造成的人为负面影响降至最低限度。

"冰上丝绸之路"需要高水平的投资，需要开发能力、安全生产能力和环境保护能力的均衡发展。与发达经济体开展共建"冰上丝绸之路"的合作，对中国政府和中国的企业既是一次挑战，也是一次机会。这些国家的制度体系会对中国在这些地区的活动形成制度限制，参与"冰上丝绸之路"的企业必须具有更高的环保能力，更高的法律意识，以及更细致的对当地社会的在地责任。与"一带一路"中其他线路相比，因为合作方大多是发达国家，"冰上丝绸之路"合作具有更高的技术水平，代表着技术、

---

① "Kingdom of Denmark Strategy for the Arctic 2011-2020", August 2011, p. 26.

资金、信息的流动呈现出更明显的"双向性"。北极国家对中国的基础设施建设能力、技术投入和资金投入都有很高的期待，但同时也有近乎挑剔的"选择标准"。这对于未来中国在全球范围内发展高水平对外投资和国际合作有着重要的推进作用。北极发达经济体的社会发展目标更加多元和综合，社会公正、生态平衡、经济发展、代际公平、经济伦理、气候应对都包括在内。社会资源配置的决策机制也更加复杂，在程序上，在决策节奏上都与中国的国内发展有很大的差异。"冰上丝绸之路"是在矛盾中前行。商业效益是基于北冰洋海冰融化的趋势，而海冰融化引发的生态环境危机会启动更高的环境标准，因而会提高成本，而且商业收益还要受海冰融化速度、传统航线通航条件改善、世界经济复苏时机、国际原油价格浮动、可再生能源的替代速度等多方面的影响。因此对于"冰上丝绸之路"投资回报的速度和效益都要有更长周期的思考。

从自身角度看，我们要重视"冰上丝绸之路"推进的节奏和计划。不能一哄而起，不能全面出击，要考虑到北极发展的实际和国家发展的紧迫需求，已经成熟的技术和领域率先进入，发挥科技先行的作用。要提升中国赴北极发展的企业的环境保护能力。北极是环境脆弱区域，由于能源、资源开发的敏感度相对较高，中国企业要有很强的环境保护意识和更高标准的安全、健康、环保的技术标准和施工标准，体现中国在北极的在地社会责任。不给"中国威胁论"或"资源饥渴论"制造者提供口实。要注意与环境保护类的非政府组织保持良好沟通，善用国际媒体进行公共外交。近年来，国际非政府组织参与极地治理的行动越来越积极，其作用不容忽视。中国应积极探索与国际非政府组织的对话、沟通与合作渠道，善用国际媒体进行公共外交，在"冰上丝绸之路"共建过程中吸纳民间社会的意见与智慧，展示我国自信、包容、合作、共赢的国际形象。

五、结　语

中国在参与北极的国际治理中，努力体现"人类共同利益"和"人类共同关切"，希望北极治理秩序朝着更加合理、公平的方向调整，坚持可持续发展的理念，反对任何以破坏环境为代价的开发。中国北极政策的正式成型体现了一个全球大国对极地和平和环境的责任，对国际义务的履行和对国际条约的遵守。

中国参与北极事务过程中存在着时序上的渐进性，内力外力的综合性，整体参与和局部参与的互助性关系。在总体政策的指引下，相关机构和企业将依法有序地参与北极活动。这个序既包括北极社会的序，也包括人与自然环境的序。在全球治理平台中，中国正以一个国际极地事业的参与者、贡献者的身份，为北极的环境治理、生态保护和应对气候变化做出自己的贡献。加强与相关国家以及国际组织的合作，为人类和平和永续发展携手共进。

"冰上丝绸之路"是一个特殊地区的国际合作计划，在中国参与建设和做出贡献的过程中将会长期伴随着来自外部的压力和疑虑。一些国家会将美俄关系的结构性矛盾与中国的发展相叠加，散布"中国威胁论"，破坏中国在该地区的和平稳定的支持者的形象。一些舆论也会将中国描写成资源的饥渴者和掠夺者。一些环保主义者也有可能夸大中国在参与北极开发时对环境的破坏。因此，继续宣传我国"一带一路"倡议和北极政策，增信释疑，构建和谐的国际环境将是后续开展"冰上丝绸之路"建设的一项重要工作。

海洋生态环境治理篇

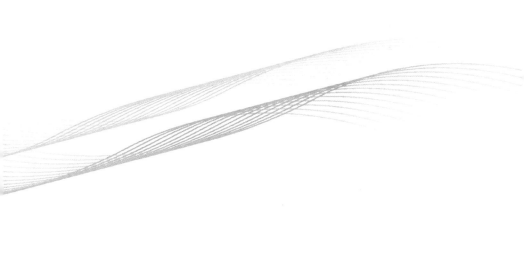

人类命运共同体视角下的海洋生态环境治理

王　斌 ｜ 海南省人民政府党组成员、副省长

一、问题与形势

随着人类日益广泛和深入地开发海洋，海洋生态环境问题越来越受到世界范围内的关注。海洋生物多样性降低、资源衰退和环境破坏，成为国际海洋生态环境保护关注的主要问题。近年来，海洋垃圾及微塑料，以及气候变化对海洋生态系统的影响，成为热点话题。具体表现在以下领域：一是海洋污染正在从关注传统化学物质污染转向海洋垃圾、微塑料、富营养化导致贫氧区、陆源/流域/海域/污染协同治理；二是持续关注气候变化导致的海水升温、洋流变迁、物种分布变化（加剧外来物种入侵）、海平面上升、冰架融化、海底碳氢化合物（甲烷）释放、海水酸化（珊瑚礁退化）、小岛屿国家可持续发展（渔业、旅游、海运、可再生能源）等，并提出蓝色碳汇理念；三是在海洋生物多样性方面关注由压载水、养殖、旅游携带引发的外来物种入侵，而国家管辖范围外海域生物多样性（BBNJ）保护和公海保护区已经成为热点问题；四是应对海洋自然灾害，包括风暴潮、有害藻华、海岸侵蚀等问题，并从基于自然的解决方案理念出发，构建海岸带生态减灾体系；五是在海洋渔业资源方面，关注过度捕捞、非法的、不报告、不受管制（IUU）捕捞、导致产能过剩的渔业补贴、兼捕等问题，并推动可持续渔业发展措施如生态标签认证、改进捕捞方法、公海定期休渔、公海捕捞船追踪定位、禁止海上转载、加入《港口国措施协定》等；六是深海资源环境领域，

关注深海生物多样性与遗传资源及其惠益分享、采矿规则与环境影响评价等；七是促进蓝（绿）色增长，维持沿海传统社区生计与发展，发展可持续的旅游、水产养殖、可再生能源、生物医药等新兴海洋产业；八是在海洋管理工具方面，积极推动海洋综合管理、生态系统方式、海洋保护区、空间规划、公众参与非政府组织（NGO）、区域海洋（渔业）管理组织、海洋科学的数据信息与决策支持、生态系统服务评估、水下遗产与海洋文化教育等。

国际社会已经认识到人类在海洋领域面临的生态环境挑战，在这一非传统安全领域的全球海洋治理新秩序正在酝酿形成。国家管辖外海域生物多样性（BBNJ）养护和可持续利用、应对气候变化、海洋限塑、渔业限捕和打击违规捕捞、蓝色碳汇、海洋保护区、海洋空间规划等治理进程加速推进。对此，中国应积极参与和拓展全球海洋生态环境保护，推动完善海洋领域多边机制和制度规范，在海洋生态环境保护中着力提升国际话语权、规则制定权、议程设置权，以中国在海洋可持续发展领域的成功实践引导全球海洋治理形成"中国共识"，实现国家现实利益与国际社会共同利益的统筹平衡。同时，应发挥各相关海洋业务领域在全球海洋治理中的重要功能，更多更好承担国际责任、履行国际义务，向国际社会提供海洋生态环境保护领域的公共服务和公共产品，搭建海洋合作平台，提供相应的资金、技术和智力支持。面对国际社会在海洋领域内的共同关切，在渔业资源养护、海洋环境保护、应对气候变化、减少海洋塑料等问题上充分展现我国的大国责任与使命担当。在此过程中，需要深刻分析当前海洋生态环境保护特别是国际视野下的形势特点与发展趋势，因势利导、为我所用，把握主动、积极作为。

二、价值与利益

中国对当代国际关系发展的最具标志性的贡献就是人类命运共同体的提出。《人类命运共同体视野下的全球资源环境安全文化构建》一文指出，党的十九大报告对"坚持推动构建人类命运共同体"的阐述，是一种国际关系理念与战略的升级版或 2.0 版。这不仅表现在其被明确纳入到习近平新时代中国特色社会主义思想的宏大体系之下，也体现在其三个内容层面或维度（核心理念、话语体系与制度构想、战略举措）的更加完整清晰。因而，从现在起特别值得关注的应是这一理念与战略在欠缺资源环境治理的现实实践中的贯彻落实，尽管这绝不意味着对其本身的理论探讨就不再重要。"人类命运共同体"作为一个系统性国际关系理念与战略的成功实施，所需要的一个前提性条件是它至少上述三个内容层面或维度的完整性和相互间契合性。而具体到生态环境领域中的"人类命运共同体"建设，我国积极实施的"一带一路"倡议的一个基础性方面是努力传播、示范与营造一种全球资源环境安全（共同体）文化。

人类命运共同体的形成必将带来价值取向的转变。《核变与共融：全球环境治理范式转换的动因及其实践特征研究》一文分析了全球环境治理在各种内外因素的共同作用下正经历"多中心"的价值核变。引发全球环境治理范式转换的外在致因，呈现国际政治、经济与社会结构中强化环境公共规制的基本转向，涵盖国内与国际层面的环境政策联动、世界经济振兴与整体性生态环保的交叠融合，以及多层级治理权威的社会互构。而全球环境治理所依存的国际法内生秩序孕育自身规范结构与实施机制的复合性演进。全球环境治理范式转换在治理实践中表现为多层级协商合作体系的雏形初现，并已在贸易、投资、金融等国际法领域展露出环保规制策略统筹互补的特征。全球环境治理的范式变迁将有效促动国际司法控制与环境条约遵约管理的共融支持，为滋养国际环境法执行的民主正当性与环境效率的共向发展创造有机土壤。

人类命运共同体的形成在生态环境保护领域也会引发利益导向的调整。《〈世界环境公约（草案）〉制度创新及中国应对》一文从国际法角度阐述了人类环境利益的整体化趋势，反映在国际环境法领域，就是从碎片化走向"整体体系化"，意在化繁就简、"硬化"软法、回应国际环境新问题。其创设了"本源—衍生"原则等级，采用了"环境人权"的新方法，引入了"不倒退"等新原则，推动了"环境权"法律解释的新实践。但其提取法律"公因式"方式欠妥，存在法律冲突条款缺乏、责任分配不均、履约机制虚弱等问题，甚至存在引起"环境贸易战"的风险。《世界环境公约（草案）》审议过程中，大国博弈和国际合作并存。中国可建议公约增加法律冲突或支持条款,设置独立的代内公平条款,扩展全球盘点等履约方式。另一方面,中国需加强自身能力建设,坚持在多边框架下进行"碳关税"的协商与合作。

三、权利与义务

当今世界正处于百年未有之大变局,国际关系与地缘格局发生深刻变化,反映到海洋生态环境保护领域则是各方权力与义务的调整与重塑。《全球海洋生态环境治理的区域化演进与对策》一文提出全球海洋生态环境治理具备多层级的体系和治理架构,但随着主权国家治理需求的转向和海洋生态环境系统的特殊性,治理行动明显呈现出区域化倾向。海洋环境治理的区域化倾向造成环境治理的去全球化状态,以联合国为中心的治理体系发挥作用有限,不利于基于整体性理论下全球海洋生态环境治理体系的构建。因此,需要整合全球海洋生态环境治理体系构建中存在的多层次利益诉求,通过形成全球海洋治理理念,构建"全球—区域"统一的治理规则,进一步完善全球海洋生态环境治理体系。

国家管辖范围以外区域已经成为当前国际海洋生态环境保护权利与义务博弈的核心区域。《国家管辖范围以外区域海洋遗传资源开发的国际争议与消解——兼谈"南北对峙"中的中国角色》一文阐明当前国家管辖范围以外区域海洋生物多样性养护和可持续利用的国际协定磋商已经进入"深水区"。其中,国家管辖范围以外区域海洋遗传资源的开发与成果分享也被纳入国际协定磋商"一揽子"议题。国家管辖范围以外区域海洋遗传资源开发利用谈判中的争议集中表现为遗传资源法律属性、获取管理、惠益分享三个方面。淡化遗传资源权属争议,以落实惠益分享为目的对遗传资源获取进行适度管理,以交换正义为原则推进遗传资源惠益分享机制的建立,是化解该海域遗传资源开发争议的基本路径。在当前发展中国家与发达国家"南北对峙"的协定谈判僵局下,在认知南北冲突成因基础上,中国应以人类命运共同体理念为指引,在坚持谈判原则的同时,善用大国地位推动化解南北对立,同时通过提出创新性制度提案,引领国家管辖范围以外区域海洋全球公域治理的国际合作进程。

海洋保护区因直接约束各国海洋开发利益，其建设与管理成为国际海洋生态环境保护中最具热度和争议的问题。《论国家管辖范围以外区域海洋保护区的实践困境与立法要点》一文指出人类在公海和国际海底区域的活动日益威胁着海洋生物多样性的存续，导致生物多样性的丧失。在《南极海洋生物资源养护公约》和《东北大西洋海洋环境保护公约》框架下，相关区域国际组织及国家开始了设立国家管辖范围以外区域海洋保护区的探索。这些实践面临着对其合法性的质疑、管理的碎片化、与沿海国权利冲突、非缔约方的忽视以及监测与评估困难等困境。当前，联合国框架下关于国家管辖范围以外区域海洋生物多样性养护和可持续利用的国际协定磋商已进入关键阶段，海洋保护区等划区管理工具是其中的核心议题之一。在国家管辖范围以外区域海洋保护区国际规则磋商中，应通过构建合法性基础、加强国际合作与协调、适当顾及沿海国权利、促进非缔约方参与以及注重监测与评估等措施回应和解决相关的实践困境。我国应积极参与国家管辖范围以外区域海洋保护区国际规则制定进程，在 BBNJ 国际协定谈判中结合自身利益诉求提出具体建议，引领相关规则的制定。

气候变化作为人类命运面临的最具挑战的问题，其治理体系涉及各方深层次的权利与义务。《气候难民的自然权利救济及其制度展开》一文从气候变化导致的难民角度，指出既有国际体系和治理体制无法适应气候难民给全球治理带来的挑战。气候难民无论是作为集体还是个体均无法享有实在国际法上的救济权利。以自然权利为视角，源于地球集体所有权的紧急避难权和地球资源再分配请求权以及与领土权利相关联的集体自决权，在理论上均可作为气候难民主张权利救济的规范依据。融合分配正义和矫正正义的集体自决权方案相较于推崇分配正义的地球集体所有权方案更具公平性，而相对化集体自决权方案（去领土化国家方案）比绝对化集体自决权方案更具政治可行性。去领土化国家方案与国际气候法基本原则兼容。在后巴黎时代，国际社会应将气候难民作为一项独立谈判议题。去领土化国家方案在国际气候法框架内的展开应当以《巴黎协定》序言所载"气候正义"和"人权保障"为基点，并辅之以两方面的制度设计：一是在未来气候协议中专设气候难民条款或制定专门的气候难民协议，建立信息、资金、技术方面的互助机制，通过综合性风险管理措施提高原籍国的适应能力；二是依托既有国际气候多边合作平台，建立一套公平合理的气候难民责任分担机制，通过特殊的主权制度安排允许气候难民集体保留其国际法主体资格，并对其原领土范围内的自然资源继续享有主权。

四、功能与服务

20 世纪 90 年代以来，国际自然保护主流思想不断演变和创新，先后形成了生态系统服务（ES）及价值评估、生态系统管理方法（EA）、基于自然的解决方案（NbS）等三种重要理念，其涉及领域广、彼此关联多、科技含量高，是国际自然保护思想发展的主流。明确生态系统服务与价值评估是海洋生态环境保护的基础。应评估各类生态系统在供给、调节、文化和支持方面的服务功能，以服务功能核算其自然资产的全面价值。同时，把生态系统服务功能而不是实物量，作为衡量生态保护修复成效的主要指标，通过维护和增强生态系统服务功能来确保全民自然资产的保值增值。对此，《生态产品价值实现的理论基础与一般途径》一文提出生态产品价值实现是通过市场交易或者政府管理将生态系统服务转化为经济价值的过程，直接体现了"绿水青山就是金山银山"理念。系统梳理了生态产品价值实现的理论基础，并将生态产品分为物质产品和文化旅游服务与一般生态系统服务这两种类型，分别讨论了各自的价值实现途径。最后，提出了生态产品价值实现的市场交易和政府管理的必要条件。

生态系统管理方法的运用则是海洋生态环境保护的主要途径。要尊重生态系统的相互边界联系、时空尺度格局和自然演替规律，打破人为行政区划和专业领域界限，综合多学科知识调查、监测、评估生态系统，统一设定生态质量标准和安全阈值。统筹平衡社会经济目标与生态价值目标矛盾，并以预防原则和适应性策略来调控人类活动，动态识别各类生态破坏风险，有效维护生态系统安全底线和恢复韧性。《生态系统管理与海洋综合管理——基于生态系统的海洋管理的理论与实践分析》一文阐述了20世纪80年代以来，生态系统管理和海洋综合管理的思想逐步成为海洋管理的主流，并形成了众多的理论探索与实践应用。概述了当代西方海洋生态系统管理理论及主要国家的管理实践，总结了当前中国海洋生态文明建设；同时，梳理了海洋及海岸带综合管理理论及其演变，以及相关的实践内容，回顾了中国海洋综合管理的发展历程。在此基础上，对生态系统管理和海洋综合管理进行了比较分析，初步提出了基于生态系统的海洋管理发展方向。

基于自然的解决方案是人类在应对可持续发展挑战中的最新理念。自然生态系统在解决水资源、粮食安全、人类健康、自然灾害和气候变化这五大问题中，均发挥着一系列决定性作用。在海洋资源开发和生态环境保护中，应统筹布局和运用好自然给予的解决方案，综合、高效且廉价地应对资源环境领域面临的重大问题。《英国海洋能源产业全球布局背景下的中英海洋能源合作评析与对策》一文介绍了英国在潮汐能、波浪能等海洋能源领域具有的优势，这是其在全球进行海洋能源产业布局的基础，英国海洋能源产业全球布局反过来也有助于维持英国海洋能源产业的优势。为此，英国同法国等欧洲国家及环太平洋国家开展海洋能源合作，英国同中国的海洋能源合作是英国海洋能源产业全球布局中的重要一环。中英海洋能源合作不仅源于英国的主动，也源于我国发展绿色经济、建设海洋强国、推进"一带一路"建设的多重诉求。今后我国要加快制定海洋能源国际合作战略规划，重视参加多边主义框架下的海洋能源国际合作机制，加强海洋能源人才储备和信息服务，提高海洋能源自主创新能力，以此增进中英海洋能源合作。由此可见，通过生态系统服务价值识别生态功能、通过生态系统管理维护生态功能、通过基于自然的解决方案发挥生态功能，可以作为海洋生态环境保护遵循的逻辑链条和技术依据。

人类命运共同体视野下的全球资源环境安全文化构建

郇庆治*

党的十九大报告将"推动构建人类命运共同体"明确阐述为习近平新时代中国特色社会主义思想的核心意涵及其基本方略之一。这表明，努力打造"人类命运共同体"已经不仅是我国未来相当长时期的重大国际（全球）政治参与和外交战略（"中国特色大国外交"），而且成为我国社会主义现代化建设事业整体布局的内在组成部分。在它文中①，笔者从"作为对世界秩序或国际关系格局构型的核心性理念、理解或憧憬""作为对这一核心理念进一步展开与细化的国际关系战略话语或制度框架选择""作为对这一核心性理念以及相应的国际关系话语或战略的主要制度化展现或策略举措"三个层面上对此做了初步分析，并认为我国提出的"一带一路"倡议可以理解为服务于"人类命运共同体"构建的重大举措。当然，"人类命运共同体"理念是一个在现实实践中不断形塑和渐趋完整的过程，而且包含着十分丰富的内容层面或维度。比如，它在自然生态领域意味着创建一个人与自然和谐共生的美好世界，而这其中的一个前提是需要我们

* 郇庆治（1965—），男，山东青州人，北京大学马克思主义学院教授、博士生导师，山东大学当代社会主义研究所研究员，法学博士，主要研究方向：环境政治、欧洲政治和国外马克思主义。

基金项目：教育部人文社科重点研究基地项目"绿党及生态社会主义发展现状与态势研究"阶段性成果；国家社科基金 2018 年度重点项目"习近平新时代中国特色社会主义生态文明思想研究"的阶段性成果，课题编号为：18AKS016。

① 郇庆治："理解人类命运共同体的三个重要层面"，《学术前沿》，2017 年 06（下），第 13 - 20 页。

更加明确主动地传播、示范与营造一种全球性资源环境安全文化。

一、作为一种国际关系理念的"人类命运共同体"

显而易见的是，无论是"人类命运共同体"理念自身的三个层面或维度的成长，还是"一带一路"倡议与它的耦合一致，都经历了一个逐渐形成的过程。[①]

人类"命运共同体"这一概念或提法，最早见于我国政府处理与西方关系时对时代特征和世界大势的阐释，强调各国之间已然形成的相互依存、同舟共济局面。2010年5月和2011年9月，分别在第二轮中美战略与经济对话和关于促进中欧合作的论述中，我们最先提出了"命运共同体"的说法。2011年9月出版的《中国和平发展》白皮书，明确使用并阐释了"命运共同体"概念，指出国际社会要以命运共同体的新视角，以同舟共济、合作共赢的新理念，寻求多元文明交流互鉴的新局面，寻求人类共同利益和共同价值的新内涵，寻求各国合作应对多样化挑战和实现包容性发展的新道路。这一论述的重要性或新意在于，它把人类"命运共同体"与"和平发展""合作共赢""包容互鉴"等联系起来，指出了国际关系发展的新视角、新理念和新思路。

2012年11月，党的十八大报告系统阐述了"人类命运共同体"理念："人类只有一个地球，各国共处一个世界……我们主张，在国际关系中弘扬平等互信、包容互鉴、合作共赢的精神，共同维护国际公平正义……合作共赢，就是要倡导人类命运共同体意识，在追求本国利益时兼顾他国合理关切，在谋求发展中促进各国共同发展，建立更加平等均衡的新型全球发展伙伴关系，同舟共济，权责共担，增进人类共同利益。"[②] 可以看出，这段话所阐述的已经不只是对一种现实需要的客观描述，即当今世界是一个相互联系、相互依存的时空共同体或"地球村"，而是有着十分清晰的

---

① 陈须隆："人类命运共同体理论在习近平外交思想中的地位和意义"，《当代世界》，2016年第7期，第8－11页。

② 胡锦涛："坚定不移沿着中国特色社会主义道路前进 为全面建成小康社会而奋斗"，人民出版社2012年版，第46－47页。

国际关系或外交理念与战略意涵，即世界各国之间应该合作共赢、共享发展，建立更加平等均衡的新型全球发展伙伴关系，而中国致力于成为这样一种未来世界或国际秩序的倡导者、促动者。总之，将"人类命运共同体"意识写入党的十八大报告具有重要的政治宣示意义，并成为它走向一种完整性国际关系理念进程中的重要节点——具体而言，它更多对应于笔者所指称的第一个层面或维度，或者说一种对世界秩序或国际关系格局构型的核心性理念、理解或憧憬。

党的十八大之后，习近平总书记数十次在不同场合阐释了中国政府对于"人类命运共同体"理念的政治与政策理解，使之逐渐细化或实化为一个意涵明晰而丰富的国际关系理念。① 这其中具有标志性意义的是如下两次重要讲话。其一，2013 年 3 月，习近平主席在莫斯科国际关系学院发表了题为"顺应时代前进潮流、促进世界和平发展"的演讲，第一次向世界明确表达了对人类文明走向的中国期望或憧憬。除了进一步阐述党的十八大报告中关于"人类命运共同体"的界定："这个世界，各国相互联系、相互依存的程度空前加深，人类生活在同一个地球村里，生活在历史和现实交汇的同一个时空里，越来越成为你中有我、我中有你的命运共同体"，习近平总书记着重强调了作为中国国际关系或外交方略的"人类命运共同体"构建的实质性意涵或战略意蕴："面对国际形势的深刻变化和世界各国同舟共济的客观要求，各国应该共同推动建立以合作共赢为核心的新型国际关系，各国人民应该一起来维护世界和平、促进共同发展。我们主张，各国和各国人民应该共同享受尊严……；我们主张，各国和各国人民应该共同享受发展成果……；我们主张，各国和各国人民应该共同享受安全保障。"② 可以认为，习近平总书记的这段论述其实就是对如何打造"人类命运共同体"的中国立场的阐发，其中包括了倡导与践行新型主权观、新型发展观、新型安全观等主要的战略话语与制度构想层面或维度。

---

① 国纪平："为世界许诺一个更好的未来——论迈向人类命运共同体"，《人民日报》，2015 年 5 月 18 日。

② 中共中央文献研究室编：《十八大以来重要文献选编（上）》，中央文献出版社，2014 年版，第 260 页。

其二，2015 年 9 月，在纪念联合国成立 70 周年的联大一般性辩论中，习近平主席发表了题为"携手构建合作共赢新伙伴、同心打造人类命运共同体"的讲话，其中不仅明确强调了人类命运共同体理念对于创建合作共赢新型国际（伙伴）关系的统领性意义，而且提出了对这种新型关系架构的更为丰富的"五大支柱"阐释：政治上要建立平等相待、互商互谅的伙伴关系；安全上要营造公道正义、共建共享的安全格局；经济上要谋求开放创新、包容互惠的发展前景；文化上要促进和而不同、兼收并蓄的文明交流；环境上要构筑尊崇自然、绿色发展的生态体系。"我们要继承和弘扬联合国宪章的宗旨和原则，构建以合作共赢为核心的新型国际关系，打造人类命运共同体。为此，我们需要作出以下努力：我们要建立平等相待、互商互谅的伙伴关系⋯⋯；我们要营造公道正义、共建共享的安全格局⋯⋯；我们要谋求开放创新、包容互惠的发展前景⋯⋯；我们要促进和而不同、兼收并蓄的文明交流⋯⋯；我们要构筑尊崇自然、绿色发展的生态体系。"[1] 可以清楚看出，习近平总书记的这篇讲话其实是首次将党的十八大以来的诸多外交新理念在推动建立人类命运共同体的理念框架下所做出的体系化阐述。换言之，如果说"人类命运共同体"是我们对世界秩序或国际关系格局构型的核心性理念、理解或憧憬，那么，主动构建或打造人类命运共同体就是当代中国对这一核心性理念进一步展开与细化的国际关系话语或制度框架构想。

2017 年 10 月党的十九大报告对"人类命运共同体"理念的阐述共有三处：一是在第一部分"过去五年的工作和历史性变革"中，论述"全方位外交布局深入展开"时总结道："倡导构建人类命运共同体，促进全球治理体系变革。"[2] 可以看出，整段论述既彰显了构建"人类命运共同体"是我国"全方位、多层次、立体化的外交布局"的中枢性支点，也表明它得到了包括实施"一带一路"倡议等在内的诸多外交重大举措的有力支

① "习近平在第七十届联合国大会一般性辩论时的讲话"，参见新华网：http://news. xinhuanet. com/world/2015-09/29/c_ 1116703645. htm（2017 年 12 月 6 日）。

② 习近平："决胜全面建成小康社会 夺取新时代中国特色社会主义伟大胜利"，人民出版社，2017 年版，第 7 页。

撑。换言之，自党的十八大以来，倡导构建人类命运共同体与积极实施"一带一路"倡议已经构成一种相互支持、彼此形塑的关系。

二是在第三部分"新时代中国特色社会主义思想和基本方略"中，将"推动构建新型国际关系、推动构建人类命运共同体"作为新时代坚持和发展中国特色社会主义的核心意涵与基本方略之一。"中国人民的梦想同世界各国人民的梦想息息相通，实现中国梦离不开和平的国际环境和稳定的国际秩序。必须统筹国内国际两个大局，始终不渝走和平发展道路、奉行互利共赢的开放战略，坚持正确义利观，树立共同、综合、合作、可持续的新安全观，谋求开放创新、包容互惠的发展前景，促进和而不同、兼收并蓄的文明交流，构筑尊崇自然、绿色发展的生态体系，始终做世界和平的建设者、全球发展的贡献者、国际秩序的维护者。"① 应该说，与党的十八大报告的阐述相比，这段论述更系统地——尤其是在新时代中国特色社会主义思想及其基本方略的宏大语境和话语体系下——概括了我国坚持推动构建"人类命运共同体"的主要理念、目标与战略定位：我们所期望和追求的是一个和平发展、包容开放、合作共赢、尊崇自然的世界，而这意味着我们将倡导践行一种新的和平观、安全观、义利观、文明观、资源环境观，相应地，中国要成为世界和平的建设者、全球发展的贡献者、国际秩序的维护者。

三是第十二部分"坚持和平发展道路、推动构建人类命运共同体"。这一部分既明确强调"中国将高举和平、发展、合作、共赢的旗帜，恪守维护世界和平、促进共同发展的外交政策宗旨，坚定不移在和平共处五项原则基础上发展同各国的友好合作，推动建设相互尊重、公平正义、合作共赢的新型国际关系"，也真诚呼吁"各国人民同心协力，构建人类命运共同体，建设持久和平、普遍安全、共同繁荣、开放包容、清洁美丽的世界"。此外，它还申明"中国坚持对外开放的基本国策，坚持打开国门搞建设，积极促进'一带一路'国际合作，努力实现政策沟通、设施联通、

---

① 习近平："决胜全面建成小康社会 夺取新时代中国特色社会主义伟大胜利"，人民出版社，2017 年版，第 25 页。

贸易畅通、资金融通、民心相通，打造国际合作新平台，增添共同发展新动力"①。由此可以看出，"人类命运共同体"建设已经成为我国国际关系与合作的头号主题，而"一带一路"倡议及其实施是它最为基础性的策略举措之一。

综上所述，党的十九大报告对"坚持推动构建人类命运共同体"的阐述明显呈现为它作为一种国际关系理念的升级版或 2.0 版。这不仅表现在它被明确纳入到习近平新时代中国特色社会主义思想的完整体系之下，也体现在它的三个内容层面或维度（核心理念、话语体系与制度构想、战略举措）的更加完整清晰。因而，在笔者看来，从现在起尤其值得我们关注的是这一理念在现实实践中的贯彻落实，尽管这绝不意味着对它本身的理论探讨就不再重要（比如第二个内容层面或维度上对未来国际关系架构重构的战略分析和制度构想）。

二、"一带一路"倡议与全球资源环境安全共同体文化的构建

正如前文已经指出的，"人类命运共同体"作为一个系统性国际关系理念的成功实施，所需要的一个前提性条件是它的至少上述三个内容层面或维度的完整性和相互间契合性。具体地说，"人类命运共同体"和"新型国际关系"都是第一个内容层面或维度上的体现，也就是核心理念或未来憧憬意义上的体现，其中最重要的是它的价值理想和政治正确性②；"构建（打造）人类命运共同体"主要是第二个内容层面或维度上的体现，也就是战略话语和制度体系构想意义上的体现，其中最重要的是话语本身的可信性、说服力和制度体系构想的现实可行性；"一带一路"倡议及其实施等主要是第三个内容层面或维度上的体现，也就是重大战略举措意义上的体现，其中最重要的是现实可操作性以及与第一个、第二个内容层面或维度的内在契合性。而正是在上述意义上，具体到自然生态领域中的"人

---

① 习近平："决胜全面建成小康社会 夺取新时代中国特色社会主义伟大胜利"，人民出版社，2017 年版，第 58 - 59 页、第 60 页。
② 曲星："人类命运共同体的价值观基础"，《求是》，2013 年第 4 期，第 53 - 55 页。

类命运共同体"建设,笔者认为,我国政府提出的"一带一路"倡议及其实施的一个基础性方面是努力传播、示范与营造一种全球资源环境安全(共同体)文化。

对此,党的十九大报告在"坚持和平发展道路、推动构建人类命运共同体"部分专门强调了"要坚持环境友好,合作应对气候变化,保护好人类赖以生存的地球家园"①,作为对人类命运共同体视野下"清洁美丽的世界"或"人类的美好未来"的具体阐释。而党的十九届四中全会强调了中国积极参与全球治理体系改革和建设,"推动在共同但有区别的责任、公平、各自能力等原则基础上开展应对气候变化国际合作"②。党的十九届五中全会则进一步指出,中国全面建设社会主义现代化将致力于实行高水平对外开放,推动共建"一带一路"高质量发展,"秉持绿色、开放、廉洁理念,深化务实合作,加强安全保障,促进共同发展"③。尤其是,在新冠肺炎疫情全球大流行的背景下,习近平总书记在国际会议上多次强调了树立新型生态文明理念与加强全球环境治理合作的重要性:"这场疫情启示我们,人类需要一场自我革命,加快形成绿色发展方式和生活方式,建设生态文明和美丽地球"④,"要加大生态环境领域国际合作力度,保护好地球这个我们赖以生存的共同家园"⑤。

因而可以说,无论是作为一个负责任世界大国外交形象构建的一部分,还是国内生态文明建设国家战略的"外溢"性效果,我国事实上已在倡导与推动一种全球资源环境安全共同体及其文化的建设。当然,我们也必须看到,对于这种新型共同体及其文化的具体意涵,以及如何与国家相关重大战略举措实现有效衔接,还需要做更深入的研讨。在笔者看来,尤

---

① 习近平:"决胜全面建成小康社会 夺取新时代中国特色社会主义伟大胜利",人民出版社,2017年版,第59页。
② 《中国共产党第十九届中央委员会第四次全体会议文件汇编》,人民出版社,2019年版,第62-63页。
③ 《中国共产党第十九届中央委员会第五次全体会议文件汇编》,人民出版社,2020年版,第54页。
④ 习近平:"在第七十五届联合国大会一般性辩论上的讲话",《人民日报》,2020年9月23日。
⑤ 习近平:"勠力战疫 共创未来——在二十国集团领导人第十五次峰会第一阶段会议上的讲话",《人民日报》,2020年11月22日。

其需要强调如下三点。

第一，全球资源环境安全共同体及其文化是一种全新的国际关系理念、构型（秩序）与战略取向。概括地说，它指向一个和平发展、包容开放、合作共赢、尊崇自然的新世界，并基于一种全新的和平观、安全观、义利观、文明观和环境资源观。具体而言，它要求现代民族国家尤其是世界大国与强国能够在地球整体和人与自然、社会与自然相统一的视野下看待自己和他人的自然资源问题、生态环境问题、国家国土安全问题、经济社会发展问题，而国际间长期以来的现实主义思维或政治已经失效。比如，无论美国或欧洲在经济上军事上如何强大，都不可能独立解决整个世界范围内的一系列挑战性难题，更不可能独立解决像全球气候变化这样的全球生态环境难题。对此，习近平总书记强调："地球是我们的共同家园。我们要秉持人类命运共同体理念，携手应对气候环境领域挑战，守护好这颗蓝色星球。"①

应该说，单纯从环境主义政治或思维的视角看，资源与环境安全的集体、公共甚或全球性质是显而易见的。比如，我们很难设想全球气候变暖或生物多样性剧减的生产生活影响只局限于某些现代政治意义上的民族国家或地区，尽管它们在不同国家或地区的具体表现形式可能有所不同（印度洋岛国和西伯利亚高寒区域）。正是基于上述素朴感知，从 1972 年斯德哥尔摩人类环境会议到 1992 年里约环境与发展大会，国际社会逐渐形成了资源与环境安全上的"地球村"意识或"人类共同体"观念，即"我们只有一个地球"，以及基于缩小欧美发达国家与广大发展中国家之间经济水平差距的"环境与发展"兼顾或共赢战略。② 尽管这种"环境与发展"兼顾共识（表面上呈现为欧美发达国家援助发展中国家换取后者对生态环境的更积极保护）在 20 世纪 90 年代中后期起的国际气候政治中遭遇了严重挫折（以 1997 年《京都议定书》及其所确定的两阶段减排构想的境遇

① 习近平："在二十国集团领导人利雅得峰会'守护地球'主题边会上的致辞"，《人民日报》，2020 年 11 月 23 日。
② 郇庆治："重聚可持续发展的全球共识：纪念里约峰会 20 周年"，《鄱阳湖学刊》，2012 年第 3 期，第 5 - 25 页。

为标志），以中国为代表的新兴经济体国家的实质性崛起和欧美国家所遭遇的 2008 年金融经济危机，却共同造就了一种新型的国际"环境与发展"格局，或者说，它的 2.0 版本——这在 21 世纪第一个十年之后正变得日益明显。例如，在 2020 年联合国生物多样性峰会上，习近平主席明确强调："我们要同心协力，抓紧行动，在发展中保护，在保护中发展，共建万物和谐的美丽家园"，并发出了坚持生态文明、坚持多边主义、保持绿色发展和增强责任心的政治倡议。①

概言之，中国引领下的国际"环境与发展"新格局的基本特点是，通过广大发展中国家的经济社会现代化战略与生态环境保护战略的内在性结合——比如中国所主张与推动的"五位一体"意义上的"生态文明建设"或"人与自然和谐共生的现代化"，来努力创建一种基于更加和平、公正、合理的国际经济政治秩序的全球资源环境安全共同体。但需要指出的是，一方面，包括欧美在内的发达国家在这一进程中所发挥的重要影响依然不可低估，而它们也绝不仅仅体现为一种物质性或经济性力量；另一方面，我们是否能够呈现为一种截然不同于传统帝国主义的新型民主或环境友好力量，也并不是必然性的，至少很难能够从过去的强权那里学习到。

第二，作为一种新型全球资源环境安全共同体及其文化的首倡者，当代中国肩负着义不容辞的开拓创新与示范引领责任，而这将成为我国对人类文明做出自己历史性贡献的"中国智慧、中国方案、中国道路"的最突出部分或"亮点"。对此，习近平主席明确表示："中国切实履行气候变化、生物多样性等环境相关条约义务，已提前完成 2020 年应对气候变化和设立自然保护区相关目标。作为世界上最大发展中国家，我们也愿承担与中国发展水平相称的国际责任，为全球环境治理贡献力量。"①

那么，当代中国何以能够担当这样一种历史责任呢？在笔者看来，一方面，我们的优势是明显的。改革开放以来的社会主义现代化建设，不仅已经积累起了较强的物质经济实力（尤其是在经济规模或总量的意义上），而且已经具备了较高的基于现代经济技术与管理水准的国际性资本运营与

① 习近平："在联合国生物多样性峰会上的讲话"，《人民日报》，2020 年 10 月 1 日。

产业输出的能力。与此同时，借助于大力推进生态文明建设和生态文明体制改革，我们统筹协调经济现代化建设与资源环境安全的国家治理和企业运营能力正在迅速提升。此外，我国的社会主义政治性质也是一个必须加以强调的要素。社会主义的目标追求与制度框架，决定了我们的经济现代化发展既不会走向任何意义上的全球或地区霸权，也不会以霸权或武力的形式来实现与维持自己的经济发展。换言之，中国特色社会主义道路本质上是一条和平之路、共赢之路和与自然和解之路。这方面特别值得指出的是党的十九大报告的如下阐述："中国共产党是为中国人民谋幸福的政党，也是为人类进步事业而奋斗的政党。中国共产党始终把为人类做出新的更大的贡献作为自己的使命。"① 另一方面，我们也必须承认，推动构建这样一种新型共同体及其文化仍面临着诸多方面的难题与挑战。除了现实国际政治中的主导性制度、规则及其文化上的限制，需特别强调的是，我国的国内资源环境安全共同体建设（或生态文明社会建设）仍处在一个初创性阶段，而我们在将国内绿色经验的国际转化上也还存在很大的能力欠缺。

第三，"一带一路"倡议及其组织实施，在相当程度上已经成为当代中国展示其对于这种共同体及其文化创建的政治意愿与引领能力的最直接（主要）实践平台。其中，政府的重大政策举措和海外投资企业的践行，扮演着一种十分重要的"形象塑造"作用。

政府作用及其发挥的突出例证是我国政府近年来所倡导的绿色"一带一路"建设。2017 年 4 月 26 日，环保部、外交部、发展改革委和商务部联合推出《关于推进绿色"一带一路"建设的指导意见》。该文件明确提出，要"全面推进'五通'绿色化进程，建设生态环保交流合作、风险防范和服务支撑体系，搭建沟通对话、信息支撑、产业技术合作平台，推动

---

① 习近平："决胜全面建成小康社会 夺取新时代中国特色社会主义伟大胜利"，人民出版社，2017 年版，第 57－58 页。党的十九大之后不久举行的中国共产党与世界政党高层对话会的主题就是"构建人类命运共同体、共同建设美好世界：政党的责任"。

构建政府引导、企业推动、民间促进的立体合作格局"①。至于如何全面服务"五通",它强调了如下 5 个具体举措:一是突出生态文明理念,加强生态环保政策沟通,促进民心相通;二是做好基础工作,优化产能布局,防范生态环境风险;三是推进绿色基础设施建设,强化生态环境质量保障;四是推进绿色贸易发展,促进可持续生产和消费;五是加强对外投资的环境管理,促进绿色金融体系发展。而对于强化企业行为绿色指引、鼓励企业采取自愿性措施,它也强调指出:鼓励环保企业开拓沿线国家市场,引导优势环保产业集群式"走出去";落实《对外投资合作环境保护指南》,推动企业自觉遵守当地环保法律法规、标准和规范,履行环境社会责任、发布年度环境报告;鼓励企业优先采用低碳、节能、环保、绿色的材料与技术工艺;加强生物多样性保护,优先采取就地、就近保护措施,做好生态恢复;引导企业加大应对气候变化领域重大技术的研发和应用。

因而,在"一带一路"倡议实施过程中主动推进一种全球资源环境安全共同体及其文化建设,已经成为我国政府的一种确定政策,也就是所谓的绿色"一带一路"建设。虽然这些政策规定还有一个不断细化和标准提高的过程,并且需要根据海外投资企业的践行情况做出适时适度的调整,但能够肯定的是,推动一种更高质量的可持续共同发展已经成为"一带一路"建设的内在要求。尤其是在构建"以国内大循环为主体、国内国际双循环相互促进"的新发展格局的背景下,我国将进一步强化自身国际融通与对外合作能力,"把'一带一路'打造成合作之路、健康之路、复苏之路、增长之路,加强绿色发展合作,为推动世界共同发展、构建人类命运共同体贡献力量"②。

三、个例分析:科卡科多—辛克雷水电项目

科卡科多—辛克雷(Coca Codo Sinclair)水电项目是中国政府与厄瓜

---

① 环保部等:"关于推进绿色'一带一路'建设的指导意见",http://www.mee.gov.cn/gkml/hbb/bwj/201705/t20170505_413602.htm(2017 年 12 月 9 日)。

② 习近平:"构建新发展格局 实现互利共赢——在亚太经合组织工商领导人对话会上的主旨演讲",《人民日报》,2020 年 11 月 20 日。

多尔政府于 2009 年签署的大型水电合作项目，也是中国企业首次在拉美国家实施的大型工程。该项目由中国电力建设集团有限公司承建，2010 年 7 月正式动工，到 2016 年 4 月、6 月，水电站两期工程（分别包括 4 个机组、总装机容量 1500 兆瓦、年发电量 88 亿千瓦时）先后完成并并网发电，可以满足厄瓜多尔 1/3 的用电需求。[①] 2017 年 5 月 8—12 日，笔者一行应德国罗莎·卢森堡基金会基多代表处的邀请，前往该项目所在地参观考察。那时，水电站已经进入正常运行阶段，大部分中国水电职工已经撤离，只有少部分的劳工和技术管理人员留守，以便进一步做好工程善后交接与技术培训工作。

单纯从对象国经济民生和国际合作的角度来看，这是一个无可挑剔的"好项目"：它不仅解决了厄瓜多尔长期的电力短缺难题——每年用于进口邻国哥伦比亚电力的开支达 10 亿美元，彻底消除了首都基多以前频繁的拉闸限电现象，而且，它通过该项目的实施培养了该国一批技术管理人员，并在一定程度上促进了当地的交通设施建设和经济发展（建设高峰时期曾创造了 8000 工作岗位）。而从中方的立场看，这是一个总投资额达 23 亿美元的大型项目，不仅提供了中资企业的海外项目，以及中国水电设备、技术和劳务输出的机会，而且主要由中国进出口银行等提供贷款或信贷担保的方式，也扩大了中方金融业的海外业务，而主要通过厄瓜多尔未来石油产出来支付这些投资款项的方式，也在一定程度上保障了中国的能源供给安全。然而，从一种更广阔的视野来看，至少包括基金会支持的"超越发展"学术群体在内的拉美民间社团强调[②]，该项目存在着如下两个方面的"缺陷"：一是自然环境安全或生态可持续意义上的，二是地方社区利益分

---

① 李强、王晓波："中企打造厄瓜多尔'第一工程'"，《人民日报》，2016 年 11 月 11 日；洪金领："科卡科多辛克雷水电站开发建设历史综述"，《国际工程与劳务》，2017 年第 7 期，第 53 - 56 页。

② Carolina Viola Reyes, "Territories and structural changes in peri-urban habitats: Coca Codo Sinclair, Chinese investment and the transformation of the energy matrix in Ecuador", prepared for "The workshop and conference on Chinese-Latin American relations" (Quito: 7-12 May 2017); Rebecca Ray, Kevin Gallagher, Andres Lopez and Cynthia Sanborn, China in Latin America: Lessons for South-South Cooperation and Sustainable Development (Boston: Global Economic Governance Initiative of Boston University, 2015).

享或社会可持续意义上的。

对于前者，该项目位于首都东北方的纳波省与苏坤比奥省交界处的亚马孙森林的边缘地区。如今，除了剩余施工地点附近略显混浊的河水，我们几乎看不到任何大型工程施工的痕迹，但在建设高峰时期，整个工区绵延长达 80 千米，仅在工程主址附近的小镇就驻扎了数万之众。也就是说，在热带雨林沼泽密布、地基多为砂砾石和火山灰的自然地理条件下，据中方统计，首期枢纽工程共开挖土石方 430 万立方米、混凝土浇筑 83 万立方米、使用钢筋 2.7 万根。可以设想，这些施工活动会对沿河两岸生态环境产生一定影响（当然，这一地区有着极强的自我修复能力）。与之相关的另一个问题是，由于这一地区明显区分为雨季和旱季，而旱季的降雨量和河水径流量要明显低于雨季。这就使得，可用于水力发电的水量实际上是不稳定的，结果是，或者所设计的最大发电量受到限制，或者过度抽水发电会影响到河流的径流量并进而影响到水生态与水生物多样性。

对于后者，中方企业确实向当地雇员提供了良好的工资和其他福利待遇，并采取了一些驻地社区道路修建、驻地社区清洁水设施建设、驻地社区小学学习用具捐助等社会责任行动，但问题在于，无论就业机会还是当地社区的繁荣都是仅限于工程施工期间的，而真正的原住民并未能够从中获得充分的受益，或分享到水电站建设所带来的好处，依然处于欠发展状态或留下诸多环境难题。的确，即便是驻地社区的居民也没有对该工程采取全盘否定的态度（除了个别社会活动分子），而且，也没有将这种负面性效果完全归咎于中方企业，但他们的确认为，将会在未来的类似合作中更明确强调地方社区利益及其法律性保障，尤其是与其中央政府进行谈判时。

在笔者看来，该项目考察所发现的全球资源环境安全共同体及其文化构建意义上的问题是，第一，海外企业投资置业绝非仅仅是一个狭义上的经济（工商业）活动，而是一个关涉当地政治、社会、文化与生态各方面利益与关切的综合性活动，而对那些更多属于自然资源（能源）开发或生态环境敏感区域的经济活动尤其如此。第二，经济投资活动以及海外企业的项目方案设计、施工建设和运营管理，应该更多地将当地政府需求和民众利益关切纳入其中。只有这样，我们的海外投资目标与战略才能得到更顺利实施，并将其置于一种"绿色发展、尊崇自然"的环境道德高地或政治正确立场之上。第三，地方社区尤其是少数种族或土著民族辖区的经济开发项目，应该更多地考虑驻地社区及其民众的可持续性难题（经济、社会和生态等方面）。长期以来所偏重的单纯依赖与中央政府的协议合同或外交手段，并不能确保项目的组织实施，也不具有更普遍意义上的道德合法性或正义性。尤其是对于当地那些低能甚或贪腐性政府来说，我们的失当支付有可能同时受到来自两个方向的批评。可以说，随着中方企业的大规模走出去，这些企业文化或"软实力"层面上的考量正在越来越具有经营管理或"硬实力"层面上的重要性。

四、结　语

党的十八大以来，"人类命运共同体"理念已经逐渐成长为新时代中国特色社会主义现代化思想及其建设的首要对外关系方略[①]，而构建"人类命运共同体"的话语理论和制度体系构想以及在它们指导下的"一带一路"倡议，正在成为迅速崛起的当代中国对于一个更理想世界的理论与实践表达[②]。在自然生态领域，这绝不仅仅意味着中国将会日益成为全球最大的经济（投资）主体——直接开采和耗用占全球额度最大的自然物质资源，也几乎必然要求我们更多考虑如何承担创建全球资源环境安全共同体及其文化的历史性责任。就此而言，最先走出去的海外企业在很大程度上已经成为这样一种宏大责任的主要践行者、担当者，而它们显然还处在一个学习探索的初级阶段。

---

① 杨洁篪："推动构建人类命运共同体"，《人民日报》，2017 年 11 月 19 日。
② 阮宗泽："人类命运共同体：中国的'世界梦'"，《国际问题研究》，2016 年第 1 期，第 9－21 页。

核变与共融：全球环境治理范式转换的动因及其实践特征研究

崔　盈[*]

　　后工业化社会，面对纷至沓来的公共规制难题，全球环境治理系统不断进行自我建构。对强力控制的追寻，衍生出政府手中赋有垄断性、权威性的公共权力；对竞争逻辑的推崇，投射出市场机制下环境公共资源配置的不完全信息博弈。当环境规制领域遂频现政府与市场治理的"双失灵"，公共性和政治性社会组织的勃兴培育出衔接政府和市场的社会治理。重塑国际环境法遵守控制（Compliance Control）路径选择的宏观理论架构，并推动贯通国家、市场和社会三维治理空间的环境治理国际合作机制改革势在必行。全球环境治理范式的多层级协商合作转向成为实现这一目标的重要背景和逻辑起点。

一、全球环境治理范式转换的外在致因

　　全球环境治理浸润于国际政治、经济、社会结构的"多中心秩序"。[①]

[*]　崔盈（1978—），女，陕西西安人，河北经贸大学法学院副教授、国际经贸规则标准研究基地副主任，法学博士，主要研究方向：国际经济法与国际环境法交叉研究。
　　基金项目：本文系 2018 年度国家社科基金"新时代海洋强国建设"重大研究专项"陆海经济一体化增强我国在南海维权手段和能力研究"（18VHQ012）的阶段性研究成果。
[①]　全球环境治理由国家决策的"单中心秩序"转向包容多元决策主体的"多中心秩序"，意味多元治理主体不单纯依赖政府权威，而由具有公共性、集中性优势的公权管制与体现回应性、高效率特征的私权调控，综合运用各种治理手段共同参与管理全球环境公共事务。See Ulrich Beck, Anthony Giddens and Scott Lash, *Reflexive Modernization: Politics, Tradition and Aesthetics in the Modern Social Order*, Polity Press, 1994, p. 120.

它注重体现环境规制强度"软硬配比"、规制属性"公私同治"、规制价值"权义均衡"的内在逻辑需求，凸显范式核变趋势。

（一）国内与国际层面环境议题的协同决策

全球化纵深发展不断提升国际社会各行为体间相互依存的程度，推动"全人类共同利益"的价值取向，构成"社会本位"国际法的价值基础。[①]多极化的政治变革深刻影响对国际和国内法律问题的当代认知，国际政治与国内政治关系日益交融。环保等关键全球性问题需要在国际和国内层面协同决策以获得解决。

1. 国内环境政策与环境利益的国际化。环保已从传统上一国内部的技术和社会问题，演进为当代国际关系中的重大政治与新型国际集体安全因素。各种国际环境机制广泛聚焦甚至积极介入跨界环境损害和生态退化问题，更为直接地寻求尊重和保护处在国内法控制之下的自然人及其集合。国家排他性环境政策赋有更多全球层次公共政策的意味，任何国内环境政策和国家环境利益的实现都牵动整个世界范围内环境系统的嬗变，显现人本化和国际化趋势。诸如美国制定和推行有关贸易协定的环保审议标准[②]、欧盟航空碳排放交易体系和航海排放税等[③]立足个体资源与利益且具有域外管辖效果的单边主义环保措施，都是国际环境秩序不成熟的表现。其容

---

① 全人类共同利益指向每个人生存和发展所必需的利益，既高于实质内核迥异的各国国家利益，也并非世界各国利益的简单叠加，而是将人类社会整体作为利益主体，要求所有人类活动应为人类社会整体谋求福祉，或至少应限制不利于国际社会整体利益实现的人类活动。参见高岚君："'全人类共同利益'与国际法"，《河北法学》，2009 年第 1 期，第 23－27 页。

② 2000 年 12 月美国对外贸易办公室和美国环境保护署公布《对贸易协定进行环保审议的指导原则》，成为世界上首个在国内法体系内对贸易协定确立具体环保审议标准的国家。伴随该文件的正式生效，美国已逐步完成对涉美重要双边或区域贸易协定的环保审议，并通过其 301 条款的配合实施，逼迫其贸易伙伴国在环境政策上做出妥协。

③ 欧盟将航空业纳入碳排放交易机制（EU-ETS）并强制对进入欧盟空域的所有航空承运人征收碳排放额度（2008/101/EC 号指令）。这不仅使相关法令域外管辖的合法性备受国际社会质疑，而且还演变为与美国、俄罗斯、印度、中国等超过 30 个非欧盟国家围绕"碳税"展开的航空贸易争端。直至 2016 年国际民用航空组织出台国际航空碳抵消和减排计划（CORSIA），有关"国际航空业的市场化减排"问题才藉此得以重回多边框架下调控。参见：ICAO Secretariat, *Climate Change Mitigation*：*CORSIA*（*Chapter Six*），https：//www.icao.int/environmental-protection/Documents/ICAO-ENV-Report2019-F1-WEB%20（1）.pdf，访问时间：2019 年 9 月 12 日。同时，为强化其在航空碳税方面的谈判筹码，抢占未来全球经济绿色增长源的

易滋长环境霸权、恶化多边环境合作，最终难以对全球环境系统危机施以有效应对。因此，有必要推动国际社会的群体认同与人类命运共同体意识的形成，依靠国际机制减缓环保的完整性与国际社会主权分割间的张力关系，培育全球环境治理合作的政治基础。

2. 国际环境合作政治合意的国内化。为全面协调愈发尖锐的全球公共风险，国际关系基本领域在国家主权与国际合作的频繁互动中诱发重大变革，突显国内化取向。反映在环保领域，首先，从要求国家环境立法透明公开到将环评作为国家工具来实施，以至在国家环境政策选择中广泛适用风险预防原则，国际环境法的国内实施范围不断拓展。其次，环境治理的全球合作被逐步纳入国内政治议程，环保的国际政治决策以更直接的方式回应主权国家保障国内福利和社会稳定的切身需求。同时，全球环境政策制定权力的转移与重新分配，也必然受国家环境政策自主权行使空间的影响。故而，单纯寻求国际社会的制度安排亦无法真正实现全球环境治理的政策目标，国家行为体之间环境政策法规的相互协作与支撑不可或缺。

（二）经济发展与环境保护的融合支持

环保的国际化与国际经贸投资自由化这两个曾经独立产生、平行发展的议题，被推向全球治理舞台的中心。并且，两者展现出从相对约束到绝对对立，再到协调融合的共处轨迹。重大全球环境事件尽管是以环境资源的枯竭和生态系统的退化为表象，但实质上却是经济发展和生活方式及能源利用技术与全球环境治理互动影响的结果。妥善处理贸易、投资、金融与环境的关系，已成为国际环境合作不可回避的关键问题。一方面，全球

（接上页）

规则主导权，欧盟低碳政策又脱离《联合国气候变化框架公约》及其《京都议定书》确立的基本法律框架，自行制定全球海运业排放税征收价格单及关涉过境船舶的强制性减排标准，以推动实施碳排放交易机制。国际海运组织则通过确立以技术和营运措施为出发点的海运减排制度，为所有国家设定强制性具体减排义务，并以《国际防止船舶造成污染公约》（MARPOL）技术性修正案的方式，推动国际海运减排向市场措施领域拓展。参见：IMO's Marine Environment Protection Committee, *Amendment to Chapter 4 of Annex VI of the MARPOL*, 1 Mar 2018, available at https：//imo. org, and, 访问时间：2019 年 12 月 12 日。

环境治理不再单纯着眼于环境要素，更向生产、消费、贸易等引发环境问题的社会与经济领域渗透。另一方面，全球经济治理规则的深度整合，又基于环境价值的经济化而对全球环境治理提出更为深入多面的要求，牵系错综复杂的利益分配和各种价值的再平衡。

这尤以"蓝色经济"新增长极为甚。在新一轮全球经济竞争博弈中，立基于海洋油气、远洋交通运输、海洋渔业、海洋船舶工业、海盐业、滨海旅游等核心领域的现代海洋产业结构体系，因年均产值保持10%的增速和产业结构高级化而迅速勃兴。[①] 为实现全球海洋经济的可持续发展，在全球环境治理格局中面对大型围填海、过度捕捞、陆源污染、船舶溢油以及危险品海运泄漏事故、水下文化遗产的自由掠夺等海洋生态风险，势必随之伴生对其实施外部环境效应的影响评估与跨国协同控制。[②] 因此，有效的全球环境治理应具有谦抑性，在实现环保目标的同时，尽量减少对经济增长的不利影响，实现两者激励相容与一体化。[③]

（三）全球生态环境多元治理权威的公私同治

"多中心"意味针对全球公共事务存在许多彼此独立和相互制衡的决策中心，并互动形成贯穿竞争与合作的整个共同体系统。[④] "多中心治理"囊括介于国家集权控制与自由市场竞争之间多种有效运行的中间治理方式和理论框架，体现社会治理公共性的再造过程。通过建构权利平等、治理权能广泛分化、利益相关者以竞争协作方式实现动态进化的决策结构，这种服务型公共治理模式能实现多层面公共权威与私人机构有机连接。同

[①] 林香红："面向 2030：全球海洋经济发展的影响因素、趋势及对策建议"，《太平洋学报》，2020 年第 1 期，第 50 – 63 页；徐胜、张宁："世界海洋经济发展分析"，《中国海洋经济》，2018 年第 2 期，第 203 – 224 页。

[②] 2015 年联大以协商一致方式通过第 69/292 号决议，形成立基于作为海洋空间活动核心法律框架的《联合国海洋法公约》，涉及"海洋遗传资源""环境影响评估""能力建设"及"海洋技术转让"等专题，规制有关养护和可持续利用国家管辖范围之外海洋生物多样性的国际法律文书。

[③] 薄燕："全球环境治理的有效性"，《外交评论》，2006 年第 12 期，第 56 – 62 页。

[④] Elinor Ostrom, "A Polycentric Approach for Coping with Climate Change", *Annals of Economics and Finance*, Vol. 15, No. 1, 2009, pp. 97 – 134.

时，其在创制治理形态与治理规则上的能动性，也为解决跨国环境公共治理执行困境的制度安排注入活力。

1. 国际社会的结构演进与环境领域社会公共权威的勃兴。国际社会转向民主型的结构变革，蕴含动态复合的多元化治理主体。① 他们要求在法律层面分享治理权威，突显以法律方式融入国际环境治理实践的主体性诉求。私人实体以其特有的公益性、高度敏锐性和积极自为性，打破传统公共事务管理单一服从、控制和消极制衡的局面。协商合作、良性互动的法治模式，得以从国内环境公共规制扩展至国际环境治理。总之，决策权威来源的多样化与私权控制的平行发展对环境治理权所产生的"稀释"效应，不仅强化对国家公共管理行为的监控，而且有助于提升国际环境立法及法律实施程序的规则导向。国际环境"善治"，仰赖于各类治理主体之间良好合作的"去中心化"治理网络。

2. 国家中心主义的式微与环境领域国家治理职能的转变。在环境规制主体的权利能力方面，国家对环境规制的独占权威公权控制空间受到限缩。这突出体现在环境、人权、国际刑事责任等领域，传统上以国家为中心和唯一权威主体的"压制型法"线性结构被逐步打破。② 更多公共权益需要借助由多元主体合力撬动社会价值分配的全球体系，从而获得国际层面的制度保障。

在环境规制主体的行为能力方面，国家固有的环境规制职权亟待"分解"，治理权力让渡需求显现。威斯特伐利亚秩序下，国家对普遍性强制工具资源、民主正当性资源和经济资源的垄断优势，伴随跨国互动的加强和各种国际事务之间的交互影响而逐渐丧失。同时，环境管理的边际成本与日俱增，政府的科技创新与治理能力持续经受挑战。从分散治理职责的角度讲，主权国家也期望改变社会规制"公私"二元分离的既有思维，通

---

① 全永波："全球海洋生态环境多层级治理：现实困境与未来走向"，《政法论丛》，2019 年第 3 期，第 148 - 160 页。
② 诺内特和塞尔兹尼克从法与社会的互动关系入手，将社会中的法律区分为压制型法、自治型法和回应型法三种基本形态。参见［美］诺内特、塞尔兹尼克著，张志铭译：《转变中的法律与社会：迈向回应型法》，中国政法大学出版社，1994 年版，第 16 - 18 页。

过向非国家行为体转移部分全球治理权力，以降低其在国际关系活动中的公共支出。

二、全球环境治理范式转换的内生秩序

作为全球环境治理最为倚重的核心工具，应然国际法在基本价值上倾注于可持续发展和人类基本利益；而实然国际法规范和程序机制也致力于在国家主权管辖范围之外的环境公益领域实现合作规制。因而，国际法在价值属性、规范结构、义务类型及实施机制等方面显露出新发展动向，成为推进全球环境治理范式转换的国际法内生秩序基础。

（一）国际法公共性的扩散，共存国际法与共同体国际法共时发展

1964 年，费雷德曼在《变动中的国际法结构》中对国际法的发展形态进行梳理，挖掘出国际法蕴含"共同之善"的应然价值取向。[①] 据此，从规范角度而言，共存国际法以主权独立为基础协调国家间行为，侧重实现国家自身价值。共同体国际法则肯定非国家行为体的国际法地位，强调平衡主权权力与公共权力间的互动关系，关注臻善全社会人本价值。当代国际法渊源体系的结构变革与规范内容公共属性的增强，推动共存国际法向共同体国际法或合作国际法过渡。国际法规范属性的演进，将有效激活立体化治理层级及规制工具要素间的耦合衔接，为全球环境多层级协商合作治理体系奠定法理价值与宏观制度架构。

实践透视下，国际法产生和演进的根基是平权国家间体现合意的一系列对等法律关系所维系的低限度中央集权。国际法规范因而被打上处理不同国家利益配置关系的"个人主义"互惠烙印。而超越私人和单个国家利益的人类共同利益所授予的权利体现一致性特点，各行为体均拥有共通的法律利益，即对世权（right in rem）。其延伸的义务亦有普遍性，无一例外

---

① Wolfgang Friedmann, *The Changing Structure of International Law*, Columbia University Press, 1964, pp. 60 – 71.

地约束所有行为体，即对世义务（erga omnes）。① 有鉴于此，以个体正义和正当程序为基础的国际秩序实践暴露出重大规制盲区。联合国成立，并在《联合国宪章》中第一次确立国际合作的基本原则作为分水岭，国际社会成员基于在全球性问题上不断累积的共同利益，形成日益清晰的共同体基本价值观。此后，国际法院（ICJ）1970 年"巴塞罗那电力公司案"裁决，明确界分基于违反不同性质国际义务的请求权②，表明国际法规则体系中的共同体利益得到重视。简言之，"共同体利益"陆续得到确认强化与延展创新，③ "共处法"与"合作法"并行发展的国际法实践，为全球环境公共治理模式的变革提供实证支持。

（二）国际法律义务类型复杂化，国家行为的国际法约束由表及里

传统国家义务根本上是以制止侵害为主的"消极不作为义务"。例如确认和平共处五项原则作为处理国际关系的基本准则，国家行为的边界被清晰地限定为不主动损害相互间的合法权益。当代风险社会，国际法则施加更多"积极作为义务"。诸如对世界贸易组织（WTO）成员方贸易行为的合规审查，及对《巴黎协定》缔约方自主承诺减排总目标的 5 年期全球盘点（global stocktake）等，都要求主权国家采取更具透明度的国内政策措施积极转化和履行国际义务。这在环保领域突出呈现于有关国际环境义务的国内履行信息报告和审议制度，以及一系列实施结构调整和履约能力建设。国际法律义务性质的多元革新，也引致法律救济方式突破传统国际司法救济的局限。因此，针对不同义务履行的现实障碍采取更多相应的管

---

① 国际法院在 Barcelona Traction 案中指出，对世义务是对作为整体的国际共同体负有的义务。See Barcelona Traction, Light and Power Company, Limited, Second Phrase, Judgment, *ICJ Reports* 1971, https://www.icj-cij.org/files/case-related/50/050-1970025-JUD-01-00-EN.pdf, p. 56. 访问时间：2021 年 6 月 26 日。
② 国际法委员会《国家责任条款草案》（二读）第 42 条对国际义务进行分类，并将对整个国际社会的义务置于国家责任体系的最高层。《维也纳条约法公约》第 60 条第 3 款（c）项和国际法研究院《关于国家对国际社会整体的义务的决议》（2005 年 8 月 27 日通过），都体现禁止侵略、禁止种族灭绝、保障基本人权、民族自决和环境保护等国际社会的基本价值观。
③ 伴随最初国家本位的"国际共同体"演进为以国际社会利益为主要价值目标、意在实现共赢共享的"人类命运共同体"，共同体利益的实质内核已发生改变，并结合不同全球治理领域的特点衍生出一系列共同体利益形态。参见姚莹："'海洋命运共同体'的国际法意涵：理念创新与制度构建"，《当代法学》，2019 年第 5 期，第 138-147 页。

理性措施，应就复杂义务规制，打造贯穿事前预防—事中监控—事后救济的完整遵守管理链条。

（三）国际法实施机制多样化、集中化，实体与程序规则趋向平衡

就法与社会的相互关系而言，旨在围绕国家权力建构社会秩序的压制型国际法，表现出法律认同基础易受强权政治侵蚀的不稳定性。以此种法律模式为控制工具的国际秩序，是由若干规定主体权利义务内容的孤立实体规则组成的低级社会结构形式，缺少确定、援引、实现和救济责任的程序规则。① 其实体规则的解释适用、运作方式和执行效果，取决于国际法主体直接采取的自助措施和国家间互动机制。在向以人本权利为基础的自治型与回应型国际法逐步过渡中，国际法的实施路径在环境等领域取得实质性突破。② 传统的国际环境司法控制，主要体现为具有国家间裁判特征的 WTO 争端解决机制、突出个人对抗国家模式的欧盟法院体系，以及打造多种性质各异争端解决工具的"选购市场"和呈现"混合诉讼"复杂设计的联合国海洋法法庭系统等。而当代国际环境法的实施机制则融入履约信息报告审议、援助激励、监督核查等具有规则弹性的环境遵约管理程序，构筑对遵守国际环境法产生独有影响力的国际监督构造，共同助力国际法规范结构的平衡发展。

三、全球环境治理范式转换的初步实践

（一）全球风险社会"去中心化"治理合作网络深度介入环境事务

自 20 世纪 80 年代起，制定与实施全球环境规则的基本路径开始发生改变。包含国际非政府组织的各种跨国机制复合体和公私合作组织所代表的公共治理权威，成为表达国际环保意愿的主要源头和最积极有效的环境守护者。联合国体系、世贸组织、世界银行、多边环境协定执行机构及众多跨国行为体，尝试发展包括规则执行补偿机制和资金制度在内的新型法

---

① 江国青："略论国际法实施机制与程序法制度的发展"，《法学评论》，2004 年第 1 期，第 86 - 90 页。
② 李威："责任转型与软法回归：《哥本哈根协议》与气候变化的国际法治理"，《太平洋学报》，2011 年第 1 期，第 33 - 42 页。

律实施规则,[①] 标志国际环境法在性质、结构和功能上的重大转折。由此，借助以市场原则、社会公益与观念认同为基础的多向度合作网络，全球环境的"国家中心"治理体系正转向规则导向、自愿式和协商性的"多中心"治理。

公共权威全面介入环境事务的基本原理和逻辑依据，首先源于提升现存国际环境法适用与实施效率的需要。这是在厘清环境争议的同时，不断提出存在被忽视风险的环境因素，并以环境优先的理念影响人们对国际问题的认识。其次，从人权角度而言，无论社会公众通过参与环境决策来细化和延展政治参与权，还是借助司法和行政程序的矫正与救济践行公正审判权，环境事务都参与映射对现存人权保护规范的公平适用和领域扩展。最后，环境决策与实施程序的适当透明度及社会成员的合理参与，有效推动政府公共管理部门在正当性基础上实现规制功能，是改善环境公共决策中公私利益失衡、强化决策程序合法性的重要渠道。

（二）环境事务公众参与法律制度的深入发展

作为"多中心"全球环境治理范式的灵魂，环境事务的公众参与在适用范围、规制方式及要素构成上持续法律化完善。

1. 适用范围的国际性拓展。以 1972 年《斯德哥尔摩人类环境行动计划》建议 39（a）、1982 年《世界自然宪章》原则 23 为蓝本，1992 年《里约环境与发展宣言》（简称 1992 年《里约宣言》）原则 10 全面确立公众参与原则。但这些环境软法未能超脱在国内法框架下描述公众参与机会的藩篱。[②] 而公众参与环境事务的法律发展率先在欧洲和美洲的区域国际法上取得突破，明确支持在国际层面强化环境参与权。其中，联合国欧洲经济委员会（UNECE）围绕跨界环境问题的平等进入和非歧视原则，形成《在环境问题上获得信息、公众参与决策和诉诸法律的公约》（Aarhus Convention，简称奥胡斯公约）、《欧洲人权公约》（ECHR）和欧盟法的区域法

---

① 王宏斌："治理主体身份重塑与全球环境有效治理"，《经济社会体制比较》，2016 年第 3 期，第 137 – 143 页。

② 如该原则使用"all concerned citizens"的概念，而非"all concerned persons"，表露出其所涉及的公共参与仍应限定于国内层面，各国仅对其本国公民的环境权益予以考虑。

律规范体系及一系列经济合作与发展组织（OECD）决议。2012 年里约可持续发展大会（里约＋20）遂得以扩展《里约宣言》原则 10 适用范围，遵守和实施的公众参与真正具有国际性。① 直至《巴黎协定》及其实施细则与"卡托维兹一揽子计划"纲领文件等一系列应对气候变化的"巴黎规则体系"，为非国家行为体创设议程设置、规则塑造与引领的法定权利来源，深刻影响公众直接参与全球气候共同治理的合法性依据。

2. 规制方式的适用性增强。1972 年斯德哥尔摩人类环境会议唤起人类环境意识的觉醒，一些国家开始通过立法和行政方式调整环境事务的公众参与。随后形成的相关国际法律文件也都不断重申采取立法和行政措施保障每个人获取环境信息及影响其所处环境资源的平等权利。而自 1992 年里约联合国环境与发展大会至《2020 年全球风险报告》中环境问题占据全球风险首位，② 各治理层级就低碳发展基本达成法律共识。环境事务公众参与的国际法律体系也在人权体制的培育下迅猛发展。一些人权领域的国际法庭和条约机构，为公众环境参与权经由"绿色化"法律适用程序得以矫正和救济提供可能。③

3. 内容要素的结构性均衡。从 1985 年全球第一个有关臭氧层保护的《维也纳公约》（Vienna Convention for the Protection of the Ozone Layer）开始，几乎所有多边环境协定都毫无例外地纳入信息交换条款，将其作为公众参与环境事务的首要前提。1998 年《关于在国际贸易中对某些危险化学

---

① 《我们憧憬的未来》（The Future We Want）作为"里约＋20"可持续发展会议的主要成果文件，尽管最终并未吸收巴西有关"公众参与原则全球行动"的建议，但仍在全面考量各国独特的社会、经济发展与环保问题的特殊性基础上，提出环境领域国际合作与冲突机制对全球环境治理和可持续发展的国际管理体制所产生的重要价值，突出强调扩展《里约宣言》原则 10 适用范围，鼓励在区域性、国家、次国家及地方层面采取措施，以促进环境利益相关方参与机制的创新。这一超越国界和国内背景的适用延伸，反映国际社会对不同范畴公众参与法规的需求增长。See Report of the United Nations Conference on Sustainable Development, UN Doc A/CONF. 216/16, para. 99, https：//www. uncsd2012. org. 访问时间：2021 年 6 月 26 日。

② See World Economic Forum, The Global Risks Report 2020, https：//www3. weforum. org/docs/WEF_ Global_ Risk_ Report_ 2020. pdf, last visited at Dec17, 2020.

③ 如欧洲人权法院在对《欧洲人权公约》第 6 条公平审判权进行分析时，引入《里约宣言》原则 10 阐述的公众参与等新概念，确立参与权作为国际人权法律框架组成部分的基础地位，并将《欧洲人权公约》发展为推动环境领域公众参与权的重要引擎。

品和农药采用事先知情同意程序的鹿特丹公约》（简称《鹿特丹公约》）更是细化公众信息获取的专门程序和具体标准，成为在最广泛意义上倡导公众参与的基本内容。而决策参与和司法准入构成公众实质影响环境事务的实体和程序性保障，被《里约宣言》公众参与原则所吸纳并得以完整诠释。两者与信息获取并行存在，构成决定环境公众参与有效性的三大因素。直至代表环境公众参与国际立法最高水平的《奥胡斯公约》全面设定公众参与三大构成要素的最低标准。而且，根据其第 15 条构建起审查成员方执行情况的遵守机制，由独立遵约委员会主导，同时赋予成员方公众以启动机制的程序性权利。

四、全球环境治理范式转换的实践特征

全球环境治理体系冲破自身增量改革的共识困境，在与其他领域国际法进程平行发展的同时又展现繁密的议题交叉。旨在促进传统司法裁判与遵约管理机制，乃至不同规则体系间有机合作的国际制度设计陆续涌现。这些环保国际规制的跨领域合作实践，印证"环境合作规制"交叠管辖、互动调试的特征。

（一）国际贸易规则与多边环境协定的相互渗透

1. 环境议题日益成为多边贸易体制的重要价值目标。多边贸易治理框架下，环境与贸易规制的最初关联源自《1947 年关税与贸易总协定》（GATT1947）第 20 条一般例外。有关保护人类、动植物生命与健康及可用竭自然资源的（b）款和（g）款，试图从发展角度建立关注环保的自由贸易政策体系。随后，关贸总协定发起的第七轮东京回合贸易谈判，首次将调整领域从关税措施延伸到包括环保技术法规在内的非关税壁垒，并制定关贸总协定第一个与环境相关的贸易协定，即《技术性贸易壁垒协定》（简称 TBT 协定）。作为关贸总协定的承继者，WTO 形成涵摄货物、服务贸易及知识产权领域相对更为全面的环境规则体系。更重要的是，赋有准司法特色的 WTO 争端解决机制，围绕贸易承诺义务环境例外条款的法律适用，做出具有"事实先例"效力的司法裁判。1991—1994 年美国金枪鱼

系列案件①、1998 年美国虾和海龟案②、2000 年欧盟与智利箭鱼案③等，成为 WTO 以"规则导向"模式协调贸易自由化与海洋环境资源利益关系的代表性争端解决实践。WTO 争端解决机构在"规范丛林"中主动与其他领域法律秩序形成规则解释上的互动砥砺，开启贸易规范对海洋等国际环保规制执行层面的制度支持。④

2. 环境规制在区域一体化安排中赢得重要突破。以北美自由贸易区协定（NAFTA）为发端，⑤ 借由自贸协定（FTA）的轮轴辐射效应，就与贸易有关的环境义务单独设章、并采取专门化机构和措施保障义务遵守的制度设计，迅速被拉美和欧盟甚至亚太地区所吸收和借鉴。从北美自由贸易协定到美国、墨西哥、加拿大三国协定，环保在美式 FTA 中逐步取得相较于多边贸易机制的实质性突破，发展为与自由贸易同样具有独立价值的重要事项。同时，在强化高水平环保规则的可操作性与执行约束保障方面，也提供比多边环境协定更具效率的机制安排。⑥ 而欧盟也渐趋将环保

① 主要包括 1991 年美国与墨西哥的金枪鱼案 I（39S/155，DS21/R）和 1994 年美国与欧共体、荷兰的金枪鱼案 II（DS29/R）。这是多边贸易体制首次触及已纳入国际海洋环保法律框架的"可持续发展原则"，并开始审慎处理海洋环保政策贸易影响的重要转折，构成主宰关贸总协定时代环境规制走向的风向标。参见："GATT Panel Report of United States-Restrictions on Imports of Tuna（'Tuna/Dolphin I'）and United States-Retractions on Imports of Tuna"（'Tuna/Dolphin II'），WTO，www. wto. org/ dispute_ settlement_ gateway，访问时间：2019 年 5 月 16 日。
② 该案堪称通过司法手段协调 WTO 贸易体制与海洋环保关系的运作范本。参见：*United States-Import Prohibition of Certain Shrimp and Shrimp Products*，WT/DS58，WT/DS58/AB/R. WT/DS58/RW，www. wto. org/ dispute_ settlement_ gateway，访问时间：2019 年 5 月 16 日。
③ 该案是智利政府基于保护太平洋西南海域遭受过度捕捞而日渐枯竭的箭鱼资源，针对在毗邻智利 200 海里专属经济区的公海海域，因对违反智利环保规则捕捞箭鱼的捕捞船施加贸易禁令，遂与欧共体就智利所涉法规是否违反 GATT1994 第 5 条（过境自由）等有关货物港口中转与进口限制的规定产生争端。参见：*Chile-Measures Affecting the Transit and Importing of Swordfish*，WT/DS193，G/L/367/Add. 1，www. wto. org/dispute _ settlement _ gateway，访问时间：2019 年 5 月 16 日。
④ Richard B. Roe，*The Management of the Endangered Species Act，the Marine Mammal Protection Act and the Magnuson Fishery Conservation and Management Act*，Martinus Nijhoff Publishers，1982，p. 35.
⑤ 李寿平："北美自由贸易协定对环境与贸易问题的协调及其启示"，《时代法学》，2005 年第 5 期，第 97－102 页。
⑥ See "Chapter 24：Environment"，*Text of United States-Mexico-Canada Agreement*（05/30/19），Oct 1st，2018.

问题纳入可持续发展政策，采政治、法律工具协调贸易与环境关系的"两翼战略"。①

《跨太平洋伙伴关系协定》（TPP）及其借壳重生的《全面与进步跨太平洋伙伴关系协定》（CPTPP），促进亚太区域经济合作模式的根本转变。其融入反映 FTA "多功能性"发展目标的环境规制思路，意图建构新一轮全球环境治理的示范性环境协定。这使长期寄生在贸易体制下的环境非贸易价值，逐步与经济发展要素达成对等平衡，环保义务已由 FTA 抽象宣言转向具可操作性和执行效力的绿色化贸易承诺。TPP/CPTPP 通过与《海洋污染议定书》《南极海洋生物资源养护条约》等特定多边环境协定直接挂钩，为缔约方创设海洋渔业生产补贴、禁止野生动植物种群非法采伐及相关贸易等实体环境义务。② 更重要的是其设置环境承诺"双轨"履约机制，展露遵约管理与司法裁判"合作规制"的特征。借此，TPP/CPTPP 规则体系将贸易制裁作为重要履约保障，并配置融常规争端解决机制和公民申诉程序为一体的控制工具，实现对环境承诺从"软监督"到"硬控制"的过渡。

3. 多边环境协定贸易执行措施的遵守控制效果强势显现。国际贸易与环境规则的互动影响，更显著体现在多边环境协定遵守实践中依赖贸易规制工具实现环保目标上。以《关于消耗臭氧层物质的蒙特利尔议定书》（简称《蒙特利尔议定书》）为例，被国际社会普遍认为是最有效遵守的多

---

① 即一方面通过部长理事会提供有关环境与贸易的基本政治框架，另一方面形成一系列旨在统一产品最低环境标准的环境指令。Schoukens Hendrik，"Article 9（3）and 9（4）of the Aarhus Convention and Access to Justice before EU Courts in Environmental Cases: Balancing On or Over the Edge of Non-Compliance?" *European Energy & Environmental Law Review*，Vol. 25，No. 6，2016，pp. 75 – 92.

② 《跨太平洋伙伴关系协定》及《全面与进步跨太平洋伙伴关系协定》贸易规则体系高标准、深层次、强化执行力的规范内容，是美国晚近与秘鲁、哥伦比亚、巴拿马和韩国商签的 4 个双边 FTA 遵循将环境与贸易义务同等对待实践的延续，涉及 FTA 缔约双方共同参与的 7 个多边环境协定的环保实体义务。主要包括：《濒危野生动植物种国际贸易公约》（《华盛顿公约》）、《蒙特利尔破坏臭氧层物质管制议定书》《海洋污染议定书》《美洲国家热带金枪鱼协定》《国际湿地公约》《国际管制捕鲸公约》和《南极海洋生物资源养护条约》。参见：李丽平、张彬、陈超："TPP 环境议题动向、原因及对我国的影响"，《对外贸易实务》，2014 年第 7 期，第 12 页。

边环境协定。① 这一方面得益于该议定书执行委员会主导下具有管理性特征的不遵约情势处理方法，通过多边环境基金和技术支持激励缔约方以合作为基础的自愿遵守。另一方面，其在缔约方与非缔约方及与有不遵约情势的缔约方之间，全面禁止进行有关消耗臭氧层管控物质及其产品国际贸易的限制性措施，有效发挥经济杠杆和强力威慑的作用。该议定书允许采用的贸易保障措施，主要包括诸如进出口许可证和配额管理、对非缔约方适用贸易措施的差别待遇、对相同产品不同生产过程的区别管制及贸易申报与事先同意程序，甚至对不遵约行为的贸易制裁等。就规范属性而言，这些措施与 WTO 非歧视原则、禁止一般数量限制及有关产品生产加工过程和方法（Processing & Production Method，简称 PPM）的标准相悖，难以逾越援引 GATT1947 第 20 条环境例外作为合法抗辩的障碍。而多边环境协定环境义务实施机制与 WTO 争端解决及执行机制存在场所及规则冲突。此外，多边环境协定提供的多边环境基金也有构成 WTO 规则体系认定的"补贴"嫌疑，在多边贸易体制框架下的合法性众说纷纭。但关贸总协定秘书处就欧盟有关该议定书贸易限制措施问题的回复表明：多边贸易协定已存在把此类措施归入环保特例，将多边环境协定贸易规则视为 WTO 特别法予以适用的倾向。② 故而，贸易与环境措施可共同发挥对经济和自然资源的最有效配置，其相互支持推动国际环境法遵守的成效初现。③

4. 环评或环境利益分析引领 FTA "绿色化" 走向。贸易与环境规则相互影响的独特表现即是对 FTA 谈判和实施展开环评或国家利益分析，包括

---

① 2012 年联合国环境规划署发布的《全球环境展望 5》，在对全球 90 个环境目标的实施进行全面评估后，确认仅有 4 个领域的目标取得显著进展，即臭氧耗竭物质生产和使用的减少、汽油中铅含量的减少、更好的水源获取及推动海洋环境污染防治的研究。

② 这也体现在多哈回合环境议题的谈判中，各成员方向 WTO 贸易与环境委员会提交各自关于解决 WTO 贸易规则与多边环境协定贸易措施间冲突的意见主张，大致可归为维持现状、建立对多边环境协定贸易措施合法性的审查标准、豁免 WTO 项下义务、修改 GATT 第 20 条赋予多边环境协定以普遍例外权等四种方案。See Ryan L Winter, "Reconciling the GATT and WTO with Multilateral Environmental Agreement", *Colorado Journal of International Environmental Law and Policy*, Vol. 11, 2000, pp. 223 – 258.

③ Tracey Epps, Andrew Green, *Reconciling Trade and Climate: How the WTO Can Help Address Climate Change*, Edward Elgar, 2010, p. 77.

自贸协定环境条款设定目标的实施及缔约方环境政策法规的改变状况。这将有效提高缔约方在国家层面环保与贸易政策的整体一致性，进而针对FTA潜在经济驱动可能产生的环境危害及环境规则影响创设环境合作项目，实现贸易政策的环境风险预防与环境损害救济。例如，依据第13141号总统指令和2002年《对外贸易法案》的规定，在美国贸易代表办公室（USTR）主导下，美国通过跨部门贸易政策工作委员会可对商签的全部贸易与投资协定进行事前和事后环评。欧盟则通过由成员国国内环境法规升级为依赖国际贸易协定而实现环境调控。因而，在欧盟商签的FTA中普遍设置"可持续发展影响的审议条款"，授权缔约各成员方的公众参与程序和机构，从共同体市场整体角度对协议实施的可持续发展影响进行审议、监督和评估。发展中国家对贸易政策的环评起步较晚，但也获得实质性进展。[1] 1998—2000年间联合国环境规划署（UNEP）在阿根廷、中国、孟加拉国、智利、印度、菲律宾等发展中国家组织开展贸易政策环境或可持续发展综合评价项目。

综上，以美国对《北美自由贸易协定》的环评为发端，借经合组织、联合国可持续发展委员会等国际组织的强力助推，贸易政策的环评已在全世界范围内全面展开。由此，全球自贸协定网络的绿色化发展已构建出从经济、社会、环境三大方面，针对贸易协定进行可持续发展影响评价的基本框架和初步系统化评价方法，形成较为成熟的自贸协定环评实践。

（二）国际投资规则对环境外部性问题的规制

近年来，国际投资关系的多元化、国际投资体系的结构性转变及国际投资争议重心的转移，推动片面强调投资保护的传统国际投资法制，呈现可持续发展的规则趋向。[2] 建立在碎片化结构之上的国际投资法体系也需立足可持续发展的立场，重构投资者财产权益与东道国公共管理职权的纳什均衡。当代国际投资法制因而更关注对国际直接投资新形式，如因海洋

① 谢来辉："全球价值链视角下的市场转向与新兴经济体的环境升级"，《国外理论动态》，2014年第12期，第22-33页。
② 崔盈："可持续发展的国际投资体制下ICSID仲裁监督机制的功能改进"，《中国国际法年刊（2015年）》，法律出版社，2016年版，第314-342页。

资源国际合作开发工程投资项目引发的环境责任与生态补偿风险,施以更全面的法律规制。

首先,国际组织层面的规制主要体现为一系列专门涉及国际投资中环保政策协调的软法规则和程序。1999 年得益于联合国"全球契约"(UNGC)计划的协助,联合国环境规划署草拟"负责任的投资原则",致力于促成跨国公司对人权、劳工标准、环境和反贪问题的充分参与,以减少全球化负面影响。该原则倡导将环境等要素融入投资分析过程和政策实践,为从事跨国直接投资的投资者提供环境及其他社会责任方面的决策与行动指南。而经合组织《跨国公司行动指南》及世界银行《环境营商报告》,具体阐述符合可持续发展目标与东道国环境法制架构,对项目融资、投资担保与营商环境极富影响力的自愿环境政策标准。[1]

其次,国际投资协定的环境规制彰显于引介环境条款。[2] 最早为缔约方调整环境与投资关系创设权利与义务的《北美自由贸易协定》投资章第1106 条有关履行要求、第 1110 条有关征收和国有化等涉及投资保护的具体义务中,对东道国在非歧视和正当程序基础上实施环保措施做出例外规定。该协定投资争端解决机制也为处理私人投资者和东道国间的环境与投资冲突提供直接法律依据。《北美环境合作协定》则为规制缔约方环境遵约行为创设以"公民意见书程序"为核心的程序性规则。[3] 而双边投资协定(BIT)称为国际投资领域最具针对性和权力结构优势的造法途径。1994 年美国双边投资协定范本首创以"序言"形式对投资中环境法规的遵守和执行予以原则性关注。直至 2012 年美国双边投资协定范本,则直观反映着意加强东道国环境规制权的投资政策。其第 12.1 条首次确认双边投资

---

① Lise Johnson, "International Investment Agreements and Climate Change: The Potential for Investor-State Conflicts and Possible Strategies for Minimizing It", *Environmental Law Institute*, *Environmental Law Reporter*, Vol. 6, No. 12, 2009, pp. 31 – 56.

② 在新一代双边或区域投资协定中纳入环境条款,确立不得以降低环保标准作为吸引投资的规则底线,界清东道国环境规制权行使限度,设定投资者及其母国的基本环保义务等事项已成为新常态。参见韩秀丽:"中国海外投资中的环境保护问题",《国际问题研究》,2013 年第 5 期,第 103 – 115 页。

③ 王艳冰:"国际投资法实现气候正义之理论路径与实践原则",《学术界》,2013 年第 11 期,第 89 – 96 页。

协定与缔约方参加或缔结的国际环境条约存在互动关系，强化缔约方执行国内环保政策法规的实体义务。同时，该范本还就程序性规则抛出针对环境问题的强制磋商程序。① 总之，经由美式双边投资协定及旨在确立国际投资规则"法治化"标杆的美墨加协定、《全面与进步跨太平洋伙伴关系协定》等巨型区域贸易协定投资规则，美国力主使其在国际投资保护和促进上的规则标准成为具普遍约束力的习惯国际法，并不断获得国际投资仲裁实践的支持。

再次，作为中国"引进来"兼与"走出去"并重的投资政策转型，② "绿色丝绸之路"倡议主动链接东亚与欧洲经济，尝试经由陆上与海洋共建亚欧非跨区域国际经贸合作机制。③ 投资规制方面，该倡议跳脱既往"个体理性决策"基础上利益导向和缺乏集体统筹约束的不可持续性投资模式，强调沿线国海洋等环境资源及野生动植物保护的国际法义务。该倡议在平衡可持续发展政策的切实落地与投资者既得权益保护的同时，创新"一带一路"国家间双边投资协定实践的"共同发展"目标。④ 其以跨国企业环境风险自愿管理⑤与东道国环境规制权有序回归为指引，在弹性规

---

① Saverio Di Benedetto, *International Investment Law and the Environment*, Edward Elgar, 2013, p. 35.

② 2019 年，中国全行业对外直接投资不仅获得数量上的大幅扩张，更谋取质量上的显著提升：投资流量与存量占比分别为 10.4% 和 6.4%；持续的投资自由化和便利化改革措施使得本年度外资流入量达到空前的 1410 亿美元、流出量 1171 亿美元，兼为全球对外直接投资的第二大目的国和第二大资本输出国。对外投资广泛覆盖全球 80% 以上（约 188 个国家和地区），作为跨国投资目的地启动的新能源投资项目增至 1571.5 亿美元，占比高达 34.1%。双向投资情况基本持平，投资领域逐步向绿色发展和高技术产业倾斜。See UNCTAD, *World Investment Report 2020*, June 12, 2020, UNCTAD, https://unctad.org/system/files/official-document/wir2020_en.pdf, p.10, 访问时间：2019 年 6 月 16 日。

③ 2013 年商务部联合环保部发布《对外投资合作环境保护指南》的规范性文件，标志中国作为投资者母国对海外投资日益趋向严格的环保义务要求。参见："四部委联合发布《关于推进绿色'一带一路'建设的指导意见》"，中央人民政府网站，2017 年 5 月 9 日，https://www.gov.cn/xinwen/2017-05/09/content_5192214.htm。访问时间：2019 年 6 月 16 日。

④ 曾华群："共同发展：中国与'一带一路'国家间投资条约实践的创新"，《国际经济法学刊》，第 26 卷第 1 期，北京大学出版社，2019 年版，第 1 – 33 页。

⑤ 强调企业应在运营思维、治理方式及投资价值考量上实现"绿色改进"，进一步架构政策法规调查与风险预警系统、环境影响评价体系、企业重大决策的内部审查程序、信息披露与交流机制以及法律救济机制，对投资行为可能产生的环境责任风险予以监控。

则框架的基础上，建构符合"管理性"投资争端解决需求的多元化立体平台，突显国际环境软法在跨区域经济合作中实现硬法化的全新模式。延续"一带一路"环境与投资关系协调理念的区域全面经济伙伴关系协定（RCEP），以嵌套式结构体系实践"开放地区主义"与渐进性原则，其投资章强调灵活性、包容度与争端预防，成为展现国际投资法制可持续发展规则取向的最新实践。

（三）国际金融机构对贷款融资项目的环境影响核查

当代国际金融与环境规则间的互构影响，最突出的典范是世界银行针对其涉及环境影响的业务管理行为所创设的外部问责机制，即世界银行核查小组。[①] 该中立性纠错机制具有核查职权的问责性与透明性，[②] 使得因国际信贷融资活动导致环境权益受影响的广泛私人群体，能对国际法上享有特权与豁免的专业性政府间国际组织实施直接源于国际法授权的社会监督。通过世界银行核查小组的制度化运作，社会公众可对融资项目执行部门、受款国政府及项目当地政府在拟建项目的谈判、立约、设计、实施与监理等过程中适用的一系列环境标准，施加间接约束。借此，国际金融组织在制定和实施内部操作程序指令时势必倾向关注环境政策与生态保护的服务标准及其相关国际规制。颇具创新价值的是，该机制将"第三方"公众纳入环境损害救济程序，赋予其影响项目融资活动的程序性权利，即使其从未与世界银行的决策与实施形成直接法律关系，初具国际环境公益诉讼的雏形。这为国际金融组织拓展融资活动，尤其是关涉海洋能源开发的技术融资等关键新兴领域设定法律底线。同时，在环境规制公众参与新路径上的有益尝试，也从根本上改善国际金融治理的民主正当性基础。

简言之，国际金融机构以"参与回应性"程序机制助推实体规则的环境友好，并借助金融体系低碳发展强化对海外投资企业环境社会责任的融

---

① Dietrich H. Earnharta, Robert L. Glicksmanb, "Coercive vs. Cooperative Enforcement: Effect of Enforcement Approach on Environmental Management", *International Review of Law and Economics*, Vol. 42, 2015, pp. 135 – 146.

② Annamaria Viterbo, *International Economic Law and Monetary Measures: Limitations to States' Sovereignty and Dispute Settlement*, Edward Elgar, 2012, p. 28.

资约束，进而对推动国际环境法遵守控制机制的演进产生重要影响。

五、结　语

影响全球环境治理的政治、经济、社会和国际法机制正经历结构性"核变"，人类文明的安全和可持续性理应置于同维护国家安全利益等量齐观的优先位置。根植于国家授权同意、体现自上而下特征的传统治理模式，已逐步向政府主导、市场推进、公众参与的三维治理层级贯通借鉴、交互影响的"多中心混合治理"新范式演进，并逐步生成柔性、回应力、综合化的复合型协商合作体系。进而，在重大国际公共卫生事件冲击下，面临结构重塑的全球环境治理在主体、空间、制度机制及实施上全面展露"共融"特征：全球环境治理活动在政府、市场及社会三维空间内的多元主体间广泛展开，并建立和发展基于区块链颠覆性应用价值的去中心化合作网络。全球环境治理范式的多层级协商合作转变，在国际实践中体现为以规则形式引导环境合作制度体系的改进和创新。"向上"强化国际机制间的治理协调作用，"向下"提高公众对环境治理的法律参与。在国际环境法实施的管理监控上，要求采取更系统、更多样和跨领域的方法，发展上下互动的多向度、可持续性环境治理系统。置身于高度分权、横向平行式的无政府世界中，改善治理效能本质上取决于形成符合环境规制内在逻辑要求、折射"司法控制"与"遵约管理"价值调试的合作规制路径，减弱各国在环保政策实施方面不对等、非互惠基因所形成的制约，以有效激发各种治理因素的正向影响。

《世界环境公约（草案）》 制度创新及中国应对

彭亚媛　马忠法[*]

　　全球环境问题与日俱增，人类面临的公共环境威胁日益严重，但国际环境法却因碎片化无法得到切实有效地履行。2015 年，法国法学家俱乐部发布《增加国际环境法的效力：国家责任和个人权利》，呼吁制定一项具有法律约束力的综合性、统领性、全球性的环境公约。2017 年，该组织起草《世界环境公约（草案）》（以下简称《公约（草案）》），并发布《走向世界环境公约白皮书》阐明其必要性和合理性。同年，该公约由法国总统马克龙提交至联合国大会，联大以 143∶5 通过了"起草《世界环境公约》"的议案。由此，该项民间文件一跃成为起草国际公约的蓝本，将对未来全球环境治理产生深远影响。

　　中国一直积极参与《世界环境公约》相关工作。2018 年《公约（草案）》审议期间，中国代表团提交了"关于联大'迈向《世界环境公约》'特设工作组的评论意见"。[①] 2019 年《中法联合声明》，表明了中法支持联

---

* 　彭亚媛（1992—），女，江苏常州人，江苏大学法学院讲师，主要研究方向：国际法、国际经济法。

　　马忠法（1966—），男，安徽滁州人，复旦大学法学院教授、博士生导师，法学博士，主要研究方向：国际公法、知识产权法与国际贸易的知识产权法。

　　基金项目：本文系国家社会科学基金重点项目"人类命运共同体国际法理论与实践研究"（18AFX025）、国家社会科学基金重大项目"'构建人类命运共同体'国际法治创新研究"（18ZDA153）和上海市教育委员会人文社科重大项目"创新驱动发展战略下知识产权公共领域问题研究"（2019-01-07—00-07-E00077）的阶段性研究成果。

① 　黄国璋："联合国大会'迈向《世界环境公约》'特设工作组正式启动"，《中国国际法年刊》，法律出版社，2019 年版，第 212 – 232 页。

大"迈向《世界环境公约》"的决议，努力改善国际环境法的决心。[1] 现有的学术研究主要讨论了《公约（草案）》的必要性[2]、内容恰当性[3]及其政治影响[4]，偏重《公约（草案）》文本兼容性和可行性问题，将《公约（草案）》等同于一般的国际法编纂行为，却忽略了《公约（草案）》背后的国际环境法从"碎片化"或"局部体系化"向"整体体系化"的范式转变。有鉴于此，本文将从国际环境法历史发展的视角，研究《公约（草案）》的制度创新，并对我国在该公约谈判中的立场提供对策和建议。本文认为虽然《公约（草案）》所代表的国际环境法"整体体系化"的趋势不可逆转，但其提取法律"公因式"的做法或许还有待改进。

一、《世界环境公约》的必要性

目前的五百多项多边环境公约，数以万计的国际环境宣言和文件如同万千"碎片"，并没有很好地协同，反而出现了许多空白、重叠与不一致，影响环境条约履约实效。而制定一项有约束力的世界环境公约是目前最为有效，也最具可行性的方案。制定《世界环境公约》存在三项优势，即凝结各方共识、提高法律确定性，集中资源促进实施。

第一，凝聚共识，改善国际环境法"碎片化"。有观点认为，环境问题的广泛性和地缘性决定了其解决方案要兼顾整体性和特殊性，因此国际环境法无法通过"一揽子"条约解决问题。但事实上，国际社会一直有采用"环境原则"解决问题的传统。这种尝试从 1972 年《斯德哥尔摩宣

---

① 《中华人民共和国和法兰西共和国关于共同维护多边主义、完善全球治理的联合声明》第 12 条："两国将继续努力，共同支持'迈向《世界环境公约》'特设工作组根据联大决议授权开展工作，保持密切沟通，以改善国际环境法及其执行。"中华人民共和国中央人民政府网，2019 年 3 月 26 日，http：//www. gov. cn/xinwen/2019-03/26/content_ 5377035. htm。

② Teresa Parejo Navajas，Nathan Lobel，"Framing the Global Pact for the Environment：Why It's Needed，What It Does，and How It Does It"，*Fordham Environmental Law Review*，Vol. 30，No. 1，2018，pp. 32 – 61.

③ Géraud de Lassus Saint-Geniès，"Not All that Glitters Is Gold：An Analysis of the Global Pact for the Environment Project"，p1-11，Center for International Governance Innovation，2019. 05，https：//www. cigionline. org/sites/default/files/documents/Paper% 20no. 215web_ 3. pdf.

④ 赵子君、俞海、刘越："关于《世界环境公约》的影响分析与应对策略"，《环境与可持续发展》，2018 年第 5 期，，第 116 – 120 页。

言》、1982 年的《世界自然宪章》、1992 年的《里约环境与发展宣言》（以下简称《里约宣言》）直到 2015 年的《巴黎协定》和《2030 可持续发展议程》。且自 1995 年起，国际自然保护联盟（IUCN）起草的《关于环境与发展的国际盟约（草案）》对全球环境法主要原则的编纂业已更新到第 5 版。[①] 这些成果均为世界环境公约奠定了共识基础。国际社会需要世界环境公约，将"碎片化"的国际环境条约与国内法有效地"串联"起来，改善各个环境部门缺乏协同的状态。

第二，化繁就简，提升法律约束力。一方面，"软法"并非解决之道。国际环境法的成果大部分为"国际性文件"，而非有法律约束力的"国际性条约"，这种方法固然可以促进各缔约方慢慢向实质性的行动发展。但在目前严峻的形势下，这种在法律效力上妥协的方式并未达成预想的效果，反而由于争论与拖延，全球环境治理陷入停滞或僵局。另一方面，目前国际环境法各个原则地位不一。有些国际环境原则已取得国际习惯法地位，有些还在形成和发展中。而《世界环境公约》可以将软法"硬化"，提升国际环境法的法律约束力。

第三，遇水叠桥，回应国际环境法的新问题。一方面，目前还存在一些亟待解决但未被现有法律覆盖的议题。比如，海洋塑料污染、海洋噪音等新问题，需要借助新的国际环境法原则来推动各国行动。另一方面，也可回应各国国内法中环境权利入宪问题。迄今为止，世界上超过四分之三的国家宪法明确提到环境权或环境责任。[②] 环境权利上升到了国家宪法层

---

① 《关于环境与发展的国际盟约（草案）》（Draft International Convenant on Environment and Development）是国际环境法理事会（International Council of Environment Law）和国际自然保护联盟环境法委员会（IUCN Commission on Environmental Law）共同努力，旨在巩固"1992 年里约联合国环境与发展大会"会议成果，并为联合国 2030 年可持续发展议程及其可持续发展目标（SDGs）的社会各阶层实施可持续性提供框架。该草案是一项国际框架（或保护伞）协议的蓝图，该协议巩固和发展了与环境和发展有关的现有法律原则。自 1994 年由全球各地的顶尖环境法专家编写第 1 版以来，业已更新到第 5 版草案，以确保它与最新的国际法领域的发展保持同步。IUCN，https：//portals. iucn. org/library/node/9692，访问时间：2019 年 9 月 7 日。

② David R. Boyd，"The Status of Constitutional Protection for the Environment in Other Nation"，David Suzuki Foundation，2013. 11，https：//davidsuzuki. org/wp-content/uploads/2013/11/status-consti-tutional-protection-environment-other-nations-SUMMARY. pdf.

面，而国际上却缺乏与之匹配的、具有统领性和约束力的环境条约以协调各国法律。

二、《世界环境公约（草案）》的制度创新

《公约（草案）》为促进国际环境法协同增效，采用了新结构、新方法和新原则，并推动了新实践的发展。

（一）新结构：构建"本源—衍生"的原则等级

《公约（草案）》创新性地提出了"本源—衍生"的公约架构。《公约（草案）》确立了两项"本源性原则"（source principles）和一系列的"衍生性原则"（derived principles）。两项"本源性原则"一为"享受健康生态环境的权利"，二为"养护环境的义务"。其余为"衍生性原则"，包括：可持续发展纳入政策、代际公平、预防、谨慎原则、对环境的损害、谁污染谁付费、公众知情权、公众参与、获得环境司法保障的权利、教育和培训、研究和创新、非国家行为主体和国际内部机构的角色、环境标准的有效性、复原能力、不倒退、国际合作、武装冲突、国情多样性。公约这一新颖的结构设计，突出了环境权和养护义务的重要性，使得条约整体更有条理性。

这种"本源—衍生"的结构创造了国际环境法各项原则之间的"等级"，有助于缓解"碎片化"问题。例如，发展中国家和发达国家对于《联合国气候变化框架公约》与《巴黎协定》之间的关系持有不同立场。发展中国家认为前者是后者的母法，因此发展中国家可以利用《联合国气候变化框架公约》一般原则约束发达国家。发展中国家可根据"共同但有区别的责任和能力"，主张减排义务的达成取决于发达国家是否完全履行技术转移和资金支持义务。相反，发达国家主张两者独立。由于意见分歧，《巴黎协定》回避了该问题。如果采用《公约（草案）》的等级性原则架构，《联合国气候变化框架公约》可以视为反映气候变化"环境权"和"养护义务"的条约，体现的是"本源性"原则。而《巴黎协定》仅为达成控温 2 摄氏度的一种"国际合作"，属于"衍生性"原则的一部分。由此，《联合国气候变化框架公约》所载的原则应优先适用于《巴黎协定》

的缔约方。

（二）新方法：经由人权实现环境保护目标

《公约（草案）》首次在国际公约层面肯定了独立的环境人权，使得国际环境法本身得以借助"环境人权"整合起来。《公约（草案）》中的环境权跨越了三类人权领域。① 第一类，作为公民政治权利的环境权，即由于环境破坏而受其影响的基本人权，包括生命权、健康权、食物权和饮用水权等人类固有的实体权利，也包括获取环境信息、环境诉讼的司法救济和公众参与政治决策等程序权利。在此处，环境权是保障基本的生命和财产免受环境侵害的最低标准。第二类，作为经济社会权利的环境权，即将"享有适宜、健康和可持续的环境"作为 1996 年《经济、社会和文化权利公约》中的经济社会权利。确立"环境权"，能彰显"环境权"在经济社会权利中具有重要地位。第三类，作为集体人权的环境权。第三代人权或者集体人权一般被认为包括和平、发展和良好的环境。环境权作为一项群体性权利，是人类社会整体福祉不可或缺的一部分，可促使政府或国际组织投入必要资源、采取相关措施以实现环境目标。

效果上，《公约（草案）》试图克服"国家退群"问题，开创"经由人权"倒逼国家采取环境行动的新局面。传统的国际环境法建立在"国家同意"基础上，而现有的国际机制很难克服"国家中心主义"。比如，1997 年美国拒绝加入《京都议定书》并退出 2015 年的《巴黎协定》，2018年日本退出《国际管制捕鲸公约》恢复商业捕鲸，这些国家的自利"退群"行为在一定程度上减损了各国在环境问题上共同行动的效力。虽然理论上存在"经由人权实现环境保护"的路径，但仅仅在个别法域内有效。例如《欧盟人权公约》允许个人诉诸欧盟人权法院，起诉相关国家侵犯其

---

① ［英］帕特莎·波尼、埃伦·波义尔著，那力等译：《国际法与环境》，高等教育出版社，2007年版，第 7 页。

基本人权从而实现其环境权利。①《公约（草案）》希望借鉴和推广欧盟的经验，将"享受健康生态环境的权利"作为基本人权。一方面，借由国际习惯法扩大"享受健康生态环境的权利"在国际性法院的适用，用以绕开"国家同意"的限制。该做法效仿了1948年《世界人权公约》，即经由长期的国家实践，形成有约束力的国际习惯法。即使一些国家基于自利而拒绝加入或退出某些环境公约，但依然需要遵守国际习惯法，由此某些环境公约中的重要原则和内容得以适用于该国。另一方面，扩展国内法中"环境权"的内容，为国内法院提供合法性依据。在2015年乌尔根达基金会诉荷兰政府案中，乌尔根达基金会代表900多位公民，依据基本人权条款要求政府承担气候减排义务。② 该案是通过对《欧盟人权公约》相关条款进行扩大解释而胜诉的。而《公约（草案）》则克服了这个问题，"享受健康生态环境的权利"条款无需进行扩大解释或者额外立法。

（三）新原则：改进既有原则，融合最新成果

1. 改进既有原则。《公约（草案）》扩大了"谁污染谁付费"的范围，并将其上升为法律原则。《公约（草案）》第八条"谁污染谁付费"条款规定了"肇因者"对环境损害、扰动和污染，应该承担从预防、减缓到修复等全方位的责任。《公约（草案）》使用了"肇因者"（originator）的表述，而非《里约宣言》中的"污染者"（polluter），有三点原因。第一，"污染者"不足以涵射所有情形。比如，有些环境污染或生态破坏等法律事实尚未出现，但依据科学知识推定此类行为将导致环境损害，法律上需要承担恢复环境义务，此时"肇因者"的表述更为合适。第二，"肇因者"有助于解决跨境环境诉讼中当事人适格问题。起草者专门撰文对"肇因

① 欧盟公民可以根据《欧盟人权公约》起诉相关国家，要求保护其根本人权。《欧盟人权公约》中环境权体现在第1条"财产权"、第2条"生命权"、第3条"禁止不人道或有辱人格的待遇"、第6条"获得公平审判的权利"、第8条"尊重私人和家庭生活及家庭的权利"、第11条"集会和结社自由"。ECHR, "Environment and the European Convention on Human Right", https://www.echr.coe.int/Documents/FS_ Environment_ ENG.pdf, 访问时间：2019年3月22日。
② Lin Jolene, "The First Successful Climate Negligence Case: A Comment on Urgenda Foundation v. The State of the Netherlands (Ministry of Infrastructure and the Environment)", *Climate Law*, Vol. 5, No. 1, 2015, pp. 65 – 81.

者"进行解释，认为其不仅包括个人、法人，还包括国家。① 在许多跨境环境诉讼中，"污染"尚未实质发生，或提起跨境诉讼的国内法依据缺位。如 1974 年"澳大利亚、新西兰诉法国核试验案"中，法国在其南太平洋地区的领土内进行空中核试验，引起了放射性微粒回降，导致相关国家海域和公海严重污染，严重妨害了公海范围内的船舶和飞机通行。最后由于法国表示放弃后续的空中核试验，国际法院认为裁决没有必要，也并未对公海的核辐射污染进行责任判定。② 该案若置于《公约（草案）》之下，依据"谁污染谁付费"的规定，法国应该对其核试验产生的"环境退化"负责并承担相关恢复的费用。第三，"肇因者"有助于解决新型环境争议。人为水下噪音，如声呐、超声波等应定性为污染，适用"谁污染谁付费"原则。③ 甚至有学者建议，该原则可用于温室气体排放，促进碳基技术迅速转向绿色技术。④

2. 创设新原则。第十七条"不倒退"原则（the principle of non-regression）是近期国际环境法最新发展成果。在国际法中，"不倒退"原则常见于人权法，即人权一旦得到承认，就不能限制、破坏或废止，《世界人权宣言》第三十条就规定"不得破坏宣言所载的任何权利和自由"。⑤ 对环境法而言，不倒退原则意味着不降低对环境的保护。⑥ 许多国际性和区域性环境法都致力于将"改善环境"作为目标，但只有少数条约暗含了"不倒退"的意思，如 1994 年《北美环境合作协定》中规定："禁止降低环境保护标准"。2011 年，欧盟开始呼吁"在保护环境和基本权利的背景下承认

① Aguila, Yann, and J. E. Vinuales, "A Global Pact for the Environment: Conceptual Foundations", *Review of European, Comparative & International Environmental Law*, Vol. 28, No. 1, 2019, pp. 3 – 12.
② ICJ, *Nuclear Test Case (New Zealand v. France)*, Judgement (20 December 1894), p. 19. para. 44.
③ 联合国大会：《联合国海洋和海洋法问题不限成员名额非正式协商进程第一九二次会议的工作报告》，para 20-22, UN, 2018.07.03, https://undocs.org/pdf? symbol = zh/A/73/124。
④ Boudreau Thomas, "Promoting The Rule of Law in the Global Environment-A Legal Precis For The March Nairobi Conference", UNEP, 2019.05, https://wedocs.unep.org/handle/20.500.11822/27690.
⑤ 《世界人权公约》第三十条。
⑥ Michel Prieur, "Non-regression in Environmental Law", Surveys and Perspectives Integrating Environment & Society, May 5, 2012, https://journals.openedition.org/sapiens/1405.

不倒退原则"。① 2012 年的"里约 + 20"会议,"不倒退"作为共识被纳入到会议成果《我们想要的未来》中。"不倒退"条款反映了《公约(草案)》将保护环境落实到各国法律和政策方面的决心。

(四)新实践:法律解释的重要参考依据

2017 年,英国"海洋之友"诉英国政府案,是世界上第一起司法中运用《公约(草案)》案件。法官将《公约(草案)》第八条"谁污染谁付费"原则作为法律解释中的重要参考依据。在该案件中,非政府组织"海洋之友"(Friend of the Sea)起诉英国政府,认为 2001 年《水污染费(修订)条例》不符合"谁污染谁付费"原则。该法要求所有污染者,不论其污染配额大小,无论污染程度如何,发放水污染许可证时都收取相同的"固定费用"。② 该法本质上体现的是"付费污染"的思维。"海洋之友"认为,这与国际通行的"污染者付费"原则是不一致的,向一个普通养殖农场主收取与石化公司相同的费用是不公平且非法的。法官将《世界环境公约》第八条"谁污染谁付费"条款作为整个裁决的讨论起点,认为虽然并不能直接适用该法,但可用来说明:"该原则现已成为国际和国内环境法的基本原则……必须理解为要求造成污染的人承担补救污染的费用以及实施预防政策所产生的费用。"③

《公约(草案)》协调和编纂了主要的国际环境法原则,为各国国内法和法院提供清晰、简洁和权威的文本。虽然该公约还在磋商阶段,不具有法律效力,但其简洁的法律语言可以促进各国法官运用《公约(草案)》中普遍承认的原则去解释相关案件。

---

① The European Parliamen, "European Parliament resolution of 29 September 2011 on developing a common EU position ahead of the United Nations Conference on Sustainable Development (RIO + 20)", Para 20 - 21, European Parliament, September 29, 2011, http: //www. europarl. europa. eu/sides/getDoc. do? pubRef = -//EP//TEXT + TA + P7 - TA - 2011 - 0430 + 0 + DOC + XML + V0//EN.

② UK Privy Council Appeal, *Fishermen and Friends of the Sea Case* (*Fishermen and Friends of the Sea v The Minister of Planning, Housing and the Environment*), Judegment (Novermber 27, 2017), p. 2, para. 2.

③ 同②, para. 1 - 4。

《世界环境公约（草案）》的发展进程

名称	有无法律约束力	意义
1972 年《斯德哥尔摩宣言》	国际软法性文件，无法律约束力	联合国首次在国际层面上处理人与生态的关系，构建了规范、制度、纲领和财政四个层面的全球环境治理体系
1982 年《世界自然宪章》	国际软法性文件，无法律约束力	阐述了人与自然之间一系列行为准则
1992 年《里约宣言》	国际软法性文件，无法律约束力	采纳了"可持续发展"的理念，提出了 27 项原则，促进人类在环境问题上的共同合作
2015 年《巴黎协定》	国际公约，有法律约束力	确定了"控温 2℃"的减排目标，并采用了自下而上的"国家自主贡献"的履约方案
2015 年《2030 可持续发展议程》	国际软法性文件，无法律约束力	为全球未来 15 年设定了减贫、环境、健康、教育等 17 项可持续发展目标
《关于环境的国际盟约（草案）》（1995—2015，国际自然及自然资源保护联盟（IUCN）起草）	民间文本，无法律约束力	阐述了环境法治的作用、提出了 13 个实体性环境原则以及相应的环境法治实施的方法
《世界环境公约（草案）》	（目标）国际公约，有法律约束力	希望达成具有法律约束力、综合性和统领性的国际性条约，并提出 20 项国际环境法基本原则，意图在全世界范围内形成公平合理、合作共赢的国际环境治理多边体系

三、《世界环境公约（草案）》在整合"碎片化"中的问题

在整合国际环境法"碎片化"过程中，除了需要对条约文本进行斟酌，立法者还需要考虑制度设计其他三个方面：环境条约和相关机构间的协同合作、公平的责任分配，以及合理高效的履约机制。各个条约之间没有明显的法律冲突是"体系化"的前提，公平的责任分配是提升各国政治参与度的基础，而合理高效的履约机制是达成条约目的的必要条件。然而，《公约（草案）》在这三个方面却语焉不详、模糊不清。

（一）未置可否的法律冲突

1.《公约（草案）》内部的法律冲突规则。《公约（草案）》没有明确

的法律冲突条款。有观点认为,《公约(草案)》本身某些条款可能具备解决法律冲突的功能,如"不倒退"条款。该条款可能同时具备实体程序双重含义:在实体上,即禁止缔约方降低现有环保标准;在程序上,该条款可以考虑作为法律冲突条款,排除或限定一些条约和法律的适用。

但"不倒退"条款作为法律冲突条款的观点稍显牵强。目前,与环境相关的"不倒退"条款仅是一项理念,而非明确的法律原则。即使一些条约内容体现了"不倒退"理念,但并未直接使用"不倒退"的文义表述,更未将其作为"冲突"条款使用。如《欧盟—韩国双边投资协定》第十三条第七款、《欧盟—日本双边投资协定》第十六条第二款,以及欧盟起草的《跨大西洋贸易与贸易伙伴关系协定》第四节"贸易与可持续发展"中,只要求当事方不得为了鼓励贸易或者投资而减损或不实施其环境法。[①]"不倒退"的正式用语最早出现于 2011 年欧盟"里约 + 20"倡议中,而"里约 + 20"的最终成果《我们希望的未来》也提及了"前进"(progress)和"不要后退"(not back track)。[②] 简言之,"不倒退"条款并未被各国普遍承认或者接受为国内法,很难构成"一般原则"或者"国际习惯法",与此相关的国际条约为数不多,是否具有法律约束力还有待商榷。所以,"不倒退"只意味着不降低现行环保标准,起到"维持现状"的作用,不具备作为"法律冲突"条款的解释空间。

2.《公约(草案)》与其他多边环境公约的冲突。《世界环境公约》与其他多边环境公约的关系,可以适用一般法律冲突原则以及《维也纳条约法公约》中的法律冲突条款。起草专家认为《世界环境公约》是对其他多边环境公约和国际性文件的继承和发展,是先法和后法的关系。法国前外交部长法比尤斯指出,根据"特别法优于一般法"原则,如果《世界环境公约》与具体环境领域的协定发生冲突,后者的约束力超过前者;在尚

---

① Nesbit M, BaldockD, "Non-regression and Environmental Legislation in the Future EU-UK Relationship", *Institute for European Environmental Policy*, London, 2018, p. 7 – 8.

② "The Future We Want Outcome Document of the United Nations Conference on Sustainable Development", Para. 19 – 20, United Nations, 2012. 06. 20, https://sustainabledevelopment. un. org/content/documents/733FutureWeWant. pdf.

未被法律覆盖的领域,《世界环境公约》将填补空白。①

但有些情况下,上述的冲突规则将会"失灵"。譬如《华盛顿濒危野生动植物种国际贸易公约》(简称《华盛顿公约》)将某些物种从"附录一禁止贸易"转移到"附录二限制贸易"。从表面上看,确实有一些物种因为附录名单的变更,从受保护的状态变成允许捕杀和买卖,较之前处于更加不利的境地。该情形明显与《公约(草案)》的"不倒退"条款相冲突。如果认定《公约(草案)》优先,则《华盛顿公约》将彻底失去意义,如果认定《华盛顿公约》有效,则《公约(草案)》的"不倒退"原则需要增加例外条款。

3.《公约(草案)》与国际贸易法的冲突。《公约(草案)》似乎无法解决既有的冲突。环境和贸易之间的法律冲突由来已久。一方面,这种冲突体现在条约文本表述上。如 2010 年《名古屋议定书》规定,在使用遗传资源或传统知识时要承担披露义务以及惠益共享的义务,但《与贸易有关的知识产权协定》(TRIPS)却没有类似的规定,甚至有可能因为履行前者而违反后者的情况。② 另一方面体现在世贸组织(WTO)的司法裁决上。多边环境条约很难在《关税及贸易总协定》第二十条的解释中起到决定性作用。③ 比如在"欧盟石棉案"中,上诉机构不仅要考虑成员方的环境措施对实现环境条约目标的贡献,还会进一步比较系争措施(measures at issue)与其他合理替代措施的"贸易限制"程度。印度代表对《公约(草案)》的异议其中之一就是"其并未就世贸组织争端解决机构和国际投资争端中有关环境问题进行全面的评估"④。联合国秘书长在其报告《国际环

---

① 郑青亭:"《巴黎协定》之后法国欲携手中国推《世界环境公约》",《21 世纪经济报》,2018 年 7 月 5 日第 5 版。

② 联合国大会第七十三届会议秘书长报告:"国际环境法和与环境有关的文书的欠缺:制定全球环境契约",Para. 44,UNEP,2018. 11. 30,https://wedocs. unep. org/bitstream/handle/20. 500. 11822/27070/SGGaps. pdf? sequence = 3&isAllowed = y.

③ 王勇:"从金枪鱼案到海龟/海虾案——浅析 WTO 体制下环境与贸易争端解决机制的发展、不足与建议",《山西省政法管理干部学院学报》,2001 年第 4 期,第 50 - 54 页。

④ India,"Statement by India on Chapter IV:Environment Related Instrument",p. 1 - 2,UNEP,2019. 01. 24,https://globalpact. informea. org/sites/default/files/documents/Statement% 20CHAPT ER% 20IV% 20Environment% 20related% 20instrument16. 1. 2019. pdf.

境法和环境有关文书的欠缺：制定全球环境契约》中也无奈地承认："世贸组织多哈回合谈判已经花费了17年的时间，就促成贸易与环境的相辅相成达成共识的难度很大。"据此，人们很难期待《世界环境公约》会"一揽子"解决贸易和环境之间的法律冲突。

此外，《公约（草案）》很可能为"环境关税"大开方便之门。其中第五条预防条款规定："应采取必要措施来预防对环境造成的损害。"欧盟和美国很可能极力主张"环境关税"属于第五条的"必要措施"而对中国等排放大国征税。环境关税通常体现为"碳关税"，即对进口产品中的二氧化碳含量征收特别关税。"碳关税"的根本目的并非保护环境，而是为了保护本国产业。在经济学上，由于各国减排政策不一导致各国产品价格中碳排放成本高低不等，为保证国内外产品承担碳排放成本，相关国家主张进行征税。1997年的《京都协定书》要求发达国家承担强制减排义务，而发展中国家暂不承担减排义务。为了迫使发展中国家也承担减排义务，欧盟主张对不履行《京都议定书》的国家征收"碳关税"。[1] 而到2015年，《巴黎协定》的"国家自主贡献"机制取代了《京都议定书》中"不对称的减排机制"。[2] 但欧美认为《巴黎协定》并未彻底解决"搭便车"的问题，主张通过"碳关税"立法来抑制"碳泄漏"。美国2009年《清洁能源法案》允许美国从2020年开始对未满足排放要求的国家征收"碳关税"。而欧盟一直主张外国企业需遵守欧盟强制性碳排放政策，征收"碳边境调整税"可能成为欧盟2050年"碳中和"计划的补充措施。欧美选择对重点碳排放行业产品（钢铝、航空业等）进行征税，即使对不同国别的产品征收不同的"碳关税"，可能违反WTO的"国民待遇"和"最惠国待遇"，相关国家依然可以援引GATT第二十条"环境例外"条款将其正当化。而《公约（草案）》的第五条"预防"条款，则是在国际公约层面为"碳关税"进行"合法性"背书。缺乏"法律冲突条款"，很有可能让

---

[1] 俞海山："碳关税：发达国家与发展中国家的博弈"，《学习与探索》，2015年第3期，第102–106页。

[2] 孟国碧："发达国家与发展中国家的规则博弈与战略思考"，《当代法学》，2017年第4期，第38–49页。

《世界环境公约》成为"环境贸易战"的导火索。

（二）厚此薄彼的责任分配

1. 《公约（草案）》中的责任分配。（1）代内公平责任分配。代内公平是代内所有人，不论其国籍、种族、性别、经济发展水平和文化等方面的差异，对于利用自然资源和享受清洁良好环境方面享有的平等权利。①国际代内不公平表现为财富占有和资源消耗上的不平等、发达国家向发展中国家转移污染物等。追求公平也成为国际环境法谈判的重点，《公约（草案）》为此创设了多个条款，如第十三条"研究和创新"、第十八条"合作"和第二十条"国情多样性"，要求各国之间加强科学、环境养护方面的合作，并特别考虑发展中国家和最不发达国家的国情，旨在减缓或消除这些国际上的不平等。国内不公平主要表现在获取信息和资源方面的结构性不平等。《公约（草案）》为此要求各国政府在法律政策中必须"将可持续发展纳入政策"，保障"公众知情权""公众参与权"和"获得环境司法保障的权利"，同时，需要提供"教育和培训"，促进"非国家行为主体和国家内部机构发挥重要作用"②。（2）代际公平责任分配。代际公平是指当代人和后代人公平使用自然资源。当代人既是未来世代地球环境的管理人或受托人，同时也是以前世代遗留的资源和成果的受益人。这赋予了当代人合理享用地球资源与环境的权利，同时也为当代人施加了保护地球的义务。《里约宣言》第三条仅提及将"代际公平"作为一种考量因素，而《公约（草案）》第四条"代际公平"则将其正式确立为法律原则，并将其放在优先位置。此外，《公约（草案）》的"预防"和"谨慎"条款是"代际公平"的具体体现，都要求考虑相关项目的环境影响，对于环境可能造成重大负面影响的项目，缔约方应采取必要措施进行环境评估，并在后续活动中尽到勤勉义务。若存在对环境造成严重或不可逆损害的风险时，缔约方应遵循谨慎原则。

2. 《公约（草案）》责任分配的问题。（1）不平等的代内责任分配。

---

① 付璐，李磊："论环境正义之代内公平"，《行政与法》，2004年第4期，第126-128页。
② 《世界环境公约（草案）》第三、第九、第十、第十一、第十二、第十三、第十四条。

第一，《公约（草案）》缺失了"代内公平"条款。"谁为环境制度成本买单"，是代内责任核心内容。1992 年里约会议采用了"可持续发展"的理念，在环境和发展之间寻求中间道路，强调休戚与共、可持续发展的全球伙伴关系，但并未对全球环境保护和生态养护责任分配作出说明。其他多边环境公约均在该问题上陷入僵局，例如《联合国气候变化框架公约》《生物多样性公约》强调的"资金机制""技术转让"和"惠益共享"，进展都非常缓慢。但《公约（草案）》似乎回避了该问题。在文本的设置上，"代内公平"并没有得到与其地位相匹配的重视。"代内公平"和"代际公平"共同出现在序言的第十三段，但"代际公平"专设一条，"代内公平"并无专门条款，仅仅在"国情"条款中作为一种考量因素。第二，《公约（草案）》并未明确发达国家和发展中国家之间的"区别责任"。该公约仅使用"创新""合作"和"国情多样性"等模糊性词句，既没有指明发达国家的具体法律责任，也没有为发展中国家履行相关义务创设例外条款或宽限期。比如，发展中国家所关心的"技术转让"，在《公约（草案）》中仅仅和"交流科学知识"并列，并没有强调技术转让的特殊意义。对此乌干达表示不满，认为《公约（草案）》应该着重考虑发展中国家能力不足以及技术转让困难等情况。① 需要注意的是，发展中国家极力主张的"共同但有区别责任"原则，在《公约（草案）》中只是作为国情多样性的一种"考虑"，极大地降低了"共同但有区别责任"的法律约束力。联大的专家报告也承认《公约（草案）》在"区别责任"方面存在不足："广泛参与还依赖于具有可行的公平概念，包括公平分担责任……今后的国际环境法编撰可能需要更多而不是更少的区别对待和灵活性。"（2）片面的代际责任分配。《公约（草案）》的代际责任只面向未来，而没有针对过去的环境责任进行规制。完整的代际公平应涵射这两种公平：指向"未来的"，即当代人必须留给后代人一个健全、优美的适宜人类居住的地球；

---

① Uganda："General Statement by Uganda"，para 3 - 4，UNEP，January 24，2019，https：// wedocs. unep. org/bitstream/handle/20. 500. 11822/27261/General% 20statement% 20by% 20Uganda% 20at% 20first% 20substantive% 20statement. pdf？sequence = 11&isAllowed = y.

指向"过去的",即当代人必须清偿前代人留下的"自然债"。① 《公约（草案）》直接忽略了"过去",会导致历史责任得不到应有的重视。譬如在气候变化问题上,历史责任是各缔约方承担排放义务的主要依据。1997年的《京都议定书》根据温室气体的历史排放量来为各国设定减排目标,其中发达国家历史排放量高,需要承担更多的减排义务。此外,历史责任还是资金和技术转移机制的重要依据。发达国家为发展中国家提供资金和技术,并非完全出于慈善,更多的是作为对其历史责任的一种补偿,就像印度在加入《关于消耗臭氧层物质的蒙特利尔议定书》时主张的那样,"历史上是西方国家造成了臭氧层空洞,所以西方国家应该支付一定费用"②。不得不说,法国版本的《公约（草案）》在这方面的模糊不清,可能有损于该《公约（草案）》的公允性。

此外,《公约（草案）》第四条"代际公平"无法照顾到"沉默的后代人"的需求。该条指向的对象是"对环境有可能造成影响的决策"。该条隐含着,代际公平指向的是一种积极行为,而没有囊括消极的"不作为"。如果各缔约方对于太空空间、公海、南北极等问题漠不关心、无所作为,反而并不会受到制约。再有,对后代人至关重要的"共同遗产"或"共同关切事项"在《公约（草案）》中处于真空地带③,除了第四条再无其他条款涉及后代人权利。《公约（草案）》既没有回应环境公共问题或共同关切事项上的争议,也未纳入"惠益共享""共同利益""对一切人的义务"等既有的原则,更未实际回应后代人的诉讼资格、后代人权利保护等问题。

（三）单薄无力的履约机制

1.《公约（草案）》中的履约机制。《公约（草案）》的履约机制非常特殊。该公约的主要目标是巩固环境法原则,将软法通过条约的形式转化

---

① 邓伟志主编:《社会学辞典》,上海辞书出版社,2009年版,第342页。
② 杨兴:"试论国际环境法的共同但有区别的责任原则",《时代法学》,2003年第1期,第83–93页。
③ Raith, J, "The 'Global Pact for the Environment': A New Instrument to Protect the Planet?", *Journal for European Environmental and Planning Law*, Vol. 15, No. 1, 2018, pp. 3–23.

为硬法。《公约（草案）》设定的由独立专家委员会构成的监督机制有三项特征。第一，非代表性。各位专家并不代表缔约方，而是由政府、学界、企业界以及其他非政府组织的人员组成。第二，运作方式无强制性。该公约要求委员会以透明、不指责、不惩罚的方式运作。第三，非司法性。《公约（草案）》没有采纳相关学者"建立环境法院"的建议，没有建立类似于世贸组织的争端解决机制，而是选择了基于报告制度的促进机制，更具灵活性且有较强适应性。

2. 履约机制能力有限。《公约（草案）》承载了国际社会对于全球环境治理极高的期望，但其履约机制的作用可能非常有限。在具体机制实施上，《公约（草案）》主要依靠以透明、不指责、不惩罚的方式运作的专家委员会。该公约的起草者也承认："缔约方报告将是该公约主要的控制模式。"[1] 虽然缔约方需要定期向专家委员会汇报各自进展[2]，但是专家委员会的权力有限，作出的决议也只有建议或协助性质。如果缺乏其他强有力监督措施的话，公约的履行就很可能流于形式。典型的例子就是 TRIPS 第六十六条"发达国家向最不发达国家转让技术"条款。缔约方从 2003 年就开始提交履约报告，但并未取得很大进展。[3] 主要原因是，报告制度或许可以促进各国开展行动，但是无法产生足够的压力促使各国采取真正有效的变革措施。和《公约（草案）》性质类似的国际人权条约，其实施和履行多年以来，也逐渐建立了报告—申诉制度，并且其在联合国的地位上升到了人权理事会的高度。所以，如要真正达成《公约（草案）》的目标，仅依靠专家委员会和缔约方报告是远远不够的，还必须扩展其他方式以提升规制能力。

---

① "White Paper Toward A Global Pact For The Environment", p43, Le Club des Juristes, 2017. 05, https: //www. leclubdesjuristes. com/wp-content/uploads/2017/05/CDJ_ Pacte-mondial-pour-lenvironnement_ Livre-blanc_ UK_ web. pdf.

② 《世界环境公约（草案）》第二十一条。

③ Andrew Michaels, "International Technology Transfer and TRIPS Article 66. 2: Can Global Administrative Law Help Least-Developed Countries Get What They Bargained For", *Georgetown Journal of International Law*, Vol. 41, 2009, pp. 223.

四、《世界环境公约（草案）》中的博弈与合作

如同路易斯·亨金所言"法律就是政治，我们所看到的法律无不是政治力量的结果"，在《公约（草案）》的实质审议过程中，各国具有不同的利益诉求。不同力量之间的角逐与合作，将会影响最终的《世界环境公约》的法律效力。

（一）《世界环境公约（草案）》中的大国博弈

目前对《公约（草案）》存在三派意见。以欧盟为代表的"支持派"认为，《公约（草案）》可以缓解国际环境法碎片化，在一定程度上约束气候减排中的"搭便车者"。欧盟认为，该公约将确立人类对自然的权利和责任，旨在构建迈入"人类世"（Anthropocene）所必要的权利基础。[1] 欧盟将其倡导的"不倒退"原则纳入《公约（草案）》中，实际上希望在《巴黎协定》"国家自主贡献"的减排责任基础上，再施加一层具有法律约束力的"只进不退"的义务。

以美国为代表的"反对派"认为，《世界环境公约》徒劳无益，应该集中精力履行现有环境条约。美国宣布退出《巴黎协定》后，希望维持现状且自身免于强制性义务的约束。故而美国明确反对另行创设规范，避免其在全球环境治理上的领导力进一步衰减。美国国务院前法律顾问苏珊·比尼亚兹（Susan Biniaz）就认为《公约（草案）》目标不明确、内容争议较大，无法解决特定的环境争议，而另行创设规范机会成本高昂，不如专注现有环境条约和环境机制。[2]

以中国为代表的"改善派"大体上认同条约文本，但需要明确"共同但有区别"原则的地位，且需增强"技术机制"和"资金机制"。《公约（草案）》仅将"共同但有区别的责任"作为第二十条"国情多样性"的

---

① EU and Its Member States, "2nd Substantive Session of the AH OEWG Towards a Global Pact for the Environment", p. 1, UNEP, March 18, 2019, https://wedocs.unep.org/handle/20.500.11822/27744.

② Susan Biniaz: "10 Questions to Ask about the Proposed Global Pact for the Environment", p. 2–8, Columbia Climate Law, August 2017, http://columbiaclimatelaw.com/files/2017/08/Biniaz-2017-08-Global-Pact-for-the-Environment.pdf.

考虑因素。如果放任现有表述，"共同但有区别的责任"将会沦为一种"优惠待遇"，而技术转让和资金要求也会被当做国际援助。故而，中国在提交给联大的"迈向《世界环境公约》特设工作组的评论意见"中重申："面对日益多元化、专业化、复杂化的国际环境条约体系，发展中国家履约能力和手段欠缺问题需要得到国际社会更多关注，发达国家应进一步加强对发展中国家在履行多边环境协定的资金、能力和技术等方面的支持，确保发展中国家充分和深入参与全球环境治理。"

为平衡这三派观点，2018年联合国发布了名为《国际环境法与环境有关的文书的欠缺：制定全球环境契约》的报告，并要求"实现全球环境公约"特设工作组在2018—2019年间召开三次实质性审议会议，以识别国际环境法存在的问题，探讨《公约（草案）》内容必要性以及通过可能性。但在2019年内罗毕最后一次工作组会议上各国投票情况不容乐观，《公约（草案）》很难达成在2020—2021年间生效的预期目标。目前，各国选择在斯德哥尔摩会议50周年之际，即2022年就《公约（草案）》发布一项政治声明，以此推进公约签署。①

（二）《世界环境公约（草案）》中的合作

《公约（草案）》承载了人们保护地球的雄心，民众努力在分化的世界中寻求合作，多数国家也在多边主义框架下积极地探寻全球环境治理方案。瑞士少女桑伯格引领青年草根举行的"气候罢工"示威游行，提出青年人有权享有可持续的未来，呼吁各国重视气候公平问题，引起人们对"代际公平"的反思。2019年联合国气候峰会上，银行业启动《负责任的银行原则》，130家银行承诺其融资业务将根据《巴黎协定》和《可持续发展目标》进行战略调整。② 此外，一些国家也努力在多边主义框架下进

---

① "Third and Last Session of the Working Group on the Pact in Nairobi", Global Pact for the Environment Organization, May 22, 2019, https://globalpactenvironment.org/en/third-session-of-the-working-group-on-the-pact-in-nairobi/.

② "130 Banks Holding USD 46 Trillion in Assets Commit to Climate Action and Sustainability", UNEP, September 22, 2019, https://www.unenvironment.org/news-and-stories/press-release/130-banks-holding-usd-47-trillion-assets-commit-climate-action-and.

行气候合作。2017 年，中国和法国达成了《关于共同维护多边主义、完善全球治理的联合声明》，共同支持"迈向世界环境公约"特设工作组，在多边框架下促进国际环境法实施。2019 年《中法生物多样性保护和气候变化北京倡议》"重申加强气候变化国际合作的坚定承诺"，法国承诺"履行发达国家每年筹资 1000 亿用于气候融资"①。这些民间和国家的合作，在一定程度推动了《公约（草案）》的制度设计朝着更为贴合现实及未来需求的方向发展。

五、中国的应对策略

（一）强化我国环境外交立场，争取国家利益最大化

中国虽在《公约（草案）》的制定过程中一直倡导"四个坚持"②，但并没有将"四个坚持"转化为具体的立法方案。中国或许可以从以下几个方面进行考虑。

1. 增加"冲突"条款或者"支持"条款。《公约（草案）》缺乏法律冲突条款，不仅会严重影响和现有各领域条约之间的关系，而且更有引起"环境贸易战"的风险。各国均强调"不减损现有条约义务"的重要性，包括正确处理国际贸易法和国际环境法之间的关系。③《公约（草案）》可以采取"冲突"条款和"支持"条款，以促进环境条约之间协同，避免与国际贸易公约冲突。第一，使用"冲突"条款，用以解决与其他国际条约的潜在重叠问题与法律适用顺序问题。《公约（草案）》与其他国际公约的关系，可以参考《生物多样性公约》第二十二条，做如下规定："本公约的规定不得影响任何缔约国在任何现有国际协定下的权利和义务，除非行

---

① 《中法生物多样性保护和气候变化北京倡议》，新华网，2019. 11. 06，http：//politics. gmw. cn/2019-11/06/content_ 33298812. htm。
② 四个坚持即：一是要坚持在可持续发展框架内讨论环境问题；二是要坚持"共同但有区别的责任"原则；三是要坚持环境资源国家主权原则；四是要坚持发展中国家的充分参与。中国新闻网，2019. 09. 20，http：//www. chinanews. com/gn/2017-09-20/8335758. shtml。
③ 《中国关于联大迈向〈世界环境公约〉特设工作组的评论意见》，p. 1 - 5，UNEP，February 19，2019，https：//wedocs. unep. org/bitstream/handle/20. 500. 11822/27604/China_ report. pdf? sequence = 1&isAllowed = y。

使这些权利和义务将严重破坏或威胁自然环境。"第二，采用"支持"条款，要求各成员方在制定和实施其他环境相关条约时支持《公约（草案）》，而不是包含与《公约（草案）》目标背道而驰的条款。《公约（草案）》可参照《名古屋议定书》第四条第二款，做如下规定："本公约之任何规定都不妨碍缔约方制定及执行其他国际性条约，但以支持且不违背本公约之目标为必要。"

2. 提高"共同但有区别的责任"条款的地位。中国应该坚持"共同但有区别的责任"原则化、法律化的立场。《公约（草案）》弱化了"共同但有区别的责任"条款，将其放在第 20 条"国情多样性"的"考虑因素"中，且含有许多含糊性的词语，诸如"在适当情况下"（where appropriate），"考虑"（account）。中国可以主张《公约（草案）》专设一条"共同但有区别的责任"原则，规定："各缔约方在保护环境和生态方面具有共同但有区别的责任。各缔约方应开展合作，发达国家应当向发展中国家提供及时和适当资金和技术，协助它们进行能力建设，促进它们履行本公约规定的各项义务的能力。"

3. 完善履约机制，补充其他主动性措施。目前的《公约（草案）》的履约机制作用有限，主要依靠各缔约方的报告制度，和专家委员会的"不指责、不惩罚"的运作模式。强化《公约（草案）》的履约监督机制，除了"报告"之外，还可以采取其他主动性措施：如查明事实、调查研究、核查各缔约方行动、制定标准和指南等。

《公约（草案）》可以效仿《巴黎协定》"全球盘点"机制。《巴黎协定》在规定"国家自主贡献"的报告义务之外，还使用了"全球盘点"的核查机制以确保减排目标早日实现。其明确了从 2023 年开始以五年为周期的全球盘点机制，对减缓行动和资金承诺等比较全面的盘点，弥合实际气候行动与目标之间的差距。《公约（草案）》也可以采取类似的方法，对于各缔约方环境条约履约报告进行盘点和评价，并制定相关法律指南和条约适用解释，逐步促进法律的协调性和一致性。中国可以在第一次缔约方大会上建议增加专家委员会的权限，如核查或盘点、对相关条款作出解释、制作法律指南等措施。

（二）加强国际合作，增强我国对公约适用能力

1. 坚持在多边主义框架下进行"碳关税"的协商与合作。鉴于《公约（草案）》并未解决"碳关税"问题，"气候贸易战"似乎如影随形。尽管"碳关税"尚存争议，但其威胁却迫在眉睫。美国虽退出《巴黎协定》、反对《公约（草案）》，但其在国际环境治理，尤其是在"碳关税"方面仍然有着相当的影响力，不排除美国利用《清洁能源法案》来对中国发难，对我国高碳产业产品出口征收"碳关税"。[①] 根据世界银行的调查，如果全面实施碳关税，中国产品在国际市场上可能面临平均26%的关税，出口量可能因此而下滑21%。[②] 因此，中国需要积极采取措施，防止他国"碳关税"的单边措施蔓延。首先，中国可以倡导各国在《公约（草案）》框架下协商"碳关税"议题，遵守"透明、不指责、不惩罚"的原则。其次，中国可以采取双边协议模式，和其他国家签订双边的"气候合作备忘录"，消除单边"碳关税"的威胁。最后，中国也可以通过"一带一路"倡议，增进环境治理方面的国际合作。

2. 加强能力建设，增进公约适应性。《公约（草案）》作为一种中长期的全球环境治理安排，将贯穿中国经济转型、产业结构调整的关键时期。中国应该提前在制度层面和技术层面做好应对措施。在制度层面，中国2018年的国家机构改革，为顺利履行国际环境义务创造了良好的内部条件。新组建的生态环境部，将气候变化和海洋环境保护进行了统一监督管理，解决了环境事项管理职能交叉重叠的问题。但新机构的工作是否能及时有效回应全球环境关切，还需等待时间的检验。在技术层面，中国需要营造适宜的创新环境，加大对基础科研的投入，促进产学研协同创新，构建市场导向的绿色技术创新体系，减少与发达国家含碳产品的技术差距，早日实现中国的减排承诺。

[①]　孟国碧："后巴黎时代三重身份背景下中国的碳泄漏困境及法律应对"，中国国际经济法学会论文集，2019年版，第785-801页。

[②]　丁宝根、周晏武："新式绿色贸易壁垒碳关税及我国应对策略"，《对外经贸实务》，2010年第8期，第89-92页。

六、结　语

《公约（草案）》意在化繁就简改善"碎片化""硬化"软法抑制国家"退群"，回应国际环境新问题。《公约（草案）》有四项显著的制度创新：其一，创造了环境法原则的等级，"本源—衍生"的原则架构突出了环境权和养护义务的重要性。其二，采用了"环境人权"的新方法，旨在克服传统国家中心主义的缺陷。其三，融入了国际环境法最新发展成果，扩大了"谁污染谁付费"的范围，"不倒退"原则确保环境保护水平只进不退。其四，2017年"海洋之友"诉英国政府开创了《公约（草案）》的新实践，提供了法官运用《公约（草案）》文本作为法律解释参考的先例。然而，《公约（草案）》在提取法律"公因式"方面还存在一些不足，包括：对法律冲突未置可否，未来可能与其他多边环境公约或国际贸易法之间产生矛盾，甚至存在引起"环境贸易战"的风险；责任分配厚此薄彼，缺失代内公平条款，代际公平条款既忽视历史责任，也无法反映后代人实际需求；履约机制单薄无力，仅仅依靠缔约方报告和无实权的专家委员会，在协调各国行动上作用可能较为有限。

《公约（草案）》的制定过程，大国博弈和国际合作并存。中国作为负责任的大国，应在借此商讨《世界环境公约》之际，明确向国际社会表达发展中国家的立场和态度：呼吁国际社会充分考虑各国不同的发展阶段和现实需求，将"共同但有区别的责任和能力"作为代内公平的基础性原则；坚持以公平合理的方式分配全球环境治理责任，尤其应该敦促发达国家切实履行技术转让和资金义务；采取平等协商的和平争端解决方式，共同维护多边主义，避免单边"碳关税"引起的"环境贸易战"。

全球海洋生态环境治理的区域化演进与对策

全永波[*]

海洋生态环境治理是全球海洋治理体系构建的重要内容。海洋具有跨界性特征，海洋生态环境治理只依靠单个国家采取行动不足以应对日益复杂化的环境风险，因此，只有在全球范围内建立可持续性的合作机制才能形成有效的治理路径。[①] 近年来，全球海洋生态环境治理出现了新现象：一是海洋生态系统的制约使得环境治理行动框架存在区域化的倾向，按生态系统标准划定海洋空间并以此形成环境治理机制，已经成为全球海洋治理的重要导向；[②] 二是海洋区域的治理力量加快形成，区域性的海洋环境组织不断涌现并参与治理，区域利益导向使主权国家和区域组织合作，协同解决区域海洋范围内的环境治理困境。[③] 区域海洋环境治理参与主体主要是主权国家，主权国家在政策选择上更会做出以国家利益为导向的政策决策，可能会将"不利益"环境代价进行"区域外转移"，这与全球环境治理的政策存在一定的冲突。因此，全球海洋生态环境治理的区域化演进

* 全永波（1971—），男，浙江舟山人，浙江海洋大学经济与管理学院教授，博士生导师，管理学博士，主要研究方向：海洋环境治理、海洋法治。
基金项目：本文系国家社科基金重大研究专项课题"中国参与全球海洋生态环境治理体系研究"（18VHQ015）的阶段性研究成果。

① Klaus Töpfer, Laurence Tubiana, Sebastian Unger and Julien Rochette, "Charting Pragmatic Courses for Global Ocean Governance", Marine Policy, Vol. 49, 2014, pp. 85 – 86.
② 丘君、赵景柱、邓红兵、李明杰："基于生态系统的海洋管理：原则、实践和建议"，《海洋环境科学》，2008 年第 1 期，第 74 – 78 页。
③ Fleming L E, Broad K, Clement A, et al., "Oceans and Human Health：Emerging Public Health Risks in the Marine Environment", Marine Pollution Bulletin, Vol. 53, No. 10-12, 2006, pp. 545 – 560.

该如何完善，让区域与全球的海洋生态环境治理形成"帕累托最优"，这就需要通过多案例及机制分析提出相应的解决对策。

一、全球海洋生态环境治理的理论基础与治理逻辑

众所周知，唯有海洋生态系统健康运行和海洋环境干净美好，人类才能从中获取利用率高的资源与能源，才能保障海洋产业的可持续发展。全球海洋生态环境治理有其特有的理论基础和治理逻辑，世界各国应增强自身海洋环境保护意识，促进治理主体之间的海洋环境保护合作。

（一）海洋生态环境治理具有生态性和公共性特征

近年来，海洋生态环境问题接踵而至，如何处理好海洋经济发展和海洋生态环境之间的关系成为当前海洋治理中亟待解决的难题。[①] 海洋生态环境治理是环境治理的重要领域，作为治理的对象，海洋空间具有独特的治理物理特性和治理公共性。

第一，海洋中的水体本身具有流动性和与之带来的相关性。可想而知，海洋与陆地是存在差异性的。陆地虽然连续不断、固定不变，但可以有所分割，然而海洋因为水体的流动，一旦某海域海洋资源或环境过度开发利用而遭受破坏，一定程度上会不利于这片海域后续的开发与利用，同时也会对邻近海域的生态环境造成不利影响。第二，海洋的生态系统特征明显，一定区域的生态复合程度极高。研究表明，以生态系统为基础的管理是一种日益突出的海洋资源管理模式，其重点是维持生态系统的完整性，海洋管理边界的标准要按照生态系统空间范围的标准进行划定。[②] 在一定条件下，海洋相比陆地而言其任何一部分都具有特殊的价值性和功能性。人类对海洋的"立体开发"、多主体开发现象严重，给海洋环境带来层次性破坏，相应的生态修复十分艰难。第三，海洋环境和海洋资源的公共产品性特征尤为突出，在空间维度上没有明确的标准和统一的划分，所

---

① 王琪、何广顺："海洋环境治理的政策选择"，《海洋通报》，2004 年第 3 期，第 73 - 79 页。

② Michael Malick, Murray Rutherford, Sean Cox., "Confronting Challenges to Integrating Pacific Salmon into Ecosystem-based Management Policies", Marine Policy, Vol. 85, 2017, pp. 123 - 132.

以较难精准地划分海洋治理的边界。海洋生态环境的公共产品特性，促使其具有非竞争性与非排他性，区域海洋之间的环境影响时刻存在。[①] 相关利益主体很难较好地分摊到海洋治理责任，通常最终的治理责任都落在政府身上。海洋的生态性和公共性特点证明，海洋生态环境治理的主体不限于一个国家、一级政府，治理具有复杂性和联动性。

（二）全球海洋生态环境治理具有一定的层次性和系统性

20 世纪 80 年代以来，《联合国海洋法公约》确立了管理海洋环境及其资源的基本法律原则，规定了海洋环境保护的国际合作机制，但该公约无法回答海洋法中出现的所有新问题。因此，国际社会和各国政府需要采用可持续发展的整体模式，为全球海洋治理提供更加务实的办法。[②] 与此同时，在区域一级，欧盟为代表的区域组织在促进综合海事政策方面卓有成效，在过去 40 年时间里，波罗的海、地中海等区域海洋环境协同计划纷纷签订并实施；中国近年来也进一步推进如"滩长制""湾长制"为代表的小微海洋环境治理机制等。全球海洋生态环境治理多层级体系渐趋形成。这种多层级治理体系主要体现为：以联合国和国际组织为代表的全球海洋治理体系、国际公约约束下的区域海洋治理体系和以国家治理为基础的国内海洋治理体系，后者又包括国家层、地方层、社会基层等。[③] 可见，海洋环境治理如同治理理论在实践中的应用一样，形成了全球治理、区域治理、国家治理、地方治理和基层治理等多个层级，其中区域海洋治理一般指跨国家间的海洋治理，而国家管辖海域跨行政区域治理则属于国家治理和地方治理层级的范畴。这些层级的治理在各层面形成了相应的政策和治理机制，支持相应治理领域的治理。

在当前的全球海洋治理体系中，联合国等有关国际组织在解决海洋问题中发挥着关键的作用，以联合国等国际组织为中心，国家行动者与非国

---

① Elizabeth Tedsen, Sandra, Cavalieri, Andreas Kraemer, Arctic Marine Governance, Springer-Verlag Berlin Heidelberg, 2014, pp. 21 – 43.

② Dorota Pyc, "Global Ocean Governance", Trans Nav, Vol. 10, No. 1, 2016, pp. 159 – 162.

③ 全永波："全球海洋生态环境多层级治理：现实困境与未来走向"，《政法论丛》，2019 年第 3 期，第 149 – 159 页。

家行动者共同参与海洋治理相关的行动。① 代表性行动如 1972 年《防止倾倒废物及其他物质污染海洋的公约》（以下简称《伦敦倾废公约》或《伦敦公约》）及其 1996 年议定书、1995 年《保护海洋环境免受陆源污染全球行动计划》（GPA）等。② 同时，区域性的国际组织在全球海洋治理中的作用越来越突出，成为全球海洋生态环境治理的重要力量。在海洋治理政策实施过程中，通过制定国际规则来推进全球海洋生态环境治理，成为全球海洋生态环境治理的典型做法。然而，全球海洋生态环境治理的关键是各主权国家均存在独立的权力体系，因而治理机制和规则的设计往往受到强权国家的力量影响。由于以《联合国海洋法公约》为代表的国际公约对于海洋生态环境保护的条款规制性较弱，海洋生态环境治理在实践中往往被主权国家或区域性海洋组织的利益左右，其提出的环境政策具有一定的排他性。①

（三）全球海洋生态环境治理具有一定的整体性和多元性

在当前世界经济和社会发展的进程中，全球化和逆全球化的力量不断地在海洋生态环境治理等领域角逐，其背后的价值元素包含对海洋权益、海洋生态和经济发展的多元考量。整体性治理理论的提出，对于通过协商调整、梳理整合等途径处理治理过程中出现的琐碎细小的问题，并以此形成相应的治理逻辑有积极意义。

全球海洋生态环境治理体系构建中存在全球性的整体性利益、区域利益、国家利益、企业利益、区域组织利益等多种利益诉求。随着多元利益格局的逐渐形成，多元利益主体之间的博弈也随之而来，在激烈的博弈过程中，公共利益很有可能被各种利益集团的利益所取代。因此，对海洋环境进行有效治理，应当树立全球整体性治理的理念，对海洋环境治理中的利益诉求加以规范，形成统一不失衡的利益格局，并建立和完善相应约束

---

① 庞中英："在全球层次治理海洋问题——关于全球海洋治理的理论与实践"，《社会科学》，2018 年第 9 期，第 3－11 页。

② David VanderZwaag, Ann Powers, "The Protection of the Marine Environment from Land-Based Pollution and Activities: Gauging the Tides of Global and Regional Governance", The International Journal of Marine and Coastal Law, Vol. 23, No. 3, 2008, pp. 423－452.

机制与均衡机制。① 海洋生态环境治理具有外部性，外部性因素对不同层级的治理系统有一定的冲击，并影响其治理效果，② 因此政府起到举足轻重的引领和带头作用。政府应出台相应的鼓励机制或政策，提高海洋生态环境治理能力，提高治理效率，并进一步促使企业、组织和国家实现环境行为外部性的内部化。海洋生态环境治理过程中，还需要关注各个要素的治理目标能否一致，将多元的利益诉求进行重新协商调整、再整合，将全球海洋治理要素的各自利益整合为共同利益诉求，平衡多元利益主体的关系，体现海洋主体集体理性，以提高全球海洋生态环境的整体治理效果。

二、全球海洋生态环境治理的区域化演进：现状与反思

近年来，面对海洋生态环境全球性的难题与挑战，区域性的环境合作步伐加快，各区域国家和区域组织在综合考虑生态环境、经济等各种因素基础上，主动开展区域合作，并成为解决海洋生态环境问题的重要路径。纵观全球性海洋生态环境治理的现状，区域化演进已然成为当前海洋治理的重要特点。

（一）区域化演进的现状与特点

全球化的过程也是全球性问题不断出现的过程，大量跨国和跨地区的问题不断叠加，主权国家和国际组织在参与治理过程中形成力量的多元性博弈。"区域化"成为这种力量博弈的现实选择，在海洋生态环境治理领域尤其如此。全球海洋生态环境治理的"区域化"表现为"区域"成为全球海洋生态环境治理的重心和焦点，区域大国或全球具有一定影响力的国家在区域治理中发挥着越来越重要的作用。区域海洋强调海洋生态系统结构、机制的完整性，往往按生态系统空间范围的标准划定海洋管理边界，

---

① Kristen Weiss, Mark Hamann, Michael Kinney, Helene Marsh, "Knowledge Exchange and Policy Influence in a Marine Resource Governance Network", Global Environmental Change, Vol. 22, No. 1, 2012, pp. 78 – 188.

② Anderas Duit, Victor Galaz, "Governance and Complexity—Emerging Issues for Governance Theory", Governance, Vol. 21, No. 3, 2008, pp. 311 – 335.

海洋生态环境治理的"区域化"演进有如下特点。[1]

其一，区域组织在区域海洋环境治理中发挥关键作用。在海洋生态环境治理的区域化演进中，以主权国家间的互动合作、区域性的国际组织或海洋治理委员会机制为主导形成了区域海洋生态环境的治理框架，其中区域组织在区域海洋环境治理过程中发挥着越来越重要的作用。以区域组织主导的治理主体引领治理的方向，并成为目前全球海洋生态环境治理的重要实现模式。区域组织主导的区域化治理机制的典型代表包括欧盟环境治理、波罗的海委员会对波罗的海的环境治理、南亚区域合作联盟的海洋生态环境治理等，这些海域的环境治理在全球区域海洋治理中具有典型性。多年来，由欧盟构建的环境工作组、环境委员会和环境总署等机构体系在参与海洋生态环境治理过程中起到了主导作用，推进了环境治理合作机制的形成。波罗的海沿岸六个国家缔结了《保护波罗的海区域海洋环境的公约》（以下简称《赫尔辛基公约》），针对环境污染现象，以合作方式共同参与到波罗的海区域海洋环境的保护行动中。该公约明确设立了波罗的海委员会，该委员会主要按公约附件的规定就海洋环境保护方面所涉及的具体事项进行相应的调整与规范。南亚地区专门成立了南亚区域合作联盟，提倡积极应对环境污染，加强治理协商与合作，但由于该地区总体经济较弱，环境治理制约因素明显，故海洋生态环境治理难以达到良好的效果。

其二，区域海洋生态环境治理机制已经成为全球海洋生态环境治理机制的重要内容。越来越多的区域海洋环境项目成为全球海洋生态环境治理区域化演进的重要支持。以联合国环境署设立 18 个区域海洋项目为例，[2]"区域海"机制的建立是联合国实施全球海洋治理的一个重要路径。以地中海治理为例，该区域沿岸部分国家于 1976 年签署了《保护地中海免受污染公约》（以下简称《巴塞罗那公约》），旨在解决地中海地区各种环境

---

[1] 丘君、赵景柱、邓红兵、李明杰："基于生态系统的海洋管理：原则、实践和建议"，《海洋环境科学》，2008 年第 1 期，第 74 - 78 页。

[2] "Working with Regional Seas", UN Environment Programme, https：//www.unenvironment.org / explore-topics / oceans-seas/what-we-do/working-regional-seas，访问时间：2020 年 3 月 10 日。

污染问题。该公约有一个附件和两个议定书，对防止倾倒废弃物、勘探开发大陆架造成的污染、船舶造成的污染和陆源污染作了原则性规定。该公约在 1995 年进行了修改和补充，添加了新内容，形成了污染者预防原则、负担原则、可持续发展的原则，① 体现了当前全球海洋生态环境治理的基本动向。区域性机制有效缓解了区域海洋生态环境问题，并在全球范围内被效仿，以区域海洋治理为目标的海洋生态环境治理机制纷纷建立。但这是否意味着全球海洋生态环境治理已经完全区域化？从现实分析，全球分布的海洋"区域治理"应是多层级治理体系下的分级控制系统，这些系统注重区域的生态系统功能，有助于促进基于整体性理念的生态环境治理体系的构建。②

其三，区域性海洋环境突发事件促使区域合作动能增强。区域性海洋环境治理体系除了多边公约和双边条约建立制度和机制外，通过其他途径开展跨区域合作机制建设也是海洋生态环境治理体系的重要内容。2011年，以日本福岛核泄漏事件为教训，东北亚区域国家清晰地看到海洋环境跨区域合作的重要性，面对严重海洋污染事件，各国以领导人之间的会晤共识、政府之间的磋商合作等主要形式来促进合作交流。虽然海洋生态环境治理一定程度上受到政治关系的制约，然而考虑到现实的需求及合作的需要，中国、韩国、日本逐渐把环境合作关系"机制化"。除此以外，1989 年美国埃克森公司油轮漏油事故、2010 年墨西哥湾漏油事件等，也促进了以政府和区域组织为主体的区域环境合作机制的形成。

（二）区域化演进的总结与反思

1. 基于生态系统的区域海洋生态环境治理的有效性得到加强。由于海洋天然的生态环境和特殊的地理状况，区域海洋沿岸国家考虑到长期可持

---

① 相关议定书包括：1976 年《关于废物倾倒的议定书》、1976 年《关于紧急情况下进行合作的议定书》、1980 年《关于陆源污染的议定书》、1982 年《关于特别保护区的议定书》、1995 年《关于地中海特别保护区和生物多样性的议定书》（该议定书取代了 1982 年《关于特别保护区的议定书》）、1994 年《关于开发大陆架、海床或底土的议定书》以及 1996 年《关于危险废物（包括放射性废物）越境运输的议定书》。
② William De La Mare，"Marine Ecosystem-based Management as a Hierarchical Control System"，Marine Policy，Vol. 29，No. 1，2005，pp. 57 – 68.

续发展的需要，国家间治理合作的意愿更为强烈。在区域治理过程中，主权国家、区域组织、企业等相关主体形成治理合力，以"大海洋生态系统"为前提，强调治理方案要体现海洋生态系统结构、机制的完整性和生态恢复特点，采取因地制宜的措施。[①] 不少专家已研究了基于生态系统海洋治理的可行性，越来越多区域海洋环境治理的国际案例也证明基于生态系统的区域海洋生态环境治理具有有效性和科学性。在海洋区域治理过程中，治理模式具有多样性。多数区域海洋环境治理机制不否定全球治理的权威性，从另一视角看，区域海洋生态环境治理的有效性对于推进全球海洋生态环境治理体系的构建有积极的铺垫作用。

2. "区域化"倾向对全球治理机制构建具有一定反影响力。对海洋生态环境制度的构建，国际上主要是将较多的操作章程、技术法规、环境标准等内容纳入国际环境法之中，从而使得其成为标准较多、技术较强的法律部门。[②] 在海洋生态环境治理过程中，对国际法规范的执行出现较多的问题，如联合国在1995年推出的《保护海洋环境免受陆源污染全球行动计划》（GPA）在区域一级执行过程中存在较大挑战。[③] 2017年以来，在国家管辖海域外生物多样性（BBNJ）谈判的历次进程中，对于有效的公海保护区建立、管理和评估机制一直存在分歧，如公海保护区的管理模式应该采用全球模式、区域模式还是混合模式，[④] 不同国家存在不同意见。联合国在2019年8月第三次会议通过的BBNJ主席文件上，对区域海洋治理的关注成为重要内容。在第三部分公海保护区的"区域管理工具"中，第十四条提出"c. 养护和可持续地利用需要保护的地区，包括建立一个以地区为基础的综合管理工具系统""d. 建立一个生态上有代表性的海洋保护

① Judith Kildow, Alistair McIlgorm, "The Importance of Estimating the Contribution of the Oceans to National Economies", Marine Policy, No. 34, 2010, pp. 367-374.
② 秦天宝："国际环境法的特点初探"，《中国地质大学学报（社会科学版）》，2008年第3期，第16-19页。
③ David Vanderzwaag, Ann Powers, "The Protection of the Marine Environment from Land-Based Pollution and Activities: Gauging the Tides of Global and Regional Governance", The International Journal of Marine and Coastal Law, Vol. 23, No. 3, 2008, pp. 423-452.
④ 王勇、孟令浩："论BBNJ协定中公海保护区宜采取全球管理模式"，《太平洋学报》，2019年第5期，第1-15页。

区系统"等，展现以区域为核心的保护机制，但这种保护机制"应由科学和技术机构进行监测和定期审查"（第二十一条）。① 可见在 BBNJ 的机制中，针对海洋生物多样性的养护和可持续利用问题采用的是"混合制模式"，其中对以生态系统为主的区域海洋治理凸显区域化的特征。

3. 区域化治理机制的不完善在一定程度上影响了全球海洋环境治理的效果。海洋是一个整体，海洋环境因区域海洋的生态系统特性和国家对海洋利益的管制需要，治理的区域化模式有其客观性和必要性，但在部分区域可能存在一定的不足，影响区域治理作为全球治理体系的有效性。一是区域环境治理能力欠缺。2002 年发布的《太平洋岛屿区域海洋政策及针对联合战略行动的框架》为南太平洋区域的海洋治理提供了框架，但太平洋岛国多为小岛屿国家，海洋治理能力有限，而且海洋污染源又部分来自区域外或者陆地，区域化的治理框架设计反而在一定程度上削弱了治理效果，使得小岛屿国家不得不依赖于区域海洋大国来求得有效治理。② 这类现象在地中海、南亚海等区域治理也存在。二是部分区域环境治理协作不足。2011 年日本福岛核电站泄漏，由于没有建立全球性的信息共享机制，仅凭日本本国、周边国家有限地针对核泄漏数据调查和分析，难以有效应对海洋核污染的扩散。区域组织和国家在海洋环境风险管控、环境监测协作等方面存在不足。三是各区域海洋环境评价标准存在差异，对跨界海洋环境影响兼顾不足。这种不同海区生态系统的标准差异存在有其客观性，对跨界海洋的影响考虑不足是区域海洋环境治理机制所无法解决的。针对这一困境，BBNJ 谈判中提出"缔约国应通过下列方式促进在建立包括海洋保护区在内的区域管理工具方面的一致性和互补性"（主席文件第十五条）。

---

① "Revised Draft Text of an Agreement under the United Nations Convention on the Law of the Sea on the Conservation and Sustainable Use of Marine Biological Diversity of Areas beyond National Jurisdiction", UN, 27 November 2019, https：//digitallibrary. un. org/record/3811328，访问时间：2020 年 4 月 28 日。

② Joanna Vince, Elizabeth Brierley, Simone Stevenson, et al. , "Ocean Governance in the South Pacific Region: Progress and Plans for Action", Marine Policy, Vol. 79, 2017, pp. 40 – 45.

三、全球海洋生态环境治理机制的完善对策

从 1972 年《伦敦倾废公约》及其 1996 年议定书的签署，到《联合国海洋法公约》对全球海洋生态环境治理提出的全球合作要求，以及近年启动的国家管辖海域外生物多样性（BBNJ）机制谈判均体现了不同时代和背景下全球共同保护海洋生态环境的关切。全球治理机制下的海洋生态环境治理区域化有利于稳固全球治理体系的多层级机制，但现实多元利益的冲突、区域治理能力的不对称等因素造成了区域化过程中的治理效果的缺失，对基于整体性理论下全球海洋生态环境治理体系的构建产生了一定影响。因此，如何在区域化演进中完善全球海洋生态环境治理机制，有其相应的路径安排。

（一）构建海洋命运共同体理念导向的全球海洋生态环境治理机制

习近平总书记在中国人民解放军海军成立 70 周年之际指出，"海洋孕育了生命、联通了世界、促进了发展。我们人类居住的这个蓝色星球，不是被海洋分割成了各个孤岛，而是被海洋连结成了命运共同体，各国人民安危与共。"海洋命运共同体理念的提出对反思全球海洋生态环境治理机制构建，纠正区域化为重点的海洋生态环境治理机制提供了重要的理论指导。

首先，需要树立全球海洋整体性治理理念。全球海洋治理是一种超国家的治理理念，海洋命运共同体理念应是未来全球海洋治理的价值导向。构建海洋命运共同体，就是应当超越人类中心主义的传统利用海洋模式，从永续发展、人海和谐的视角均衡、全面地认识海洋，强调要把天地人统一起来、把自然生态同人类文明联系起来，按照自然规律活动，取之有时，用之有度，这是我们思考全球海洋生态环境治理机制完善的重要起点。全球海洋生态环境的区域化演进有利于在局部解决生态环境的恶化问题，其有效性不言而喻，但也存在弊端。基于海洋命运共同体理念的全球海洋生态环境治理与区域海洋生态环境治理的关联体系的完善已成为全球海洋治理的必要途径。面对 21 世纪全球海洋治理的挑战，2017 年举办的有史以来第一次联合国海洋大会对全新的全球海洋治理机制的形成起到了

有效的促进作用。

其次，构建全球海洋生态环境治理和区域海洋生态环境治理的联动性治理架构。必须准确理解全球和区域治理的关联性，精准把握彼此间的支撑动力、重点领域、基本原则、互动关系等问题。就治理的主体建设而言，建设国际组织、区域组织和行业组织，如北极理事会、欧盟、南亚区域合作组织等。2018年5月24日，时任国家海洋局局长王宏就全球海洋治理提出四点倡议：一是增进全球海洋治理的平等互信；二是推动蓝色经济合作，促进海洋产业健康发展；三是共同承担全球海洋治理责任；四是共同营造和谐安全的地区环境。[①] 这对基于全球治理与区域治理的关联行动构建全球海洋生态环境治理机制意义重大。以海洋命运共同体理念为指导，完善全球海洋生态环境治理与区域海洋生态环境治理的关联体系，形成联合国—国际组织—"区域海"国家治理主体，将主权国家、区域国际组织、区域海洋环境治理委员会等进行行动整合，需要治理逻辑的统一。将区域治理与全球治理融合，关键在于基于利益秩序的重新架构。在全球海洋生态环境治理过程中，面对多层次利益诉求，如何规范并处理利益关系，匡正失衡的环境正义，需要构建统一的秩序价值、承担国家责任、重视超国家利益，充分体现全球整体环境利益高于个体、区域环境利益的治理逻辑。[②]

（二）形成"全球性与区域性融合"的海洋治理规则

区域治理更多关注区域内"海洋共同体"的利益，并确定区域治理规则，这些规则可能与其他区域或全球治理理念不一致。要消除这些"不一致"，形成融合性的海洋治理规则，同时不能削弱利益主体参与的积极性，增强利益主体参与的牢固性，减少治理成本，可以在行动上体现两个原则。一是海洋环境规则的针对性，即制定国际规则有具体目标指向。如针对海上航行的船舶污染、针对陆源污染物排放、针对防止海洋倾废、针对

---

① "国家海洋局局长王宏就全球海洋治理提出四点倡议"，人民网，2018年5月24日，http://world.people.com.cn/n1/2018/0524/c1002-30011497.html。

② 曹树青："区域环境治理理念下的环境法制度变迁"，《安徽大学学报（哲学社会科学版）》，2013年第6期，第119页。

海洋生态保护等，这些一致性的目标有助于具体问题的解决。如 1974 年针对控制陆源污染，波罗的海国家制定了《赫尔辛基公约》；1972 年为防止废物倾倒入海，北大西洋国家签署了《防止在东北大西洋和部分北冰洋倾倒废物污染海洋的公约》。这些区域性公约对全球国家的影响也是显而易见的。因此，区域性公约在制定时应当符合联合国体系下的治理框架，达到"全球性"和"区域性"治理体系的融合。二是海洋环境规则的动态性。法律上的冲突不一定对国际社会具有腐蚀性，相反，它往往是一种统一的力量，即使国际法律冲突缺乏实质性解决办法，它也可能对全球秩序具有系统价值。① 由于海洋环境问题存在一定的变化，合作和规制的要求也在不断变化。实践中，国际上对环境规制也因为不同的制度冲突在不断更新。如上述 1972 年北大西洋国家签署的《防止在东北大西洋和部分北冰洋倾倒废物污染海洋的公约》，当时是针对船舶倾倒废物入海污染海洋，1983 年和 1989 年增加了海上平台和飞机倾倒废物入海。《伦敦倾废公约》在 1972 年签署后，进行了多次修改，是目前国际范围防止海洋污染方面的主要公约之一。② 其 1996 年议定书在 2006 年 3 月生效，明确了预防途径、覆盖范围、与其他国际协议的关系、废弃物评估等内容，意味着国际保护海洋法治进程达到了一个新的里程碑。动态性的变化有助于解决现实性的海洋环境问题，也能将不断更新的全球海洋生态环境治理理念和机制融入区域海洋环境治理中。

海洋生态环境国际规则主要是关于海上航行、渔业、划界、能源开发和海洋环境保护的国际协议，国家责任的规制是重点，国家责任的规制将极大程度上约束国家在全球治理和区域治理理念和做法上的差异。《联合国海洋法公约》第二三五条规定，各国有责任履行其关于保护和保全海洋环境的国际义务，各国应按照国际法承担赔偿责任，也规定了国家应当对其管辖范围内的国家行为造成的海洋污染损害结果承担国家责任，其中也

---

① Monica Hakimi, "Constructing an International Community", The American Journal of International Law, Vol. 111, No. 2, 2017, pp. 1 – 40.

② Louise de La Fayette, "The London Convention 1972: Preparing for the Future", The International Journal of Marine and Coastal Law, Vol. 13, No. 4, 1998, pp. 515 – 536.

包含了国家对跨界海洋污染责任的承担。[①] 20 世纪 90 年代后，国际海事组织又相继制定了《1990 年国际油污防备、反应和合作公约》《1996 年国际海上运输有毒有害物质损害责任和赔偿公约》《2001 年国际燃油污染损害民事责任公约》等，这些公约均具有法律约束性。如何完善全球海洋生态环境治理规则，一是加紧利用联合国机制，落实 1972 年《伦敦倾废公约》及其 1996 年议定书，加强陆海联动污染治理，推进《保护海洋环境免受陆地活动影响全球行动纲领》等国际性公约；二是利用科学技术推进环境评估。需要进一步细化在 BBNJ 谈判中的环境评估，科学和技术在海洋生态环境治理中的作用必不可少，治理的手段需要跨越学科等传统的界限。[②]

（三）形成海洋生态环境全球治理和区域治理融合的"中国方案"

我国积极参与全球和区域海洋生态环境治理，是国内新形势新任务的需要，也是建设生态文明与实现可持续发展必不可少的要求。中国当前正处于海洋大国向海洋强国的转变期，如何建立中国特色话语权，推动全球海洋生态环境治理体系建设，将影响中国海洋强国战略目标和全球"海洋命运共同体"的实现进程。

面对全球海洋生态环境治理的区域化演进，中国应努力参与区域性海洋生态环境治理体系，尤其关注区域和次区域各级在全球海洋治理中的重要性和突出地位，对多中心区域集群能否实现全球海洋治理目标问题进行探讨与研究。《联合国海洋法公约》在多个方面提出了区域性合作机制建设，全球治理主体不仅需要参与一个单一的普遍适用的治理机制，还需要参与有显著差异的不同地区的机制。根据以上分析，中国参与全球海洋环境治理体系从现实性和有效性看，参与探求区域性海洋生态环境治理的框架、基础原则及区域合作方式，探寻中国在区域性海洋生态环境治理中的法律共治原则、形成合作治理的基本规则，是一种较为实际的方案。区域性海洋生态环境治理看似是一个环境问题，实际上是一个国家和地区的经

---

① ［英］M·阿库斯特著，汪暄译：《现代国际法概论》，中国社会科学出版社，1981 年，第 205 页。

② Maaike Knol, "Scientific Advice in Integrated Ocean Management: The Process Towards the Barents Sea Plan", Marine Policy, Vol. 34, No. 2, 2010, pp. 252 – 260.

济甚至主权问题，这在已有的环境治理实践中已得到验证。中国参与全球海洋生态环境治理可以黄海、东海、南海的区域性海洋生态环境治理为例，分析我国在参与这些区域性海洋治理中应注意的问题及应采取的策略建议，同时可以区域性海洋治理实例如"地中海行动计划"为蓝本，提出可供中国在黄海、东海、南海等进行区域性海洋生态环境治理借鉴的地方。

另外，双边框架下参与全球海洋生态环境治理也是我国的需要。对于双边海洋生态环境治理的制度和机制探索，可重点以我国与黄海、东海周边国家的双边海洋生态环境治理合作案例来分析。在我国与周边邻国存在岛礁和海域争议背景下，把管控、解决海洋争端和海洋生态环境治理有机结合起来，实施路径具有一定的可行性。

多年来，中国积极参与全球海洋生态环境治理，关注全球海洋治理，在国际海洋政治、海洋经济领域中扮演重要角色。我国坚持和平崛起，倡导"海洋命运共同体"理念，具有较高的国际影响力和美誉度，在国际社会中树立了负责任大国的良好形象。我国要参与全球海洋生态环境治理，首先必须把国内海洋生态环境治理好，完善国内海洋生态环境治理机制，不仅实现"绿水青山就是金山银山"的新时代理念，也为中国参与全球海洋生态环境治理提供中国成功的治理模式和经验，形成全球和区域海洋生态环境治理的"中国方案"。

四、结　语

当前，全球海洋治理的区域化倾向实际上显示了多层级治理体系在区域主体作用发挥中的突出价值，并不能撼动全球治理体系的权威性和价值导向性。党的十九大报告提出要"积极参与全球环境治理"，以规则制定和相互协作为核心的全球海洋生态环境治理问题日益受到各国重视，中国在参与全球海洋生态环境治理的实践方面也取得了一定的进展。从 2018 年开始，联合国开启了国家管辖海域外生物多样性（BBNJ）养护和可持续利用法律文书的政府间谈判，这是全球海洋生态环境治理向全球化推进的重要国际共同行动，也是应对全球治理不完善的一个重要手段。在 BBNJ 最新主席文件的序言中明确提出"强调有必要建立全面的全球制度,以更好地处理养护和可持续地利用国家管辖范围以外地区的海洋生物多样性",代表了生态环境治理的全球化目标。但全球机制、区域机制和国家诉求的整合仍将会是一个长期的过程,中国参与全球海洋环境治理过程中要力争在坚持国家利益的基础上,推进基于《联合国海洋法公约》等的全球海洋治理机制,适当主导和参与区域海洋环境治理,切实推进全球海洋环境治理的有效开展。

国家管辖范围以外区域海洋遗传资源开发的国际争议与消解

——兼谈"南北对峙"中的中国角色

胡　斌[*]

　　为解决国家管辖范围以外区域海洋生物多样性（以下简称 BBNJ）养护和可持续利用问题，依据 2015 年联合国大会第 69/292 号决议，国际社会就该议题展开磋商，并致力于达成一份"《联合国海洋法公约》框架下关于国家管辖范围以外区域海洋生物多样性养护和可持续利用的实施协定"（以下简称 BBNJ 国际协定）。目前，谈判已进入关键阶段，在总结协定筹备委员会建议和前两次立法协商会议讨论成果基础上，2019 年 12 月 27 日，BBNJ 国际协定政府间协商会议公布了最新的草案文本（Revised Zero Draft，以下简称"案文草案二稿"）。根据 2017 年联大第 72/249 号决议，以及 2019 年第 74/19 号决议，政府间会议预定在 2020 年召开第四次立法协商会议，以进一步落实协定文本。其中，"国家管辖范围以外区域海洋遗传资源（以下简称海洋遗传资源）的开发利用"作为一项基本议题（"案文草案二稿"第二部分）也被纳入议程。从目前协商情况来看，在这一议题上，国际社会争议较为激烈，也因此直接影响到了 BBNJ 国际协定

---

[*]　胡斌（1984—），男，湖南湘潭人，重庆大学法学院副教授，法学博士，主要研究方向：国际海洋法。

　　基金项目：本文为作者主持的国家社科基金项目"海洋法公约视角下公海保护区建设困境与对策研究"（17CFX044）阶段性成果。

的立法进程。① 虽然国际社会普遍同意就海洋遗传资源利用与惠益分享建立一套普遍适用的国际制度，但在具体的制度设计方面仍存在较大分歧。分歧主要体现在三个方面：第一，海洋遗传资源法律属性的界定。核心争议点在于，海洋遗传资源究竟应适用人类共同继承财产原则，还是应该适用公海自由原则。第二，海洋遗传资源的获取是否需要加以管制。这一问题的解决与第一个问题关系密切，同时也具有一定的独立性。该问题的具体内容包括是否需要对海洋遗传资源的获取行为加以管理以及应如何管理。第三，海洋遗传资源开发利用的惠益分享，包括是否需要分享和如何分享，后者又进一步细化为是否应该同时分享货币性惠益与非货币性惠益，还是仅分享非货币性惠益，以及惠益分享的具体制度设计等。本文将在逐一提炼争议核心基础上，结合谈判的现实国际背景，从国际社会整体利益出发，就如何排除争议，推动国际协定磋商进程提出对策。同时，面对谈判中发展中国家与发达国家"南北对峙"的僵局，就中国如何利用自身发展中大国的特殊地位消解南北对立提出相应的建议。

一、海洋遗传资源法律属性争议及其消解

海洋遗传资源法律属性的确定是其开发利用的重要前提和基础。② 部分国家代表和学者均认为，只有在明确界定讨论对象基础上，后续制度设计才有展开讨论的可行性，也因此，有关海洋遗传资源法律属性的争议成为了本议题关注的重点。

---

① 根据草案文本提供者解释，当草案文本中相关内容以［］形式出现时，意味着：（1）［］中的内容属于替代性选项；或（2）［］中的内容属于"非文本"选项。简言之，［］中的内容属于仍有争议之内容。从目前公布的草案文本来看，协定草案第二部分内容以及与之有关的条款，如第一部分第一条定义中有关"海洋遗传资源""海洋遗传材料"等悉数以［］形式展现，可见该部分内容仍是目前争议较大的部分。See: "Revised Draft Text of an Agreement under the United Nations Convention on the Law of the Sea on the Conservation and Sustainable Use of Marine Biological Diversity of Areas Beyond National Jurisdiction", 27 November 2019, UN Doc. A/CONF. 232/2020/3 ("Revised Zero Draft").

② 金永明："国家管辖范围外区域海洋生物多样性养护和可持续利用问题"，《社会科学》，2018年第9期，第17页。

（一）海洋遗传资源法律属性争议及其实质

《联合国海洋法公约》（以下简称《公约》）订立当时并不存在海洋遗传资源的开发利用问题，因此，《公约》仅仅对海洋渔业资源和国际海底区域（"区域"）矿物资源两类海洋资源的开发利用问题予以了关切，而在海洋遗传资源方面则留下了一个立法真空。[①] 在当前 BBNJ 国际协定磋商中，对于海洋遗传资源法律属性的界定表现出浓烈的"南北对峙"意味。发展中国家主张对此适用人类共同继承财产原则，将海洋遗传资源视为"全人类共同继承财产"，而发达国家坚持适用公海自由原则，并将海洋遗传资源视为"共有物"。

"共有物"和"人类共同继承财产"之间的共性体现在"共"字上，二者均强调资源不得被任何国家主张主权或主权权利，[②] 资源获取和利用不具排他性。二者差异在于，在资源开发利用上，前者奉行"先到先得"，自由获取，各自受益；而后者主张"共同管理、共同受益"。将海洋遗传资源视为共有物，意味着继续奉行资源获取的自由竞争，个体利益被置于首位；[③] 而在人类共同继承财产原则下，国际社会集体利益成为了资源获取和收益管理的优先目标。因此，两大概念不仅仅只是描述性和功能性概念，同时也是规范性概念，概念背后还涉及制度安排，以及互动、信任与合作关系等应然层面的问题。[④]

囿于资金和技术实力的限制，如果以公海自由原则作为海洋遗传资源开发法律秩序构建的基础，则在其自由开发利用的国际竞争中，此类资源的开发将会由少数有开发能力的国家所垄断。有鉴于此，广大发展中国家希望将人类共同继承财产原则作为调整海洋遗传资源开发利用的基本原

[①] 林新珍："国家管辖范围以外区域海洋生物多样性的保护与管理"，《太平洋学报》，2011 年第 10 期，第 94 – 95 页。

[②] 张磊："论国家管辖范围以外区域海洋生物多样性治理的柔化——以融入软法因素的必然性为视角"，《复旦学报》（社会科学版），2018 年第 2 期，第 170 页。

[③] 李志文："国家管辖外海域遗传资源分配的国际法秩序——以'人类命运共同体'理念为视角"，《吉林大学社会科学学报》，2018 年第 6 期，第 38 页。

[④] 韩雪晴："自由、正义与秩序——全球公域治理的伦理之思"，《世界经济与政治》，2017 年第 1 期，第 48 页。

则，以此为基础，要求发达国家在能力建设、惠益分享等方面对发展中国家利益予以更多关切，以此矫正公海自由原则下的形式公平所带来的实质不公平。因此，某种程度上，南北两大集团之间关于海洋遗传资源开发的原则适用之争，实质上仍是 20 世纪 60 年代以来有关国际经济新秩序运动在海洋资源开发领域的延续，是关于国际自由主义与分配正义原则之间，效率与公平价值之间的论争。

（二）淡化权属争议务实推进海洋遗传资源立法磋商

人类共同继承财产原则是 20 世纪 60 年代广大新兴独立国家追求国际经济新秩序运动下的产物。① 它是发展中国家追求经济秩序上的实质公平在国际海底矿物资源开发领域的反映。在发展中国家团结一致的努力下，人类共同继承财产原则被成功纳入《公约》，成为支配"区域"矿物资源开发的主导原则。根据《公约》规定，"区域"内资源的一切权利属于全人类，并由国际海底管理局（ISA）代表全人类行使。未经国际社会全体之同意，任何国家不得独立支配此种权利。同时，"区域"内矿物资源之开发须为全人类利益服务。换言之，开发所得利益为全人类所有，并由全人类公平分享。此外，"区域"及其资源须专为和平目的使用。具言之，也就是确保"区域"非军事化和"区域"争端的和平解决。最后，在管理体制上，强调"区域"及其资源的共同管理。在具体的执行过程中，管理的责任应由 ISA 这样一个具有普遍代表性的全球性国际组织来承担。"区域"及其矿物资源为全人类共同继承财产这一原则体现了人类社会对实质公平的价值追求，其先进性不言而喻。然而，这一原则能否照搬到海洋遗传资源领域是存疑的。

首先，从资源属性来看，将人类共同继承财产原则适用于海洋遗传资源理由并不充分。将"区域"资源视为人类共同继承财产，很重要的原因之一是因为矿物资源的不可再生或稀缺性。在发展中国家尚不具备开发能

---

① Dire Tladi, "The Common Heritage of Mankind and the Proposed Treaty on Biodiversity in Areas beyond National Jurisdiction: The Choice between Pragmatism and Sustainability", *Yearbook of International Environmental Law*, Vol. 25, No. 1, 2015, p. 114.

力前，如果任由少数在技术和资金方面占优势的发达国家率先开发，发展中国家日后将无矿可采。但海洋遗传资源的开发利用本身并不具有竞争性，遗传资源的开发利用只是在少量样本基础上进行研发，发达国家率先对部分海洋遗传资源的获取和利用并不会减损此类遗传资源的数量。当然，如果发达国家在利用相关遗传资源基础上发展出了相应的专利产品或技术，他国对同类遗传资源的后续利用固然会受到一定限制。但也应该看到，任何生物专利产品/技术都是遗传信息与生物技术的结合，因此，理论上不同遗传信息片段的截取和不同生物技术的运用仍可能创造出新的产品或技术。换言之，发达国家对海洋遗传资源的率先开发利用并不会完全剥夺发展中国家日后对同类资源的获取和利用的权利。因此，单从这一层面来看，将海洋遗传资源视为人类共同继承财产在正当性上明显不足。

其次，人类共同继承财产原则固然体现了人类大同的美好理想，但与国际社会的现实仍存在一定的距离。在一个依然由主权国家所构成的国际社会当中，条约的效力来自于国家同意。人类共同继承财产原则远远够不上所谓的"强行法"，在发达国家集团普遍不予接受的情况下，这一原则对它们而言并不具有任何约束力。强行在海洋遗传资源领域纳入这一原则，即便BBNJ国际协定最终生效，其命运很可能与《月球协定》一样，在主要开发国家拒绝参与的情况下形同虚设。[①] 此外，"区域"的成功经验也难以在此复制。发达国家之所以最终在"区域"制度当中接受这一人类共同继承财产原则，很大程度上是因为它们能够在这一制度当中获得"区域"矿物资源开发的排他性权利，[②] 但在海洋遗传资源开发上，发达国家并不需要，也无法获得此种排他性开发权利。在发达国家当下已经完全有能力自行其是的情况下，要求发达国家全盘接受这一原则的可能性并不大。

最后，有必要提请注意的是，尽管《公约》和《月球协定》已经对人

---

① 葛勇平："'人类共同继承遗传'原则与北极治理的法律路径"，《社会科学辑刊》，2018年第5期，第130页。

② 金永明："国家管辖范围外区域海洋生物多样性养护与可持续利用问题"，《社会科学》，2018年第9期，第20页。

类共同继承财产原则进行了不同程度的实证法化，同时国际法学者也已经就这一原则或概念进行了大量学术研究，然而关于这一原则的内涵、法律属性、国际法地位至今没有形成普遍共识。上述两个国际条约有关人类共同继承财产的规定也不尽相同。毫不夸张地说，人类共同继承财产应该是20世纪60、70年代以来现代国际法中最具争议性的、最令人费解和捉摸不定的原则之一。就其法律属性而言，它到底是不是一个国际法概念、原则、强行法规范、政治理念至今仍无定论；其确切内涵到底是"四要素""五要素"还是"六要素"也不得而知。将一个内涵不明的原则或概念适用于一个新的领域，只会徒然增加国际谈判的难度。打破僵局的关键，诚如南非著名国际法学者 Dire Tladi 所言，应抓住人类共同继承财产背后更深层次的含义——团结（solidarity）。人类共同继承财产的核心目标在于实现作为整体的人类的团结，团结以求养护和保存共享的善，以团结实现符合全人类利益的共同的善。因此，在具体立法过程中，不应该拘泥于在《公约》基础上总结出的五个要素，后者只不过是实现这种团结的工具。①

当然，这里也并非要求发展中国家就此完全放弃构建一种公平公正的海洋遗传资源开发秩序的主张。事实上，即便不以人类共同继承财产原则为基础，对于发展中国家惠益分享的要求，发达国家也不可能置之不理。原因在于，海洋生物多样性养护与海洋遗传资源开发利用是两个高度联动的问题，生物多样性是生物遗传资源的载体——某种海洋生物的灭绝同时也意味着相应的海洋遗传资源的消失。没有发展中国家对海洋生物多样性养护的广泛参与，海洋遗传资源开发利用也就成了"无源之水、无本之木"。因此，海洋遗传资源利用的惠益分享与多样性养护可以视为当前"一揽子"立法事项中两个高度关联的承诺——发展中国家同意参与多样性养护，以此为对价，发达国家同意对由此产生的成果予以公平分享。

与此同时，发展中国家也应该注意到，在海洋遗传资源权属界定上与

---

① CHM 2018 Workshop, COMMON HERITAGE OF MANKIND: DEFINITION AND IMPLEMENTA-TION Summary of Discussions at a One-Day Workshop for Participants and Observers of the Annual Session of the International Seabed Authority, October 16, 2018. https://www.resolve.ngo/docs/chm-2018-workshop-summary-final-v2.pdf。

发达国家一味僵持，不仅会延缓国家管辖范围以外区域海洋生物多样性养护全球合作的进程，加剧"公地悲剧"的风险，还会导致公域资源的虚置。一方面，在国家管辖范围以外区域海洋生物多样性样养护方面，发展中国家同样也会从中受益，区别仅在于绝对收益和相对收益上的差异而已。如果因惠益分享上无法达成协议而放弃就生物多样性养护进行合作，发展中国家的绝对收益仍然要受损。另一方面，惠益分享的前提在于利益的产生和社会福祉总量的增加，一味强调资源的共有属性而忽略甚至阻碍资源的开发利用同样也是一种社会不正义。

基于上述考虑，如果发达国家愿意就惠益分享做出实质性承诺，那某种程度上，各方完全可以淡化权属之争，以尽快推动海洋遗传资源的开发利用，为此后的惠益分享奠定物质基础。

从 2019 年公布的"案文草案二稿"来看，尽管人类共同继承财产原则并未直接写入，但 BBNJ 国际协定前言和第二部分有关条款措辞已经实质性地接纳了这一原则。在前言部分，最能体现这一原则精神的措辞表现为"期待以代表当代和后代利益的国家管辖范围以外区域海洋管理人（stewards）角色行事"。管理人概念无疑与人类共同继承财产原则强调的人类社会整体性以及资源的集体共有属性暗合。换言之，即便在海洋遗传资源开发利用方面没有设立类似于 ISA 那样的共管机构，各国在依据协定自行开发海洋遗传资源时，其角色也已经由"公共池塘资源"的自由获取者转变成了为全人类利益而开发资源的"代管人"。在第二部分目标阐述中，尽管文本内容尚存争议，但已公布文本中似乎也有意将人类共同继承财产原则实质性要素的内容纳入其中。这些条款包括"促进公平公正地分享海洋遗传资源获取、利用所生之惠益""任何国家不得对海洋遗传资源主张或行使主权""海洋遗传资源的利用应惠及全人类整体"，以及"海洋遗传资源有关活动应专为和平之目的"等。①

---

① "Revised Zero Draft", Article 7, 9.3, 9.4, 9.5.

二、海洋遗传资源获取管理的争议与消解

是否对海洋遗传资源的获取行为进行管理是 BBNJ 国际协定中海洋遗传资源开发利用中的另一个争议点。对海洋遗传资源获取的管理实际上包含两个相互衔接的问题，即对海洋遗传资源的获取和利用承诺的监督问题。获取管理通常而言涉及获取是否需要事先申请同意，以及申请中对获取目的的描述——商业利用还是纯粹海洋科研。管理人基于其对目的的描述决定是否同意其获取申请。功能上，遗传资源获取监督关切的是基因技术或产品的溯源，避免"生物海盗"事件的发生，而遗传资源利用承诺监督主要解决不当利用的问题。

（一）对海洋遗传资源获取管理的争议

1. 海洋遗传资源获取是否需要管理以及如何管理。美国、欧盟等国家或国家集团以公海（科研）自由为由反对就获取阶段进行任何形式的管理，而发展中国家不仅要求将获取纳入国际法统一规范框架，而且要求就此设定严格程序条件。具体的规制要求包括获取前的事先知情同意、获取信息公开等。牙买加、太平洋小岛屿国家集团、墨西哥等提案主张，是否允许进入并获取海洋遗传资源，应由某种国际机制来决定，并由其设定获取条件，以免对海洋调查和科研活动造成干扰。77 国集团和中国虽未就此提出具体的制度设计要求，但也表示有必要对海洋遗传资源的获取予以规制。如果按照发展中国家的要求，BBNJ 国际协定还需要进一步就获取条件、全球性管理机构的设置，以及管理程序等进行一系列的制度设计。"案文草案二稿"第 10 条显示，BBNJ 国际协定有可能采取发展中国家立场，要求原生境获取海洋遗传资源的主体应履行事先通知和事后（post-cruise）报告义务，包括向秘书处通报所获取的资源、获取的地理位置，以及资源利用主体和利用目的等，同时要求各国依据"案文草案二稿"第 10 条第 2 款规定，由缔约国就此类获取行为颁发许可。

2. 海洋遗传资源获取后是否按照承诺加以利用、是否需要监督以及如何监督。关于这一问题，发展中国家集团仅概括性提出，应借鉴《名古屋议定书》，通过共同商定条件来规范海洋遗传资源的获取和利用。海洋遗

传资源的获取实际上表现为两种形式——基于科研目的的获取和基于商业开发的获取。理论上，二者有必要加以区别对待。按照现代国际海洋法，"基于科研目的的获取"属于公海科研自由的内容，按《公约》第13部分的要求，在符合"为和平目的""未对他国海洋正当活动造成干扰""保护和保全海洋环境"基本要求下，各国有权自由进行海洋科研活动。但对于"基于商业开发的获取"，《公约》并未加以规范，是目前的国际立法空白。

（二）以落实惠益分享为目的对海洋遗传资源获取进行适度管理

客观而言，将海洋遗传资源获取行为纳入国际管理框架当中是极为必要的，非如此，则无法保证对后续基因技术或基因产品所用资源的准确溯源；无从溯源，惠益分享便成了"空中楼阁"。试想，如果不对获取进行任何形式的管理，当最终成果出现时，又如何证明该成果（基因产品或技术）系基于对海洋遗传资源研发而获得？进而，发展中国家又依据什么去要求发达国家就此进行惠益分享？

然而，如果坚持将海洋遗传资源的获取纳入国际监管框架，则有效的制度设计是国际立法者当前需要仔细思考的问题。在这一问题上，发展中国家关于沿袭《名古屋议定书》机制的主张并不可取。原因在于，《名古屋议定书》中的"事先知情同意"原则之所以能够落实，是因为待获取的遗传资源位于一国主权控制范围内。理论上，对于任何外国人在本国的生物勘探行为，一国政府是能够予以监控的，但对于国家管辖范围以外区域则不然。那么，是否有必要为此建立一个类似于国际海底管理局的权力中心化的管理机构呢？恐怕也不尽然。

一方面，建立一个全球性机构来对海洋遗传资源的获取进行事先审批与监督本身就是一件耗时费力的事。管理机构的设置、权力分配、审批程序、获取条件设置等都需要一一建立，其中的谈判成本可见一斑。而且即便建立了这样一个国际机构，发展中国家在其中的发言权能否得到保障也不得而知。从"案文草案二稿"文本来看，发展中国家这一主张仅得到部分发达国家的支持。按照草案第10.1条的规定，缔约方大会秘书处虽有权管理海洋遗传资源的获取，但其并未被赋予事先同意的职权，而只有接受获取前和获取后告知的权力。第 13 条虽然还赋予其监督海洋遗传资源利用的行为的职责，但其监督职能能否顺利履行，很大程度上将取决于船旗国能否严格履行管理责任，保证本国管辖下的船舶和人员如实、及时履行报告义务。

另一方面，建立一套过于严苛的获取管理程序还可能对海洋遗传资源开发利用产生不必要的制度性阻碍。遗传资源研发是一项风险极高的项目，并不是对每一种遗传资源的研究都可能产生潜在收益，历经数年甚至十多年研发之后发现无实用价值的案例比比皆是。[①] 正因为如此，鼓励海洋遗传资源勘探和研究本身同样属于当前海洋遗传资源国际立法应追求的重要价值之一。毕竟，基因研究的最终成果还是有益于整个人类社会的，如果在收获几许尚未可知的情况下便要求潜在勘探者履行一系列繁琐的审批手续，无疑会对部分潜在开发者的积极性造成打击。

有关海洋遗传资源获取管理立法争议的解决，还需要回到问题产生的根源——确保对基因技术或产品所利用的遗传资源源头的追溯，为此后的惠益分享议价奠定基础。也因此，获取信息的公开、透明才是此一问题的关键。为此，在 BBNJ 国际协定中引入某种信息交流机制，或海洋遗传资源的存储、公开机制应是未来立法的主要方向。毕竟，遗传资源的获取不等于经济利益的获得，如果能够鼓励各国将其所获取的海洋遗传资源汇入一个全球共享的数据库，各国从中互通有无，无疑均可从中受益。从"案文草案二稿"来看，国际社会显然也正在向这个方向努力。例如，草案就规定，缔约方应保证非原生境（*ex situ*）获取海洋遗传资源的自由与开放，以及生物信息数据（*in silico*）获取海洋遗传资源的便利。此外，"案文草案二稿"中还进一步讨论了设立一个情报交换机制（clearing-house mechanism）的可行性。尽管其具体的机构形式尚未确定，但各方已基本同意将其打造为一个开放的信息网络交换平台，以便利各方获取、交换海洋遗传资源有关的活动情况和科研信息。

---

① Anja Morris, "Marine Genetic Resources in Areas beyond National Jurisdiction: How Should the Exploitation of the Resources Be Regulated", *New Zealand Journal of Environmental Law*, Vol. 22, 2018, pp. 57 – 86.

此外，准确甄别商业化研究和非商业化研究存在现实困难，因为两者的特点取决于研究目的而非所采取的形式。很多最初标榜的非商业化研究最终往往可能转化为商业化研究。① 即便是非商业化研究，也可能衍生出很多非货币性惠益，如针对遗传资源开发利用的培训，对它们更好的了解等。更重要的是，在海洋遗传资源被获取之后，对其下游区段的研发活动的监管实际上很难完成，也很难指望获取者持续向管理者报告其对所获取资源的研发究竟是在进行商业性研发还是非商业性研发。因此，对于海洋遗传资源利用的监督问题没有必要单列出来进行讨论。从惠益分享这一最终目的出发，既然无论是商业性还是非商业性研究最终都可能产生惠益，那么结果导向应是最佳选择，即只要利用海洋遗传资源取得了相应的研究成果，无论成果形式为何，都应该纳入惠益分享的范畴。"案文草案二稿"也显示了类似的立场。除要求各国通过信息交换机制公布、交换有关海洋遗传资源研究成果等信息以外，草案第 13.3（c）条还规定，各缔约方应定期向信息交换机制或科学与技术机构提交现状报告。若这种机制能够最终确定，则一方面海洋科研成果将可以分享，另一方面，也可以进一步甄别获取后的利用现状，为潜在的货币性惠益分享打下基础。

三、海洋遗传资源利用惠益分享的争议与消解

海洋遗传资源利用的惠益分享是其开发利用的核心，某种程度上，甚至是海洋遗传资源争议中有关法律属性界定和获取管理争议产生的原因和目的。有趣的是，尽管以美国为代表的发达国家集团与发展中国家在其他两个问题上的立场有些针锋相对，但在惠益分享问题上的立场却相对一致。这一点从 2015 年以来的若干次协商会议的讨论中可以清楚看出。2017年，筹备委员会总结道，在第三次协商会议之后，接下来有必要进一步加以讨论的问题包括："是否（whether）应该管制海洋遗传资源的获取并界定这些资源的属性，何种（what）利益应该被共享；是否（whether）解决

---

① Stephen D. Krasner, "Global Communications and National Power: Life on the Pareto Frontier", *World politics*, Vol. 43, No. 3, 1991, p. 339.

知识产权问题，以及是否（whether）对海洋遗传资源的利用加以监督。"由此可见，惠益"是否需要"分享已经不是国际社会争议的焦点了，目前磋商的关键在于"何种"利益需要共享。这一问题具体包括三个方面：惠益分享范围、惠益分享机制，以及惠益分享与知识产权保护的关系。

（一）有关惠益分享的核心争议点

1. 关于惠益分享范围。在惠益分享范围上，传统的争议焦点在于是否将货币性惠益纳入分享范畴。遗传资源开发利用后所得惠益概括表现为货币与非货币性惠益两种形式。[①] 狭义上的货币性惠益主要指因海洋遗传资源的利用而产生的各种经济利益，如基因技术商业化运用后或基因产品投入市场后所得利益。广义上的货币性惠益还包括对海洋遗传资源本身的潜在价值的估价，如《名古屋议定书》附件所列的 10 项货币性惠益中获取费、样本收费、预付费、阶段性付费等实际上就是对遗传资源本身价值的货币化计价的表现形式。非货币性惠益包括资源、数据和相关知识的分享，技术转让、能力建设，以及促进海洋遗传资源科研等方面的援助。发展中国家集团强烈要求惠益分享应包括货币性惠益和非货币性惠益两个部分；而美、日、欧等发达国家虽不反对惠益分享，但认为应将惠益分享的内容限定在非货币性惠益部分，而不应该涉及货币性惠益。

2. 惠益分享机制。在惠益分享机制安排方面，就货币性惠益分享的模式以及条件而言，77 国集团和中国对此持开放讨论的态度。双方的联合提案指出，货币性惠益分享的范围和分享模式包括但不限于《名古屋议定书》附件所提到的范围和模式。除此以外，建立某种信托基金也是发展中国家主张的选项之一。这种信托基金的形式在《生物多样性公约》和《粮食和农业植物遗传资源国际条约》中早已有所实践。例如按照《粮食和农业植物遗传资源国际条约》第 13 条的规定，在获取方利用从多边系统获得的粮食和农业植物遗传资源研发出产品商业化之后，应向主管机构设立的国际基金支付公平的惠益分享基金，用来支持发展中国家粮食和农业植物遗传资源保存与持续利用。

---

① 张善宝："浅析国际海底生物资源开发制度的构建"，《太平洋学报》，2016 年第 3 期，第 6 页。

在非货币性惠益分享的机制安排方面，发展中国家和发达国家原则上均同意借鉴《生物多样性公约》及其《名古屋议定书》的规定，建立某种有关海洋遗传资源获取和惠益分享信息交换所和信息分享机制。中国的单方提案也提出，应优先考虑样本获取、信息交流、技术转让和能力建设等非货币性惠益分享机制。挪威还提出借鉴《粮食和农业植物遗传资源国际条约》的规定，建立类似的多边便利获取机制。从"案文草案二稿"来看，各国已同意建立一个以开放信息网络平台为基本载体的信息交换机制，但关于其具体职能仍莫衷一是。

3. 惠益分享与知识产权保护关系问题。海洋遗传资源惠益分享与知识产权保护二者之间既相互联系又相互冲突的复杂关系是当前国际立法需要加以考虑的另一重大问题。对基因技术或产品专利的全球保护是海洋遗传资源惠益分享问题产生的背后动因。事实上，在不存在知识产权全球保护的情况下，从海洋遗传资源开发利用的活动特征来看，这种活动并无国际规制的需要。理由在于：第一，与渔业资源或"区域"矿物资源开发不同，海洋遗传资源的开发利用不具有竞争性，一方对特定遗传资源的获取和利用，并不会阻碍第三方对同类资源的获取和利用。第二，由于遗传资源的开发利用仅需少量采样即可，一般而言也不会对国家管辖范围以外区域海洋环境或生态造成严重破坏，因此也无需基于环境或生态保护的理由对其加以管理。恰恰是因为有了知识产权的全球保护才使得海洋遗传资源的利用具有了竞争性，也因此才有了公平开发和利用海洋遗传资源，包括惠益分享问题的产生。与此同时，发展中国家所要求的货币性惠益分享的实现，很大程度上又取决于对海洋基因专利等知识产权的维持与保护。此外，技术的转让、专利强制许可、基因资源的溯源等也需要国际知识产权制度的配合与协调，但这些又与专利垄断性私权的属性格格不入。也因此，如何处理海洋遗传资源惠益分享与国际知识产权保护制度之间的关系问题同样成为了当前立法中迫切需要解决的事项之一。

（二）以交换正义为原则推进海洋遗传资源惠益分享机制的构建

海洋遗传资源惠益分享之所以被纳入 BBNJ 全球立法框架，根本上体现了交换正义的要求。一方面，生物多样性是海洋遗传资源的载体和泉源，生物多样性的丧失，同时也就意味着海洋遗传资源的丧失；另一方面，生物多样性的养护需要全球层面的广泛一致行动，尤其需要包括广大发展中国家的国际社会全体主动放弃或限制自己原本享有的公海自由权利，否则公海"公地悲剧"将难以避免。换言之，发展中国家对生物多样性养护的参与是发达国家得以持续开发海洋遗传资源的前提。也因此，发达国家在遗传资源开发惠益方面与发展中国家公平分享便成为了发展中国家参与生物多样性养护的对价。

交换必须符合交换正义。所谓交换正义，古典交换正义思想，如亚里士多德、阿奎那等强调平等，现代交换正义理论则在此基础上进一步强调自愿和公平。交换正义一般存在于个体之间，但在国家之间同样存在，国际法同样需要公平地分配国际社会成员之间的权利义务，划分由国际社会合作产生的利益。先天禀赋以及后天所处环境的差异往往使得部分人的出发点要优于其他人，国家亦然，也因此必须由社会正义来尽量排除这种因社会历史和自然方面的偶然任意因素而造成的不平等。[1] 虽然《公约》并未直接提及这一原则，但《公约》序言和正文中的若干规定蕴含着这一原则的精神内涵。例如，在序言中，《公约》提到，要通过对海洋资源的公平有效利用来促进公平公正的国际经济秩序建立，特别是要照顾到发展中国家的特殊利益和需要，以及通过公约促进符合正义原则的合作关系的建立等。在第十三部分中也特别强调了各国在互利基础上进行海洋科研合作的义务，包括促进技术、情报、知识向发展中国家转移。[2] 因此，基于交换正义的伦理价值，在生物多样性养护和可持续利用问题上，发达国家不能只强调发展中国家养护的共同义务，而忽略了他们对由此产生的养护成果公平分享的权利；对于发展中国家而言，也不能一味强调分享，而忽略了养护的义务与责任；同时，基于主权平等原则，也应考虑对方的接受可能，提出公平、合理的分享要求。

---

① ［美］约翰·罗尔斯著，何怀宏、何包钢等译：《正义论》，中国社会科学出版社，1988 年版，第 6 页。
② 《公约》前言，以及第 242 条、第 244 条等。

　　基于交换正义的要求，在惠益分享范围上，国家管辖范围以外区域显然不能全盘照搬《名古屋议定书》中有关惠益分享的安排，尤其是在货币性惠益分享内容上，如获取费、样本费、预付费等基于获取本身而产生的惠益分享要求并不具备充分的正当性。其一，发展中国家对于海洋遗传资源并不享有独占的主权权利，也因此不具有排他的支配和处置权；其二，获取本身并不一定能获利，若获取阶段即面临这种经济利益的付出，则与鼓励海洋遗传资源开发和加速资源价值转换的目标相冲突。因此，货币性惠益分享不应该扩展至获取阶段。但在遗传资源商业化之后，通常表现为对遗传资源技术或产品的知识产权确立之后，为解决知识产权制度所带来的垄断性与其他国家平等利用权利之间的冲突与矛盾，通过惠益分享来弥补因知识产权的垄断性所带来的不公平也就成为了克服上述矛盾的便宜选择。要求海洋遗传资源专利或产品的权利主体缴纳一定比例收益成立一个全球性信托基金，用来支持发展中国家的国家管辖范围以外区域海洋生物多样性养护以及遗传资源开发利用能力建设应是可行选择。

　　在海洋遗传资源利用的非货币性惠益分享所涉及的两方面内容中，遗传资源信息公开相对容易得到发达国家的同意。因为遗传资源只具有潜在的经济利益，其能否为人类社会所用尚未可知，在这种情况下，公布本国或本国国民所获得的海洋遗传资源相关数据对获取国而言并无实质性损害。况且如果所有国家都能够秉持诚信将本国获取的海洋遗传资源相关信息予以公开，彼此互通有无，将在事实上形成一个全球性的海洋遗传资源共享数据库，显然符合国际社会整体利益。

　　然而，对于发展中国家提出的技术转让要求，发达国家恐怕很难做出硬性承诺。虽然联合国大会第 69/292 号决议要求将海洋技术转让作为BBNJ 国际协定的核心内容之一，但国际实践已经充分证明，这种要求很难在现实中加以落实。众所周知，技术关乎一国综合国力，是国家权力构成的基本要素。[①] 为维护本国在国际社会的竞争力，各国对于技术转让表

---

① ［美］汉斯·摩根索著，徐昕、郝望等译：《国家间政治——权力斗争与和平》，北京大学出版社（第七版），2005 年版，第 159 页。

现得异常敏感。要求在国家层面进行无偿或无差别的技术转让几无可能。20 世纪 70—80 年代联合国框架下达成的《国际技术转让行为守则》应者寥寥就是明证。国家层面的技术转让不可行，私主体层面的技术无偿转让更不具有可行性。因此，在技术转让方面，国际社会最终可能普遍接受的便是类似于《生物多样性公约》第 16 条、《公约》第 242 条那样，以软性义务的形式来"鼓励"发达国家对发展中国家进行技术援助和支持。从"案文草案二稿"公布的情况来看，发达国家很大概率不会在 BBNJ 国际协定中就技术转让做出硬性承诺。尽管"案文草案二稿"第五部分"能力建设和海洋技术转让"的内容看起来比较充实（共 6 条 40 余款），但与《公约》第 14 部分一样，大部分内容属于不具可执行性的政策性宣示，在任何可能设置具体义务的条文中，均并行列出了诸如"应该/可以"（shall/may）、"强制/自愿"（mandatory/voluntary）两种不同措辞，足见在能力建设和技术转让方面争议仍较为激烈。除此以外，第 45 条"按照相互同意的条件进行技术转让""尊重和保护知识产权"等措辞更进一步显示发达国家在这一问题上的强硬立场。

在协调惠益分享与知识产权保护关系问题上，从当前公布的"案文草案二稿"来看，仍属于各国争议最多的议题，[①] 但既然政府间协商会议主席在整理各方意见后仍将相关内容予以公示，某种程度上也表明这些规定未来仍有讨论的空间。"案文草案二稿"第 12 条就处理两者关系确立了一项基本原则，即知识产权保护制度应支持协定目标的实现，而非与之相抵牾。在该原则基础上，为解决源头可追溯问题，该条进一步就专利申请源头披露规定了两项具体规则：其一，专利中海洋遗传资源源头推定规则。具言之，任何基于海洋遗传资源研发的专利，专利申请人若无法说明来源，将推定其所用之海洋遗传资源源于国家管辖范围以外区域。其二，海洋遗传专利申请中的强制性说明义务。即将披露基因专利中海洋遗传资源

---

① 从公布的"案文草案二稿"来看，第 12 条"知识产权"和第 17 部分"财政资源和机制"属于与该议题直接相关的条款，但与其他多数条款不同的是，这两个条款标题即以［］标示，显示立法者关于是否纳入这两个条款都还存在争议，遑论就其具体内容展开讨论。

来源作为专利申请的程序义务。理论上，若这两项规则能够成功纳入 BBNJ 国际协定，将有利于从根本上落实遗传资源源头追溯问题，为货币性惠益分享奠定基础。在上述规则基础上，第 52 条进一步提到了经由海洋遗传资源开发者缴纳一定比例费用建立特别基金以实现货币性惠益分享的可能性。

平心而论，若发达国家一方面在能力建设和技术转让方面拒绝作出任何实质性承诺，另一方面又固守知识产权的私权立场，而不愿进行任何形式的让步，那么所谓的惠益分享机制很可能再次如同《公约》第 14 部分一样成为空谈。从最大程度消除各国分歧，推动当前立法角度来看，在发达国家执意拒绝在能力建设和技术转让上做出实质承诺的情况下，除进一步落实信息交换机制以外，是否设立上述基金机制仍有进一步讨论的必要。诚如戴尔·泰迪（Dire Tladi）所揭示的那样，国际社会，尤其是发展中国家原本并无很强意愿达成一份 BBNJ 国际协定，但后来之所以积极参与，很大程度上是受"一揽子交易"所吸引。[①] 因此，如果发达国家不愿意就惠益分享作出实质性承诺，则 BBNJ 国际协定协商能否顺利前行是存疑的。

四、"南北对峙"中的中国角色

中国作为最大的发展中国家，同时又是崛起中的大国，海洋遗传资源开发利用的发展中国家与发达国家"南北对峙"僵局，对于中国而言既是挑战，也是机遇。与多数发展中国家不同，随着近年来经济和科技实力的崛起，中国在海洋技术方面已经有了长足的进步。自 2012 年组建国家海洋调查船队以来，到 2019 年，我国海洋科考船数量已从最初的 19 艘增长到 50 艘。新建、在建数量已居世界首位。在海洋科考方面，截至 2019 年 3 月，我国已成功进行了 44 次极地科考（南极 35 次，北极 9 次）。[②] 在海洋

① Dire Tladi, "The Common Heritage of Mankind and the Proposed Treaty on Biodiversity in Areas beyond National Jurisdiction: The Choice between Pragmatism and Sustainability", *Yearbook of International Environmental Law*, Vol. 25, No. 1, 2015, pp. 120 – 121.
② 陈连增、雷波："中国海洋科学技术发展 70 年"，《海洋学报》，2019 年第 10 期，第 8 – 9 页。

遗传资源研究方面，我国虽然起步较晚，但进展迅速。在海洋遗传资源专利申请方面，从在世界知识产权组织首次备案数量来看，中国以 518 件位列世界第三，仅次于美国（1113 件）和日本（773 件）。[①] 可见，在海洋遗传资源开发利用方面中国有着切实的国家利益。但与此同时，作为世界最大的发展中国家和负责任大国，在 BBNJ 养护和可持续利用方面，中国也应对国际社会共同利益，尤其是发展中国家利益予以充分关切和尊重。如何在维护本国核心利益基础上，兼顾他国合理关切，成为中国在当前国际立法磋商中面临的主要考验。然而，挑战也是机遇，海洋遗传资源的开发利用也正是中国展现大国担当，凭借自身话语表达与行动为复杂全球问题提供中国方案的重要机遇。在 2017 年提交的提案中，中国政府承诺将在有关 BBNJ 谈判中发挥建设性作用，为国际社会更好养护和可持续利用海洋生物多样性贡献力量。在发达国家固守的公海自由原则与发展中国家所坚持的人类共同继承财产原则之间的价值冲突与结构性矛盾难以调和的情况下，中国所倡导的"人类命运共同体"理念完全有能力调和"南北矛盾"，为海洋全球公域治理提供另一种方案。

（一）准确认知"南北对峙"成因是中国推动南北合作的前提

海洋遗传资源开发利用中的"南北矛盾"实质上是传统海洋自由秩序下主权国家权利、义务、责任失衡的必然结果。公海自由原则肯定了各国在形式上平等参与 BBNJ 资源的权利，无论沿海国或内陆国、发达国家或发展中国家均可平等开发利用海洋生物和遗传资源。然而这种平等只是形式上的平等，开发全球公域的高技术和资金门槛使得广大发展中国家事实上无法平等参与 BBNJ 资源开发。从世界知识产权组织统计来看，当前有能力开发海洋遗传资源的国家不到 10 个。打着平等竞争的旗号，发达国家利用本国技术和资金优势几乎垄断了海洋遗传资源，进而通过知识产权的全球保护网络，从发展中国家赚取高额专利技术转让或许可费。这种形式上的平等掩盖下的实质不平等还进一步表现为 BBNJ 制度建设和参与中话语权的不平等。

---

① 陈连增、雷波："中国海洋科学技术发展 70 年"，《海洋学报》，2019 年第 10 期，第 8 页。

尽管在权利方面发达国家与发展中国家呈现出实质不平等状态，但是在 BBNJ 资源养护义务与责任的分配上却并未呈现出差异。全球公域既然更多为强国所感知，那么这些国家也理应承担更多的生物资源养护责任。①然而，传统海洋自由秩序并未考虑到这种南北治理能力的差异而在治理责任承担上予以区别对待。如前所述，虽然《公约》中的确存在有关"考虑发展中国家特殊利益和需要"的规定，但这种规定往往流于政策宣示，并未赋予任何实际可执行的内容。这种权利与义务、能力与责任失衡的现状使得发展中国家迫切要求改革现有全球海洋治理秩序，并因此诉诸人类共同继承财产原则，希望凭借这一原则限制发达国家单方面的开发，实现分配正义。

然而，在海洋遗传资源养护领域全盘适用人类共同继承财产原则也存在着现实困境。自由主义主导下的 BBNJ 公域秩序仍有很大制度惯性，尽管欧盟等部分发达国家集团看似已经在某种程度上接受了人类共同继承财产原则，但在一些触及既得利益的领域，如以海洋遗传资源共管取代自由获取等问题上，发达国家尚不愿意做出实质性让步。发达国家在国际规则制定上的强势地位也因此使人类共同继承财产原则难以在新的国际立法中全面实现。②

南北集团在海洋自由与人类共同继承财产原则之间的对撞，彰显了实然和应然、传统与现代层面的两种海洋全球公域治理观的冲突。在 BBNJ 尚未发生拥挤性竞争开发时，自由主义海洋秩序或许可行，各国自可争相利用本国实力争取更大的资源空间以维系于己有利的制度安排，然而，当 BBNJ 及其公域资源的开发达到所谓的"拥挤点"时，基于分配正义重组利益网络就会成为势所必然的要求。在新旧治理观交替背景下，有必要引入一种新的全球公域治理理念，以弥合分歧，消解冲突。

（二）以人类命运共同体理念引领 BBNJ 国际协定协商

在《共同构建人类命运共同体》的演讲中，习近平主席提出："要秉

---

① 韩雪晴："全球公域治理：全球治理的范式革命?"《太平洋学报》，2018 年第 4 期，第 10 页。
② 李志文："国家管辖外海域遗传资源分配的国际法秩序——以'人类命运共同体'理念为视阈"，《吉林大学社会科学学报》，2018 年第 6 期，第 40 页。

持和平、主权、普惠、共治原则，把深海、极地、外空、互联网等领域打造成各方合作的新疆域，而不是相互博弈的竞技场。"这一讲话，标志着一种以人类命运共同体理念为指导的新的全球公域治理观的形成。人类命运共同体理念是对康德的世界主义和马克思主义共同体思想的继承与发展。其天下和合、四海一家的天下观与世界主义的"每个人不仅是民族国家的一员，也是人类社会的一员"一脉相承，[①] 对"人"的类属性，以及人类社会整体利益的存在有着清醒的认识。命运共同体所蕴含的利益共同体、价值共同体和责任共同体的精神理念为消除当前海洋遗传资源开发利用中的南北对立，推动全球合作提供了新的价值理念的指引。

在海洋遗传资源开发利用的国际谈判中，首先，中国应积极倡导新的利益观。国际社会应充分意识到，在生物多样性养护和可持续利用领域，各国已经事实上形成了一个生存共同体、利益共同体。在生物多样性养护与遗传资源开发利用等议题交织背景下，南北国家早已形成共生共荣的关系，缺乏任何一方的合作，另一方所期待的利益都无法有效实现；"国家利益至上"的传统国家利益观与公域的整体性已无法有效兼容。其次，中国应积极倡导新的责任观。自由主义海洋秩序下的责任观本质上是一种形式上的平等责任观，在海洋全球公域治理过程中，责任与能力出现了脱钩，强国与弱国在责任能力上的差异并未获得制度上的关注。强者抢先开发国家管辖范围以外区域的海洋生物资源，而却由弱者一同承担由此造成的海洋生态环境退化的负外部性。因此，在当前的全球协定协商中，中国应秉持公平立场，强调治理过程中发展中国家与发达国家之间"共同但有区别的责任"。

（三）以"一体两翼"的外交策略推动南北合作

人类命运共同体理念为中国大国外交提供了新的理论指引。在推动BBNJ海洋全球公域治理过程中，中国在坚守谈判原则的基础上，应注重回应南北各方诉求，发挥发展中大国独特地位，成为沟通南北的桥梁；同

---

① 廖凡："全球治理背景下人类命运共同体的阐释与构建"，《中国法学》，2018年第5期，第44页。

时在国际立法协商中，应积极参与规则制定和顶层设计，提供创新制度建议，以引领 BBNJ 治理范式的转型，为顺利推动 BBNJ 国际协定做出贡献。

1. 中国 BBNJ 谈判的基本原则。作为海洋渔业大国和新兴海洋遗传资源开发利用大国，在海洋生物资源养护和可持续利用问题上，中国与国际社会有着广泛的共同利益，也明确支持就此制定一份具有普遍约束力的国际协定。对于筹备委员会提出的将海洋遗传资源及其惠益分享、海洋保护区等海洋空间管理工具、环境影响评估、能力建设和海洋技术转让等予以"一揽子解决"的方案，中国也予以支持。在当前的 BBNJ 国际协定协商过程中，在海洋遗传资源开发方面，中国明确表达了自己的原则立场：第一，协定属于《公约》框架下的国际法律文件……不能偏离《公约》原则和精神，不能损害《公约》制度框架及其完整性和平衡性。第二，BBNJ 国际协定下新的制度安排应有坚实法律依据和科学基础，在养护和可持续利用之间维持合理平衡。第三，BBNJ 国际协定应兼顾各方利益和关切，立足于国际社会整体和绝大多数国家的利益和需求，特别是广大发展中国家的利益，不能给各国尤其是发展中国家增加超出其承担能力的义务和责任。综而言之，在符合国际社会整体利益前提下，积极推动和引领在《公约》框架下达成一份新的有约束力的国际协定应是中国当前 BBNJ 治理战略的主体行动。

2. 化解南北对立的"两翼"策略。化解海洋遗传资源开发利用上南北集团之间的对立，中国一方面应善用自身发展中大国的地位，发挥外交巧实力，化解对立；另一方面，在成为公域资源开发者的同时，中国也应积极作为，在 BBNJ 公域治理制度和机制建设中扮演积极角色，通过提出具有创新性的制度方案，引领南北各方谈判。此为化解南北对立，推动协定谈判进程的"两翼"。

第一，必须承认，尽管中国已经在 BBNJ 开发利用方面取得了一定成就，但与美国、日本等先进国家相比仍有较大差距。因此，中国应继续坚持发展中国家身份定位，并继续团结发展中国家。事实上，在本次谈判中，中国也的确继续坚持了这一立场。与此同时，作为世界最大的发展中国家，中国也有责任充分阐明当前 BBNJ 问题解决的紧迫性，以及充分体现公平与实质正义的惠益分享制度给 BBNJ 治理所带来的制度稳定性和长久持续获益的可能。对于那些坚持将海洋遗传资源视为人类共同继承财产，进而实行完全的国际共管和共用的国家而言，在强调养护责任共同性的同时，也应指明权利共享所带来的资源虚置的隐忧，以及资源开放获取与国际共同获益之间的兼容。在单独提交的提案中，中国已表达类似观点。中国认为，海洋遗传资源的采样、研发和商业化具有技术要求高、耗时长、资金投入大、结果不确定等特点，因此，有关海洋遗传资源惠益分享机制应总体上有利于海洋生物多样性的养护和可持续利用。当前协定的协商重点应是在充分照顾发展中国家关切和需求情况下，优先解决样本便利获取、信息交流、技术转让和能力建设等非货币惠益分享机制。

在团结发展中国家集团的同时，鉴于欧盟、挪威等国家和地区组织在海洋全球公域治理领域的重要影响力，以及它们在推动生物多样性养护方面的政治意愿，中国应推动和支持欧盟发挥领导作用，在相关议题上与欧盟形成呼应和战略协作关系。事实上，在美国、日本等国坚持反对将人类共同继承财产原则适用于海洋遗传资源领域时，正是欧盟等率先做出妥协，提出以"惠益分享"取代人类共同继承财产原则的"折衷路线"。在接下来的协商会议中，中国应进一步说服欧盟在信息共享、技术转让和能力建设等方面做出更为具体、可操作的承诺。

第二，完善 BBNJ 海洋全球公域治理的过程，同时也是完善和创新国际海洋制度体系的过程。在这一过程中，中国应摆脱过去在全球公域治理中的被动状态，发挥主观能动性，就相关议题积极建言献策，深入参与规则和制度设计，引领国际对话和谈判进程。在本次谈判中，中国提出的若干创新性意见和建议就得到了国际社会的广泛认同，有效推动了 BBNJ 国际协定协商进程。例如，在能力建设和技术转让方面中国所提出的针对性、有效性、平等互利、合作共赢等原则，在合作方式上中国提出的关于搭建国际合作平台、建立信息分享机制、发挥政府间海洋学委员会作用等主张，都得到了国际社会的认同，并由协商会议列明在"案文草案二稿"文本当中。

论国家管辖范围以外区域海洋保护区的
实践困境与立法要点

王金鹏[*]

20 世纪 50 年代和 60 年代早期，人类对海洋的破坏日渐严重，^① 国际社会借鉴陆地环境保护的经验，逐渐开始通过设立海洋保护区来保护海洋环境。世界自然保护联盟^②、《生物多样性公约》缔约方大会^③和联合国粮食及农业组织^④等先后提出了海洋保护区的不同定义。目前，尚没有被国际社会普遍接受的海洋保护区的定义，但通常认为海洋保护区概念的核心是指在一定的海域，采取更为严格的措施保护海洋生物多样性、栖息地或

---

* 王金鹏（1990—），男，山东临沂人，中国海洋大学法学院讲师，博士后，中国海洋大学海洋发展研究院研究员，法学博士，主要研究方向：海洋法和国际环境法。

基金项目：本文系教育部人文社会科学研究项目青年基金项目"国家管辖范围以外海洋保护区规则制定与国家博弈研究"（18YJC820061）、中国博士后科学基金面上资助项目"南极海洋保护法对海洋法和我国的影响与因应研究"的阶段性成果。

① Committee on the Evaluation, Design, and Monitoring of Marine Reserves and Protected Areas in the United States, Ocean Studies Board, Commission on Geosciences, Environment, National Research Council, *Marine Protected Areas: Tools for Sustaining Ocean Ecosystems*, National Academy Press, 2001, pp. 146 – 147.

② "Protection of the Coastal and Marine Environment", Resolution 17. 38 of the IUCN General Assembly, 1988, https://portals. iucn. org/library/efiles/documents/GA-17th-011. pdf, p. 105. 访问时间：2021 年 6 月 28 日。

③ "Marine and Coastal Biological Diversity", UNEP/CBD/COP/DEC/VII/5, April 13, 2004, https://www. cbd. int/doc/decisions/cop-07/cop-07-dec-05-en. pdf, p. 2, note 1. 访问时间：2021 年 6 月 28 日。

④ FAO, "FAO Technical Guidelines for Responsible Fisheries No. 4, Suppl. 4, Fisheries Management. 4. Marine Protected Areas and Fisheries", 2011, http://www. fao. org/3/i2090e/i2090e. pdf, p. 9. 访问时间：2021 年 6 月 28 日。

生态系统。① 随着时间的推移，越来越多的海洋保护区被建立，但《生物多样性公约》科学、技术和工艺咨询附属机构在 2010 年的评估中发现全球海洋中仅有 0.5% 的海洋被保护，且其中绝大部分海洋保护区处于国家管辖范围以内。② 国际社会也认识到了海洋保护的不足。2010 年在日本爱知县举办的《生物多样性公约》缔约方大会第十次会议通过的"爱知目标"的目标 11 提出，到 2020 年应有"10% 的沿海和海洋区域，尤其是对于生物多样性和生态系统服务具有特殊重要性的区域，通过有效而公平管理的、生态上有代表性和相连性好的保护区系统和其他基于保护区的有效保护措施得到保护"。③

作为全球海洋治理最重要的法律框架，《联合国海洋法公约》（以下简称《公约》）把海洋空间分为若干区域。其中的公海和国际海底区域是国家管辖范围以外区域。公海和国际海底区域约占全部海洋的 64%。④ 随着人类海洋科技和开发能力的不断发展，国家管辖范围以外区域海洋生物多样性日益受到人类活动的影响。⑤ 非法、未报告及不受管制的捕捞（以下简称 IUU 捕捞）等渔业活动，海上倾废，航运等带来一系列不良影响，威

① Robin Churchil，"The Growing Establishment of High Seas Marine Protected Areas：Implication for Shipping"，in Richard Caddell，D. Rhidian Thomas，eds.，*Shipping，Law and the Marine Environment in the 21st Century：Emerging Challenges for the Law of the Sea-legal Implications and Liabilities*，Lawtext Publishing Limited，2013，pp. 56 – 57.

② "Report on Implementation of the Programme of Work on Marine and Coastal Biological Diversity"，UNEP/CBD/SBSTTA/14/INF/2，April 14，2010，https：//www. cbd. int/doc/meetings/sbstta/sbstta-14/information/sbstta-14-inf-02-en. pdf，para. 135 and para. 161. 访问时间：2021 年 6 月 28 日。

③ "2011—2020 年《战略计划草案》和爱知生物多样性目标"，UNEP/CBD/COP/10/DEC/X/2，October 29，2010，https：//www. cbd. int/doc/decisions/cop-10/cop-10-dec-02-zh. doc，p. 9。访问时间：2021 年 6 月 28 日。

④ Nilufer Oral，"Protection of Vulnerable Marine Ecosystems in Areas Beyond National Jurisdiction：Can International Law Meeting the Challenge"，in Anastasia Strati，Maria Gavouneli，Nikolaos Skourtos，eds.，*Unresolved Issues and New Challenges to the Law of the Sea：Time Before and Time After*，Martinus Nijhoff Publishers，2006，p. 85.

⑤ 林新珍："国家管辖范围以外区域海洋生物多样性的保护与管理"，《太平洋学报》，2011 年第 10 期，第 95 – 96 页。

胁了国家管辖范围以外区域海洋生物多样性的存续，导致生物多样性的丧失。① 气候变化也威胁着海洋生物，对生态环境造成破坏。② 将海洋保护区作为养护生物多样性的管理工具引入国家管辖范围以外区域成为国际社会可能的选择。③ 一些国家在区域法律框架下开始在国家管辖范围以外区域设立海洋保护区的探索。目前这些探索面临着明显的困境和激烈的争议。本文中国家管辖范围以外区域海洋保护区是指在公海或国际海底区域划定的采取养护与管理措施保护物种及其栖息地或生态系统等的界线明确的海域。④ 联合国大会框架下正进行《公约》关于国家管辖范围以外区域海洋生物多样性养护与可持续利用问题的协定（以下简称 BBNJ 国际协定）的政府间会议，国家管辖范围以外区域海洋保护区是其核心议题之一。本文将对国家管辖范围以外区域海洋保护区现有实践进行阐述，分析这些实践面临的主要困境，继而结合在联合国大会框架下正在进行的 BBNJ 国际协定谈判，提出国家管辖范围以外区域海洋保护区国际立法的要点，并就相关规则拟定提出建议。

一、国家管辖范围以外区域海洋保护区实践概况

现有的国家管辖范围以外区域海洋保护区实践包括南极海洋生物资源养护委员会（CCAMLR）分别于 2009 年和 2016 年设立的南奥克尼南大陆

---

① Kristina M. Gjerde, "UNEP Regional Seas Report and Studies No. 178, Ecosystems and Biodiversity in Deep Waters and High Seas", UNEP/IUCN, 2006, https://wedocs. unep. org/bitstream/handle/ 20. 500. 11822/13602/rsrs178. pdf? sequence = 1&isAllowed = y, pp. 22 - 30. 访问时间：2021 年 6 月 28 日。

② IPCC, "IPCC Special Report on the Ocean and Cryosphere in a Changing Climate", 2019, https:// www. ipcc. ch/site/assets/uploads/sites/3/2019/12/SROCC_ FullReport _ FINAL. pdf, pp. 450 - 456. 访问时间：2021 年 6 月 28 日。

③ 白佳玉、李玲玉："北极海域视角下公海保护区发展态势与中国因应"，《太平洋学报》，2017 年第 4 期，第 24 页。

④ 本文没有采用"公海保护区"的概念，原因在于"公海保护区"概念并不能涵盖现有的既包括公海也包括国际海底区域的海洋保护区实践，例如东北大西洋米尔恩海山复合区海洋保护区（Milne Seamount Complex Marine Protected Area）和查理·吉布斯南部海洋保护区（Charlie Gibbs South Marine Protected Area）。此外，BBNJ 国际协定拟适用的范围不仅包括公海，也包括国际海底区域。所以相对于"公海保护区"，"国家管辖范围以外区域海洋保护区"的概念能够更好地概括现有实践，也更符合 BBNJ 国际协定制定的初衷。

架海洋保护区和罗斯海保护区，以及东北大西洋海洋环境保护委员会（OSPAR委员会）分别于2010年和2012年设立的共计七处的国家管辖范围以外区域海洋保护区。[①]

（一）南极海洋保护区

1959年《南极条约》第4条成功"冻结"了长期以来的南极大陆主权纷争。[②]《南极海洋生物资源养护公约》是南极地区生物多样性保护的重要规则，与《南极条约》一同成为南极条约体系最重要的两个支撑。《南极海洋生物资源养护公约》规定设立南极海洋生物资源养护委员会，履行确定养护需求，制定、通过和修订养护措施等职责。相关养护措施包括在公约适用范围内为养护目的确定禁捕区域等。2008年南极海洋生物资源养护委员会确定了11个设立海洋保护区的优先区域。[③] 2009年南极海洋生物资源养护委员会设立了南奥克尼群岛南大陆架海洋保护区（SOISS MPA）。[④] 2011年南极海洋生物资源养护委员会通过了"关于建立《南极海洋生物资源养护公约》下海洋保护区的总体框架"。[⑤] 2016年南极海洋生物资源养护委员会又通过了设立面积约155万平方千米的罗斯海保护区的决议（Ross Sea MPA）。罗斯海保护区的目的包括：保护重要的物种栖息地；监

[①] 法国、意大利与摩纳哥于地中海设立的派拉格斯保护区（The Pelagos Sanctuary for Mediterranean Marine Mammals）西部也曾包括公海部分。但根据"2003年4月15日关于在共和国领土周边建立生态保护区的第2003－346号法律"和"2004年1月8日关于在共和国地中海领土周边建立生态保护区的第2004－33号行政法令"，法国宣布在地中海设立生态保护区，其覆盖了派拉格斯保护区的部分区域。法国在生态保护区内可对非法排放的外国船舶课以罚金。根据"2011年10月27日的第209号总统令"，意大利宣布在地中海西北部、利古里亚海和第勒尼安海设立生态保护区。根据"2012年10月12日关于在共和国地中海领土周边建立专属经济区的第2012－1148号行政法令"，法国宣布了其在地中海区域的专属经济。法国和意大利设立的相关生态保护区和专属经济区已覆盖了派拉格斯保护区的原有公海部分，本文认为派拉格斯保护区已非国家管辖范围以外区域海洋保护区，故未将其纳入分析。

[②] 陈力："论南极海域的法律地位"，《复旦学报》（社会科学版），2014年第5期，第150页。

[③] CCAMLR，"Report of the Twenty-Seventh Meeting of the Commission"，October 27-31, 2008, https://www.ccamlr.org/en/system/files/e-sc-xxvii.pdf, para.7.2（vi）.访问时间：2021年6月28日。

[④] CCAMLR，"Report of the Twenty-Eighth Meeting of the Commission"，October 26-November 6, 2009, https://www.ccamlr.org/en/system/files/e-cc-xxviii.pdf, para.12.86.访问时间：2021年6月28日。

[⑤] CCAMLR，"Conservation Measure 91-04（2011），General Framework for the Establishment of CCAMLR Marine Protected Areas"，https://www.ccamlr.org/sites/default/files/91-04_6.pdf，访问时间：2020年4月16日。

测自然变化以更好地了解南极的生态系统；促进关于海洋生物资源的研究与包括监测在内的相关科学活动。罗斯海保护区由三部分组成：一是由三个区域组成的一般保护区，二是特别研究区，三是磷虾研究区。① 除此之外，相关国家和国家集团在《南极海洋生物资源养护公约》框架下又先后提出了东南极海洋保护区②、威德尔海保护区③以及南极半岛西部和南斯科特海保护区④三个海洋保护区的提案。

南奥克尼群岛南大陆架保护区和罗斯海保护区均对渔业活动进行限制。前者禁止除科学研究以外的渔业活动⑤，后者的约占总面积 72% 的一般保护区内禁止渔业活动。在罗斯海保护区特别研究区内可基于研究目的进行捕捞，但要遵守相关养护措施中规定的捕捞限额。在磷虾研究区和特别研究区捕捞南极磷虾还应遵守"南极磷虾探捕的一般措施"⑥ 的相关规定。此外，两个保护区内均禁止渔船倾废和转运活动。两个保护区有一点显著的不同，即是否明确设置了"日落条款"。南奥克尼群岛南大陆架保护区仅规定每五年进行一次评估，而罗斯海保护区则明确规定将持续 35 年，在 2052 年进行评估从而决定是否撤销或延续保护区，或者根据需要采取新的养护措施。

（二）东北大西洋国家管辖范围以外区域海洋保护区

《东北大西洋海洋环境保护公约》的适用范围中约有 40% 是国家管辖

---

① CCAMLR, "Conservation Measure 91-05 (2016): Ross Sea Region Marine Protected Area", https://www.ccamlr.org/sites/default/files/91-05_11.pdf, 访问时间：2020 年 4 月 21 日。

② Delegation of the European Union and its Member States and Australia, Proposal to establish an East Antarctic Marine Protected Area, CCAMLR-38/21, September 6, 2019.

③ Delegation of the European Union and its Member States and Norway, Proposal to establish a Marine Protected Area across the Weddell Sea region (Phase 1), CCAMLR-38/23, September 6, 2019.

④ Delegations of Argentina and Chile, "Revised proposal for a conservation measure establishing a Marine Protected Area in Domain 1 (Western Antarctic Peninsula and South Scotia Arc)", CCAMLR-38/25 Rev.1, September 19, 2019.

⑤ CCAMLR, "Conservation Measure 91-03 (2009): Protecting of the South Orkney Islands Southern Shelf", https://www.ccamlr.org/sites/default/files/91-03_9.pdf. 访问时间：2021 年 6 月 28 日。

⑥ CCAMLR, "Conservation Measure 51-04 (2016): General Measure for Exploratory Fisheries for Euphausia superba in the Convention Area in the 2016/17 season", https://www.ccamlr.org/sites/default/files/51-04_35.pdf. 访问时间：2021 年 6 月 28 日。

范围以外海域。①《东北大西洋海洋环境保护公约》要求缔约方采取任何必要的措施来保护海洋区域不受人类活动的负面影响，继而保护人类健康与海洋生态系统，修复被损害的海洋区域。② 2003 年东北大西洋海洋环境保护委员会成员方作出了在东北大西洋海域建立具有生态一致性且管理完善的海洋保护区网络的政治承诺。③ 2010 年东北大西洋海洋环境保护委员会设立了世界上第一个国家管辖范围以外区域海洋保护区的网络，包括米尔恩海山复合区海洋保护区、查理·吉布斯南部海洋保护区、阿尔泰海山公海保护区、安蒂阿尔泰公海保护区、约瑟芬海山公海保护区、亚速尔群岛北部大西洋中脊公海保护区。东北大西洋海洋环境保护委员会于 2012 年又新增设立了查理·吉布斯北部公海保护区。④ 这七个保护区面积共计约 46 万平方千米。⑤

　　根据其覆盖范围的法律地位和管理方式的不同，东北大西洋国家管辖范围以外区域海洋保护区可以分为三类：（1）既包括公海部分又包括国际海底区域部分的米尔恩海山复合区海洋保护区和查理·吉布斯南部海洋保护区；（2）仅包括公海部分的查理·吉布斯北部公海保护区，其下的海底部分属于冰岛向联合国大陆架界限委员会（CLCS）提交大陆架外部界限划界案的范围且尚未采取保护措施；（3）仅包括公海部分的其余四个海洋保护区，其下的海底部分属于葡萄牙提交的大陆架外部界限划界案的范围并已由葡萄牙采取了保护措施。在保护区内采取的管理措施方面，东北大西

① B. C. O'Leary. , et al. , "The First Network of Marine Protected Area（MAPs）in the High Seas：The Process, the Challenges and Where Next", *Marine Policy*, Vol. 36, No. 3, 2012, p. 599.
② See the Article 2（1）（a）of the OSPAR Convention.
③ OSPAR Commission, "Recommendation 2003/3 on a Network of Marine Protected Areas", https：//www. ospar. org/convention/agreements？q = marine% 20protected% 20areas. 访问时间：2021 年 6 月 28 日。
④ See OSPAR Commission, "MPAs in Areas Beyond National Jurisdiction", https：//www. ospar. org/work-areas/bdc/marine-protected-areas/mpas-in-areas-beyond-national-jurisdiction，访问时间：2020 年 5 月 3 日；中文译名参考范晓婷主编：《公海保护区的法律与实践》，海洋出版社，2015 年版，第 121 页。
⑤ OSPAR Commission, "Key Figures of the MPA OSPAR Network", http：//mpa. ospar. org/home_ospar/key_ figures. 访问时间：2021 年 6 月 28 日。

洋海洋环境保护委员会仅通过了没有法律约束力的建议。① 审视这些建议可以发现，东北大西洋国家管辖范围以外区域海洋保护区的管理措施主要是提升保护意识，鼓励相关信息和知识共享，支持关于人类影响和保护措施的科学研究，促进保护区管理措施为公众知晓，通过与非缔约方合作和参与其他国际组织促进保护区目标的传播等鼓励性和促进性的措施。

二、国家管辖范围以外区域海洋保护区实践面临的困境

通过以上分析可以发现，现有国家管辖范围以外区域海洋保护区实践均是在区域性法律框架下由相关国际组织在其管辖和职权范围内设立的。但由于设立这些海洋保护区所依据的国际协定在一些方面的有效性及其设立与管理过程存在问题，这些实践面临着明显的困境。

（一）合法性的质疑

国家管辖范围以外区域海洋保护区的设立通常意味着对其中特定人类活动进行限制或禁止。在国家管辖范围以外区域设立海洋保护区并执行相关管理措施可能与公海自由产生冲突，影响捕鱼自由和航行自由等。② 国家管辖范围以外区域海洋保护区面对的主要合法性挑战即在于为实现海洋保护区的目的或宗旨，海洋保护区的管理措施会对在公海和国际海底区域的相关活动进行限制，可能会影响现有海洋法秩序已确立的相关国家在公海或国际海底区域中的捕鱼或资源勘探开发等权利。实践中有些国家也质疑在国家管辖范围以外区域设立海洋保护区的合法性，这些质疑主要集中于设立海洋保护区的国际组织没有相关权限或缺乏法律依据。典型的例子是俄罗斯和乌克兰等国对南极海洋保护区合法性的质疑。俄罗斯和乌克兰质疑南极海洋生物资源养护委员会设立海洋保护区的权力，认为《南极海洋生物资源养护公约》没有规定海洋保护区的定义或相关的保护措施。乌

---

① See OSPAR Recommendation 2010/12, 2010/13, 2010/14, 2010/15, 2010/16, 2010/17 and 2012/1, https://www.ospar.org/work-areas/bdc/marine-protected-areas/mpas-in-areas-beyond-national-jurisdiction. 访问时间：2021 年 6 月 28 日。

② Sarah Wolf, Jan Asmus Bischoff, "Marine Protected Area", *Max Planck Encyclopedia of Public International Law*, 2013.

克兰质疑在公海设立海洋保护区的法律基础，认为"《公约》规定了缔约国在其管辖范围以内建立海洋保护区，但目前法律上没有看到任何建立公海保护区的可能性"。[①] 此外，南极海洋生物资源养护委员会的一些成员方也质疑建立海洋保护区是否有实际意义，以及保护区设立提案所依据的科学信息是否充分。[②] 三个南极海洋保护区的提案也面临争议和反对，其在2020年召开的南极海洋生物资源养护委员会第39次会议上均没有通过。我国代表也指出"设立海洋保护区应根据国际法并在可靠的科学证据基础上，同时平衡养护和合理利用南极海洋生物资源"。[③] 东北大西洋海洋环境保护委员会设立国家管辖范围以外区域海洋保护区作为其海洋保护区网络的一部分也引发了对其合法性的讨论，包括对东北大西洋海洋环境保护委员会是否有权限在国家管辖范围以外区域海域设立海洋保护区的质疑。[④]

（二）管理的碎片化

国家管辖范围以外区域海洋保护区实践面临的另一个明显困境是管理的碎片化。呈现管理碎片化的原因主要在于相关主管机构的职权分散，即不同的海洋活动往往由不同的国际组织负责管理。这些相关国际组织在规制国家管辖范围以外区域的人类活动中通常只有特定方面的权力，因而需要寻求与其他国际组织的合作才能实现基于生态系统的海洋环境保护与管理。然而由于这些国际组织有着不同的宗旨和不同的成员方，合作并不容易达成。例如在南极，商业捕鱼由南极海洋生物资源养护委员会负责管理，而科学研究、旅游或其他活动则受《南极条约》及其议定书的规制。[⑤]

---

① CCAMLR, "Report of the Second Special Meeting of the Commission", July 15-16, 2013, https://www. ccamlr. org/en/system/files/e-cc-sm-ii_ 1. pdf, para. 3. 18 and 3. 26. 访问时间：2021 年 6 月 28 日。

② 同①，para. 3. 57 and para. 3. 23.

③ CCAMLR, "Report of the Thirty-ninth Meeting of the Commission", 26 to 30 October 2020, https://www. ccamlr. org/en/system/files/e-cc-39-rep. pdf, para. 8. 31. 访问时间：2021 年 6 月 28 日。

④ Erik J. Molenaar, Alex Oude Elferink, "Marine Protected Areas in Areas Beyond National Jurisdiction: The Pioneering Efforts under the OSPAR Convention", *Utrecht Law Review*, Vol. 5, No. 1, 2009, p. 17.

⑤ Lora L. Nordtvedt Reeve, Anna Rulska-Domino, Kristina M. Gjerde, "The Future of High Seas Marine Protected Areas", *Ocean Yearbook*, Vol. 26, 2012, pp. 284 – 285.

即便在渔业管理方面，南极海洋生物资源养护委员会仍需要与条约适用范围之外的其他渔业管理机制进行协调。通过长时间的协调，这些组织间已可以相互作为观察员参加彼此的会议，还可通过秘书处之间定期的邮件往来实现信息交换。但是这些安排仍然被限定在协同行动的范围内，其有效性有赖各自秘书处之间的交流，还无法通过对特定议题进行协商的正式会议实现合作与协调。[1] 东北大西洋国家管辖范围以外区域人类活动的管理也涉及不同的国际条约和国际组织。东北大西洋海洋环境保护委员会规制海洋科学研究、管道铺设、倾废、设施和人工岛屿建设等人类活动，也有权评估和监测人类活动对海洋环境的影响。但目前对东北大西洋海洋生物多样性影响最显著的活动包括渔业和航运活动。东北大西洋渔业活动主要由东北大西洋渔业管理委员会（NAFAC）管理，航运活动则主要由国际海事组织（IMO）管理。东北大西洋海洋环境保护委员会与它们之间的合作与协调尚不充分。尽管东北大西洋海洋环境保护委员会和东北大西洋渔业管理委员会的咨询机构都是国际海洋勘探理事会（ICES），但两者的管理措施并不协调。其后在国际海洋勘探理事会的建议下，东北大西洋海洋环境保护委员会划定的海洋保护区才开始与东北大西洋渔业管理委员会禁止底拖网捕捞的区域有重叠。[2] 此外，目前尚没有任何东北大西洋国家管辖范围以外区域海洋保护区被国际海事组织认定为特别敏感海域和特殊区域。

（三）与沿海国权利的冲突

海洋不会被人为划设的边界而隔离，国家管辖范围内外海域是相互联系的。位于公海或国际海底区域的国家管辖范围以外区域海洋保护区的设立和相应养护措施的实施可能与沿海国在其邻近的专属经济区和大陆架上特定的海洋活动与相关权利发生冲突。邻近沿海国也可能会为自身利益采取与海洋保护区相冲突的措施。例如，冰岛没有对查理·吉布斯北部公海

---

① Julien Rochette, et al., "The Regional Approach to the Conservation and Sustainable Use of Marine Biodiversity in Areas Beyond National Jurisdiction", *Marine Policy*, Vol. 49, 2014, p. 114.

② 阿尔泰海山公海保护区、安蒂阿尔泰海山公海保护区和亚速尔群岛北部大西洋中脊公海保护区有禁止底层拖网捕鱼的区域。

保护区下的属于其外大陆架的海床和底土采取任何保护措施，而其在这些海床和底土的开发利用活动会对保护区造成影响。此外，即便沿海国采取保护措施，也需要与国家管辖范围以外区域海洋保护区所采取的措施相协调才能避免冲突。如前所述，四个东北大西洋国家管辖范围以外区域海洋保护区下的海床和海底的部分属于葡萄牙提交的大陆架外部界限划界案的范围。虽然大陆架外部界限尚未明确，但葡萄牙在相应海床及底土设立了海洋保护区。这实际上扩大了葡萄牙管辖权覆盖的地理范围①，例如葡萄牙政府在海洋保护区建立后开始监督这些区域的矿产资源勘探活动。② 葡萄牙所采取的具体管理措施需要与东北大西洋海洋环境保护委员会在相应公海保护区采取的措施进行协调，否则水层与其下海床和底土所采取的措施相互冲突会导致该海域生态综合管理无法实现。

（四）非缔约方的忽视

公海自由和船旗国管辖已成为海洋法的重要规则。根据《维也纳条约法公约》第 34 条的规定，在缔约方同意的基础上可对悬挂缔约方国旗的船舶实施限制，但这种限制通常不能约束非缔约方。换言之，如果目前一个国家或国际组织宣布设立一处海洋保护区，其仅适用于同意设立海洋保护区的国家，非缔约方可忽视海洋保护区所采取的措施。③ 但是如果非缔约方在这些海域从事威胁生物多样性的活动，这些海洋保护区可能会起不到保护的效果。此外，仅要求缔约方实施严格限制会使缔约方与非缔约方相比面临不公和劣势，非缔约方则可"搭便车"，继而导致缔约方也不愿实施或遵守限制措施，最终导致海洋保护区起不到实效。典型的例子是东北大西洋海洋环境保护委员会成员方仅愿意为七处国家管辖范围以外区域

① Marta Chantal Ribeiro, "Marine Protected Areas: The Case of the Extended Continental Shelf", in Marta Chantal Ribeiro, ed. , 30 Years after the Signature of the United Nations Convention on the Law of the Sea: The Protection of the Environment and the Future of the Law of the Sea, Coimbra Editora S. A, 2014, p. 197.
② Marta Chantal Ribeiro, "The 'Rainbow': The First National Marine Protected Area Proposed Under the High Seas", International Journal of Marine and Coastal Law, Vol. 25, No. 2, 2010, p. 190.
③ Petra Drankier, "Marine Protected Area in Areas Beyond National Jurisdiction", The International Journal of Marine and Coastal Law, Vol. 27, No. 2, 2012, p. 295.

海洋保护区制定不具有约束力的建议性措施。在这种背景下，现有国家管辖范围以外区域海洋保护区的主管组织均呼吁非缔约方能注意到保护区内采取的措施，试图促使非缔约方也认可这些措施。例如，东北大西洋海洋环境保护委员会在有关国家管辖范围以外区域海洋保护区的决定和建议中都呼吁非缔约方认可保护区的保护原则和目标。不过这些呼吁不具有任何法律效力。保护区的主管组织在现有国际法框架下采取养护措施，不得妨碍或损害非缔约方的合法权利。正如东北大西洋海洋环境保护委员会要求管理海洋保护区所实施的措施应符合国际法，不损害其他国家和国际组织根据《公约》和习惯国际法享有权利和义务。[①] 这也意味着这些国家管辖范围以外区域海洋保护区难以影响非缔约方，而这会削弱其实现保护目标的能力。[②] 与东北大西洋海洋环境保护委员会不同，南极海洋生物资源养护委员会作为在其适用范围内具有渔业管理职能的国际组织，有权在防止非法、未报告及不受管制的捕捞活动等渔业管理方面采取措施促进非缔约方遵守其相关养护措施。南极海洋生物资源养护委员会也在其设立的南极海洋保护区的养护措施中规定了促进非缔约方注意相关养护措施，例如对于有国民或船舶在《南极海洋生物资源养护公约》所管辖海域开展活动的非缔约方，提请其注意罗斯海保护区的养护措施。

（五）监测与评估的困难

国家管辖范围以外区域海洋保护区实践面临的困境还包括对其采取的相关措施的监测与评估存在困难。其一是因为设立海洋保护区的管理机构不重视通过监测与评估了解海洋保护区的实际效果；其二是因国家管辖范围以外区域海洋保护区常远离陆地，对其所采取措施的效果进行监测与评估的成本较高，缔约方不愿付出额外的高昂成本。目前东北大西洋国家管辖范围以外区域海洋保护区没有采取有法律拘束力的措施，也缺乏监测和

---

① OSPAR Commission, "Decision 2010/1 on the Establishment of the Milne Seamount Complex Marine Protected Area", https://www.ospar.org/documents? v=32821。访问时间：2021 年 6 月 28 日。

② Erik J. Molenaar, Alex Oude Elferink, "Marine Protected Areas in Areas Beyond National Jurisdiction: The Pioneering Efforts under the OSPAR Convention", *Utrecht Law Review*, Vol. 5, No. 1, 2009, p. 19.

评估的要求。即便在管理机构相对完善的南极海洋保护区，其监测和评估也面临明显的困难。例如根据南奥克尼群岛南大陆架保护区设立时每五年进行一次评估的要求，欧盟于 2014 年 9 月提交了对保护区相关养护措施的实施效果的评估。[①] 但该评估中仅指出，五年时间不足以评定该区域生物多样性特征的变化，既有的措施将不做调整。截至 2019 年，南极海洋生物资源养护委员会也仍未通过针对已设立 10 年的南奥克尼群岛南大陆架保护区的研究与监测计划（RMPs）。[②] 罗斯海海洋保护区也尚未通过研究与监测计划。[③] 由此可见，两个保护区所采取养护措施的效果尚无法判断。缺乏监测与研究计划，往往无法对国家管辖范围以外区域海洋保护区及其采取的措施的实际效果进行考察，也无法了解是否实现了其设定的目标，而这违背了设立海洋保护区的初衷。由于监测与评估困难，有学者指出，有些海洋保护区仅能提供"虚假的安全感"，缺乏确保养护措施得到执行的能力。[④]

三、国家管辖范围以外区域海洋保护区国际立法的要点

2004 年，联合国大会通过第 59/24 号决议，成立了"研究关于国家管辖范围以外区域海洋生物多样性和可持续利用问题的不限成员名额特设工作组"，对包括海洋保护区在内的划区管理工具等重要议题进行讨论。基于该工作组的建议，2015 年联合国大会通过第 69/292 号决议决定拟定BBNJ 国际协定。[⑤] 在 2016 年和 2017 年四次筹备委员会会议后，2018 年

---

① Delegation of the European Union, "Review of the South Orkney Islands Southern Shelf MPA（MPA Planning Domain 1, Subarea 48. 2）", CCAMLR-XXXIII/24, 2014.

② CCAMLR, "Report of the Thirty-eighth Meeting of the Commission", October 21-November 1, 2019, https: //www. ccamlr. org/en/system/files/e-cc-38_ 1. pdf, para. 6. 26. 访问时间：2021 年 6 月 28 日。

③ CCAMLR, "Report of the Thirty-ninth Meeting of the Commission", 26 to 30 October 2020, https: // www. ccamlr. org/en/system/files/e-cc-39-rep. pdf, para. 8. 18. 访问时间：2021 年 6 月 28 日。

④ Cheryle Hislop, Julia Jabour, "Quality Counts: High Seas Marine Protected Areas in the Southern Ocean", *Ocean Yearbook*, Vol. 29, 2015, p. 185.

⑤ "Resolution adopted by the General Assembly on 19 June 2015", UN Doc A/RES/69/292, July 6, 2015, para. 1.

BBNJ 国际协定政府间会议在纽约召开，正式开启协定磋商谈判进程。迄今政府间会议已进行三次，第四次政府间会议原计划于 2020 年召开，但因疫情推迟。① 国际社会针对 BBNJ 国际协定的谈判协商已进入关键阶段。如果 BBNJ 国际协定得以成功制定，其将是《公约》下的第三个执行协定，② 这可能是 21 世纪最重要的国际环境立法之一，其重要意义不言而喻。③ 南极海洋生物资源养护委员会与东北大西洋海洋环境保护委员会分别设立的国家管辖范围以外区域海洋保护区可以为 BBNJ 国际协定中海洋保护区方面的立法提供借鉴。本文将围绕现有国家管辖范围以外区域海洋保护区实践面临的困境，结合 BBNJ 国际协定谈判，分析其国际立法的要点。

（一）构建合法性基础

国家管辖范围以外区域海洋保护区区域性实践面临的合法性质疑，可以为 BBNJ 国际协定建立国家管辖范围以外区域海洋保护区全球性规则提供启示。BBNJ 国际协定需要构建国家管辖范围以外区域海洋保护区的合法性基础，而这也有助于特定公海和国际海底区域保护区的建设。例如有学者指出，南极海洋保护区建设的进展尚有待全球层面国家管辖范围以外区域海洋保护区制度的制定。④ BBNJ 国际协定中关于国家管辖范围以外区域海洋保护区的规定可使其全球范围内数量广泛的缔约方认可在其框架下设立的保护区的合法性，并遵守相应管理或养护措施。为构建国家管辖范围以外区域海洋保护区的合法性基础，BBNJ 国际协定应重点对需要保护的区域的标准和科学基础、提案与决策等具体事项进行明确规定。在标准

---

① 历次政府间会议的信息参见 "Intergovernmental Conference on an international legally binding instrument under the United Nations Convention on the Law of the Sea on the conservation and sustainable use of marine biological diversity of areas Beyond national jurisdiction", https://www.un.org/bbnj/, 访问时间：2020 年 5 月 9 日。

② 王勇、孟令浩："论 BBNJ 协定中公海保护区宜采取全球管理模式"，《太平洋学报》，2019 年第 5 期，第 1 页。

③ Dire Tladi, "The Common Heritage of Mankind and the Proposed Treaty on Biodiversity in Areas Beyond National Jurisdiction: The Choice between Pragmatism and Sustainability", *Yearbook of International Environmental Law*, Vol. 25, No. 1, 2014, p. 131.

④ Laurence Cordonnery, Alan D. Hemmings, Lorne Kriwoken, "Nexus and Imbroglio: CCAMLR, the Madrid Protocol and Designating Antarctic Marine Protected Areas in the Southern Ocean", *International Journal of Marine and Coastal Law*, Vol. 30, No. 4, 2015, p. 764.

和科学基础方面，在满足风险预防方法和生态系统办法等要求的基础上，应考虑到不同海域所面临不同的环境威胁，拟定具有灵活性的标准。在提案与决策方面，应规定由 BBNJ 国际协定的缔约国提案，在特定的科学技术机构评估的基础上由缔约方大会进行决策。BBNJ 国际协定还应通过实现各国普遍的参与、缔结或接受来夯实国家管辖范围以外区域海洋保护区的合法性基础。因为国家管辖范围以外区域的海洋生物多样性属于没有权属的生物资源，资源没有权属往往会导致个人或组织缺乏足够激励来防止其经济价值缩减或增进其价值。① 为促进国家管辖范围以外区域海洋生物多样性的养护和可持续利用，BBNJ 国际协定需要各国的普遍参与以防止"公地悲剧"和避免"搭便车"。BBNJ 国际协定案文草案序言中"渴望实现普遍参与"的措辞也表明了这一点。② 各国的普遍参与也将有助于使海洋保护区不仅停留在纸面上，而能采取有效的养护或管理措施。例如相较于东北大西洋国家管辖范围以外区域海洋保护区未能采取有效的措施，在南极海洋生物资源养护委员会权限范围内南极海洋保护区采取了明确的渔业限制措施，其原因之一在于南极海洋生物资源养护委员会的成员方囊括了在南大洋进行渔业活动的主要国家。在协商一致的前提下，这些国家都公平地遵守南极海洋保护区采取的养护措施。为促进各国的普遍参与，除了要求海洋保护区提案需经协商一致通过外，还可在 BBNJ 国际协定案文中规定允许缔约方对于特定条款做出排除或例外声明。

（二）加强国际合作与协调

国家管辖范围以外区域海洋保护区国际立法应强调加强国际合作与协调。《公约》第 197 条、第 117 条和第 118 条表明，各国有合作保护海洋环境与养护公海生物资源的义务。秉持善意进行合作以应对国家管辖范围以

---

① A. Mitchell Polinsky Steven Shavell, *Handbook of Law and Economics*, North Holland, 2007, p. 818.

② "Revised Draft Text of an Agreement under the United Nations Convention on the Law of the Sea on the Conservation and Sustainable Use of Marine Biological Diversity of Areas Beyond National Jurisdiction", UN Doc A/CONF. 232/2020/3, November 18, 2019.

外区域海洋生物多样性面临的威胁和风险是各国的法律义务。① 如前所述，现有国家管辖范围以外区域海洋保护区实践面临着管理碎片化带来的困境。联合国大会框架下就 BBNJ 问题的讨论也注意到管理碎片化带来的挑战。早在工作组会议中，就有与会者指出，对国家管辖范围以外区域拥有不同职权的政府间组织和机构之间务必进行合作与协调。② 现有 BBNJ 国际协定案文草案第 6 条专条规定了国际合作，对加强 BBNJ 国际协定与其他机构及其成员之间的合作，以及必要时设立新的机构等做出了原则性规定。BBNJ 国际协定案文草案在"包括海洋保护区在内的划区管理工具"部分中也规定"缔约国应为协商和协调做出安排"，以加强合作和相关机构所采取的措施之间的协调。③ 不过协定没有规定加强国际合作与协调的具体途径。东北大西洋海洋环境保护委员会推动的软法协议可以提供有益的借鉴。④ 东北大西洋海洋环境保护委员会与东北大西洋渔业管理委员会签署了"东北大西洋国家管辖范围以外特定海域主管国际组织合作与协调的协议"⑤，旨在将东北大西洋海域相关国际组织纳入一个协同管理计划，以促进该海域的协同管理。⑥ 通过不同机构或成员之间的正式协议来加强

① Tullio Scovazzi，"Marine Protected Areas on the High Seas：Some Legal and Policy Considerations"，*The International Journal of Marine and Coastal Law*，Vol. 19，No. 1，2004，p7.
② "Letter dated 15 May 2008 from the Co-Chairpersons of the Ad Hoc Open-ended Informal Working Group to Study Issues Relating to the Conservation and Sustainable Use of Marine Biological Diversity Beyond Areas of National Jurisdiction Addressed to the President of the General Assembly"，UN Doc A/63/79，May 16，2008，para. 24.
③ "Revised Draft Text of an Agreement under the United Nations Convention on the Law of the Sea on the Conservation and Sustainable Use of Marine Biological Diversity of Areas Beyond National Jurisdiction"，UN Doc A/CONF. 232/2020/3，November 18，2019.
④ Ingrid Kvalvik，"Managing Institutional Overlap in the Protection of Marine Ecosystems on the High Seas：The case of the North-East Atlantic"，*Ocean & Coastal Management*，Vol. 56，2012，pp. 35 – 43.
⑤ OSPAR Agreement 2014 - 09（Update 2018），"Collective Arrangement Between Competent International Organisations on Cooperation and Coordination Regarding Selected Areas in Areas Beyond National Jurisdiction in the North-East Atlantic"，https：//www. ospar. org/documents？v = 33030，访问时间：2020 年 5 月 9 日。
⑥ OSPAR Commission，"Summary Record of Meeting of the OSPAR Commission"，20-24 June 2011，https：//www. ospar. org/meetings/archive/ospar-commission-please-note-change-of-date-for-ospar-2011，Annex 15. 访问时间：2021 年 6 月 28 日。

关于国家管辖范围以外区域海洋保护区管理方面的合作与协调将有利于应对管理碎片化带来的困境。

（三）适当顾及沿海国权利

应对与沿海国权利的可能冲突也是国家管辖范围以外区域海洋保护区国际立法的要点之一。在公海和国际海底区域设立的海洋保护区的良好管理有赖于毗邻的沿海国的配合，而沿海国在国际法下享有的合法权利和利益也应被"适当顾及"（due regard）。在 BBNJ 国际协定案文草案中规定"不应损害沿海国在毗邻的本国管辖范围以内区域所采取的措施的效力，应适当顾及《公约》相关条款所反映的各国的权利、义务和合法利益"也体现了这一点。①《公约》中涉及不同权利、利益和秩序的协调的多个条款规定了"适当顾及"。② 例如，《公约》第 142 条规定国际海底区域内活动涉及跨越国家管辖范围的国际海底区域内资源时，应适当顾及沿海国的权利和利益。《公约》规定的沿海国和其他国家的"适当顾及"义务也是相互的，例如《公约》第 56（2）条和第 58（3）条的规定。可见，国家管辖范围以外区域海洋保护区国际立法中规定适当顾及沿海国权利有《公约》相关规定作为基础。此外，应注意到适当顾及是原则性的要求，"适当"与否需要根据具体情况和相关因素进行衡量。在国家管辖范围以外区域海洋保护区设立和管理中如何做到适当顾及沿海国权利也需要具体从个案中考量。据此，在 BBNJ 国际协定原则性规定适当顾及沿海国合法权利的基础上，之后 BBNJ 国际协定缔约方大会通过的设立某一海洋保护区或采取特定养护措施的决议中应对如何适当顾及沿海国权利进行具体规定，以解决与沿海国权利冲突带来的困境。

（四）促进非缔约方参与

如前所述，非缔约方的忽视会导致国家管辖范围以外区域海洋保护区

---

① "Revised Draft Text of an Agreement under the United Nations Convention on the Law of the Sea on the Conservation and Sustainable Use of Marine Biological Diversity of Areas Beyond National Jurisdiction", UN Doc A/CONF. 232/2020/3, November 18, 2019.

② 《联合国海洋法公约》第 27 条、第 39 条、第 56 条、第 58 条、第 60 条、第 66 条、第 79 条、第 87 条、第 142 条和第 148 条等。

难以制定有效管理措施或起到实效。有学者指出，现有区域性法律框架下的国家管辖范围以外区域海洋保护区获得间接的对非缔约方的效力的可能途径是获得全球性的国际条约或国际组织的认可。① 全球公域的治理体制应有所有国家的参与。② 促进非缔约方参与也是国家管辖范围以外区域海洋保护区国际立法的要点之一。BBNJ 国际协定虽是《公约》下的多边协定，但国际社会仍将存在 BBNJ 国际协定的非缔约方。基于此，最新协定案文草案第十部分"本协定之非缔约方"规定了鼓励非缔约方通过与协定条款一致的法规。③ 这种鼓励的具体落实需要通过促进相关国际条约或主管国际组织认可海洋保护区内采取的管理措施，使这些条约或组织的缔约方或成员方都遵守这些措施，从而促进非缔约方的参与。例如，如某一国家虽没有加入 BBNJ 国际协定，但其是国际海事组织的成员方，就可通过促进国际海事组织在其职权范围内认可 BBNJ 国际协定下海洋保护区的特定管理措施，使该国重视和遵守该措施。此外，在国家管辖范围以外海洋保护区设立与管理以及相关国际合作中还应加强与非缔约方的沟通和建立信任。加强沟通和建立信任可向非缔约方传递信息，影响非缔约方对包括缔约方在内的其他国家行为的预期，鼓励非缔约方做出一定的承诺，甚至加入协定。④ 据此，通过 BBNJ 国际协定缔约方会议或相关国际组织会议邀请非缔约方参加以及世界自然保护联盟等非政府组织推动的民间交流或科学合作等方式加强沟通和建立信任也可促进非缔约方的参与。

（五）注重监测与评估

《公约》第 192 条原则性地规定，"各国有保护和保全海洋环境的义务"。该条的要求不仅限于防止对海洋环境的可能损害，"保全"更意味着

---

① 段文："公海保护区能否拘束第三方？"《中国海商法研究》，2018 年第 1 期，第 40 页。

② Christopher C. Joyner, Elizabeth A. Martell, "Looking Back to See Ahead: UNCLOS III and Lessons for Global Commons Law", *Ocean Development & International Law*, Vol. 27, No. 1, 1996, p. 90.

③ "Revised Draft Text of an Agreement under the United Nations Convention on the Law of the Sea on the Conservation and Sustainable Use of Marine Biological Diversity of Areas Beyond National Jurisdiction", UN Doc A/CONF. 232/2020/3, November 18, 2019.

④ Anne van Aaken, "Behavioral Aspects of the International Law of Global Public Goods and Common Pool Resources", *American Journal of International Law*, Vol. 112, No. 1, 2018, p. 75.

需要采取积极的措施来保持或改善现有海洋环境的状况。① 通过包括海洋保护区在内的划区管理工具促进公海和国际海底区域生物多样性的养护和可持续利用，可被视作保全海洋环境的积极措施之一。但是盲目地设立起不到实效的海洋保护区不仅无益于保全海洋环境，而且会阻碍国际社会做出真正有效的努力。如前所述，现有国家管辖范围以外区域海洋保护区实践面临着监测与评估的困难，这也减损了国际社会设立保护区的意愿。注重监测与评估对于促进海洋保护区起到实际作用有重要意义。国家管辖范围以外区域海洋保护区国际立法应注重监测与评估，可规定一个常规的评估程序对海洋保护区及管理计划中相关管理措施的有效性进行评估，确定管理措施是否在实现保护目标方面取得进展又或者需要对管理措施进行调整。评估过程中应考虑缔约方、相关区域或部门性组织或者科学技术机构在监测中收集或提供的科学数据和信息以实现评估的真实有效。BBNJ 国际协定还可规定，要求缔约方提交的设立海洋保护区的提案中应包含针对拟议海洋保护区的监测与评估计划，明确监测的要素、参数、时间、频率、实施主体和方式以及资金来源等具体方面的内容。

四、结　语

公海和国际海底区域不被任何国家专属管辖，是各国均可涉足的全球公域，② 其生物多样性对全球环境和人类的可持续发展有重要意义。当前，各国在对本国海域进行有效管控的基础上，已开始在国家管辖范围以外区域争取海洋权益。③ 拟定 BBNJ 国际协定既是在《公约》框架下完善公海和国际海底区域治理规则，尤其是其生物多样性养护与可持续利用规则的过程，也是各国基于自身利益诉求和立场塑造新的国际规则的过程。在国

---

① Satya N. Nandan, Shabtai Rosenne, et al. *United Nations Convention on the Law of the Sea* 1982: *A Commentary*, *Vol. IV*, Kluwer Law International, 1991, p. 40.

② Kathy Leigh, "Liability for Damage to the Global Commons", *Australian Year Book of International Law*, Vol. 129, 1992, pp. 130 – 131.

③ 罗猛："国家管辖范围外海洋保护区的国际立法趋势与中国因应"，《法学杂志》，2018 年第 11 期，第 91 页。

际社会，规则和制度一旦建立，往往难以根除或做出重大调整，① 因此，我国应积极参与公海和国际海底区域治理规则的制定与完善，以助力建设海洋强国和构建海洋命运共同体。我国建设海洋强国的重要方面之一是提高海洋资源开发能力。近年来，我国在大洋科考、深潜技术等方面有长足发展，为我国"走向深蓝"和提高海洋资源开发能力提供了坚实的基础。海洋命运共同体理念是我国参与全球海洋治理的基本立场与方案。② 海洋命运共同体理念注重海洋对人类社会的连结合作，而非分割孤立。在人类历史上，海洋在便利人类交通与促进文明交流方面起着至关重要的作用。过度的"海洋圈地"和无序的海洋保护区建设无疑会阻碍人类社会通过海洋实现便利交通与合作交流，影响现有海洋法原则与秩序，也不利于海洋命运共同体的构建。

国家管辖范围以外区域海洋保护区是 BBNJ 国际协定的核心议题之一。我国应积极参与国家管辖范围以外区域海洋保护区国际立法，基于我国可持续利用海洋生物资源的现实所需以及提高海洋资源开发能力的迫切要求，提出具体建议，参与和引领相关规则的制定。具体而言，在构建国家管辖范围以外区域海洋保护区的合法性基础方面，我国应坚持国家管辖范围以外区域海洋保护区的设立与管理应有科学基础，其立法不能损害《公约》和习惯国际法等现行国际法确立的既有权利。这样一方面可避免因与现有规则产生冲突导致海洋保护区难以设立或起到实效，另一方面也有助于维护我国在既有国际法规则下享有的海洋权益。在加强国际合作与协调和促进非缔约方重视方面，我国应积极参与国际海事组织、国际海底管理局、区域性渔业组织等在划区管理工具方面的事务，影响其在国家管辖范围以外区域海洋保护区方面的合作与协调，并促进非缔约方的重视。在适当顾及沿海国权利方面，我国应坚持适当顾及不意味着给予沿海国特殊权益，而是在国家管辖范围以外区域海洋保护区设立和管理的过程中合理考

---

① 何志鹏、李晓静："公海保护区谈判中的中国对策研究"，《河北法学》，2017 年第 5 期，第 29 页。
② 姚莹："'海洋命运共同体'的国际法意涵：理念创新与制度构建"，《当代法学》，2019 年第 5 期，第 138 页。

虑到沿海国的合法权益。邻近沿海国在其管辖的专属经济区和大陆架开展活动时也应适当顾及 BBNJ 协定下国家管辖范围以外区域海洋保护区相关的养护、管理与监测活动。最后，我国应强调注重对国家管辖范围以外区域海洋保护区的监测与评估，以评估实际的保护效果决定是否需要对管理措施进行调整，包括是否在一定期限后撤销或延续保护区。

气候难民的自然权利救济及其制度展开

程　玉[*]

　　相较于"气候移民"这一术语，当我们使用"气候难民"概念时所要强调的是个人或群体被迫迁徙，他们会面临更大的生存风险，需要更多和更优先的权利保障。世界银行 2017 年做出的一份最为悲观的前景预测显示，在未来 30 年内，全球可能超过 1.43 亿人被迫成为气候难民。[①] 而南太平洋小岛屿国家的自然资源（尤其是土地资源）有限，经济水平不高，其国民沦为气候难民的风险更大。气候难民问题并不是一种纯粹的社会现象，它对新时代的全球气候治理提出了挑战，引发了一系列国际法难题：气候难民是否可以归为传统难民？气候难民的哪些基本权利遭受了侵害，可否归因于气候变化？在既有实在国际法框架中，[②] 气候难民是否有权主张损失与损害救济？不再占有领土的气候难民原籍国是否可以继续保持其国际法意义上的国家资格，抑或成为"特殊的国际法律实体"？如何建立由原籍国、东道国和国际社会共同分担的气候难民责任机制？本文试图对这些焦点问题作出初步解答。

一、全球气候治理的新议题：气候难民权利救济困境

　　气候难民是指，"因气候变化导致的威胁人类生存的各类环境损害而

---

* 程玉（1992—），男，安徽肥西人，北京师范大学法学院博士后研究人员，中国政法大学绿色发展战略研究院研究员，法学博士，主要研究方向：环境法、国际环境法。

① See Kanta Kumari Rigaud, "Groundswell: Preparing for Internal Climate Migration", World Bank, 2018, https://openknowledge.worldbank.org/handle/10986/29461.

② 实在国际法和自然国际法相对，有关实在国际法概念的内容，请参见罗国强著：《国际法本体论》，中国社会科学出版社，2015 年第 2 版，第 304 - 313 页。

被迫离开本国进行临时或永久性跨国界迁徙的人（个体或者群体）"①。气候难民问题的本质是权利的侵害与救济。人类温室气体排放行为导致的气候变化不仅影响了全球生态系统的稳定，加剧了特定地区生存环境的恶化，还对包括生命权、健康权、财产权在内的各项基本人权的享有和实现构成了严重威胁。2003 年，极地 63 名因纽特人直接向美洲人权委员会提起诉讼，要求委员会确认美国温室气体排放行为所致气候变暖直接侵犯了其应享有的多项基本人权，包括文化权、财产权、生命健康权、人身权、居住权以及自由迁徙权等。② 尽管该案诉求最终被驳回，但其为国际社会探讨气候变化与人权关系提供了契机。联合国人权理事会在其 2008 年和 2011 年的决议中指出，气候变化对基本人权构成影响。③ 2017 年，联合国人权理事会组织国家和非国家行为体深入讨论了"人权、气候变化和跨国界移民、流离失所者的关系"，并得出结论，"气候变化影响到数百万人享有的广泛人权，包括食物权、饮水权和卫生权、健康权和适足住房权"。2018 年，联合国人权事务委员会在关于生命权的一般性意见中，首次阐述了气候变化与《公民权利和政治权利国际公约》第 6 条项下生命权的一般关系，它指出，"环境损害、气候变化以及非可持续性发展构成对人类享有生命权之能力的最为紧迫、严重的威胁"④。可以说，逃离气候变化不利影响的难民并不是出于自主选择，而是迫于逃离连最基本权利都无法保障的生存危机。事实上，气候难民在迁徙中也并非一路坦途，他们始终遭受着仇外敌对心理，难以获得食物、水、保健和住房，以及面临随时可能出现的任意拘留、人口

---

① 这些环境损害与气候变化具有高度的因果关联性，可以由专门的科学专家机构如政府间气候变化专门委员会（IPCC）出具的报告确认。

② See Sheila Watt-Cloutier, "Petition to the Inter American Commission on Human Rights Seeking Relief from Violations Resulting from Global Warming Caused by Acts and Omissions of the United States", University of Houston Law Center, December 7, 2005, http: //law. uh. edu/faculty/thester/courses/ICC_ Petition_ 7Dec05. pdf.

③ See Rana Balesh, "Submerging Islands: Tuvalu and Kiribati as Case Studies Illustrating the Need for a Climate Refugee Treaty", *Environmental and Earth Law Journal*, Vol. 5, No. 1, 2015, pp. 100 – 101.

④ See Human Rights Committee, "General Comment No. 36, Article 6: Right to Life", CCPR/C/GC/36, October 30, 2018, para. 62.

贩运、暴力袭击、强奸和酷刑等威胁。① 在面临自然灾难或公共卫生事故时，气候难民的权利更难获得保障。例如，在新冠肺炎疫情期间，气候难民因较难获得检测或医疗服务而特别容易受到新冠肺炎疫情暴发的威胁。②

气候难民问题不仅是重大的权利危机，也给全球治理带来了严峻挑战。其一，气候难民全球迁徙行为可能导致疾病的全球传播。例如，世界卫生组织与伦敦卫生学和热带医学学院于 2003 年做的一项联合研究表明，全球气候变暖已经造成每年 16 万人死于疟疾和营养不良，到 2020 年这个数字可能会翻倍。③ 如果缺乏有效控制，气候难民迁徙行为极有可能造成疟疾等严重危害人类生命健康的传染性疾病在全球范围内的大规模传播，诱发全球公共卫生事件。可以预见，气候难民的无序迁徙，很有可能会加剧全球新冠肺炎疫情的传播。其二，争夺生存所必需的自然资源（例如水和食物）易引发各种敌对与冲突，造成局部地区的战争不断。例如，气候变化使得非洲地区适宜耕种土地的 1/2 遭受沙漠化和土地退化的风险，导致达尔富尔等地区持续爆发水和草原等自然资源的争夺，造成当地社群之间频繁发生武装冲突；极端自然灾害事件也加剧了美洲地区的土壤退化，使得墨西哥每年都有 70 万 ~ 80 万左右的人口寻求进入美国，美国政府为避免难民进入一直致力于在美墨边界加筑高墙以实现边界安全与稳定。④此外，气候难民潮还会对东道国（即迁徙目的地）的资源分配和治理秩序带来冲击，如果缺乏稳妥的秩序调节机制，东道国国民和气候难民之间将爆发诸如种族歧视等不可避免的争端，扰乱社会治安。

为救济气候难民遭受的权利侵害，并消除或减缓气候难民给全球治理

---

① See UN Human Rights Council（UNHCR），"Summary of the Panel Discussion on Human Rights，Climate Change，Migrants and Persons Displaced across International Borders"，U. N. Doc. A/HRC/37/35，November 14，2017，https：//undocs. org/A/HRC/37/35.

② See Phillips，C. A.，Caldas，A.，Cleetus，R. et al，"Compound Climate Risks in the COVID-19 Pandemic"，Nature Climate Change，Vol. 10，No. 1，2020，pp. 586 – 588.

③ 参见李文杰："论气候难民国际立法保护的困境和出路"，《海南大学学报（人文社会科学版）》，2012 年第 1 期，第 67 – 73 页。

④ See Benoit Mayer，"The International Legal Challenges of Climate-Induced Migration：Proposal for an International Legal Framework"，*Colorado Journal of International Environmental Law and Policy*，Vol. 22，No. 3，2011，pp. 11 – 12.

带来的挑战，国际社会不仅有必要想方设法从源头减少气候难民，还要考虑如何在制度层面确立气候难民的权利保障机制，毕竟气候变化损失与损害的后果无法完全消除——气候难民也就无法完全消弭。从应对思路来看，既然气候难民问题的本质是权利侵害与救济，其应对方案自然也应从权利角度进行设计。无权利即无救济，是极为简明的法理。仔细研究后发现，尽管气候难民议题已被纳入国际政策和法律议程，但气候难民的权利在实在国际法框架下尚难获得保障。

首先，国际人权法在应对气候难民问题时存在制度局限。目前，在很多领域取得了成功经验的国际人权法并不能为气候难民提供充分的基本权利保障。这是因为，国际人权法的适用以人权遭受直接侵犯为前提（要么侵犯本身是国家行为造成，要么国家在职权范围内未采取行动保障人权免于遭受侵犯），而气候变化对气候难民人权的侵犯具有间接性——温室气体累积排放导致各类突发性或者渐进性环境损害对气候难民享有的基本人权构成限制。① 事实上，气候变化损失与损害具有典型的跨界性、累积性和集体性特征，要在法律层面证明一国的温室气体排放行为直接侵犯了特定人群的具体人权，具有相当大的困难。② 更何况，大多数国家普遍采取积极态度应对气候变化，导致国际人权法中补充性保护机制（Complementary Protection）③ 的适用条件（例如，保护免受任意剥夺生命、残忍、不人道或有辱人格的待遇）难以满足。④ 从国际人权法的保护对象来看，国际人权公约遵循国家视角，其确立的成员国人权保护机制以成员国本国难

---

① See UN Human Rights Council (UNHRC), "Report of the Office of the United Nations High Commissioner for Human Rights on the Relationship between Climate Change and Human Rights", U. N. Doc. A/HRC/10/61, Januray 15, 2009, https：//www. refworld. org/docid/498811532. html.

② 参见龚宇："人权法语境下的气候变化损害责任：虚幻或现实"，《法律科学》，2013 年第 1 期，第 75－85 页。

③ 国际人权法将国家保护义务的范围从难民扩展到处于被任意剥夺生命、酷刑或残忍、不人道或有辱人格的待遇或处罚的危险中的人。这通常被称为"补充性保护"，因为它提供的保护是对《难民公约》所提供保护的补充。这些保护来自国际人权公约体系，即《公民权利与政治权利国际公约》《经济、社会及文化权利公约》和《禁止酷刑公约》，以及一些区域人权公约，例如《欧洲人权公约》。

④ 参见 ［澳］ 简·麦克亚当："新西兰在气候变化、灾害及流离失所问题上的新判例"，《北大国际法与比较法评论》，2016 年第 1 期，第 75 页。

民为适用前提。虽然近年来国际法在一国对另一国国民所负人权保护义务的问题上有所"松动",但"有效控制"黄金法则（即一国仅对其能有效控制之国民负有人权保护义务）始终成立,致使国家一般对其领土或管辖范围外的人不负有人权保护义务。既有国际司法判例也只认可了成员国对其本国居民的人权保护义务。①

其次,作为国际人权法特殊组成部分的难民法——1951年《关于难民地位的公约》及其1967年议定书,也无法适用于气候难民问题。这是因为,其一,通过法律解释将气候难民归为公约难民的做法始终存在着难以突破的理论局限和道德困境。② 其二,即使通过文义扩张解释或者条约修订方式将气候难民归为传统公约难民,既有难民公约机制也仅能提供一种有限保护。③ 虽然2016年《关于难民和移民的纽约宣言》和2018年《全球难民契约》均明确纳入了"突发自然灾害和环境退化可能导致的跨界流

---

① 2019年底,荷兰最高法院在"乌尔根达案"（Urgenda）终审判决中认定,气候变化对国民生命与生活造成了切实且紧迫的威胁,依据《欧洲人权公约》第2条（生命权）以及第8条（个人及家庭生活权）,成员国有义务采取减排及适应措施。

② 气候难民不同于政治难民,其起因并非是政治迫害理由,并且气候难民与逃离所谓迫害者的传统难民不同,其会向作为"迫害者"（原籍国）的工业化国家寻求庇护;主权国家对公约难民资格条件享有任意解释权,往往会基于国家利益采取更为严格的庇护/难民审核程序,以限制申请者的数量;气候难民纳入公约难民的保护射程,会引发气候难民原籍国的道德风险,气候难民国有可能会在应对气候变化问题上态度消极,不积极采取减缓和适应措施。See Tony George Puthucherril, "Rising Seas, Receding Coastlines and Vanishing Maritime Estates and Territories: Possible Solutions and Reassessing the Role of International Law", *International Community Law Review*, Vol. 16, 2014, p. 108.

③ 《关于难民地位的公约》项下难民保护存在二元困境:难民原籍国倾向于以道德和人道主义的方式进行讨价还价,以扩大对寻求避难者的保护;其他国家不愿承担更多的责任;对于那些尚未迁徙至原籍国之外的气候难民难以满足流亡（在原籍国之外）要求;传统国际难民法并未规定共同但有区别的责任分担原则,同时它也缺乏全球环境基金等类似资金机制的规定;各国在实践中习惯于采用个体意义上的甄别措施,通过个案裁决来判断申请者是否符合难民的身份资格,不利于气候难民的集体救济;联合国难民署每年预算已不足以支撑其开展保护日益增加的政治难民和国内流离失所者的援助任务。See Stellina Jolly and Nafees Ahmad, "Climate Refugees under International Climate Law and International Refugee Law: Towards Addressing the Protection Gaps and Exploring the Legal Alternatives for Criminal Justice", *ISIL Year Book of International Humanitarian and Refugee Law*, Vol. 14, 2014-2015, p. 237.

离失所者"①，但《全球难民契约》仅仅是一种国际倡议，并不具有强制性
法律效力，②其规定的气候难民权利保障规则仅有指导意义，各主权国家
有权只采取契约项下难民人权保障措施中的部分内容。

最后，规制气候难民问题产生原因（温室气体排放所致气候变化）的
国际气候法也无法充分救济气候难民的权利侵害。尽管《联合国气候变化
框架公约》（UNFCCC）和《京都议定书》并未使用与气候难民或者气候
流离失所相关的概念③，但该公约第 4 条第 1 款 b 项承诺中的"适应"④，
为理解气候流离失所（包括气候难民）预留了解释空间。随着气候流离失
所问题日益严重，《联合国气候变化框架公约》缔约方大会（COPs）开始
关注此议题，其达成的有关共识参见表 1。起初缔约方大会对气候流离失
所问题的关注较少。《巴黎协定》是自 2007 年巴厘岛行动计划之后首次详
细阐释气候变化所致人口迁徙和流离失所问题的协议。但总体上看，《巴
黎协定》在气候流离失所问题上的规定仍有诸多不足。其一，协定并未明
确使用气候难民概念，导致气候难民与国内流离失所者混同，一定程度上
分散和弱化了国际社会在解决气候难民问题方面的焦点和信心。其二，虽
然协定多处提及气候流离失所⑤，但其规范内容仅要求各缔约方尊重、促

---

① 《全球难民契约》很多条款规定了有关气候难民问题的解决办法。例如，"减少灾害风险"
（第 9 条）、"备灾措施"（第 52、53 条）、"全球、区域和国家的早期预警和早期行动机制"
（第 53 条），以及"基于证据对未来人口迁徙的预测"和"将难民纳入减少灾害风险战略"
（第 79 条）。

② 参见武文扬："应对难民和移民的大规模流动：《关于难民和移民的纽约宣言》及其执行困
境"，《国外理论动态》，2018 年第 7 期，第 42 – 53 页。

③ See Ruth Gordon, "Climate Change and the Poorest Nations: Further Reflections on Global Inequali-
ty", *University of Colorado Law Review*, Vol. 78, No. 4, 2007, p. 1583.

④ 所有缔约方应采取便利充分地适应气候变化的措施。第四款规定，附件二所列的发达国家缔
约方和其他发达国家缔约方还应当帮助特别易受气候变化不利影响的发展中国家缔约方支付
适应这些不利影响的费用。

⑤ 具言之，其一，《巴黎协定》序言要求各缔约方在应对气候变化时尊重、促进和考虑对气候流
离失所者的义务，并在提及人权保障时明确规定了"气候迁徙者的权利"；其二，《巴黎协
定》多次提及解决气候流离失所问题的关键在于保护人民、社区的复原力和生计的重要性，
为其提供水、粮食、能源以及谋生机会；其三，《巴黎协定》第 8 条要求华沙损失与损害机制
（WIM）执行委员会在损失与损害方面加强理解、行动和支持，以应对属于非经济损失的气候
流离失所问题，《巴黎协定》第 50 条敦请华沙损失与损害机制设立专门的气候流离失所问题
工作组，为避免、尽量减少和解决气候流离失所问题提供综合性解决方案。

进和适当考虑它们在应对气候流离失所问题方面的责任。协定设立的气候流离失所问题工作组（TFD）仅负责科学研究和技术支持，不具有政策制定权。从责任配置来看，协定鼓励原籍国通过灾害风险管理框架解决气候流离失所问题，与《巴黎协定》确立的自下而上式全球气候治理新机制不谋而合，即原籍国而非国际社会对气候流离失所者负主要责任。其三，从随后的历次气候协议来看，《巴黎协定》序言规定的"气候正义"和"迁徙者的权利"①，仍然仅停留在原则性规定中，因缺乏细化条款而无法在实践中发挥作用。

表1　历届缔约方大会有关气候流离失所问题（包括气候难民）达成的共识

历届大会	与气候流离失所问题相关的主要内容
第14届	首次提及气候变化所致移民（Migration）和流离失所（Displacement）概念
第15届	将气候流离失所作为一项议题纳入长期合作行动临时工作组（简称AWG-LCA，由第13届缔约方大会设立）的讨论议程之中
第16届	《坎昆协议》第1条f项使用了"流离失所、移民和有计划的重新安置"概念，并重申增强适应行动
第18届	将人类迁徙和气候流离失所确认为气候变化损失与损害中的"非经济损失"
第19届	专门制定涵盖了气候流离失所问题的华沙损失与损害机制（简称WIM）
第20届	序言重申气候变化损失与损害问题，批准含有九项优先行动的两年工作计划
第21届	《巴黎协定》系统考虑气候流离失所问题，文本多处提及气候流离失所
第22届	第一次审议了华沙损失与损害机制工作的同时，批准了该机制的新五年滚动工作计划，该计划要求"在气候变化所致人口迁徙问题上加强合作和便利"

---

① 《巴黎协定》序言规定，"承认气候变化是人类共同关心的问题，缔约方在采取行动应对气候变化时，应当尊重、促进和考虑它们各自对人权、健康权、土著人民权利、当地社区权利、迁徙者权利、儿童权利、残疾人权利、弱势人权利、发展权，以及性别平等、妇女赋权和代际公平等义务"。

历届大会	与气候流离失所问题相关的主要内容
第24届	批准气候流离失所问题工作组（TFD）提交的关于解决气候流离失所问题的综合性方案的建议，[1]并延长了该工作组的任务期限，鼓励其在滚动五年工作计划下继续开展有关气候流离失所和人类迁徙的工作
第25届	第二次审议了华沙损失与损害机制的工作，启动缓发灾害事件和非经济损失专家组，并建立圣地亚哥网络，促进对最脆弱国家的技术援助

来源：作者自制。

虽然国际政策和法律议程已经开始探讨气候难民问题，但截至目前，进展有限，既有实在国际法无法为气候难民的权利救济提供法律规范依据。实践中，2005年因纽特人起诉被驳回，2014年基里巴斯公民以海平面上升导致土地丧失为由向新西兰申请气候难民身份被拒绝，都是明证。[2] 2015年美国退出《巴黎协定》，2017年美国退出《关于难民和移民的纽约宣言》加剧了全球气候难民治理的不确定性。在此背景下，可以预期，包括气候难民应对在内的全球气候治理的发展在未来很长一段时间内都将受到限制。

二、以自然权利为基础的气候难民权利救济方案选择

气候难民在当前实在国际法框架中不享有救济权，并不必然意味着他们也不享有自然国际法意义上的救济权。在国际法二分为实在国际法和自

---

① 根据《关于避免、减少和解决与气候变化不利影响有关的流离失所的综合方法的建议》，华沙损失与损害机制执行委员会建议请缔约方考虑在人口迁徙方面制定法律、政策和战略，同时考虑人权义务和其他国际法的标准和义务；加强研究和数据收集，风险分析和信息共享，同时确保受影响和有流离失所风险的社区参与；加强准备和预警；为国内流离失所者找到持久解决办法。执行委员会还建议继续制定良好的指导原则和实践，呼吁加强合作，以避免在气候流离失所问题上的重复工作，并促进联合国系统内在气候变化背景下解决人口迁徙问题的一致性。See Task Force on Displacement (TFD), "Report of the Task Force on Displacement", UNFCCC, September 17, 2018, https://unfccc.int/sites/default/files/resource/2018_TFD_report_17_Sep.pdf.

② See Ilan Kelman, "Difficult Decisions: Migration from Small Island Developing States under Climate Change", *Earth's Future*, Vol. 3, No. 4, 2015, pp. 133–142.

然国际法的背景下，自然权利和实在权利之间的关系也呈现出互动特征。①在当前实在权利规则无法保障气候难民权利救济需求的背景下，国际社会应将注意力转向那些可以对实在权利加以补充的自然权利。结合既有研究成果，本文认为，气候难民的救济可以从两项自然权利入手。其一，个体性自然权利，即由地球集体所有权衍生出的地球资源再分配请求权和紧急避难权；其二，集体性自然权利，即其他国家负有消极不干涉和积极支持义务的气候难民集体自决权。

（一）地球集体所有权：地球资源再分配请求权和紧急避难权

地球集体所有权是一种非平均主义的"平等主义所有权"，并非指每个个体均对地球的某一具体资源/空间享有平均化的个体权利，而是所有人均对地球资源/空间享有一种对称性权利要求。②依据霍菲尔德权利分析法学理论，为实现人类个体的自我保存，原初状态中的地球资源集体所有权应至少包括两项基本要素：（1）特权（Privilege），每个地球资源所有权人都可以自由地占有、使用地球上的资源/空间，而其他所有权人没有权利（No Right）要求其不占有、使用；（2）权利（Right/Claim），每个人均有权利为维持生存而占有最低限度的生活资源，而其他所有权人负有不干涉的义务（Duty）。③申言之，对于其他任何地球公民而言，作为地球集体所有权人的气候难民享有"权利"的结果是各国负有维持气候难民生存的两项自然法义务：其一，消极义务，即不干涉气候难民为维持基本生存而占有、使用资源/空间的义务；其二，在发生极端紧迫情形时，为气候

---

① 一般而言，自然权利和实在权利的互动关系包括：其一，自然权利是自然国际法的核心概念，对具体自然权利的保护需要依赖于自然国际法内的一般法律原则或强行法规则，而法律权利是实在国际法的核心概念，权利人可以直接援引实在国际法中的一些保护规范；其二，实在权利来源于自然权利的转化，因此自然权利规则可以被用来评价、指导有效的实在权利规则，甚至在实在权利规则出现空白或不当时，对其进行相应的补正、完善。此外，实在权利保护规则不能对自然权利构成严重违背、侵蚀；其三，自然权利的保护主要是通过实在权利的形式实现，实在权利的保护程度反向制约着自然权利的发现和实现程度。

② See Mathias Risee, "The Right to Relocation: Disappearing Islands Nations and Common Ownership of the Earth", *Ethics and International Affairs*, Vol. 23, No. 3, 2009, pp. 283 – 294.

③ See Pauline Kleingeld, "Kant's Cosmopolitan Law: World Citizenship for a Global Order", *Kantian Review*, Vol. 998, No. 2, 1998, pp. 72 – 90.

难民提供维持基本生存所需之资源/空间的义务。从权利的角度来看,上述从地球资源集体所有权推导出来的紧迫情形下资源/空间转让义务对应的是气候难民的紧急避难权,该权利可以作为气候难民权利救济的规范依据。[①]

事实上,气候难民享有的紧急避难权直接来源于地球资源集体所有权,也可以在人类社会制度的演进史中得到验证。在人类社会通过先占将地球集体资源转变为私人财产权(或者主权国家在本国主权范围内享有的自然资源"财产权")的过程中,财产权的构造中隐含着一项先天的自然义务("生存需要"构成限制甚至排除财产权的条件),该义务在原初社会向政治社会转变过程中被暂时"封印"。换言之,"保留对原初地球资源集体所有权利的尊重"是人类同意建构政治社会、通过契约制定财产规则的前提条件。[②] 对国际关系而言亦是如此,即一国公民(作为个体或集体)享有的自然资源财产权并非绝对不受约束,相反,对他国公民紧急避难权的尊重始终是该财产权的隐含条件。[③] 发生气候难民悲剧时,隐含的自然义务便被触发,地球上各种自然资源将再次恢复至原初共有状态(以维持所有人类基本生存为限),[④] 气候难民为实现自我保存,可以依据地球资源集体所有权主张分享已经为他国占有的资源。

从地球集体资源所有权还可以推导出另外一种气候难民权利救济方案。既然地球资源为集体所有,在分配不均时,资源分配中的弱势群体在道德上有权要求再分配。以地球集体资源所有权为基础,有些学者主张在全球分配正义框架内对全球范围内自然资源的不公平分配现状进行调整,

---

① 有学者曾对其适用条件做过具体总结:(1)国家对受有风险的个体而非集体负有救济义务;(2)受有风险的个体必须满足特定标准,且其必须向另一国而非本国主张救济;(3)另一国并非基于矫正正义对受有风险的个体负有救济义务,即负有救济义务的是所有国家而非特定国家;(4)另一国所负义务是潜在性地永久接纳部分或全部符合特定资格的个体。See Katrina Miriam Wyman, "Sinking Islands", in Daniel H. Cole and Elinor Ostrom, eds., *Property in Land and Other Resources*, Puritan Press, 2012, pp. 449 – 450.
② 参见[荷]格老秀斯著,马呈元等译:《战争与和平法(第二卷)》,中国政法大学出版社,2016年版,第53页。
③ 诺齐克曾以"沙漠中的泉眼"为例对此问题进行了形象说明。
④ 参见王铁雄著:《美国财产法的自然法基础》,辽宁大学出版社,2006年版,第126页。

通过自然资源再分配制度对已为各国所占有的自然资源进行再分配，将其他国家富余的自然资源转给气候难民，以维持其生存。贝尔尝试引入罗尔斯和贝茨的国际自由正义思想（"人民的世界社会"和"世界主义方法"），经过比较分析，贝尔认为贝茨基于罗尔斯"社会公平正义分配原则"提出的"全球资源再分配原则"（用于自然资源）和"全球差异原则"（用于利用自然资源而产生之收入、财富等），相较于罗尔斯的"人民的世界社会"理论更利于解决气候难民问题。但是，为了修正贝茨仅将自然资源视为工具价值的不足，贝尔认为应确保气候难民享有平等分配自然资源和财富的权利。① 斯基林顿进一步主张，应构建出一套更加科学和合理的全球自然资源再分配、合作协议。② 玛格丽特·摩尔的分析尽管未直接指向气候难民，但其关于自然资源控制和收益权二分，以及个体生命权对集体自决权行使之限制的观点，亦可间接适用于气候难民问题。③ 因此，如果将气候难民亟需的土地资源归入这些学者所谓的自然资源范畴中，气候难民将有权主张重新分配全球土地资源。

（二）集体自决权：绝对化的救济方案和相对化的救济方案

长期以来，集体自决权在由自然权利向实在权利转化的过程中，仅实现了部分转化，以至于国际社会普遍认为，作为一项实在权利的集体自决权的内涵仅限于民族分离、民族独立范畴。④ 由此导致的不利后果是气候难民很难据此要求其他国家提供一块新领土以确保其集体自决权得以维系。为破解困局，有学者开始回归自然权利，扩展集体自决权的应有内涵（积极尊重义务），并将领土权利和集体自决权联系起来（集体自决权以领土存在为前提），进而主张气候难民有权向其他国家寻求领土救济——要

---

① See Derek R. Bell, "Environmental Refugees: What Rights? Which Duties?" *Res Publica*, Vol. 10, No. 2, 2004, pp. 135 – 152.

② See Tracey Skillinton, "Reconfiguring the Contours of Statehood and the Rights of Peoples of Disappearing States in the Age of Global Climate Change", *Social Sciences*, Vol. 5, No. 3, 2016, pp. 54 – 55.

③ See Margaret Moore, "Natural Resources, Territorial Right, and Global Distributive Justice", *Political Theory*, Vol. 40, No. 1, 2012, pp. 86 – 107.

④ 参见杨泽伟："论国际法上的民族自决与国家主权"，《法律科学》，2002年第3期，第40页。

求加害国提供新的领土，以保障集体自决权的实现。① 换言之，集体自决权遭受损害的气候难民，有权要求其他国家提供一块新的领土，以确保其可以继续作为"自治""独立"的国际法律实体。

前述观点的一个逻辑前提是将领土权利作为集体自决权的基础。但该前提并不必然为真。这是因为，虽然集体自决权利和领土权利从自然权利转向实在权利都依赖于同一种程序性自然权利，即自然联合权利，② 但二者的基础来源不同。自然联合权利是具有工具属性的程序性权利，其作用仅在于实现个体间的联合，本身并非自然状态中个体应享有的（内在价值型）实体性权利。自然状态中的个体要实现自我保存的自然法义务，在逻辑上应至少享有三项内在价值型自然权利：第一，地球集体资源所有权及其衍生的紧急避难权；第二，自由处置个体发展诸事项的自决权利（个体自由）；第三，在自然权利受他人干涉或者妨碍时，原初状态中的个体还享有相应的自然法执行权。因此，我们需要回答自然状态中的个体在行使自然联合权利进入政治社会后，三种自然权利将如何变化。实际上，第一种自然权利作为义务附加于财产权中，而个体自决权和自然法执行权，分别经由社会契约转化为"命运共同体"的"集体自决权利"，以及"国家"的"领土权利"。其一，个体自然联合成"命运共同体"，提高了自我保存能力，实现了从自然状态向现代政治社会的蜕变，并因自然法执行

---

① See Cara Nine, "A Lockean Theory of Territory", *Political Studies*, Vol. 56, No. 10, 2008, pp. 148 – 165; Cara Nine, "Territory is Not Derived from Property: A Response to Steiner", *Political Studies*, Vol. 56, No. 4, 2008, pp. 957 – 963; Avery Kolers, "Floating Provisos and Sinking Islands", *Journal of Applied Philosophy*, Vol. 29, No. 4, 2012, pp. 332 – 343; Frank Dietrichand Joachim Wundisch, "Territory Lost-Climate Change and the Violation of Self-determination Rights", *Moral Philosophy and Politics*, Vol. 2, No. 1, 2015, pp. 83 –105.

② 为确保个体自我保存，人类必须在享有以地球资源集体所有权为基础的资源占有、使用权利的同时，具有可彼此自由联合的自然权利。自然联合权利是一项自然权利，强调人与人之间进行合作的权利，来源于自然状态的社会属性，约翰·邓恩（John Dunn）指出，"洛克的自然状态并非是一种非社会的状态，而是一种非历史的状态"，因其包含着人与人间的关系。See John Dunn, *The Political Thought of John Locke*, Cambridge University Press, 1969, p. 97. 类似观点还有，由于"人类的境况似乎比畜类更糟糕，因为很少有其他动物像人这样生下来就如此脆弱"，人类要相互帮助、联合以提高应付生存威胁的能力。参见［德］塞缪尔·普芬道夫著，鞠成伟译：《人和公民的自然法义务》，商务印书馆，2010 年版，第 80 – 83 页。

权的让渡催生了领土权利。① 其二，个体进入现代国家后，其个体自决权也因所涉事项的相似性和效率原则而发生自然聚合，由集体决定诸事项，进而衍生出集体的"自治"和"独立"。② 可见，集体自决权的价值基础在于个体自决权（自然权利）的自然聚合，而领土权利的价值基础则是个体自然法执行权（自然权利）的让渡，尽管两者均通过自然联合权利生成，但前者不宜直接理解为后者的价值来源或者道德根据。二者的唯一关联在于权利客体或者说权利行使的结果都会指向土地等自然资源。因此，对领土权利的损害不一定导致对集体自决权的损害，相应地，对集体自决权损害的救济也并不必然要以恢复领土权利的方式来实现。

以此为基础，有些学者尝试重新解读集体自决权和领土权利之间的关系。例如，乌达伦采用了布坎南式的较弱意义上的自决概念，即自决是一个渐进的光谱式概念，完全领土权利的享有仅是实现自决的一个特例。③ 在现实国际社会中，各国可能仅能实现一定程度而非完全程度的自决。在重新理解集体自决权和领土权利关系的基础上，乌达伦提出了一种相对意义上的集体自决权救济方案，④ 即"去领土化国家方案"。根据该方案，气候难民可以以集体文化社群或民族身份在东道国聚居，要求国际社会承认其独立的国际法律实体身份（保有一定的自主权利，包括语言习惯、文化传统等自治权利），并对气候难民原有领土上"被遗弃"的陆地、水底或者相应海洋区域继续行使领土主权。但乌达伦并未就该方案的具体落实路径展开论述。

---

① See Bas Van der Vossen, "Locke on Territorial Rights", *Political Studies*, Vol. 63, No. 3, 2015, pp. 713 – 728.

② See Cara Nine, "Ecological Refugees, State Borders, and Lockean Proviso", *Journal of Applied Philosophy*, Vol. 27, No. 4, 2010, pp. 359 – 375.

③ See Jorgen Odalen, "Underwater Self-determination: Sea-level Rise and Deterritorialized Small Islands States", Ethics, Policy and Environment, Vol. 17, No. 2, 2014, pp. 225 – 237.

④ 在此意义上，不同于直接由其他国际社会为气候难民提供一块新领土的绝对意义上的集体自决权损害救济方案，"去领土化的国家方案"是一种相对意义上的集体自决权恢复方案。

三、去领土化国家方案在国际气候法框架中的制度展开

从自然权利的角度来看，气候难民的权利救济方案有四种可能选择：由地球集体所有权衍生的个体紧急避难权方案和地球资源再分配请求权方案（"全球分配正义方案"），以及由集体自决权导出的"绝对化集体自决权方案"（"领土赔偿方案"）和"相对化集体自决权方案"（"去领土化国家方案"）。国际社会宜采用何种方案，需要从理论和实践两个层面进行综合考虑。理论上，需要探讨四种方案各自的优缺点，并择出最佳方案；实践层面要考虑最佳方案和既有国际法律制度框架是否兼容，以及如何进行具体制度的构建。

（一）"去领土化国家方案"是最优权利救济方案

国际社会平权结构和高度利益冲突存在的客观现实决定了最优气候难民权利救济方案的形成，必然会在公平性和可行性两个层面引起国际社会的激烈争论，最终择出的救济方案也必然是公平性和可行性程度最高的方案。公平性是指，救济方案可以充分救济气候难民的权利侵害，并且不同主权国家间的责任分配合乎气候实质正义；可行性是指，在当下全球气候治理格局中哪种救济方案最易为各国采纳、接受。主权国家对各种方案的理解和接受不仅取决于方案背后的公平正义理念，还取决于该方案给本国利益带来的影响、各国现实发展条件的差异以及国内政治决策机制的影响等。① 本文以救济方案是否对东道国产生治理挑战作为可行性的衡量指标。

对于紧急避难权方案，其导向的是一种最低限度的个体化救济方案，即气候难民作为个体有权向其他主权国家请求庇护（主张难民资格）。该方案并未要求转让领土，而是由各国自由决定是否接纳气候难民，实际上可以避免大规模的集体难民潮涌入，遭受的国家抵制相对更少。但国家对气候难民资格的任意解释权会严重制约气候难民能够获得的救济。即使个体有权在东道国以难民身份进行生存，其也仅享有部分公民资格。此外，

---

① 参见庄贵阳、陈迎著：《国际气候制度与中国》，世界知识出版社，2005年版，第128页。

在该方案中，气候难民遭受的权利损害也无法全部获得救济。[①] 而对于全球分配正义方案，其意图在全球自然资源分配领域中引入公平原则进行再分配，以促进自然资源财富的平等化。但在奉行"自然资源主权至上"且平权结构特征明显的国际社会现实中，[②] 该方案同样无法突破公平性难题。全球分配正义方案强调对国家富余资源的转移，但何谓"富余"很难界定（有极强的价值属性），这就为各国有意规避或减轻责任提供了理由（自身资源稀缺），导致最终被用以救济气候难民的资源极少，很难实现充分救济气候难民所遭受全部权利损害的制度目标。

从气候正义的角度来看，个体紧急避难权方案和全球分配正义方案，均奉行的是单纯的气候分配正义理念，其实质是一种"资源平等观"，强调"一人一份"的地球资源分配方式，这种正义观念对气候难民相关具体责任分配而言过于简单、粗糙，忽略了各国温室气体历史和现实排放程度不同的社会现实，与气候实质正义相悖。[③] 而集体自决权救济方案旨在融合分配正义和矫正正义理念，更具公平性。集体自决权救济方案在认可各国应当就气候变化承担普遍共同责任的基础上（"分配正义"），强调有区别的责任（"矫正正义"），通过特定的归责原则和标准，将气候难民的权利损害与国家温室气体排放行为联结，为特定国家（"气候加害国"，尤其是温室气体排放大国）而非地球集体所有权救济方案中的任何国家设定具体责任。此外，从充分救济气候难民权利损害的角度来看，集体自决权救济方案是对气候难民的一种集体化救济，可以在救济个体受害者时，赔偿气候难民作为民族集体遭受的集体自决权损害，以维持其民族共同体的存续。因此可以说，集体自决权方案更具公平性。

在集体自决权救济方案内部，"去领土化国家方案"更具政治可行性。

[①] 例如，政治身份、语言习惯、文化传统，以及对政治社群和集体认同等。

[②] 参见李慧明："全球气候治理制度碎片化时代的国际领导及中国的战略选择"，《当代亚太》，2015 年第 4 期，第 128 页。

[③] 事实上，单纯的矫正正义也会与气候实质正义相背离，因为其仅侧重于在过错方（温室气体排放国）和受害方（气候难民原籍国）之间实现赔偿或者补偿，而忽略了气候正义本应涉及的全球所有主权国家。

这是因为，绝对化集体自决权救济方案需要重新划定国家边界并转让领土，以确保气候难民作为集体有新土地可以安置，此方法容易引起主权国家的抵制。而"去领土化国家方案"具有较高的政治可行性，其承认一种多元化救济方案——国际社会无需向气候难民转让领土，气候难民可以作为独立政治法律实体居留于他国领土范围内，同时保有诸项自治权利。事实上，"去领土化国家方案"主张通过"手段式替代补偿"措施增强气候难民保持自决地位所必需的制度资源和经济资源。① 这一方案可以弱化气候难民与东道国在领土权利方面的直接冲突。

表 2　四种气候难民权利损害救济方案的比较分析

方案	可行性	公平性
个体紧急避难权方案	较高	较低
绝对化集体自决权救济方案	较低	较高
全球分配正义方案	较低	较低
去领土化国家方案	较高	较高

来源：作者自制。

（二）去领土化国家方案与《联合国气候变化框架公约》最为契合

对最优气候难民权利救济方案的选择还要考虑方案与既有国际法律制度的兼容性。一般而言，兼容性更高的方案是相对更优的选择，因为这意味着更低的制度生成成本。相较于在既有国际法框架中对已有法律的修订，推倒重来的开创式立法（创设一项新公约）需要耗费更多的制度成本，且更易受到主权国家的抵制。考察既有国际法，本文认为，"去领土化国家方案"与《联合国气候变化框架公约》之间的兼容性最佳。理由有三：其一，《联合国气候变化框架公约》序言载有"不得造成他国环境损害"，有助于国际社会未来在该公约框架中就"气候变化损失与损害的赔

---

① 例如，对"被遗弃"领土的有效控制；建立和维持流亡政府所需制度资源，包括开采原领土内自然资源的经济资源和有效分配自然资源租金的制度资源等。See Maxine Burkett, "The Nation Ex-situ: on Climate Change, Deterritorialized Nationhood and the Post-climate Era", Climate Law, Vol. 2, No. 3, 2011, pp. 345 – 374.

偿责任"问题实现谈判回归。① 而该公约第 18 届缔约方大会已将"人口迁徙"和"气候流离失所"界定为气候变化损失与损害中的"非经济损失",这就意味着未来的气候变化损失与损害谈判理论上应当涵盖气候难民问题。其二,《联合国气候变化框架公约》创设的专家机制、财政支持机制、能力技术合作机制和共同但有区别责任分担机制,以及该公约广泛的成员国基础等,对于解决气候难民问题具有有利的制度优势。② 其三,《联合国气候变化框架公约》倡导的气候正义原则与"去领土化国家方案"秉持的气候正义理念相符合。该公约第 3 条及随后诸气候协议一贯秉承的"共同但有区别责任原则和各自能力原则",本质上是一种分配正义基础上的矫正正义,与集体自决权方案的气候正义理念基础兼容。

此外,《联合国气候变化框架公约》在气候流离失所议题上已经取得的制度成果,为进一步落实"去领土化国家方案"奠定了制度构建的基础。但诚如前文所述,既有制度成果过于原则和零散,并且《巴黎协定》进一步加强了国际气候法的软法化。在此背景下,《联合国气候变化框架公约》及相关气候协定(主要是《巴黎协定》)暂时均无法为气候难民的权利损害提供周全救济。然而,它们可以为气候难民权利救济问题在国际气候法框架中的"生根"提供初步依据,并为"去领土化国家方案"的制度化奠定规则基础。

(三)去领土化国家方案在《联合国气候变化框架公约》框架中的制度构建

《巴黎协定》标志着国际社会打开了对气候难民权利救济的缺口,但"去领土化国家方案"要想发挥效力,仍需在《联合国气候变化框架公约》的制度框架中展开具体制度设计。

首先,国际社会应以《巴黎协定》序言所载的"气候正义"和"人权保障"为出发点,在未来气候协议中专设气候难民条款或者制定专门的

---

① 参见程玉:"论气候变化损失与损害的国际法规则",《太平洋学报》,2016 年第 11 期,第 12 - 22 页。

② See Bonnie Docherty and Tyler Giannini, "Confronting a Rising Tide: A Proposal for a Convention on Climate Change Refugees", *Harvard Environmental Law Review*, Vol. 33, No. 2, 2009, p. 394.

气候难民协议，并建立信息、资金、技术的共享和互助机制，通过综合性风险管理机制提高原籍国和气候难民的适应能力。协定序言提到的"气候正义"，是对《联合国气候变化框架公约》"共同但有区别责任原则和各自能力原则"所蕴含气候正义理念（分配正义和矫正正义的融合）的高度提炼，可以为建构气候难民权利救济方案提供正义观念基础。协定序言所涉"人权保障"条款明确列举了迁徙者的权利，为设定气候难民最低权利待遇提供了可能。专门的气候难民条款或协议至少应包括以下内容：有关气候难民的灾害风险管理措施，气候难民的集体自决权，重新安置土地的选择和实施程序，以及国际社会就气候难民重新安置和维持生存所需成本的责任分担机制。

其次，气候难民权利保障的核心要素是对集体自决权的损害赔偿。按照"去领土化国家方案"，这种赔偿形式并非要求国际社会为其提供一块新领土，而是要确保气候难民可以在新的土地上维持生存，至于新土地的领土主权可以仍然归属于东道国。① 本文建议，国际社会应考虑在《联合国气候变化框架公约》制度框架内设立"全球土地委员会"，② 由其联合政府间气候变化专门委员会（IPCC）等机构负责研究不同区域气候难民的迁徙模式和可能路径，并在全球范围内研究推行一种公平可行的"土地拍卖机制"或"土地长期租借机制"，为气候难民选择可能的定居土地。但气候难民原籍国往往是经济发展水平有限和自然资源并不富裕的"小岛屿国家"或"最不发达国家"，无法筹集足够资金来支付土地的租金或使用费。加之，按照气候正义的原则，气候难民遭受的损失理应由国际社会共担。因此，国际社会还有必要确立一种公平合理的资金分担机制。可以预见，与国际社会在减缓和适应责任分担领域的不断争议相同，资金分担机制的

---

① 当然在东道国同意的情况下，气候难民集体和东道国可以达成"嵌入式主权权利安排"。See Cara Nine, "Ecological Refugees, State Borders, and Lockean Proviso", *Journal of Applied Philosophy*, Vol. 27, No. 4, 2010, pp. 374 – 375. 气候难民集体和东道国也可以达成"共享主权权利组合安排"。See Avery Kolers, "Floating Provisos and Sinking Islands", *Journal of Applied Philosophy*, Vol. 29, No. 4, 2012, pp. 341 – 342.

② See Tracey Skillinton, "Reconfiguring the Contours of Statehood and the Rights of Peoples of Disappearing States in the Age of Global Climate Change", *Social Sciences*, Vol. 5, No. 3, 2016, pp. 55 – 56.

具体责任分配标准的确立需要经过多轮气候谈判方可实现。①

最后，为确保气候难民权利保障机制的落实，相应国际法规则需要修正。其一，修订有关国际法主体的成立、承认标准。根据 1933 年《蒙得维的亚公约》第 1 条规定，国家成立必须以领土作为必备要素。② 对于"去领土化国家方案"而言，这会构成障碍。因此，本文赞同托马斯·格兰特（Thomas D. Grant）对《蒙得维的亚公约》项下"领土"要素标准的重新解读——领土对国家资格来说并不是必须要素，《蒙得维的亚公约》第 1 条标准的含义主要是表明一个主体能否成为一个国家，而不是要表明一个主体如何终止其国家资格。③ 一旦特定的民族集体成为一个国际法意义上的国家，便不再会因为失去领土或失去对领土的有效控制而失去国家资格。④ 这就意味着，集体居留于东道国的气候难民仍可保留其国际法主体资格，有权代表国民主张集体自决权损害赔偿。其二，修订国际海洋法。为确保集体自决权的充分赔偿，要对现行国际海洋法规则进行修正，允许冻结当前海域的外部界限，以保留气候难民对原海域的领土主权，尤其是对海域自然资源的主权。⑤

四、结　语

从自然权利和实在权利二分互动的观点来看，人类认知能力的局限性和部分自然权利概念内涵的复杂性，导致了自然权利向实在权利的转化具有不完全性。那些暂时未能转化的自然权利并非不再具有法律效力，其法

①　基于不同的利益和立场，各主权国家会持有不同的责任分摊观念。参见张丽华、李雪婷："利益认知与责任分摊：中美气候谈判的战略选择"，《东北师范大学学报》，2020 年第 3 期，第 34 页。

②　参见《蒙得维的亚公约》第 1 条，根据该条规定，作为国际法上的主体的国家须具备 4 个条件，即永久的居民、确定的领土、政府（有效控制）和与其他国家进行交往的能力。

③　See Thomas D. Grant, "Defining Statehood: The Montevideo Convention and Its Discontents", *Columbia Journal of Transnational Law*, Vol. 37, No. 2, 1998, p. 435.

④　参见何志鹏、谢深情："领土被海水完全淹没国家的国际法资格探究"，《东方法学》，2014 年第 4 期，第 92 页。

⑤　See Sarra Sefrioui, "Adapting to Sea Level Rise: A Law of the Sea Perspective", in Gemma Andreone, ed., *The Future of the Law of the Sea*, Springer International Publish, 2017, pp. 3 – 22.

律效力在道义上也不一定会低于法律权利。因此，尽管气候难民不享有实在救济权利，但其享有自然救济权利。个体紧急避难权和集体自决权可作为气候难民寻求救济的权利基础。在综合比较分析之后，相对化集体自决权方案（"去领土化国家方案"）是最优选择。该方案可以和《联合国气候变化框架公约》制度框架实现良好兼容，并且《巴黎协定》为该方案的制度构建奠定了理念和规则基础。未来国际社会应着重考虑如何在气候法的框架中将"去领土化国家方案"展开为具体的实在法制度体系。

发展中国家应重视其在气候谈判过程中的策略选择，在始终坚持集体自决权方案的基础上，尽量规避发达国家最抵触的领土转让赔偿，支持"去领土化国家方案"，同时将损害责任转化为资金义务，进一步弱化责任刚性。在后巴黎时代全球气候治理由双极（发达国家和发展中国家）转向三元（发达国家；小岛屿国家和最不发达国家；其余发展中国家）且不同利益集团气候立场分裂的格局中，中国作为发展中国家集体的代表之一，必须警惕发达国家和更弱发展中国家可能就气候难民问题向中国施加更多责任。在此背景下，中国不宜采取拒绝承担责任的简单策略，这不仅会有损中国的国际形象，也会让中国在全球治理中"脱离"发展中国家阵营。因此，为确保未来中国不至处于不利地位，中国政府应积极推进气候难民国际议题的谈判工作，尤其应通过科学研究强调气候难民问题对自己造成的不利影响以及自身在应对气候难民问题上的可能贡献。在气候谈判中，中国政府应在强调自身责任、能力的同时，努力敦促发达国家按照气候正义原则承担责任，并在实践中以"南南合作"和共建"一带一路"为抓手，加强与小岛屿国家、最不发达国家就气候难民问题开展合作行动。

生态产品价值实现的理论基础与一般途径

王 斌[*]

  生态产品价值实现是生态文明建设的重要问题，是践行"绿水青山就是金山银山"理念的直接体现，具有很强的理论性与实践性。我国生态文明体制已初步搭建起四梁八柱的主体框架，但在落实中还存在产权制度、市场化机制、管理体制三大难点。可以说，生态产品价值实现问题集中体现了这三大难点，因此有必要系统梳理生态产品价值实现的理论基础，并在此基础上研究提出其一般途径。

一、生态产品价值实现的理论基础

  尽管国内外对生态产品有多种理解和概念，但是无论从联合国千年生态系统评估计划，还是从国内近年来的政策实践来看，主流上都将其定义在生态系统服务范畴。而为实现生态产品的价值，就需要将自然生态系统的服务功能通过某些方法进行评估以转化为经济价值，并在实践应用特别是在市场交易中获得特定的经济效益。因此，生态产品价值实现的理论基础主要来源于生态系统服务理论、环境经济学以及近年来国际上兴起的绿色经济探索等。

（一）生态系统服务的涵义与类型

  生态系统服务是人类从生态系统中获得的各种产品和服务所形成的收益。国际上较为权威的生态系统服务研究就是"联合国千年生态系统评估

---

 * 王斌（1971—），男，河北唐山人，海南省人民政府党组成员、副省长，主要研究方向：海洋生态保护、海洋综合管理、海洋减灾防灾。

计划（MA）"国际合作项目。该研究成果把生态系统服务分为 4 类：一是直接供给物质的服务，主要是食物、纤维、遗传资源、生物化学品、淡水等；二是调节自然要素的服务，主要是调节大气质量、调节气候、抵御自然灾害、净化水质、控制疾病、控制病虫害、授粉作用等；三是提供精神、消遣等方面的文化服务，主要是提供精神与宗教价值、传统知识系统与社区联系、教育价值、艺术创造灵感、审美价值、休闲与生态旅游等；四是维持地球生命条件的支持服务，主要是维持养分循环、产生生物量或氧气，形成和保持土壤、维持水循环和栖息地等。① 由此可见，生态系统服务是和人类生存与发展息息相关的资源与环境基础。

（二）生态系统服务价值与评估

生态系统能为人类供给产品与服务，人类对其产品与服务形成需求和消费，供需两者共同构成生态系统服务从自然生态系统转向人类社会系统的动态过程。在这一过程中，生态服务功能就具备了可以度量为经济价值的可能。生态系统的经济价值通常被划分为使用价值和非使用价值两部分，使用价值包括直接使用价值、间接使用价值和选择价值，非使用价值包括遗产价值和存在价值等。使用价值可以和已经存在的市场定价的产品联系起来，但是非使用价值通常与非交易市场的道德、宗教或者美学等属性相关，是由生态系统和人类社会共同作用所产生的。

显而易见，前述生态系统服务功能中，直接供给物质的服务按照当前平均同类商品全年平均价格是比较容易核算其经济价值的，而维持生命过程类型的支持服务通常无法衡量其经济价值，介于其中的诸如大量的调节和文化服务等，需要应用特定的评估方法计算其经济价值。当前，主流的生态系统服务价值的量化评估方法包括②：市场价值法、揭示偏好法、陈述偏好法等。上述评估方法各有特定局限性，因此在选择特定方法时应根据生态系统服务特征扬长避短地予以应用。

---

① 世界资源研究所：《2005 年度千年生态评估》，世界资源研究所，2005 年版，第 5 页。
② 陈雪、王瑗玲："生态系统服务价值评估研究进展"，《城镇化与集约用地》，2018 年第 4 期，第 114－119 页。

（三）生态系统服务所构成的供需关系

生态系统服务的供给能力和人类对生态系统服务的利用需求，构成了生态系统服务的供需关系。一般地讲，稳定健康的生态系统可以持续的方式长期供给各类服务，这种总体的供给能力就是资源环境承载能力。当生态系统的供给能力由于总供给不足、或者由于无法及时得到再生产补充、或者超越了生态系统抵御人类活动干扰的弹性能力时，将无法充分满足人类需求，除非人类通过其他科技手段找到了替代品，否则就形成了稀缺性，根据一般经济学原理也就有了特定价值，并可以通过前述方法对这些价值进行量化评估。

值得指出的是，生态系统具备多种服务功能，各类功能定位不尽一致，而且在不同时间和空间内各类功能的分布也不均衡，导致了不同尺度下各异的供需关系。典型的事例就是流域水生态系统服务，上下游区域之间不同的水资源和水质量秉赋造成供给差异，而上下游地区经济社会发展情况不同又构成了其需求差异，这时就具备了上下游地区就水生态系统服务交易或补偿的可能性。

（四）生态产品交易的环境经济学

环境经济学深入分析了经济行为主体不通过市场供求关系而影响他人经济环境利益的外部性问题，克服外部性有两种办法：一是在产权清晰的条件下将外部性内部化，通过设定一定范围内的配额赋予其稀缺性，使其具备商品价值和可交易的可能；二是实施庇古税（即污染者付费），政府根据污染危害程度向排放者征税，用税收来弥补排放者私人成本与社会成本的差距，再通过市场机制分配环境资源[①]。因此，无论是对生态系统服务进行产权（所有者权益）界定，使其具有某种稀缺性的商品交易价值，还是对其使用（受益）者征收税金或费用，实质上都在一定程度上实现了生态产品的经济价值。环境经济学研究的另外一个重要领域就是资源环境的"公地悲剧"问题，解决这一问题除了上述产权交易和政府税收以外，

---

① 刘学敏："从庇古税到科斯定理：经济学进步了多少"，《中国人口资源与环境》，2004年第3期，第131-134页。

政府直接控制也是一种重要手段，就是在确定生态系统服务功能被利用的强度及数量基础上，采取诸如用途管制、许可配额、管控标准等办法对其进行管理，而这些管理也就赋予了生态产品的交换价值可能，如许可证交易、配额交易、排污权交易等。

环境经济学中的自然资源核算方法也对生态产品的价值实现有重要参考作用。与适用于自然资源实体核算的账户法相比，资源效率分析法可能更加适合相对抽象的生态产品的价值核算。具体可用三个指标来测度[①]：生态容量即单位产品中某种生态产品的含量；投入产出率即单位数量的生态系统所能支持的经济产品或服务数量；生态利用强度即对可持续利用的生态系统的索取强度。通过核算，不仅可以衡量生态产品价值及其消耗程度，还可以为其他价值实现方式及相应的政府行政管理提供基础依据，这些方式包括收费、拍卖、征税、生态补偿、环境信贷、环境责任保险，以及补贴、税收优惠等财政激励措施。

（五）生态系统与生物多样性经济学

生态系统与生物多样性经济学（TEEB）综合了生态、经济和政策领域的专业知识，为生态系统与生物多样性的保护和合理利用提供经济学方法与手段。值得指出的是，TEEB 特别关注了工商界在生态系统和生物多样性中的作用，包括其影响和获益，并鼓励工商界在生态系统服务中寻找商机，如降低成本、开拓新产品与新市场等。在此基础上，国际上正在发展"生物多样性商业"这种新的经济业态[②]，即工商企业通过保护生物多样性、可持续利用生物多样性资源并从中公平地分享惠益等活动获得利润。这种经济业态将生态系统服务与市场和企业行为关联起来，一方面主张政府取消过度利用生态系统服务的各种补贴，并将其利用在补偿不能市场化交易的那部分服务中；另一方面鼓励企业开拓生态系统服务新市场（如碳交易）、新产业（如生态系统修复产业）、新产品（如生态产品与服

[①] 陈喜红主编：《环境经济学》，化学工业出版社，2006 年版，第 65 – 69 页。

[②] Addison, P. F. E., Carbone, G., McCormick, N., "The Development and Use of Biodiversity Indicators in Business: An Overview", IUCN, Gland, Switzerland, 2018, pp. 1 – 14.

务）以及生态领域新技术（如深海基因资源勘探）等，使生态系统服务具有真正的市场经济价值。

二、生态系统物质产品和文化旅游服务的价值实现途径

对自然生态系统提供的物质产品和文化旅游服务，较为容易实现市场交易，关键在于如何提升和扩展其市场。当前，消费者越来越意识到生态环境的重要性，更多地倾向于选择生态产品。对此应顺势而为，利用生态系统本身所体现出的独特性和稀缺性，增加生态产品的有效供给，提升生态系统物质产品和文化旅游服务的价值，打好"生态牌""绿色牌"。

（一）建立推广生态标识制度

依托自然生态系统可以生产大量的物质产品，包括食品、木材、矿泉水、天然纤维、天然皮革、工艺品等等，其产业也涵盖了农业、渔业、林业、建材、服装、箱包、手工业等。这些产业为了提高产品市场竞争力，已将"生态"作为重要的附加概念。但是现在市场上所谓的生态产品、环保产品、绿色产品品目繁多、鱼龙混杂，是否带有真正的生态因素或者以生态友好的方式生产，必须经由权威机构认可。建立推广生态标识制度就是一种重要手段，可以通过严格规范的产品认证确保真正的生态产品进入市场。

从世界范围来看，近年来生态相关的产品认证发展迅猛、市场广泛，特别是在林产品和海洋水产品方面的认证或者标签已经广为推广。前者包括森林管理委员会（FSC）认证、森林认证体系认可计划（PEFC）认证、雨林联盟（RA）认证等，这些认证通过全面系统的审核，确保获得其认证的商品符合保护生态环境的严格准则。后者如海洋管理理事会（MSC）认证、海洋水族馆理事会（MAC）认证等，分别对海洋水产品和水族品进行整个供应链的认证，以确保其是以可持续和负责任的方式所生产和管理的。

我国目前有富有特色的地理标志商标认证，其中也蕴涵着有效利用当地自然资源特色的因素，是人们追求天然绿色消费的理想选择。因此，可以在其原有自然地理特性的认证标准与认证程序基础上，补充完善更多的

生态要求和生态特色，使其进一步增加生态附加值。特别是依托国家公园等保护地区域所产出的生态产品，可以采取保护地特许标志的形式，不仅增强了产品的生态特色，还为保护地管理补充了资金来源。在继续扩大和深化现有生态认证市场的同时，还应积极推动我国生态产品通过国际通行的相关认证体系，如全球社会和环境标准协会（ISEAL），该组织囊括了许多可持续性标准和认证计划①，对不同的可持续性标准进行管理、核实和评估方面的协调。

（二）引导公众生态友好的消费理念

无论推广是否经过认证的生态产品，最终的效果都在于其市场表现，特别是在其价格通常高于同类的非生态产品的时候。此时，引导和提升消费者对生态产品的接纳程度就显得尤为关键。因此，要通过广泛深入地宣传教育，积极改变公众传统消费方式，引导他们更多地树立绿色的消费理念，愿意购买更多的生态产品。例如近年来欧美地区服装业掀起了生态纤维、自然纤维的热潮，这些依托林木、作物、牲畜的生态产品替代了人造化纤品。这种时尚引领的消费模式，促进了生态产品被广泛接受。

在推动个人消费者观念转变的同时，还要积极促进各类零售商、制造商等采购和生产更多的生态产品，在其供应链和产品周期全过程中优先利用生态产品。例如世界最大的零售商沃尔玛，与全球水产养殖联盟（GAA）和水产养殖认证委员会（ACC）合作，对其采购的国外进口虾均要求达到美国"最佳养殖实践"的标准，对新鲜和冷冻的捕捞鱼均要求通过海洋管理理事会（MSC）的认证②。我国也应鼓励各类工商企业积极采购销售或使用生态产品，打通生态产品从生产者到最终消费者之间的渠道障碍：一是推行生态产品的政府采购制度；二是促进知名电商建立实施生态产品采购销售策略。

---

① TEEB, The economics of ecosystems and biodiversity in business and enterprise, Edited by Joshua Bishop, Earthscan, 2012, London and New York, p. 163.

② TEEB, The economics of ecosystems and biodiversity in business and enterprise, Edited by Joshua Bishop, Earthscan, 2012, London and New York, p. 55.

（三）依靠科技创新发掘生态产品

生态系统所能提供的产物中，其价值往往因为人类科技水平的限制还没有得到充分挖掘，例如对人类健康有巨大保障作用的生物天然产物和基因资源等。在这方面，制药产业、食品加工及育种业、兽医业、植保业、园艺业、保健品、化妆品产业大有作为。据美国有关方面统计，其价值6400亿美元的制药市场中约有25%～50%来源于生物基因资源①。

值得指出的是，我国传统中医药大量应用了生态系统天然产物，应用现代生物医药科技手段加以提炼改造，其生态产品价值潜力不可估量。此外，随着海洋科技的进步，埋藏在深海的生物遗传（基因）资源也将得到逐步开发，海洋生态系统所能提供的产品将极大地造福人类。当然，生物遗传资源及天然活性物质的勘探、研发、交易等商业化过程，受到多种知识产权方面的国内外商法约束，因此需要善于利用相关国内外法规制度，以合法方式获取生态产品的专利、惠益分享等经济利益。

（四）培育拓展生态文化旅游服务产业

尽管与有型的物质产品相比，生态系统所提供的文化旅游方面的服务不太容易直接实现其经济价值，但是只要创造好各方面条件，也能将丰富的自然财富转化为巨大的社会财富和经济财富。千姿百态的大自然为旅游休闲和户外体育等活动提供了广阔天地，伴随而来的是生态文化旅游服务产业的兴起。与此同时，也要清醒地认识到人类活动不可避免地对生态系统造成影响和破坏，因此要处理好保护生态和产业开发的关系。

为了培育和拓展生态文化旅游服务产业，可按照生态保护区域性质实施分类指导。对于在国家公园等自然保护地中适度利用区内的生态资源进行的生态旅游活动，在保护地管理机构严格管控的前提下，可以实施特许经营制度，并用其资金收益弥补保护地管理支出。对于其他一般生态区域，要积极发掘和开拓其自然景观价值潜力，营造更加便利的交通和设施条件，并加大市场营销力度，就近吸引公众游憩，真正把绿水青山转变为金山银山。

---

① TEEB, The economics of ecosystems and biodiversity in business and enterprise, Edited by Joshua Bishop, Earthscan, 2012, London and New York, pp. 148.

三、一般生态系统服务的价值实现途径

生态系统所提供的调节自然要素的服务和维持地球生命条件的服务如水源涵养、净化水质、防止水土流失、维持野生动物栖息地等，在此将其通称为一般生态系统服务，以区别于生态系统所提供的物质产品和文化旅游服务。与后者相比，一般生态系统服务功能在通常条件下很难转化为经济价值。尽管如此，在科学合理的社会经济制度设计下，还是能够通过市场或政府这"两只手"推动其价值实现。

（一）一般生态系统服务价值的市场实现机制

将一般生态系统服务通过市场实现其经济价值，必须遵循市场经济结构和规则。例如全球昆虫传粉对农业的贡献至关重要，但是世界上却不存在一分钱的传粉市场，其原因就在于昆虫传粉活动无法构造一个交易市场。由此可见，欲使一般生态系统服务通过市场实现其经济价值，需要特定的制度设计构建出人类生产者、消费者和市场交易平台。

（二）人类生产者及其提供的生态产品

本来，生态系统自身才是生态产品真正的生产者。但是，为了将生态产品纳入到人类社会经济体系实现其经济价值，就必须有人类作为主体的生产者。这种人类生产者虽然并不直接生产出生态产品如天然清洁水或吸收二氧化碳，但是他们却贡献了自己的劳动以维持和营造生态系统正常和健康的服务功能，保障了生态系统持续地产出生态产品。例如，某一群体在荒山上种植了树木；或者某一社区居民管理维护一片自然保护地，都能够让自然生态系统调节自然要素和维持生命条件的服务功能得到增强。也就是说这些人类群体通过劳动付出提供了生态产品，也因此具备了出售其生态产品的可能。还有一种特殊的生态产品提供过程，即付出发展机会成本的行为。例如，为了维护水源地清洁，其所在地群体放弃了建立工厂的机会，虽然这种行为避免了水源遭受污染，但在客观上也让当地群体失去了因建立工厂而带来的经济利益。类似性质的还有渔业捕捞权、水资源权等。从经济协调发展和维护社会公平角度，理应对特定群体失去发展机会的成本予以补偿。

(三)消费者及其消费激励机制

通常来讲,对于一般生态系统服务性质的生态产品,既不像生态系统物质服务一样能获得实际物品、又不像文化旅游服务一样可以从中获得旅游享受,所以个人或机构是没有意愿花钱购买的。为此,必须通过制度设计建立激励机制,鼓励引导或者强制要求相关个人或机构来购买。这些个人或机构往往并不是一般生态产品的直接受益者,但是出于对自然的热爱或者树立企业良好社会责任的形象声誉等目的,会以捐赠等形式自愿购买生态产品。例如总部在杭州的阿里巴巴集团,捐赠了大量资金支持远在几千公里以外的内蒙古阿拉善的农牧民治理沙漠,而由治理沙漠带来的减少沙尘暴这种生态产品,实际上在杭州是基本感受不到的。但是阿里巴巴集团这一行为获得了社会赞誉,企业的良好形象将有助于提高其商业竞争力。此外,还有机构自愿消费的形式是采取直接投资租赁个人或集体有一定自然保护价值的土地,之后自行开展生态保护与管理活动,从而生产出生态产品。

而对于一般生态产品的直接受益者,则可以通过制定实施法规,强制规定其支付所获得的生态产品。在实际操作中,强制企业支付的往往不是其获益的生态产品,而是由于其经营活动造成生态服务功能下降的补偿费用。典型的如美国"湿地补偿银行"制度①,某些专业的生态修复公司可以将其修复好的湿地以面积为单位,在"湿地补偿银行"登记为可交易的生态产品,而根据法律规定当某家开发商占用湿地时,必须要恢复同样面积的湿地,这时这家开发商就可以到"湿地补偿银行"购买相应面积的湿地,用其抵消恢复责任。显然,这种制度设计真正使生态修复成果成为了可以交易的生态产品,同时发挥了生态修复公司的专业优势,提高了效率与公平。还有一种特殊的生态产品"消费"方式就是生态赔偿,开发企业往往由于管理不善或发生污染事故,对生态环境造成了破坏进而影响了生态产品的生产,对此通过法规规定或公益诉讼所认定的企业责任,要求其

---

① 李京梅、王腾林:"美国湿地补偿银行制度研究综述",《海洋开发与管理》,2017 第 9 期,第 3–10 页。

向生态环境所有者付出赔偿资金，以弥补其生态产品损失。

（四）培育生态产品交易市场

从理论上来讲，将生态系统服务进行"市场化"从而使生态产品通过市场交易实现经济价值，本质上就是将"自由"获取的生态系统服务或者生态系统在开发活动中所付出的代价，进行"内部化"的过程。从实践上来讲，确定了生态产品的生产者和消费者以后，需要特定的市场机制实现其交易过程。为此，需要建立统一规范开放的生态产品市场交易平台，明确界定生态产品的资产性质类别、高效合理的审批流程、适度的交易成本、完善的知识产权保护制度、广泛而受监督的核查监管体系，有时甚至需要专业的中介服务如行业协会、认证机构等。这种综合的生态产品交易所，将生态产品的生产者和消费者等市场主体集中在一起进行市场交易。市场将通过价格信号为处于竞争中的市场主体指示方向，通过竞争迫使市场主体对价格信号做出反应，从而实现公平交易和效率最大化，以及生产者和消费者双赢的盈利模式。因为市场机制具备竞争性、灵活性、推动技术创新、减轻政府资金负担等多种优势。

（五）市场主体主动参与自然经济过程

随着生物多样性丧失和气候变化胁迫，市场主体的生产经营与生态系统服务功能的联系日益紧密，其面临的自然风险也日趋增大。自然资本金融联盟曾经分析了 163 个行业部门对生态系统服务的自然依赖程度[1]，形成了每个行业整体依赖度分数。结果表明市场主体在商品生产、供应链运行、企业声誉与价值、消费者需求、市场监管合规等各个方面，都存在拓展生态产品的机遇，同时也面临着相应的挑战。为此，市场主体应顺应新形势，主动参与到新的自然经济过程。首先，参考国际标准和我国实际，评估本行业直至本企业与各类生态系统服务的关系，详细分析生产经营全过程的自然依赖程度；其次，在充分研究的基础上，梳理自身拓展生态产品方面的机遇，创新经营理念和商业模式，占领生态产品市场竞争的有利

---

① NCFA、UNEP WCMC：Exploring natural capital opportunities，risks and exposure：A practical guide for financial institutions，2018，link as of Dec 16，2019.

地位；最后，要把握底线思维识别自然风险，及时转变生产经营方式，趋利避害以在危机中育新机。

（六）政府作为公众利益代表购买生态产品

生态产品特别是一般生态系统服务所产出的生态产品，具有普遍的公益性，因而政府作为公众利益的代表，应该主动购买这些生态产品并作为公共服务提供给社会公众。大量无法通过市场交易实现其经济价值的生态产品，还是要通过政府投资来扩大其供给并实现其价值，概括来讲主要有以下类型：一是转移支付和以工代赈，直接将资金按照特定的标准拨付给生态产品的生产者；二是相关生态性质的补贴，例如退耕还林补贴、植树造林补贴、水产增殖放流补贴等；三是生态补偿，往往按照流域上下游地区之间水资源的分配额度，由下游所在地政府向上游地区政府支付资金；四是依托林权或水权的赎买、租赁、置换、地役权合同等方式，流转集体土地、经济林、水源地，恢复和扩大自然生态空间；五是生态保护管理协议，对承包特定区域开展生态保护与管理的个人或集体，通过协议方式支付管护经费；六是生态修复工程投入，并通过公私合营（PPP）或工程采购施工（EPC）等模式，由政府向生态修复工程承包商让渡一定利润空间；七是财税优惠政策，即对生态保护和修复等生态产品生产者予以税收减免或提供补助金。

与此同时，还有类似于生态赔偿的反向的抑制措施，是指政府对直接或间接导致生态系统服务功能下降的活动或行为，实施惩罚的措施，包括使用费、生态损害罚款、污染责任险等，例如2011年渤海蓬莱19-3油田溢油事件中责任方缴纳的巨额生态损害赔偿费用，就是带有警示作用的抑制措施。这些抑制措施一方面增加了政府在生态建设领域的资金来源，另一方面通过对破坏者的经济惩处，也体现了生态系统服务的价值所在。此外，消除负面的政府激励措施也会有利于生态产品的产出，例如通过减少不利于生物多样化的化肥农药补贴、近海渔业捕捞补贴等，将会鼓励和引导科学施肥用药、生态养殖等生态产品的生产。

四、生态产品价值实现的基本条件

从产权和市场化入手并完善管理体制，是保障生态产品价值实现的重要措施。对此，需要正确处理好政府和市场的关系，在提供公共生态产品领域落实政府的指导责任、管理责任、监督责任、保障责任，发挥好市场机制和政府责任在生态产品价值实现中的两个积极性。

（一）健全政策法规

在全社会确立"生态有价"的观念，是推动生态产品价值实现的首要前提。要广泛宣传生态系统服务的重要性以及生态产品获取的有偿性，使公众不仅领会到珍惜自然、保护生态的重大意义，而且还认识自身可以直接或间接地参与到生态产品的提供、维护和使用中。政府主管部门在相关制度设计上，要努力把生态系统服务"无偿免费"的这一"外部性"，纳入到企业经营成本或收入中，从而使其"内部化"，例如税收或许可证政策可用于企业损害生态系统服务（负外部性）的内部化，而免税或补贴政策则可用于鼓励企业保护修复生态系统（正外部性）的内部化。

科学合理的生态资源利用政策，是生态产品价值实现的重要基础。为此，政府主管部门首先要根据生态价值科学合理确定生态产品开发的边界，避免两个政策极端：一方面是放松管制，致使个人或企业以开发生态产品的名义一哄而上，造成有重要生态价值的区域、生态系统或野生生物物种等遭受破坏；另一方面则是过分严格，以严格保护生态名义"一刀切"禁止个人和企业开发任何生态产品，这就使生态产品毫无价值实现机会可言。以国家公园为例，既要避免以旅游开发而不是保护生态为目的选划国家公园，使得重要生态区域遭受旅游活动破坏；也要避免将国家公园所有区域全部划定为禁止利用区，使得生态旅游活动没有任何发展空间。处理好这一问题的关键就是科学合理、实事求是地制定实施好空间规划、用途管制、野生动植物保护利用等政策。

政府主管部门要制定实施扩大生态产品实物供给和产出空间的政策措施。例如，通过大力建设生态牧场、海洋牧场，增加在生态系统支持下的绿色畜牧、绿色水产品产出；通过组织开展植树造林、污染治理，增强生态系统涵养水源、清洁水质的服务产品供给。

统一规范的市场交易政策，是扶植生态产品实现经济价值的关键措施。生态产品具有公益性、收益低、周期长等特点，为此政府要积极制定统一规范的生态产品市场交易政策：一是合理的价格政策，要传递准确的市场信息和价格信号，引导调节合理的市场预期，防止生态产品价格过高而限制了对其的需求，或者太低而造成生态资源浪费；二是防止垄断的政策，维持充分的市场竞争，否则可能导致生态资源配置扭曲，并损害消费者的利益；三是降低交易费用的政策，运用数字技术打通信息扭曲或不对称的屏障，使买卖双方便捷地了解生态产品质量及相对价格，简化谈判、协商和签约程序，杜绝交易费用超过交易收益的情况发生。

创新建立绿色金融政策，是社会资本投资生态产品实现稳定回报的重要保障。一是发展绿色信贷，银行业等金融机构要加大对生态产品生产者的信贷支持，创新贷款贴息、融资担保等金融扶植政策；二是鼓励绿色风投，银行基金、风险投资公司要积极为生态产品项目提供投资资金和融资，探索建立社会资本主导的生态系统服务投资基金；三是推动绿色证券，合理引导技术创新、管理规范的生态产品生产企业上市交易；四是发展绿色保险，对在重点生态保护区域周边的开发活动，探索实行生态环境污染破坏强制责任保险制度。同时，建立符合生态产品交易特点的信贷管理与监管考核制度，健全统一规范的生态环境公益诉讼、损害赔偿诉讼专项资金的管理、使用、审计监督制度。

制定完善法律法规，依法推动生态产品价值实现。如果没有法律法规强制生态产品直接收益者支付费用，一般生态系统服务产品很难靠企业自愿购买。同样，生态赔偿、生态补偿、财税调节等生态产品价值实现措施，也都需要相应的法规制度。另一方面，规范生态产品市场交易的当事人责任、产权所有者权益、交易规则程序、金融投资等，与一般商品交易市场相比也有其特殊性，需要制定专门的法规制度予以规范监管。

（二）明确所有者权益

生态产品的所有者权益既有一般的商品特性又有特殊的公益属性。市场机制有效运作要求商品的产权明晰、排他、安全及可交易。如同一般商品一样，生产者对其提供的生态产品拥有特定的产权，消费者购买之后在某种意义上就是购买了这种产权，因此生态产品的产权是其市场交易的前提条件。同时又与一般商品所不同的是，考虑到生态产品的公益性，其所有者权益不仅受到法律保护，还受到法律制约，比如所有者不能因为拥有了生态产品产权就可以对其肆意处置甚至破坏，因此该权益必须附具生态管理条件，底线是不得降低生态系统服务功能。

建立完善明晰的生态产品产权制度。生态产品的产权问题遵从制度经济学的一般规律，应具有以下要求：一是普遍性，即生态产品必须为明确的主体所拥有，其全部的权利和责任必须完全由法律明确规定；二是排他性，即生态产品的所有者具有排他的使用权和收益权，否则任何人可以随意获取则其经济价值趋向为零；三是可转让性，即生态产品的产权可以通过市场来平等和公平地处置、交易和转让；四是强制性，即生态产品所有者的权益得到法律保护，免于他人侵占。[①] 只有具备以上四个基本要求，生态产品的生产者才有动力去持续高效地提供生态产品，消费者才有积极性购买生态产品。

科学合理确定生态产品的所有者权益，完善规则与程序，制定实施合理的所有者权益制度。首先，政府应鼓励个人、集体和企业等通过缴费、租赁、置换、赎买等方式取得生态空间的使用权、配额或特许经营权，并投资于生态产品的供给，搞活生态产品市场。其次，要处理好生态产品产权与土地使用权、林权、探矿权与采矿权、海域及海岛使用权、水资源产权、水域滩涂养殖捕捞权等其他自然资源权属的关系，避免重叠交叉确权。

（三）科学评估生态产品价值

通过市场价格信号可以对一般商品的经济价值最终作出合理的判定。但是对于生态产品，特别是一般生态系统服务所提供的生态产品，单纯依靠市场价格信号具有很大的局限性和不确定性。为此，政府应该发挥引导指导作用，建立统一规范的生态产品评价定价规则。政府部门要建立完善生态产品分等定级价格评估制度和资产审核制度。同时，在评估企业开发活动"外部性"成本效益的基础上，明确生态补偿、赔偿的标准和基线。

---

① 杨海龙、崔文全："资源与环境产权制度研究现状及'十三五'展望研究"，《环境科学与管理》，2013 年第 11 期，第 30 - 34 页。

探索建立规范高效生态产品价值评估程序。分类分级界定生态产品对象，既包括物质产品、文化旅游服务，也包括一般生态系统服务所提供的生态产品，准确评估生态产品的实物量、价值量及质量，针对不同的生态产品对象，选取合适的价值评估方法进行分类核算。结合生态系统自身演变和生态产品交易情况，对生态产品的增减进行跟踪监测，掌握整体变化情况。建立统一权威的信息发布和共享机制，为市场提供准确的价格信号参考。

建立完善生态产品认证制度。为生态产品的市场交易提供保证，必须发挥政府权威作用，制定生态产品认证标准和认证程序，并对认证机构实施认可和核查，以维护良好的市场环境。生态产品认证除了符合通行的质量管理体系要求以外，需要注重生态特色，确保该类产品由生态系统服务功能所产出或提供，其产出过程中对生态系统自身没有造成负面影响，需要谨防打着生态的标志实质是破坏生态环境。进一步讲，对社会认证机构开展生态产品认证，既要积极鼓励以广泛培育市场，又要严格监管防止认证泛滥。

（四）建立部门协调机制

自然资源主管部门发挥生态产品价值实现的引导职能。一是通过调查监测评价摸清生态系统基本状况，掌握生态系统服务情况，为生态产品价值实现提供数量、质量和分布等基础信息；二是履行自然生态系统的全民所有者职责，为生态产品所有者的各类权属进行分配管理，并予以确权登记，依法维护生态产品所有者权益；三是组织生态产品分等定级价格评估，建立完善生态产品交易规则和交易平台，指导建立生态产品价格体系，监督规范其出售、划拨、出让、租赁等市场活动，依法收缴生态产品收益；四是制定生态产品开发利用政策，通过空间规划确定生态产品开发的控制线，通过空间用途管制明确生态产品的保护与利用要求，合理调配生态空间的用途转用；五是组织开展生态修复，扩大生态产品供给能力，制定合理利用社会资金进行生态修复的政策措施，推动形成生态修复市场；六是建立实施生态保护补偿制度，指导地方政府通过生态补偿购买生态系统服务产品；七是推进生态产品的数据信息服务，组织开展广泛的生态保护宣传教育，积极引导公众重视并参与生态产品的生产和交易。

相关部门建立完善部门间统筹协调工作机制。生态产品价值实现涉及多个部门、行业及地方政府的职能工作，仅从政府机构来看就涉及生态环境、林业草原、农业农村、文化旅游、发展改革、财政税收、市场监管、银保监会等多个部门。必须突出问题导向，强化顶层设计，建立联动机制，打通部门环节，密切统筹协调，统一政策措施，从优化体制机制入手加快形成合力，共同努力实现习近平总书记提出的要求，"为人民群众提供更多优质生态产品，让人民群众共享生态文明建设成果"。

生态系统管理与海洋综合管理

——基于生态系统的海洋管理的理论与实践分析

王　斌　杨振姣*

随着人类对开发利用海洋和保护海洋环境日益重视，海洋管理的理论与实践逐步深入。自 20 世纪 80 年代以来，特别是在 1992 年联合国环境与发展大会通过《21 世纪议程》和《生物多样性公约》等重要文件以后，生态系统管理和海洋综合管理的思想日渐成为海洋管理的主流，沿海国家以此开展了众多的理论探索与实践应用。从海洋生态系统的特征来看，类似于地球上其他生态系统，其基本属性是具有综合性、自适性和稳定性。实施生态系统管理的过程就是对相关生态要素进行综合管理的过程，以维持生态系统的活力、弹性、稳定和自我调节的能力[①]，并满足人类实现可持续发展的需求。因此，生态系统管理和海洋综合管理，具有互为因果和共同目标的内在联系。

一、生态系统管理理论与实践

海洋生态系统管理思想最早可以追溯到 20 世纪 80 年代国际上提出的

* 王斌（1971—），男，河北唐山人，海南省人民政府党组成员、副省长，主要研究方向：海洋生态保护、海洋综合管理、海洋减灾防灾。

杨振姣（1975—），女，辽宁丹东人，中国海洋大学法政学院副教授，主要研究方向：公共政策分析、海洋管理与政策、政府治理与改革。

基金项目：本文系中国海洋发展研究会"中国海洋生态安全治理现代化的政策研究"（CA-MAZD201502）的阶段性研究成果。

① 蔡晓明：《生态系统生态学》，科学出版社，2002 年版，第 304 页。

"大海洋生态系"的理论和实践①，该方法是将全球海洋按照自然地理单元和生态环境特征划分为若干海洋生态系，分别实施带有区域特点的生态保护策略。此后，1992年联合国环境与发展大会提出了应用生态系统方法保护生物多样性，并通过《生物多样性公约》等方式在国际上推广。在海洋领域确立生态系统管理理念，则是在2002年世界可持续发展大会上通过的《约翰内斯堡行动计划》，提出采用基于生态系统的方法保护和管理海洋，呼吁制定基于生态系统的海岸带综合管理政策与机制。2012年"里约+20"世界可持续发展大会成果文件《我们希望的未来》，重申了运用生态系统方法管理影响海洋的人类活动。联合国大会在海洋和海洋法非正式磋商进程，以及千年发展目标和可持续发展目标中，都鼓励各国开展基于生态系统的海洋管理。2015年第70届联合国大会通过的《联合国2015年后可持续议程》指出："保护与可持续利用海洋和海洋资源，要运用生态系统方法，实现海洋健康和富有生产力。"

（一）当代西方海洋生态系统管理理论

海洋生态系统管理的一般概念是，为了实现可持续利用生态系统产品和服务，保持生态系统的完整性和良好状态，在最佳的生态系统及其动态科学知识基础上，对影响海洋生态系统健康的关键人类活动实施海洋综合管理，并对生态系统组成部分包括生物和环境进行合理控制。这一概念主要强调两方面：一是生态系统结构和功能的重要性，即健康的生态系统是社会经济持续发展的基础；二是人类是生态系统的重要组成部分，即人类活动应确保维持健康的生态系统结构和功能的可持续性。

近年来，世界各国在海洋战略规划中都提出运用基于生态系统的方法管理海洋。美国、加拿大、澳大利亚和欧盟等在海洋发展战略中，明确提出应用基于生态系统的方法管理海洋。2010年美国总统发布了第13547号总统令《海洋、海岸带和五大湖管理》②；2002年加拿大海洋与渔业部颁

---

① 陈宝红、杨圣云、周秋麟："以生态系统管理为工具开展海岸带综合管理"，《台湾海峡》，2005年第1期，第122-130页。

② 夏立平、苏平："美国海洋管理制度研究——兼析奥巴马政府的海洋政策"，《美国研究》，2011年第4期：第77-93页。

布了《加拿大海洋战略》及此后的一系列区域海洋规划①；自 2012 年起澳大利亚积极推动"海洋生物区规划"②。上述政策规划中都提出把生态系统方法作为海洋保护和管理的基本方法，实施基于生态系统的海洋管理。2008 年，欧盟制定的《欧盟海洋战略框架指令》指出，采用基于生态系统方法管理人类活动对海洋的利用，确保海洋生态系统及其服务达到良好的环境状况。此外，英国、挪威等国家也针对特定海域，制定实施了具体的生态管理规划、政策和任务内容。

由于海域和国情之间的差异，如何将生态系统管理方式应用于海洋领域，国际社会并未达成统一的意见。尽管如此，通过一定时期的理论探索和实践应用，西方发达国家不断总结凝炼海洋领域实施生态系统管理应遵循的一般原则③：（1）考虑生态系统的关联性；（2）适当的空间和时间尺度；（3）适应性管理；（4）应用科学知识；（5）综合管理；（6）利益相关者参与；（7）衡量生态系统的动态特征；（8）生态完整性和生物多样性；（9）可持续发展；（10）社会系统和生态系统的衔接；（11）决策应该反映社会学因素的选择；（12）识别边界条件；（13）跨学科参与；（14）适当的监测方法；（15）知识不确定性。通过上述这 15 条一般原则，可以凝炼出海洋生态系统管理的要义，即对于特定的海洋生态系统，为了实现其生态系统保护目标和资源可持续利用，在一定时间和空间尺度内实施跨生态学等自然科学和社会学等人文科学的管理，同时应用可靠的科学知识和适当的监测方法，并且充分考虑海洋生态系统各组分之间的关联，以及各方利益相关者的参与，采取一系列适应性的综合管理措施。

（二）西方主要国家的海洋生态系统管理实践

美国海洋政策委员会在 2004 年发布了《21 世纪海洋蓝图》的海洋管

---

① Fisheries & Oceans Canada Maritime Region, 2014, Regional Oceans Plan-Background and Program Description.

② Joanna Zofia Vince, 2013, Marine bioregional plans and implementation issues: Australia's oceans policy process, Marine Policy 38: 325-329.

③ Rechel D. Long, Anthony Charles, Robert L. Stephenson, 2015, Key principle of marine ecosystem-based management, Marine Policy, 57: 53-60.

理综合报告，提出了在美国海域实施新的基于生态系统的综合协调管理建议。建议的核心内容就是将美国海域划分为若干生态区，各自制定相应的管理计划。英国在 2002 年公布了《保卫我们的海洋：海洋环境保护和可持续发展战略》，该战略认识到原有涉海部门分割管理的弊端，以生态系统管理为基础协调相关部门共同实施海洋环境保护措施，并专门实施了为期 2 年的"爱尔兰海试点项目"。加拿大在 2002 年公布《海洋战略》，随即提出实施为期 4 年的规划。为此，加拿大渔业和海洋部还专门设立一个国家层面的协调机构推动生态系统管理的最佳实践，指导各个海洋生态区的项目实施和生态质量目标的实现，此外还建立了一套海洋质量状况报告系统。澳大利亚 1998 年发布了《澳大利亚海洋政策》，提出以生态系统为基础制定区域海洋管理规划，并从 2012 年起积极推动"海洋生物区规划"，该规划包含了海洋生态多样性等一系列目标和措施，规划强调对海洋生物多样性状况和相应的海洋开发压力进行总体评估，并在规划实施中发挥科学研究和数据的基础作用。以挪威制定的巴伦支海生态系统管理规划为例[①]，海洋生态系统管理的实施大体可以分为以下几个环节：一是掌握海域生态环境和资源开发状况，识别关键区域。同时，以生态系统、经济状况和管理体制为基础，划定实施生态系统管理的海域范围。二是分析经济社会活动的影响，重点评价相关涉及海洋产业所产生的环境、资源和社区发展影响。三是综合各类人类活动影响，明确科学信息数据的空白，深入分析海域生态脆弱区和不同利益相关者的冲突。四是参考"生态质量目标"（EcoQOs）指标体系，确立规划总体目标及具体指标，包含了浮游生物、底栖生物、鱼类、海洋哺乳动物、海鸟、外来物种、濒危物种和环境污染等指标，此外还包含若干管理行动指标。同时，该指标体系也是规划实施过程中监测评估规划成效所依据的指标。五是综合相关管理工具确定规划行动，首要的措施是划定具体的生态管理分区，分别采取相应的具

---

① Olsen E, Gjoseter H, Rottingen I, Dommasnes A, Fossum P, & Sandberg P, "The Norwegian eco-system-based management plan for the Barents Sea", ICES Journal of Marine Science, No. 64, 2007, pp. 599 – 602.

体管理行动。针对生态脆弱敏感区，还专门制定了保护措施，包括在区域内开采油气、实施休渔期和休渔区制度、建立海洋保护区等。为保障规划的实施，还专门设立了三个工作组："监测组"负责监测评估规划实施成效并提供年度报告；"危机组"专门应对各类海洋生态风险和突发事件；"专家论坛"提供专业咨询建议。在规划制定实施过程中吸收利益相关者代表参与，形成的所有文件都通过互联网公布。此外，还注重国际合作，挪威为此专门与俄罗斯成立联合工作组，推动数据信息共享和管理经验交流。

（三）中国海洋生态文明建设

20 世纪 90 年代，中国先后发布了《中国海洋 21 世纪议程》和《中国海洋事业的发展白皮书》，这是实施海洋可持续发展战略的标志性活动和成果。从此，海洋生态保护和管理工作日益得到重视，各项业务取得长足进展。

近年来，中国政府作出加快推进生态文明建设的战略部署，并将海洋生态文明建设作为其中重要的组成部分。国家海洋局于 2015 年制定实施了《海洋生态文明建设实施方案》，其指导思想是坚持问题导向、需求牵引，坚持海陆统筹、区域联动，以海洋生态环境保护和资源节约利用为主线，以海洋生态文明制度体系与能力建设和海洋生态健康与可持续发展为重点，以重大项目和工程为抓手，将海洋生态文明建设贯穿于海洋事业发展的全过程和各方面，实行基于生态系统的海洋综合管理，推动海洋生态环境质量逐步改善、海洋资源高效利用、开发保护空间合理布局、开发方式切实转变。

立足当前和展望未来一段时期，笔者认为海洋生态文明建设主要从以下十个方面推进：（1）强化规划引导和约束，制定实施海岸带保护与利用规划；（2）实施污染物入海总量控制，实施自然岸线保有率目标控制，实施海洋生态保护红线制度；（3）深化海洋资源科学配置和管理，严格限制围填海活动，促进海域海岛资源市场化配置，加强无居民海岛保护；（4）严格海洋环境监管与污染防治，推进海洋环境监测评价制度体系建设，推动海洋生态环境监测布局优化和能力提升，强化海洋污染联防联控，健全海洋环境应急响应体系，建立海洋资源环境承载力监测预警机制；（5）强化海洋生物多样性保护，推进海洋生态整治修复，实行海洋生态补偿制度；（6）严格海洋监督执法，健全完善法律法规和标准体系，建立实施区域限批制度；（7）健全海洋生态文明建设绩效考核机制，建立海洋生态环境损害责任追究和赔偿制度；（8）提升海洋科技创新与支撑能力，培育壮大海洋战略性新兴产业；（9）推进海洋生态文明建设领域人才队伍建设；（10）加强海洋生态文明宣传教育与公众参与。

在推进海洋生态文明建设中，综合采用海洋生态系统方法的典型方式，就是开展海洋生态文明示范区建设。示范区以促进海洋资源环境可持续利用和沿海地区科学发展为宗旨，探索经济、社会、文化和生态的全面、协调、可持续发展模式，引导沿海地区发展方式的转变和海洋生态保护修复。海洋生态文明示范区建设包括以下四个方面的主要任务：（1）优化沿海地区产业结构，转变发展方式；（2）加强污染物入海排放管控，改善海洋环境质量；（3）强化海洋生态保护与建设，维护海洋生态安全；（4）培育海洋生态文明意识，树立海洋生态文明理念。根据上述建设内容，示范区设立了区域经济发展、资源集约利用、生态保护建设、海洋文化培育、保障体系建设5个领域共计23项具体评估指标，作为衡量示范区建设成效的标准。目前，已有广东珠海横琴新区等共21个国家级海洋生态文明示范区开展了示范建设。

当然，对比当代西方海洋生态系统管理的理论与实践，与中国海洋生态文明建设的实际情况，可以看出，前者对科学知识的运用和利益相关者的参与，比较后者更加重视一些。突出表现在以下几个方面：一是注重海洋生态系统的关联性与动态特征，将海洋及海岸带生态系统的结构与功能特征作为实施科学管理的基础和前提，尤其重视典型生态系统彼此之间的关系，以整体观和动态观识别和解决生态问题。二是始终关注海洋生态系统的空间和时间尺度问题，充分考虑不同生态系统特定的空间范畴和时间演变特点，以此为基础实施有针对性的管理行为。三是高度重视海洋生态系统的完整性和生物多样性，以此为管理目标实施相应的管理方法。四是灵活机动地采取适应性管理理念，根据实际情况对一般管理原则作出相应变通，使得管理行为更具针对性和实效性。最后是关注利益相关者的利益和参与，对各类管理行为可能产生的社会影响予以充分考虑，并在相关的制度安排中给予明确和强调。对此，今后中国海洋生态文明建设的实践也需要进一步吸收借鉴，使其更加科学合理地贯彻海洋生态系统管理的理念和方法，在此基础上凸显鲜明的中国海洋管理特色，从而有效实现中国海洋生态的保护与管理。

二、海洋综合管理理论与实践

随着人类开发利用海洋的深入，渔业、航运、能源、矿产、旅游、城镇建设等各类活动在海洋和海岸带区域日渐密集，这些活动占用了原有的自然生态空间，改变了水文动态，排放大量废水、油类、疏浚物、工业废物、塑料垃圾，有时还引发巨大的环境突发事件，使得海洋生态服务功能受到严重影响和破坏。显而易见，对于这些多种形态且彼此关联的海洋及海岸带开发与保护问题，必须采取综合管理的框架和手段。

（一）海洋及海岸带综合管理理论及演变

国际上最早的海洋和海岸带综合管理实践，可以追溯到美国在 1972 年制定实施的《海岸带管理法》，以及随后从 1972 年至 1981 年实施的"海岸带管理计划"。此后，经济合作与发展组织在 1987 年制定"海岸带管理指南"，比较正式地提出了海岸带综合管理问题，当时关注的管理问题主要是减少污染、控制海岸侵蚀、推动沿海旅游业等。

1994 年《联合国海洋法公约》的生效，以及 1992 年联合国环境与发展大会的召开，使海洋及海岸带综合管理的理念和实践得到空前重视和应用。在联合国环境与发展大会发布的《21 世纪议程》中，将海洋综合管理的思想作为重要内容，包括海洋环境保护、可持续利用和保护海洋生物资源、气候变化问题，以及强化国际、区域间的合作等。此外，同一时期生效的《生物多样性公约》《气候变化框架公约》《负责任渔业行为守则》及《保护海洋环境免受陆地活动影响的全球行动计划》等国际公约在海洋领域也贯彻了综合管理的理念。相关国际组织如联合国海洋法事务处、国际海洋学院、政府间海洋学委员会等还持续举办了一系列海洋及海岸带综合管理培训。

从 20 世纪 90 年代起，许多国家和地区开始了海洋综合管理的实践，例如澳大利亚、加拿大、韩国等成立了跨部门的国家海洋委员会，制定出台宏观的、综合性海洋管理政策。欧盟从 1994 年起组织起草海洋管理政策，此后出台了《海岸带综合管理示范计划（1996—1999）》，并组织各成员国制定出台国家层面的海洋综合管理政策。

以欧盟为例来看海岸带综合管理的演变，《海岸带综合管理示范计划（1996—1999）》考虑了以下方面的因素①：（1）欧盟涉海机构如农业、渔业、工业、旅游、交通、能源等不同政策对海洋的影响；（2）对欧盟民众来讲确保海洋环境健康；（3）推动海岸带地区经济和社会协调发展；（4）更好地利用海岸带资源；（5）与国际社会关注的海洋问题相衔接。该规划在实施过程中，努力解决和克服了以下几个问题：（1）不同部门的活动特别是旅游业的无序发展；（2）依靠自然的传统产业如渔业的衰退；（3）海岸带侵蚀和海平面上升导致栖息地丧失；（4）交通不便特别是海岛发展受困。该规划还分析了海洋管理层面存在的体制机制问题，主要包括：（1）部门利益导致彼此之间的法规和政策缺乏协调；（2）在相关规划决策过程中没有考虑可持续发展所要求的长期效应；（3）僵化的行政管理体系；（4）基层管理活动缺少资金支持；（5）欠缺海岸带生态系统及过程的知识；（6）科技界和决策者之间缺乏充分沟通；（7）利益相关者的参与不足。为解决上述问题，欧盟有针对性地制定了从基层—地区—国家—欧盟层面的政策措施，特别是针对体制机制问题，采取了以下措施：（1）在成员国和地区层面大力推动海岸带综合管理；（2）促使部门特色的法规和政策与海岸带综合管理相衔接；（3）促进利益相关者之间的对话；（4）建立海岸带综合管理最佳实践；（5）推动信息与知识交流；（6）提高公众意识。与此同时，该规划还对各国实施海岸带综合管理提出以下原则：（1）对海岸带自然和

---

① Stefano Belfiore, "Integrated Coastal Zone Management in the European Union: Prospects for a Common Strategy", in: Biliana Cicin Sain, Igor Pavlin, Stefano Belfiore, ed., Sustainable Coastal Management: A Transatlantic and Euro-Mediterranean Perspective, Springer Netherlands, 2002, pp. 3 – 8.

社会问题树立整体观念；（2）对海岸带开发与保护树立长期观念；（3）制定实施适应性管理措施；（4）在管理政策中要体现基层的特殊需求；（5）在海岸带综合管理措施中要考虑自然动态演变因素；（6）在规划和管理过程中要实施公众参与；（7）争取相关管理部门的参与和支持；（8）要采取综合管理手段包括法律、经济、志愿者力量、信息、科技和教育等方面。同时，号召各国实施以下行动：（1）确立海岸带综合管理的理念；（2）采纳最佳实践形成的好经验；（3）评估和修正海岸带综合管理涉及的机构、法规、机制问题；（4）制定海岸带综合管理国家战略；（5）实施区域合作行动；（6）定期（5年）向欧盟报告进展。

此后，欧洲议会在2002年进一步制定了欧盟海岸带综合管理建议（2002/413/EC），针对新的问题和因素提出了以下8条原则：（1）将影响海岸带区域的各种自然和人为因素从广泛的时间和空间角度予以考虑；（2）从预警原则和兼顾当代与后代利益出发而作出长远考虑；（3）采取适应性管理使之随着知识和问题的发展而作出渐进性调整；（4）由于欧洲海岸带区域各地的特殊性和巨大的多样性，要使相应的特殊实践和变通措施成为管理可能；（5）与生态系统承载能力相协调，使其推动人类活动实现长期的环境友好、社会责任和经济合理；（6）将各相关方纳入管理过程，可以采取以责任分担为基础的协议方式；（7）支持和吸纳地方、区域和国家的相关管理机构建立适当的联系，并组成彼此的伙伴关系；（8）应用联合方法促进机构间的政策目标、规划和管理的协调一致。欧盟所有成员国均被要求在国家层面盘点各自相关情况并制定相应的国家战略，同时加强彼此之间的合作。[①]

从欧盟海岸带综合管理的发展演变来看，其面对的问题和解决的思路与中国情况基本类似，因此其海洋及海岸带综合管理的理念和做法也可以在中国实践中予以借鉴。欧盟还重视跨国界海域的综合管理问题，分别在波罗的海、北海、大西洋沿岸、地中海和黑海成功组织实施了五大区域海

---

① International Ocean Institute, 2006. Evaluation of Integrated Coastal Zone Management (ICZM) in Europe-Final Report.

综合管理措施，对此尤其值得中国在跨省域的近海管理中参考借鉴。通过实施海洋及海岸带综合管理，致力解决跨区域、跨部门、跨层级的矛盾，特别是资源开发与生态保护之间存在的矛盾，加强了彼此之间的统筹协调、利益共享、信息沟通、相互支持。除此之外，进一步增强了经济活动与海洋开发、社会发展的联系。

海洋综合管理的最初目标，是为了实现海洋可持续发展而协调不同利益体特别是开发与保护之间的矛盾与冲突。在这一目标下，一些相关的管理方法与工具不断得到应用，在此概述以下三种：一是海洋生物区规划和海洋空间规划，在突出海洋生物多样性保护的同时，通过海域空间利用的统筹布局减少不同利益体的冲突。二是环境影响评价，通过该方法识别和评估海洋开发对生态环境保护产生的影响。三是海洋生态质量目标，该套指标由跨学科长期监测评价获取，是衡量在人类活动影响下海洋生态系统结构与功能健康的一系列特征指标。

（二）海洋综合管理的实践内容

海洋及海岸带综合管理的概念随着实践几经变迁，逐步形成了较为一致的概念，即：为可持续利用、开发和保护海洋及海岸带区域和资源，而采取的持续动态的决策和管理过程。这一过程的要义在于克服了原有的涉海部门间、区域间、政府层级间以及海陆间相互分割的问题，解决彼此的冲突矛盾，通过综合管理确保上述相关体系间能够和谐协调地应对海洋及海岸带问题。由此可见，实现综合管理的关键，是建立完善涉海管理上的和谐体制机制。

海洋及海岸带综合管理的核心是"综合"的理念，[①] 这一理念主要包括以下几个维度：一是涉海部门间的"综合"，促使渔业、油气、航运、旅游、环保、减灾等各个部门间建立协调的合作关系，直至与陆地相关部门如农业、水利、林业等部门建立海陆统筹的联系，克服部门间各自为战、政出多门的弊端。二是政府层级间的"综合"，包括中央、省市和基

---

① 赵利明、伍业锋、施平："从综合角度看我国海岸带综合管理存在的问题"，《海洋开发与管理》，2005 年第 4 期，第 17－22 页。

层政府之间要避免各自不同的利益诉求，要采取联动的管理措施。三是区域空间的"综合"，特别是要考虑到海域与陆域之间的衔接，以及海洋不同地理单位之间的联系，针对其相互影响而制定实施相应的统一管理策略。四是科技界与管理者之间的"综合"，海洋及海岸带综合管理涉及自然科学、社会科学和工程技术等多种学科，良好的管理实践需要坚实的科学知识和数据信息支撑，为此必须建立跨学科的科技界和管理者之间密切合作的关系。五是国际社会间的"综合"，海洋问题的宽广已超越国家主权管辖的边界，大洋捕捞、跨界污染、全球航运、气候变化等问题都需要国际社会采取协调一致的行动。除此之外，还应增加一项时间尺度的"综合"，既要考虑管理行为的短期效果，更要从可持续发展角度统筹考虑其长期效应，包括代际公平。

实施海洋及海岸带综合管理包括几个主要环节①②：1）界定管理区域的时空范围，识别和评估存在问题，包括海洋及海岸带的资源、环境、经济、社会状况及问题，评估过程要充分吸收各部门和利益相关者参与，以此为前提确立整体目标和具体目标；2）制定计划并准备所需资源，研究并制定相应的政策、法规、管理和技术措施，还要明确组织领导机构、涉及部门和利益相关者参与的角色定位，并建立相应协调机制，确定责任分工和任务进度表等；3）组织实施，落实各项管理措施，提升管理效能，强化综合协调，并提供持续有力的资金和人力保障；4）评估改进，对实施进展和成效应定期监测和科学评估，注重总结管理措施的经验得失，以采取适应性管理手段在此后的管理行动中持续改进。

（三）中国海洋综合管理的发展历程

新中国对海洋实施管理大致历程可以分为三个阶段：第一阶段从 1949 年建国后到 1964 年成立国家海洋局，这一阶段的海洋管理是以海防建设为

---

① Bilinana Cicin-Sain & Robert W. Knecht, Integrated Coastal and Ocean Management: Concepts and Practices, Island Press, 2000, pp. 469 – 470.

② GESAMP, Joint Group of Experts on the Scientic Aspects of Marine Environmental Protection. The contributions of science to coastal zone management, reports and studies GESAMP, No. 61. Food and Agricultural Organization of the United Nations; 1996. p. 66.

中心，兼顾渔业、交通等开发建设为主的海洋行业管理，所遵循的是海洋资源特征和开发规律。第二阶段为1964年国家海洋局成立以后直到20世纪90年代初期，海洋管理仍以军事斗争准备和行业管理为主，但是管理所依据的基础工作如海洋调查、海洋科研、海洋观测预报等活动日益纳入议事日程，并开始将海洋资源与环境问题作为海洋管理的重要议题。第三阶段从20世纪90年代初至今，海洋管理进入到综合管理阶段，并且逐渐深入到海洋开发与保护的各个领域。

从20世纪90年代初以来，海洋综合管理的发展历程又大致可以分为三个时期：第一个时期从20世纪90年代初到20世纪末，可以视为海洋综合管理的初创时期；第二个时期从21世纪初直到党的十八大召开，可以视为海洋综合管理的全面发展时期；第三个时期从党的十八大召开后开始，随着国内外海洋形势的变化，特别是党的第十八届三中全会提出的国家治理体系和治理能力现代化，同时伴随着生态文明建设、海洋强国建设等战略的实施，海洋综合管理进入到基于生态系统的海洋综合管理新时期。

在海洋综合管理的初创时期，恰值《联合国海洋法公约》生效和联合国环境与发展大会召开，而中国改革开放也正在走向深入，沿海开发方兴未艾，海洋管理开始成为中央和地方政府关注的问题。国家海洋局彼时已经从军队管理的体制脱离，而沿海地方海洋管理机构也逐步开始建立，此时需要以新的理念和方式实施海洋管理，海洋综合管理的思想应运而生。海洋综合管理的框架，集中体现在鹿守本所著的《海洋管理通论》中，①在阐述海洋管理的概念、对象、任务和基本原则基础上，论述了海洋权益管理、海洋资源管理、海洋环境管理、海洋自然保护区管理，阐明了海洋综合管理与海洋立法的关系，此外还对中国的海洋管理体制进行了探讨。海洋综合管理的一些最初实践也已开始建立实施，如海洋功能区划制度、海洋保护区制度、陆源污染物管理、海洋倾废管理等。20世纪90年代中期，国家海洋局的行政主管部门性质逐步确立，海洋综合管理成为其主要

---

① 鹿守本：《海洋管理通论》，海洋出版社，1997年版。

职能。①

进入新的世纪，海洋综合管理得到全面发展，海洋综合管理的目标、方向、原则和对策进一步得到明确和强化。海洋综合管理成为海洋行政主管部门的核心任务，② 包括了海洋政策、海洋经济、海洋权益、海洋资源、海洋环境保护、海洋科技、海洋执法等。此后，伴随着沿海地区海洋开发热潮，海洋综合管理成为保障沿海地方经济社会发展的重要手段，沿海地区所有省份都制定出台了海洋开发的政策规划。随着中国海洋实力的进一步提升，海洋综合管理的内涵与外延不断拓展，强调海洋意识和海洋文化的软实力作用，注重维护国家海洋权益和环境利益，开展了钓鱼岛等海上维权和渤海蓬莱 19-3 油田溢油事故处置工作，"蛟龙"号载人深潜等的成功将海洋管理的空间延展到极地和大洋。

党的十八大提出了建设海洋强国的宏伟战略，此后又提出了建设"21世纪海上丝绸之路"倡议，海洋综合管理也相应地迎来了面向未来的新机遇。在这一新的历史起点，国家海洋局从国际海洋事务和国内海洋事业发展的全局出发，确立了海洋综合管理的新方向、新体制和新任务。在新的历史时期，海洋在国际政治经济格局和中国战略全局中的作用将更加明显，中国海洋管理的指导思想、管理方法和管理手段都面临着重大转变：海洋经济管理面临着由统计向监测评估和政策调控转变，近海空间利用由强调生产要素向注重消费要素和生态功能转变，海洋环境保护向污染控制和生态安全转变，海洋科技成果向资本化、产业化和市场化应用转变，海洋公共服务向满足国计民生需求转变，国际海洋事务向深度参与国际规则制定和秩序维护转变，海洋权益和安全维护向统筹兼顾、多措并举转变。基于这种形势，海洋综合管理的发展趋势是按照"五位一体"总体布局和"四个全面"战略布局，在服从服务国民经济和社会发展大局中准确定位、主动作为。牢固树立创新、协调、绿色、开放、共享五大发展理念，推动海洋事业发展形成新动力、新格局、新途径、新空间和新成效。夯实经济

---

① 张登义：《管好用好海洋》，海洋出版社，2007 年版。
② 管华诗，王曙光：《海洋管理概论》，中国海洋大学出版社，2003 年版。

富海、依法治海、生态管海、维权护海和能力强海五大体系，实施"蓝色海湾、南红北柳、生态岛礁、智慧海洋"等重点工程。

三、生态系统管理和海洋综合管理的比较分析与基于生态系统的海洋管理

生态系统管理的核心目标是维护生态系统的结构和功能，海洋综合管理的核心目标是确保人类可持续发展。生态系统管理不能完全取代海洋及海岸带综合管理，因为两者的侧重点有所不同，前者是后者的基础和方法，后者是前者的结果和保障。

（一）生态系统管理和海洋综合管理的比较分析

生态系统管理的侧重点是：（1）注重生态系统的功能和过程，特别是生态系统的能量、物质、信息、价值的流动，以及抵御干扰的能力及恢复能力，防止物种减少和栖息地破坏；（2）立足于利益相关者，特别是直接依靠生态系统功能而获益的基层社区，因此社区的管理能力和管理权利得到重视；（3）针对不同特点的生态系统因地制宜采取不同的管理方式，根据监测评估结果进行调整，实施适应性管理；（4）加强机构间的合作，特别是涉及生态系统的各自然资源管理部门之间的合作。

海洋综合管理的侧重点是：（1）注重实现海洋资源环境和社会经济的可持续发展；（2）进一步深化"代际间平等""预防为主""污染者付费"，强调整体性和跨学科，特别是科学与政策间的衔接；（3）强化了部门间的协调和谐，推动解决海洋生态保护和经济开发之间的矛盾；（4）统筹空间边界，管理界线向陆地一侧延伸至影响到海域资源环境的城乡和流域边界，向海一侧主要是国家管辖海域的边界，涉及全球海洋问题则包括了宽广的公海海域；（5）克服涉海部门间和政府层级间的分割问题，建立跨部门和跨层级有效协调的体制和机制；（6）考虑到海洋及海岸带区域的复杂性和不确定性，管理必须建立在科学基础之上，例如风险评估、价值评估、脆弱性评估、自然资产评估、成本/效益分析、监测技术等应普遍应用于综合管理之中。此外，综合管理还强调了"自上而下"和"自下而上"管理路径的同等重要性，要建立公正透明的部门和公众参与机制。

上述两种方式也各自存在一定的局限性。例如相对于海洋综合管理方

法擅长的海岸带管理，典型的大海洋生态系统管理则基本没有将与其连接的海岸带生态系统纳入进来，因为它是以近海和远洋的渔业资源为基础的。反之，对于海洋生态系统管理最为核心的生态系统服务功能，海洋综合管理方法的关注程度尚显不足。因此，在海洋生态保护和管理实践中，应该综合两种方法的各自优势，取长补短，协同实现以下几个转变：从侧重保护海洋中的单一目标（物种）向保护海洋生态系统转变；从较为局部的单一海域空间尺度向大尺度多空间转变，直至将海域空间与陆域空间通过人类开发活动的延伸或自然生态系统的关联而联系起来；从较为短期的管理时间尺度向注重长期的时间演化转变，考虑管理行为的长远效应；从注重从海洋中获取直接利益向持续获得海洋生态系统服务功能转变，综合衡量海洋价值；从把人类独立于海洋生态环境向把人类作为海洋生态系统的组成部分转变，推动实现人海和谐。

（二）应用基于自然的解决方案

"基于自然的解决方案"是指通过保护、可持续管理和修复自然或人工生态系统，从而有效和适应地应对社会挑战、并为人类福祉和生物多样性带来益处的行动。当前，国际社会正在积极倡导应用该方法来适应和减缓气候变化，同时提升社区的可持续发展，保护自然生态系统和生物多样性。值得指出的是，基于自然的解决方案所确定的基本原则，诸如以透明和广泛参与的方式提供公平公正的社会福祉、维系生物多样性和文化多样性、适用于景观尺度、强调发展带来的短期经济效益与整个生态系统提供长期服务之间的平衡等，均与生态系统管理和海洋综合管理相契合。今后应进一步应用这一理念，从生态系统服务角度发挥其积极作用，特别是在以下方面：（1）维持海洋生态系统供给服务，保障区域社会发展所需的渔业及生物基因资源、生物质能源等；（2）维护海洋生态系统调节功能，提升海洋中污染物降解、外来物种控制、食品安全、海洋灾害防控、气候变化适应与减缓的能力；（3）促进海洋生态系统文化服务功能，满足景观营造、文化教育、公众休憩和滨海旅游的需求；（4）提升海洋生态系统调节功能，满足海水营养盐循环、初级生产力和次级生产力的转换，维系海洋生物多样性和生境完整性。最终，维护海洋在保障粮食安全、人类健康、防灾减灾、适应和减缓气候变化等方面的作用。

（三）基于生态系统的海洋管理初探

党的十九大提出加快生态文明体制改革，建设美丽中国的宏伟目标，这必将对中国的海洋管理产生重大而深远的影响。与此同时，沿海经济社会发展给海洋管理提出了新挑战，人民群众对海洋资源环境保护提出了新期盼。为了顺应新的形势，新时代海洋管理应进一步深入推进基于生态系统的海洋综合管理体系，统筹海洋开发与保护。其核心目标就是实现"人海和谐"；根本要求是遵循海洋生态系统内在规律，保持生态系统完整性、稳定性和服务功能；基本方法是综合运用法制、行政、监测评价等多种手段，将"生态＋"思想贯穿于海洋管理各方面，实现海洋资源环境的永续利用。一是构建现代化海洋经济体系。推进陆海统筹整体优化，推进海洋产业创新驱动，积极扶植海洋绿色新兴产业，提高涉海产业环境准入门槛，实现海洋资源节约和环境友好的绿色发展。二是构建海洋规划体系。科学划定实施海洋空间规划，把生态指标作为必备要素，全面纳入海洋经济、海洋科技等专项规划。三是构建海洋管理制度体系。建立健全海洋生态保护红线、围填海管控及自然岸线保护、入海污染许可证、近岸海域水质考核、海洋工程项目区域限批、海洋生态补偿和生态损害赔偿、海洋资源环境承载力监测预警、海域海岛有偿使用与市场化配置等制度规范，切实把保护海洋生态理念全面体现于海洋法制之中。四是构建海洋管理监督评价体系。研究制定海洋生态文明综合评价指标，开展自然岸线保有率、无居民海岛价值评估、海域资源资产分类评价，探索建立海洋自然资源资产负债表，将其作为沿海各级政府绩效考核内容的优先项目。五是构建海洋管理试点示范体系。推进海洋生态文明建设示范区、海洋综合管理示范区、海岛生态实验基地建设，健全完善海洋保护区网络，推动实施蓝色碳汇行动。六是构建海洋生态环境治理修复体系。加强海湾综合整治，推进滨海湿地修复，加快海岸线整治修复，持续建设生态岛礁，同时强化陆海污染联防联治，加快推进污染物排海总量控制，提升海洋环境监测评价和灾害预警能力。七是构建海洋科技创新体系。既要力争在深水、绿色、安全的海洋高技术领域取得突破，又要发挥海洋高新技术在生态管海中的支撑作用。八是构建海洋管理统筹协调机制与公众参与体系。推动建立国家监督、地方落实、企业履责、公众参与的海洋管理机制，建立健全跨区域协同机制，实现跨部门协同决策，营造全社会关心和支持海洋管理的良好氛围。

总之，中国海洋综合管理的发展趋势，就是将推进国家治理体系和治理能力现代化这一全面深化改革的总目标，贯穿于经济富海、依法治海、生态管海、维权护海和能力强海的海洋工作五大体系，构建基于生态系统的现代化海洋治理体系，推动中国海洋综合管理迈向一个新时代。

英国海洋能源产业全球布局背景下的
中英海洋能源合作评析与对策

刘贺青*

2005—2007 年，欧盟委员会第六框架计划资助了海洋能协调行动小组
（Coordinated Action on Ocean Energy，简称 CA-OE）和海洋能系统实施协议
工作组（Implementing Agreement on Ocean Energy Systems，IEA-OES）的研
究，将海洋能界定为："以海水为能量载体，以潮汐、波浪、海流/潮流、
温度差和盐度梯度等形式存在的潮汐能、波浪能、海流能/潮流能、温差
能和盐差能。"[1] 也有人认为，海洋能源还包括海洋上空的风能及海洋中的
生物质能等。作为一种新兴产业，海洋能源开发成本高、周期长、投资
大，因此，迫切需要创新和合作，甚至是跨国间的合作。本文旨在探讨具
有海洋能源产业优势的英国和正在建设海洋强国的中国之间加强海洋能源
合作的必要性及路径。

一、英国海洋能源产业全球布局的原因及表现

英国是老牌的海上强国，其海洋能源开发也走在世界前列，这是其进
行海洋能源产业全球布局的基础，反过来这又有助于维持其海洋能源产业

---

* 刘贺青（1977—），女，湖北武汉人，河海大学马克思主义学院副教授，硕士生导师，研究方
向：国际新能源合作、国际环境合作。
基金项目：本文是中国海洋发展研究会青年项目"中欧海洋能源合作对策研究"
（CAMAQN201410）、中央高校基金重点发展领域科研专项"'一带一路'战略的绿色维度研
究"（2015B08914）、国家社科基金"'一带一路'战略背景下我国海外资源开发中的环境风
险及政治应对研究"（15BGJ021）的阶段性成果。
① 夏登文、康健主编：《海洋能开发利用词典》，海洋出版社，2014 年版，第 1 页。

的优势地位。因此，英国同世界主要邻海国家开展海洋能源合作，中英海洋能源合作也是其中的一环。

（一）英国海洋能源产业全球布局的原因

英国海洋能源产业不断吸引跨国投资，据统计，"2004 年英国'海蛇'号（pelamis）波浪能装置吸引来自挪威、瑞士、英国共计 980 万英镑的民间投资，2006 年吸引来自美国、意大利等国大约 1300 万英镑的投资"[1]，显示出国际资本对英国海洋能源产业的信心，英国海洋能源产业优势主要体现在技术相对成熟、基础设施健全、发展理念先进等方面。

首先，英国波浪能、潮汐能技术相对成熟，"世界最早的全尺寸波浪能和潮汐能装置是英国的创新"[2]，英国拥有世界领先的波浪能和潮汐能开发技术。其次，在欧洲范围内，英国的海洋能源基础设施最多，达 13 处[3]，有助于海洋能源技术开发和成果转化。苏格兰政府提出把苏格兰建成世界海洋能源领域的"硅谷"的目标，并于 2003 年在波浪能、潮汐能和风能资源丰富的奥克尼群岛建成了世界上第一个海洋能源测试中心——欧洲海洋能中心（EMEC），该中心有 14 个测试泊位，均已对外开放，很多大学成为这一基础设施的受益者，据统计，"在欧洲海洋能源中心关于波浪能和潮汐能开发商的数据库中，至少有 16 所大学本身就是开发商。"[3]除了欧洲海洋能源中心之外，英格兰北部有"国家可再生能源中心"（Narec）、英国西南部康沃尔郡有"法尔茅斯湾测试场"（FabTest）。这些海洋能测试中心的建立有力地推动了英国和各国科研人员及企业的合作。

另外，英国注重海洋生态环境保护。据了解，英国曾想在潮汐能的最佳开发地点——彭特兰湾建设潮汐能电站，但该地区有丰富的鱼类、海

---

[1] Nicolai Lovdal and Frank Neumann, "Internationalization as a Strategy to Overcome Industry Barriers — An Assessment of the Marine Energy Industry", *Energy policy*, Vol. 39, No. 3, 2011, pp. 1093 – 1100.

[2] Brendan Flynn, "Ecological Modernization of a 'Cinderella renewable'? The emerging politics of global ocean energy", *Environmental Politics*, Vol. 24, No. 2, 2015, p. 254.

[3] Christophe Maisondieu and Mark Healy, "The impact of the MARINET initiative on the development of Marine Renewable Energy," *International Journal of Marine Energy*, vol. 12, 2015, p. 83.

鸟、海洋哺乳动物,英国政府规定在立项前必须对该地区进行战略环评①。2007 年,苏格兰政府发布了《海洋可再生能源战略环评》,2009 年北爱尔兰制定了以战略环评为主题的《离岸可再生能源战略行动计划(2009—2020)》。2010 年 10 月曾酝酿多年的塞文河口潮汐发电站项目因可能对水文和生态环境产生不利影响而被政府搁置。为了弄清楚海洋可再生能源开发对海洋生态环境的影响,英国自然环境研究委员会(NERC)和英国环境食品与乡村事物部(Defra)还资助科研机构进行长达四年的研究。因此,生态保护已经深深地融入英国海洋能源开发之中。

英国海洋能源产业的优势和英国政府的支持密不可分。首先,英国做好海洋能源产业发展规划:1990 年,英国制定了《海洋科技发展战略》、2009 年制定了《海洋(波浪、潮汐流)可再生能源技术路线图》、2011 年制定了《英国海洋能源规划》,重视商业规模的波浪能和潮汐能开发及利用。其次,英国政府对企业给予资金支持和税收优惠,例如英国贸工部、碳信托部等为海洋能源产业发展提供资金,海洋能源企业可以免交气候税等。再次,英国政府鼓励海洋能源电力的输出,英国要求每个区域的输电系统实行可再生能源配额制;并且对有能力开展长距离输电业务的企业发放许可证;英国国家电网公司也要将其电力输送范围拓宽至整个海洋系统,电网实行 24 小时不间断服务。此外,英国地方政府也积极推动海洋能源开发。威尔士地方政府通过《海洋可再生能源战略框架》投资 100 万英镑,资助当地海洋能源开发;苏格兰政府则进一步发展测试中心、出版地方指南及相关的海洋空间规划框架及资金②。苏格兰政府还在 2008 年 12 月设立了"兰十字奖"(Saltire Prize),奖金总额高达 1000 万英镑(约人民币 1.05 亿元),鼓励海洋能源创新。

政府的支持有利于英国海洋能源产业的发展,而英国海洋能源产业能

---

① Mark A. Shields and Lora Jane Dillon, et al., "Strategic Priorities for Assessing Ecological Impacts of Marine Renewable Energy Devices in the Pentland Firth (Scotland, UK)", *Marine Policy*, Vol. 33, No. 4, 2009, pp. 635 – 642.

② T Simas and AM O'Hagan, et al., "Review of consenting processes for ocean energy in selected European Union Member States", *International Journal of Marine Energy*, Vol. 9, No. 2, 2015, p. 45.

力增强后，开始向全球拓展业务，这不仅可以使其获取利润，也可以使其保持海洋能源产业优势，引领海洋能源技术标准的制定。据估计，"全球每年有 1800 亿千瓦时经济上可获得的潮汐能和 5000 多亿千瓦时经济上可获得的波浪能。"[1] 因此，世界海洋能源开发前景广阔，国际合作的空间也很大，海洋能源全球布局对于维持英国的产业优势来说，十分必要。通过英国海洋能源国际合作项目的空间分布，可以窥探英国海洋能源产业全球布局的情况，这一布局为审视中英海洋能源合作提供了参照。

（二）英国海洋能源产业全球布局的表现

英国首选与法国、葡萄牙等欧洲国家及美国、加拿大、澳大利亚的合作。由于这些国家的文化、制度、科技水平等较为接近，合作的意向也更为明确。2012 年，英国和法国签署了法兰西 - 奥尔德尼 - 不列颠合作项目（France-Alderney-Britain，FAB），英国把位于英吉利海峡奥尔德尼群岛的潮汐能电力输送到法国；此外，苏格兰 SSE 可再生能源公司和法国阿尔斯通公司合作建设世界上最大的波浪能电厂[2]。2013 年，苏格兰能源部长和法国诺曼底地区长官签署协议，允许苏格兰公司参与到诺曼底潮汐能项目的供应链中[3]；苏格兰电力、EON、RWE、SSE、EDF、GDF Suez 等公司则在英国、法国的水域开发海洋能源[4]。英国和葡萄牙的海洋能源合作体现在：英国联合葡萄牙共同开发苏格兰海域的风能；2008 年"海蛇"（Pelamis）号筏式波浪电站在葡萄牙海域建成并运行。英国不仅在双边主义的框架下与欧洲国家合作，还在欧盟或海洋能系统实施协议等多边主义框架下同欧洲国家合作。例如：2011—2013 年，英国和法国联合开展 MERiFIC 项目，该

---

① Renewable UK, "Marine Energy in the UK: State of the Industry Report 2012", p. 39. https://te-thys. pnnl. gov/sites/default/files/publications/UK_ State_ of_ the_ Industry_ Report. pdf. 访问时间：2021 年 6 月 28 日。

② UK government, "UK-France declaration on energy", February 17 2012, https://www. gov. uk/government/news/uk-france-declaration-on-energy. 访问时间：2021 年 6 月 28 日。

③ Scottish Energy News, "Scots Energy Minister signs marine power deal with Normandy", October 30, 2013, http://www. scottishenergynews. com/scots-energy-minister-signs-marine-power-deal-with-nor-mandy/. 访问时间：2021 年 6 月 28 日。

④ Detlef Stolten and Viktor Scherer, *Transition to Renewable Energy Systems*, Wiley VCH Verlag GmbH, 2013, pp. 351 – 379.

项目是欧洲地区发展基金、英法商业界、工业界、政府、公共机构、康沃尔郡和 FinistÃ"re 地区的主要大学开展的合作。① 2001 年，英国发起成立了海洋能系统实施协议，吸引比利时、德国、挪威、意大利、西班牙等欧洲邻海国家参加进来。

除了在欧洲开展海洋能源合作之外，英国还和美国、加拿大、澳大利亚合作。2011 年，英国首相卡梅伦和加拿大总理哈珀签署声明，致力于开发商业规模的海洋能源电力产品所需的技术体系②；将试验性的波浪能、潮汐能装置转变为实际的电站③。此外，欧洲海洋能源中心和加拿大新苏格兰省（Nova Scotia）的芬迪海洋能源中心（Fundy Ocean Energy Centre）③、美国俄勒冈西北部的国家海洋可再生能源中心也有合作④。英国和澳大利亚的合作主要体现在："澳大利亚波浪能技术公司卡耐基波浪能公司和英国潮汐能开发商——亚特兰蒂斯资源公司（Atlantis Resources Corporation）进行合作，以降低海洋能发电成本，开发和制造潮汐能和波浪能工业规模的设备。"⑤ 此外，英国、美国、加拿大、澳大利亚都是海洋能系统实施协议（IEA-OES）的成员国，海洋能系统实施协议也成为其合作的另一渠道。

在亚洲地区，英国与日本、韩国、新加坡、印度等合作开发海洋能源。2011 年，日本福岛核泄漏事件发生之后，日本发展安全的替代能源（包括海洋能源）的愿望日趋强烈。2012 年，日本派人参观了欧洲海洋能源中心，后者与日本海洋能源协会（OEAJ）签署了合作备忘录，由欧洲海

---

① "Renewable Energy Reps in Brussels," *Western Morning News*, June 26, 2014.

② Renewable Energy Magazine, "UK and Canada strengthen collaborative ties at ocean energy conference", http://www.renewableenergymagazine.com/article/uk-and-canada-strengthen-collaborative-ties-at-20120912. 访问时间：2021 年 6 月 28 日。

③ Mike Rosenfeld, "Collaboration Key to Harnessing Ocean Power Potential," Sep.14, 2012, http://www.renewableenergyworld.com/rea/blog/post/2012/09/collaboration-key-to-harnessing-ocean-power-potential. 访问时间：2021 年 6 月 28 日。

④ Renewable Energy Magazine, "UK and Canada strengthen collaborative ties at ocean energy conference", http://www.renewableenergymagazine.com/article/uk-and-canada-strengthen-collaborative-ties-at-20120912. 访问时间：2021 年 6 月 28 日。

⑤ Energy Business News, "Carnegie teams up with UK partner", February 26, 2014, http://www.energybusinessnews.com.au/energy/tidal/carnegie-teams-up-with-uk-partner/.

洋能源中心为日本海洋能源中心（JMEC）提供设计、建设及运营服务。[①]
欧洲海洋能源中心还成为日本"长崎海洋产业群促进会"（NaMICPA）的
成员，以促进日本海洋可再生能源的发展。[②] 英国和韩国的海洋能源合作
主要体现在：欧洲海洋能源中心和韩国西北部城市仁川市（IMC）签订海
洋能源开发合作协议；2012年4月27日，英国可再生能源公司和韩国风
能工业协会签署协议；之后，有着20多年的波浪能和潮汐能涡轮机设计和
制造经验的英国爱地英能能源技术咨询公司（IT Power）和韩国海洋大学
签署了"英韩海洋能技术合作项目"，这个项目将加强两国在离岸风能、
潮汐能、波浪能技术方面的合作。[③] 2013年11月，欧洲海洋能源中心与新
加坡南洋理工大学能源研究所进行交流，就如何在新加坡建立风能和潮汐
能测试设施进行了探讨，并签署了备忘录。[④] 2011年，英国亚特兰蒂斯资
源公司宣布与印度国营企业古吉拉特电力公司合作，在印度卡奇湾附近的
古吉拉特境内共同建造潮汐能电站，将是印度乃至亚洲第一座商业规模的
潮汐能电站。[⑤] 可见，英国积极地开展与日本、韩国、新加坡、印度的海
洋能源合作，这为英国构筑环太平洋的海洋能源合作打下了基础。

二、中英海洋能源合作现状评析

英国因其海洋能源产业优势而走向全球。中英海洋能源合作是英国海
洋能源产业全球布局特别是在环太平洋地区布局中的重要一环。此外，中
英海洋能源合作也是我国建设海洋强国、发展绿色经济、和英国对接"一

[①] 《英国 EMEC 指导建设日本海洋能源中心》，国际新能源网，2012 年 3 月 12 日，http：//new-energy. in-en. com/html/newenergy-1314373. shtml。访问时间：2021 年 6 月 28 日。

[②] Gareth Mackie， "Japanese marine energy to learn from Orkney expertise," December 10, 2015, https：//www. scotsman. com/regions/inverness-highlands-and-islands/japanese-marine-energy-learn-orkney-expertise-1487396. 访问时间：2021 年 6 月 28 日。

[③] Online Press Release distribution service， "British Embassy, Seoul, Awards Contract for UK-Korea Ocean Energy Technology Co-Operation", June 13, 2012, http：//www. prweb. com/releases/2012/6/prweb9593148. htm. 访问时间：2021 年 6 月 28 日。

[④] "EMEC to advise Singaporean Uni on marine energy testing", See News Renewables, November 8, 2013.

[⑤] 《印度计划修建亚洲首座潮汐电站》，中国日报网，2011-01-20，http：//www. chinadaily. com. cn/hqbl/2011-01/20/content_ 11886954. htm. 访问时间：2021 年 6 月 28 日。

带一路"的必然要求。中英海洋能源合作始于 2004 年，目前仍在推进之中。

(一) 中英海洋能源合作现状

中英海洋能源合作主要体现在联合开展潮汐能、风能、波浪能开发及海洋能测试中心的建设、海洋能开发经验交流等方面。

在潮汐能方面，2004 年中英达成协议，在鸭绿江河口附近建设一座300 兆瓦的潮汐能电站①。2015 年 6 月 3 日，英国政府将南威尔士地区的斯旺西海湾潮汐潟湖发电站的建设权授予中国交通建设集团有限公司全资子公司中国港湾（CHEC），中方将提供现场管理人员及部分海洋工程师，潟湖潮汐发电项目总建设预算 10 亿英镑，计划 2018 年投入运营，预计年发电量为 500GWH，将供应 15.5 万家庭使用。②

在风能方面，2009 年苏格兰可再生能源公司（SgurrEnergy）与中国气象局联合开展了从福建到山东跨度为 10 000 千米大型风电场的可行性研究。③ 2015 年 10 月 18—21 日，第四届"中英部长级能源对话"召开，中国电力建设集团有限公司所属水电总院与英方可再生能源办公室共同签署《中英海上风电产业合作指导委员会合作协议》，双方共同成立中英海上风电产业合作指导委员会④，同时，中国三峡集团与葡萄牙国家电力公司签署了《关于联合投资开发英国莫里海上风电项目的合作协议》⑤。2016 年11 月，第八次中英经济财金对话会议召开，双方同意由中国国家开发投资

---

① Renewable Energy World, "China Endorses 300 MW Ocean Energy Project", November 2, 2004, https：//www. renewableenergyworld. com/storage/china-endorses-300-mw-oceanenergy-project-17685/. 访问时间：2021 年 6 月 28 日。

② 《中国港湾工程公司将帮助英国建立首个潮汐发电厂》，观察者网，2015 年 6 月 4 日，http：//www. guancha. cn/europe/2015_ 06_ 04_ 322079. shtml. 访问时间：2021 年 6 月 28 日。

③ 《苏格兰拟加强与华在可再生能源领域的合作》，搜狐绿色网站，2009 年 4 月 10 日，http：//green. sohu. com/20090410/n263312674shtml. 访问时间：2021 年 6 月 28 日。

④ 中国电建签署《中英海上风电产业合作指导委员会合作协议》，2015 年 10 月 27 日，https：//www. ceppea. net/n/i/_ 7989. 访问时间：2021 年 6 月 28 日。

⑤ 《中英双方达成 59 项成果》，《海南日报》，2015 年 10 月 23 日，http：//news. 163. com/15/1023/08/B6JLKAP500014Q4P. html. 访问时间：2021 年 6 月 28 日。

公司投资英国离岸风电 4.2 亿英镑。[①] 2017 年 12 月，华润电力控股有限公司与华润（集团）有限公司将投资英国离岸风电场 6 亿英镑。[②] 2019 年 10 月，中英海上风电交流会暨中集海工与华润电力合作研讨会在中集海控成功召开[③]，旨在推动中英海上风电合作。

在海洋能测试中心建设方面，2011 年中国海洋大学、青岛市科技委员会与欧洲海洋能源中心签署备忘录，欧洲海洋能源中心将支持中国海洋大学在山东建立海洋波浪能测试中心。[④] 2012 年，在韩国济州岛举办的"亚洲波浪能和潮汐能"会议上，欧洲海洋能源中心与"台湾海洋大学"、工业技术研究院、Aquatera 公司签署合作协议，帮助台湾建立海洋能测试中心，开发波浪能和潮汐能[⑤]。2013 年，欧洲海洋能源中心支持和参与了由中国海油、中国海洋大学、哈尔滨工程大学等单位联合建设的青岛海洋能综合试验基地。[⑥] 2015 年，国家主席习近平访问英国期间，中国海洋大学与欧洲海洋能中心签署了《关于中国海洋大学与英国欧洲海洋能中心合作的谅解备忘录》，青岛海洋科学与技术国家实验室、青岛松灵电力环保设备有限公司、英国爱丁堡大学也在备忘录上签了字。[⑦] 2019 年 3 月，青岛海洋科学与技术试点国家实验室与欧洲海洋能中心签署协议，合作推进海

① 《第八次中英经济财金对话：构建全面战略伙伴关系》，中国新闻央视网，2016 年 11 月 12 日，http://news.cctv.com/2016/11/12/ARTIWFA9YozUELy4oSvNFM3F161112.shtml。访问时间：2021 年 6 月 28 日。
② 《华润电力与母公司入股英国离岸风电场 投资 6 亿英镑》，中国新闻网，2017 年 12 月 21 日，http://www.chinanews.com/ny/2017/12-21/8405515.shtml。访问时间：2021 年 6 月 28 日。
③ 《中英海上风电交流会暨中集海工与华润电力合作研讨会成功举办》，https://xueqiu.com/7537004650/135072112。访问时间：2021 年 6 月 28 日。
④ "Scotland, China to jointly develop marine test hub in Shandong," *See News China*, December 7, 2011.
⑤ EMEC, "Press Release：EMEC's 4th Collaboration Agreement in ASIA", December 5, 2012, http://www.emec.org.uk/press-release-emecs-4th-collaboration-agreement-in-asia/。访问时间：2021 年 6 月 28 日。
⑥ 谭毅敏：《青岛打造北方最大海洋能基地》，《青岛财经日报》，2013 年 2 月 28 日。
⑦ 张同顺：《中英能源对话会海大参与 将在海洋能领域合作》，《半岛网-半岛都市报》，2015 年 10 月 26 日，http://news.bandao.cn/news_html/201510/20151026/news_20151026_2579536.shtml。访问时间：2021 年 6 月 28 日。

洋能海上综合试验场建设，拟于 2020 年投入使用。① 2019 年 7 月 8—9 日，自然资源部国家海洋技术中心与中英海洋能联合研究计划英方成员埃克塞特大学、牛津大学、帝国理工学院等单位在青岛联合举办第二届中英海洋可再生能源合作研讨会，会议期间，国家海洋技术中心与英国埃克塞特大学签署了共同建立中英海洋可再生能源联合中心的谅解合作备忘录。②

中英高校及科研院所等也积极开展科技合作。2013 年 10 月，英国研究理事会派代表团到北京，希望中国科技部（MoST）与英国工程与自然科学研究理事会（EPSRC）在 2014 年初开展 150 万英镑的联合研究项目。③ 2017 年 11 月，大连理工大学启动由国家自然科学基金委（NSFC）和英国工程与自然科学研究理事会（EPSRC）联合支持的中英海洋能合作研究项目"考虑可恢复性的浮式海上风机平台设计方法研究"。④ 2017 年 12 月，哈尔滨工业大学张亮教授牵头，联合英国牛津大学、克兰菲尔德大学等高校、院所联合开展海洋新能源发电系统项目研究。⑤ 2018 年 9 月，山东烟台高新区管理委员会、启迪清风科技有限公司、英国海上可再生能源推进中心（ORE CATAPULT）签署"两国双园"海洋科技产业园合作协议，其中，英国园落户英国纽卡斯尔市，中国园落户烟台市；中英将共建两国最大的海上清洁能源技术研发、孵化、推广平台；此外还要成立启迪中英海洋科技研究院、共建海上风电试验场。⑥ 2019 年初，启迪控股与英国海上可

① 马良：《海洋试点国家实验室与欧洲海洋能中心合作推进海洋能海上综合试验场建设》，青岛海洋科学与技术试点国家实验室网站，2019 年 3 月 4 日，http：//www. qnlm. ac/page？ a = 14&b = 1&c = 562&p = detail。访问时间：2021 年 6 月 28 日。

② 《第二届中英海洋可再生能源合作研讨会在青岛举行》，国家海洋技术中心网站 2019 年 7 月 11 日，http：//notcsoa. org. cn/cn/index/gnwhz/show/2562。访问时间：2021 年 6 月 28 日。

③ UK Government，"Speech：EU Ocean Energy Association Conference"，October 30，2013，https：//www. gov. uk/government/speeches/eu-ocean-energy-association-conference. 访问时间：2021 年 6 月 28 日。

④ 《中英海洋能合作研究项目启动会成功召开》，2017 年 11 月 20 日，大连理工大学建设工程学部，2017 年 11 月 20 日，http：//sche. dlut. edu. cn/info/1124/3111. htm. 访问时间：2021 年 6 月 28 日。

⑤ 《携手开创中英海洋科技合作新局面》，2017 年 12 月 18 日，http：//studyheu. hrbeu. edu. cn/2017/1218/c6378a180287/page. htm. 访问时间：2021 年 6 月 28 日。

⑥ 《中英"两国双园"海洋科技产业园助力蓝色经济发展》，2018 年 9 月 7 日，启迪清洁能源集团，http：//www. gxtuscity. com/news/group/20180907623. html。访问时间：2021 年 6 月 28 日。

再生能源孵化器共同投资 200 万英镑在烟台成立启迪中英海洋科技研究院；2020 年 5 月 29 日，"2020 启迪中英海洋科技合作线上推进会暨 Tus-Aero 揭牌仪式"在烟台高新区举办，旨在引入优质英国海洋科技与项目，促成中英海洋科技项目合作与交流。①

中英也加强海洋能源开发和管理经验方面的交流。2012 年，欧洲海洋能源中心研究部主任詹妮弗·诺里斯（Jennifer Norris）博士访问国家海洋局海洋可再生能源开发利用管理中心，介绍了欧洲海洋能源中心开发利用海洋能源的经验。② 2012 年 11 月，国家能源局、国家可再生能源中心、英国驻华大使馆、英国爱地英能能源技术咨询公司联合举办了中英海洋能技术和政策研讨会，来自两国的海洋能专家、公司、研究机构就两国海洋能政策和商业化发展、海洋能技术发展、项目开发、资源评价以及海洋能发展所面临的挑战和机遇进行了交流③。2015 年 3 月，英国埃克塞特大学可再生能源课题组约翰宁·拉尔斯（Johanning Lars）教授访问大连理工大学海岸和近海工程国家重点实验室并介绍了埃克塞特大学离岸可再生能源的发展情况。④ 2017 年 2 月 16 日，"山东—英国海洋能源商贸对话"在青岛举办⑤，旨在交流海洋能源发展经验、寻找合作机会。2017 年 6 月 20 日，首届"中英海洋事业可持续发展论坛"在北京召开，来自海事、海洋油气能源、海洋可再生能源、海洋工程装备等领域的 60 多位专家，就海洋可持续发展与政策、海洋工程与装备、海洋新材料与科技创新等话题展开讨论。⑥

---

① 《乘风破浪 逆流起航！2020 中英海洋科技合作线上推进会圆满召开》，胶东在线，2020 年 5 月 30 日，http://www.jiaodong.net/news/system/2020/05/30/014049504.shtml。访问时间：2021 年 6 月 28 日。

② 《欧洲海洋能源中心研究部主任 Jennifer Norris 博士访问我中心》，国家海洋技术中心，http://www.notcsoa.org.cn/cn/newinfo.aspx? m = 20121226160202483203&n = 20130109141042017425。

③ 张宇：《我国海洋能源蓄势待发》，《中国改革报》，2012 年 12 月 29 日。

④ 《英国埃克塞特大学可再生能源课题组访问我室》，大连理工大学网站，http://slcoe.dlut.edu.cn/info/1184/2229.htm。访问时间：2021 年 6 月 28 日。

⑤ 刘宇昕：《聚焦海洋能源 山东—英国商贸对话在青岛举行》，大众网，2017 年 2 月 16 日，http://qingdao.dzwww.com/xinwen/qingdaonews/xwtt/201702/t20170217_15552021.htm。访问时间：2021 年 6 月 28 日。

⑥ 中英专家共话海洋事业可持续发展，2017 年 6 月 23 日，https://ocean.pku.edu.cn/__local/F/46/2D/608CC3EEE6264D6CF7ACC6B28ED1_5FF4E60B_B09A9.pdf。访问时间：2021 年 6 月 28 日。

（二）对中英海洋能源合作现状的评价

中英海洋能源合作的推进和中国高层领导人及中国政府对海洋强国、绿色经济的重视及英国海洋能源发展面临的困境、英国海洋能源产业及技术输出有密切的联系。2008年，中国驻英使馆与驻爱丁堡总领馆对苏格兰能源技术进行考察，与苏格兰地方政府企业、能源与旅游部、首席科学顾问办公室、苏格兰国际发展局、爱丁堡大学、斯特拉思克莱德大学、皇家苏格兰银行、苏格兰电力公司、克瑞奇顿碳中心有关人士进行了座谈。[1] 2011年1月9日，国务院副总理李克强访问苏格兰，参观了位于爱丁堡的第二代"海蟒"波浪能设施[2]。2011年11月，国家海洋局陈连增副局长率团访问英国国家海洋中心并签署《中英海洋科技合作谅解备忘录》，海洋能源合作是两国海洋科技合作的内容之一[3]。2013年习近平总书记发表了建设"21世纪海上丝绸之路"的倡议并于2015年10月访问英国，将中英海洋能源合作推进到一个更高的层次，并日益重视中英海洋能源合作机构的建设和海洋能源开发能力的提升。从英国方面来看，英国在海上风电、潮汐能、波浪能及海洋能源基础设施、海洋能源研发及产业化方面积累了丰富的经验，为了维持其在海洋能源领域的产业优势，英国也愿意与中国开展海洋能源合作。另外，英国近些年来经济不景气，海洋能源又需要大量的资金投入，与中国合作可以使英国海洋能源的发展有资金保障。可见，中英海洋能源合作是互利互惠的，也是前景广阔的。

由于我国海洋能源仍处于研发阶段，海洋能源产业化能力还有待提高，因此中英海洋能源合作的领域有待拓宽，除了深化技术合作、加强经验交流、开展海洋能源外交之外，还要探索新的合作领域和合作形式。此外，海洋能源技术反映了一个国家的科技水平，特别是深海和远海技术能

---

[1] 苏格兰：欧洲能源重镇和可再生能源之都——赴苏格兰考察低碳能源技术报告，中国外交部网站，2008年3月5日。https://www.fmprc.gov.cn/web/wjdt_674879/zwbd_674895/t444526.shtml。访问时间：2021年6月28日。

[2] 吕鸿、明金维：《交流互鉴 合作共赢：记李克强参观西德英三国企业和博物馆》，《经济日报》，2011年1月1日。

[3] 《国家海洋局感谢信》，中国驻英国大使馆网站，2011年11月29日，http://www.chinese-embassy.org.uk/chn/sgzc/xxfk/t884087.htm。访问时间：2021年6月28日。

力；因此，在海洋能源跨国合作的进程中，也存在竞争，这也会一定程度上影响中英之间海洋能源合作的深度。事实证明，我国既要推动海洋能源领域的跨国合作，也要不断提升自身的海洋能源科技创新能力，这样才会增强我国海洋能源对外合作的吸引力，更加主动地引领双边或多边主义框架下的海洋能源合作。

三、中英海洋能源合作对策

中英海洋能源合作的深化需要中英各种利益攸关者（政府、企业、教育、科研部门、海洋能源行业协会等主体）的参与。我们应该打开合作的思路，更多地通过自身的努力，引起英国的变化，从而深化双方在海洋能源领域的合作。

（一）制定我国海洋能源国际合作战略规划

海洋能源开发面临选址、融资、设备研发、安装及维护、电力输送、降低发电成本等问题。不同的国家在海洋能源领域有不同的优势，要有针对性地选择合作对象、合作领域、合作方式。目前，中英主要是在潮汐能、波浪能、风能等领域开展海洋能源合作，随着海洋能源科技的发展和产业能力的提高，中英合作的领域要不断深化。此外，在全球化的大背景下，仅仅通过双边合作推动中英海洋能源合作，还是不够的，还要参与国际合作，在多边主义的框架下增进中英海洋能源合作。例如：中欧之间有能源合作机制、海洋合作机制，中英之间可以通过中欧能源合作机制或海洋合作机制来加强双方的海洋能源合作；此外，中国和英国都是国际能源署海洋能源系统实施协议（IEA OES-IA）的成员国，可以在该合作机制下开展中英之间的海洋能源合作。2001 年英国能源与气候变化部、葡萄牙国家工业工程与技术协会可再生能源部、丹麦能源管理局运输与能源部倡议建立国际能源署海洋能源系统实施协议，截止到 2013 年，已经有 21 个成员国[①]。2011 年 4 月，国家海洋技术中心代表中国正式加入该机制，以更好地了解国际海洋能源发展趋势，同时推动我国与该机制创始国英国之间

---

① 国家海洋技术中心编著：《中国海洋能技术进展 2014》，海洋出版社，2014 年版，第 78 页。

的合作。多边主义合作框架还包括联合国系统下的海洋能源合作机制。此外，中英海洋能源合作要明确重点，即：以项目为抓手，加强海洋能源科技双边合作或多边合作、海洋能源人才联合培养及管理经验的交流。外事部门也要做好相应的支持，如：巩固政治互信，推动新能源外交，加强教育和科技合作。

（二）加强人才储备和信息服务

中英之间的合作需要智力支持，因此要培养具有国际眼光的海洋能源专门人才和复合型人才。要在考察各国海洋能源人才培养模式的基础上，结合我国的实际情况，制定或完善我国的海洋能源人才培养方案。为了便于中英高校、科研院所或企业等开展海洋能源合作，我国要建立海洋能源信息数据库。英国海洋能源信息数据库的内容包括：英国海洋能源政策演进、海洋能源技术类型、海洋能源相关大学、科研机构、海洋能测试中心、著名学者、海洋能源企业排名、地理分布、英国著名的海洋能源研究项目、跨国合作项目、学术性或商业性的海洋能源会议、研讨会、讲座等。英国海洋能源相关高校有：爱丁堡大学、思克莱德大学、罗伯特戈登大学、赫瑞瓦特大学、普利茅斯大学、埃克塞特大学、克兰菲尔德大学、斯旺西大学、兰卡斯特大学等。除了有位于苏格兰的欧洲海洋能源中心之外，英国还有"海洋和可再生能源中心"、半岛海洋可再生能源研究所（PRIMaRE）等研究机构。我国高校、科研院所、企业等可以和上述机构取得联系，政府或企事业单位可以设立专门资助海洋能源人才赴英国学习的访学项目。

我国还要重视通过参加国际海洋能源会议，加强同英国的联系，为今后进一步开展合作打下基础。英国曾积极承办或参加国际海洋能源会议，中国应该关注这些会议。目前一些知名的海洋能源国际会议有：2012 年在加拿大召开的海洋可再生能源小组年会；2015 年 9 月 6—11 日在法国南特召开的第 11 届欧洲波浪和潮汐能会议（EWTEC 2015），该会议每两年举办一次，是欧洲较高级别的海洋能源会议，首届欧洲波浪和潮汐能会议是1993 年举办的，至今已举办了 11 届；2015 年 10 月 6—7 日在爱尔兰举办了欧洲海洋可再生能源贸易协会年会；2015 年 11 月 24—25 日在英国伦敦召开了第九届国际潮汐能峰会年会；2016 年 2 月 23—25 日在英国爱丁堡举办了第六届国际海洋能源会议（ICOE）①，讨论海洋能源的商业化和工业化发展问题，会议由英国非盈利性能源贸易协会——英国可再生能源（RenewableUK）主办，该会议每两年举办一次，曾先后在德国、法国、西班牙、爱尔兰、加拿大举办过，旨在增进企业和科研单位的合作。上述会议是我国与英国建立或加强联系的很好的渠道，我国科技人员只有作为"在场者"，才能有机会了解最新的海洋能源科研动态或产业发展动态。海洋能源是新兴行业，多数国家都处在研发和试验阶段，如果努力追赶，我们还不至于落得太远。

也可以根据类似的方法编制出中国海洋能源信息数据库。我国海洋能源相关研发或教育机构有：国家海洋技术中心、广州能源所、中国海洋大学等。我国海洋能源行业机构有：2013 年成立的海洋工程协会海洋可再生能源分会；2014 年成立的国家海洋能源转化标准局技术委员会 546（SAC/TC546）。我国学者也越来越多地参加海洋能源国际会议，促进中外海洋能源发展经验交流。2014 年 11 月 4—6 日，国家海洋技术中心夏登文研究员、中国海洋大学史宏达教授等、中科院广州能源研究所盛松伟博士等应邀参加了在加拿大海港城市哈利福克斯举行的第五届国际海洋能会议（ICOE2014），会议重点讨论了海洋能装备的市场、工业化路径、政府的战略性领导作用、国际间合作、海洋能技术现状以及下一代新生技术等诸多课题②。我国 2012 年召开了第一届海洋可再生能源发展年会暨论坛，该论坛每两年召开一次，显示出我国日渐重视海洋能源领域的科研及成果转化，该论坛如果能够和国际海洋能源会议对接，将有助于推动我国的海洋能源国际合作。

（三）增强中国海洋能源自主创新的能力

历史证明，海洋开发能力的提升必然要走合作、开放的道路。在英国海洋能源产业不断成熟并走向海外的过程中，中国只有主动地关注英国的

---

① Ocean Energy Systems, "ICOE 2016 Edinburgh", https://www.icoe-conference.com/about-icoe/conferences/icoe-2016-edinburgh/. 访问时间：2021 年 6 月 28 日。

② 《广州能源所参加 2014 年国际海洋能会议》，广州能源研究所，http://www.giec.ac.cn/jgsz/kybm/hyn/sysdt7/201411/t20141125_4257986.html。访问时间：2021 年 6 月 28 日。

海洋能源发展动向并且尽可能地参与国际海洋能源合作，才能站在海洋能源科技的前沿。同时，加强中国海洋能源自主创新能力不仅是提高自己海洋开发能力的根本出路，也是吸引英国等国家与中国开展海洋能源跨国合作的保障，也才能使我国在国际海洋能源合作中争取更多的主动权，甚至引领国际海洋能源合作。而提高自身的创新能力，需要做好配套工作。例如：做好高等教育发展规划、海洋空间规划、海洋能源产业规划，促进科学管理、科学规划；加大政府资金和民间资本的投入，加强人才基地、海洋能源实验基地建设；促进海洋各行政部门、教育机构、科研机构、企业之间的配合，推动资源的整合和科研成果的转化；最终形成不排斥国际海洋能源合作，又不过于依赖国际海洋能源合作的局面。

蓝色经济高质量发展篇

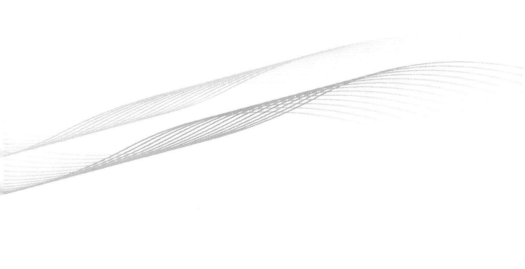

蓝色经济对中国经济发展的作用

丁一凡 | 国务院发展研究中心世界发展研究所研究员，中国世界经济学会副会长、国防大学防务学院、外交学院、北京外国语大学兼职教授

进入 21 世纪后，世界各国都加强了对海洋资源的利用，把开发海洋资源当作经济发展的重要一环。中国也不例外。中国开发海洋资源的起点比较低，最开始只是捕鱼，后来发展到海水养殖，等等。随着中国工业化的发展，海底能源开发也成为中国海洋经济中的重要一环。随着中国企业走向外海，中国的海洋开发越来越"国际化"，需要与其他国家一起合作。为使读者能更好地理解中国海洋经济的发展及未来的发展战略，我们在这里汇集了八篇分析中国海洋经济的有特点的文章，可以让读者很快对此有一个全面而概括的理解。

我们编排的文章先从全球海洋经济的发展分析入手，回顾了中国海洋制度及海洋经济发展的过程，梳理了中国海洋研究的发展情况，分析了渔业法的域外执行力，进而分析了"一带一路"倡议中统筹海陆项目投资的问题、中国与菲律宾共同开发海底资源的可行性、中国参与非洲港口建设的投资和中俄合作开辟北冰洋通道的可能性。

林香红的《面向 2030：全球海洋经济发展的影响因素、趋势及对策建议》分析了世界各国制定的海洋发展战略，说明了海洋开发在各国经济发展战略中的重要作用。海洋经济在 2010 年代表了世界经济总值的 2.5%，约为 1.5 万美元；而到 2030 年，它会上升到超过 3 万亿美元。此外，到 2030 年，海洋经济将雇用 4000 多万人，而海洋产业的增速会超过全球经

济增长速度，海洋产业的就业率增速也会超过世界经济的整体水平。传统的海洋产业包括传统渔业、海洋交通运输业、造船业、海洋旅游业、海底油气能源产业。但近年来也出现了一些海洋新兴产业，包括海洋的可再生资源、海洋生物技术、海洋工程装备、深海资源开发，等等。

中国的海洋治理与海洋经济开发虽然起步较晚，但发展很快，特别是最近一些年来发展迅速。贾宇与密晨曦的《新中国海洋事业的发展》系统地介绍了中华人民共和国成立以来，中国海洋管理机构的建立与发展、管理海洋的法律体系的创建、海洋经济及海洋相关的科技的发展、建设海洋生态文明以保护海洋经济的可持续发展，以及中国如何参与国际海洋共同体的建设、如何解决与邻国的海洋资源纠纷、如何维护领海主权和参与全球海洋治理的过程。通过阅读这篇文章，读者可以大体了解中国海洋管理体系的建立与发展，了解中国在解决海洋争端方面的立场与方法。

最近一些年来，海洋经济在中国经济增长中所占比例明显加大，进入了稳定发展期。有关海洋经济的研究多如牛毛。但如何把这些有关海洋研究的文献统计、梳理出来，进行客观评述，以便后人在研究海洋的某个特有领域里能很快就找到所需的资料，这种研究的基础性工作尚未有人涉足。宁凌、欧春尧和曹阳春一起撰写的《中国海洋新兴产业研究热点：来自1992—2020年CNKI的经验证据》就是这样一种工作。该文分析了大量海洋经济统计数据，总结出中国海洋研究的几个阶段、中国研究海洋问题的主要机构及分布情况、海洋研究的主要作者，以及中国海洋研究的热点变迁，等等。该文还总结了中国海洋研究的特点，指出了海洋新兴产业的研究取得的进展。中国的海洋研究虽然在全国及地方层级都有长足的进步，但海洋产业研究主要参考其他产业研究的理论，缺乏完善的海洋产业结构理论，也缺乏定量分析。这种对中国海洋研究的现状做出的总结对海洋研究工作者未来的研究有很大帮助，他们可以从这篇文章中"管中窥豹"，更有目标性、有选择性地推进未来的研究。

中国在走向"法治国家"，海洋经济的开发也要有法可循，海洋执法也要有法可依。薛桂芳与房旭的《我国〈渔业法〉域外效力的强化——兼论负责任远洋渔业国家形象的维护》是一篇分析中国的海洋法律如何适用于中国的远洋捕鱼业的文章。随着中国的远洋捕鱼船越走越远，跑到许多我们的海监等机构"够不着"的地方去，这些渔船与其他国家的海洋执法机构之间的摩擦呈日益增多走势。有些中国的远洋捕鱼船破坏了别国制定的海洋捕捞规矩和法律，败坏了中国的形象，还引发了许多国际争端。该文章的作者分析了中国法律中适用于违法捕鱼的一些条文，但认为现有的《渔业法》在域外的效力有限，若不能及时修补，使之有效管理中国远洋捕鱼船的行为，会影响海洋渔业的可持续发展。作者建议，如同船旗国有义务有效管控悬挂其旗帜的海洋捕捞船一样，《渔业法》也应被赋予域外管辖的效力。在"完全域外效力"之外，结合考虑远洋违法捕捞行为在域外受罚的实际情况，可以适当减轻或免除远洋捕捞主体的法律责任。

中国提出"一带一路"倡议以来，得到许多发展中国家的热烈欢迎，中国与这些国家之间的合作项目越来越多。如何统筹丝绸之路经济带与"21世纪海上丝绸之路"这些合作项目，使之发挥更大的作用，这是这篇由张远鹏与张莉共同撰写的《陆海统筹推进"一带一路"建设探索》的主要思路。该文认为，中国近些年的海洋经济发展迅速，而与此同时，我们与"21世纪海上丝绸之路"国家的海洋合作也在不断推进。这些合作涉及海洋通道建设、海洋资源共同开发、海水淡化、海上风力发电，甚至还有海上产业园建设等。作者认为，要统筹推进"一带一路"建设，我们需要加强与沿线国家在蓝色经济通道建设方面的合作，提高港口、道路的功能；也要加强海洋经济的产业合作，一方面在产业链方面合作，向拥有深海开发新技术和管理优势的日、韩及欧洲国家学习先进经验，另一方面向发展中国家提供技术培训、加强技术合作，提高它们的劳动生产率，实现渔业可持续发展。我们也需加强与沿线国家的环境生态保护合作，推动以生态系统为基础的海洋环境综合管理机制的完善，严格控制陆源污染物直接向海洋排放，加强对海洋濒危物种的保护合作。作者还建设加强与"一带一路"沿线国家的人文交流，加强"民相亲"的作用。

撒哈拉以南非洲国家的港口设施落后陈旧成为非洲发展的瓶颈，在中国与"21世纪海上丝绸之路"国家合作中，也成为中国与非洲的经济合作无法再上一个台阶的障碍。中国近些年在非洲国家投资增长迅速，包括对非洲一些国家港口的投资，改造和扩建港口设施。孙海泳的《中国参与非洲港口发展：形势分析与风险管控》陈述了中国在撒哈拉以南非洲投资港口建设的情况。中国投资的多数项目对接了非盟的交通基础设施与经济走廊的发展规划，参与了非洲东海岸地区印度洋沿岸的港口项目建设，参与了港口项目与集疏运项目建设并举、依托港口项目发展临港及内陆产业园区的建设。中企通过并购、合资和"地主港"模式下的特许运营等方式参与非洲港口运营。作者分析了中国在这些投资上面临的风险，包括经济风险、社会风险及政治风险，并提出了应对风险的建议。他建议要优化港口项目的评估并改善项目布局；拓展多样化的港口项目融资渠道；在项目实施的全过程中加强社会风险防范；拓展利益相关方，分享利益，让利益攸关方与中国企业一起维护这些项目的成果。

从古至今，海洋为人类做出的重要贡献就是提供通道服务。"21世纪海上丝绸之路"建设的重要一环也是海上运输通道的建设。赵隆的《主观认同与行动趋同："北冰洋蓝色经济通道"与俄罗斯北方海航道的对接合作》从一个特殊的角度剖析了中国与俄罗斯合作，共建一条中国经北冰洋通往欧洲的航道的可行性。随着全球气候变暖，过去一年中很少不结冰的北冰洋也开始融化，经过北冰洋通向欧洲的航线成为许多国家考虑的海上交通路线。从2013年起，中国有多艘商船试着穿越北方航道驶向欧洲。据测算，从中国经北极东北航道至欧洲的单次航船可以减少35%的燃料，对于商业航运来说是非常合算的。

但是，北极地区治理是个"全球—区域—国家"的三层次格局，各种地缘政治理由、国家主权理由、大国竞争理由都掺杂其中，使各种利益攸关方参与北冰洋开发的因素很复杂，立场也多变。俄罗斯有自己开发北冰洋的《北方海航道复兴》计划，中国的海上丝绸之路建设中有《北冰洋蓝色经济通道》计划，中俄有发展的战略趋同，有相同的利益，特别在俄罗斯遭到美欧国家经济制裁的背景下，俄对中国投资及合作的需求增大，双方合作的意向也更加明显。中俄两国无论从顶层设计上，还是从执行部门的议事日程上，都在积极合作。中俄两国还组织了联合科考队，共同考察穿越北极的海上通道；中俄的企业也在合作，中国企业参与俄罗斯域内的北冰洋资源开发的项目也在推进。

即便如此，北冰洋地区仍面临着巨大的不确定性。首先是北冰洋地区的管辖权之争，美国、加拿大、俄罗斯与丹麦之间对所属权益的立场不同，对水域的划分看法也不同。其次北极地区面临着军事化重构的问题。美国、加拿大、挪威、丹麦都是北约成员国，不时在北极地区组织军事演习。瑞典虽然不是北约成员国，属于中立国，但也计划与丹麦、挪威组建联合快速反应部队，监视各国在北极的活动。俄罗斯与北约在北冰洋地区的政治及军事对峙使北冰洋航道的稳定性受到威胁；气候变化造成北冰洋航道运输波动也使一些国家的船队选择远离这一地区。随着中俄在北冰洋航道建设方面的合作不断推进，未来北冰洋航道有可能成为"一带一路"海上通道建设的优先备选。

全球经济一体化的今天，港口作为国民经济资源配置的枢纽，不断影响着一个国家和地区产业结构和经济布局，成为区域经济发展的驱动力。日本在 20 世纪依托港口优势，形成了以京滨港和阪神港为中心的两大海岸经济圈，经济得到了迅速发展。李凤月、李博的《日本港口地区经济发展经验及对我国的启示》一文对日本主要港口地区制造业产业结构特点及经济成长因素进行分析，研究发现日本港口地区优势制造业对该地区经济增长具有显著的促进作用。优化港口地区产业结构，发展优势产业，是发展地区经济的重要途径，对我国港口城市及区域经济发展具有重要启示。

中国的"蓝色经济"发展迅速，许多研究刚刚展开，我们这里只是给读者展示了"海洋经济"这个庞大家族中的一小角。希望这些研究能引起读者的兴趣，继续关注中国海洋经济的发展，为海洋经济的可持续发展提供更好的建议。

面向 2030：全球海洋经济发展的影响因素、趋势及对策建议

林香红*

　　海洋是数亿人所依赖的食物、能源和矿产的重要来源，并在健康、休闲娱乐和交通等方面起着重要作用，海洋经济对于人类的未来福祉和繁荣至关重要。最近几年，海洋的经济价值和战略意义逐渐引起了全球各国的高度关注，并被提上国际政策议程。国际社会现已普遍认为海洋经济是全球经济的重要组成部分，海洋作为新的经济前沿和增长引擎，具备刺激经济增长、创造就业和推动创新的巨大潜力。海洋已成为战略新疆域和融入世界的大通道①。许多国际组织和沿海国家纷纷制定相应举措，竭力应对实现海洋可持续发展面临的诸多挑战。

一、海洋经济的范畴及研究进展

（一）海洋经济的范畴

　　每个国家独特的国情、资源基础、经济发展程度、技术水平以及他们的政策导向等诸多因素共同决定着他们能够开展哪些海洋经济活动，由于所从事的海洋生产活动不同，全球各国对海洋经济的理解也不尽相同。目前，国际上还没有统一的关于海洋经济的定义或术语标准，一些国家把某

---

　*　林香红（1983—），女，山东文登人，国家海洋信息中心海洋经济研究室副研究员，农学博士，主要研究方向：海洋经济管理。
　　基金项目：本文系国家社科基金项目"陆海统筹战略下中国沿海经济带演化机理及调控路径研究"（18BJY178）的阶段性研究成果。
　①　贾宇："关于海洋强国战略的思考"，《太平洋学报》，2018年第1期，第1-8页。

一产业列为海洋经济的范畴，但另一些国家却把它排除在外，在不同的国家和地区，海洋经济包含的产业数量存在较大差异。关于海洋经济的定义与范畴，全球现已形成以下四种主要观点。

亚洲地区以中国和日本为主，主要基于产业链延伸来界定海洋经济。中国是全球最早系统提出海洋经济统计分类体系的国家，并率先在全球实现了海洋经济统计工作的制度化和业务化运行，比美国早了很多年。中国在《海洋及相关产业分类》（GB/T 20794—2006）中明确指出海洋经济是指开发、利用和保护海洋的各类产业活动，以及与之相关联活动的总和[1]。海洋经济由海洋产业和海洋相关产业构成，包括 12 个主要海洋产业、海洋科研教育管理服务业和海洋相关产业。日本将海洋产业定义为"对海洋开发、利用和保护的活动"，并分为 A、B、C 三类。其中 A 类指主要发生在海上的活动。B 类指为 A 类提供产品和服务的活动，例如造船、钢铁、电子工业等，这些活动并非发生在海里，而是发生在陆上，沿海到内陆的区域。C 类产业的产品由 A 类提供，并将其转化为自己的产品[2]，如海产品加工业。

欧洲地区以欧盟委员会的观点为主，欧盟将海洋经济称为蓝色经济。欧盟委员会指出蓝色经济是指与蓝色增长相关的经济活动。蓝色增长指源自大洋、海洋和海岸带的明智的（smart）、可持续的和包容性的经济和就业增长。其中："明智"是指为了在未来充分发挥潜力，海洋经济活动需要相互结合，即在发挥协同效应和构建产业集群效应中形成明智的结合，其中创新是关键；"可持续"是指海洋经济活动需要可持续发展，需要采取综合的途径，长期关注和应对世界资源、气候和环境的挑战，也需要获得地方、国家、欧盟和国际政策的有力支持；"包容性"是指海洋经济活动需要包容性发展，能够提供就业机会，促进全民参与，特别是地方和沿海人群的参与。欧盟蓝色经济活动分为初创、成长、成熟三类：成熟阶段的经济活动是"蓝色增长"的坚实基础，包括海运、海洋油气、滨海旅

---

[1] 国家海洋局：《海洋及相关产业分类》（GB/T 20794—2006），中国标准出版社，2006 年版。

[2] Hiroyuki Nakahara, "Economic Contribution of the Marine Sector to the Japanese Economy", *Tropical Coasts*, Vol. 16, No1, 2009, pp. 49–53.

游、建筑施工、航道疏浚、造船等；成长阶段的活动正在创造新的就业机会，包括海水养殖、海上风能、邮轮、海上监视监测等；初创阶段的活动尚需大量的投资和扶持，包括蓝色生物技术、海洋可再生能源、海洋采矿业等。不同经济活动之间的协同效应是充分释放蓝色经济潜力的关键，协同效应有利于发挥"蓝色增长"的潜力，几类海洋经济活动联合起来产生的经济和就业增长高于各类海洋活动之和。

大洋洲以澳大利亚和新西兰为主。在澳大利亚，海洋产业指利用海洋资源进行的生产活动，或是将海洋资源作为主要投入的生产活动[①]。《澳大利亚海洋产业指标2018》将海洋经济活动分为海洋资源活动与产业和海洋相关服务活动与产业两类，其中，前者包括渔业和油气开采业，后者包括船舶建造、修理维护及相关基础设施建设、海洋装备零售、水上交通。在新西兰，海洋经济指发生在海洋或利用海洋而开展的经济活动，或者为这些经济活动提供产品和服务的经济活动，与日本的理解相似。

美洲地区以美国和加拿大为主。在美国，海洋经济指来自海洋（或五大湖）及其资源为某种经济直接或间接地提供产品或服务的活动，统计的六大产业包括建筑业、海洋矿业（含油气业）、船舶修造业、生物资源业、旅游业、交通业，未纳入统计的有海洋科研与教育、海洋保险、海洋工程与设计等[②]。在加拿大，海洋产业指在加拿大海洋区域及与之相连的沿海区域内的海洋娱乐、商业、贸易和开发活动，以及依赖于这些活动所开展的各种产业经济活动，不含内陆水域。

尽管全球对海洋经济有各种不同的理解，但核心都是旨在促进地区经济增长、提高社会包容度、维持和改善生计，利用有限的海洋资源创造更多的财富，同时最大限度地改善社会经济发展与海洋生态系统退化脱钩的现象。海洋经济也被部分小岛屿国家和国际组织称为蓝色经济，其国际影响力和关注度迅速提高。本研究认为海洋经济是与海洋相关的各个经济部

---

① 董伟："澳大利亚海洋产业计量方法"，《海洋信息》，2006年第2期，第21-23页。

② Kildow J. T., Colgan C. S., and Scorse J., "State of the U. S. Ocean and Coastal Economies 2009", National Ocean Economics Project, 2012, https://oceaneconomics.org/Download/.

门的总和，同时也包括那些直接地和间接地支持这些产业活动的配套活动。这些活动不仅仅局限于海洋和沿海地区，而是可以位于任何地方，包括内陆国家。人类与日俱增的对海洋的需求和全球科学技术的进步共同促进了各国海洋经济的快速发展，从传统的舟楫渔盐到现在的深海远洋资源开发，海洋经济活动范围日益扩大，产业门类日益增多。总体来看，海洋经济包含多种类型的活动，这些活动相互关联。从发展阶段来看，这些产业活动大致可分为发展得非常成熟的传统海洋行业和尚未达到成熟阶段的新兴海洋产业两大类。其中，传统海洋产业包括渔业、近海油气、旅游业和海运等，新兴海洋产业活动包括海洋可再生能源利用、深水油气资源开发、海底采矿、海洋生物技术以及海洋新材料研发等。本文将从传统和新兴两个角度分析全球海洋经济的发展趋势。在考虑海洋经济的市场价值的同时，海洋生态系统提供的服务与价值也不容忽视，海洋生态系统为人类提供了多项服务，虽然这些服务难以市场化，但还是极大地推动了经济及其他方面的人类活动，比如碳封存、海岸保护、国际海洋空间规划、废弃物处理等。

（二）全球海洋经济研究进展

海洋经济作为一种新兴事物，随着各国重视程度的提高，研究成果日益丰富。关于全球海洋经济的研究历程，尚未有学者做出阶段性的划分，本文基于各国和国际组织发布的政策及相关研究成果，从价值核算的角度出发，将全球海洋经济研究大致分为三个阶段，即初期阶段（2000 年之前）、中期阶段（2001—2010 年）和现阶段（2011 年至今）。

1. 初期阶段（2000 年之前）：探索海洋与经济的联系

初期阶段的研究以中美两个大国为主，核心目的是从经济发展的角度出发，初步构建海洋和经济之间的关系，衡量海洋经济对国民经济的贡献，是后来海洋经济发展的重要基础。主要工作集中在定义海洋经济的内涵、探索构建本国的海洋产业统计分类、测算海洋产业对国民经济和全国就业的贡献。中美两国的相关研究成果均被政府部门采用。

2. 中期阶段（2001—2010 年）：衡量海洋经济的贡献

2001—2010 年，各国尤其是发达国家对海洋经济统计的重视程度日益提高，英国、法国、澳大利亚、美国、加拿大、新加坡等发达国家都发布了本国海洋经济发展情况报告和统计数据。本阶段的核心目的是突出海洋的贡献，提高海洋资源利用效率，发展壮大海洋经济。例如，英国皇家财产管理局发布了《英国海洋经济活动指标》、法国海洋开发研究院发布了《法国海洋经济数据》。该阶段只有中国、澳大利亚和新加坡的统计频率为年度，其他国家为不定期。此外，世界自然保护联盟研究了海洋对太平洋小岛屿国家的重要经济价值，引起了国际社会的普遍关注。

3. 现阶段（2011年至今）：促进海洋经济的可持续发展

现阶段的"全球海洋经济热"主要源于以下几点：

一是海洋资源衰退和环境问题引发全球民众担忧，倒逼国际社会和各国政府重视海洋经济和资源的可持续利用。代表性事件包括：2012年《自然》杂志首次发布全球海洋健康指数，全球总得分仅60分；2015年海洋和海洋资源的可持续发展被列入联合国《变革我们的世界：2030年可持续发展议程》第14个目标；2017年9月，第九次金砖国家领导人会议把"蓝色经济"作为一个议题，进行了专门研讨；2018年1月，挪威联合12个沿海国家的政府首脑，成立了可持续海洋经济高级别小组，当年9月在联合国总部纽约召开了第一次会议，宣布将于2020年联合发布《可持续的海洋经济》；2018年11月26—28日，首届全球可持续蓝色经济会议通过了《促进全球可持续蓝色经济内罗毕意向声明》。

二是全球经济增长乏力，各国寻求新的经济增长点。欧盟力图通过海洋科技创新和战略拉动整体经济增长，小岛屿和非洲欠发达国家为了摆脱贫困、应对气候变化也在国际社会广泛呼吁发展蓝色经济，寻求各种援助。代表性事件包括：荷兰、德国、芬兰先后发布了新的海洋经济战略；韩国发布《海洋水产新产业创新战略》；蓝色经济被写入非盟的《2063议程》和《至2050非洲海洋综合战略》（2050 Africa's Integrated Maritime Strategy），被视为非洲走向富强的新动能；"到2030年，增加小岛屿发展中国家和最不发达国家通过可持续利用海洋资源获得的经济收益"被纳入联合国可持续发展目标；2019年加勒比地区召开了蓝色经济高级别专题研讨会。

三是国际组织重视和推动蓝色经济的发展。欧盟首次在全球提出蓝色增长战略，2018年发布了首份《欧盟蓝色经济年报2018》；经合组织

（OECD）先后发布了《海洋经济 2030》和《创新支持海洋经济可持续发展的再思考》；亚太经合组织（APEC）已连续举办了五届蓝色经济论坛；世界银行于 2017 年发布了《蓝色经济的潜力》，首次提出了蓝色经济分类框架；2018 年，粮农组织首次将蓝色增长纳入两年发布一次的《世界渔业和水产养殖状况报告》。

表1　全球海洋经济核算研究成果

区域	报告名称	发布机构	报告时间（年份）
欧洲	英国海洋经济活动指标	英国皇家资产管理局	2008
	法国海洋经济数据	法国海洋开发研究院	2007、2009、2013
	爱尔兰海洋经济发展报告	社会经济海洋研究所	2010、2015、2017、2018
	意大利海洋经济报告	意大利联合圣保罗银行意大利南方研究中心	2017、2018
	苏格兰海洋经济统计报告	苏格兰政府	2018
	欧盟蓝色经济年报	欧盟委员会	2018、2019
亚洲和大洋洲	中国海洋统计年鉴	国家海洋局	1995—2017
	中国海洋经济统计公报	国家海洋局	2013—2018（年度）
	新加坡海洋产业统计报告	新加坡海洋产业协会	1998—2017（年度）
	新西兰海洋经济统计	新西兰统计局	1999—2002（一份）2007—2013（一份）
	澳大利亚海洋产业统计	海洋科学研究所	2008—2016（年度）、2018
	海洋对太平洋小岛屿国家的经济价值	世界自然保护联盟	2010
北美洲	涉海活动的总产值	美国经济分析局	1974
	美国海洋和五大湖经济报告	美国海洋与大气局	2012、2016—2019（年度）
	美国海洋和海岸带经济报告	蒙特雷学院蓝色经济中心	2009、2014、2016
	加拿大海洋产业报告	加拿大渔业与海洋部	2006
其他	重振海洋经济 2015 行动方案	世界自然基金会	2015
	海洋经济 2030	经济合作与发展组织	2016
	创新支持海洋经济可持续发展的再思考	经济合作与发展组织	2019
	蓝色经济的潜力	世界银行	2017

来源：作者收集整理。

二、面向 2030：全球海洋经济发展的影响因素

人类与海洋之间的经济关系已发生了重要转变。作为全球商贸建立以及食物和能源的重要来源，海洋已然发挥了至关重要的作用。就 21 世纪而言，海洋很可能成为经济动力之一，其驱动和影响因素多种多样，主要包括以下几个方面：一是全球宏观经济增长前景，即全球海洋经济增长的大背景和大环境；二是科学技术创新水平，即全球海洋经济增长的内生动力；三是人口问题，包括人口的增长、城镇化和老龄化等；四是世界能源结构变化；五是地缘政治因素；六是气候变化与海洋的相互作用；七是国际海洋经济政策，体现国家和地区对以上客观存在问题的回应与积极应对、对海洋经济发展潜力的高度认可、对海洋可持续发展的诉求和美好期盼。

（一）全球经济增长前景

综合考虑世界银行、国际货币基金组织和中国社会科学院对全球经济的预测，未来全球经济疲软乏力和资本市场动荡的现象将长期存在。美国挑起中美贸易战、意大利陷入预算困境、英国脱欧、德国和日本出现负增长，全球经济增长的不确定因素增多。预计未来 5～10 年全球经济增长率将徘徊在 3% 左右，新兴市场和发展中经济体可能会停滞在 4% 左右，发达经济体增长率更低。

全球宏观经济的发展趋势将深刻影响着全球海洋经济的长远发展，这种影响具体表现在以下几方面：其一，全球经济增长率降低，增长动能减弱，将直接导致全球海洋经济增速降低，因为海洋经济是全球经济的重要组成部分之一。其二，由于全球经济处于低速增长，许多国家将海洋经济视为新的增长点，这将导致全球海洋经济活动增加，海洋产业竞争更加激烈，海洋环境压力加大。其三，新兴经济体的快速发展，将推动全球海洋产业分工转移和结构调整。例如，随着中国、印度和印度尼西亚等在世界生产中的份额不断扩大，贸易活动重心逐渐东移不可避免，部分航运公司和造船公司已经在仔细考虑市场、航线、货物类型和船型的未来变化，谋划全球市场布局。其四，经济全球化和区域经济一体化将拉动全球贸易增

长，到 2050 年全球货运贸易可能会增长 330% 至 380%，这一增长对航运业务和港口的推动将是巨大的，到 21 世纪中叶，港口吞吐量将增长近四倍①。最后，全球经济增长将促使中产阶级人数增加，中产阶级将成为消费的强大驱动因素，尤其是在新兴经济体和一些发展中国家，他们的消费模式和饮食习惯将发生重要变化，对海洋旅游，特别是豪华邮轮游的需求将增加，对更高品质的海产品的需求也将增加。

（二）技术创新与进步

科学技术是未来海洋经济发展的活力之一，技术创新将在更广阔的领域塑造未来。新知识和越来越多的技术正逐渐渗透到各个海洋产业部门，这些产业部门采用和适用这些新知识和技术，引发了新一轮的创新。事实上，正在酝酿中的许多科技进步预计将带来革命性的影响。特别引人注目的是，通过结合不同的海洋技术，我们可以搭建多用途的海洋平台，促进不同海洋行业协同发展，创造潜在的收益。在接下来的几十年中，一系列即将实现的技术有望在科学研究和生态系统分析、航运、能源、渔业和旅游业等许多海洋活动中得到运用并提高效率和生产力，优化成本结构，这些技术包括成像和物理传感器技术、卫星技术、先进材料技术、信息与通信技术、大数据分析、自主系统、生物技术、纳米技术和海底工程技术等。

技术进步将影响海洋经济的每个部门。例如，商业航运马上要引进自主船舶，更多地使用新燃料和电子导航设备；发达经济体正在调整造船业和水产品加工业中原先外包的活动，大大提高自动铆接、焊接和鱼片切割的精密度；油气和海底采矿公司正在寻求使用机器人从事海底作业；海水养殖业将以生物技术的进步为基础，改善鱼类健康状况；海洋可再生能源开发正在越来越多地利用新材料和传感器技术的进步；渔业、海上安全和海洋观测将继续受益于卫星技术（如通信、遥感、导航等）的巨大进步；邮轮旅游业的船载数字化设施规模将扩大到前所未有的水平。但最大的不确定性是技术创新的前景。在一般层面上，所有技术的

---

① https://www.oecd-ilibrary.org/transport/itf-transport-outlook-2015/summary/german_ 855b46e3-de.

不确定性均取决于技术发展的速度、个别技术进步的影响，以及与信息和通信技术、传感器、机器人和生物等技术的融合。一项技术的进步可能会促进其他技术的发展和进步，从而导致颠覆性变化。这种颠覆性变化不仅会带来各种利益，也会对经营方式、竞争地位、贸易模式、商业模式，特别是劳动力市场构成严重挑战，在这种情况下，可能导致工作条件发生变化、劳动失业和企业裁员。决策机构、企业和教育机构需要提前做好准备，确保劳动力具备必要的技能和资格来应对即将到来的颠覆性和革命性的变化[1]。

(三) 人口问题

根据联合国 2015 年的中期预测，未来 15 年世界人口将增加 10 亿人以上，到 2030 年和 2050 年全球人口将达到 85 亿和 97 亿[2]。人口增长将几乎完全发生在发展中国家和一些新兴经济体，发达国家人口总量很可能保持不变。从现在到 2050 年，一半以上的增长来源于非洲，欧洲的人口则预计将比 2015 年有所减少。现在，世界上一半以上的人口居住在城市地区，到 21 世纪中叶，城市人口将翻一番，达到近 65 亿，占世界总人口的 66%。

世界上大多数特大城市位于海岸带，这些港口城市拥有高度集中的全球人口和资产，是全球经济的重要组成部分，在国际贸易方面的重要性显著增长。根据推测，在三角洲和洪泛平原地区（即面临洪灾风险的地区），2000 年至 2030 年人口预计迅速增加 50%[3]。然而，世界人口增长、城市化和沿海定居点密集化都将对海洋的健康和自然资源状况造成越来越大的压力。城市污水、农业化肥流失、塑料废物处理等带来的海洋污染持续增

① OECD, "Enabling the Next Production Revolution: Issues Paper", OECD, 2015, http://www.oecd.org/officialdocuments/publicdisplaydocumentpdf/? cote = DSTI/IND% 282015% 292&doc Language = En.

② UN, "World Population Prospects: Key Findings & Advance Tables-2015 Revision", Department of Economic and Social Affairs, Population Division, United Nations, 2015, http://esa.un.org/unpd/wpp/publications/files/key_ findings_ wpp_ 2015. pdf.

③ B. Neumann, et al., "Future Coastal Population Growth and Exposure to Sea-Level Rise and Coastal Flooding: A Global Assessment", PLOS ONE, 2015, https://journals.plos.org/plosone/article?id =10. 1371/journal. pone. 0118571.

加，海洋资源开发利用强度持续加大，这些都严重影响海洋环境，这种情况难以逆转。例如，据估计在废物管理基础设施没有改善的情况下，到2025 年从陆地进入海洋的塑料废物的累积数量可能会增加一个数量级①。然而，与此同时，与海洋污染相关的人口因素也是海洋经济增长的核心，因为他们是海上活动的重要动力。人口的增长提出了新的供给需求，提高了对鱼类、贝类和其他水产品的需求；消费也会刺激海上货运和客运业、造船和海洋设备制造业以及近海油气勘探业的发展。人口也在老龄化，随着人们预期寿命和医疗保健水平的不断提高，老年人将能够长期保持活跃，经常过了法定退休年龄还可以继续工作，人口老龄化将继续激励世界医药界加速海洋生物技术研究，开发新药品和新疗法。

（四）世界能源结构变化

2015 年 12 月，《联合国气候变化框架公约》第 21 次缔约方会议制定了限制全球气温上升的宏伟目标，协议为迈向低碳、适应未来气候变化提供了强有力的行动框架，将促进世界能源格局发生变化。海上风能近几年发展迅速，已成为全球重要的清洁能源之一，海上风电开发成本持续下降。海洋能源（波能、潮汐能、温差能、盐差能）虽然尚未成熟或实现商业化运作，但是从长期来看，发展潜力也相当可观。海上石油和天然气将在向绿色能源系统转型的过程中继续发挥桥梁作用，约有 37% 的已探明石油储量属于海上石油，其中约三分之一在深海中②。随着新技术纷纷涌现，预计这些资源的已探明储量会进一步上升。

能源问题关系所有海洋产业，包括能源使用者和能源供应商。市场价格水平和市场波动是影响海上油气勘探生产的关键因素。由于销售量下降，最近有几个海洋油气项目因资本投资需求过大而被放弃。尽管如此，一批备受瞩目的海上项目仍在继续推进。从长远来看，每桶 80 美元左右的

---

① J. R. Jambeck, et al., "Plastic Waste Inputs from Land into the Ocean", *Science*, Vol. 347, No. 6223, 2015, pp. 768 – 771.

② IEA, *World Energy Outlook* 2012, International Energy Agency, 2012, https://www.oecd-ili-brary.org/energy/world-energy-outlook-2012_ weo-2012-en.

石油价格足以维持大部分开发①。根据未来的开发成本以及未来碳氢化合物价格和其他投资条件,海洋预计将继续提供约 30% 的全球碳氢化合物产量。预计海上原油总产量将缓慢上升,从 2014 年的每天约 2 500 万桶油当量上升到 2040 年的每天大约 2 800 万桶油当量。另一方面,海上天然气同比增长,从 2014 年的每天 1 700 万桶石油当量上升至 2040 年的每天 2 700 万桶石油当量。在未来的几十年里,需求的发展和变化将影响油轮和液化天然气运输船运输的油气量,这类油气量目前占全球海运贸易的 30% 左右。世界经济的进一步增长,特别是亚洲经济的进一步增长,将继续推动油轮和液化天然气货运量的大幅增长。海上石油运输将会从目前的约 35 亿吨增加到 2030 年的近 45 亿吨。然而,在过去十多年里,过剩运力已经形成,油轮船队的需求预计增长缓慢,从短期至中期每年增长率不到 1%②。此外,如果油价和天然气的价格持续走高,也将不断推动海上风能和海洋可再生能源的发展,促进生物燃料藻类养殖的发展。

(五)地缘政治风险

全球化时代地缘政治仍是影响大国兴衰的重要因素③,地缘政治因素同样也会影响各国家和地区间的贸易往来、海洋经济发展和海洋科技与文化交流等。对未来全球海洋经济环境而言,最严重的地缘政治风险是紧张的国际局势、国家之间和国家内部的冲突以及恐怖主义。国际紧张局势往往导致环境优先原则受到严重忽视。由于各国对主权的竞争性主张和在脆弱的珊瑚礁上进行建设工作,海洋生态系统的严重恶化及其对数百万人的粮食安全的潜在影响很少被关注。在武装冲突频发的情况下,严重海洋污染的威胁徘徊不去④,典型的事例也许是世界上最重要的油轮路线穿过动乱和内战地区的事实。海盗行为和恐怖主义集团的劫持威胁也是人们的关

---

① Douglas Westwood, "Offshore Prospects for 2016: Playing the Waiting Game?" 2015, http://www.offshoreenergytoday.com/douglas-westwood-offshore-prospects-for-2016-playing-the-waiting-game/.

② SEA, "2014 Market Forecast Report, SEA Europe, Ships & Maritime Equipment Association", PLOS ONE, 2015, http://www.seaeurope.eu/template.asp? f = publications.asp&jaar =2015.

③ 曹文振:"全球化时代的中美海洋地缘政治与战略",《太平洋学报》,2010 年第 12 期,第 45 页。

④ 王姣:"触目惊心的海洋污染",《世界环境》,2019 年第 3 期,第 55 - 58 页。

注所在。

然而，更大的威胁是各国各自为政，在海洋环境和海洋产业的关键领域，达成国际共识的难度日益增加。无论是涉及气候变化和温室气体排放水平、治理公海和国家管辖以外区域（ABNJ），还是保护海洋生物多样性或达成国际海事安全公约，都困难重重[1]，例如，美国迟迟不批准《联合国海洋法公约》，2017 年 6 月，美国又退出了《巴黎协定》。由于对国家管辖范围以外的海洋经济活动缺乏明确的国际法以及各国为获得海洋资源竞争加剧，情况更加恶化。不过，最近在全球海洋治理方面也取得了一些成就，包括建立海洋可持续发展目标（SDG14），以及联合国成员国同意制定一项具有法律约束力的文件来保护并可持续地利用国界以外地区的海洋生物多样性等。

（六）气候变化与海洋相互作用

2009 年，联合国环境规划署、联合国粮农组织和联合国教科文组织政府间海洋学委员会联合发布了《蓝碳：健康海洋固碳作用的评估报告》，确认了海洋在全球气候变化和碳循环过程中起着至关重要的作用[2]。政府间气候变化专门委员会指出不仅存在强烈的物理学上的气候—海洋相互作用，这些相互作用的影响也可能长期影响人类和经济发展。在海洋—气候相互作用的过程中，海洋本身也存在巨大的不确定性。三个事例非常值得关注。首先，海平面上升的幅度和速度不同，对海岸带产生的影响也就不同。其次，海洋变暖的程度和速度不同，受到影响的区域的动植物区系也就不同。有些地区已经发现，本地区的物种正在发生快速的变化。再次，天气的影响，特别是沿海地区和海洋中的极端天气条件，可能会影响沿海地区和海上许多种人类活动。

科学界对这类与海洋—气候相互作用有关的现象以及其他现象的认识仍然不足。虽然存在许多不确定性，但海洋—气候相互作用的变化对海洋

---

[1]　洪农："国际海洋法治发展的国家实践：中国角色"，《亚太安全与海洋研究》，2020 年第 1 期。

[2]　赵鹏："发展蓝碳：减缓与适应气候变化的海洋方案"，《可持续发展经济导刊》，2019 年第 12 期，第 41－42 页。

经济将产生广泛的直接影响。海洋气候变化将导致生物多样性减少[①]、栖息地丧失、鱼类种群组成和洄游模式发生变化以及严重海洋天气事件的发生频率变高。渔业和水产养殖业、海洋油气（浅海）、脆弱的沿海低洼社区、航运公司、滨海和海洋旅游业以及海洋生物勘探业将继续承受这些影响带来的后果。近40年来，气候变化也导致我国沿海海平面和海表温度显著上升，超强台风、风暴潮和赤潮等致灾事件的发生频次呈显著增加趋势[②]。气候变化对所有海洋产业的间接影响来自政府、政府间组织、行业协会等对温室气体排放量、生物多样性丧失等的反应，例如排放目标、法规、标准、激励措施。一些产业，如航运业、海上油气平台以及海底采矿业，很有可能将继续受到更严格的监管，遵循更严格的安全规则，并且其活动将受到更密切的监测。另外，气候变化会议提出减少温室气体排放，很可能会影响海上风电场和海洋可再生能源产业等，这对研究和投资而言，是一个利好因素。

（七）海洋经济政策

宏观政策会在一定程度上影响经济增长和投资流向，引导产业结构调整和资源优化配置。进入21世纪以来，世界强国纷纷将开发海洋资源、发展海洋经济和海洋产业确定为当前和未来经济发展的一个主要方向，全方位规划和发展海洋经济。从目前的形势来看，海洋经济问题已成为国际组织和各国共同关注的焦点之一，已发布和即将发布的一系列促进海洋可持续发展的政策及相关项目将深刻影响未来海洋经济发展趋势和全球海洋市场格局。例如欧盟启动蓝色增长战略、经合组织启动未来海洋经济发展研究项目、联合国发布《2030可持续发展议程》、南太平洋旅游组织发布《太平洋岛国和地区沿海旅游发展环境影响评估指南》、德国发布《海洋议程2025》、英国发布《海事战略2050》、芬兰发布《海洋集群战略研究议程2017—2025：智能海洋技术解决方案》、挪威政府

---

① 佚名："气候变化与海洋生物大量灭绝"，《世界环境》，2019年第1期，第6页。
② 齐庆华、蔡榕硕、颜秀花："气候变化与我国海洋灾害风险治理探讨"，《海洋通报》，2019年第4期，第361–367页。

2019 年 6 月发布《蓝色机遇——挪威政府更新海洋战略》、中国每五年发布一次全国海洋经济发展规划及相关涉海专项规划、越南也发布《关于越南到 2030、展望 2045 年稳步发展海洋经济战略决议》。这些政策的落地和实施也是促进和实现联合国可持续发展目标 14 的重要政策手段和途径。未来，随着全球经济局势的转变，越来越多的沿海国家将意识到海洋经济与国家利益联系密切，各国出于国家利益和发展需求的考量，在经济全球化和多极化发展的大背景下，必然会制定适合于不同发展阶段的综合性海洋发展战略、专业化的海洋经济政策或单一海洋产业政策，并启动相关的国际合作计划。

三、面向 2030：全球海洋经济发展趋势分析

海洋资源被视为可以大规模投资的领域，其中包括渔业、水产养殖、生物勘探、可再生能源、石油和天然气等①。经合组织海洋经济数据库的测算结果显示，2010 年全球海洋经济产出约为 1.5 万亿美元，约占世界总增加值的 2.5%。按 2010 年美元不变价格计算，2030 年将超过 3 万亿美元，大致相当于德国 2010 年的国内生产总值，占世界经济增加值的 2.5%，与 2010 年基本一致。包括邮轮业在内的海洋旅游业预计将占据最大的份额（26%），其次是近海石油和天然气勘探和生产（22%）和港口活动（16%）。到 2030 年，按照常规路径发展，预计海洋产业将雇用 4 000 多万人，占全球 38 亿劳动人口的 1% 以上，大多数将受雇于工业化捕捞渔业以及海洋旅游业。预计超过一半的海洋产业的产值增速将超过全球经济增速，而几乎所有海洋产业就业增速都将超过世界经济整体水平（见表 2）。

---

① 赵琪："维持全球海洋经济可持续性增长"，中国社会科学网，2019 年 10 月 23 日，http：// sky. cssn. cn/hqxx/bwych/201910/t20191023_ 5019209. shtml？ COLLCC = 3768903525&。

表 2　　全球海洋产业增加值与就业变化情况

产业	增加值复合年增长率 （2010—2030 年）	增加值总体变化 （2010—2030 年）	就业变化 （2010—2030 年）
工业化海水养殖	5.69%	303%	152%
工业化捕捞渔业	4.10%	223%	94%
工业化水产品加工	6.26%	337%	206%
海洋和滨海旅游	3.51%	199%	122%
海洋油气	1.17%	126%	126%
海上风电	24.52%	8037%	1257%
港口活动	4.58%	245%	245%
船舶修造	2.93%	178%	124%
海洋设备	2.93%	178%	124%
航运	1.80%	143%	130%
海洋产业总平均值	3.45%	197%	130%
全球经济	3.64%	204%	120%

资料来源：OECD, *The Ocean Economy in 2030*, OECD Publishing, 2016, p. 205.

（一）传统海洋产业

1. 海洋渔业

海洋渔业包括海洋捕捞和海水养殖，未来它们将呈现完全不同的发展趋势。由于过度和非法捕捞，海洋捕捞几乎零增长，很多地区甚至会出现负增长；而海水养殖得益于技术进步、海洋捕捞的反向影响和市场需求的增加将呈现快速增长的趋势，但增速呈递减趋势。

经合组织利用柯布-道格拉斯生产函数，对在常规路径发展情况下的捕捞渔业进行了预测，2030 年工业化捕捞渔业的全球增加值预计约为 470 亿美元。北美自由贸易协定国家的捕捞渔业增加值可能最高，达 124 亿美元，其次是亚洲和大洋洲，达 107 亿美元，非洲和中东则为 86 亿美元，欧洲刚刚超过 80 亿美元。中国、印度尼西亚、秘鲁、美国、印度、俄罗斯、缅甸、日本、越南、菲律宾和挪威将是最大的生产国。未来水产品产量的增长大部分来自水产养殖业，海水养殖是渔业和水产养殖业变革的主要动力。世界银行预测水产养殖业从现在到 2030 年期间将持续增长，但速度会下降，到 2030 年将降至每年低于 2%。海水养殖业如果要维持更高的增速，需要在许多方面取得重大进展，包括减少沿海地区水产养殖场对环境的影响、改善病虫害管理、大幅提高肉食性鱼类的非鱼饲料比例以及海水养殖作业所需的工程和技术取得更快和更多进步。

2. 海洋交通运输业

在全球范围内，海运贸易的发展与国内生产总值（GDP）的实际变化密切相关。一般来说，实际国内生产总值增长 1%，海运贸易将增长 1.1%（以吨计）。在此基础上，预计 2017—2019 年海运贸易年均增长 4.1%、2020—2029 年年均增长 4.0%、2030—2040 年年均增长 3.3%。

集装箱运输量的长期增长预计与海运贸易总量的增长大致相符，而油轮和散装件的增长率预计低于平均水平。其他类别预计增长很快，包括液化石油气/液化天然气（LPG/LNG）、乘客滚装运输、邮轮和其他海上客运等类型。从 2018 年全球港口集装箱吞吐量排名来看，全球排名前十中，中国占据七席，其中上海港连续九年稳居世界第一，也是全球连通性最好的港口。预计至 2030 年，这一趋势基本保持不变或略有变化。中国正在大力进行港口整合，也可能有新的港口挤进全球前二十。根据经合组织国际交通论坛的预测（该预测以全球 830 个最大港口的吞吐量为基础，几乎占全球货物处理量的 100%），在常规路径发展情况下，估计 2030 年全球港口活动的直接增加值大约为 4 730 亿美元，全球港口吞吐量将足以提供 420 多万个全职的直接就业岗位。

3. 造船业

海运贸易的增长将在造船业上有所体现。造船业的增长受一系列因素的影响，如潜在的全球贸易扩张、能源消耗和价格、船龄结构，船舶退役、报废和更换、货物类型和贸易方式的变化等。但在很大程度上，还取决于现有产能。近年来，船舶产能过剩严重，2006—2015 年全球运输船队（载重吨位）年均增长 7%，远远超出世界海运贸易（吨）年均 3.8% 的增速。联合国贸易和发展会议（UNCTAD）发布的《2019 年海运报告》显示，全球船舶运力过剩的局面依然未能得到根本性的改善。全球造船市场的供过于求可能会持续到 2020 年甚至 2030 年。尽管存在着过剩现象，但在未来 20 年新建造需求可能还是会大幅增长。

造船业除了依赖于海运贸易的未来发展趋势，还与其他海洋行业的发展，尤其是与海洋油气、海上风电、邮轮旅游、捕捞渔业和海水养殖业有很大关联。尽管目前油价较低，但对钻井船、半潜式钻井平台、浮式生产装置等的需求预计至少在中长期内保持稳定，平台供应和维护船、海上风机安装船等的建造预计将大幅增长至 2025—2030 年。预计 2014—2025 年期间对所有海洋船只类型的需求每年将增加约 4%，长期来看，主要受深海油田的油气供应增加驱动。在海洋旅游需求不断增长的情况下，2015—2031 年，预计每年将额外建造 6～8 艘新游轮。尽管鱼类资源枯竭和配额限制可能会上升，世界捕捞船队规模可能会下降，但预计在未来 20 年对新捕鱼船的需求将增长强劲，从船队中清除的船只数量可能超出新建造船只的数量，2016—2020 年每年增长约 175 艘船，2031—2035 年每年增长约 346 艘船，这主要是因为水产养殖业的扩大和船队更新。

4. 海洋旅游业

尽管偶尔受到冲击，但过去 60 多年来，国际游客人数稳定增长，2017 年达到 13.23 亿人次，比前一年增长约 7%，为 2010 年以来的最大增幅。保守估计，2010—2030 年全球国际游客人数预计每年将增长 3.3%，2030 年达到 18 亿人。这意味着全球国际游客人数平均每年增加约 4 300 万。至少到 2030 年，到亚洲、拉丁美洲、中欧和东欧、欧洲地中海东部、中东和非洲等新兴经济体目的地旅游的国际游客人数每年增长 4.4%，新兴经济体的市场份额将从 2013 年的 47% 增加到 2030 年的 57%[①]。

虽然缺乏国际统计数据，难以估计海洋旅游业占国际旅游业的比重，但最近的发展表明，海洋旅游业的增长速度将超过国际旅游业。以邮轮经济为例，国际邮轮协会的统计数据显示，2018 年全球邮轮游客人数达到了 2 850 万人次，比 2008 年（1 630 万人次）增长了 74.8%，年均增长率达

---

① UNWTO, "Tourism Towards 2030/Global Overview", Advanced Edition Presented at UNWTO 19th General Assembly, 10 October, World Tourism Organization, 2011, http://www.e-unwto.org/doi/book/10.18111/9789284414024.

到了 5.8%。保守估计，2019 年全球邮轮游客量将首次突破 3 000 万人次。韩国海洋水产部预测 2020 年世界邮轮游客人数将升到 3 700 万，每年增长约 10%，亚洲增速最快，从 2013 年的 130 万增加到 2020 年的 700 万[①]。国际邮轮协会预测，2025 年全球邮轮市场游客预计达到 3 760 万人次。欧洲船舶设备委员会预测，2010—2035 年期间，全球邮轮游客人数将增长近三倍，从 2010 年的 1 900 万人增加到 2035 年的 5 400 多万人，意味着年增长率超过 7%。

5. 海洋油气业

根据《世界能源展望 2014》，海洋油气产业为全球贡献了约 6 360 亿美元的增加值，比 2010 年增长了 26%。然而，在未来几年，就近海而言，海洋石油开采预计会比海洋天然气开采慢得多，无论是在浅层还是深水区。国际能源局预测，海上石油和天然气的增长速度将大不相同。预计石油开采量将以每年 0.4% 的速度增长，而天然气开采量则可能达到每年 1.5% 的强劲速度。因此，就近海开采而言，近海原油日产总量将从 2014 年的约 2 500 万桶升至 2040 年的约 2 800 万桶，天然气日产总量将从 1 700 多万桶强势增长至 2 700 万桶。近海深水区原油总产量预计将大幅增加，而浅层的石油产量预计将略有下降；天然气开采方面，浅海和深水区都有望实现强劲增长。2030 年浅海生产份额将达到 88%，深水区生产份额为 12%，浅海生产总增加值增长约 19%，而深水石油和天然气的增加值预计将增长 116%。全球近海石油和天然气领域的就业岗位可能超过 200 万个，然而，钻井机器系统的使用和大数据技术的进步将大大提高产业自动化的水平，所以 2030 年的实际就业岗位可能小于目前的预测数据。

（二）新兴海洋产业

1. 海洋可再生能源

海洋可再生能源包括海上风能、波浪能、潮汐能、温差能、盐差能等，是未来向低碳过渡的重要能源。全球海上风能的开发较其他能源相对

[①] Lee, H.-J., "Cruises Seen as New Profit Engine", Korea JoongAng Daily, May 8, 2015, http://koreajoongangdaily.joins.com/news/article/article.aspx? aid = 3003921.

成熟，在过去 20 年，海上风电行业已经从最初的小型试点项目发展成新兴产业，并有可能进一步大幅增长。根据全球风能理事会的最新统计数据，2017 年全球 9 个海上风电市场装机容量历史性地增长了 4 334 兆瓦，相比 2016 年增长了 95%。彭博新能源财经的初步核算数据显示，2018 年全球累计装机容量约 22 吉瓦，同比增长约 17%，欧洲仍为全球海上风能最大市场，海上风能正逐渐成为世界主流能源。未来十年，欧洲的领先地位将保持不变，全球海上风电市场年均增长 17% 左右，2030 年全球海上风电累计装机容量将达到 154 吉瓦，但海洋风电价格将越来越便宜，补贴将逐渐取消，市场竞争力增强。其他海洋能源技术仍然处于早期单机示范阶段，技术发展缓慢，主要涉及短期测试部署，只有少数开始实现商业化阶段的第一步，研究工作和资金分布在许多不同的波浪能和海流能项目上，由于投资成本高，并且在油气价格低的情况下，运营可行性极低。

2. 海洋生物技术

海洋生物技术有可能解决许多重大的全球性挑战，如可持续粮食供应、人类健康、能源安全和环境治理，并为许多工业部门的绿色增长做出重大贡献。同时，海洋生物资源也为地球及其居民提供了许多重要的生态系统服务。在健康方面，人们对海洋微生物的兴趣日益增加，尤其是细菌，研究表明它们含有丰富的潜在药物。世界卫生组织（WHO）已将抗菌耐药性确定为人类健康面临的三大威胁之一，因此寻找新菌株开发药物是一项高度优先的任务，海洋生物具有开发潜力。海洋生物治疗癌症的前景也很乐观。在工业产品以及生命科学产业中，海洋生物技术作为酶和聚合物的新来源也显示了广泛的商业潜力，为许多源自矿石原料的高价值化学品提供了合成替代品的来源，并被广泛应用于环境监测、生物修复和生物污染防治。尽管取得了这些成功，但目前对海洋遗传多样性的知识了解有限，这也限制了工业应用和创新的潜在发展。在能源方面，藻类生物燃料的前景可能相当不错。欧洲科学基金会海洋委员会的研究显示，微藻培养每年可以实现的理论产量是每公顷 2 万 ~8 万升燃油，但利用现有的技术，似乎只能实现 2 万升燃油的产量。尽管如此，近年来在证明大规模微藻生物生产柴油的可行性方面已经取得了相当大的进展，但具有成本竞争力、高产量的藻类生物燃料生产还面临一些挑战，需要更多的长期研究。

3. 海洋工程装备

目前，世界海洋工程主要装备及其配套设备与系统的研发和设计以美国和欧洲为核心，制造以新加坡和韩国为主，基本形成了"由欧美少数著名的设计企业及其企业配套集成，由亚洲少数国家建造载体与组装总成"，即"欧美设计，亚洲制造"的总体格局[①]。最新统计数据显示，2019年1—9月，全球海工市场共成交装备32座/艘，同比下降43%，成交数量明显下滑；成交金额约58.2亿美元，与上一年同期基本持平。其中，中国13艘，成交额为20亿美元[②]。全球海工市场的整体形势受油价波动影响明显，海工装备市场受石油价格影响较大，自2014年油价暴跌开始，海工装备就陷入了迄今长达5年之久的低迷期。长期来看，这种形势依然严峻。2020—2035年，预计全年海工装备成交数量或将再次创下新低，若无油价回升和大型油气开发项目的带动，全球海工市场成交数量和订单成交额将不会出现明显的大幅增长。

4. 深海资源开发

深海资源开发包括深水油气资源和主要的三种矿床，即锰结核、富钴铁锰结壳和海底块状硫化物（SMS）矿床。深水区和其他极端地区的油气产业属于科技前沿，陆上油气资源发现数量明显减少，而在非洲、南美等深水区和北极地区却有重大突破，深水油气开发的成本也在逐年降低，低油价期间部分国家采取了多种优惠措施吸引投资，至2030年全球勘探开发活动将集中在巴西盐下油藏、毗邻中东的地中海海域、苏里南-圭亚那盆地、美国墨西哥湾和北极周边地区。但从短期和长期来看，深水油气开发仍面临着来自技术层面、安全层面、运营层面和市场层面的诸多挑战。深海矿产蕴藏在世界上所有海洋中，但分布不均匀，以上三种深海矿产资源已经获得了勘探许可证，但大部分勘探许可证是针对结核资源勘探开发

---

① 高瞻智讯："海洋装备制造影响全球海洋发展格局"，搜狐网，2019年6月21日，http://www.sohu.com/a/321317089_120146940。

② 张辉、袁浩铭、李夏青："需求低位改善，全球海工市场处于恢复期——2019年前三季度全球海工市场简评"，《船舶物资与市场》，2019年第11期，第11-16页。

的。目前80%以上的已知锰结核矿区都不在国家管辖范围之内，只有约15%的矿床位于专属经济区，另外5%可能包含在目前的大陆架延伸区域。《联合国海洋法公约》设立了国际海底管理局，以监督国家管辖范围以外区域的深海采矿，目前该区域没有商业深海采矿作业，只有勘探活动，2030年之前这一趋势会继续延续，仍处于探索和知识积累阶段。同时，人们也非常担忧对知之甚少的海底和深海生态系统可能造成的潜在干扰和破坏，从海底提取矿物产生的环境问题使大规模深海采矿的经济前景进一步复杂化，但可以肯定的是，深海生态系统非常脆弱，并且相互联系，环境评估和预防措施是非常有必要的。

四、促进我国海洋经济可持续发展的对策建议

海洋在国际政治、经济、军事、外交舞台上扮演着重要的角色，海洋已成为国际竞争的主要领域。进入20世纪60年代以来，很多国家将开发海洋资源作为基本国策，张海峰、杨金森等国内学者也曾提出发展海洋经济是一个全球性的问题①。海洋经济的发展与海洋管理模式、海洋知识探知程度、科技进步水平、资源环境约束等多种因素相关。人类活动已成为影响全球海洋环境变化和海洋经济格局的主要力量。海洋经济可持续发展正面临着诸多风险和不确定因素，包括众多机构权责不明、治理流程不完善、规范性不强、执法力度不足、海洋环境脆弱、科技进步带来的利益与风险并存等。与此同时，地缘政治对海洋管理与经济发展的挑战也在不断增加，特别是权力结构的多极化和分散化日益加剧，新兴海洋国家和非国家行为体不断涌现。最后，就如何促进我国海洋经济可持续发展提出以下五点对策建议。

（一）加强海洋科技国际合作，鼓励创新

未来海洋科技创新将在海洋经济的可持续发展中起到关键作用。海洋经济是全球性的经济活动，在这个舞台上，无数的企业参与其中，这些竞

---

① 张海峰、杨金森、刘容子、许启望："争取20~30年把中国建成海洋经济大国"，《太平洋学报》，1994年第2期，第39－49页。

争力量在未来如何起作用在很大程度上取决于企业的产品、生产流程和服务的持续更新、调整、升级和再投资。创新是它们生存和在经济上取得成功的关键。其次，按照常规方法扩展海洋经济活动不是今后的发展方向，因为它会进一步损害海洋的健康和资源，危害海洋产业本身所依赖的基础。为了解决这一问题，使企业既能得到发展，又能最大限度减少对海洋环境与资源的消极影响，创新是重要的途径。在跨行业的海洋技术领域，尤其针对重要的通用技术和能力提升技术，建议牵头创建国际网络，交流观点和经验，建立海洋科技研究中心和创新孵化器等，促进不同技术发展水平的沿海国家和地区分享技术创新成果。

（二）加强海洋综合管理，发挥大数据对管理决策的支撑作用

海洋活动在应对未来的全球挑战方面具有重要意义。然而海洋环境承担的压力，包括过度捕捞、污染和栖息地的破坏等，仍在继续加剧，海洋利用日益增多无疑是原因之一。这些压力可以部分归因于缺乏与海洋发展相关的知识与数据和海洋产业活动造成的影响，部分归因于管理不善，部分归因于历史上海洋活动的管理均采用分部门和分行业管理的模式。越来越多的国家和地区已经加强了相关研究工作和海洋综合管理。由于未来几年海洋及其资源的利用规模将越来越大，程度越来越高，因此，提高海洋综合管理效率和在更广范围推广海洋综合管理十分重要。有三个途径可用于实现更有效和更广泛的海洋综合管理，一是加强经济分析和经济手段的应用；二是提高数据收集、管理、集成与共享水平；三是改善海洋环境，加强监管力度。随着大数据技术的发展，数据在未来海洋管理决策中将发挥至关重要的作用，目前我们已获得的海洋知识微乎其微，海洋数据收集的碎片化现象非常严重，数据的探索、监测、评估与集成分析将成为一项长期而艰巨的任务。

（三）加强政府间的协调，创新利益相关方参与机制

海洋管理是一个全球性的问题，当今世界全球化日益增强，世界各国相互依存日益紧密，很多政策问题愈加复杂多变并且相互关联。然而，目前的政府机构和政策工具箱往往无法跟上这种日益复杂化的趋势，政府部门由于准备不足，很难应对新环境。此外，政策导致的利益相关方的类型

越来越多，这些利益相关方对发展目标和解决问题方式的见解也不尽相同。面对这些问题，加强相关部门之间的联系与沟通，对来自政府内外的各种见解、经验和专业指导进行整合和综合考虑已经迫在眉睫。建立和维持跨部门协调的有效机制可以以政府为中心增强国家战略能力，这种机制的建立需要强有力的领导以及公共部门的角色转变，世界各国都在这一领域进行不断的努力与尝试，许多国家已经启动了联合管理、横向协调和加强战略指导的举措。在海洋问题上，汇集各利益相关方的利益、聚集各部门和学科的创新举措，正在逐步取得进展。利益相关方参与是现代海洋规划和管理的重要组成部分，它在各种不同的文化和政治背景下广泛地实行，并且参与流程和管理手段不尽相同，利益相关方协商和参与的结果往往差异很大，大家所面临的共同挑战则是需要尽可能有效且高效地吸纳更广泛的利益相关方，并让有利于经济与资源环境和谐发展的举措尽快得到落实。

（四）提升国际统计水平，更好地计量海洋经济对全球的贡献

核算海洋产业的价值，可以提高公众对海洋产业重要性的认识，提高其可视度，引导决策者的意识，为海洋产业提供更加友好的政策行动，使海洋产业的发展可以在时间上进行跟踪，也使得海洋产业对总体经济的贡献可以按照货币和就业率加以跟踪。同时，有助于让人们更加重视海洋产业，将海洋产业视为日益相互关联的活动。此外，海洋产业活动不断发展壮大，全球范围内的竞争将进一步加剧，各国政府和企业需要将本国的海洋经济与其他国家的海洋经济进行比较，更好地制定政策和发展战略，找准国际定位。然而，目前与世界海洋产业有关的正式的、连贯的、统一的数据集还不完善，只有少数几个产业有比较完善的数据，新兴海洋产业的全球统计覆盖率特别低。以下途径有利于提高海洋经济国际统计水平：一是鼓励政府各部门和机构加大力度，加强国家统计数据库建设，特别是新兴海洋产业的统计数据，支持政府与非官方渠道的密切合作，如海洋集群、行业协会、研究机构和非政府组织等，将新数据整合到国家统计资料中；二是建议构建国际海洋经济数据共享平台，在经合组织海洋经济数据库的基础上，进一步优化整合其他国际组织、咨询公司和各国海洋经济统

计数据，定期发布全球性的海洋经济统计产品，提升海洋统计的影响力；三是开展海洋经济国际可比性研究项目，促进各国间的交流与合作和统计方法的改善。

（五）提高对海洋产业及环境的前瞻性预测与规划

在全球范围内，海洋经济各领域是相互联系的整体。各领域的成员应当充分认识到在全球市场中面临的机遇和挑战，并据此做出投资决策。同时，沿海各国政府和许多内陆经济体也期盼能够了解海洋经济的壮大对政策制定和实施的具体影响及影响程度，因为这关乎其国家和地区的根本利益。这些政策不仅影响各国海洋产业的竞争力，也会影响到全球海洋的健康发展，科学界、研究界和国际社会各利益相关方也有类似的信息需求。预测未来 10~20 年海洋产业的前景及对全球海洋环境的影响，不仅应注重现有海洋产业，同时也应关注新兴涉海活动的出现和新业态的形成。海洋环境的影响也不容忽视，例如海平面和温度上升、海水酸化、海流和环流规律的改变、溶解氧含量的下降、生物量和生物多样性的减少以及污染等也将对海洋产业产生长期影响。提高对海洋产业和海洋环境的预测与规划，有利于提高政策制定的科学性、合理性和有序性，引导产业发展，进而推动全球海洋经济可持续发展。

新中国海洋事业的发展

贾 宇 密晨曦[*]

新中国海洋事业发展的历史，是一部海洋发展史、海洋管理史和海洋维权史。中华人民共和国成立之初就大力清除外国残余势力，初步建立领海制度，保卫海洋主权、安全和海洋权益，发展海洋事业。改革开放至 20 世纪末，邓小平同志高瞻远瞩地提出"主权属我、搁置争议、共同开发"，为中国的经济发展赢得了战略机遇期。21 世纪以来，中国的海洋法律体系不断健全和完善，处理海上问题的能力不断提高，在全球海洋治理中的话语权和影响力不断增强。

一、海洋管理体制机制

中华人民共和国成立之初没有组建专门的海洋管理机构。20 世纪 60 年代成立海洋管理部门之后，几经调整变动，工作重点从海洋科学研究到海洋综合管理，再到山水林田湖草＋海。海洋管理体制与中国的海洋事业同步发展，服务于建设海洋强国战略。

（一）组建国家海洋管理机构

1964 年，作为海洋事务管理专门机构的国家海洋局成立。1965 年设立北海、东海和南海分局，作为各海区的派出机构，开展海洋行政管理、执

---

* 贾宇（1964—），女，辽宁朝阳人，自然资源部海洋发展战略研究所研究员，武汉大学中国边界与海洋研究院博士生导师，最高人民法院"一带一路"司法研究中心研究员，南京大学兼职教授，中国海洋法学会常务副会长兼秘书长，法学博士，主要研究方向：海洋政策、海洋战略。

密晨曦（1979—），女，山东临沂人，自然资源部海洋发展战略研究所研究员，法学博士，主要研究方向：国际海洋法。

法监督、公益服务、近海断面调查和海岸调查、发布海洋水文预报和船队建设等工作。

改革开放之前，国家海洋局由海军代管，1980 年 10 月起改由国家科委代管，[①] 主要负责组织实施海洋科研调查。

（二）调整海洋管理体制机制

20 世纪 80 年代以来，海洋管理体制进行过几次较大的调整。1983 年，国家海洋局作为国家海洋管理的行政职能部门，[①]负责组织、实施海洋调查、海洋科学研究、海洋管理和海洋公益服务。1993 年，国务院调整海洋管理机构，国家海洋局复由国家科委管理。1998 年 3 月 10 日，根据第九届全国人民代表大会第一次会议通过的《关于国务院机构改革方案的决定》，国家海洋局成为国土资源部的部管国家局。2013 年国务院重组国家海洋局，加强了海洋综合管理及统筹规划与协调等职能。

2018 年，海洋管理体制机制再次调整。第十三届全国人民代表大会第一次会议批准国务院机构改革方案，组建自然资源部，统一行使全民所有自然资源资产所有者职责，统一行使所有国土空间用途管制和生态保护修复职责，着力解决自然资源所有者不到位、空间规划重叠等问题，实现山水林田湖草整体保护、系统修复、综合治理。[②] 将原国家海洋局应对污染等职能并入了新组建的生态环境部，解决了过去污染防治与保护部门分割的问题。[①]

（三）建立海洋执法队伍

从中华人民共和国成立到改革开放前，中国海洋管理、海洋政策、规划和立法侧重于海洋防卫，海洋执法多由海军进行。1982 年《中华人民共和国海洋环境保护法》（以下简称《海洋环境保护法》）第 5 条规定："国家海洋行政主管部门负责海洋环境的监督管理，组织海洋环境的调查、监测、监视、评价和科学研究，负责全国防治海洋工程建设项目和海洋倾倒

---

① 史春林、马文婷："1978 年以来中国海洋管理体制改革：回顾与展望"，《中国软科学》，2019 年第 6 期。

② 王勇："关于国务院机构改革方案的说明"，中国政府网，2018 年 3 月 14 日，http://www.gov.cn/guowuyuan/2018-03/14/content_ 5273856. htm。

废弃物对海洋污染损害的环境保护工作。"①

适应国家发展的需要，"中国海监总队"于 1998 年应运而生。② 作为海洋行政执法力量，中国海监的主要职能是依照有关法律法规和规定，对中国管辖海域实施巡航监视，查处侵犯海洋权益、违法使用海域、损害海洋环境与资源、破坏海上设施、扰乱海上秩序等违法违规行为。中国海监还根据委托或授权，进行其他海上执法工作。

中国海监执法队伍成立以来，迅速强化巡航执法，实现了中国管辖海域巡航执法的全覆盖。2008 年 12 月 8 日，中国海监 51 船和 46 船编队进入钓鱼岛 12 海里领海实施巡航执法，对非法进入钓鱼岛海域的日本海上保安厅巡视船喊话驱离，实现了钓鱼岛海域执法的百年突破。③ 对个别国家军事船舶的抵近侦察、军事测量等骚扰活动，中国海监采取识别、查证、警告、驱离等执法措施。中国海监还在军事演习、演练等军事活动、海洋资源开发及岛礁建设等民事活动中提供安全保障措施。海洋执法队伍的建立和执法活动使中国的海洋管理发生了质的变化。

随着海上交通安全、海洋渔业资源的利用和保护、海洋权益和海洋环境保护等法律法规的制定与实施，中国形成了海监、渔政、海事、边防、海关等多支执法队伍。④ 2013 年 7 月，中国海警局成立，将中国海监、边防海警、中国渔政、海上缉私警察四支海上执法队伍整合为中国海警，开展海上维权执法，形成了相对集中的海洋执法队伍。

2018 年 3 月，海洋执法队伍进一步整合。一是将原国家海洋局（中国海警局）领导管理的海警队伍及其相关职能全部划归武警部队，⑤ 二是将农业部渔船检验与监督管理职责划入交通运输部，实现了所有船舶检验与

---

① 国家海洋局政策法规和规划司：《中华人民共和国海洋法规选编》（第 3 版），海洋出版社，2001 年，第 17 页。

② 孙安然："忆'中国海监'的成立"，《中国海洋报》，2017 年 6 月 28 日，A4 版。

③ 郁志荣：《东海维权：中日东海·钓鱼岛之争》，文汇出版社，2012 年版。

④ 国家海洋局海洋发展战略研究所课题组：《中国海洋发展报告（2018）》，海洋出版社，2018 年版，第 69 页。

⑤ 2018 年 6 月，第十三届全国人大常委会第三次会议通过《关于中国海警局行使海上维权执法职权的决定》正式授权：自 7 月 1 日起调整组建中国人民武装警察部队海警总队，称中国海警局并由其统一履行海上维权执法职责。

监管的统一。[①]

二、建立健全海洋法律体系

海洋法律体系是中国特色社会主义法律体系的重要组成部分。70 年来，中国海洋法治建设立足中国国情，吸收和借鉴有益经验、国际规范和国际惯例，逐步建立、健全和完善了海洋法律体系，在维护国家海洋权益和安全、规范海洋开发行为、发展蓝色经济、保护海洋环境、建设海洋生态文明和海洋强国以及构建海洋命运共同体和全球海洋治理中，发挥了重要的保障作用。

（一）向海图存

1949 年中华人民共和国成立之初，海上安全形势复杂，海洋法律制度建设的主要任务是维护国家主权和海防安全、保障港口和近岸水域秩序。中国先后颁布了关于关税、海关、航运、海港、禁航区、禁渔区、商船通过特定海域的水道、外国籍船舶进出港管理等方面的政策、指示、规定和管理办法，制定了海关法、海关进出口税则及实施条例，真正实现了海关主权和自主管理。

1958 年 9 月 4 日，全国人民代表大会常务委员会第一百次会议批准《中华人民共和国政府关于领海的声明》（以下简称 1958 年《领海声明》），这是新中国向海图存，维护国家主权、海洋安全的标志性法律。1958 年《领海声明》关于领海宽度为 12 海里、领海基线采用直线基线法等规定，奠定了中国领海法的基础；强调中国大陆的"沿海岛屿、台湾及其周围各岛、澎湖列岛、东沙群岛、西沙群岛、中沙群岛、南沙群岛以及其他属于中国的岛屿"，是中华人民共和国领土不可分割的组成部分。1958 年《领海声明》特别指出，未经中国政府许可，一切外国飞机和军用船舶不得进入中国的领海和领海上空。任何外国船舶在中国领海航行，必

---

① 史春林、马文婷："1978 年以来中国海洋管理体制改革：回顾与展望"，《中国软科学》，2019 年第 6 期。

须遵守中华人民共和国政府的有关法令。①

1958 年《领海声明》为中国以陆地领土为基础，把主权向海洋延伸和扩展奠定了坚实的基础。"新中国在联合国海洋法会议框架之外作出的上述《领海声明》，对于发展中国家起着巨大的鼓舞作用"。② 1958 年 9 月 14 日，越南总理范文同照会中国国务院总理周恩来，表示越南政府"承认和赞同"中国的领海声明，并"尊重这一决定"。③ 1958 年《领海声明》是中国向海图存，用国内法维护国家岛礁主权和海洋权益的重要实践，在此后几十年间起到了领海法的作用。1958 年《领海声明》确立的领海制度、基本原则等内容，在包括 1992 年《中华人民共和国领海及毗连区法》（以下简称《领海及毗连区法》）、1996 年中华人民共和国政府《关于中华人民共和国领海基线的声明》（以下简称 1996 年《领海基线声明》）以及其他海洋立法中得到继承、补充、发展和完善。

中国政府注重发展经济，恢复生产，建设新中国。1955 年在渤海、黄海和东海划定了机轮拖网渔业禁渔区，限制对渔业资源破坏严重的底拖网作业，注重渔业资源开发和保护的平衡。鉴于琼州海峡的重要作用，1964 年 6 月，国务院发布《外国籍非军用船舶通过琼州海峡管理规则》，规定"一切外国籍军用船舶不得通过琼州海峡"。④ 中国政府还陆续制定了关于进出口船舶联合检查、卫生检疫、沿海水域污染防治、海港引航等方面的规则。此间，由于一系列特殊的历史原因，部分周边国家借机大肆侵占中国的岛礁、海域和资源，历史贻害，至今犹存。

（二）向海图兴

1978 年，中国共产党十一届三中全会确定了解放思想、实事求是的思

---

① "中华人民共和国政府关于领海的声明（1958 年 9 月 4 日）"，中央政府门户网站，2006 年 2 月 28 日，http://www.gov.cn/test/2006-02/28/content_213287.htm。访问时间：2020 年 1 月 6 日。

② 倪征噢：《淡薄从容莅海牙》，法律出版社，1999 年版，第 154 页。

③ 中华人民共和国外交部："'981'钻井平台作业：越南的挑衅和中国的立场"，中央政府门户网站，2014 年 6 月 9 日，http://www.gov.cn/xinwen/2014-06/09/content_2696703.htm。访问时间：2021 年 6 月 29 日。

④ 国家海洋局政策法规和规划司编：《中华人民共和国海洋法规选编》（第 4 版），海洋出版社，2012 年版，第 148－149 页。

想路线，实行改革开放的战略决策，海洋法制建设快速发展。中国先后颁布了一系列海洋法律法规，构建起海洋资源开发和海洋环境保护制度的基本内容，为海洋事业发展保驾护航。《中华人民共和国渔业法》《中华人民共和国渔业法实施细则》《中华人民共和国对外合作开采海洋石油资源条例》等法律法规，对我国海洋资源的开发和保护起到了重要作用。1982年通过的《海洋环境保护法》，标志着中国海洋环境保护理念的转变和海洋环境保护立法的逐渐完善。《海洋环境保护法》明确了海洋环境保护管理制度，此后的几次修订强化了法律责任规定，促进了海洋环境保护工作，体现了人与自然和谐共生的发展理念。

《联合国海洋法公约》（以下简称《公约》）的签署和生效有助于中国海洋法制的发展。两部重要的海洋立法《领海及毗连区法》和1998年《中华人民共和国专属经济区和大陆架法》（以下简称《专属经济区和大陆架法》），全面行使和履行《公约》赋予沿海国的权利和义务，为维护中国领土主权和海洋权益提供了有力保障。"海洋两法"起到了代行"海洋基本法"的作用。

"海洋权利源自沿海国对陆地的主权，这可概括为'陆地统治海洋'原则"。① 陆地领土是沿海国主张海洋权益的基础。《领海及毗连区法》重申了1958年《领海声明》中对于中国领土主权范围的规定，这一"领土构成条款"对于维护中国的领土主权和海洋权益具有重要意义。②《领海及毗连区法》赋予外国非军用船舶无害通过中国领海的权利，外国军用船舶通过中国领海，须经中国政府批准。这与1958年《领海声明》关于未经中国政府许可，一切外国飞机和军用船舶不得进入中国的领海和领海上空的规定是有所区别的。

《领海及毗连区法》关于毗连区管制权的规定，较之《公约》，增加了"安全"的内容，为防止和惩处在中国的"陆地领土、内水或者领海内违

---

① 参阅：1969年北海大陆架案判决第96段、1978年爱琴海大陆架案判决第86段和2001年卡塔尔—巴林案判决第18段。
② 《领海及毗连区法》第2条。

反有关安全、海关、财政、卫生或者入境出境管理的法律、法规的行为行使管制权"。① 这与中国在第三次联合国海洋法会议中的立场是基本一致的。

《专属经济区和大陆架法》建立了中国的专属经济区制度和以陆地领土自然延伸为基础的大陆架制度，确立了对专属经济区自然资源和大陆架的主权权利、在专属经济区进行其他经济性开发和勘查活动的主权权利；对专属经济区和大陆架的人工岛屿、设施和结构的建造和使用、海洋科学研究和海洋环境的保护和保全的管辖权；授权和管理为一切目的在大陆架上进行钻探的专属权利。《专属经济区和大陆架法》还提出了中国与海岸相邻或相向国家间海洋划界的基本主张：在国际法的基础上按照公平原则协议划界。该法第 14 条关于"本法的规定不影响中华人民共和国享有的历史性权利"，对于维护中国在包括南海在内的周边海洋的历史性权利具有十分重要的意义。

关于海域和海岛的立法是海洋自然资源开发、保护、利用和管理法制化的重要进程。2001 年《中华人民共和国海域使用管理法》（以下简称《海域使用管理法》）确立了海域的物权属性，明确规定"海域属于国家所有，国务院代表国家行使海域使用权"。② 《海域使用管理法》建立了以海洋功能区划制度、海域使用权制度和海域有偿使用制度为主要内容的海域管理制度。《海域使用管理法》的制定有助于全面维护国家海洋权益，加强海洋综合管理，解决海域使用中长期存在的"无序、无度、无偿"等问题。

地位仅次于宪法的物权法确立了海域的物权属性。③ 2007 年《中华人民共和国物权法》（以下简称《物权法》）规定，"矿藏、水流、海域属于国家所有"。④ 2020 年通过的《中华人民共和国民法典》（以下简称《民法典》）做出了同样规定。

2009 年《中华人民共和国海岛保护法》（以下简称《海岛保护法》）

---

① 《领海及毗连区法》第 13 条。
② 《海域使用管理法》，第 3 条。
③ 徐显明："《物权法》地位仅次宪法"，《城乡建设》，2007 年第 4 期。
④ 《物权法》第 46 条。

确立了保护与合理开发并重的海岛管理思路，将海岛分为有居民海岛、无居民海岛和特殊用途海岛，建立了有居民海岛的两级管理和无居民海岛集中统一管理的海岛管理制度，规定了海岛保护规划与措施，健全了海岛保护监督检查制度，确定了依法用岛、护岛、管岛的新格局。《海岛保护法》对于保卫领海、海岛安全，开发海岛资源和保持海岛生态系统平衡，维护国家海洋权益具有重要意义。2021 年实施的《民法典》规定，无居民海岛属于国家所有，国务院代表国家行使无居民海岛所有权。

海域使用管理和海岛保护立法，还提出"海域"和"海域使用"的概念，① 对海岛、低潮高地等概念的界定与《公约》对岛屿、低潮高地的规定基本一致。② 中国海洋立法既立足于中国的实践，也受到包括《公约》在内的国际法的影响。

（三）向海图强

党的十八大以来，党中央和国务院先后提出推动生态文明建设、坚持全面依法治国和构建人类命运共同体等基本治国方略，深刻影响了新时期中国海洋法律制度的发展和完善。

外层空间、国际海底区域和南北两极是为了人类的认知、进步和利益而需要和平探索和利用的新疆域。2015 年《中华人民共和国国家安全法》（以下简称《国家安全法》）规定，增强在外层空间、国际海底区域和极地的安全进出、科学考察和开发利用的能力，维护在这些领域的活动、资产和其他利益的安全。③

2016 年《中华人民共和国深海海底区域资源勘探开发法》（以下简称《深海法》）是第一部规范中国公民、法人或者其他组织，在"国际海底区域"（《公约》称之为"区域"）这个国家管辖范围以外海域，从事资源勘

---

① 《海域使用管理法》第 2 条规定："本法所称海域，是指中华人民共和国内水、领海的水面、水体、海床和底土"；第 2 条第 3 款规定："在中华人民共和国内水、领海持续使用特定海域三个月以上的排他性用海活动，适用本法"。

② 《公约》第 121 条第 1 款规定："岛屿是四面环水并在高潮时高于水面的自然形成的陆地区域"；第 13 条第 1 款规定："低潮高地是在低潮时四面环水并高于水面但在高潮时没入水中的自然形成的陆地"。

③ 《国家安全法》第 32 条。

探、开发活动的法律，是中国参与"区域"资源勘探开发活动的重要准则，也是中国积极履行国际义务的重要体现。《深海法》界定的"深海海底区域"范围与《公约》中的国际海底区域基本一致，但并未采用《公约》中"区域"的概念，而是独创了"深海海底区域"的概念，这与《中华人民共和国国家安全法》的规定有所不同。《中华人民共和国海警法》已于 2021 年 1 月 22 日公布，自 2021 年 2 月 1 日起施行。《中华人民共和国海上交通安全法》已于 2021 年 4 月 29 日通过修订，自 2021 年 9 月 1 日起施行。"海洋基本法"的制定和南极立法、《中华人民共和国海商法》《海域使用管理法》以及海底电缆管道相关法律制度等的修订正在推进。随着生态文明体制改革和海洋强国建设的不断深入，海洋立法将更加注重陆海统筹、综合管理、生态优先，朝着更加综合、协调和可持续的方向发展。

三、发展海洋经济与科技

我国海洋经济正在从高速发展向高质量发展转变，海洋经济总体发展势头良好，转型升级持续稳定。海洋科技创新取得长足进步，对海洋经济发展的支撑作用明显提升。

（一）海洋经济发展平稳向好

经过中央、地方政府多年的共同努力，我国海洋经济规模不断提高，海洋经济增长保持中高速，对国民经济贡献保持平稳，海洋产业结构持续优化。近年来，我国涉海企业在增强动力、化解矛盾、补齐短板等方面取得一定成效，涉海工业企业效益向好，对外开放进一步提速，涉海产品贸易额持续增加，海洋经济发展成效稳步增长，满足人民需求的能力大幅提升，海洋经济增长质量不断提高。

从 2001 年到 2019 年连续 19 年的海洋生产总值统计数据表明，除个别年份以外，全国海洋生产总值总体高于同期国内生产总值，其中 2002、2004、2006 三个年份海洋生产总值增速均比同期国内生产总值增速高出 5 个百分点以上，2002 年更是高出 10.7 个百分点。① 《2019 年中国海洋经济

---

① 参见自然资源部海洋发展战略研究所课题组历年发布的《中国海洋发展报告》，海洋出版社。

统计公报》显示，2019 年，全国海洋生产总值达到 89 415 亿元，占国内生产总值的 9.0%，比之前年度增长 6.2%。

（二）海洋经济结构持续优化

我国海洋经济增速均衡、发展平稳，部分产业加快淘汰落后产能，高技术产业化进程加速，海洋产业结构持续调整优化，已经基本形成"三、二、一"的产业格局。2019 年，海洋第一产业增加值 3 729 亿元、第二产业增加值 31 987 亿元、第三产业增加值 53 700 亿元，海洋第一、第二、第三产业增加值占海洋生产总值的比重分别是 4.2%、35.8% 和 60%。2020 年上半年，新冠肺炎疫情对数量众多的涉海企业产生不利影响，外向型产业、海洋服务业受到的冲击更为显著。随着中国有效控制疫情，6 月以后持续复工复产，海洋经济增速走出了"U"形曲线，向好发展。

（三）海洋科技创新取得长足进步

中国在物理海洋学、化学海洋学、海洋卫星遥感技术与应用、南大洋地质研究等方面海洋科学领域取得了长足的进展。在国家创新驱动战略和科技兴海战略的指引下，中国海洋科技在深水、绿色、安全的海洋高技术领域取得突破，在推动海洋经济转型升级过程中急需的核心技术和关键技术方面大有进展。

目前，中国海洋科研实力和相关专业人才培育快速发展。中国已基本实现浅水油气装备的自主设计建造，成功发射多颗海洋遥感卫星，深海装备取得了突破性进展，部分装备已处于国际领先水平。在极地科学考察方面，"雪龙 2"号已成功完成首航南极，与"雪龙"号一起，实现"双龙探极"考察模式。在深海方面，继"蛟龙号"下潜 7 000 余米后，由中国自主研发制造的万米级全海深载人潜水器"奋斗者"号于 2020 年 10 月在西太平洋马里亚纳海沟成功下潜，达到 10 058 米，创造了中国载人深潜的新纪录。[①] 11 月 10 日，"奋斗者"号坐底"挑战者深渊"，深度达 10 909 米，

---

① 《中央广播电视总台：中国自主研发制造的载人潜水器"奋斗者"号挑战全球海洋最深处》，http://www.ioa.ac.cn/xwzx/mtbd/202011/t20201113_5749171.html。访问时间：2021 年 6 月 29 日。

再次刷新中国载人深潜新的深度纪录。①

四、建设海洋生态文明

党的十八大以来，以习近平同志为核心的党中央高度重视生态文明建设，明确将生态文明纳入"五位一体"总体布局。海洋作为高质量发展的战略要地和实现中华民族伟大复兴"中国梦"的重要依托，海洋生态文明是社会主义生态文明的重要组成部分。

（一）海洋生态环境保护

自本世纪初起，我国海洋保护工作逐步加强系统部署，相关理念逐渐明晰和丰富。特别是"十三五"以来，以改善海洋生态环境质量为核心，中国海洋生态文明管理体制机制不断完善，管理能力逐步提升。海洋生态文明建设的各项工作稳步推进，为建设美丽海洋奠定坚实基础。

党的十八大以来，海洋生态环境保护的顶层设计不断强化，相关法律政策不断完善。2016年修订《海洋环境保护法》，将海洋生态红线制度、海洋生态补偿等海洋生态文明建设的成功实践固化为法律。2017年修订《水污染防治法》，强化对海洋船舶污染的管制。2018年起实施《中华人民共和国环境保护税法》以及配套的《海洋工程环境保护税申报征收办法》，有效解决排污费制度执法刚性不足等问题。随着《海岸线保护与利用管理办法》《围填海管控办法》和《海域、无居民海岛有偿使用意见》等配套制度的相继出台，方向明确、目标清晰、措施有效、约束有力、监管到位的"基于生态系统的海洋综合管理"新模式逐步确立。

（二）建设海洋保护区

针对海洋生态环境面临的水体污染、塑料污染、生物入侵、海洋酸化、生物多样性急剧减少等挑战和问题，中国采取了系列措施。2013年11月，党的十八届三中全会提出建立国家公园体制的重点改革任务。2015年，决定开展国家公园体制试点。同年，国家发展改革委同中央编办、财

---

① 《"奋斗者"深潜超万米"全海深"中国今梦圆》，中国新闻网，https://www.chinanews.com/gn/2020/11-16/9339246.shtml，2020年12月12日登录。

政部等 13 个部门联合印发《建立国家公园体制试点方案》，试点目标主要为解决各类保护地的交叉重叠、多头管理的碎片化问题，形成统一、规范、高效的管理体制和资金保障机制①。此后，中国于 2017 年 9 月印发《建立国家公园体制总体方案》，并于 2019 年 6 月印发《关于建立以国家公园为主体的自然保护地体系的指导意见》，为构建以国家公园为主体的自然保护地体系提供指导。

截至 2019 年底，中国已建立 271 个海洋保护区，总面积约 12.4 万平方公里，占管辖海域面积的 4.1%。② 中国科技工作者已在重要海域开展了大量的监测、保护和科学研究工作，取得了丰硕成果，部分成果达到国际领先水平。随着海洋生态环境制度体系建设不断发展，海洋保护区规模和生态修复能力同步提升，中国海洋生态环境状况稳中向好，海水环境质量总体有所改善。

（三）海洋生态空间用途管制

中国海洋生物或生态区的分布包括海洋生物栖息地、产卵场、洄游区、索饵区、地方性物种聚集区、生物多样性丰富区等。③ 早在 20 世纪 90 年代，中国的一些省级海洋功能区划中即已体现兼容用海的思路。2019 年 4 月，中办国办印发《关于统筹推进自然资源资产产权制度改革的指导意见》，首次提出"探索海域使用权立体分层设权"，反映了海域空间管理思路实现从"平面化"向"立体化"的转变。④

五、参加第三次联合国海洋法会议

1973 年召开的第三次联合国海洋法会议，是一场重要的、大规模的国

① "十四五"国家公园建设需加强顶层设计，https://www.thepaper.cn/newsDetail_forward_9781642，访问时间：2020 年 12 月 20 日。
② 新华网：《中国海洋保护行业报告》：我国已建立 271 个海洋保护区"，http://www.xinhuanet.com/energy/2020-10/13/c_1126600371.htm，访问时间：2020 年 12 月 20 日。
③ 周连义、陈梅、陈淑娜："海洋生态空间用途管制制度构建的核心问题"，《中国土地》，2020 年 12 月，第 23 页。
④ 周连义、陈梅、陈淑娜："海洋生态空间用途管制制度构建的核心问题"，《中国土地》，2020 年 12 月，第 25 页。

际立法活动。在将近十年的谈判中，中国与广大发展中国家一道，"支持拉美国家带头兴起的保卫二百浬海洋权的斗争"，反对海洋霸权主义，[①] 取得了当时条件下的最好成果。中国在有关海洋权利和海洋利用的诸多方面提出正当合法主张，促进了传统海洋法制度的变革，为建立公正、合理的国际海洋秩序做出了积极贡献。中国通过提交工作文件、大会发言等方式，提出了中国关于海洋法基本问题的立场和主张，有助于新海洋法立法进程的推进和立法目标的实现。[②] 中国积极参加了联合国秘书长主持的对《公约》第十一部分的非正式磋商，达成《关于执行〈公约〉第十一部分的协定》，促进了各主要工业化国家加入《公约》，为扩大《公约》的普遍性做出了贡献。

（一）关于领海宽度和军舰无害通过问题

中国主张确定领海宽度等属于沿海国的主权。沿海国可以"根据本国自然条件的具体情况，考虑到本国民族经济发展和国家安全的需要，合理地确定自己的领海"。[③] "确定一个国际上合理的领海最大限度问题，应当由世界各国在平等的基础上共同商定"。[④]

中国认为，"根据公认的国际法准则，只有非军用船舶享有无害通过领海的权利。外国军舰通过领海事关沿海国的主权与国防安全，沿海国对此通过理应有权制定必要的规章"。[⑤] 1973 年 7 月 14 日，中国代表团《关于国家管辖范围内海域的工作文件》指出："沿海国依照该国的法律和规章，可以要求外国军用船舶应事先通知该国主管机关或经该国主管机关事先认可，方可通过该国领海。"[⑥]

（二）关于专属经济区和大陆架问题

中国支持拉丁美洲国家提出的 200 海里海洋权主张。"沿海国可以根

---

① 北京大学法律系国际法教研室编：《海洋法资料汇编》，人民出版社，1974 年版，第 2 - 5 页。
② 参见余民才："中国与《联合国海洋法公约》"，《现代国际关系》，2012 年第 10 期，第 55 - 56 页。
③ 《我国代表团出席联合国有关会议文件集（1973）》，人民出版社，1973 年版，第 61 页。
④ 《我国代表团出席联合国有关会议文件集（1974.7-12）》，人民出版社，1975 年版，第 275 页。
⑤ 参阅：联合国文件，A/CONF62/C2，非正式会议/58。
⑥ 北京大学法律系国际法教研室编：《海洋法资料汇编》，人民出版社，1974 年版，第 74 页。

据本国的地理、地质条件，自然资源状况和民族经济发展的需要，在邻接其领海外，合理地划定一个专属经济区（以下简称经济区）。经济区的外部界限最大不得超过从领海基线量起二百浬"。① 中国反对把专属经济区看作是公海的一部分，主张应将专属经济区与领海相区别。尽管"领海与专属经济区均在国家管辖范围以内，但二者是有不同的法律地位。领海是沿海国领土的一部分，沿海国行使其全部主权。而在专属经济区内，沿海国主要享有经济区内经济资源的所有权，包括生物的与海底自然资源的所有权"。② "一切国家的船舶和飞机在经济区内的水面和上空的正常航行和飞越，应不受妨碍。在经济区海床敷设电缆和管道，其路线应经沿海国同意"。③ 专属经济区内的海洋科学研究是为一定的政治、经济甚至军事目的服务的，可能用于军事用途，可能构成对沿海国主权和安全的威胁。中国主张，进入沿海国的专属经济区进行海洋科学研究应征得沿海国的同意，遵守沿海国的有关规定。④

中国拥有广阔的大陆架，大陆架关系到中国的重大利益。中国主张沿海国根据自然延伸原则，享有构成其陆地领土全部自然延伸的大陆架及其底土的资源的权利。关于大陆架划界，中国认为，自然延伸是划分沿海国大陆架的基础，海岸相邻或相向国家间的大陆架划界，应由有关各方通过谈判或协商达成，协商应在公平原则的基础上进行，考虑一切有关情况。⑤ 这一立场充分考虑了 1945 年《杜鲁门公告》以来相关国际法的发展，包括 1969 年国际法院在北海大陆架划界案的判决中提出的意见。《公约》通过的案文提出"公平的解决办法"，是"公平原则"集团和"中间线"集

① 北京大学法律系国际法教研室编：《海洋法资料汇编》，人民出版社，1974 年版，第 74-75 页。
② 参见董津义："我国在第三次联合国海洋法会议上的原则立场"，载赵理海主编：《当代海洋法的理论与实践》，法律出版社，1987 年版，第 14 页。
③ 北京大学法律系国际法教研室编：《海洋法资料汇编》，人民出版社，1974 年版，第 75 页。
④ 参见董津义："我国在第三次联合国海洋法会议上的原则立场"，载赵理海主编：《当代海洋法的理论与实践》，法律出版社，1987 年版，第 28 页。
⑤ 参见王铁崖："中国与海洋法"，载邓正来编：《王铁崖文选》，中国政法大学出版社，2003 年版，第 339 页。

团妥协的产物，部分地反映了中方的意见。①

（三）关于"区域"制度和人类共同继承财产原则

国际海底问题是海洋法的新问题。1970 年 12 月，联合国通过"关于国家管辖界限外海床洋底及其底土之原则宣言"，国际海底及其资源属于"人类共同继承财产"。美国凭借在海底资源开发具有的技术、装备和地理位置等方面的特殊优势，联系其他发达国家另起炉灶，单独行动。

广大发展中国家为了防止发达国家霸占和瓜分国际海底丰富的矿产资源，要求对国际海底区域及其资源的勘探开发进行国际管制，以使全人类受益。在第三次联合国海洋法会议期间，发展中国家坚持和维护"人类共同继承财产"原则。国际海底勘探开发制度和国际海底管理局的建立，是第三世界国家与海洋霸权主义斗争的成果。

中国坚定支持国际海底制度，赞同"人类共同继承财产"的概念和原则。中国代表团提出的《关于国际海域一般原则的工作文件》指出："国际海域是指位于各国管辖海域范围以外的一切海域。该海域及其一切资源，原则上属于世界人民所共有。"② "任何在公约之外对国际海底开发另搞一套的行为，如单方面立法活动或所谓'小型条约'等，都是非法、无效的。"③

中国积极参与制定《公约》的第三次联合国海洋法会议。在近十年的谈判过程中维护中国的海洋权益，支持第三世界国家的合理诉求，反对海洋霸权主义，为构建公平合理的海洋秩序和全球海洋治理贡献了中国智慧和中国方案。1982 年，当《公约》开放签署之时，中国率先在《公约》上签字。1996 年 5 月，第八届全国人民代表大会第十九次会议批准《公约》。1996 年 7 月，《公约》开始对中国生效。

《公约》是国际政治妥协的产物，存在诸多模糊之处和灰色地带，成

---

① 参见沈韦良、许光建："第三次联合国海洋法会议和海洋法公约"，载《中国国际法年刊 (1983)》，中国对外翻译出版公司，1983 年版，第 417 – 419 页。
② 北京大学法律系国际法教研室编：《海洋法资料汇编》，人民出版社，1974 年版，第 81 页。
③ 参见沈韦良、许光建："第三次联合国海洋法会议和海洋法公约"，载《中国国际法年刊 (1983)》，中国对外翻译出版公司，1983 年版，第 434 页。

为个别国家大搞海洋霸权的借口，也使中国周边不甚安宁。但是，作为陆海兼备的东方大国，中国既为新海洋法律秩序的建立做出了重要贡献，也是《公约》所重建、新建法律制度的受益者。《公约》对维护中国的海洋权益和长远利益，对中国在地区、世界海洋事务中发挥重要作用，都具有深远的历史意义。

六、磋商谈判解决海洋问题

由直接当事方以谈判方式解决海洋争端，一直是中国的基本立场和政策。中国与周边国家的海洋划界实践，一是谈判划定中越北部湾海洋边界，为中国今后与其他邻国划分海上边界积累了经验；二是启动中韩海洋划界谈判。中国在一南一北两个海区通过谈判解决海域划界问题的努力，为本地区国家通过谈判解决海洋争端带来积极的示范效应。在争议解决前，中国提出"搁置争议、共同开发"的倡议，并与诸多海上邻国签订了共同开发文件。

（一）中越、中韩海洋划界

中越北部湾海域划界谈判旷日持久，终于在 2000 年年底签署《中华人民共和国和越南社会主义共和国关于两国在北部湾领海、专属经济区和大陆架的划界协定》（以下简称《中越北部湾划界协定》），解决了两国之间的陆地边界问题和北部湾海洋划界问题。这是中国与海上邻国公开划定的第一条海上边界。

中越北部湾海上边界全长约 506 千米，自中越界河北仑河入海口起，至北部湾封口线为止。以中方47%、越南53%的比例，"大体对半分"了中越两国在北部湾的领海、专属经济区和大陆架。

多年来，中韩之间保持着海洋法问题的磋商进程，不断就海洋划界等双方共同关心的问题交换意见。2015 年，中韩启动海域划界谈判。此后保持着每年两次会谈的节奏。虽然实质性进展不多，但两国仍在积极推进。

中国与周边邻国的划界谈判任重道远，面临着复杂的挑战。双方意愿、周边形势、启动时机等殊为重要，唯有各方面条件成熟，方能水到渠成。

（二）海洋油气共同开发

中国积极探寻维护周边海洋形势稳定的路径和办法。在与周边国家未解决领土及海洋划界问题之前，先进行海洋油气资源的共同开发，是中国解决周边海洋问题的重要政策主张。在中日邦交正常化的过程中，邓小平多次谈到搁置钓鱼岛争议，在不涉及领土主权的情况下，共同开发钓鱼岛附近的海洋资源。"有些国际上的领土争端，可以先不谈主权，先进行共同开发。这样的问题，要从尊重现实出发，找条新的路子来解决"。①

围绕东海油气资源的开发问题，中日两国进行了十几轮磋商，终于探索出了"新路子"。2008年6月18日，两国外交部门同时发表了"中日关于东海共同开发的谅解"和"关于日本法人依照中国法律参加春晓油气田开发的谅解"（以下简称"东海共识"）。②

"为使中日之间尚未划界的东海成为和平、合作、友好之海"，双方一致同意在实现划界前的过渡期间，在不损害双方法律立场的情况下进行合作。"东海共识"确定了由7点坐标顺序连线围成的区域为双方共同开发区块；双方将在此区块中选择一致同意的地点进行共同开发，并为尽早实现东海其他海域的共同开发继续磋商。中国企业欢迎日本法人按照中国对外合作开采海洋石油资源的有关法律，参加对春晓现有油气田的开发，这是中国企业依照中国国内法吸收外资的商业性合作和安排，不是国际法意义上的共同开发。日本企业参加春晓油气田的合作开发，应遵守中国的法律法规，接受中国政府有关主管部门的检查和监督。

"东海共识"是中日两国政府达成的政治磋商文件。这个原则共识既不涉及各自既往的权利诉求，也不影响未来的海洋划界。东海的最终划界问题，应由中日双方通过谈判加以解决。

在南海，中国与有关国家也进行了很多共同开发的努力和尝试。2000年，中国和越南签署《关于两国在北部湾领海、专属经济区和大陆架的划

---

① 《邓小平文选》（第三卷），人民出版社，1993年版，第49页。

② 参见："中日双方通过平等协商就东海问题达成原则共识"，中央政府门户网站，2008年6月18日，http://www.gov.cn/jrzg/2008-06/18/content_1020543.htm。

界协定》。根据协定，双方均有权在各自的大陆架上自行勘探开采油气或矿产资源。对于尚未探明的跨界单一油气地质构造或跨界矿藏，参照各国的划界条约和实践，双方约定就此进行友好磋商，达成合作开采协议。2005年，中菲越签署《在南中国海协议区三方联合海洋地震工作协议》，拟就南海油气资源调查进行合作。因受某些势力阻挠而不幸夭折。[1] 2013年，中国与文莱签署了海上合作谅解备忘录，两国石油公司还签订了成立油田服务领域合资公司的协议。2018年，中菲两国再次就南海油气资源共同开发进行合作。2018年11月20日，中菲签署《关于油气开发合作的谅解备忘录》。2019年8月29日，习近平主席在会见菲律宾总统杜特尔特时表示，"双方在海上油气共同开发方面步子可以迈得更大些"。杜特尔特表示菲方愿同中方加快推进海上油气共同开发。中菲成立油气合作政府间联合指导委员会和企业间工作组，以推动共同开发取得实质性进展。[2]

此外，中朝两国也于2005年12月24日签署《关于海上共同开发石油的协定》，后续进展虽不显著，但对该海域的共同开发仍有积极意义。[3]

（三）黄东南海渔业协定

1996年，中日韩三国先后批准《公约》，建立专属经济区制度。在这个大背景下，中国开始分别与日本、韩国谈判、签署新的渔业协定，在尚未进行海域划界的情况下，对渔业问题做出过渡性临时安排。2000年签署的《中越渔业协定》则是与中越两国海域划界谈判同时进行，在签署划界协定时一并签署的。

中国与韩日越达成的渔业协定的共同特点，都是设置一些特殊的水域，如"暂定措施水域""过渡水域""中间水域""共同渔区""专属经

---

① "中菲越三国石油公司签署南海联合地震勘探协议"，中国新闻网，2005年3月14日，https://www.chinanews.com/news/2005/2005-03-14/26/550504.shtml。访问时间：2020年1月18日。

② "习近平会见菲律宾总统杜特尔特"，中国政府网，2019年8月29日，http://www.gov.cn/xinwen/2019-08/29/content_5425739.htm。访问时间：2020年7月5日。

③ "中朝签署《中朝政府间关于海上共同开发石油的协定》"，中国政府网，2005年12月24日，http://www.gov.cn/jrzg/2005-12/24/content_136430.htm。访问时间：2020年1月20日。

济区水域"等，成立渔业联合委员会（渔委会），① 协商确定采取共同的养护和管理措施，保护海洋生物资源，规范和调整海上渔业秩序。

作为《公约》缔约国，实行专属经济区制度是大势所趋。及时谈判签订渔业协定，就渔业问题作出妥善安排，既是顺应国际海洋法律秩序和海洋管理发展历史潮流之举，也在一定程度上减缓了海域划界对我国渔业生产造成的直接冲击，为渔业结构调整和渔业管理方式转变争取了必要的时间。

七、行使缔约国权利和维护国际社会共同利益

200 海里外大陆架划界是第二次"蓝色圈地"。截至 2020 年 12 月 31 日，已有 74 个国家就 200 海里外大陆架提交了 95 个划界案、包括 7 个修订划界案。大陆架界限委员会已完成 35 个划界案（包括 4 个修订案）的审议工作。②

中国行使缔约国权利，2009 年提交了中国外大陆架的"初步信息"，2012 年提交了东海部分海域的外大陆架划界案。中国对越南划界案、越南和马来西亚联合划界案、马来西亚划界案以及日本划界案中关于"冲之鸟"礁的过度海洋主张，向联合国秘书长提交了反对照会，以维护中国海洋权益国际社会的共同利益。

（一）提交外大陆架部分划界案

2009 年 5 月 11 日，中国向联合国秘书长提交了"中华人民共和国关于确定二百海里以外大陆架外部界限的初步信息"，涉及中国东海部分海域 200 海里以外大陆架外部界限。2012 年 12 月 14 日，中国正式提交了"中华人民共和国东海二百海里以外大陆架外部界限的部分划界案"，该划界案是关于东海部分海域的部分划界案。中国同时保留提交其他海域和东

---

① "国务院关于决定核准《中华人民共和国政府和大韩民国政府渔业协定》及其《谅解备忘录》的批复"，中国政府网，2001 年 4 月 26 日，http://www.gov.cn/gongbao/content/2001/content_60847.htm。访问时间：2020 年 7 月 5 日。
② 联合国大陆架界限委员会网站，https://www.un.org/Depts/los/clcs_new/commission_submissions.htm。访问时间：2020 年 12 月 31 日。

海海域其他部分划界信息的权利。中国划界案主张的东海部分海域外大陆架外部界限是在东海冲绳海槽内的 10 个最大水深点的直线连线。[①]

（二）反制越马在南海的划界案

越南于 2009 年 5 月 7 日向联合国大陆架界限委员会（以下简称委员会）提交了南海北部 200 海里外大陆架划界案，涉及北部区域（VNM-N）。[②] 越南划界案的《执行摘要》声称，划界案区域与相关国家没有争议，这是有违事实的。

2009 年 5 月 6 日，越南与马来西亚联合向委员会提交了划界案，所涉区域为南海南部。越马声称此划界案只涉及两国大陆架的一部分，两国承认划界案中所涉区域与他国存在未解决的争议，但已为确保其他有关沿海国家无异议做出了努力。越马向委员会保证联合划界案不损害相向或相邻国家之间的划界。[③] 这当然也是有违事实的。

2009 年 5 月 7 日，中国常驻联合国代表团分别就越南外大陆架划界案和越马联合划界案，向联合国秘书长提交反对声明（CML/18/2009[④]、CML/17/2009[⑤]），就上述划界案表明立场：中国对南海诸岛及其附近海域拥有无可争辩的主权，对相关海域及其海床和底土享有主权权利和管辖

① "国家海洋局：东海外大陆架划界案依据很充分"，中央政府门户网站，2012 年 12 月 16 日，http：//www.gov.cn/jrzg/2012-12/16/content_ 2291317. htm. 访问时间：2020 年 12 月 16 日。
② "Submission to the Commission on the Limits of the Continental Shelf pursuant to Article 76, Paragraph 8 of the United Nations Convention on the Law on the Sea 1982：Partial Submission in respect of Vietnam's Extended Continental Shelf：North Area （VNM-N）", UN, April 2009, https：//www. un. org/Depts/los/clcs_ new/submissions _ files/vnm37_ 09/vnm2009n_ executivesummary. pdf. 访问时间：2019 年 12 月 16 日。
③ "Joint Submission to the Commission on the Limits of the Continental Shelf pursuant to Article 76, Paragraph 8 of the United Nations Convention on the Law of the Sea 1982 in respect of the Southern Part of the South China Sea", UN, May 2009, https：//www. un. org/Depts/los/clcs_ new/submissions_ files/mysvnm33_ 09/mys_ vnm2009excutivesummary. pdf. 访问时间：2019 年 12 月 16 日。
④ "中国常驻联合国代表团就越南划界案向联合国秘书长提交的普通照会"，联合国网站，2009 年 5 月 7 日，https：//www. un. org/Depts/los/clcs_ new/submissions_ files/vnm37_ 09/chn_ 2009re_ vnm_ c. pdf。访问时间：2019 年 12 月 16 日。
⑤ "中国常驻联合国代表团就马来西亚越南划界案向联合国秘书长提交的普通照会"，联合国网站，2009 年 5 月 7 日，https：//www. un. org/Depts/los/clcs_ new/submissions_ files/mysvnm33_ 09/chn_ 2009re_ mys_ vnm. pdf。访问时间：2019 年 12 月 16 日。

权。越南划界案和越马联合划界案所涉 200 海里外大陆架区块，严重侵害了中国在南海的主权、主权权利和管辖权。根据委员会《议事规则》附件一第 5 条（a）项，中国政府要求委员会对上述两份划界案不予审理。这份反制声明中还附有标注南海断续线的地图。

（三）反制日本划界案

2008 年 11 月 12 日，日本向委员会提交包括以"冲之鸟"为基点的 200 海里外大陆架划界案。[①] 根据《公约》第 121 条，"冲之鸟"是不能维持人类居住或其本身经济生活的岩礁，不应有专属经济区和大陆架，包括 200 海里外大陆架。日本利用岩礁主张专属经济区和大陆架不具合法性，这将侵犯人类共同继承财产。鉴于委员会是一个由地质学、地球物理学或水文学方面的专家组成的科学机构，"在涉及《公约》第 121 条法律解释的事项上无法发挥作用"，中国常驻联合国代表团于 2009 年 2 月 6 日向联合国秘书长提交的立场声明（CML/2/2009）指出，委员会无权审议日本以冲之鸟礁为基点的 200 海里外大陆架相关资料。[②]

"冲之鸟"在高潮时露出水面的两块礁石不足床垫大小，"不能维持人类居住或其本身经济生活"。中、韩两国分别就日本划界案涉及冲之鸟礁问题的评论照会指出，冲之鸟礁不具备拥有任何范围大陆架的权利基础，建议委员会不对日本划界案涉及冲之鸟礁的部分采取任何行动。此举引起国际社会对有关岛礁划定 200 海里外大陆架的权利基础问题的关注和讨论。[③] 这些讨论和观点有助于委员会对日本划界案作出正确结论。

---

① "Japan's Submission to the Commission on the Limits of the Continental Shelf pursuant to Article 76, paragraph 8 of the United Nations Convention on the Law of the Sea EXECUTIVE SUMMARY", November 2008, http：//www. un. org/Depts//los/clcs_ new/submissions_ files/jpn08/jpn_ execsummary. pdf. 访问时间：2020 年 12 月 30 日。

② "中国常驻联合国代表团就日本划界案向联合国秘书长提交的普通照会"，联合国网站，2009 年 2 月 6 日，https：//www. un. org/Depts/los/clcs_ new/submissions_ files/jpn08/chn_ 6feb09_ c. pdf. 访问时间：2020 年 12 月 16 日。

③ "SEABED AUTHORITY ORGANIZES BRIEFING FOR MEMBERS AND OBSERVERS ATTENDING ITS FIFTEENTH SESSION（Council SB/15/10）" June 2, 2009, https：//isa. org. jm/files/files/documents/sb-15-10. pdf. 访问时间：2020 年 12 月 16 日。

根据《大陆架界限委员会议事规则》第 46 条及附件一第 5 条（a）项的有关规定，鉴于存在"争端"，委员会决定，在中韩等国照会中所提及的问题得到解决之前，无法就日本划界案中的相关部分采取行动。

八、谨慎参与国际（准）司法活动

中国对国际法院的"科索沃"案、国际海洋法法庭海底争端分庭关于"担保国责任"的咨询意见案，以及国际海洋法法庭关于"次区域渔业委员会"咨询意见案，分别向国际法院、国际海洋法法庭提交了中国的书面意见，并有选择地参加了口头程序，表达中国的立场和观点。法院和法庭发表的咨询意见虽然没有法律拘束力，但是对于国际争端的发展和解决、对于国际海洋法的发展有着重要的影响。

（一）担保国责任的第 17 号案

2010 年 5 月 6 日，国际海底管理局（以下简称管理局）理事会请求国际海洋法法庭海底争端分庭就担保国责任等问题发表咨询意见。[①] 2010 年 5 月 18 日，国际海洋法法庭将其列为第 17 号案，这是法庭受理的第一个咨询意见案。海底争端分庭邀请《公约》各缔约国、管理局和作为观察员参加管理局大会的政府间国际组织就上述问题向海底争端分庭提交书面意见和参加口头陈述。

2010 年 8 月 19 日，中国政府提交了关于第 17 号案的书面意见，明确

[①] 管理局理事会请求国际海洋法法庭海底争端分庭发表咨询意见的问题包括：1.《公约》缔约国在依照《公约》特别是依照第十一部分以及 1994 年《关于执行 1982 年 12 月 10 日〈联合国海洋法公约〉第十一部分协定》（以下简称《执行协定》）担保"区域"内的活动方面有哪些法律责任和义务？2. 如果某个缔约国依照《公约》第 153 条第 2（b）款担保的实体没有遵守《公约》特别是第十一部分以及《执行协定》的规定，该缔约国应担负何种程度的赔偿责任？3. 担保国必须采取何种适当措施来履行《公约》特别是第 139 条和附件三以及《执行协定》为其规定的义务？参见："国际海底管理局理事会主席关于第十六届会议期间理事会工作的说明"（ISBA/16/C/14），2010 年 5 月 6 日，https：//isa. org. jm/files/files/documents/isba-16c-14_ 1. pdf；"国际海底管理局理事会关于依照《联合国海洋法公约》第一九一条请求发表一项咨询意见的决定"（ISBA/16/C/13），2010 年 5 月 6 日，https：//isa. org. jm/files/files/documents/isba-16c-13_ 1. pdf。访问时间：2020 年 12 月 16 日。

表达了中国对"区域"活动中担保国责任问题的基本立场。① 2011 年 2 月
11 日，海底争端分庭发表了咨询意见，中国关于"担保国依据《公约》
及 1994 年《执行协定》所承担的责任和义务应合理、适度，既能对承包
者实施监管，又避免给担保国造成过重负担"的核心观点得到体现。②

（二）次区域渔业组织的第 21 号案

2013 年，"次区域渔业委员会"就非法、未报告和无管制捕捞活动的
有关问题，请求国际海洋法法庭发表咨询意见，法庭受理此案并列为第 21
号案。③ 第 17 号案是海底争端分庭发表咨询意见，第 21 号案则是法庭全
庭的首例咨询意见案，受到国际社会的广泛关注。法庭邀请《公约》缔约
国、相关国际组织等提交书面陈述。

有些国家的书面意见指出，如果任意两个或两个以上国家达成协议，
即可将任何"法律问题"提交法庭发表咨询意见，则《公约》起草者的努
力和咨询意见程序都可能遭到破坏和利用。④ 这些意见与中国的关切有一
致性。中国的书面意见反映了法庭全庭缺乏咨询管辖权基础。⑤

---

① https：//www. itlos. org/fileadmin/itlos/documents/cases/case_ no_ 17/C17_ Written_ Statement_
China. pdf. 访问时间：2019 年 12 月 6 日。
② https：//www. itlos. org/fileadmin/itlos/documents/cases/case_ no_ 17/C17_ Written_ Statement_
China. pdf. 访问时间：2019 年 12 月 6 日。
③ 该咨询意见请求的四个问题是：1. 非法、未报告和无管制（IUU）的捕捞活动在第三国专属
经济区内进行的情形下，船旗国的义务是什么？2. 船旗国应在何种程度上对悬挂其旗帜的船
舶进行的非法、未报告和无管制的捕捞活动承担赔偿责任？3. 如果捕捞许可证是在与船旗国
或与国际机构的国际协议的框架内颁发给某船舶的，该国或国际机构是否应对该船舶违反沿
海国渔业法规的行为承担赔偿责任？4. 沿海国确保对共享种群和共同利益种群，特别是小型
浮游鱼类和金枪鱼的可持续管理的权利和义务有哪些？"Request for an advisory opinion submit-
ted by the Sub-Regional Fisheries Commission（SRFC）"，https：//www. itlos. org/fileadmin/itlos/
documents/cases/case_ no. 21/Request_ eng. pdf. 访问时间：2019 年 12 月 29 日。
④ https：//www. itlos. org/fileadmin/itlos/documents/cases/case_ no. 21/written_ statements_ round1/
C21_ Response_ Round_ 1_ USA. pdf；https：//www. itlos. org/fileadmin/itlos/documents/cases/
case_ no. 21/written_ statements_ round1/C21_ Response_ Round_ 1_ Thailand. pdf. 访问时间：
2019 年 12 月 29 日。
⑤ Written Statement of the People's Republic of China，https：//www. itlos. org/fileadmin/itlos/docu-
ments/cases/case_ no. 21/written_ statements_ round1/C21_ Response_ Round_ 1_ China. pdf. 访
问时间：2019 年 12 月 29 日。

法庭根据《国际海洋法法庭规约》①（以下简称《规约》）和《法庭规则》②，认定全庭有咨询管辖权。然而，《公约》和《规约》都没有明确规定法庭全庭作为一个整体享有咨询管辖权，法庭理应审慎考虑和处理全庭的咨询管辖权问题。

法庭自赋全庭咨询管辖权，扩权倾向明显。咨询管辖权门槛较低，存在着被滥用的可能。咨询意见虽无法律拘束力，但必将对海洋法的发展产生较大影响，法庭理应谨慎应对。

在第17号案中发表书面意见是中国参加国际海洋法法庭（准）司法活动的第一步。在第21号案中，中国的书面意见强调法庭全庭的咨询管辖权缺乏充分的法律基础。中国已经迈出步伐，谨慎参加国际（准）司法活动。在上述两案中，中国提交了书面意见，并未参加口头陈述。

九、批驳菲律宾南海仲裁案

2013年1月，菲律宾单方面就中菲有关南海问题提起《公约》附件七仲裁。2014年3月30日，菲律宾向仲裁庭提交了仲裁申请，所提15项诉求主要涉及中国在南海的历史性权利、中国依据海洋地形主张的海洋权利，指责中国干涉菲律宾享有和行使《公约》权利等方面。③ 中方多次重申南海争议应由有关当事方通过协商谈判解决的立场，表示"不接受、不参与"菲律宾单方提起的所谓"仲裁"。

2014年12月7日，中国外交部受权发表《中华人民共和国政府关于菲律宾共和国所提南海仲裁案管辖权问题的立场文件》（以下简称《立场文件》），详细阐述了仲裁庭对菲律宾提起的仲裁没有管辖权。

2015年10月29日，仲裁庭就南海仲裁案的管辖权和可受理性问题做

---

① 《规约》第21条规定：法庭的管辖权包括按照本公约向其提交的一切争端和申请，以及将管辖权授予法庭的任何其他国际协定中具体规定的一切事项。
② 《法庭规则》第138条规定：1. 如果与本公约目的有关的国际协定明确规定向法庭提交咨询意见请求，则法庭可就某一法律问题发表咨询意见。2. 咨询意见请求应由任何经授权的主体送交法庭或根据协定向法庭提出。3. 法庭应比照适用本规则第130～137条。
③ "The Philippines' Memorial", March 30, 2014, https://pca-cpa.org/en/cases/7/. 访问时间：2019年12月29日。

出裁决,裁定对菲律宾的几乎全部诉求具有管辖权。① 针对这个无视中国立场的管辖权裁决,中国外交部于 2015 年 10 月 30 日发表"关于仲裁庭的管辖权和可受理性问题的声明"。② 声明指出,仲裁庭关于管辖权的裁决存在谬误:对属于领土主权性质的事项裁定具有管辖权,超出了《公约》的授权;认定菲律宾所提诉求构成中菲两国有关《公约》解释或适用的争端,法理论证不充分;无视中菲之间存在海域划界的事实,越权管辖与海域划界有关的事项。该声明指出,仲裁庭损害《公约》完整性和权威性,滥用程序,强推仲裁,侵犯了中国作为《公约》缔约国的合法权利。所谓"裁决"是无效的,对中方没有拘束力。

2016 年 6 月 8 日,中国外交部发表《关于坚持通过双边谈判解决中国和菲律宾在南海有关争议的声明》,指出菲律宾单方面提起仲裁违背中菲之间关于通过双边谈判解决争议的共识和承诺,不符合《公约》的规定。在领土主权和海洋划界问题上,中国不接受任何诉诸第三方的争端解决方式,不接受任何强加于中国的争端解决方案。③

2016 年 7 月 12 日,针对仲裁庭的"最终裁决",中国政府发表声明,重申中国在南海的领土主权和海洋权益,指出中国对南海的东沙群岛、西沙群岛、中沙群岛和南沙群岛拥有主权,南海的四组群岛拥有内水、领海、毗连区、专属经济区和大陆架,中国在南海享有历史性权利。④ 中国外交部也发表声明,指出仲裁庭认定事实不清,历史事实错漏,适用法理

---

① "Award on Jurisdiction and Admissibility 29 October 2015",https://pca-cpa.org/en/cases/7/. 访问时间:2019 年 12 月 29 日。

② 《中华人民共和国外交部关于应菲律宾共和国请求建立的南海仲裁案仲裁庭关于管辖权和可受理性问题裁决的声明》,外交部,2015 年 10 月 30 日,https://www.fmprc.gov.cn/web/zyxw/t1310470.shtml. 访问时间:2019 年 12 月 29 日。

③ 《中华人民共和国外交部关于坚持通过双边谈判解决中国和菲律宾在南海有关争议的声明》,新华网,2016 年 6 月 8 日,http://www.xinhuanet.com/world/2016-06/08/c_ 1119009191.htm。访问时间:2019 年 12 月 29 日。

④ 《中华人民共和国政府关于在南海的领土主权和海洋权益的声明》,中国政府网,2016 年 7 月 12 日,http://www.gov.cn/xinwen/2016-07/12/content_ 5090631.htm。访问时间:2019 年 12 月 29 日。

错误，对《公约》曲解。① 2016 年 7 月 13 日，中国国务院新闻办公室发表《中国坚持通过谈判解决中国与菲律宾在南海的有关争议》白皮书，系统回顾了中菲南海争议的历史过程，全面阐述了中国处理南海问题的政策主张。② 仲裁庭对于《公约》某些条款的解释"明显违反诸项条约解释原则，未来难以被公约缔约国遵循"。③

中国通过坚定积极的庭外法理斗争，揭批菲律宾违反中菲关于双边谈判磋商解决争端的承诺，仲裁庭对菲律宾所提事项没有管辖权，中国"不接受、不参与"仲裁、"不接受、不承认"裁决有理有据。

中国还通过联合国大会法律委员会国际法周、联合国大会关于海洋和海洋法决议的磋商、《公约》缔约国会议、国际海洋法法庭成立 20 周年纪念活动等场合，阐释了中国对菲律宾南海仲裁案的立场。

菲律宾南海仲裁案是百多年来中国面临的第一案。中国坚持由直接当事方通过谈判和磋商解决领土主权和海洋划界争端的一贯立场，从仲裁程序到裁决结果，中国都不接受、不参与、不承认。同时，中国积极进行庭外法理斗争，向国际社会阐释仲裁庭没有管辖权，所谓"裁决"曲解《公约》，破坏国际法治，因而裁决无效，没有拘束力。

十、传承中国历史权利

历史悠久的古老东方的"国际秩序"与《威斯特伐利亚和约》所建立的以主权平等的民族国家为主体的国际关系迥然不同。作为一个东方大国，中国一直在和平有效地开发、经营、管理、管辖南海，其范围涵盖了南海诸岛的岛礁和海域。历朝历代的中央政府，通过命名、列入版图、巡视海疆、开发经营和行使管辖等方式，取得和巩固了对南海诸岛的主权。

---

① 《中华人民共和国外交部关于应菲律宾共和国请求建立的南海仲裁案仲裁庭所作裁决的声明》，中国政府网，2016 年 7 月 12 日，https：//www. fmprc. gov. cn/web/zyxw/t1310470. shtml。
② 《中国坚持通过谈判解决中国与菲律宾在南海的有关争议》白皮书，中国政府网，2016 年 7 月 13 日，http：//www. gov. cn/xinwen/2016-07/13/content_ 5090822. htm。
③ 高圣惕："论南海仲裁裁决对《联合国海洋法公约》第 121（3）条的错误解释"，《太平洋学报》，2018 年第 12 期。

"近代前，中国在东亚从未遭遇任何民族或国家的挑战"。[①] 周边国家"在文化上受中国的影响，在政治上以一种特殊的关系从属于中国"。[②] 由此，中国形成、发展和延续了内涵丰富的历史性权利。

（一）继承与发展南海断续线

1947 年 12 月，中华民国政府内政部方域司编绘、国防部测量局代印了"南海诸岛位置图"，以国界线的标绘方式，在南海画出了十一段断续线，南海诸岛全部位于线内。"南海诸岛位置图"标注了东沙、西沙、中沙和南沙四组群岛的整体名称和曾母暗沙及大部分岛礁的个体名称。1948 年 2 月，内政部公开发行《中华民国行政区域图》之"南海诸岛位置图"，[③] 第一次在官方公开出版的地图上画出南海断续线。

中华人民共和国成立以后，在公开出版的地图上继续标绘南海断续线，并根据管理南海的实际予以调整和发展。"1954 年，新华地图社发行《中华人民共和国行政区划图》，取消了海南岛同越南海岸间的 2 段断续线，并在台湾和琉球群岛之间增加 1 段断续线"。[④] 这次调整奠定了断续线南海九段、台湾岛东侧一段的基本格局。[⑤] 此后，中国官方出版的地图都标绘有断续线。2001 年，国家测绘局编制的《中国国界线画法标准样图》，[⑥] 是中国政府对南海"断续国界线"图示的法定表示，表明中国政府对南海断续线在地图上的标绘方式予以标准化。2009 年，在反制越南划界案和越马联合划界案中，南海断续线以反对照会附图的方式提交联合国，占据主动。

南海断续线集中体现了中国在南海的主权和相关权利主张，包括但不限于：对南海诸岛及其附近海域的主权，对这些岛礁周边海域、资源、海床和底土的主权权利和管辖权，以及包括捕鱼、航行等活动在内的历史性

---

① 莫翔：《"天下—朝贡"体系及其世界秩序观》，中国社会科学出版社，2017 年版，第 12 页。
② 邓正来：《王铁崖文选》，中国政法大学出版社，2003 年版，第 229 页
③ 参见韩振华：《我国南海诸岛史料汇编》，东方出版社，1988 年版，第 363 – 364 页。
④ 刘志青："南海问题的历史与现状"，《党史博览》，2010 年第 11 期。
⑤ 贾宇："南海问题的国际法理"，《中国法学》，2012 年第 6 期。
⑥ 王桂芝、李力勐："中国国界线画法标准样图数字化成果简介"，《北京测绘》，2004 年第 4 期。

权利。中国在南海的主权、权利及相关主张是在长期的历史过程中形成和发展起来的，一直为中国政府所坚持，符合包括《公约》在内的国际法。1974 年 2 月，英国外交部的法律顾问丹萨（E. M. Denza）在重新审视了有关南沙群岛主权的各种主张后，得出"中国的主张最为有力"的结论。他在给英国政府的报告中指出，"我们没有理由反对中国旨在行使对斯普拉特利群岛（即中国的南沙群岛，笔者注）主权的任何主张或行动"。如果菲律宾、越南、法国、英国和中国都在南沙群岛这个赛场的话，最后"只有中国慢慢地跑过了终点"。① 只有中国对南沙群岛主权的国际法依据最充分、最有力。

（二）行使历史条约的权利

斯匹次卑尔根群岛（以下简称斯岛）地区位于北极圈内，是北极地区的重要岛屿。② 1920 年 2 月 9 日，英国、美国、丹麦、挪威、瑞典、法国、意大利、荷兰及日本等 14 个国家在巴黎签订《斯匹次卑尔根群岛条约》（以下简称《斯约》）。1925 年，中国、比利时、德国、芬兰、西班牙、瑞士等国家加入。《斯约》现有缔约国 48 个。③ 1925 年生效的《斯约》在斯岛建立起一种独特的法律制度：条约承认挪威对斯岛"具有充分和完全的主权"，明确各缔约国的公民可以自主进入斯岛地区，平等从事海洋、工业、矿业和商业等活动。

《斯约》为环北极八国之外的其他缔约国以斯岛为基地开展北极科考等活动提供了一定的法律依据。④ 1925 年，北洋政府签署《斯约》。作为缔约国，中国享有自由进出斯岛及其海域、进行科学考察研究、从事商业性捕鱼、油气资源开发等活动的权利。

---

① 这份档案现存英国国家档案馆，编号：DS（L）530，Department Series，Research Department，D. S. No. 5/75。

② 1596 年荷兰人巴伦支发现群岛以来，一直以其中的主要岛屿"斯匹次卑尔根"来命名整个群岛，直至 1925 年挪威获得该岛的主权后，将群岛与熊岛合称为斯瓦尔巴群岛，以后逐渐沿用。

③ "Treaty concerning the Archipelago of Spitsbergen，including Bear Island"，https：//verdragenbank. overheid. nl/en/Verdrag/Details/004293. 访问时间：2020 年 2 月 23 日。

④ 目前，斯岛已经成为世界各国进行北极科考的重镇。岛上有来自多国的科学家，建立了一大批极地科考站和研究所，开展北极科学研究。

《斯约》为 70 多年后中国进行北极科学考察活动提供了国际法依据。1999 年，中国行使历史条约赋予缔约国的权利，进行了首次北极科学考察活动。2004 年，中国在斯岛建立了科学考察站——黄河站。迄今，中国已进行了 11 次北极科学考察，逐步建立起海洋、冰雪、大气、生物、地质、极光等多学科观测体系，在极地科学研究领域获得更大发言权。

十一、深度参与全球海洋治理

随着国家实力的增强，中国积极参与全球海洋治理，努力为完善全球治理贡献中国智慧，以多种方式提升话语权和影响力，成为维护国际和地区海洋秩序的重要力量，推动国际秩序和全球治理体系朝着更加公正合理方向发展。

（一）开展极地科考和参与南北极治理

中国的极地事业起步较晚，但发展较快，由单纯的科学研究拓展至极地事务的诸多方面，涉及全球治理、区域合作、多边和双边机制等多个层面，涵盖科学研究、生态环境、气候变化、经济开发和人文交流等多个领域。中国已先后发布《中国的南极事业》白皮书和《中国的北极政策》白皮书，昭示中国在极地问题上的立场。

1999 年，中国以"雪龙"号科考船为平台进行北极科学考察。2004 年，中国在斯岛的新奥尔松建成黄河站。2013 年，中国与冰岛在冰岛的阿库雷里市建立极光联合观测台，为中冰乃至全世界公众提供了地球空间科学的体验与普及平台。[1] 2018 年，中冰联合极光观测台升级为中冰北极科学考察站，在已有的极光观测研究的基础上，增加开展大气、海洋、冰川、地球物理、遥感和生物等学科的观（监）测研究，拓展了中国极地考察的范围和能力，标志着中国极地考察能力迈上新台阶。[2]

继 1996 年中国成为国际北极科学委员会成员国之后，中国又于 2013

---

① "中国与冰岛在冰岛第二大城市建立极光联合观测台"，中央政府门户网站，2013 年 10 月 10 日，http://www.gov.cn/jrzg/2013-10/10/content_2503565.htm。

② "中—冰北极科学考察站正式运行"，新华网，2018 年 10 月 18 日，http://www.xinhuanet.com/tech/2018-10/18/c_1123579959.htm。

年成为北极理事会正式观察员。作为国际社会的重要成员，中国对北极国际规则的制定和北极治理正在发挥积极作用。"北极事务与北极地区人民的福祉与全人类的生存与发展密切相关。"①"冰上丝绸之路"建设，将为地区互联互通带来更多机遇，在节能减排、保护环境方面发挥重要作用。

《南极条约》签订于 1959 年，旨在冻结有关国家对南极大陆的领土主张，确认南极活动的非军事化，以及促进科学考察的国际合作。《南极条约》及其后的一系列公约、协定等法律文件，构成"南极条约体系"。中国于 1983 年 6 月加入了《南极条约》，1985 年 10 月成为《南极条约》协商国。1984 年，中国开始南极科学考察活动，截至 2020 年底已完成了 36次综合考察。1985 年，中国在西南极乔治王岛建立首个常年考察站——长城站，此后陆续建立了中山站、昆仑站和泰山站。这些科考站支撑了中国南极科学考察的发展，拓展了考察领域和范围。2019 年，首艘由中国自主建造的极地科学考察破冰船"雪龙 2"号科考船"入列"，使中国极地科考实力大增。

中国的南极科学考察活动已经形成"以南极条约体系的相关规定为核心，以法规制度为主线，以现场措施及设备配置为实践"的环境保护和管理体系。2008 年，中国单独提议设立了格罗夫山哈丁山南极特别保护区。中国还与澳大利亚、俄罗斯等国联合提议设立若干南极特别保护区，促进交流合作，有效保护区域环境。

（二）积极参与"区域"规则制定

1996 年，中国以海底最大投资国的身份，成为国际海底管理局第一届理事会 B 组成员。2004 年，中国以"区域"内矿物最大消费国的身份，当选为理事会 A 组成员，此后一直保持 A 类理事国地位。

1991 年 3 月，中国大洋矿产资源研究开发协会（中国大洋协会）登记注册为国际海底开发先驱投资者。2001 年以来，中国大洋协会及其他中国企业，分别与国际海底管理局签订合同（或获得批准），先后获得了太平洋、印度洋的多金属结核、多金属硫化物和富钴结壳资源的勘探合同，合

① 陈明辉："建设'冰上丝绸之路'参与北极合作发展"，《太平洋学报》，2019 年第 12 期封三。

同区总面积约为 23.8 万平方千米。中国成为唯一一个拥有 5 块矿区、涵盖 3 种主要海底资源的国家。

中国积极参与国际海底区域的法治建设，在勘探、开发规章制定等方面发挥了重要作用。在 2011 年管理局第 17 届会议期间，中国代表团关于富钴结壳勘探区、开采区面积的建议被管理局采纳，解决了富钴结壳资源面积问题，使富钴结壳探矿和勘探规章最终得以通过。中国高度重视并积极参与"区域"内矿产资源开发规章的制定工作，对开发规章草案的框架结构和具体内容等提出具体评论和意见，强调开发规章应明确、清晰地界定"区域"内资源开发活动中有关各方的权利、义务和责任，确保管理局、缔约国和承包者三者的权利、义务和责任符合《公约》和《执行协定》的规定，确保承包者自身权利和义务的平衡。[①]

（三）在 BBNJ 谈判中发挥重要作用

随着科技水平的发展，人们探知海洋、开发利用海洋的能力逐渐提升。海洋生物资源的开发利用强度随之增加，国家管辖范围以外区域海洋生物多样性（BBNJ）的养护和可持续利用面临威胁。2018 年 9 月，BBNJ 国际文书政府间谈判开始以来，中国积极参与，与 77 国集团、美俄等国积极互动，发表立场意见，在谈判内容和重要制度设立方面发挥影响力，成为不可替代的重要力量。

在中国共产党的领导下，新中国的海洋事业筚路蓝缕、砥砺前行，伴随着国家的日渐强大而快速发展。逐步优化海洋管理体制，日益完善海洋法律体系，不断提升处理海洋问题的能力，为周边海洋繁荣和全球海洋治理不断贡献中国智慧和中国方案。

2021 年是具有里程碑意义的一年，中国共产党建党一百年，中国全面建成小康社会，实现第一个百年奋斗目标，开启"十四五"全面建设社会主义现代化国家新征程、向第二个百年奋斗目标进军的新征程。在承上启下的历史节点，中国的海洋事业必将继往开来，不断取得新成就，为建设海洋强国奠定坚实基础，助力中华民族伟大复兴。

---

① 参见:《中国海洋发展报告》，海洋出版社，2019 年版，第 338 - 361 页。

中国海洋新兴产业研究热点：
来自 1992—2020 年 CNKI 的经验证据

宁　凌　欧春尧　曹阳春[*]

　　随着我国海洋强国战略部署的纵深推进以及《全国海洋经济发展规划（2016—2020 年）》的全面实施，海洋经济保持稳定增长，海洋产业结构调整步伐加快。据《2020 中国海洋经济发展指数》统计数据显示，2019 年我国海洋生产总值超过 8.9 万亿元，相比上年增长 6.2%，约占国内生产总值的 9.0%。随着海洋新兴产业发展规模的逐步扩大，增速较往年相比有所放缓，已进入稳定发展期，2019 年我国海洋新兴产业的增加值比上年增长了 7.7%①。海洋新兴产业已成为我国海洋经济的重要增长极。

　　国内学者最早于 1992 年着手于海洋新兴产业的研究②，随着"建设海洋强国""创新驱动发展"及"拓展蓝色经济空间"等战略的提出，海洋新兴产业的相关研究不断涌现。就目前来看大部分文献主要是在区域经济发展与海洋综合管理范畴下探讨其政策指导、结构布局以及选择培育，缺乏从整体对我国海洋新兴产业研究之特征进行系统梳理。基于此，本文从

---

*　宁凌（1967—），男，安徽安庆人，广东海洋大学副校长、广东沿海经济带发展研究院执行院长，教授，博士生导师，主要研究方向：海洋管理与政策。

　　欧春尧（1992—），男，贵州黔西人，广东海洋大学管理学院讲师，博士，主要研究方向：颠覆性创新。

　　曹阳春（1993—），男，安徽安庆人，广东工业大学管理学院博士研究生，主要研究方向：技术创新管理。

　　基金项目：广东省宣传文化人才专项资金项目（XCWHRCZXSK2013-26）。

①　《2020 中国海洋经济发展指数》，自然资源部门户网站，2020 年 10 月 19 日，http://www.mnr.gov.cn/dt/hy/202010/t20201019_ 2567486. html.

②　隋映辉："对我国海洋新兴产业发展分析及建议"，《中国科技论坛》，1992 年第 6 期，第 39 页。

海洋新兴产业的宏观视角出发，对近三十年以来我国海洋新兴产业研究的发展进程进行全面的回顾和总结，并利用分析工具研究中国海洋产业研究的总体特征和关键问题，探讨海洋新兴产业研究的重点领域，从而推动我国海洋新兴产业研究的进一步深入。

一、数据来源与研究方法

我国海洋新兴产业研究相关文献较多且水平不一，为保证综述研究的科学性以及国内研究动态反映的准确性，本文所选取的样本文献全部来自中国知网（CNKI 总库）中的中文核心期刊总库及中文社会科学引文数据库，选择时间为 1992 年至 2020 年，分别以"海洋新兴产业""海洋战略性新兴产业"为主题、关键词、篇名，对文献进行精准匹配检索，在进行筛选后共得到 635 篇与海洋新兴产业相关的文献。

在研究方法上首先对文献进行统计分析，分析我国海洋新兴产业研究的发文数量和时序特征；同时借助 CiteSpace V 可视化文献分析工具，绘制了主要研究团队、研究结构和研究热点知识图谱，揭示了我国海洋新兴产业研究的研究特点以及演进趋势。

二、国内海洋新兴产业研究的总体特征

（一）发文时序特征分析

从演进趋势来看，我国海洋新兴产业的研究主要分为三个阶段：

1992—1999 年为缓慢起步阶段。随着 1991 年全国海洋工作会议召开以及 1996 年《中国海洋 21 世纪议程》的正式发布，我国海洋意识逐渐觉醒。但由于我国海洋经济及海洋产业尚处于发展初期，国家及沿海省市海洋经济发展规划尚未出台，海洋新兴产业研究尚属萌芽阶段，相关理论建设还不完整，所以大多数研究主要集中在海洋资源合理开发及产业发展规划上。

2000—2009 年为平稳增长阶段。为加快地方海洋经济规划工作、推进海洋经济健康发展，党的十六大提出"实施海洋开发"的战略，国务院颁布了《全国海洋经济发展规划纲要》等文件，海洋新兴产业发展迅速，但海洋第一产业在产业结构中所占比重仍然较大，为新兴产业的发展造成一定制约，随着国内对于海洋经济研究的不断加深，有学者提出"推动海洋经济持续健康发展的关键在于结构调整和产业升级"① 以及"培育海洋新兴产业成为海洋经济新的增长点"② 等观点，海洋新兴产业逐渐成为海洋经济的主要研究领域。

2010—2020 年为缓慢回落阶段。这一时期我国海洋新兴产业发展迅速，相关研究论文快速增长并在 2013 年达到峰值，随后有所回落。具体来看，由于党的十七大提出以开发海洋产业为核心的海洋经济发展规划、党的十八大将"建设海洋强国"作为我国发展目标、2017 年国务院《全国海洋经济发展"十三五"规划》等国家宏观战略的影响，海洋新兴产业研究领域受到学界前所未有的关注。在续接前有研究成果的基础上，国内学者主要关注于海洋高新技术成果转化、海洋产业集群及其经济效应等。随着《战略性新兴产业发展"十二五"规划》的颁布，海洋战略性新兴产业这一概念逐渐成为研究热点，关于其形成机制、选择培育及政策指导方面的文献大量涌现。

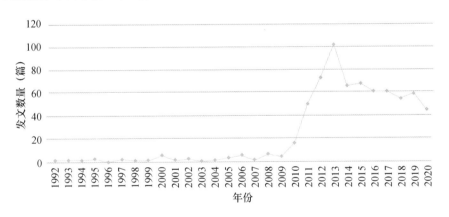

图 1 1992—2020 年国内海洋新兴产业研究领域期刊论文发表数量

（二）主要研究团队及机构分布

1. 主要研究团队及分布。绘制研究团队知识图谱，可以得出某研究领

---

① 马启敏："对青岛市海洋经济发展的几点认识"，《青岛海洋大学学报（社会科学版）》，2000 年第 2 期，第 38 页。

② 郑贵斌："培育海洋经济新增长点的运作规律、机理与途径研究"，《海洋科学》，2005 年第 4 期，第 11 页。

域的核心作者的研究积累和合作关系。借助 CiteSpace V 对发文作者进行分析，绘制主要研究团队合作网络图谱并对其发文数进行统计分析（图 2）。图谱共有 199 个节点，212 条链接，网路密度为 0.0108，节点最大出现次数最多的两个作者分别是宁凌与韩立民。经过数十年的积累，海洋新兴产业研究领域积累了大量研究成果，研究团队数量及质量也在不断提升。其中论文发表数最多的是山东地区以韩立民、黄盛为核心，及广东地区以宁凌、白福臣为核心的研究团队。其他的主要研究团队包括辽宁以韩增林为核心、北京以原国家海洋局为依托的团队。这些团队是较早从事海洋经济及海洋新兴产业研究的群体，从地域上来看，主要分布于山东、广东、辽宁和浙江等海洋经济较为发达的地区，并以高校或科研所等平台为依托，研究优势明显，是我国海洋新兴产业研究领域的领军者。

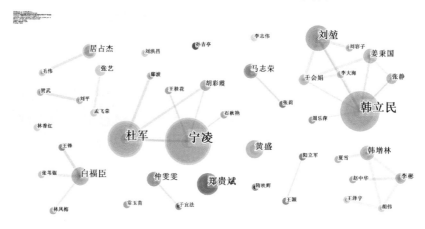

图 2　主要研究团队知识图谱

2. 主要研究机构及分布。对已获得的 635 篇样本文献的发文机构进行分析（图 3）。图谱共有 114 个节点，73 条链接，网路密度为 0.0113，发文数量位居前列的分别是中国海洋大学、广东海洋大学、辽宁师范大学和国家海洋局，发文数约占总量的 25%，这表明少数涉海院校和政府部门对我国海洋新兴产业研究理论建设有着重要的贡献。从过程上来分析，海洋新兴产业研究领域相关文献主要以 2010 年为界具有明显的阶段性特征。总的来说，2010 年前大部分科研机构在海洋新兴产业研究领域着重关注于海洋新兴产业的发展模式以及政策体系研究，在这一方面主要以中国海洋大学、山东社会科学院以及国家海洋局等机构发文较多，同时，辽宁师范大学以海洋经济与可持续发展研究中心为依托，也在海洋新兴产业研究领域做出了较大贡献。在 2011 年，中国海洋大学以及广东海洋大学分别以"海洋战略性新兴产业发展问题"和"海洋战略性新兴产业选择培育"为研究主题的两项国家社科基金项目申报成功，这一变化使得两所高校在该领域的发文数明显增多。另外，浙江海洋学院、宁波大学等也成为海洋新兴产业研究的重要力量。

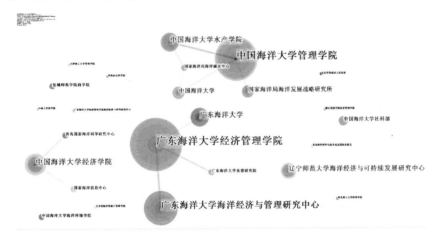

图 3　主要研究机构知识图谱

3. 研究热点及演进特征分析。我国海洋新兴产业研究一个是随着时间的推移、由整体向局部演进的过程。根据时间维度划分，可看出我国海洋新兴产业研究具有明显的阶段性特征。如表 1 所示，在缓慢起步阶段（1992—1999 年），由于我国海洋经济及海洋产业相关研究处于起始阶段，国家及沿海省市海洋经济发展规划尚未出台，相关理论建设还不完整，所以我国海洋新兴产业研究首先是关注于宏观海洋经济整体发展规划、对策指导及可持续发展；在平稳增长阶段（2000—2009 年），海洋新兴产业发展迅速，但海洋第一产业在产业结构中所占比重仍然较大，为新兴产业的发展造成一定制约，于是这一时期海洋新兴产业研究主要关注于产业结构调整、发展模式选择及宏观政策指导。在缓慢回落阶段（2010—2020 年），我国海洋新兴产业发展迅速，渐形成产业集群或者产业链延伸，海洋战略性新兴产业的提出使得研究侧重有所变化，选择、培育与优化成为研究的主要问题导向，核心内容包括海洋高新技术成果转化、海洋战略性新兴产业的选择培育以及发展路径的选择等。另外，随着海洋产业的发展壮大，产业链不断延伸并形成集聚发展，海洋新兴产业研究也在不断拓宽，传统海洋产业转型升级、海洋新兴产业经济效应、海洋新兴产业产学研合作也成为近几年研究的热点。

表1　我国海洋新兴产业研究内容的演进

发展阶段	研究内容
缓慢起步阶段（1992—1999 年）	海洋资源合理开发、地方海洋产业发展规划
平稳增长阶段（2000—2009 年）	海洋新兴产业发展战略、海洋产业结构调整、海洋高新技术产业化、海洋新兴产业政策选择、科技创新与海洋经济可持续发展、海洋产业区域创新
缓慢回落阶段（2010—2020 年）	海洋产业结构优化、海洋高新技术成果转化、海洋战略性新兴产业选择与培育、海洋战略性新兴产业发展路径与政策导向、海洋新兴产业的发展特性与区域支撑条件、海洋战略性新兴产业产学研合作、海洋战略性新兴产业培育模式

三、我国海洋新兴产业重点领域研究进展

（一）海洋产业结构优化及布局创新研究

随着我国社会经济发展进入新常态，海洋新兴产业发展增速减缓，结构性问题不断凸显，这主要是因为沿海省市海洋新兴产业发展呈现趋同化、低端化趋势，海洋科技创新优势尚未形成，所以海洋产业结构亟待有效调整，海洋新兴产业布局还需要不断优化①。在前有研究的基础上，国内学者从新的视角与方法出发，在该领域进行了深入的研究。

1. 新常态下海洋产业结构优化的基本内涵。海洋产业结构优化作为海洋产业研究的核心领域，在我国经济发展进入新时期的大背景下，海洋产业结构研究又被赋予了新的理论内涵。前有研究大多是从定量视角出发，研究海洋产业结构的比例关系及经济关联，例如将海洋经济发展目标分

① 王琪：《中国海洋公共管理学》，海洋出版社，2015 年版，第 136 页。

解，确定海洋产业优化重点领域应综合考量政策支持体系、自然基础、产业发展潜力及劳动生产率，并采用灰色关联和区位熵等分析方法，研究海洋产业结构的优化升级[1]。但这样的一种研究倾向存在一定的局限性，使得海洋产业结构优化研究缺乏从质化研究理论视角的自然延伸。有学者提出，转变海洋经济发展方式、实现海洋产业转型升级的关键，在于海洋科技创新与海洋产业的有机结合[2]，这一理论不仅包括以高新技术改造科技创新水平较低、海洋生态依赖程度较大的传统海洋产业，也包括大力发展海洋新兴产业，即将海洋产业结构布局调整为以高新技术产业为核心、传统产业和制造业为支撑、服务业全面发展的海洋产业新格局，促进海洋经济与海洋生态协调发展。不同文献在海洋产业结构理论研究的表述不尽相同，但基本观念是一致的。实现传统海洋产业转型升级、加快培育海洋新兴产业并实现其布局创新，是新背景下海洋产业结构优化理论的内涵拓宽以及研究的重中之重。

2. 海洋新兴产业布局创新的理论研究进展。随着我国海洋新兴产业的快速发展，沿海省市海洋新兴产业布局由点及面快速展开，为研究提供了大量的现实依据。从内容上分析，现有研究主要探讨了全国以及沿海省市的海洋新兴产业结构及布局现状、主导产业选择与培育以及产业布局创新路径等，根据研究范围可将研究分为全国和沿海省市两个层面。

全国层面的研究主要包括：①我国海洋经济发展的关键问题是产业转型升级，应尽快完善资源管理体制、解决产业结构性矛盾[3]；②海洋科技进步是主导海洋产业变革、加快海洋产业结构优化的重要驱动力，提出以科技创新推进我国海洋产业结构优化的具体思路[4]；③通过明确海洋主导

---

[1] 刘洪斌："山东省海洋产业发展目标分解及结构优化"，《中国人口·资源与环境》，2009年第3期，第140页。

[2] 栾维新、杜利楠："我国海洋产业结构的现状及演变趋势"，《太平洋学报》，2015年第8期，第80页。

[3] 于梦璇、安平："海洋产业结构调整与海洋经济增长——生产要素投入贡献率的再测算"，《太平洋学报》，2016年第5期，第86页。

[4] 都晓岩、韩立民："论海洋产业布局的影响因子与演化规律"，《太平洋学报》，2007年第7期，第81页。

产业、发展海洋新兴产业以应对潜在的海域承载力约束，探索海洋产业结构优化的具体路径①。

地方层面的研究主要包括：①山东海洋科技创新能力研究②；②浙江海洋新兴产业发展应统筹好滨海旅游与海岛开发、沿海重化与城市化、海洋新兴产业竞争与沿海经济合作的关系等四大关系，实现海洋新兴产业结构的根本转变③；③环渤海地区海洋产业结构调整的关键在于转变区域经济发展方式、与宏观中观产业结构优化的方向保持一致、发挥区域资源优势、重视海洋科技成果研发及转化④。

总体来看，我国关于海洋产业结构优化及海洋新兴产业布局创新相关理论的研究已经相对完善，能够解决较多传统海洋产业转型升级、海洋新兴产业布局创新方面的实际问题，时效性及政策性较强。但就研究本身而言，海洋产业结构优化主要依靠其他产业发展的理论参考，尚缺乏一套完善的海洋产业结构理论，也缺乏从定量视角分析海洋产业结构优化对于海洋经济发展的具体效用。另外，分析维度上的局限使得整体研究难以形成完善的理论体系，无法将国家层面的一般性问题研究与沿海省市的具体问题及发展路径相关联，使得研究的逻辑性与具体效用难以验证。

（二）海洋新兴产业发展模式研究

当前海洋新兴产业已具有一定的发展规模并可进行社会化发展，有学者提出应着重完善海洋新兴产业的协调机理及政策体系，着重关注产业培育及发展、培育新的海洋经济增长点⑤。现有海洋新兴产业发展模式研究主要包括海洋新兴产业发展理论研究及区域海洋新兴产业发展的实证

---

① 韩立民、任新君："海域承载力与海洋产业布局关系初探"，《太平洋学报》，2009 年第 2 期，第 80 页。

② 胡建廷、郑冰、马健："山东海洋科技创新现状刍议"，《科学与管理》，2006 年第 4 期，第 27 页。

③ 黄良浩："加快推进海洋新兴产业跨越式发展"，《浙江树人大学学报（人文社会科学版）》，2010 年第 15 期，第 44 页。

④ 黄盛：《环渤海地区海洋产业结构调整优化研究》，中国海洋大学博士论文，2013 年，第 78 页。

⑤ 郑贵斌："海洋新兴产业：演进趋势、机理与政策"，《山东社会科学》，2004 年第 6 期，第 77 页。

研究。

理论研究主要包括：①政策引领及制度建设。有学者梳理了数十年以来国内外海洋新兴产业的相关研究，提出技术创新及政策扶持是研究的两大重点①。也有学者探究制度因素对海洋新兴产业的具体影响，提出产业风险防范与科技创新成果转化等方面对海洋新兴产业发展的积极效应②；②金融支持研究。包括金融支持在海洋科技成果产业化及海洋产业转型升级过程中的具体效用及方式③、海洋产业转型升级过程中的金融支持问题④；③科技引领作用。分析我国海洋新兴产业发展规模及趋势，从宏观规划、科技创新、可持续发展和发展主导产业四个方面提出发展对策⑤。分析市场机制、政府机制及社会组织机制对海洋新兴产业发展的具体作用，构建以科技创新为核心的动力机制⑥；④平台建设。提出以"孵化—加速"创新服务体系提升海洋新兴产业创新优势，围绕主导产业创新活动完善创新服务合作网络⑦；⑤产业集聚与集群。从产业生命周期理论出发，研究海洋产业集群式创新发展的具体路径⑧以及提出以选择合理区域、建立产业园区和培育主导企业等方式助推我国生物医药产业集聚发展⑨。

区域海洋新兴产业发展的实证研究主要包括：①科技能力及效率评

① 丁娟、葛雪倩："国内外关于海洋新兴产业的理论研究：回顾与述评"，《产业经济评论》，2012 年第 2 期，第 85 页。
② 李彬、王成刚、赵中华："新制度经济学视角下的我国海洋新兴产业发展对策探讨"，《海洋开发与管理》，2013 年第 2 期，第 89 页。
③ 赵海越、王颖、尹景瑞："基于海洋高新技术产业化的金融创新研究"，《改革与战略》，2009 年第 3 期，第 150 页。
④ 马洪芹：《我国海洋产业结构升级中的金融支持问题研究》，中国海洋大学博士论文，2007 年，第 56 页。
⑤ 胡婷、宁凌："我国海洋新兴产业发展现状、问题与对策"，《中国渔业经济》，2016 年第 6 期，第 100 页。
⑥ 白福臣、毛小敏："科技引领海洋新兴产业发展的机制研究"，《科技管理研究》，2013 年第 23 期，第 36 页。
⑦ 李晓峰、叶火杰："构建'孵化—加速'创新服务体系策动新兴海洋产业发展"，《企业经济》，2014 年第 1 期，第 123 页。
⑧ 杜军、王许兵："基于产业生命周期理论的海洋产业集群式创新发展研究"，《科技进步与对策》，2015 年第 24 期，第 56 页。
⑨ 黄盛、周俊禹："我国海洋生物医药产业集聚发展的对策研究"，《经济纵横》，2015 第 7 期，第 44 页。

价。基于 Borda 和模糊综合评价法对我国海洋新兴产业科技能力进行综合评价①；②产业发展预测。基于灰色预测模型对海洋新兴产业发展规模及发展趋势进行分析②；③综合竞争力评价。基于 RabahAmi 模型、SCP 范式的海洋新兴产业市场绩效评价③、基于海洋经济综合试验区建设视角对沿海省市海洋产业竞争力评价与创新路径④；④产业协调性。运用综合指数法分析沿海省市海洋科技创新能力与海洋经济发展协调性，发现省际差异明显且协调度呈下降趋势⑤。

由上可知，海洋新兴产业发展问题的研究在国家宏观政策的指导下不断完善，相关成果从产业发展的各个环节切入，逐渐形成了完善的理论体系，对海洋新兴产业的发展进行了有益指导和科学规划，对海洋经济创新发展做出了较大的贡献。但海洋新兴产业的发展已经进入了一个新时期，现有研究在沿海省市具体海洋产业的发展上缺乏具有时效性与实用性的研究，缺乏对于海洋新兴产业经济增长的时间序列分析，对于海洋新兴产业的产业链延伸以及产业孵化集聚尚缺乏行之有效的对策研究。

(三) 海洋科技创新发展战略及协同创新体系研究

海洋科技创新能力是海洋新兴产业发展的关键，建立高校、企业、政府、研究机构等技术创新与知识创新相关机构相互联系与沟通的创新平台，不仅有益于创新成果研发及转化，对于促进创新要素的流动也十分必要。现有相关研究主要包括海洋科技创新发展战略研究及构建协同创新体系的具体路径研究。

理论研究主要包括：①海洋科技创新体系的建设对于提升我国海洋经

---

① 李拓晨、丁莹莹："我国海洋高科技产业科技能力评价模型研究——基于 Borda 和模糊综合评价法"，《经济问题探索》，2012 年第 7 期，第 38 页。

② 李彬、戴桂林、赵中华："我国海洋新兴产业发展预测研究——基于灰色预测模型 GM (1、1)"，《中国渔业经济》，2012 年第 4 期，第 97 页。

③ 于谨凯、李宝星："我国海洋产业市场绩效评价及改进研究——基于 RabahAmi 模型、SCP 范式的解释"，《产业经济研究》，2007 年第 2 期，第 4 页。

④ 冯瑞敏、杜军、鄢波："广东省海洋产业竞争力评价与提升对策研究——基于海洋经济综合试验区建设视角"，《生态经济》，2016 年第 12 期，第 104 页。

⑤ 王泽宇、刘凤朝："我国海洋科技创新能力与海洋经济发展的协调性分析"，《科学学与科学技术管理》，2011 年第 5 期，第 42 页。

济发展水平、促进海洋新兴产业发展的重要意义[1]；②提出构建以政府、高校、企业和服务机构、转化平台等众多主体为核心的海洋产业创新系统，并分析其动力机制与运行机制，为政策框架提供理论依据[2]；③提升产学研合作创新网络的抗风险能力以提升产业影响力与控制力的必要性分析[3]。

针对海洋科技创新发展战略在沿海省市实施的具体路径，多数学者主张建立以政府、市场、企业和高校为主的协同创新体系，具体内容包括：①开发试验区。基于海洋产业区域创新系统与可持续发展理论，构建珠海万山海洋开发试验区，并提出着重发展海洋资源开发与保护、海洋产业结构优化以及发挥地方政府作用营造创新环境[4]；②海洋高新技术产业开发区。分析中国"蓝色硅谷"的功能定位及具体发展模式，并提出在文化理念、组织管理、体制机制、技术研发、合作交流等方面实现创新[5]；③海洋产业技术创新战略联盟。包括辽宁省海洋产业技术创新战略联盟的具体推进路径[6]。另外，有学者深入分析了国外海洋产业技术创新联盟的发展动向，对其产业分布、操作模式和成功案例进行总结梳理，对我国海洋新兴产业技术创新战略联盟的实践有着较大的借鉴意义[7]。

协同创新作为海洋科技创新体系建设的重要理论借鉴，为海洋科技创新发展战略实施提供了重要的理论参考。随着国内外成功经验的借鉴以及研究的不断深入，国内学者针对沿海省市海洋新兴产业的发展特性尝试性

---

[1] 马志荣、徐以国、刘超："实施广东海洋科技创新战略问题分析与对策研究"，《科技管理研究》，2009 年第 7 期，第 24 页。

[2] 常玉苗："海洋产业创新系统的构建及运行机制研究"，《科技进步与对策》，2012 年第 7 期，第 80 页。

[3] 陈伟、周文、郎益夫、杨早立："产学研合作创新网络结构和风险研究——以海洋能产业为例"，《科学学与科学技术管理》，2014 年第 9 期，第 59 页。

[4] 丁焕峰、沈静："海洋产业区域创新初步研究——以珠海万山海洋开发试验区为例"，《海洋通报》，2002 年第 4 期，第 65 页。

[5] 韩立民、周海霞："中国'蓝色硅谷'的功能定位、发展模式及创新措施研究"，《海洋经济》，2012 年第 1 期，第 42 页。

[6] 包特力根白乙、张馨文、陈勇："辽宁海洋产业技术创新战略联盟的构建及推进路径"，《海洋开发与管理》，2016 年第 2 期，第 8 页。

[7] 丁娟、王鑫："国外海洋产业技术创新战略联盟的最新发展动向与启示"，《产业经济评论》，2011 年第 4 期，第 108 页。

地提出了很多协同创新平台建设的政策建议。虽然在理论建设上具有重要意义，但对于在不同海洋经济发展层次的沿海省市之具体实施还有欠缺，"政产学研"协同创新平台的搭建还缺乏实践检验。

（四）海洋战略性新兴产业的选择、培育与发展问题研究

海洋战略性新兴产业以海洋科技创新为发展动力，以海洋科技创新成果转化为核心内容，具有较大发展潜力和广阔市场需求①。发展海洋战略性新兴产业是我国"十二五"时期提出的重要发展战略，在国家已确定七大类战略性新兴产业范围的前提下，如何在沿海省市挑选具有一定发展基础、培育出具有较强经济联动性的海洋战略性新兴产业，便成为了研究的重点。

1. 海洋战略性新兴产业选择问题的研究。主要分为理论与实证两个方面。理论层面的研究主要包括：①产业选择评价理论依据。主要是以主导产业选择理论为依据，创新地使用规范分析、案例分析等理论分析方法以及投入产出分析、主成分评价以及灰色聚类的等定量分析技术②；②基于主导产业选择基准，借助波特钻石模型，梳理海洋战略性新兴产业的发展特性并总结其产业选择基准③；③借助钻石模型为选择基准，对地方海洋战略性新兴产业进行定性选择④。

实证层面主要包括：①基于制度供给和市场培育视角，对多个海洋战略性新兴产业经济指标进行灰色关联分析，研究其经济关联性⑤；②基于赫希曼的产业关联度标准，利用灰色关联分析法科学选择出与海洋经济

---

① 姜秉国、韩立民："海洋战略性新兴产业的概念内涵与发展趋势分析"，《太平洋学报》，2011年第5期，第76页。

② 汪亮、杜军、宁凌："海洋战略性新兴产业选择分析技术综述"，《科技管理研究》，2014年第1期，第47页。

③ 宁凌、张玲玲、杜军："海洋战略性新兴产业选择基本准则体系研究"，《经济问题探索》，2012年第9期，第107页。

④ 宁凌、杜军、胡彩霞："基于钻石模型的我国海洋战略性新兴产业定性选择研究"，《广东海洋大学学报》，2015年第2期，第14页。

⑤ 丁娟、葛雪倩："制度供给、市场培育与海洋战略性新兴产业发展"，《华东经济管理》，2013年第11期，第88页。

关联度较大的八大海洋产业作为我国重点发展的海洋战略性新兴产业[1]；③利用钻石模型构建产业选择评价指标体系，并使用主成分分析法对我国海洋战略性新兴产业选择问题进行实证分析[2]；④基于主导产业的经济学属性构建其选择指标体系和评价模型，为区域主导产业的选择提供理论借鉴[3]。

2. 海洋战略性新兴产业培育问题的研究。主要是从国家与省市出发。国家层面主要包括：①从市场、科技和法规等方面对我国海洋战略性新兴产业研究进行梳理，完善产业培育的理论体系建设[4]；②分析了海洋战略性新兴产业的产业经济技术特征，提出基于技术与市场条件选择产业的具体培育路径，推动其形成与发展[5]；③分析了海洋战略性新兴产业形成机制中所包括的关键要素及作用机理，研究其产业形成的主要发展路径[6]；④采用组合赋权法对沿海省市海洋新兴产业支撑条件进行测算和排序，研究发现我国沿海海洋战略性新兴产业支撑条件差异明显[7]。

省市层面主要包括：①主要以山东、广东等四个海洋经济试点省份为切入点，在分析其产业发展基础的基础上比较其海洋战略性新兴产业的培育实践，并探讨其有效培育路径[8]；②从培育系统构建、培育机制优化和培育政策建议等层面，构建广东省海洋战略性新兴产业培育模型[9]。

[1] 宁凌、杜军、胡彩霞："基于灰色关联分析法的我国海洋战略性新兴产业选择研究"，《生态经济》，2014 年第 8 期，第 31 页。

[2] 杜军、宁凌、胡彩霞："基于主成分分析法的我国海洋战略性新兴产业选择的实证研究"，《生态经济》，2014 年第 4 期，第 103 页。

[3] 刘堃、周海霞、相明："区域海洋主导产业选择的理论分析"，《太平洋学报》，2012 年第 3 期，第 58 页。

[4] 宁凌、王桂花："海洋战略性新兴产业培育的理论研究综述"，《科技管理研究》，2013 年第 24 期，第 108 页。

[5] 于会娟、姜秉国："海洋战略性新兴产业的发展思路与策略选择——基于产业经济技术特征的分析"，《经济问题探索》，2016 年第 7 期，第 106 页。

[6] 刘堃、韩立民："海洋战略性新兴产业形成机制研究"，《农业经济问题》，2012 年第 12 期，第 90 页。

[7] 夏雪、韩增林、彭飞："我国海洋战略性新兴产业支撑条件评价指标体系构建"，《生产力研究》，2014 年第 5 期，第 76 页。

[8] 宁凌、杨敏："试点省份海洋战略性新兴产业培育比较研究"，《五邑大学学报（社会科学版）》，2014 年第 2 期，第 74 页。

[9] 张玉强、宁凌、王桂花："我国海洋战略性新兴产业培育模型与应用研究——以广东为实证"，《中国科技论坛》，2014 年第 2 期，第 46 页。

3. 海洋战略性新兴产业布局研究。海洋战略性新兴产业具有广阔的发展前景以及创新优势，国家宏观战略的制定以及关于其选择和培育问题的研究完善其基础理论体系的建设，也就是解决了"是什么"和"为什么"的问题。而关于"怎么办"这一问题还有待研究的进一步延伸，其中的首要问题就是关于沿海省市产业基础与发展路径的研究。依据研究的尺度，可分为国内整体和省市局部两个层面。

全国层面的研究主要包括：①支撑条件。由基础、人才、政府、经济、科技和环境支撑等方面出发构建海洋战略性新兴产业支撑条件评价指标体系，对我国沿海省市的产业发展支撑条件进行定量评价及分类，为海洋战略性新兴产业布局的问题提供了理论依据①；②发展模式。提出我国海洋战略性新兴产业发展模式可分为高新技术引领、资源综合开发利用、海陆资源一体化统筹开发，并以此提出其创新路径②；③布局优化。将海洋战略性新兴产业按照属性划分为区位综合因素导向型、市场导向型、自然资源导向型、技术导向型和自然资源与技术共同作用型五类，并基于这五种类型产业的划分属性分别制定相应的布局优化策略③；④具体路径。采用龚柏兹曲线对我国海洋生物医药发展阶段进行分析，提出发展海洋生物医药产业的关键在于提升政策支持力度与自主创新能力，带动规模效应并以市场需求拉动④；有学者以海洋生物医药产业为样本，对领域整体以及主要国家的基础研究竞争力进行分析，进一步分析了我国海洋战略性新兴产业基础研究领域的竞争态势以及与发达国家的差距⑤。

省市层面研究涉及范围较大且研究深入，具体内容有：①江苏省推进

① 韩增林、夏雪、林晓、赵林："基于集对分析的中国海洋战略性新兴产业支撑条件评价"，《地理科学进展》，2014 年第 9 期，第 1167 页。
② 向晓梅："我国战略性海洋新兴产业发展模式及创新路径"，《广东社会科学》，2011 年第 5期，第 35 页。
③ 于会娟、李大海、刘堃："我国海洋战略性新兴产业布局优化研究"，《经济纵横》，2014 年第 6 期，第 79 页。
④ 石秋艳、宁凌："我国海洋生物医药产业发展现状分析及对策研究"，《宜春学院学报》，2014年第 6 期，第 1 页。
⑤ 张艺、孟飞荣："海洋战略性新兴产业基础研究竞争力发展态势研究——以海洋生物医药产业为例"，《科技进步与对策》，2019 年第 16 期，第 67 页。

海水淡化与海洋工程装备等产业发展,关键在于科技成果产业化及市场培育,金融支持则是优化海洋经济资源配置效率及海洋产业结构的重要方式[1];②对广东粤西地区海洋新兴产业布局进行分析,提出地方海洋战略性新兴产业培育机制的政策建议[2];③以浙江实践为基础提出海洋战略性新兴产业发展的关键在于海陆产业一体化,具体路径在于调整海洋产业结构、空间布局及协调海洋资源环境承载[3];④对环渤海地区海洋战略性新兴产业发展进行个案研究,提出政府和市场等产业发展调节机制、海洋生态保护、海洋资源投融资机制和海洋科技成果转化机制是其发展的关键[4]。另外,也有学者总结了国外发达国家地区海洋战略性新兴产业发展的有益经验,为我国海洋战略性新兴产业的发展提供了借鉴与参考[5]。

综上所述,在创新驱动发展、海洋强国等战略的提出以及国家重点推进海洋经济创新发展的时代背景下,海洋战略新兴产业作为海洋新兴产业的重要研究领域,学界有关海洋战略性新兴产业选择培育、发展模式和政策研究等方面已经出现了大量的文献,但由于数据资料的缺乏,有关海洋战略性新兴产业的运行质态与经济效应的研究还较为缺少,对于沿海省市典型海洋战略性新兴产业发展规划的系统研究与客观预测等方面还有待研究的进一步深入。

四、结　语

本文基于 CiteSpace V 对我国海洋新兴产业理论研究的知识图谱结构进行研究,分析了中国海洋新兴产业研究的发文时序特征、主要研究团队及机构分布、研究热点和演进特征以及重点领域的研究进展,以便清晰地掌握我国海洋新兴产业的研究现状。通过对 1992—2020 年 CNKI 核心期刊数

---

[1] 张颖、高松:"江苏海洋经济创新发展的产业基础与金融支持研究",《江苏社会科学》,2014年第5期,第253页。

[2] 林凤梅:《湛江市海洋新兴产业培育机制研究》,广东海洋大学硕士论文,2015年,第25页。

[3] 贺武、刘平:"海洋战略性新兴产业的发展路径选择",《经济导刊》,2012年第6期,第86页。

[4] 黄盛:"战略性海洋新兴产业发展的个案研究",《经济纵横》,2013年第6期,第85页。

[5] 仲雯雯:"国内外战略性海洋新兴产业发展的比较与借鉴",《中国海洋大学学报(社会科学版)》,2013年第3期,第12页。

据库中海洋新兴产业相关文献的分析可知，海洋新兴产业研究已逐渐成为我国海洋经济研究的重要领域，在概念研究上积累了丰富的成果，并且随着研究团队机构数的不断增长以及跨学科分析方法的成功运用，海洋产业结构优化及布局创新、海洋新兴产业发展路径、海洋战略性新兴产业的培育与发展等研究领域发展迅速。但也应该看到，相关研究大多随着国家宏观战略的变化而变化，短中长期的战略指导有待逻辑衔接，并且我国海洋新兴产业起步较晚，产业发展基础与国外相比较为薄弱，产业布局及发展研究有待实践检验。放眼未来，我国海洋新兴产业的研究应从以下几个方面继续完善。

第一，拓宽研究视角，重视海洋新兴产业可持续发展问题研究。由于我国部分地区对海洋的长期过度开发，赤潮等人为灾害问题日益严重，"近海无鱼"已成为大多数地区的现实情况，海洋环境问题已成为制约沿海地区海洋新兴产业发展的首要问题。现有研究在海洋环境承载力、海洋生态保护等方面已有了一定的成果，但就如何以高新技术提升海洋新兴产业的环境友好度、以及资源约束下海洋新兴产业的发展模式，还需要研究的继续深入。

第二，加强调查研究，完善符合中国实际的海洋产业理论体系。我国海洋新兴产业起步较晚，基础理论研究主要借鉴了发达国家在海洋新兴产业领域的成果，但由于西方国家政策体制以及基础研究水平的不同，国外成功经验在国内难以复制。为了我国海洋新兴产业的长远发展，未来应重视海洋新兴产业的调查实证，逐步形成我国海洋新兴产业理论体系，以期为区域海洋新兴产业阶段性发展提供可靠的规划与指导。

第三，契合时代需求，继续深化海洋战略性新兴产业相关研究。随着《"十三五"国家战略性新兴产业发展规划》的发布以及"十三五"海洋经济创新发展示范工作的不断推进，海洋新兴产业尤其是海洋战略性新兴产业已成为海洋经济创新发展的关键，在当前经济发展背景下发展潜力巨大。因此，未来应继续加强海洋战略性新兴产业研究，探索其创新发展的新路径，实现海洋经济健康快速可持续发展。

我国 《渔业法》 域外效力的强化

——兼论负责任远洋渔业国家形象的维护

薛桂芳　房　旭[*]

经过三十余年的发展，我国已经成为名副其实的远洋渔业[①]大国，远洋渔船的数量、产业的规模和产量持续居于世界前列。[②] 为了应对渔业可持续发展面临的渔业资源不断衰退的挑战，[③] 全球性、区域性渔业组织相继成立。这些渔业组织通过推动缔结条约、达成多边协议等方式促进海洋

薛桂芳 (1967—)，女，山东诸城人，上海交通大学凯原法学院特聘教授、博士生导师，主要研究方向：国际法、海洋法。

房旭 (1989—)，男，安徽长丰人，浙江工商大学法学院，讲师，主要研究方向：海洋法、渔业法。

基金项目：本文系农业部渔业渔政管理局 2016 年渔政管理委托项目 "《渔业法》修订的相关问题研究 (项目编号：17162130110241254)" 的阶段性研究成果。

[①] 远洋渔业是指中华人民共和国公民、法人和其他组织到公海和他国管辖海域从事海洋捕捞以及与之配套的加工、补给和产品运输等渔业活动，但不包括到黄海、东海和南海从事的渔业活动。参见《远洋渔业管理规定》第 2 条。《全国渔业发展第十三个五年规划》指出 "十三五" 渔业发展指导思想包括：大力推进渔业供给侧结构性改革，加快转变渔业发展方式。在 "基本原则" 和 "重点任务" 中强调要坚持 "走出去" 战略，推进开放发展，规范有序发展远洋渔业。

[②] 参见农业部副部长于康震在中国远洋渔业发展 30 年座谈会上的讲话，"我国远洋渔业年产量 30 年增长近 800 倍"，新华网，2015 年 3 月 30 日，http://news.xinhuanet.com/fortune/2015-03/30/c_ 1114811198. htm。

[③] 联合国粮农组织一份最新报告指出，全球捕鱼数量已经逼近渔业可持续发展的极限值，大约 90% 的野生鱼类正面临过度捕捞。联合国粮农组织渔业部门负责人曼努埃尔·巴朗热说："我们从海洋中捕鱼的数量势必有个极限值，而当前捕捞水平很可能已经非常接近该极限值。" 基于对联合国粮农组织有关商业鱼类资源储量评估的分析可知，可持续利用的世界渔业资源储量所占的比例从 1974 年的 90% 减少到 2013 年的 68.6%。参见薛桂芳、房旭："我国远洋渔业涉外安全事件及安全生产的保障措施研究"，《广西大学学报》(哲学社会科学版)，2017 年第 1 期，第 76 - 77 页。

渔业资源养护管理措施的不断严苛和细化。从现有养护海洋渔业资源的国际法的内容来看，海洋渔业资源养护力度日趋加大，养护措施呈现多样化特征，船旗国、沿海国、港口国以及贸易市场国和其他利益相关各方皆成为养护海洋渔业资源的义务主体。① 《联合国海洋法公约》（以下简称《公约》）明确规定各国有为其国民采取养护公海生物资源措施的义务。② 与此同时，从《公约》第 58 条第 3 款、第 62 条第 4 款、第 192 条可以看出，船旗国有义务确保悬挂其旗帜的渔船遵守入渔国法律，必须采取必要措施确保悬挂其旗帜的渔船不从事非法、未报告、不受管制的捕捞（以下简称 IUU 捕捞）。③ 其中，通过立法规制远洋违法捕捞行为是船旗国履行养护海洋渔业资源义务最主要、也是最重要的方式之一。④ 因此，船旗国必须制定法律以规范其国民的域外捕捞行为。换言之，船旗国的国内渔业法必须对其国民的域外捕捞行为产生拘束力，以树立负责任远洋渔业国家的形象，进一步拓展远洋渔业发展空间。

一、《渔业法》域外效力的界定

作为行为规范和社会关系的"调整器"，依靠国家强制力保证最终实施是法律区别于其他社会规范的最基本和最根本的特征。就法律本身而言，效力是其生命，亦是其存在的方式。通常而言，法律效力范围是指法律对人的效力、时间效力、空间效力。就法律的空间效力而言，基于主权平等原则以及尊重他国主权之考虑，原则上，一国的法律仅在其管辖领土范围内有效。然而，随着全球化进程的加快，国家之间的交往日益密切、频繁，恪守传统的属地管辖原则已经不符合全球化的现实需求。因此，作

---

① 现有的国际渔业法体系逐渐完善，非法捕捞规制机制日趋完备，更多的主体参与到海洋渔业资源养护中，更多的义务被赋予捕捞者，渔业资源养护措施也在不断创新。

② 参见《联合国海洋法公约》第 117 条。

③ Victor Alencar Mayer Feitosa Ventura, "Tackling Illegal, Unregulated and Unreported Fishing: the ITLOS Advisory Opinion on Flag State Responsibility for IUU Fishing and the Principle of Due Diligence", *Brazilian Journal of International Law*, Vol. 12, No. 1, 2015, p. 61.

④ 首先，为了规范渔业行为、养护渔业资源，几乎所有国家都有关于渔业的立法；其次，从这些国家的渔业法律的内容来看，它们都有关于远洋违法捕捞行为以及相应罚则的规定。

为法律固有属性的"力"的空间作用范围需要通过合理的"连接点"向主权管辖范围外进行拓展，即法律的域外效力问题。随着国际经济一体化的加深和信息社会的到来，法律的域外效力问题越来越突出。[1]

美国是法律域外效力问题的发源地，"经济法领域"法律域外效力的确立依赖于美国强大的政治经济地位。目前，国内外学术界就法律域外效力的内涵已经达成基本共识，即法律域外效力是指法律在颁布者管辖范围之外具有拘束力。由此可见，法律域外效力着重强调法律的拘束力在空间上拓展至立法国管辖范围之外。对于"域外效力"的具体呈现方式，国内外学术界皆存在不同的观点。[2] 概括而言，有关法律域外效力具体呈现方式的观点主要有三种：第一种观点认为，法律的域外效力是指法律对域外的人、物、行为产生拘束力，既包括对域外的本国人产生拘束力也包括对域外的外国人产生拘束力；第二种观点认为，域外效力是指本国法律可以在其制定者管辖范围以外被域外司法机构或行政机关适用或执行的状态；第三种观点认为，除上述两种情况之外，法律域外效力还表现为调整本法域内的涉外法律关系。[3] 作为对传统的主权平等原则的突破，第一种观点和第二种观点属于典型的法律域外效力的内涵范畴，而第三种观点不符合"域外效力"的内涵共识，其立论基础应当是国家主权原则，无需在"域外效力"话语体系下进行讨论。

综上所述，法律的域外效力必然包含涉外因素，空间因素涉外是其核心，主要是指作为法律固有属性的"力"的空间作用范围延伸至立法国领域之外，既可以指法律对领域外的人、物、行为产生拘束力也可以指法律被他国国家机关适用。事实上，不少国家和地区的法律都包含有法律域外

---

[1] 齐爱民、王基岩："大数据时代个人信息保护法的适用与域外效力"，《社会科学家》，2015年第11期，第104页。

[2] 例如，美国学者利·布里梅尔与查尔斯·诺奇认为："'域外效力'一词无固定意义，其必然包含涉外因素，但具体如何呈现则无定论。"参见 Lea Brilmayer and Charles Norchi，"Federal Extraterritoriality and Fifth Amendment Due Process"，*Harvard Law Review*，Vol. 105，No. 6，1992，pp. 1217 – 1218，note 3。

[3] 孙国平："论劳动法的域外效力"，《清华法学》，2014年第4期，第26 – 28页。

效力条款。①《中华人民共和国刑法》（以下简称《刑法》）中的属人管辖条款、保护性管辖条款以及国外刑事判决的处理条款就是典型的域外效力条款，因为它赋予自身对于其管辖领域之外的特定行为以管辖权。竞争法也具有明显的域外效力特征，美国法院很早就赋予其反托拉斯法域外效力。美国法院认为，即使某些行为发生在一国领域之外，但若是它们能对该国国内事务产生影响，该国对这些行为仍然具有管辖权，这是毋庸置疑的。欧盟竞争法也有类似的域外效力。②

正如前文所述，我国管辖海域内渔业资源的快速衰退使远洋渔业成为我国渔业"转方式、调结构"的重要手段，规范有序发展远洋渔业是我国渔业"十三五"发展规划的重要内容。然而，我国远洋渔业的规范有序发展离不开《中华人民共和国渔业法》（以下简称《渔业法》）对我国国民的远洋违法捕捞行为进行有效规制。因此，本文论述的《渔业法》域外效力是指《渔业法》对我国国民的域外（公海、他国管辖水域）捕捞行为具有拘束力，属于"法律对领域外的人、物、行为产生拘束力"的域外效力内涵范畴。

二、我国《渔业法》域外效力的现状及其局限性

由于全球经济一体化等原因，法律的域外效力已经不再限于传统的破产法、消费者权益保护法、竞争法等美国所称的"经济法"领域，越来越多其他领域的法律也表现出一定的"域外效力"。③《渔业法》即是其中之一。海洋的整体性以及渔业资源的流动性决定了渔业资源利用与养护国际合作的必然性，《渔业法》域外效力问题亦随之凸显。近年来，国际海洋渔业管理呈现日渐严格的趋势，但我国远洋渔船违法捕捞事件仍频频发生，适用《渔业法》规制我国国民的远洋违法捕捞行为以维护我国负责任

---

① Mark Janis, *An Introduction to International Law*, Boston: Little Brown § Company, 1988, pp. 258 – 259.

② 石佳友："我国证券法的域外效力研究"，《法律科学》，2014 年第 5 期，第 130 页。

③ 齐爱民、王基岩："大数据时代个人信息保护法的适用与域外效力"，《社会科学家》，2015 年第 11 期，第 103 页。

远洋渔业国家形象具有现实必要性。

（一）"双重"有限的域外效力

作为远洋渔业大国，《渔业法》对我国"国民"（我国公民、法人及在我国登记的船舶）的域外违法捕捞行为的规制却存在不足之处。有学者认为，渔业管理缺陷或不足引起了许多渔业资源利用中的负外部性问题，例如生态环境的负外部性、渔民间的交互负外部性等，这进一步加剧了渔业资源的衰退。① 我国现行《渔业法》第 2 条规定："在中华人民共和国的内水、滩涂、领海、专属经济区以及中华人民共和国管辖的一切其他海域从事养殖和捕捞水生动物、水生植物等渔业生产活动，都必须遵守本法。"同时，该法第 8 条规定："外国人、外国渔业船舶进入中华人民共和国管辖水域，从事渔业生产或者渔业资源调查活动，必须经国务院有关主管部门批准，并遵守本法和中华人民共和国其他有关法律、法规的规定。"② 这些规定表明我国《渔业法》直接采用属地管辖（Territorial Jurisdiction）原则，而没有关于属人管辖（Nationality Jurisdiction）的直接规定。

虽然《渔业法》本身并未包含直接的域外效力条款，但是通过立法结构技术的使用，其具有一定程度的域外效力。从《渔业法》《刑法》《远洋渔业管理规定》等法律的相关内容可以看出，我国《渔业法》的域外效力是一种"双重"有限的域外效力。首先，《渔业法》需要借助其他媒介间接产生域外效力，即"以《刑法》为媒介的间接域外效力"以及"以《远洋渔业管理规定》为媒介的域外效力"。其次，在法律责任方面，《渔业法》未能规制我国国民可能涉及的全部远洋违法捕捞行为。

1. 以《刑法》为媒介的域外效力。《渔业法》域外效力最直接的体现，是其能对我国国民的远洋捕捞行为产生拘束力。远洋违法捕捞行为大致可以分为两类：违反《刑法》、构成犯罪的违法捕捞行为和违反渔业法

---

① 唐议、苏舒："渔业资源利用的负外部性问题研究"，《太平洋学报》，2017 年第 7 期，第 58 页。
② 《中华人民共和国治安管理处罚法》在法律效力范围的问题上也采取同样的规定。有学者认为，这是导致该法不具有域外效力的原因之一，其后果之一是中国公民恶意规避该法的行为多发。参见石启飞："论《治安管理处罚法》的域外效力"，《净月学刊》，2013 年第 5 期，第 90 - 91 页。

律、构成行政违法的违法捕捞行为①。我国《渔业法》有违法捕捞刑事责任的规定,《刑法》既有破坏环境资源罪的相关规定,又有我国公民域外犯罪的相关规定,②对于违反《渔业法》且构成犯罪的远洋违法捕捞行为,我国渔业管理部门当然可以依据《渔业法》《刑法》的相关规定进行定罪量刑。实践中,我国也积累了许多这方面的司法案例。③此时,《渔业法》的域外效力是毋庸置疑的。但是,从整部《渔业法》来看,这种域外效力是有限的、间接的,《渔业法》有关捕捞作业的所有规定并不能全部适用于远洋渔业。若是《刑法》没有破坏环境资源罪的规定,依据《渔业法》自身效力范围的规定④,则难以对构成犯罪的远洋违法捕捞行为产生拘束力,《渔业法》有关远洋违法捕捞刑事责任的规定就流于形式,成为没有"牙齿"的法律条款。

2. 以《远洋渔业管理规定》为媒介的域外效力。除了构成犯罪的远洋违法捕捞行为之外,其他构成行政违法的远洋违法捕捞行为,违法者需依法承担行政责任。由于《渔业法》直接采用属地管辖原则,在规制这类远洋违法捕捞行为时,其呈现的域外效力是有限的。尤其与规制构成犯罪的远洋违法捕捞行为相比,《渔业法》域外效力所受限制更多,不仅需要以《远洋渔业管理规定》为媒介发生域外效力,而且还不能对所有构成行政违法的远洋违法捕捞行为产生拘束力。

在远洋捕捞行为规范方面,《渔业法》规定:"国家对捕捞业实行捕捞许可证制度,到公海从事捕捞作业的捕捞许可证,由国务院渔业行政主管

---

① 这里所说的行为违法性的判断标准是我国相关法律的规定。

② 参见《渔业法》第38条、《刑法》第7条、第340条、第341条。

③ 例如,2014年福建省连江县渔民史华明因在日本海域非法采捕红珊瑚被日本法院判处有期徒刑。史华明回国后,福建省连江县法院依据我国《刑法》《渔业法》等相关法律的规定,再次判处史华明有期徒刑一年并处罚金3万元,史华明的"三无"船舶也被连江县海洋与渔业执法部门依法拆解。参见张静雯、叶雨淋:"船拆解、人坐牢——保护红珊瑚没商量",《中国海洋报》,2016年9月23日,第A3版。

④ 《渔业法》第2条规定:"在中华人民共和国的内水、滩涂、领海、专属经济区以及中华人民共和国管辖的一切其他海域从事养殖和捕捞水生动物、水生植物等渔业生产活动,都必须遵守本法。"该条体现的是《渔业法》的属地管辖原则,单凭属地管辖之规定,《渔业法》无法规制构成犯罪的远洋违法捕捞行为。

部门批准发放。到他国管辖海域从事捕捞作业的，应当经国务院渔业行政主管部门批准。从事捕捞作业的单位和个人，必须按照捕捞许可证关于作业类型、场所、时限、渔具数量和捕捞限额的规定进行作业，违反捕捞许可证关于作业类型、场所、时限和渔具数量的规定进行捕捞的，没收渔获物和违法所得，可以并处五万元以下的罚款；情节严重的，并可以没收渔具，吊销捕捞许可证。"① 此外，我国《远洋渔业管理规定》第29条还规定："不按农业部批准的或《公海渔业捕捞许可证》规定的作业类型、场所、时限生产，或使用禁用的渔具、渔法进行捕捞，或非法捕捞珍稀水生野生动物的，由省级以上人民政府渔业行政主管部门或其所属的渔政渔港监督管理机构根据《渔业法》和有关法律、法规予以处罚。"② 由于《公海渔业捕捞许可证》、远洋渔业项目批准文件以及《渔业法》有关使用禁用的渔具、渔法进行捕捞，或非法捕捞珍稀水生野生动物之规定对于远洋捕捞作业的规范要求低于为充分实现《渔业法》立法目的之要求③，《渔业法》并不能借助《远洋渔业管理规定》有效规制我国国民可能涉及的所有远洋违法捕捞行为④，许多远洋违法捕捞行为"游离于"《渔业法》的规制之外，不利于我国负责任远洋渔业国家形象的维护。在 IUU 捕捞"盛行"、全球海洋渔业资源持续衰退、国际社会加强对海洋渔业管控的形势下，负责任远洋渔业国家形象本身就是一张潜在的入渔"许可证"，关乎国家远洋渔业经济的可持续发展。

由《渔业法》（第 23、25、41 和 42 条）和《远洋渔业管理规定》（第 19 和 29 条）的相关规定可以看出，《渔业法》的部分内容以《远洋渔

---

① 参见《渔业法》第 23 条、第 25 条、第 42 条。
② 参见《远洋渔业管理规定》第 29 条。
③ 《公海渔业捕捞许可证》和农业部的批准文件只要求捕捞者按照既定的远洋渔业作业类型、场所、时限、渔具数量和捕捞限额的规定进行作业，《远洋渔业管理规定》规定了禁止使用禁用的渔具、渔法进行捕捞，禁止非法捕捞珍稀水生野生动物。然而，为了实现《渔业法》的立法目的，在此之外，《渔业法》还提出了许多义务性要求，如禁止使用炸鱼、毒鱼、电鱼等破坏渔业资源方法进行捕捞，禁止违反关于禁渔区、禁渔期的规定进行捕捞，禁止使用小于最小网目尺寸的网具进行捕捞或者渔获物中幼鱼超过规定比例，等等。
④ 这里的远洋违法捕捞行为不包括构成犯罪的远洋违法捕捞行为，关于《渔业法》对构成犯罪的远洋违法捕捞行为的规制，下文有详细的论述。

业管理规定》为媒介产生域外效力，但其只对违反捕捞许可证、批准文件的相关内容以及使用禁用的渔具、渔法进行捕捞，或非法捕捞珍稀水生野生动物的远洋违法捕捞行为产生拘束力，对《渔业法》规定的构成行政违法的其他远洋违法捕捞行为不具有拘束力。例如，使用炸鱼、毒鱼、电鱼等破坏渔业资源方法进行捕捞，违反关于禁渔区、禁渔期的规定进行捕捞，使用小于最小网目尺寸的网具进行捕捞或者渔获物中幼鱼超过规定比例等。正因为如此，在我国远洋渔业执法实践中，执法人员经常陷入"欲对破坏海洋渔业资源的远洋违法捕捞行为进行处罚而于法无据"的窘境。

（二）"双重"有限域外效力的局限性

《渔业法》有限的域外效力最明显的局限性是使我国远洋渔船的远洋违法捕捞行为逃脱法律的制裁。《渔业法》明确规定："加强渔业资源的保护、增殖、开发和合理利用是《渔业法》的目的之一。"[①] 同时，"加强远洋渔业管理，保护和合理利用海洋渔业资源，促进远洋渔业的持续、健康发展是《远洋渔业管理规定》的重要立法目的"[②]。《渔业法》有限的域外效力影响立法目的的实现。但是，在全球海洋渔业资源持续快速衰退以及渔业国际组织、各沿海国不断提高入渔门槛、加大执法和处罚力度的背景下，频频发生的远洋违法捕捞事件只会让远洋捕捞国在公海、他国管辖海域不断失去"市场"。如不能及时进行有效管辖，长此以往，将会拖累海洋渔业经济的可持续发展。

就《渔业法》自身而言，有限的域外效力会降低其权威性和威慑力。众所周知，法治与法制相比，前者在后者的基础上更加强调"法治精神"层面的良法和善治。除了强调依据成文的渔业法律开展渔业活动并进行渔业管理之外，法治渔业还意味着一切涉渔活动都要符合渔业法律之目的和价值追求。理论上，凡是破坏渔业资源的捕捞行为皆违悖渔业法律的目的和价值追求，但有限的域外效力使《渔业法》对国民违悖渔业法律目的和价值追求的远洋违法捕捞行为"管不了"或者"管不好"，给社会公众留

---

① 参见《渔业法》第1条。
② 参见《远洋渔业管理规定》第1条。

下《渔业法》不具有强制力、"违法也无妨"的印象,降低《渔业法》的权威性。除此之外,由于《渔业法》依赖一定的媒介间接发生域外效力,使得域外效力的实现与直接的域内效力相比,需要更繁琐的程序、更高的执法成本等。倘若渔业执法人员执法不严、怠于履行职责还会进一步降低《渔业法》的权威性。

在国际层面,由违法捕捞引起的全球海洋渔业资源不可持续利用问题已经引起国际社会的高度重视。全球性、区域性、双边或多边渔业组织相继成立,规范捕捞活动、养护海洋渔业资源的国际法也越来越多。负责任渔业(Responsible Fisheries)成为联合国粮农组织(FAO)应对全球性海洋渔业资源危机的战略框架,[①] 远洋渔业国家需要积极采取行动规制其国民的 IUU 捕捞行为。作为应然结果之一,船旗国被赋予更多养护海洋渔业资源的国际法义务,是否切实履行养护海洋渔业资源的国际法义务是负责任远洋渔业国家的主要评判标准。在 IUU 捕捞成为全球海洋渔业资源快速衰退主要原因的背景下,负责任渔业国际形象意味着更广阔的远洋渔业发展空间,事关一国海洋渔业经济的可持续发展。近年来,我国渔船的远洋违法捕捞事件被频频曝光,[②] 我国渔业管理部门也明确提出要加强远洋渔业管理。然而,《渔业法》有限的域外效力所带来的负面影响容易使国际社会产生中国怠于履行国际法义务、是不负责任远洋渔业国家等负面印象,从而对我国的大国形象、国际政治影响力和国民经济发展等造成无法估量的损失。当前,在迫切需要通过大力发展远洋渔业以促进渔业转型升级的形势下,我国应当从树立负责任远洋渔业国家国际形象的高度,提升

---

① 联合国粮农组织于 1995 年 10 月通过的渔业管理的国际指导性文件《负责任渔业行为守则》(Code of Conduct for Responsible Fisheries)是其代表性纲领。周界衡、慕永通:"负责任渔业的兴起、发展与困境",《中国渔业经济》,2012 年第 3 期,第 12 页。

② 绿色和平的数据显示,2000—2006 年以及 2011—2013 年期间,中国渔船在毛里塔尼亚、塞内加尔等西非六国共被发现 183 起涉嫌违法捕捞行为,31% 的船只多次发生违法捕捞行为。参考:Greenpeace International,"New Evidence Shows Chinese,West African Governments must Rein in Rogue Fishing Fleet",May 20,2015,http://www.greenpeace.org/international/en/press/releases/2015/New-evidence-shows-Chinese-West-African-governments-must-rein-in-rogue-fishing-fleet/。

自身履行养护海洋渔业资源国际义务的能力。①

鉴于国际形象不会必然随着我国国际地位和综合国力的提升而改善，综合国力也不能自动转化为传播能力，我国必须通过实际行动来努力塑造负责任远洋渔业国家形象。在规制 IUU 捕捞已经成为世界性难题的背景下，以大国为中坚力量的国际规制越是有效，这个大国的国际影响力越大，其国际形象就越好。因此，我国《渔业法》应当具有完全的域外效力，应在《渔业法》空间效力的相关内容中增加"中华人民共和国公民、法人及在中华人民共和国登记的船舶在公海、他国管辖水域从事渔业生产活动，应遵守本法的有关规定"的内容，以促进我国远洋渔业规范有序发展、维护我国负责任远洋渔业国家形象，为我国远洋渔业拓展更广阔的发展空间。

三、《渔业法》完全域外效力的正当性基础

《渔业法》有限的域外效力会使我国远洋渔业发展陷入恶性循环的"泥沼"中。一方面，我国远洋渔船违法捕捞事件被频频曝光；另一方面，我国管辖海域内渔业资源的快速衰退亟待我国积极拓展海外渔场以实现海洋渔业经济可持续发展。我国《渔业法》应当具有完全的域外效力，以提高其对远洋违法捕捞行为的规制和威慑力。②《渔业法》的完全域外效力突破了属地管辖原则，以"国民"为连接点对域外捕捞行为产生拘束力。笔者认为，赋予我国《渔业法》完全的域外效力具有法律、道义、经济及政治等方面的正当性基础。在行动理念方面，与国际社会保持高度一致，坚决打击远洋违法捕捞行为，保护海洋渔业资源；在行动方式方面，切实将船旗国保护渔业资源的国际义务转化为国内立法。理念与行动的有机结合

---

① 《"十三五"全国远洋渔业发展规划》在指导思想中指出"要加强规范管理，建设负责任远洋渔业强国，提升国际形象"。

② 《全国渔业发展第十三个五年规划》强调，"十三五"期间我国要严格遵守法律法规、履行国际条约义务，依法打击和取缔非法捕捞行为，树立负责任渔业大国形象。在"基本原则""重点任务"中多次提到要规范有序发展远洋渔业。加大远洋渔业管理的法制保障力度成为实现"十三五"渔业发展目标的保障措施之一。

有助于在国际社会占据道德制高点，牢固树立负责任远洋渔业国家的国际形象。

（一）法律基础：国际法为《渔业法》的完全域外效力提供依据

法律域外效力的合法性源于事件、标的、当事人这些要素本身的影响溢出了国家的边界。① 在阿拉斯加州诉班德朗非法捕捞案中（State v. Bundrant），阿拉斯加州最高法院支持州法律的域外效力，前提是相关行为和正当的州利益之间有足够的关联。② 一些学者认为，管辖事项与立法国之间存在足够的联系以及发生于境外的事项对立法国利益产生重要影响是法律域外效力合法性的两个前提。③ 奥康耐尔教授（D. P. O'conell）给出了以下标准："判断一部法律的域外适用是否符合国际法，要看它所适用的事件、行为或人是否与立法国的和平、秩序和良好统治有关联。"④ 依据习惯国际法的规定，国际法上的禁止性规定乃一国自由行使域外管辖权的唯一障碍。⑤ 国际常设法院有关"荷花号"一案的判决常被援引来说明国家行使管辖权的自由。该案的判决指出："习惯国际法并不存在否定主权国家内国法域外效力的普遍规则，在此方面，应遵循法无禁止即自由原则。"⑥ 笔者认为，国际法之所以尊重主权国家域外适法的行为自由是因为在全球化的背景下，法律的域外效力有利于保障人权、促进国际性问题的解决、维护国际社会秩序。首先，在尊重主权、不干涉内政和国际礼让等原则的前提下，域外效力并不必然对他国的国家主权带来损害；其次，域外效力对于国际法的发展甚至可以是有益的，因为它有助于促进环境、

① 转引自石佳友："我国证券法的域外效力研究"，《法律科学》，2014 年第 5 期，第 129 - 130 页。

② Brabner-Smith, A., "Fisheries-Extraterritorial Jurisdiction: State Power to Regulate Crab Fishing Beyond Territorial Waters. -State v. Bundrant", *International School of Law Review*, Vol. 1, No. 2, 1976, pp. 201 - 202.

③ 石佳友："我国证券法的域外效力研究"，《法律科学》，2014 年第 5 期，第 130 页。

④ Michael Lennard, "Weaving Nets to Catch the Wind: Extraterritorial and Supraterritorial Business Regulation in International Law", Paper presented at the 23rd International Trade Law Conference, Canberra, May 29, 1997.

⑤ Harold G. Maier, "Extra-territorial Jurisdiction and the Cuban Democracy Act", *Florida Journal of International Law*, Vol. 8, No. 2, 1993, pp. 391 - 392.

⑥ The Case of the S. S. Lotus, in Permanent Court of International Justice, Collection of Judgments, Series A, No. 10, Leyden: A. W. Sijthoff's Publishing Company, 1927, p. 18

资源等领域的国际保护。从我国《渔业法》《远洋渔业管理规定》等渔业法律的相关内容可以看出，合理开发海洋渔业资源、实现海洋渔业可持续发展是渔业法律的共同目的，规范的远洋捕捞行为是实现这些立法目的的必要条件，因此，为实现此目的的《渔业法》具备完全域外效力具有合法性。

尽管各国赋予不同部门法域外效力的背景不尽相同，但是它们总能从国际法管辖权理论中找到推行国内法域外效力的依据。属人管辖是以国籍为基础行使管辖权。依据属人管辖原则，国家有权对其国民在外国的行为实行管辖。属人管辖常被引用作为法律域外效力的依据。在国际法上，法律保持适度的域外效力已经是一个被普遍承认和接受的现象。在一定的情形下，国际法认可主权国家立法管辖权的域外扩张，例如，管辖悬挂本国国旗的船舶和飞机、国外的本国国民等。① 对于此类情况，国际法承认一国有权在其域外依法行使立法管辖权、执法管辖权以及裁判管辖权。依据此原理，《渔业法》对我国国民的远洋捕捞行为产生拘束力具有充分的国际法理基础。

从《公约》等国际海洋法以及国际海洋法法庭咨询意见的相关内容可以看出，在海洋渔业资源的养护方面，船旗国有义务采取措施确保其国民在公海、他国管辖海域不从事 IUU 捕捞。② 甚至有学者认为，规制 IUU 捕捞的主要责任在于船旗国。③ 作为《公约》的缔约方以及许多重要国际渔业法的参加者，通过赋予《渔业法》完全的域外效力以对我国渔船可能涉及的所有远洋违法捕捞行为进行规制是我国积极履行养护海洋渔业资源的

---

① The American Law Institute, "Restatement of the Law, Third, Foreign Relations Law of United States", § 402, 1987, comments d-h.

② 参见《公约》第117条、《负责任渔业行为守则》第8条第2（5）款、第8条第2（7）款、《促进公海渔船遵守国际养护及管理措施的协定》（Agreement to Promote Compliance with International Conservation and Management Measures by Fishing Vessels on the High Seas）第3条第8款、《预防、阻止、消除 IUU 捕捞的国际行动计划》（International Plan of Action to Prevent, Deter and Eliminate IUU Fishing）第48条。

③ Blaise Kuemlangan, "Michael Press, Preventing, Deterring and Eliminating IUU Fishing: Port State Measures", *Environmental Policy and Law*, Vol. 40, No. 6, 2010, p 266. 李良才："船旗国对管制 I UU 捕捞的责任、现状、问题及对策"，《河北渔业》，2009 年第 1 期，第 13 页。

国际法义务的重要举措，亦能维护我国负责任远洋渔业国家形象。

（二）道义基础：国民对国家的忠诚以及法律义务的道德化

第二个被普遍接受的域外效力正当性基础是国家有权规制其国民的行为，包括那些在国外的国民所实施的行为，以及对他们违反国内法的行为进行制裁。这项被普遍认可的权力渊源于国内法上的国民对为其提供保护的国家的忠诚义务。① 该项原则比属地管辖的历史更加久远，是中世纪以来就存在的一种学说，以国家固有的处罚权为基础。在海洋渔业领域，除了维护渔民权益之外，我国渔业法律的立法目的还包括合理开发海洋渔业资源、维护海洋渔业生产秩序、实现海洋渔业健康、可持续发展。我国国民必须尊重国家的这些海洋渔业管理目标，并通过实际行动促进其实现。鉴于远洋渔业对我国海洋渔业可持续发展的重要性以及违反《渔业法》的远洋违法捕捞行为对我国远洋渔业发展的负面影响，我国渔业管理部门有充分的理由对国民的远洋违法捕捞行为进行规制，作为国民的远洋渔民也应当自觉、积极遵守《渔业法》的义务性规定。

随着全球海洋渔业资源在人为因素的影响下快速衰退，渔业国际组织和相关国家的海洋渔业资源养护意识逐渐增强，积极推动制定养护海洋渔业资源的国际法。自 20 世纪以来，国际海洋渔业法的数量越来越多、内容越来越丰富。养护海洋渔业资源从最初的倡议、自愿性行为发展到如今的具有一定程度强制性的法律义务，国际层面养护海洋渔业资源的力度不断加大。在亲历人类破坏环境所带来的恶果之后，绝大多数人的环保意识会逐渐增强，养护海洋渔业资源甚至已经成为他们自发性的道德行为，从强制性的法律义务上升到自律性的道德义务使海洋渔业资源养护具有更广泛的道义基础。② 也就是说，"效力"可以意味着，一项规范仅因其本身的原因在个人的良心中作为行为的推动力发生作用。这种规范效力是指一个规范本身为人们的良心所认同，并作为行为动因发生作用，而不是因为顾及

---

① R. R. Baxter, "The Extraterritorial Application of Domestic Law I: General Principles", *University of British Columbia Law Review*, Vol. 1, No. 3, 1959, pp. 334, 338 – 339.

② 目前，国际社会存在许多非营利性的环保组织，自筹经费进行海洋生物资源保护，如海洋守护者、自然资源保护协会等。

刑事惩罚或者其他制裁而被动遵守，或者简单地说，人们是"出于义务"而不是出于对外来强制恐惧而行为。如果一项规范因此成为行为的推动力，即获得了道德实效性。因此，海洋渔业资源养护义务的道德化为我国《渔业法》的完全域外效力奠定了深厚的道义基础。实践中，养护海洋渔业资源已经成为国际社会的一项重要任务，各国国内法也都有养护海洋渔业资源的义务性规定。在上述国际大背景下，赋予我国《渔业法》完全的域外效力以规制远洋违法捕捞行为既合法又合理，这一举措不仅具有深厚的道义基础而且也是我国积极履行海洋渔业资源养护国际义务最有力的证据。

（三）经济基础：渔业经济可持续发展的管制需求

在公海捕鱼自由的基础上，《公约》为渔业的进一步全球化提供了制度基础。除了既有的公海捕鱼自由制度外，《公约》为沿海国专属经济区内生物资源的合作利用提供了法律依据。基于这些规定，一国可以将捕捞渔业的地理作业范围扩展至全球大部分海域，实现海洋渔业生产的全球化。随着国家管辖海域内渔业资源的过度开发，公海或他国管辖海域的渔业资源已经成为许多国家渔业可持续发展的重要"依托"。从渔业发展战略角度看，远洋渔业具有广阔的发展前景。但是，随着远洋渔业规模的扩大，远洋违法捕捞事件也在不断发生，违法捕捞已经成为全球海洋渔业资源快速衰退的重要原因。有效管理远洋渔业已经成为国际社会的一项重要议题，甚至成为拓展远洋渔业发展空间的前提条件。1998年，南极海洋生物资源养护委员会第17届大会通过的针对IUU捕捞的第19/XXI解决方案附件A明确提出缔约国政府为预防其国民从事IUU捕捞所采取的措施包括相关法律的域外适用。[1]

我国渔业"十三五"发展规划明确将远洋渔业作为渔业转型升级的重要依托。在我国管辖海域内渔业资源状况难以快速好转的现状下，大力发展远洋渔业是我国渔业经济可持续发展的重要举措。在海洋渔业资源养护

---

[1] Diane Erceg, "Deterring IUU Fishing through State Control over Nationals", *Marine Policy*, Vol. 30, No. 2, 2006, p. 178.

力度不断加大的国际背景下，有效规范本国国民的远洋捕捞行为是维护负责任远洋渔业国家形象、拓展远洋渔业发展空间的必要条件。由于远洋渔业具有打破国界的天然属性，远洋渔业规模的扩大以及远洋捕捞涉外安全事件的频发使我国《渔业法》的完全域外效力具有现实必要性。

（四）政治基础：国际社会对养护海洋渔业资源理念的全力推广

《2016年世界渔业和水产养殖状况》指出，31.4%的海洋鱼类种群被过度捕捞，处于不可持续发展的状况。[1] 长此以往，全球海洋渔业经济的可持续发展将难以为继。可喜的是，这一问题已经引起国际社会的高度重视，国际社会正在广泛讨论和细心研究导致海洋渔业资源压力与日俱增的问题，分析了各方面因素对海洋渔业资源可持续利用可能造成的影响，积极寻找解决海洋渔业危机的有效办法。联合国环境与发展大会、《生物多样性公约》缔约方会议、联合国粮农组织、国际海事组织等正在积极商讨有效的海洋渔业资源养护措施，[2] 船旗国、沿海国、港口国、市场国等主体被广泛要求参与海洋渔业资源的养护。与此同时，海洋渔业法律制度的完善步伐也正在加快，各海洋强国也在积极探索合理有效的路径，提高海洋渔业管理措施的效力。由海洋强国倡导通过的多边国际海洋渔业法越来越多，主要包括规范捕捞活动和养护海洋生物资源的国际法，保证捕捞渔船安全和防污、维护渔船船员权益的国际法，以及涉及水产品质量和国际贸易的国际法。[3] 国际组织及海洋强国对海洋渔业资源养护理念的极力贯彻为《渔业法》的完全域外效力提供了强大的政治基础，它既是《渔业法》完全域外效力的压力也是其动力。

面对海洋渔业资源快速衰退的现实，一些沿海国开始单方面采取措施试图保护其管辖海域的渔业资源。在拉美国家的影响下，许多亚洲和非洲

---

① FAO，"The State of World Fisheries and Aquaculture 2016"，http：//www. fao. org/3/a-i5555e. pdf，pp. 5 – 6.

② 刘丹著：《海洋生物资源保护的国际法》，上海人民出版社，2012年版，第30 – 38页。

③ 刘新山、任玉清、贺讯："捕捞渔船安全国际海事立法之观察"，《中国海商法研究》，2012年第1期，第102页。

的沿海国纷纷效仿，开始了世界范围的"海洋圈地运动"。① 目前，许多国家的国内渔业法都有域外效力的规定，例如澳大利亚、新西兰、挪威、南非、西班牙和美国都制定了针对渔民的法律，确保其渔民在域内、域外遵守海洋渔业资源养护和管理措施。澳大利亚 1991 年的《渔业管理法》规定，该法适用于澳大利亚公民、法人、船舶以及在澳大利亚船舶上的自然人，无论它适用于何区域，都等同于在澳大利亚的捕鱼区域。南非 1998 年的《海洋生物资源法》规定，该法适用于在南非领土内以及领土外的南非公民。②

四、结语：我国《渔业法》完全域外效力的适用规则构想

负责任远洋渔业国家形象有助于我国在国际海洋渔业事务中占据道德制高点，为我国参与国际海洋渔业规则的制定奠定基础。然而，如上文所述，负责任远洋渔业国家形象的维护依赖于客观事实和实际行动。我国远洋渔民的规范化捕捞与否属于衡量负责任远洋渔业的"客观事实"范畴。在维护负责任远洋渔业国家形象的实际行动方面，赋予我国《渔业法》完全的域外效力是有效途径之一。如前所述，《渔业法》的完全域外效力具有充分的法理和国家实践基础，也是我国远洋渔业自身发展的现实需求。船旗国有义务有效管控悬挂其旗帜的海洋捕捞渔船已经成为共识。③ 笔者认为，我国《渔业法》应将"完全域外效力"作为一般原则加以规定，在具体的实施方面，可借鉴我国《刑法》域外效力的相关规定④。在"完全域外效力"原则之外，综合考虑远洋违法捕捞行为在域外受罚的实际情况，确定无需追究法律责任、减轻法律责任的远洋违法捕捞情形，在权衡远洋违法捕捞行为与域外处罚的相称性之后，可以适当减轻或者免除远洋

---

① 薛桂芳著：《国际渔业法律政策与中国的实践》，中国海洋大学出版社，2008 年版，第 3—4 页。
② Diane Erceg, Deterring IUU fishing through state control over nationals, *Marine Policy*, Vol. 30, No. 2, 2006, p. 174.
③ Valentin J. Schatz, Combating Illegal Fishing in the Exclusive Economic Zone-Flag State Obligations in the Context of the Primary Responsibility of the Coastal State, *Goettingen Journal of International Law*, Vol. 7, No. 2, 2016, p. 396.
④ 参见《刑法》第 7 条、第 9 条。

违法捕捞主体法律责任。

对于已经被沿海国处罚的远洋违法捕捞行为，我国渔业行政主管部门进行处罚的具体规则可设计为：第一，基于"任何人不得从其违法行为中获利"的法理，没收违法所得是对所有有违法所得的远洋违法捕捞行为都适用的处罚，若沿海国没有没收违法所得，我国渔业行政主管部门应当没收违法所得。违法所得的表现形式可以是非法渔获物，也可以是出售非法渔获物所得的货币。第二，对于罚款处罚，我国渔业行政主管部门应当遵循"择一重罚处罚"原则，若我国应当给予的罚款高于沿海国已经给予的罚款，应当以两者的差额作为我国再次给予罚款处罚的数量；反之，我国不再给予罚款处罚，视远洋违法捕捞行为的具体情况进行处理。第三，就切实履行海洋渔业资源养护义务而言，我国给予的处罚应当体现对沿海国处罚的补充性。若沿海国的处罚以财产罚为主，在法定裁量范围内，我国的处罚应当以资格罚为主；若沿海国的处罚以资格罚为主，在法定裁量范围内，我国的处罚应当以财产罚为主，并视具体情况给予相应的资格罚。对于严重损害我国负责任远洋渔业国家形象的远洋渔业违法捕捞行为，除没收违法所得、择一较重罚款处罚外，若沿海国已经给予一定程度的资格罚，我国渔业行政主管部门应当依法进一步限制或者剥夺其从事远洋渔业的资格，即把好"门槛"关。对于多次实施远洋违法捕捞行为的行政相对人，除沿海国已经给予的处罚外，我国渔业行政主管部门应当重视资格罚的适用，即依法限制甚至剥夺其从事远洋渔业的资格。

如此设计《渔业法》完全域外效力的适用规则，一方面体现了我国切实履行养护海洋渔业资源的国际法义务，维护我国负责任远洋渔业国家形象；另一方面，实为拓展我国远洋渔业发展空间的积极作为。

陆海统筹推进"一带一路"建设探索

张远鹏　张　莉[*]

古丝绸之路通过陆上和海洋两条通道,将古老的中华文明与印度文明、埃及文明、希腊—罗马文明、两河文明和中亚文明等当时主要文明中心串联在了一起。十六世纪的大航海时代以来,对海洋的利用和掌控能力一直深刻影响着各国在世界经济政治版图中的地位,在这轮荷兰、英国和美国相继主导的全球化中,欧亚内陆古老文明国家的全球化进程相对滞后,经济全球化红利分配不均,理论界也在马汉的海权论和麦德金的陆权论间争鸣不已。同时,随着陆地资源的过度开发,以海洋为载体和纽带的产品、技术、信息的开发和合作方兴未艾,迫切需要统筹海洋经济与陆地经济的一体化发展,蕴含陆海统筹和互利共赢的"一带一路"倡议应运而生,赋予了丝绸之路全新的建设理念和时代内涵。

一、我国陆海统筹理念的发展

中国是一个海陆兼备的国家,不仅有众所熟知的 960 万平方千米的土地面积,还拥有超过 1.8 万千米的海岸线和约 300 万平方千米的主张管辖海域。改革开放四十多年来,对外开放从沿海城市逐渐扩大到内地,但伴随的是陆地资源的过度开发和环境约束的增强,海洋资源的战略重要性凸

---

* 张远鹏(1965—),男,江苏镇江人,南京信息工程大学商学院兼职院长、教授,江苏省社会科学院世界经济研究所研究员,硕士生导师,主要研究方向:世界经济。

张莉(1981—),女,山东潍坊人,江苏省社会科学院世界经济研究所助理研究员、上海国际问题研究院世界经济博士后,主要研究方向:国际贸易与投资理论。

基金项目:本文系国家社科基金一般项目"'一带一路'建设与区域经济一体化的研究"(17BJL064)的阶段性研究成果。

显。国内学术界，1978 年全国哲学社会科学规划会议上，著名经济学家于光远等最早提出了建立"海洋经济"新学科的建议，张海峰 2004 年首先提出"海陆统筹"，并建议将"统筹陆海两域发展"与"五个统筹"合为"六个统筹"①，徐质斌、栾维新、李靖宇、韩立民、叶向东、曹忠祥等许多学者对"陆海统筹"这一概念从国内区域统筹的角度进行了广泛的研究。在政府规划层面，国家海洋局在 1996 年发布的《中国海洋 21 世纪议程》中提出："要根据海陆一体化的战略，统筹沿海陆地区和海洋区域的国土开发规划，坚持区域经济协调发展的方针。"2003 年，国务院颁布了《全国海洋经济发展规划纲要》，首次提出要把我国建成海洋经济强国。2011 年 3 月通过的国家"十二五"规划提出"坚持陆海统筹，制定和实施海洋经济发展战略，提高海洋开发、控制、综合管理能力"。党的十八大报告首次把海域与陆域一起纳入"优化国土空间开发格局"②。党的十八大之后，陆海统筹战略进入密集规划期，2013 年秋，习近平主席提出了"一带一路"伟大构想，2015 年 3 月，国家发展改革委、外交部、商务部联合发布了《推动共建丝绸之路经济带和 21 世纪海上丝绸之路的愿景与行动》，"一带一路"建设方案正式出台，引领陆海统筹建设。2016 年 3 月通过的国家"十三五"规划提出"坚持陆海统筹，发展海洋经济，科学开发海洋资源，保护海洋生态环境，维护海洋权益，建设海洋强国"。2017 年 6 月，发布了《"一带一路"建设海上合作设想》③，提出"为进一步与沿线国加强战略对接与共同行动，推动建立全方位、多层次、宽领域的蓝色伙伴关系"。2017 年 10 月，党的十九大报告中强调，要"实施区域发展战

① 张海峰："海陆统筹 兴海强国——实施海陆统筹战略，树立科学的能源观"，《太平洋学报》，2005 年第 3 期；张海峰："再论海陆统筹兴海强国"，《太平洋学报》2005 年第 7 期；张海峰："抓住机遇 加快我国海陆产业结构大调整——三论海陆统筹兴海强国"，《太平洋学报》2005 年第 10 期；李靖宇、朱坚真著：《中国陆海统筹战略取向》，经济科学出版社，2017 年版，序言第 1 - 2 页。
② 胡锦涛："坚定不移沿着中国特色社会主义道路前进 为全面建成小康社会而奋斗"，人民网，2012 年 11 月 9 日，http://cpc.people.com.cn/18/n/2012/1109/c350821-19529916.html。
③ 国家发展改革委、国家海洋局联合发布："'一带一路'建设海上合作设想"，国家自然资源部网站，2017 年 6 月 20 日，http://www.mnr.gov.cn/dt/hy/201706/t20170620_2333219.html。访问时间：2021 年 6 月 29 日。

略，坚持陆海统筹，加快建设海洋强国"。2018 年 3 月的国务院机构改革中，国家海洋局与国土资源部一起纳入新组建的"自然资源部"，其海洋保护职责则与其他机构的环境保护部门划归新组建的"生态环境部"，为陆海资源统筹扫清了体制障碍。2019 年 4 月 23 日，习近平主席在青岛集体会见应邀出席中国人民解放军海军成立 70 周年多国海军活动的外方代表团团长时首次提出"推动构建海洋命运共同体"①。2020 年 10 月通过的《中共中央关于制定国民经济和社会发展第十四个五年规划和 2035 年远景目标的建议》在突出积极构建双循环新发展格局要求下，强调"坚持陆海统筹，发展海洋经济，建设海洋强国"，以及"提高海洋资源、矿产资源开发保护水平"，对海洋发展与保护并重的理念更加清晰。

可以清晰地看到，随着国内外大环境的发展和变化，国家对于陆海统筹发展的思路经历了从意识到发展海洋经济的重要性，到注重陆域经济与海域经济统筹发展的重要性，以及从区域内部协调发展向全球化均衡发展和开发保护协同推进的一个变化过程。因此，本文认为陆海统筹是指遵循陆海经济发展规律，发挥陆域经济与海域经济的相互支持作用，提升海洋经济相对陆域经济的地位，通过统筹陆海两域在资源开发、产业布局、通道建设和生态环境保护等领域的合作，促进海陆两大系统的优势互补、良性互动和整体发展，从而积极服务构建"以国内循环为主体，国内国际双循环相互促进"的新发展格局。

二、"一带一路"建设背景下我国海洋经济的发展

自我国加入《联合国海洋法公约》以来，我国海洋事业加快了同国际接轨的步伐，涉海事业全面发展，为陆海统筹奠定了坚实的基础。

（一）海洋经济已经成为国民经济的重要组成部分

20 世纪 80 年代，我国海洋经济逐步兴起，海洋渔业和海洋油气业最先发展，接着是海洋交通运输业和海洋装备制造等②，进入 21 世纪，海洋

---

① 人民网："世界海洋日，感受习近平建设海洋强国的'蓝色信念'"，2020 年 6 月 7 日，http: //politics. people. com. cn/n1/2020/0607/c1001-31738010. html。
② 张海峰、杨金森："到 2020 年把我国建成海洋经济强国"，《太平洋学报》，1997 年第 4 期。

生物医药业、海洋电力和海水利用业等海洋战略新兴产业迅速发展，特别是十八大以来，海洋的经济和社会价值逐步放大，全面渗透到整个国民经济体系。海洋科技创新对海洋经济的支撑作用日趋明显，"十二五"期间，海洋科技成果转化率超过50%，一批海洋关键技术取得重大突破，海洋潮流能发电技术的研发与应用、天然气水合物采集技术等自主研发的技术成果已经达到世界先进水平①，海洋经济正成为带动我国经济转型升级的重要力量和经济发展的重要内容。从世界范围来看，根据主要的海洋产业内容进行可比性统计和分析，引用张耀光②整理的世界主要国家海洋经济增加值，2005—2010年中国位列美国和日本之后居第三名，从2011年开始中国海洋经济产值（增加值）超过美日居全球领先地位，这一趋势被保持并扩大到有可比数据的2015年。2019年，我国海洋生产总值89 415亿元，占国内生产总值的9.0%，与2001年的9 518亿元相比，年均增速13.3%，明显高于同期国民经济增速，也高于世界其他国家③。

（二）我国海洋经济对外合作的基础

我国已经形成了比较完整的海洋产业体系，主要的海洋产业大致可以分为12类（如图1），三次产业结构从2003年的28%∶29%∶43%转变为2009年的5.9%∶47.1%∶47%，至2019年升级为4.2%∶35.8%∶60.0%，较快地完成了从"一二三"向"三二一"的转型，我国的滨海旅游业（50.6%）、海洋交通运输业（18.0%）和海洋渔业（13.2%）创造了超过八成的主要海洋产业增加值（如图1），可以看出，海洋油气和矿产资源等是我国的比较劣势产业，渔业、海洋运输和海洋船舶装备制造业是我国的比较优势产业。我国是世界渔业大国，远洋捕捞和海洋养殖技术水平持续提高，海洋渔业产量连续多年保持世界第一，几乎是印度尼西亚、美国和

① 《全国海洋经济发展"十三五"规划》，中国一带一路网，2017年5月5日，https：//www.yidaiyilu.gov.cn/zchj/jggg/18111.htm.访问时间：2021年6月29日。
② 张耀光："中国与世界多国海洋经济与产业综合实力对比分析"，《经济地理》，2017年第12期，第105页。
③ 国家海洋局："2019年中国海洋经济统计公报"，2020年5月9日，http：//gi.mnr.gov.cn/202005/t20200509_2511614.html.本文中2019年海洋经济相关数据均来源于此，或以此为计算依据，后面不再逐一说明。

日本三国捕捞产量总和。沿海基础设施进一步完善,海洋运输能力稳居世界前列,海上散货船、邮轮、集装箱、商船的拥有量均保持世界前 20 名,2019 年世界前十大港口中有 7 个为中国港口,其中上海港稳居世界第一。虽然受国际航运市场需求下降的影响,2019 年我国造船完工量、新承接订单量和手持订单量造船三大指标继续下降,但仍分别占世界市场份额的37.2%、44.5% 和 43.5%①,继续国际领先,前 10 家企业集中度有所提高。我国的海洋建筑业发展很快,自主研发出北极深水半潜式钻井平台、大型液化天然气(LNG)船和世界首座超深水海洋钻探储油工作平台等高端海工装备。得益于强大的内需市场,我国的海洋旅游市场持续扩大,新产品不断完善,新业态逐渐丰富,服务水平逐步提升,产业链条延长,有对外合作的强烈需求。海洋生物医药快速增长,产业集聚正在形成。海洋电力发展势头良好,风电设备产能居世界第二。

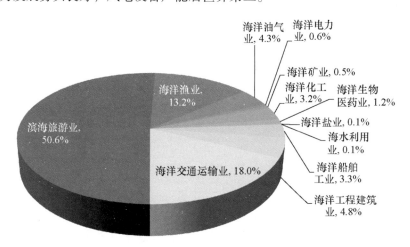

图 1　2019 年我国主要海洋产业增加值构成图

资料来源:"2019 年中国海洋经济统计公报",国家海洋局网,2020 年 5 月 9 日,

http://gi. mnr. gov. cn/202005/t20200509_ 2511614. html。

相对于陆域经济,海洋经济起步比较晚,但对外合作发展比较快,以

① 前瞻产业研究院:"一文带你了解中国船舶工业市场发展现状分析",中国水运网,2020 年 5月 6 日,http://www. zgsyb. com/news. html? aid = 550615。

青岛中德生态园为代表的中外合作海洋产业园成为集聚新外资的平台。另一方面，海洋经济"走出去"也已经成为我国对外投资的重要组成部分：海洋渔业是最早"走出去"的产业，海洋油气开发、国际航运和船舶制造等资金密集型行业是走出去的第二阶段，出现了中国海油、中远海运、招商国际、上港集团等一批大型跨国海洋企业。涉海企业对外承包东道国的港口和海洋工程项目建设也是一种重要的海洋产业合作模式，目前几乎与"21世纪海上丝绸之路"沿线所有的国家展开了合作。2013年至2018年8月，中国企业在沿线国家推进建设80个经贸合作区，带动东道国就业近30万人①；至2019年9月，对"一带一路"沿线国家投资累计已经超过1 000亿美元②，其中超过八成分布在沿线海洋国家的海岸带。此外，随着海洋生态环境的退化和绿色环保意识的加强，我国还同"21世纪海上丝绸之路"沿线国家在环境保护、人文交流和防灾减灾等领域开展了务实合作。

三、提升海洋经济，推进"一带一路"陆海统筹建设

"一带一路"沿线有超过八成的国家有不同长度的海岸线，蓝色经济是新时代各国共同的发展要求，这也是在"一带一路"倡议的基础上，国家出台《"一带一路"建设海上合作设想》提出三条蓝色经济通道的内在逻辑。根据"21世纪海上丝绸之路"的重点方向，《"一带一路"建设海上合作设想》明确提出了"经南海向西进入印度洋，衔接中巴、孟中印缅经济走廊，共同建设中国—印度洋—非洲—地中海蓝色经济通道""经南海向南进入太平洋，共建中国—大洋洲—南太平洋蓝色经济通道"和"共建经北冰洋连接欧洲的蓝色经济通道"③。从我国东南沿海出发，向南向西

---

① 中央电视台："互利共赢 经贸投资合作成效明显"，新华网，2018年8月18日，http：//www. xinhuanet. com/fortune/2018-08/18/c_ 1123289218. htm。
② 商务部："中企对'一带一路'沿线国家投资累计超1 000亿美元"，人民日报，2019年9月30日，第4版。
③ 国家发展改革委、国家海洋局联合发布："'一带一路'建设海上合作设想"，国家自然资源部网站，2017年6月20日，http：//www. mnr. gov. cn/dt/hy/201706/t20170620_ 2333219. html。

的地中海蓝色经济通道，是自东亚到印度洋往欧洲的海洋运输航道，也是目前世界上最重要、最繁忙的航道，涉及东亚、东南亚、南亚、西亚和非洲、欧洲。由此条蓝色经济通道，大量中东、非洲的原油、天然气、新能源汽车所必需的钴、镍等矿产以及战略物资铀运往国内。我国企业与沿线的港口如巴基斯坦瓜达尔港、印尼的卡里布鲁港、希腊比雷埃夫斯港、西班牙瓦伦西亚港、以色列海法新港、吉布提港等重要港口开展投资运营合作，有些已经取得了较好的成果，如由中远海运运营之后，希腊比雷埃夫斯港不仅基础设施得到升级，作为"中欧陆海快线"海运段与铁路运输段的交汇点，吞吐量增加了7倍，码头业务迅速扭亏为盈，中远集团的投资使得比雷埃夫斯港成为了地中海最大的港口，最大的港口枢纽之一；以色列计划与上港集团共同建设运营海法港新码头，并借此打造成地中海的枢纽港、面向全世界的国际货运中心和"以色列的巴塞罗那"；此外，中国能源与沙特阿拉伯在海水淡化开展了深入合作；我国企业正与荷兰合作开发海上风力发电项目；向南的南太平洋蓝色经济通道，我国岚桥集团对邮轮新兴目的港达尔文港的投资不仅将促进澳洲与亚洲的贸易和旅游联系，也是对澳北部发展的"巨大刺激"，将吸引更多对农业、资源、能源和基础设施的投资；沪企天瑞在法属波利尼西亚以可持续性发展理念建设大溪地海洋产业园，为当地带来了资金、技术和就业岗位，开创了"海洋经济"领域中外产能合作的新模式；我国是澳洲、南美铜、铁矿石、大豆、石油等重要的出口市场。随着南线蓝色经济通道的建设，将稳固双方的合作，如中国交通参与投资建设的巴西圣路易斯港口每年将会出口数百万吨农产品，主要是将大豆出口到中国市场。受全球气候变暖影响，经"北冰洋连接欧洲"的蓝色经济通道建设成为可能，主要涉及俄罗斯、加拿大至欧洲的发达国家。经该航道，从我国上海航行至荷兰的鹿特丹比传统的地中海航道缩短48%的航程①，具有巨大的开发潜力。俄罗斯是我国的主要能源合作伙伴，合作开发不仅可以帮助石油和天然气更稳定快速地出口到

① 新华社："中国发布北极航行指南，商船从上海到鹿特丹可省9天时间"，澎湃网，2014年9月18日，https：//www.thepaper.cn/newsDetail_forward_1267643。

我国，也可以保障我国的能源安全，中俄合作的亚马尔液化天然气（LNG）项目一期已正式投产，根据合同，这一项目产量的54%出售亚洲市场，其中约三分之一将运往中国；招商局集团计划在北极航线的支线港口投资新集装箱港口；作为北极渔业和北极旅游的重要市场，我国也与北欧国家在北极事务上展开了多边合作。因此，三条蓝色经济通道本质是以我国沿海经济带为支撑，与沿线国家共建畅通安全的海上大通道为基础，促进海洋为纽带和载体的资源、技术、信息和商品的流通、集聚和扩散，加强产业合作，共同发展海洋经济为先导的区域一体化发展模式，也为经济全球化发展注入蓝色动力。

（一）重点加强同沿线国家蓝色经济通道的战略规划对接

截至 2019 年底，已有 167 个国家和国际组织与我国签署了 198 份共建"一带一路"合作文件①。近年来，蓝色通道沿线国家都意识到了发展海洋经济对于多边合作和国民经济的重要性，提出了各自的海洋经济引领战略：韩国政府在 2017 年提出了推动多边合作的"新北方政策"，其中的"九桥"战略发展重点就是同周边国家就港口、天然气、水产品、船舶业、北极航道和滨海工业园等海洋经济的合作，并明确了与我国东三省的对接。俄罗斯一向重视复兴北极航道的战略地位，在欧亚经济联盟与"一带一路"对接的基础上，普京总统在"一带一路"高峰论坛等场合多次明确表达与中国就基础设施和能源等内容共同开发北极航道的强烈意愿，双方已"逐步演化为实践中的一致性和行为的趋同化"②。澳大利亚在 2015 年提出了北部大开发计划，旨在未来 20 年进行海水资源开发、基础设施建设和促进更便捷的要素资源流动。日本一直在亚洲基础设施建设方面与我国存在共同的利益诉求，如以铁海联运模式经我国港口过境至欧洲，也有与我国联合在第三方国家开展能源项目合作，还有开发北极航道的计划。为了振兴在亚太地区经济与政治地位的"海洋强国"，印度尼西亚佐科政府

---

① 商务部："目前已有 167 个国家和国际组织与我国签订 198 份共建'一带一路'合作文件"，第一财经网，2019 年 12 月 6 日，https://www.yicai.com/brief/100427722.html。

② 赵隆："经北冰洋连接欧洲的蓝色经济通道对接俄罗斯北方海航道复兴——从认同到趋同的路径研究"，《太平洋学报》，2018 年第 1 期，第 89 页。

提出了"全球海上支点"战略，提出了通过复兴海洋文化、保护和经营海洋资源、发展海上交通基础设施、进行海上外交、提升海上防御能力，将国家经济发展重心转向海洋的发展方向。埃及的苏伊士运河走廊项目，就是典型的"以海带陆"发展战略，旨在改变过去苏伊士运河单纯的通道功能，将长达 190 千米的苏伊士运河建成一个繁荣的经济走廊。沿线国家有着共同的海洋经济和沿海经济带发展诉求，与我国的发展优势高度互补和契合。因此，在"一带一路"深入推进阶段，我国要重点推进与沿线各国战略规划中的蓝色经济发展需求的对接，从全球布局出发，同海陆连接通道上的关键缺失港口和有潜力成为区域航运中心的港口国家优先合作，发展积极务实的蓝色伙伴关系。

（二）加强与沿线国家的蓝色经济通道建设的合作

"一带一路"倡议明确提出："海上以重点港口为节点，共同建设通畅安全高效的运输大通道"，通道建设是蓝色经济发展的重要基础。海上互联互通建设的内容广泛，从关键节点的港口码头的兴建、现有港口基础设施水平和通航力的提高、海上公共服务设施建设、相关的信息服务网络的建设，到海底能源管道和海底光缆等非传统基础设施的铺设。从世界城市的成长轨迹来看，"以港兴城"是重要的发展经验。从蓝色通道经济沿线国家现有的港口情况来看，欧洲港口的自然条件优越，发展历史悠久，现代化水平比较高，但是存在基础设施老化和运营上的问题；东南亚国家的港口运营体系初具规模，但同时存在国家间的低水平的重复竞争与柬埔寨、印尼、菲律宾等国的港口建设不足、辐射陆域的集散功能有待提升、物流和信息技术标准有待同国际标准对接等问题；南亚地区的港口建设和综合交通运输体系都严重滞后于其自身对战略地位的追求；中东国家是世界的能源库，现有码头的通过能力滞后于石油产量和出口量不断增加的需求，存在新港建设和老港改造的需要。相比较之下，进入 21 世纪以来，我国在港口的基础设施建设和运营管理等方面都积累了丰富的经验，我国港口在以集装箱和货物吞吐量计算的世界港口排名中不断上升，存在丰富的产能合作的基础，在与其他国家合作打造区域枢纽港并推动港产城融合方面已经迈出坚实的步伐，为当地经济走廊建设注入新动力。如我国招商局集团与斯里兰卡政府合资运营的汉班托塔港口，中方负责港口日常运营，将以印度次大陆和东非巨大的市场需求为依托，重点发展中转业务，将其打造为名副其实的"印度洋心脏"。在与沿线国家的运输通道建设中，我国应该进一步地兼顾"一带"国家的出海需求。我国企业承建并运营的东非第一条电气化铁路亚吉铁路，是内陆国家埃塞俄比亚连接亚丁湾畔吉布提国吉布提港的出海大通道，亚吉铁路是中国企业在海外首次采用全套中国标准和中国装备建造的第一条现代电气化铁路，全长751.7千米，设计时速120千米，将交通时间从一周缩短至12小时，自2018年正式商业运营以来，截至2019年11月，累计发送旅客21.3万人次、运输集装箱约11.2万个标准箱①，释放出巨大的运力，在新冠肺炎疫情期间更是担负起重要的民生防疫物资运输重任。中国路桥在肯尼亚承建运营的蒙内铁路，打通了首都内罗毕和东非第一大港蒙巴萨的快速通道，将通行时间由8小时缩减到4小时，预计将降低40%物流成本，新冠肺炎疫情期间货运一直未停止运输防疫物资和必需品。中国应该继续针对性地选择共建的内容和模式：在非洲、南亚国家的合作重点为骨干港口、码头及信息网络的基础设施建设和运营管理等方面；与欧洲国家的合作重点在运营管理经验的学习合作、基础设施更新，提高运输效率以及在第三方国家共同开发等方面；与中东国家的合作重点为港口码头的基础设施建设；与东南亚国家的合作应以服务双边经贸来往为目的，以现有的区域性港口合作机制框架为基础，将重点落在缺失港口的基础设施和集疏运网络建设、对现有港口航线的优化安排，以及加强物流、信息和技术标准的对接等方面。在实践中，要注意建立港口合作保障机制，探寻各权益主体的利益契合点，实现港口投资与港口合作模式的丰富化和灵活安排，从而更好地保障合作相关主体的利益。随着海洋油气消费比重的逐步提高，深海能源的采集和运输对海底油气管道也产生了现实的需求，这也是我国与沿线国家海上互联互通合作建设的一个很重要的内容。海运的便利化水平是海上通道建设的软件支撑，要以《1965年便利运输国际海上运输公约》为基础，与沿线国家

---

① 人民日报："人人都有责任爱护亚吉铁路"，2020年1月20日，第3版。

在口岸监管互认、执法互助和信息共享等方面展开密切合作，推广我国国际贸易"单一窗口"建设经验，推动大数据、物联网等技术在海运业的应用，提高通关效率。要同沿线国家共建中转补给保障基地、海上安全服务前方支援中心等海上公共服务设施，以及以海洋观测与预警为内容的海洋环境数据服务、多元优质的通信和导航等公共服务网络，在此过程中可商议共建海底光缆，为海上互联互通信息化提供更好支持。

（三）海洋经济提升的产业合作

海洋经济产业对接必须从各国的资源禀赋出发，根据比较优势进行分工合作，从蓝色经济通道沿线国家来看，澳大利亚等南太平洋国家、俄罗斯、东南亚和非洲国家属于海洋油气矿产、渔业和旅游业等自然资源相对丰富的国家，东亚的日韩和欧洲国家则相对拥有深海开发等高新技术和管理优势。如前所述，我国在"全球价值链中的分工地位明显高于'一带一路'国家"[1]，在渔业的捕捞养殖、造船和海洋装备制造等资本密集型领域有成熟的、可推广的技术和产能优势，有向其他中等收入国家和欠发达国家转移小规模优势技术的能力，也有循产业链向上与发达经济体学习合作海洋新兴产业领域高新技术的基础，以及沿海经济带发展滨海产业园的经验。在渔业领域，东南亚的印尼、缅甸、越南、菲律宾、泰国和马来西亚，以及孟加拉、斯里兰卡有丰富的水产资源，是世界范围内鱼类产量比较高的国家[2]，但都在产业集聚能力、劳动生产率、深海捕捞和海水养殖技术等方面存在各自的短板，可以发挥我国在养殖、深水捕捞和苗种技术方面的优势，为相关国家提供技术培训，并加强技术合作，提高生产效率，共同向海洋养殖业和深加工业等价值链高端环节集聚，实现渔业可持续发展。在海洋能源方面，西亚、北非、俄罗斯、文莱、马来西亚和缅甸资源禀赋优势明显，与我国海洋装备产能优势形成产业互补，存在深入合作的基础。在船舶制造和高端装备制造领域，以及海水淡化、海洋生物医

---

① 张远鹏："'一带一路'与以我为主的新型全球价值链构建"，《世界经济与政治论坛》，2017年第 6 期，第 47 页。

② 国家海洋局：《中国海洋统计年鉴》（2012、2013、2014、2015、2016 各年版本），海洋出版社，相对应年份出版。

药、海洋新能源等新兴产业领域，我国应与欧日韩澳等发达国家深入开展技术合作，加快构筑海洋科技联合攻关体系，以求共同发展。我国是仅次于美国、法国和英国的旅游消费和接待大国，旅游服务体系相对完善，海洋旅游业是沿线国家共同的海洋支柱产业，由于存在景观禀赋的差异，特别是随着邮轮旅游业态的兴起，我国同南太平洋、东南亚和非洲等沿线国家存在深度交流合作的空间，可以共建以促进海洋旅游便利化、多样化为主要目标的海洋旅游合作网络，打造有"丝绸之路"特色的、串联多国的精品邮轮线路和产品。可以将海洋经济发展试点和"港产城"融合发展的经验以与沿线国家共建境外产业园的方式继续推广，将合作的海洋经济产业和当地急需发展的陆域经济融合起来。与"一带"沿线国家进行产业对接合作，将产业链中需要大量工业用水的环节布局在第三方"一路"国家的沿海城市。

（四）加强同沿线国家的环境生态保护合作

蓝色经济最明显的特征之一就是突出海洋资源的可持续开发和海洋生态环境保护，这也是蓝色经济通道建设的基本原则之一。过去几十年，我国在对海洋资源的开发和海岸带工业集中发展过程中，给近海生态环境带来了巨大的压力，近年来我国积极参与国际气候治理，陆海统筹扎实推进整治海洋生态环境问题，在海洋生态文明建设中形成了一定的可推广的经验。在同沿线国家的海洋生态保护合作中，最首要的是要广泛树立蓝色经济可持续发展和陆海统筹生态文明建设的海洋观，尊重各国海洋环境保护的阶段性和需求差异性，并以《联合国海洋法公约》为基础，实现蓝色经济通道国家海洋环境保护全覆盖。中国要积极利用现有的多边合作机制下关于海洋生态环境的项目和平台，与东盟等发展中海洋国家一起，积极学习借鉴发达海洋国家海洋生态保护的经验，开展多种形式的海洋环境合作，统筹推进区域内生态建设和海洋环境保护；同沿线国家建立海洋环境信息的共享机制，共建沿线海洋气候灾难综合防御体系；以互联网为依托，加强海洋生态数据库和信息的合作与对接，推动以生态系统为基础的海洋环境综合管理机制完善，严格控制陆源污染物直接向海洋排放；加强对滨海湿地、珊瑚礁、河口等典型海洋生态系统保护的国际交流，尝试共建跨界海洋生态走廊和跨境海洋保护区网络，加强海洋濒危物种保护务实合作。倡议"21世纪海上丝绸之路"蓝碳计划，增进对海洋的调查和认知，维护全球海洋生态安全，降低海洋灾难的影响，深化海洋防灾减灾、海上搜救和执法的合作，共筑绿色安全的蓝色伙伴关系。

（五）加强多边机制与人文交流合作

"国之交在于民相亲"①，构建互利共赢的蓝色伙伴关系，民间交流和合作是根基。要积极发挥联合国教科文组织、亚太经合组织、环印度洋联盟等多边机制下的平台作用，共同计划和推进重大项目。以现有的中国—东盟海洋合作中心、中国—印尼海洋气候中心等国家海洋合作中心为基础，加强同沿线国家的海洋科技伙伴关系。要推动与沿线国家在海洋文化、教育等方面的多层次、宽领域的交流；推动对沿线不发达海洋国家提供深海养殖等急需的技术援助，推动海事领域和职业教育合作。鼓励高校与智库同沿线国家开展海洋考古、学术研讨和重要项目的交流合作，建设智库联盟。鼓励与沿线的民间组织开展以海洋为主题的电影节、海洋文化年等形式多样的文化艺术交流活动，共同制作体现沿线多国文化、多语种的文艺作品和媒介宣传。

四、结　语

随着"一带一路"建设的持续推进，我国陆海统筹建设理念也得到了丰富和完善。以海洋经济带动内陆经济，突出包括港口运输、渔业、海洋矿产资源开发和海洋生物科技等在内的海洋经济发展与合作，既是我国从海洋大国向海洋强国迈进的必然途径，也是陆海统筹、与沿线国家共同建设"一带一路"，打造海洋命运共同体的重要内容。我国与沿线国家应围绕构建互利共赢、开放包容的蓝色伙伴关系，加强战略对接，深入产业合作，创新合作模式，构建合作平台，加强人文交流，致力落实联合国《2030年可持续发展议程》的海洋领域内容，为陆海统筹推进"一带一路"建设铸造"蓝色引擎"，共创繁荣之路。

---

① 《习近平谈治国理政》，外文出版社，2014年版，第290页。

中国参与非洲港口发展：形势分析与风险管控

孙海泳*

高效的海上航线网络是促进海上互联互通，推进"21 世纪海上丝绸之路建设"（以下简称海丝路）的重要基础。而港口作为航线网络的重要节点，其发展状况直接影响海丝路的发展进程。鉴于撒哈拉以南非洲港航基础设施发展滞后，中国参与该地区的沿海港口及包括铁路在内的集疏运系统的建设、投资与运营，不仅将有效促进当地发展，还将助力中非海上互通，为构建中非命运共同体夯实合作基础。在此进程中，亦存在诸多风险因素，需在项目运作以及多双边关系层面采取措施妥善应对。

一、撒哈拉以南非洲港口发展与中国的参与方式

撒哈拉以南非洲沿海港口的发展因经济发展水平及区位的差异而呈现较强的不平衡性，但普遍规模较小，在全球航运版图中均非主要的枢纽港。在区域、次区域合作组织和各国政府的推动下，撒哈拉以南非洲港口及其集疏运设施正呈快速发展态势。

（一）非盟在交通基础设施发展中的倡议与规划作用日益上升

与其他大陆相比，非洲政治版图的"原子化"特征明显，大多数国家的人口规模和经济体量较小，由此导致地区交通基础设施网络的"碎片化"格局，国家间和次区域间的互联互通程度也非常低。这种状况导致单一国家的港口对内陆货源市场的有效辐射范围相对较小。因此，如何在强

---

* 孙海泳（1975— ），男，江苏省连云港市人，法学博士，上海国际问题研究院比较政治与公共政策研究所副研究员，近期主要研究中国对外基础设施投资等议题。

化区域互联互通的基础上充分发挥沿海港口的功能，对促进非洲港口发展及区域国家经济协调发展具有重要意义。

2015 年，非洲联盟（非盟）通过《2063 年议程》，确立了在 50 年内建成一体化的、和平繁荣的新非洲的目标。根据《2063 年议程》，非盟规划在 2063 年之前发展必要的基础设施以支持非洲一体化、经贸发展、技术改造与社会发展进程。这将需要建设高速铁路网、公路网、水运航线、海港与空港，以及发展良好的通信设施。在此前于 2012 年 1 月举行的第 18 届首脑会议上，非盟通过了时间跨度从 2012 年至 2040 年的《非洲基础设施发展计划》（PIDA），参与制定该计划的合作伙伴包括联合国非洲经济委员会、非洲开发银行（AfDB），以及非盟下属机构——"非洲发展新伙伴计划"（NEPAD）等。在交通基础设施领域，《非洲基础设施发展计划》的规划思路聚焦于三方面：一是改善非洲国家首都和主要都市之间的交通状况；二是以最少的成本，建设非洲区域交通基础设施网络（ARTIN），其中优先改善内陆国的对外交通条件，并将项目对环境的负面影响降至最低；三是发展非洲区域交通基础设施网络的运输走廊，具体包括门户港等项目。① 《非洲基础设施发展计划》的项目资金将来源于地区国家的公共和私人资金、官方发展援助（ODA），包括多边融资机构如非洲基础设施联盟（ICA）② 的成员方等。由于《非洲基础设施发展计划》的规划过于宏大，其资金缺口将很明显。考虑到地区国家对基础设施的迫切需求，在中短期内需实施的"优先行动计划"（PAP）项目是《非洲基础设施发展计划》的核心。同时，"非洲发展新伙伴计划"的《总统基础设施倡议》

---

① "Programme for Infrastructure Development in Africa: Interconnecting, Integrating and Transforming a Continent", African Development Bank Group (AfDB), March 8, 2012, p. 6, https://www.afdb.org/fileadmin/uploads/afdb/Documents/Project-and-Operations/PIDA% 20note% 20English% 20 for% 20web% 200208. pdf.

② 非洲基础设施联盟的成员方包括一些双边援助国、G20 成员国、非洲开发银行、世界银行、南非发展银行（DBSA）、欧盟的欧非基础设施信托基金（EU-AITF）以及欧洲投资银行（EIB）等机构，这些国家和机构共同参与了非洲的交通基础设施项目融资。

（PICI）[①] 对近期需建设的包括运输走廊在内的基础设施项目具有积极的推动作用。由此，在非盟推动下，非洲确定了对区域一体化和工业化至关重要的基础设施重点开发项目。这也为域外国家与之进行基础设施合作提供了重要的布局参照体系。

（二）撒哈拉以南非洲各次区域组织协调推动运输通道及港口建设

撒哈拉以南非洲的出口货物以石油、矿物等原料商品为主，而进口货物以工业制成品、消费品为主，其外贸依存度以及对海运条件的依赖度较高。在《非洲基础设施发展计划》的引领下，东南非共同市场（COMESA）、东非共同体（EAC）、南部非洲发展共同体（SADC）、西非国家经济共同体（ECOWAS）等机构正推动包括港口在内的综合性运输走廊建设。

目前，东非地区是非洲港口建设与升级规模最大的地区。非洲基础设施联盟、非洲开发银行多边机构与地区国家致力于推进东非与中非走廊（the Eastern and Central Africa Corridors）计划。该运输走廊始于肯尼亚和坦桑尼亚沿海港口，向西联接乌干达、布隆迪、卢旺达、刚果（金）和南苏丹等国，可为这些内陆国提供面向印度洋的出海口。这一走廊的重点项目建设需耗资约 18 亿美元，其中 5 个港口耗资约 9.9 亿美元。[②] 同时，起始于肯尼亚拉穆（Lamu）港大致呈南北走向的"拉穆港－南苏丹－埃塞俄比亚交通走廊"（"拉穆走廊"/LAPSSET）项目启动于 2012 年 3 月，也是《总统基础设施行动倡议》所规划的重点项目。该项目由肯尼亚联合南苏丹和埃塞俄比亚实施，包含拉穆港、连接拉穆港至南苏丹的铁路、公路、石油管线等组成部分，总投资约 250 亿美元。2014 年，非盟同意将"拉穆走廊"列为 16 个全非基础设施建设旗舰项目之一，赋予其跨境联合

[①] 2010 年 7 月，在乌干达坎帕拉（Kampala）举行的第 23 届"非洲发展新伙伴计划"元首和政府首脑指导委员会会议上，南非总统祖玛提出《总统基础设施行动倡议》（Presidential Infrastructure Champion Initiative），希望通过强化政治共识，加快区域性基础设施发展。该计划涵盖交通、能源和通信领域等基础设施项目。参见："Presidential Infrastructure Champion Initiative（PICI）"，Virtual PIDA Information Centre，http：//www.au-pida.org/presidential-infrastructure-champion-initiative-pici/。

[②] "Eastern and Central Transport Corridors"，The Infrastructure Consortium for Africa，https：//www.icafrica.org/en/topics-programmes/eastern-and-central-transport-corridors/.

融资的优先权。该项目是东非最大的单体基础设施建设项目，对推动东非区域经济发展具有重要意义。① 此外，吉布提、肯尼亚和坦桑尼亚均大力加强本国门户型港口的发展。其中，作为《非洲基础设施发展计划》规划的"吉布提—亚的斯亚贝巴走廊"（Djibouti-Addis Corridor）的门户港，吉布提港是自由港，具有较开放的港口管理政策。多家全球性航运公司已加强与该港的合作，大力开发新航线。中国援建的亚吉铁路的运行将进一步强化埃吉贸易关系，也为非盟规划的区域运输走廊建设了核心项目。由于多个新港项目启动，东非港口在非洲港口体系中的地位正逐渐上升，并推动部分运输走廊建设逐渐成型。

南部非洲发展共同体15国正在规划建设的区域交通项目——"南北经济走廊"（The North-South Corridor Programme）②，较之《非洲基础设施发展计划》原先规划的"南北多式联运走廊"（North-South Multimodal Corridor）和《总统基础设施行动倡议》所规划的南北运输走廊（The North-South Corridor Road/Rail Project），其范围有所扩大。"南北经济走廊"将南非的德班港与刚果（金）和赞比亚的铜矿区相连，并进一步推动达累斯萨拉姆港与内陆铜矿区、德班港与马拉维之间的陆路联系。该走廊项目涵盖的国家包括博茨瓦纳、刚果（金）、马拉维、莫桑比克、南非、坦桑尼亚、赞比亚和津巴布韦等，其重点港口项目包括达累斯萨拉姆港的升级与扩建。南非等国为提升港口通过能力，成为印度洋与大西洋之间、连接非洲、美洲、亚洲和大洋洲的航运枢纽，已在实施大规模的港口扩建升级计划，主要包括兴建新的集装箱码头、增建深水泊位等项目。

在西部与中部非洲区域，西非国家经济共同体已制定"西非高速公路走廊"（Dakar-Abidjan corridor）建设计划。该计划的道路建设涉及区域8国，将建成从塞内加尔首都达喀尔至科特迪瓦首都阿比让并横贯几内亚的

① "拉穆港项目进一步提升肯尼亚国家形象"，环球网，2015年2月4日，https://china.huanqiu.com/article/9CaKrnJHrDq. 访问时间：2021年6月27日。
② "North-South Corridor Road/Rail Project"，African Union Development Agency（AUDA-NEPAD），https://www.nepad.org/north-south-corridor-roadrail-project. 访问时间：2021年6月27日。

高速公路，以联通多国首都和港口。① 在此基础上拓展各国港口的腹地辐射范围，提高各国对接国际市场的物流效能。尼日利亚、喀麦隆、刚果（布）等国正大力升级港口基础设施。其中，为提升货物吞吐量并促进经济发展，尼日利亚正在或计划建设包括莱基（Lekki）港在内的七个新深水港。

（三）中国企业参与非洲港口项目的主要方式

在"一带一路"倡议的实施进程中，中国参与非洲港口项目建设，推动中非海上互通水平，为中非产能合作与经贸投资合作创造有利条件，将有助于充分发挥中非各自优势，从而实现合作共赢、共同发展。中国政府于 2015 年 12 月 4 日公布第二份《中国对非洲政策文件》，正式将非洲纳入"一带一路"倡议。同月，在约翰内斯堡举行的"中非合作论坛峰会"上，习近平主席提出未来 3 年包括中非基础设施合作计划在内的中非"十大合作计划"。中国对撒哈拉以南非洲基础设施项目的投资，已是当地经济的结构性转型的决定性因素。② 在中国为该地区港口及配套项目提供融资及中国企业参与建设、投资与运营的过程中，多数项目对接了非盟的交通基础设施与经济走廊的发展规划，体现为多点布局并相对重视印度洋沿岸港口项目、港口项目与集疏运项目建设并举、依托港口项目发展临港及内陆产业园区。中国企业通过并购、合资、"地主港"模式下的特许运营等方式参与非洲港口运营，建工企业也在中国进出口银行、中非发展基金等金融机构的支持下参与港口建设项目。

1. 综合性物流企业投资运营非洲港口。综合性的产业开发与港航运营企业往往在港航、园区建设乃至金融支持等领域具有综合性优势，能够对港口及其配套设施、产业园区等进行统筹开发。在 2010 年参与收购拉各斯港庭堪岛集装箱码头公司（TICT）部分股权之后，招商局港口于 2012 年 6

---

① "Gambia: Dakar-Abidjan Corridor-Highway to Progress", All Africa, April 12, 2016, http://allafrica.com/stories/201604131606.html.

② Alice Nicole Sindzingre, "Fostering Structural Change? China's Divergence and Convergence with Africa's Other Trade and Investment Partners", *African Review of Economics and Finance*, Vol. 8, No. 1, 2016, p. 12.

月通过股权收购，获得了多哥的洛美集装箱码头公司（LCT）的发展和运营权。包括招商局在内的中国企业还通过临港产业园区建设，为中非产能合作和经贸投资关系的进一步深化拓展了新渠道。招商局港口在 2013 年 2 月收购吉布提港口有限公司 23.5% 股份之后，中吉双方利用中国进出口银行的优惠贷款，投资 5.8 亿美元修建多哈雷多功能码头，并于 2017 年 5 月正式开港。[①] 此间，招商局港口联合其他中国企业及当地企业分别成立资产管理和运营管理公司，为吉布提自贸区内的商业及基础设施项目的开发权进行投融资，并运营、管理该自贸区，由此为"海丝路"设置了新"驿站"。此外，招商局集团与阿曼主权基金共同投资建设的巴加莫约港口项目已于 2015 年 10 月正式启动。

2. 中国港建企业参与中国提供融资的港口建设项目。中国港建企业通过参与中国融资的港口项目，为将来运营此类项目创造了良好条件。2013 年 1 月，中国交建旗下的中国港湾（CHEC）与科特迪瓦阿比让港务局签订港口扩建项目工程总承包（EPC）商务合同，合同额约 9.33 亿美元。项目由中国进出口银行提供买方信贷。主体工程包括航道和港池疏浚、建设 1 个集装箱码头和 1 个滚装码头等设施，已于 2015 年 11 月正式开工。由中国进出口银行提供融资的克里比深水港项目亦由中国港湾承建。其一期工程已于 2014 年底建成。该港的远景目标是在 2040 年建成拥有 24 个泊位、吞吐量达 1 亿吨的深水港。[②] 2016 年 2 月，中国交建旗下的中国路桥（CRBC）与刚果（布）签署了黑角（Pointe Noire）新港开发战略合作协议。双方签署项目总额为 23 亿美元的商务合同。[③] 次月，由中国进出口银行提供优惠贷款、中建集团（CSCEC）承建的中刚两国之间最大的合作项目——刚果（布）国家一号公路全线贯通。该公路全长 536 公里，总投资

---

① 李志伟、李逸达："吉布提的未来正与中国一同书写"，《人民日报》，2017 年 5 月 10 日，第 3 版。

② "中法合作运营喀麦隆克里比深水港"，新华网，2015 年 8 月 31 日，http://www.xinhuanet.com/world/2015-08/31/c_ 1116430392.htm。

③ 商务部："中国路桥公司与刚方签署黑角矿业港项目商务合同"，2016 年 3 月 2 日，http://cg.mofcom.gov.cn/article/jmxw/201603/20160301266911.shtml. 访问时间：2021 年 6 月 27 日。

28.2 亿美元。[1] 其贯通后极大提升了布拉柴维尔和黑角这两大城市间的运输水平以及黑角新港的集疏运能力。以上项目亦可成为《非洲基础设施发展计划》的"黑角、布拉柴维尔/金沙萨、班吉、恩贾梅纳多式联运走廊"的重要组成部分。多个大型港口建设项目的实施,使得撒哈拉以南非洲港口的规模和效能稳步上升,并为中国企业在未来参与运营这些港口创造了有利条件。

3. 港企或关联产业联盟企业参与投资运营港口。这一模式基于东道国的矿产资源优势,由中国港口运营企业、工业企业、国际航运企业等主体为核心形成中非全产业物流链。例如,烟台港集团与生产企业魏桥集团、海运企业新加坡韦立国际集团(Winning International Group)和几内亚物流企业 UMS 公司等结成"赢联盟"(Winning Group),共建一条年运输量 1 000 万至 3 000 万吨的国际铝矾土航线。这一航线自几内亚的博凯(Boké)港途经好望角,将铝矾土运至烟台再转运至滨州套尔河港区。2015 年 7 月,前述两家中国企业与新加坡韦立物流公司、博凯矿业公司共同投资建设的距铝土矿区距离约 80 千米的博凯码头项目竣工投产,并由烟台港集团负责运营管理。由此,"三国四方"合作伙伴合力打造的完整铝矾土产业链条进入稳定成长期。[2] 与此同时,几内亚西芒杜铁矿(Simandou)蕴藏着世界上最丰富的未开采的铁矿石。2020 年 11 月 12 日,几内亚矿业部、财政部和交通部代表几内亚政府与赢联盟正式签署《西芒杜铁矿 1、2 号矿块铁路公约》和《西芒杜铁矿 1、2 号矿块港口公约》。按照项目整体安排,西芒杜赢联盟将修建一条 600 千米左右的铁路和一个港口来出口铁矿石。[3] 由此进一步拓展了由生产与物流企业合作推进的中非产业与港口合作的新空间。

① "中国企业承建国家一号公路打通刚果(布)经济大动脉",中国一带一路网,2018 年 1 月 8 日,https://www.yidaiyilu.gov.cn/xwzx/hwxw/42849.htm。

② "中国最大铝矾土卸货港架起海上'铝业丝绸之路'",中国新闻网,2017 年 6 月 27 日,http://www.chinanews.com/cj/2017/06-27/8262804.shtml。

③ 商务部:"几内亚西芒杜 1、2 号矿块铁路和港口公约正式签署",http://www.mofcom.gov.cn/article/i/jyjl/k/202011/20201103015572.shtml。

4. 中国企业与发达国家企业开展第三方合作共同运营非洲港口。法国等西方国家在非洲具有持久的政治、经济与文化影响力，并在港航领域拥有雄厚的实力，特别是相对于中国航企，其在大西洋乃至印度洋区域拥有更为稳固的航线资源。中国企业与这类企业在非洲加强港口运营合作，通过充分发挥各自优势，有助于降低项目的运营风险并拓展运营前景。在此背景下，中国港湾与法国达飞轮船（CMA-CGM）、硕达国际货运（Bolloré Transport & Logistics）开展合作，并于 2017 年 7 月获得喀麦隆克里比港集装箱码头 25 年的投资运营权。在其后 25 年内，三家企业作为该码头的股东将与喀麦隆政府形成公私合作伙伴。同时，在法语非洲的刚果（布）等国的港口项目上，中外企业也采取了这一合作模式。

二、中国参与非洲港口项目面临的主要风险因素

撒哈拉以南非洲的滞后的交通基础设施发展现状，为"一带一路"互联互通建设提供了巨大的发展空间，但该地区营商环境存在诸多薄弱之处，并存在多重风险因素，这些风险因素往往相互交织、互为触发因素，对中国参与非洲港口项目的发展进程形成制约。

（一）经济风险

在建设、投资和运营非洲沿海港口项目的过程中，中国企业在项目布局、参与主体与运营方式等领域存在的问题可能产生经济风险。第一，非洲目前的港口建设步伐可能导致未来港口产能过剩，如果中国企业布局不当，将会产生经济风险。根据非洲开发银行的数据，从 2009 年到 2040 年，整个非洲港口吞吐量将从 2.65 亿吨增至 20 亿吨；运输量将增加 6 ~ 8 倍，部分内陆国将增加 14 倍以上。[1] 由于沿海国数量众多，且各国竞相建设码头以及通往内陆地区的铁路、公路等集疏运设施，如果港口规模扩张过快，那些拥有大范围重叠的货源市场的港口为争夺货源市场而展开的竞争将日趋激烈。第二，在参与主体方面，中国参与的港口、集疏运设施及配

---

[1] https：//www.afdb.org/fileadmin/uploads/afdb/Documents/Project-and-Operations/PIDA% 20note% 20English% 20for% 20web% 200208.pdf. 访问时间：2021 年 6 月 27 日。

套产业园区项目绝大多数为国企，民企的角色及其效能优势尚未有效体现。第三，在运营方式上，部分运营港口的中国企业并不具备丰富的港口运营经验、基本的航线资源或稳定的货源渠道，因此其在未来的运营过程中，将会在管理及营运收益等方面面临诸多考验。同时，在中国企业与欧洲等地区的企业通过开展三方合作的过程中，其发展前景取决于各方在项目前期准备及运营过程中，能够在共同利益、经营理念与管理方式、与东道国政府的博弈方式等方面形成共识或实现融合，而非仅仅注重合作的形式。在实际运作中，部分项目会因合作方在上述领域存在分歧而延宕项目进程，并制约项目运营的经济收益。

另一方面，涉及中国政府优惠贷款或中资金融机构商业贷款的港口及其集疏运设施项目可能面临东道国偿债能力不足所产生的经济风险。大部分撒哈拉以南非洲国家正处于工业化起步阶段，其对基础设施建设的资金需求大，但在短期内偿债能力有限。在此条件下，通过大规模基础设施投资以拉动经济增长的方式可能会遇到债务红线问题。随着部分"一带一路"沿线国家大举开展基础设施建设并导致债负上升，一些西方智库和知名媒体开始渲染"一带一路"倡议实施进程中吉布提等国的债负上升议题，并暗含中国推高非洲债务的观点。[①] 虽然中国的融资对非洲基础设施发展的积极作用远大于对所谓债务可持续性造成的影响，但对部分债负较高的国家提供港口等基础设施的建设资金，不仅增加中国融资机构的资金风险，而且会对参建及拟投运此类项目的中国企业造成不利影响。目前，包括政策性银行及商业银行参与的银团贷款，仍是中国企业"走出去"参与交通基础设施项目的最主要融资来源。这一融资方式蕴含的经济风险具有一定的不确定性。

（二）社会风险及其可能引发的政治与政策风险

港口等大型基础设施项目的投资规模大、建设周期与投资回收期长，

---

① "China Belt-Road Plan May Create Debt Problems From Djibouti to Laos", Bloomberg, March 5, 2018, https://www.bloomberg.com/news/articles/2018-03-05/china-belt-road-plan-seen-adding-debt-risk-from-djibouti-to-laos; "China's Mammoth Belt and Road Initiative could Increase Debt Risk for 8 Countries", Consumer News and Business Channel (CNBC), March 5, 2018, https://www.cnbc.com/2018/03/05/chinas-belt-and-road-initiative-raises-debt-risks-in-8-nations.html.

且其运营高度依赖东道国稳定的政治与社会环境。港口项目的社会风险往往源自港口及其配套项目所在地的生态受损、征地矛盾、民众获得感低、劳资纠纷等领域。这些因素会以抗议、舆论影响等等方式对东道国政府形成压力，并对项目发展产生负面冲击，包括东道国政府、相关企业或融资机构在内的利益相关方若处置不当，有可能会导致项目的搁浅。

一方面，撒哈拉以南非洲国家大多为农业国家，民众对土地与生态资源的依存度高。港口项目涉及的陆域吹填、码头及防波堤建设等海岸工程、航道疏浚、船舶航行及其污水排放等因素，会对港区附近海域的自然生态产生不同程度的影响。在这一过程中，当地政府与民众在利益分配等问题上如未达成共识，则可能导致民众对政府推动的港口项目的不满和抵制。由此将滋生项目的社会风险，并可能由此转化为项目的政治与政策风险。

另一方面，伴随着中国资金和企业更多地参与非洲港口等大型基础设施项目，部分非洲国家的经济民族主义思潮抬头，加之国内舆论氛围的影响以及经济形势不利导致政局动荡等情况都可能给港口建设与运营造成消极影响。非洲国家既需要中国的物质支持，又对中国的一些理念存在保留；既需要中国企业赴非投资，又对中国企业的部分管理方式予以质疑以及对某些中国公民的不良行为表示反感。加之西方国家不断污蔑中国在非洲进行所谓的"新殖民主义"以及前述西方渲染的所谓中国"推高非洲债务论"，在东道国经济形势不利或执政力量更迭的情况下，或在具有西方背景的非政府组织的支持下，上述因素可能相互影响与加速发酵，并进一步激化相关事态的发展，可能刺激经济民族主义走向极端，冲击中方的投资项目，而港口之类的大型基础设施项目可能首当其冲。同时，这类社会因素可能进而导致东道国政府迫于压力而调整相关政策，从而对中方投资运营的港口项目造成冲击。

（三）外部因素引发的政治风险

近年来，西方大国之间及其与新兴国家之间，通过发挥各自的比较优势，实现在非洲的错位发展，即在对非政策中强调经济、安全和道德因素的不同组织方式以体现自身的政策独特性，并以此竞争战略影响力以及在恰当时机利用其比较优势重占对非合作的战略高地。[①] 由于与非洲有特殊的历史联系，西方大国均有相对成熟的对非合作机制，印度为在印度洋地区平衡中国影响力也在加强与西方大国的战略协同。考虑到中非在港口及其集疏运设施领域的合作具有较强的战略意义和政治色彩，且非洲国家也乐见域外国家在参与非洲基础设施项目进程中采取相互竞争的政策，上述因素在特定的条件下，会增加中国参与非洲港口项目的政治风险。比较典型的是，日本近年来加大了对非经济合作力度，以扩大其在非影响力，并平衡中国在当地的影响力。其将参与海外基础设施建设项目作为经济增长战略之一，并将拥有众多人口的非洲定位为最后的"巨大市场"。[②] 其已重点向东非地区的肯尼亚等国提供援助，以用于东道国的港口基础设施项目。

值得注意的是，尽管非洲并非美国的战略重点，但如果中国在非洲基础设施投资运营方面获得明显的相对优势，美国等西方国家有可能加大对非洲国家的对华政策的影响，并可支持日印等国加强对非洲事务的介入，以阻滞中国在非影响力的上升，而港口及其集疏运设施项目可能将是此类地缘政治风险敞口最高的项目领域。

三、保障中国稳步参与非洲港口项目的路径与举措

为推进中非港口合作稳步发展，促进中非在"一带一路"建设中的互利共赢，中国政府和企业需在以下方面采取措施，推动中非海上互通行稳致远。

（一）优化港口项目评估并改善项目布局

中国需进一步对接非洲区域和次区域组织的相关规划，优化对相关项目的风险评估，并统筹中国金融机构、港航及建工企业提供融资、投资运营的非洲港口的项目布局。

第一，结合对东道国的财政与主权债务状况的评估，以项目的可持续

---

① 张春："涉非三方合作：中国何以作为？"《西亚非洲》，2017 年第 3 期，第 19 – 20 页。
② "日本政府拟敲定约 60 个援非项目与中国抗衡"，中国日报中文网，2016 年 2 月 12 日，ht-tps：//world. chinadaily. com. cn/guoji/2016-02/12/content_ 23460220. htm。

盈利能力为重点,加强对拟融资的非洲港口与集疏运设施的经济风险评估。在此基础上,对于债务负担严重的国家的港口项目或投资回报率较低的项目需考虑暂缓提供融资。同时,在项目风险评估过程中,需关注在非建设和运营港口项目将面临政策法规、业务效率、资金汇兑、电力等配套基础设施、当地的原材料生产能力、人力素质等方面的制约因素,统筹考虑项目的可行性。

第二,宜进一步改善中国企业对非洲港口的项目布局。未来一段时期,在中国与非洲联盟编制《中非基础设施合作规划》的进程中,可进一步改善对中非合作发展的港口及其集疏运项目的布局,并确定合理规模以及优化功能设计,藉此保障项目的可持续发展,为非洲国家对接国际市场及促进中非海上互通提供可靠的基础设施条件。应加强对具有发展潜力的现有重点港口的投资运营,需充分发挥中国援建的亚吉铁路、蒙内铁路等集疏运设施在非洲区域运输走廊中的重要地位及区位优势,稳步发展吉布提等港口项目。特别是港航设施最为完善的南非目前仍处于中国企业布局的空白区域。中国企业亦可考虑运营南非、尼日利亚港口的相关码头,发挥这些国家经济体量相对较大、腹地相对广阔的优势,形成海丝路在非洲的物流枢纽节点。

第三,在运营方式上,中国企业应进一步探索和实施投建营一体化等模式参与非洲港口及其集疏运设施建设。在中非开展港口发展与海上互通合作的进程中,在具备资金保障的前提下,相关行业的中国企业或企业联盟可稳步延伸产业链。中方金融机构等融资企业在对港口和集疏运项目提供融资后,也可拓展对项目运营管理领域的参与,以打通包括投资、融资、建设、运营等环节在内的港口发展产业链。由此,不仅可在东道国投资资金不足的条件下推动其港口硬件基础设施的持续改善,而且中国企业可通过对项目全产业链的参与,增强其国际竞争力与行业掌控力。

(二)拓展多样化的港口项目融资渠道

第一,宜探索吸收多样化的企业与私人资本进入撒哈拉以南非洲港口项目的建设和运营,通过公私资本协作,取长补短,发挥 1+1>2 的效用。应改变目前在中非海上互通与产业园区合作中民企参与度过低的问题,从制度和政策上破除制约民企参与相关项目面临的垄断因素和实施瓶颈，以提升中国参与非洲港口项目及配套产业园区的投资收益。需进一步拓展债券融资、股权融资、公私合营（PPP）等融资与合作方式，吸引私人资本参与港口项目。

第二，非洲区域互通和中非海上互通需要多方共商、共建，尤其是多方合作融资，由此各方才能早日共享相关发展成果。在此背景下，可探索与世界银行、非洲开发银行等多边机构、各国的出口信用机构及基础设施银行参与非洲港口项目的融资过程。由于《非洲基础设施发展计划》存在较大的资金缺口，非盟亦强调与多边金融机构合作以拓展基础设施项目的融资来源。由于非洲开发银行等发展融资机构对单一项目的融资额度存在30%的上限，因此，不仅需吸收不同的国际机构的融资，还可探索将中国国内的援助资金管理机构、政策性银行、丝路基金等作为牵头方组建银团，加强与受援国以及国际多边金融机构的合作，为非洲港口项目建设与发展提供全方位的金融解决方案。

第三，许多非洲国家虽然基础设施落后，但矿产资源丰富，在这类国家的财力一时难以满足基础设施建设需求以及多边发展机构的融资额度存在缺口的形势下，可视情拓展东道国资源融资模式，解决基础设施项目的部分资金来源，推动其港口与集疏运设施的发展。此前，中国与安哥拉之间采用"基础设施换石油"的"安哥拉模式"以及中泰之间采用的"高铁换大米"模式等均属这一间接融资方式。在港口建设领域，对于拥有战略性矿产、林木资源的尼日利亚、安哥拉、刚果（布）、刚果（金）等国家，中国可通过"资源换港口及其集疏运设施"的模式，为当地的港口及集疏运设施项目提供部分融资，并与其他融资方式相互补充，形成包含资源融资的组合融资模式。

（三）加强项目实施全程的社会风险防范

港口等大型基础设施项目投资与运营，从提出意向、谈判磋商，到签订合同、施工或投资运营，通常需要耗时数年，对于中国政府、融资机构、建设以及投资运营企业而言，需在此期间及后续运营期间深入研判并以精细化的措施防范各类社会风险。

在项目的前期准备阶段,中国融资机构和相关企业需强化对拟融资、建设和投资运营的港口与集疏运设施所在地的社会风险调研与评估,特别是充分了解并尊重当地居民的风俗文化、宗教信仰、利益诉求。第一,应将资源节约和环境友好原则融入港口选址、可行性论证及设计过程中,充分考虑当地民众因港口项目建设和港航设施运营可能引发的环境影响而产生的生计问题,并在项目的设计、建设、运营过程中,充分发挥港口及其配套设施对于当地发展海洋经济的基础性作用,促进当地海洋产业的发展与升级,由此将为项目的绿色发展提供基础,还有助于构建基于项目的发展共同体或利益共同体。第二,中国企业投资建设与运营的项目,需掌握当地非政府组织、在族裔村社及社区具有影响力的群体及人物、工会、媒体的利益背景、行为方式、人脉网络等信息,为通过主动履行企业社会责任、强化公关交流、构建利益共同体等方式发挥这些当地社会力量的积极作用创造有利条件。第三,需掌握当地劳动力素质的具体状况及用工属地化等相关政策细节,以妥善应对项目建成后的运营管理过程中可能出现的劳工维权及相关管理问题。

在项目的建设与运营过程中,中国企业需进一步强化日常管理和公共关系。一方面,中国企业应完善劳动合同管理,积极履行生产安全、劳动保护和慈善捐助等社会责任,并通过与中国国内港口加强协作等方式,加强对中国企业运营的非洲港口企业员工的培训,增强其对中国企业规章制度和文化的理解与认同。另一方面,加强公共关系沟通与舆论应对,规避或减少项目的社会风险以及可能由此引发的政策风险。在项目发展进程中,中国企业需改变过度侧重于对东道国政府及官员加强公关工作的倾向,而需切实加强与东道国社会或民间层面的沟通,大力营造互惠氛围,为项目的顺利实施构建必要的社会基础。中国应在多边场合、媒体公关或与当地非政府组织沟通的过程中,着重强调中国支持非洲交通基础设施发展对当地经济社会发展所产生的积极影响,以减少、抵消西方炮制的所谓的"推高债务论"对中国的负面影响;并应强调中国投资或运营非洲港口项目的市场导向与商业性质、企业的合规运营状况、对当地经济社会发展的贡献等。藉此淡化项目的政治色彩,并以事实回击部分西方国家对中国的所谓"新殖民主义"等不实指责。

（四）拓展利益相关方

为应对各类地缘政治风险，中国企业可与撒哈拉以南非洲国家、非洲区域及次区域合作组织、国际多边机构、英法等欧洲国家、巴西等在非影响力不断上升的新兴市场国家，通过政府和企业层面的合作，形成推动非洲区域互通与港航设施发展的利益相关方，并藉此构建合作共同体，提升相关项目的风险抗御能力。

一方面，需进一步构建基于项目的利益相关方共同体，充分利用外部因素的正面效应，通过拓展第三方合作方式等途径，协同相关国家的运营企业、建工监理机构、金融机构发挥各类相关方对中国参与非洲港口项目的积极作用。这种作用包括两个方面：一是能力补充，第三方可在资金和技术领域发挥能力补充作用；二是合法性补充，即通过引进第三方，利用其所提供的合法性来推动相关政策、项目的落实。[①] 在未来一段时期，可重点加强与英国、法国等在非洲具有传统影响力、且与中国在亚太与印度洋地区不存在地缘竞争的大国开展三方合作，发挥这些国家在政治影响力、法律制度、航运资源及产业资源等方面的优势，共同推进港口项目、临港产业园区等有利于合作共赢的三方合作项目实施。

另一方面，需妥善利用多边平台与非洲的区域合作机制，共同推进非洲港航基础设施及集疏运设施建设。不仅如前所述可推动与世界银行等多边发展机构拓展非洲港航基础设施的融资渠道，还可探索与世界银行、国际海事组织（IMO）等全球性国际组织、非洲的区域合作组织在项目规划等领域加强协调，并推动构建非洲的区域性或包含非洲的洲际性的港航物流合作机制。在此基础上，推进与地区国家共商、共建包括港口项目在内的物流系统，通过互利合作，共享发展成果。

① 张春："涉非三方合作：中国何以作为？"《西亚非洲》，2017 年第 3 期，第 22 页。

主观认同与行动趋同："北冰洋蓝色经济通道"与俄罗斯北方海航道的对接合作

赵　隆*

　　"积极推动共建经北冰洋连接欧洲的蓝色经济通道"是我国推进"一带一路"建设海上合作的重要内容①，也是与各方共建"冰上丝绸之路"②和参与北极合作的主要路径。俄罗斯总统普京在出席"一带一路"国际合作高峰论坛时曾提出，"'一带一路'与北方海航道的相互对接可完全重构欧亚大陆的运输格局"③。2018 年，中俄发表联合声明，提出"支持双方有关部门、机构和企业在科研、联合实施交通基础设施和能源项目、开发和利用北方海航道潜力、旅游、生态等方面开展合作"④，两国在北极航道开发问题上的对接合作意愿日渐清晰。

一、共建"北冰洋蓝色经济通道"和北方海航道复兴的背景

　　"蓝色经济"是一项由小岛屿发展中国家（SIDS）主导，涉及所有沿

---

*　赵隆（1983—），男，陕西西安人，博士，研究员，上海国际问题研究院全球治理所所长助理，主要研究方向为北极问题、俄罗斯问题和全球治理。
　　基金项目：本文是作者主持的国家社科基金项目"科技竞争的全球图景和中国'创新伙伴关系'的推进逻辑研究"（20BGJ001）和上海市社科规划中青班专项课题"人类命运共同体思想与新时代中国的全球治理观研究"的阶段性成果。

① 新华社：《"一带一路"建设海上合作设想》，2017 年 6 月 20 日，http://news.xinhuanet.com/politics/2017-06/20/c_ 1121176798. htm。
② 《中国的北极政策》白皮书（全文），国务院新闻办公室网站，2018 年 1 月 26 日，http://www.scio.gov.cn/zfbps/32832/Document/1618203/1618203.htm。访问时间：2021 年 6 月 28 日。
③ http://kremlin.ru/events/president/news/54491.访问时间：2021 年 6 月 28 日。
④ "中华人民共和国和俄罗斯联邦联合声明（全文）"，外交部网站，2018 年 6 月 8 日，http://www.mfa.gov.cn/web/zyxw/t1567243.shtml。访问时间：2021 年 6 月 28 日。

海国利益和国家管辖范围以外水域利益的发展中的世界性倡议。① 蓝色经济将海洋定位为"发展空间",通过空间规划实现养护、可持续利用、石油和矿产开采、生物多样性保护,可持续能源生产和海洋运输。中国作为最大的发展中国家和海洋大国,一直积极推动蓝色经济的发展。在国内层面,将"拓展蓝色经济空间"作为重要内容纳入《关于国民经济和社会发展第十三个五年规划纲要》。在国际层面,中国在《落实2030年可持续发展议程国别方案》中,将"保护和可持续利用海洋和海洋资源以促进可持续发展"作为17项可持续发展目标落实方案之一,② 并在首届联合国海洋可持续发展大会上提出构建"蓝色伙伴关系"的倡议,成为"蓝色经济"倡议的主要推动力。

通道建设是蓝色经济发展的重要基础。中国"一带一路"重要倡议将通道建设放在首要位置,除了陆上六大走廊建设外,倡导重点建设三条海上蓝色经济通道,将"共享蓝色空间、发展蓝色经济"③ 作为主线,倡导各国共同开展保护海洋生态环境,促进海洋安全、经济发展和科学研究方面合作。这一通道建设的根本不仅在于打通海上互联互通之路径,更是促进海洋知识、文化、技术、人才自由流动,深化"21世纪海上丝绸之路"建设的全球意义和人类关怀的重要平台。因此,打通经北冰洋连接亚洲与欧洲的东北航道(NEP)成为"北冰洋蓝色经济通道"建设的首要目标。

东北航道西起冰岛,经过巴伦支海沿欧亚大陆北方海域直到东北亚的白令海峡。由于东北航道的主要部分毗邻俄罗斯北冰洋沿岸地区,俄罗斯早在十六世纪就将东北航道的部分水域称为"北方海航道"(NSR)。根据政府间气候变化专门委员会(IPCC)的估算和预测,北极夏季海冰在过去

---

① UN Department of Economic and Social Affairs, Sustainable Development Knowledge Platform, Blue Economy Concept Paper, https：//sustainabledevelopment. un. org/content/documents/2978BEconcept. pdf. 访问时间：2021年6月28日。

② 外交部：《中国落实2030年可持续发展议程国别方案》,2017年4月14日,http：//www. fmprc. gov. cn/web/ziliao_ 674904/zt_ 674979/dnzt_ 674981/qtzt/2030kcxfzyc_ 686343/。访问时间：2021年6月28日。

③ 新华社：《"一带一路"建设海上合作设想》,2017年6月20日,http：//news. xinhuanet. com/politics/2017-06/20/c_ 1121176798. htm。访问时间：2021年6月28日。

35 年间减少了近 70%，北极海域的季节性无冰期最早将出现于本世纪中叶。① 在此背景下，北极地区环境保护原则、国家安全原则和社会经济发展原则成为俄罗斯北极政策价值和精神的集中体现②，而北方海航道复兴战略的出台主要基于国家安全和地缘经济两个维度。

在国家安全维度，推动"北极复兴"是俄应对北极地缘政治、经济和安全格局变化的依托。③ 在俄看来，军事安全和经济安全是国家安全的核心要素，大规模军事部署以及频繁的经济互动，正在改变北极地区的安全态势。④ 因此，俄加强对北方海航道的安全管控，将其作为高纬度的安全通道反制西方对于俄的战略挤压。例如，通过法律要求外国军舰至少提前 45 天提交航行申请，并需提供军舰的路线和通行时长、舰船主要参数，配备俄籍领航员，在程序上限制外国军舰进入北方海航道及其邻近海域。⑤

在地缘经济维度，较短的地理距离和较为有限的过境国家使北方海航道的经济效应进一步突显。在北极能源运输产业的带动下，北方海航道的总航次和货运量飞速增长。2019 年，航道总货运量达到了 3150 万吨，3 年内增幅高达 430%。2020 年一季度，货运量又实现了 7.7% 的同比增长。⑥ 俄希望通过战略规划加快北方海航道的商业化、常态化开发，满足其 2024

---

① Intergovernmental Panel on Climate Change, Climate Change 2013: The Physical Science Basis, 2014, https://www.ipcc.ch/report/ar5/wg1/.

② 郭培清、曹园："俄罗斯联邦北极政策的基本原则分析"，《中国海洋大学学报（社会科学版）》，2016 年第 2 期，第 16 页。

③ Maria Lagutina, Russia's Arctic Policy in the Twenty-First Century: National and International Dimensions, Lexington Book, 2019, pp. 78 – 79.

④ Käpylä Juha, and Harri Mikkola, "Contemporary Arctic Meets World Politics: Rethinking Arctic Exceptionalism in the Age of Uncertainty," The Global Arctic Handbook, 2019, p. 153.

⑤ "Иностранные военные корабли должны будут уведомлять РФ о проходе по Северному морскому пути", Рамблер, 1 декабря 2018, https://news.rambler.ru/troops/41357676-inostrannye-voennye-korabli-dolzhny-budut-uvedomlyat-rf-o-prohode-po-severnomu-morskomu-puti/. 访问时间：2021 年 6 月 28 日。

⑥ "Грузоперевозки по Севморпути за 3 месяца 2020 года выросли на 7, 7%-до 7, 83 млн тонн", PortNews, 3 апреля 2020, https://portnews.ru/news/293933/。访问时间：2021 年 6 月 28 日。

年将北方海航道的年货运量提升至 8000 万吨的目标，[1] 并以航道国际化加强他国对于俄航道控制权的认可，进而形成支撑其法律主张的相关实践。

经济和安全也是中国参与北极航道开发的考量，但在层次上与俄罗斯有所差异。中国主要关注作为贸易大国航道潜在使用国的经济利益，也就是属于北方海航道综合开发、运营和管理的整体利益中的部分利益。在实践中，中国商船自 2013 年起多次穿越北方海航道，为各国探索北极航道提供了重要资料和经验，也为自身参与航道开发和利用开展试航。据测算，从中国经北极东北航道至欧洲的单航次能耗下降约 35%。[2] 截至 2019 年，中远海运特运已安排 18 艘船舶完成了 31 个航次的东北航道航行任务。[3]"维护我国在极地的活动、资产和其他利益的安全"[4] 是我国国家安全的重要组成部分，但中国参与北方海航道开发的战略利益更多基于全球贸易和航运的非传统安全。从目前来看，将北方海航道作为主要国际贸易运输干线尚受制于有限的导航与搜救服务、核动力破冰船缺口、集装箱运输需求的不确定性、航行经验和水文资料不足等因素，但随着俄加快航道基础设施和破冰船队建设，其中长期经济效益预期或为我国远洋航运提供备用选项，推动共建"北冰洋蓝色经济通道"与俄罗斯北方海航道复兴战略构想的对接合作具有长远战略意义。

二、主观认同：广义区域治理范式中的北极航道合作对接

目前，北极问题的治理初步"形成了'全球—区域—国家'三层次的多元格局"[5]。但在制度设计、议程设置、环境塑造和主体参与等问题上，以共同利益为基础的北极域外多利益攸关方和以地理认同为基础的北极国

---

[1] "Сообщение Дмитрия Рогозина о работе Государственной комиссии по вопросам развития Арктики на совещании с вице-премьерами", Правительство РФ, 8 июня 2015, http://government.ru/news/18411/. 访问时间：2021 年 6 月 28 日。

[2] 中远航运："中远航运 2016'永盛+'项目圆满收官"，2016 年 10 月 6 日，http://www.eworldship.com/html/2016/ShipOwner_1006/120473.html。访问时间：2021 年 6 月 28 日。

[3] 中远海运特运今年北极东北航道航行任务圆满收官"，中远海运 E 刊，2019 年 10 月 11 日，https://www.sohu.com/a/346345211_120058948。访问时间：2021 年 6 月 28 日。

[4] 《中华人民共和国国家安全法》第三十二条。

[5] 徐宏："北极治理与中国的参与"，《边界与海洋研究》，2017 年第 2 期，第 6 页。

家群体之间的角色落差依然明显，北极治理范式仍处于自狭义区域治理向广义区域治理的过渡期。

狭义的北极区域治理强调客观约束，以"间接排他"或"直接排他"的制度框架限制参与治理的主体范围，其治理核心在于主体资格的区域排他性、客体范围的区域集中性、利益争端的区域协商性以及终极目标的区域概念性。以"伊卢利萨特进程"① 为例，各国均强调地缘意义上的身份认同和利益排他，形成对外排他性和内部协商性共存的互动格局。而作为"罗瓦涅米进程"② 的核心平台，北极理事会虽然吸纳了部分域外观察员主体，但其本质未脱离以北冰洋沿岸国构成的"核心成员"、其他北极圈内国家构成的"外围成员"、北极域外国家和非国家行为体构成的"边缘成员"的治理结构。问题在于，北极气候快速变化和其导致的环境变化使该地区可能进入以管辖权冲突为特征、以自然资源开采为核心、以全球性大国为主角的大竞争时代。③ 而狭义区域治理范式忽略了北极问题的影响兼备区域和跨区域特性，以及客观上形成复合相互依赖理论中所称的各利益攸关方间的"不对称依赖"。

按照传统理解，世界政治中的相互依赖"指的是以国家之间或不同国家的行为体之间相互影响为特征的情形"④，也有学者将此种状态定义为"如果互动对一方产生的结果取决于其他各方的选择，行为体就处于相互依存状态"⑤。但在北极问题上，行为体间的依赖并非仅仅产生于双向的传递和影响。在多数情况下，各利益攸关方之间存在"相互的但又不平等的依附关系"⑥，一方行为造成的客观变化在某些情况下还会对不具备互动条件的多方产生"衍生效应"。也就是说，北极国家的行为不仅会对区域内

---

① 主要指以《伊卢利萨特宣言》（Ilulissat Declaration）签署为标志的北冰洋五国会晤机制。
② 主要指以《北极环境保护宣言》的签署地芬兰罗瓦涅米为起点的北极理事会发展进程。
③ Paul A. Berkman, Oran R. Young. "Governance and Environmental Change in the Arctic Ocean", *Science*, Vol. 324, April 17, 2009, pp. 339–340.
④ ［美］罗伯特·基欧汉、约瑟夫·奈著，门洪华译：《权力与相互依赖》，北京大学出版社，2002年版，第9页。
⑤ ［美］亚历山大·温特著，秦亚青译：《国际政治的社会理论》，上海人民出版社，2001年版，第431页。
⑥ ［美］罗伯特·吉尔平著：《国际政治经济科学》，经济科学出版社，1989年版，第24页。

各方产生双向或多向的影响，其带来的客观环境变化以及产生的衍生效应还可能单方面传递至区域外，非北极国家的气候、环境和发展安全单方面依赖于北极国家的行为，从而形成了"衍生性依赖"。在这种条件下，狭义的区域治理范式难以适应各行为体在北极问题上的衍生依赖状态和治理需求，无法体现各主体参与治理的效率原则和代表性原则，也无法进一步平衡治理主体间的利益、权利和责任，平衡治理路径的灵活性和适应性。①

因此，新时期的中俄北极航道合作需要从广义区域治理的范畴加以理解。不同于狭义的"区域"② 联系，广义区域治理不单强调地理意义上的地区概念，也包括统一的身份、理念、需求和环境等要素认同。按照建构主义的经典定义，"人类关系的结构主要是由共有观念而非物质力量决定，有目的行为体身份和利益是由共有观念建构而成，而非天然固有"③。也就是说，广义区域治理中的行为体不局限于区域联系，而是出于自身利益需求，对区内与区外的合作态势、挑战威胁和治理角色首先形成具有一致性的主观认同，最终在共同目标、环境塑造、合作架构上逐步实现行动上的客观趋同。航道开发合作成为中俄北极合作中的优先领域，也是中俄全面战略协作伙伴关系新阶段的新场域，两国对于航道开发合作的目标、角色和环境认同主要由以下几个因素所推动。

（一）战略驱动下的目标认同

战略驱动构成俄罗斯对北极航道开发合作的目标认同。俄罗斯拥有占全球北极人口约54%的北极居民，其总数约250万人，特别强调推动俄属北极地区居民的发展，创造相应就业岗位，保障资源开发和军事安全需

① 赵隆："议题设定和全球治理——危机中的价值观碰撞"，《国际论坛》，2011 年第 4 期，第 21－29 页。
② Laursen Finn, Comparative Regional Integration: Theoretical Perspectives, Surrey: Ashgate, 2004, pp. 78－79.
③ ［美］亚历山大·温特著，秦亚青译：《国际政治的社会理论》，上海人民出版社，2001 年版，第 1 页。

要。① 从资源分布来看，俄罗斯和美国阿拉斯加地区合计探明原油储量占北极地区总探明储量的 94.63%，而天然气更由俄所独占，储量占北极已探明天然气储量的 94.76%。② 根据统计，俄北极地区石油储量约 73 亿吨，天然气储量达到 55 万亿立方米，大陆架地区是矿产资源和能源的战略储备基地，共有超过 140 个运营中的矿产开发项目。③ 有观点认为，石油和天然气产量对俄经济整体产生广泛的乘数效应，④ 俄需要进一步通过北极开发维护其国家利益。⑤ 同时，俄将复兴北方海航道作为全面开发北极战略的关键词。例如，在《2020 年前及更长期的俄罗斯联邦北极地区国家政策基本原则》中，将"使用北方海航道，将之作为俄联邦在北极地区统一的国家交通运输干线"作为俄罗斯在北极地区的主要国家利益，强调"对穿越北极空中航线和北方海航道的飞机和船只实施有效的组织和管理"，"通过翻新和建设公路、港口等交通业、渔业所需的基础设施，大力发展俄罗斯北极地区的基础设施建设"。⑥ 在《2020 年前俄罗斯联邦北极地区社会经济发展国家纲要》中，提出"建设北极交通运输基础设施，将北方海航道作为俄联邦国家统一的交通干线"的战略目标，并从增加货运量、完善法律法规、调整破冰服务费用、加强保险机制、建设新型港口生产综合

---

① ［俄］德米特里·马特维什："北极经济发展的国内外经验"，《北极与北方》，2017 年第 1 期（总第 26 期），第 35 页，Дмитрий Матвиишин，Зарубежный и отечественный опыт экономического освоения арктических территорий，Арктика и Север. 2017. No 26，http：// narfu. ru/upload/iblock/f27/03_ matviishin. pdf。

② 国家海洋局极地专项办公室编：《北极地区环境与资源潜力综合评估》，海洋出版社，2018 年版，第 490 页。

③ "В Минприроды оценили нефтяные запасы Арктики в 7，3 млрд тонн"，Нефть капитал，13 ноября 2019，https：//oilcapital. ru/news/markets/13-11-2019/v-minprirody-otsenili-neftyanye-zapasy-arktiki-v-7-3-mlrd-tonn。

④ Меламед И. И. и Павленко В. И.，Правовые основы и методические особенности разработки проекта государственной программы《Социально-экономическое развитие Арктической зоны Российской Федерации до 2020 года》，Арктика：экология и экономика，№ 2，2014，с.31.

⑤ Конышев В. Н. и Сергунин А. А.，Арктика в международной политике：сотрудничество или соперничество？ Москва：РИСИ，2011，с. 25.

⑥ ［俄］俄罗斯联邦政府：《2020 年前及更长期的俄罗斯联邦北极地区国家政策基本原则》，2008 年 9 月 18 日，Правительство РФ，Основы государственной политики Российской Федерации в Арктике на период до 2020 года и дальнейшую перспективу，18 сентября 2008，http：//government. ru/info/18359/。

体、创建北极航运综合安全系统、建设破冰船等多个方面详细阐述了北方
海航道复兴的规划。① 俄不仅把"解决与北极国家的海洋划界问题，确定
俄北极地区外部界限"作为重要任务之一，还强调"建立区域搜救系统，
预防技术事故并消除其后果""在俄管辖框架内促进北方海航道的国际
化"。② 俄以航道复兴推动北极全面开发的战略决心加强了中俄在航道开发
对接合作的目标共识。

（二）需求驱动下的角色认同

需求驱动加强中俄两国的相互角色认同。2019 年 12 月，俄公布
《2035 年前北方海航道基础设施发展规划》（下称《2035 规划》），制定了
11 个重点发展方向和 84 项具体措施，强化北方海航道在北极开发战略中
的特殊意义，包括将"鄂毕—萨贝塔"铁路运输走廊建设纳入"2024 年
前俄交通干线综合性改造计划"，改建涅涅茨自治区、楚科奇自治区、萨
哈雅库特共和国机场，启动贝尔卡姆尔铁路综合项目中的"阿尔汉格尔斯
克—彼尔姆"铁路建设，促使北方海航道嵌入俄现有交通干线网络等系列
措施。③ 根据估算，俄已实施或计划实施超过 3000 亿美元的北极基础设施
建设项目。④ 俄还计划建造 9 艘 Ice3 级和 4 艘 Arc7 级水文测量船，对现有
水文测量船进行现代化改造，最终在北极地区将拥有至少 13 艘重型破冰
船，其中 9 艘为核动力破冰船；在 2025 年前发射 10 颗高轨道通信卫星和
地球遥感卫星，为北方海航道提供卫星通信、水文气象和冰情预报服务；
在佩韦克港、萨贝塔港、迪克森港和季克西港建设紧急情况管理中心；建

① ［俄］俄罗斯联邦政府：《2020 年前俄罗斯联邦北极地区社会经济发展国家纲要》，2013 年 2 月
20 日，Правительство РФ，Стратегия развития Арктической зоны Российской Федерации и
обеспечения национальной безопасности на период до 2020 года，20 февраля 2013，http：//
government. ru/info/18360/.
② О внесении изменений в постановление Правительства Российской Федерации от 21 апреля
2014，№ 366，Правительство Российской Федерации，Постановление от 31 августа 2017，№
1064.
③ План развития инфраструктуры Северного морского пути до 2035 года，Распоряжение от 21
декабря 2019，No 3120-р，http：//government. ru/docs/38714/. 访问时间：2021 年 6 月 28 日。
④ CNBC，"Russia and China vie to beat the US in the trillion-dollar race to control the Arctic"，06
февраля 2018，https：//www.cnbc. com/2018/02/06/russia-and-china-battle-us-in-race-to-control-
arctic. html. 访问时间：2021 年 6 月 28 日。

造 16 艘多功能搜救和消防船，新建和升级部分 Arc5 级破冰搜救船和搜救飞机等①，希望通过北极资源开发的经济收益完善航道导航与搜救机制，巩固在北极活动能力优势，并以此作为大国竞争的筹码。在西方经济制裁的背景下，融资难和技术壁垒问题成为实现上述规划主要挑战，对中国的资金、技术和人才供应方的角色更为认同。

作为北半球国家，中国虽然与最大的北极国家俄罗斯接壤，但这一地理范畴中"近北极国家"身份在北极国家内部并未得到广泛承认，甚至有学者提出该身份将挑战北极地区现状。② 实际上，北极地区的自然变化和资源开发对中国的气候、环境、农业、航运、贸易和社会经济发展具有直接影响。北极极涡变化和海冰消退直接作用于中国北部的气候变化，北极臭氧层缺失水平也直接影响中国的生态环境。北极海洋生态系统与全球变化有着密切的关系，对包括中国在内的全球气候和环境变化存在明显的作用和反馈。从北极自然、社会、安全变化对中国的影响，以及参与北极事务的历史、能力和愿景等多个维度来看，中国在合理性、影响力与紧急性三项标准③上都成为北极事务的"重要利益攸关方"④，这种利益攸关性自然延伸至航道开发与利用问题之中。

（三）环境驱动下的利益认同

大国竞争回归的环境驱动成为中俄凝聚北极开发合作共同利益的关键。2014 年乌克兰事件后，美俄关系进入以应激式制裁与反制为特征的对抗"新常态"。在俄看来，俄美关系已被美国内事务"绑架"⑤，决定了其

---

① План развития инфраструктуры Северного морского пути до 2035 года，Распоряжение от 21 декабря 2019，No 3120-p，http：//government. ru/docs/38714/.
② Marc Lanteigne，Respect，Co-operation and Win-Win，The Rasmussen，October 22，2015，https：//rasmussen. is/2015/10/22/respect-co-operation-and-win-win/. 访问时间：2021 年 6 月 28 日。
③ 董利民："中国'北极利益攸关者'身份建构"，《太平洋学报》，2017 年第 6 期，第 71 页。
④ 外交部：国务院副总理汪洋应邀出席在俄罗斯阿尔汉格尔斯克市举行的第四届"北极——对话区域"国际北极论坛的讲话，2017 年 3 月 30 日，http://www.fmprc. gov. cn/web/wjdt_674879/gjldrhd_ 674881/t1450248. shtml. 访问时间：2021 年 6 月 28 日。
⑤ "Putin Says Russia Has 'Many Friends' in U. S. Who Can Mend Relations"，The New York Times，October 5，2017，https：//www. nytimes. com/2017/10/04/world/europe/putin-russia-us. html. 访问时间：2021 年 6 月 28 日。

难以调和的对抗性。① 美国希望通过激化大国竞争态势，弥补自身战略和实践短板，并阻碍俄北极开发进程。例如，美国务卿蓬佩奥在 2019 年的北极理事会部长级会议上称，"莫斯科非法要求他国提交北方海航道航行申请，强迫外国船舶使用俄籍领航员的行为，属于俄北极侵略性模式的一部分"②。美国防部和海岸警卫队在同年分别发布《北极战略报告》③ 与《北极战略展望》④，将中俄定位为美国北极安全的长期威胁，是北极秩序的挑战者和破坏者。美战略界认为，俄加强北极军事化部署迫使美等其他北冰洋沿岸国重新进行战略资源调配。⑤ 对俄而言，美主动升级地缘政治对抗并尝试重夺北极事务主导权，导致各国在面对俄北极开发合作邀约时，被迫陷入"选边站"政治，需要从战略层面予以回应，而俄罗斯是中国参与北极环境保护、资源与航道开发的直接对接方，包括航道开发在内的中俄北极合作全方位展开也得益于此。

三、行动趋同："北冰洋蓝色经济通道"对接北方海航道复兴

首先是顶层设计的趋同。在中俄全面战略协作伙伴关系新阶段的大框架下，两国政府和领导人已经达成高度的政治互信和政策协调。2014 年，中俄两国首次提出要"改善中方货物经俄铁路网络、远东港口及北方海航

① Федор Лукьянов，"Конец не начавшегося романа"，*Российская Газета*，Федеральный выпуск № 77（7243），11 апреля 2017.

② Secretary Pompeo Travels to Finland To Attend the Arctic Council Ministerial and Reinforce the U. S. Commitment to the Arctic，U. S. Department of States，May 6，2019，https：//www. state. gov/secretary-pompeo-travels-to-finland-to-attend-the-arctic-council-ministerial-and-reinforce-the-u-s-commitment-to-the-arctic/. 访问时间：2021 年 6 月 28 日。

③ Department of Defense，Report to Congress Department of Defense Arctic Strategy，June 2019，https：//media. defense. gov/2019/Jun/06/2002141657/-1/-1/1/2019-DOD-ARCTIC-STRATE-GY. PDF. 访问时间：2021 年 6 月 28 日。

④ United States Coast Guard，Arctic Strategic Outlook，April 2019，https：//media. defense. gov/2019/May/13/2002130713/-1/-1/0/ARCTIC_ STRATEGY_ BOOK_ APR_ 2019. PDF. 访问时间：2021 年 6 月 28 日。

⑤ Rachel Ellehuus，*Shifting Currents in the Arctic：Perspectives from Three Arctic Littoral States*，Report of the CSIS Europe Program，2019，https：//www. csis. org/analysis/shifting-currents-arctic. 访问时间：2021 年 6 月 28 日。

道过境运输条件"①。2015 年，两国元首在莫斯科正式提出"对接合作"的目标，并提出，"加强北方海航道开发利用合作，开展北极航运研究"②。2017 年，两国在共同建设"冰上丝绸之路"上达成一致，并提出愿与其他国家一道努力开辟"冰上丝绸之路"。③ 习近平主席会见俄罗斯总理梅德韦杰夫时也提出，共同开展北极航道开发和利用合作，打造"冰上丝绸之路"④，上述具体战略规划为"北冰洋蓝色经济通道"与北方海航道复兴的对接合作奠定基础。

其次是部门议程的趋同。为了进一步落实两国政府和领导人达成的共识，相关双边政府间会晤机制和部门间协调磋商机制均纳入北极合作议题。自 2013 年起，两国北极事务主管部门举办"中俄北极事务对话"，探讨和协调北极合作方向。2017 年 3 月，国务院副总理汪洋率代表团赴俄罗斯阿尔汉格尔斯克出席了第四届"北极——对话区域"国际北极论坛⑤，并同俄罗斯联邦政府副总理德米特里·罗戈津举行了中俄总理定期会晤委员会双方主席会晤。目前，中俄北极合作已在不同层级的政府间合作和磋商机制中得以体现。两国外交和海洋事务主管部门正就政策导向、船舶标准、航行技术、投资模式等方面开展议程对接。

第三是知识先导的趋同。冰区航行与作业的知识储备是航道开发的重要基础，也是航道安全、绿色、可持续常态化运行的必要条件。近年来，

---

① 新华社："中华人民共和国和俄罗斯联邦 8 日在莫斯科发表《中华人民共和国和俄罗斯联邦关于深化全面战略协作伙伴关系、倡导合作共赢的联合声明》"，2015 年 5 月 8 日，http://news. xinhuanet. com/world/2015-05/09/c_ 127780870. htm。访问时间：2021 年 6 月 28 日。

② 新华社：《中俄总理第二十次定期会晤联合公报》，2015 年 12 月 17 日，http://news. xinhua-net. com/politics/2015-12/18/c_ 1117499329. htm。访问时间：2021 年 6 月 28 日。

③ ［俄］俄罗斯外交部："外交部长拉夫罗夫与中国外长王毅共同会见记者的发言"，2017 年 5 月 26 日，Выступление и ответы на вопросы СМИ Министра иностранных дел России С. В. Лаврова в ходе совместной пресс-конференции по итогам переговоров с Министром иностранных дел КНР Ван И, Москва, 26 мая 2017 года, http://www. mid. ru/ru/foreign_ policy/news/-/asset_ publisher/cKNonkJE02Bw/content/id/2768031. 访问时间：2021 年 6 月 28 日。

④ 新华网："习近平会见俄罗斯总理梅德韦杰夫"，2017 年 11 月 1 日，http://news. xinhua-net. com/2017-11/01/c_ 1121891929. htm。访问时间：2021 年 6 月 28 日。

⑤ International Arctic Forum, Arctic: Territory of Dialogue, http://www. conoscereeurasia. it/files/notizie/2017_ it/20170208_ Artic_ Brochure. pdf. 访问时间：2021 年 6 月 28 日。

中国在国际北极科学委员会、北极理事会等多边框架下积极与俄罗斯开展北极科研合作，加强对于北极陆地和海洋认知的科学交流。此外，为执行中俄关于在北冰洋海域开展合作研究的协议，两国于 2016 年 8 月开展首次北极联合科考①，由科学家组成的联合考察队对北冰洋俄罗斯专属经济区内楚科奇海和东西伯利亚海进行综合调查，成为两国北极海洋领域合作的历史性突破。

最后是企业主体和市场导向的趋同。北方海航道复兴离不开大规模的基础设施建设与人力资源投入，"亚马尔液化天然气"项目和萨别塔港口建设是目前俄属北极地区投资规模最大的基础设施综合体，也是外部资金需求最为强烈的项目。俄罗斯"诺瓦泰克"公司在该项目中持股 50.1%，法国道达尔公司持股 20%，中国石油天然气集团公司和丝路基金共持股 29.9%。② 此外，中国企业在俄北极能源和航道开发建设中的重要性不断上升，不但参与持股"亚马尔液化天然气"和"北极液化天然气 2 号"项目，还作为能源运输的主要运营方和投资方、北方海航道过境航行的主要使用方。

四、共建"北冰洋蓝色经济通道"面临的制约

（一）北极域内"竞合平衡"状态面临挑战

一直以来，北极国家之间的互动形式总体呈现出两面性特征，也就是合作与竞争共存的局面。以俄美为例，北极在对抗常态化背景下曾为两国创造有限的合作空间。2013 年，美俄两国签署联合声明，提出合作打击包括白令海峡地区在内的非法捕鱼行为，并随后与其他国家一道缔结《预防中北冰洋不管制公海渔业协定》，成为北极渔业多边合作的重要里程碑。③ 阿拉斯加州和楚科奇自治区轮流举行"白令路桥日"（Beringia Days）公众

---

① "中俄完成首次北极联合科考"，《中国科学报》，2016 年 10 月 17 日，第四版。

② Novatek, LNG Tanker "Christophe de Margerie" Started First Voyage through Northern Sea Route, Press release from Novatek, 1 August 2017, http://www.novatek.ru/common/tool/stat.php?doc=/common/upload/doc/CDM_ENG.pdf. 访问时间：2021 年 6 月 28 日。

③ "Россия подписала международное соглашение о предотвращении нерегулируемого промысла в Арктике", PortNews, 4 октября 2018, http://portnews.ru/news/265501/. 访问时间：2021 年 6 月 28 日。

论坛，探讨合作保护白令海峡事宜。① 俄美还向国际海事组织（IMO）联合提交了关于白令海峡航线的通行方案，划出 6 条推荐航线和 6 个航行危险区，并得到国际海事组织的批准正式实行。② 两国共同推动北极理事会框架下的《加强北极国际科学合作协定》出台，消除各国间的北极科研合作障碍。③ 但是，这种竞合平衡很可能因国家推动"对北极的控制"④ 而被打破。俄"北极 2035"战略希望通过发展经济和政治力量，将北极作为国家整体安全的延伸部分。如果俄把安全因素按照合理比例纳入资源开发、环境保护和科技发展等领域，可确保自身安全并促进北极和平稳定与可持续发展。但是，如果以安全为由一味追求权力的无边界扩张，特别是借北极开发重构地区安全格局，增强有关航道问题的法律主张等，可能导致北极竞争与合作互动的失衡，最终使北极地区进入以管辖权冲突、自然资源争夺冲突为特征的新一轮竞争时代。⑤

（二）航道主权争议和"蓝色圈地"运动加速

划界问题是北极地区主要法律争议，其中包括俄美之间的白令海问题，美加之间的波弗特海争议，加拿大与丹麦之间的戴维斯海峡和汉斯岛主权争议⑥，以及北极外大陆架划界问题⑦。2019 年 3 月，联合国大陆架

---

① "Beringia Days International Conference，Shared Beringian Heritage Program"，The National Park Service，https：//www. nps. gov/akso/beringia/about/beringiadays/beringia-days-main. cfm. 访问时间：2021 年 6 月 28 日。

② "Договор между Россией и США в Арктике утвержден на международном уровне"，ИАREGNUM，22 мая 2018，https：//regnum. ru/news/economy/2419187. html. 访问时间：2021 年 6 月 28 日。

③ Paul Arthur Berkman，Lars Kullerud，Allen Pope，Alexander N. Vylegzhanin，Oran R. Young，"The Arctic Science Agreement propels science diplomacy"，*Science*，Vol. 358，Issue 6363，2017，pp. 596 – 598.

④ Olav Schram Stokke and Geir Hønneland，*International Cooperation and Arctic Governance：Regime Effectiveness and Northern Region Building*，London and New York：Routledge，2006，pp. 74 – 79.

⑤ Paul Arthur Berkman，Oran R. Young，"Governance and Environmental Change in the Arctic Ocean"，*Science*，Vol 324，17 April 2009，pp. 399 – 340.

⑥ Michael Byers，*Who Owns the Arctic? Understanding Sovereignty Disputes in the North*，Vancouver，BC：Douglas & McIntyre，2010，p. 30.

⑦ 根据《联合国海洋法公约》，除了沿海国拥有的 200 海里专属经济区，如果能证明外大陆架（Extended Continental Shelf）是本国大陆架的自然延伸，就拥有对这一部分外大陆架的相关资源进行开发的权利。

界限委员会第 50 届会议部分通过了俄北冰洋大陆架划界案。俄采取积极姿态承认和化解与其他国家的争议，但坚持将门捷列夫海岭，罗蒙诺索夫海岭作为俄大陆边缘的自然组成部分，依据"海底高地"原则扩展大陆架。[1]围绕外大陆架划界问题的矛盾是制约航道利用的重要影响因子。此外，俄罗斯主张北方海航道的主权和主权权利。根据《俄罗斯联邦商船航运法》第 5.1 条第 1 款，"北方海航道水域的概念是指毗邻俄联邦北方沿岸的水域，由内水、领海、毗连区和专属经济区构成，东起与美国的海上划界线及其到杰日尼奥夫角的纬线，西至热拉尼亚角的经线，新地岛东海岸线和马托什金海峡、喀拉海峡和尤戈尔海峡西部边线"。[2] 但是，各国不认可俄将北方海航道的"内水（海）化"法律主张，美国提出所谓北极航道"国际水域"概念。[3] 俄试图通过航道的国际化开发，以国内法和规章为依据引导项目建设进程，间接达到"主权宣示"目的。围绕航道水域地位问题的矛盾是北极法律问题的核心之一。中国不是北冰洋沿岸国，也不是北冰洋海域相关大陆架外部界限主张的直接当事国，共建"北冰洋蓝色经济通道"和北方海航道复兴的对接合作应避免陷入有关航道法律地位和规则的主权类争端。

（三）北极"军事化"进程重构地区安全格局

随着竞争和冲突成为北极事务的关键词，[4] 各国加速推进安全能力建设进度。例如，北约于 2019 年在挪威北部举行冷战结束以来最大规模的

---

[1] Submissions, through the Secretary-General of the United Nations, to the Commission on the Limits of the Continental Shelf, pursuant to article 76, paragraph 8, of the United Nations Convention on the Law of the Sea of 10 December 1982, Russian Federation-partial revised Submission in respect of the Arctic Ocean, Progress of work in the Commission on the Limits of the Continental Shelf, UN CLCS, https: //undocs. org/en/clcs/93. 访问时间：2021 年 6 月 28 日。

[2] ［俄］"俄罗斯联邦商船航运法典"，《俄罗斯报》，1999 年 4 月 30 日，第 81 号联邦法，第 5 条第 1 款，Кодекс торгового мореплавания Российской Федерации от 30 апреля 1999 г. N 81-ФЗ, Статья 5. 1, Плавание в акватории Северного морского пути, Российская Газета, 5 мая 1999, https: //rg. ru/1999/05/05/morskoy-kodeks-dok. html。

[3] Nikoloz Janjgava, Disputes in the Arctic：Threats and Opportunities, *the Quarterly Journal*, Summer, 2012, pp. 97 – 98.

[4] ScottN. Romaniuk, *Global Arctic：Sovereignty and the Future of the North*, Berkshire Academic Press, 2013, pp. 22 – 23.

"三叉戟接点"联合军演，美"杜鲁门"号航母在苏联解体后首次进入北极海域。① 美国强化"北美联合防空司令部"对北极的海空监视职能，美空军计划于 2022 年前在阿拉斯加基地引入 F-35 战机并部署升级反导系统和远程警戒雷达。② 加拿大加强北极部队的机动性和投射范围，扩大防空识别区并开展联合演习③，计划设立"北部预警系统"雷达监视网络，④投入 CP-140 预警机开展北极巡航任务⑤。丹麦将格陵兰岛和法罗群岛司令部合并为北极联合司令部，⑥ 提出组建模块化北极快速反应部队和军事巡逻队。⑦ 挪威和北约每两年在北部举行"寒冷挑战"演习，应对北极的潜在军事威胁。⑧ 丹麦、挪威和瑞典计划组建联合快速反应部队，监视和威慑各国在北极的活动。俄与西方的政治对峙是北极军事化的新动力，此种紧张局势蔓延至北极的可能性加剧。⑨

---

① "U. S. Navy to flex muscles in Arctic：'Opportunity for conflict is only rising'", The Washington Times, December 27, 2018, https：//www. washingtontimes. com/news/2018/dec/27/us-navy-stage-arctic-freedom-navigation-operations/. 访问时间：2020 年 5 月 1 日。

② "US Intensifies Advanced Fighter Buildup Near Arctic as 1st F-35s Arrive in Alaska", Military. com, April 23, 2020, https：//www. military. com/daily-news/2020/04/23/us-intensifies-advanced-fighter-buildup-near-arctic-1st-f-35s-arrive-alaska. html. 访问时间：2021 年 6 月 28 日。

③ Government of Canada, Canada Unveils New Defence Policy, News Release, June 7, 2017, https：//www. canada. ca/en/department-national-defence/news/2017/06/canada_ unveils_ newdefencepolicy. html. 访问时间：2021 年 6 月 28 日。

④ Huebert, R. , "Domestics ops in the Arctic", Presentation at the conference "Canadian Reserves on Operations", Journal of Military and Strategic Studies, Vol. 12, No. 4, pp. 54 –55.

⑤ "Maintaining Canada's CP-140 Aurora Fleet", Defence Industry Daily, August 13, 2014, https：//www. defenseindustrydaily. com/canada-moves-to-longterm-performancebased-contracts-for-its-p3-fleet-01474/. 访问时间：2021 年 6 月 28 日。

⑥ Danish Defence, Joint Arctic Command, March 25, 2019, https：//www2. forsvaret. dk/eng/Organisation/ArcticCommand/Pages/ArcticCommand. aspx. 访问时间：2021 年 6 月 28 日。

⑦ Robinson, D. D. , "The world's most unusual military unit", Christian Science Monitor, June 22, 2016, http：//www. csmonitor. com/World/2016/0622/The-world-s-most-un usual-military-unit. 访问时间：2021 年 6 月 28 日。

⑧ Huebert, R. , 'Domestics ops in the Arctic', Presentation at the conference 'Canadian Reserves on Operations', Journal of Military and Strategic Studies, Vol. 12, No. 4, p. 14.

⑨ Coffey, L. , Russian Military Activity in the Arctic：A Cause for Concern, The Heritage Foundation, December 16, 2014. https：//www. heritage. org/europe/report/russian-military-activity-the-arctic-cause-concern. 访问时间：2021 年 6 月 28 日。

（四）过境运输需求的波动性

北方海航道在近期气候变化的影响下出现了季节性无冰季，货运航次也明显增加。但根据官方统计口径，总货运航次既包含完全穿越北方海航道的过境运输和由其他各国驶入北方海航道港口的跨境运输，也包括沿俄罗斯北极地区海岸线进行的境内运输。从数据来看，二者的占比相差较大。2014—2016 年，完全穿越北方海航道的过境运输次数分别为 22 次、18 次和 19 次。[①] 冰情的不稳定性和水文气象、导航通信设施缺乏，导致连接欧亚两大市场的过境航次持续低迷，航道的商业前景备受质疑。例如，耐克公司以环境保护和经济性为由，提出将避开北方海航道开展运输。[②] 瑞士地中海航运公司（MSC）、法国达飞海运集团（CMA-CGM）、德国赫伯罗特股份公司（Hapag Lloyd）等也声明，因经济性考量不使用北方海航道进行集装箱运输[③]，北方海航道的国际吸引力、过境需求和常态化运行能力仍处于波动期。

五、结　语

在战略、需求和地缘政治驱动下，中俄两国对于广义区域治理视阈下的航道开发对接合作形成了目标、角色和利益认同，并逐步演化为实践中的一致性和行为的趋同化。虽然北方海航道的常态化运行在短期内仍面临规则制定、需求波动和地缘政治因素的影响，但随着航道基础设施建设的逐步成熟和冰区航行经验的积累，其常态化运行可能与"丝绸之路经济带"和"21 世纪海上丝绸之路"共同形成覆盖欧亚大陆的立体交通干线。从积极层面看，在西方制裁短期内不会取消的条件下，中国的资金仍是俄

① Malte Humpert, "Shipping Traffic on Northern Sea Route Grows by 40 Percent," *High North News*, January 23, 2017, http://www.highnorthnews.com/shipping-traffic-on-northern-sea-route-grows-by-30-percent/. 访问时间：2021 年 6 月 28 日。

② "Nike и Ocean Conservancy призвали отказаться от использования судоходных маршрутов в Арктике", PortNews, 24 октября 2019, http://portnews.ru/news/285822/. 访问时间：2021 年 6 月 28 日。

③ "Two more shipping companies say they won't use Arctic routes", PortNews, December 19, 2017, https://www.highnorthnews.com/en/shipping-traffic-northern-sea-route-grows-40-percent. 访问时间：2021 年 6 月 28 日。

北极开发的重要来源，而俄将北极航道基础设施建设作为 2035 战略的重点，有利于中国企业进一步参与相关项目。但在消极方面，"安全型发展"的战略导向可能导致中俄北极合作被曲解为间接推动俄北极军事化，俄巩固国际合作中主导地位的战略取向，特别是借助法律和行政手段强化俄企业、技术和人员在合作中的优先地位，也可能导致中国企业的商业和制度成本同步上升，降低相关项目的商业吸引力。对中国来说，应在坚持"可持续性"这一核心要义的前提下加快与俄罗斯的顶层对接和大项目制建设，也要依照"中俄对接"和"多方参与"并行发展的原则，积极拓展与其他北极国家和利益攸关方共同开发北极的合作平台，综合评估俄罗斯在建设"北冰洋蓝色经济通道"中的地缘区位和制度优势，以及相关建设的地缘政治、经济和安全效应。

日本港口地区经济发展经验及对我国的启示

李凤月　李　博*

　　港口作为海上运输和陆地运输的连接枢纽，对于一个国家和地区的宏观经济增长及产业结构优化有着巨大的推动作用。港口经济是陆地经济和海洋经济的结合，通过拉动临港产业发展进而带动腹地经济，因此可以说港口是区域经济发展的加速器。众所周知，日本是一个港口众多的国家，依托其港口优势经济得到了迅速发展，建设成以京滨港和阪神港为中心的两大海岸经济圈，在沿海区域发展其优势产业，随着产业链的延伸吸引了众多相关产业，形成产业集群，促进了区域经济的发展。虽然近年来日本港口国际竞争力不断下降，但日本港口地区成熟的产业布局及规模经济的发展模式对我国港口地区仍有一定的借鉴作用。

　　自 20 世纪后半叶起，日本已经在港口建设临港工业区，实行以发展工业为基础的港口经济政策，建设形成了以区域产业发展为依托的港口经济发展模式，并依托港口地理优势建成京滨、中京、阪神三大工业地带，整合周边核心城市工业资源、优势港口贸易资源，迅速形成港口经济发展区。三大工业地带的核心城市、优势港口以及以制造业为代表的产业集聚效应曾经为日本在 20 世纪 50—60 年代的经济高速发展做出巨大贡献。70年代以后，日本开始实施"工业分散"战略，东京等大都市开始由传统工业转向金融、信息和服务产业发展。进入 80 年代，随着船舶大型化、港口

───────────
*　李凤月（1980—），女，辽宁丹东人，上海海洋大学海洋文化与法律学院副教授、海洋经济研究中心研究员、经济学博士，主要研究方向：海洋经济、公共管理。
　李博（1987—），男，黑龙江北安人，三菱日联银行（中国）有限公司咨询调研部高级经理、经济学博士，主要研究方向：区域经济、产业经济。

间竞争日趋激烈以及港口软硬件相对滞后等问题日益突出，日本的港口城市发展受到一定的限制，特别是近二十年来，亚洲各国大型港口建设持续推进，使得日本港口在国际上的竞争地位逐年下降。为了提高港口的国际竞争力、有效并稳步地发展地区经济，日本政府先后实施了一系列重大的港口建设和临港产业发展政策。首先是推行强化重点港口功能、建设超级大港和国际战略港等计划，在持续大力发展几个重要港口城市的同时通过采取对港口进行合并的政策改善港口基础设施的不足，遏制不良竞争减少资源浪费，力求建立起具有全球竞争力的超级大型港口。日本在 2007 年将大阪港、神户港、尼崎西宫芦屋港合并为阪神港，以便在国际港口竞争中取得优势，实践证明，资源整合后的阪神港在经济效益方面实现了较为明显的提升。其次，日本通过实施港口特区政策，以大型港口城市为依托，以拓宽经济腹地范围为基础，注重发展港口特区和腹地工业园区建设，进而形成多层次的临港经济区域[①]。同时，日本政府的产业政策也从单纯发展临港重工业向发展先进制造业、现代服务业和高科技产业转变。

一、日本港口经济现状及困境

日本作为一个四面环海的岛国，有一千多个港口，日本港口管理部门根据各个港口的发展战略、规模、运输对象及所在地区产业特征等标准对现有港口进行了分类（表1），并根据港口的发展现状不断对分类进行调整和修改，其目的在于集中有限的资源，有针对性地提升不同港口的建设水平，发挥港口对地区及全国经济的拉动和辐射作用。

表1　日本港口的分类

超级枢纽港（6）	东京港 横滨港 名古屋港 四日市港 大阪港 神户港
枢纽国际港（10）	东京港 横滨港 川崎港 大阪港 神户港 名古屋港 四日市港 下关港 北九州港 博多港
中核国际港（8）	苫小牧港 仙台盐釜港 茨城港 新潟港 清水港 广岛港 志布志港 那霸港

① 吕荣胜、张志远："日本港口经营策略对我国环渤海港口发展的启示"，《现代日本经济》，2006 年第 5 期，第 62－63 页。

续表

国际战略港（5）	东京港 横滨港 川崎港 大阪港 神户港
国际据点港口（18）	苫小牧港 室兰港 仙台盐釜港 千叶港 新潟港 伏木富山港 清水港 名古屋港 四日市港 堺泉北港 姬路港 和歌山下津港 水岛港 广岛港 下关港 德山下松港 北九州港 博多港
重点港口（43）	钏路港等 43 个地方港口
重要港口（102）	稚内港等 102 个地方港口
地方港口（810）	重要港口以外的 810 个地方港口
避难港口（36）	松前港等 36 个港口

资料来源：《日本港湾法》。

（一）日本港口经济现状

表 2 是日本 6 个超级枢纽港及所在地区经济发展状况，这 6 个港口所在地区的国民生产总值占全日本 47 个都道府县总额的 43.8%，雇用人数为全国就业人数的 38.7%，在国民经济中占有举足轻重的地位。6 个港口的货物吞吐量占全国的 20% 以上，并在 2000—2014 年期间不断攀升，可见这六大港口作为交通枢纽和物流中心，对日本的贸易和经济起到了巨大的推动作用。

表 2　日本主要港口货物吞吐量及所在地区经济状况

港口	所在地区	地区生产总值（亿日元）	地区就业数（人）	货物吞吐量（万吨）		
		2012 年	2012 年	2000 年	2012 年	2014 年
东京港	东京都	919 089	8 410 643	7750	8 279	8 719
横滨港	神奈川县	302 578	3 551 768	12 969	12 139	11 701
名古屋港	爱知县	343 592	4 225 155	18 570	20 256	20 762
四日市港	三重县	73 483	878 122	5 883	6 247	6 195
大阪港	大阪府	368 430	4 152 544	8 528	8 640	8 648
神户港	兵库县	182 732	2 304 854	8 553	8 721	9 239
合计		2 189 904	23 523 086	62 255	64 280	65 263
全国		5 001 582	60 767 180	280 725	285 175	288 060
占全国比例（%）		43.8	38.7	22.2	22.5	22.7

资料来源：日本内阁府国民经济计算统计数据；日本国土交通省港湾调查统计数据。

（二）日本港口面临的困境

虽然港口经济曾经推动了日本经济的高速发展，但近年来日本港口在国际上的竞争地位不断下降，为此日本政府采取了一系列改革措施，但成效并不理想，目前日本港口面临的问题主要是以下两方面。

1. 外国船只寄港比例大，易受外部经济环境影响。图 1 是 1980—2013 年日本港口船只停靠总数及变化，其中 1980—2005 年期间船只停靠总数大幅增长，2005 年达 72 126 艘，之后开始呈现下降趋势，特别是 2005—2010 年下降幅度较大。由于停靠船只中绝大部分为外国船只，近年来比例达到 90%以上，外国船只数的大幅减少主要是因为 2007 年世界金融危机对国际贸易产生了巨大影响。同时，日本近二十年来经济发展低迷，国内船只数量也几乎没有增长。由此可见，日本港口过度依赖外国船只，缺乏抵御外部经济风险的能力，是日本港口发展的短板之一。

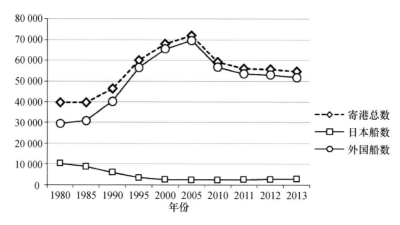

图 1　日本全国港口船只停靠总数

资料来源：公益财团法人日本关税协会「外国贸易概况」。

2. 港口国际竞争力不断下降。自 20 世纪 90 年代，日本各大港口的国际竞争力均有不同程度的下降，特别是 2000 年以后日本的主要集装箱货运港在国际上的地位大幅下降。表 3 是 2008—2018 年全球主要港口集装箱吞吐量及排名情况，排名第一的先后为新加坡港和上海港，其中上海港的吞吐量已经超过 40 百万标准箱（TEU），和其他港口的差距不断拉大，稳居全球第一，且表现出十分稳健的增长率。而日本吞吐量最大的东京港 2018 年仅为上海港的 12%，近年来吞吐量虽有增加，但增长缓慢，在国际上的排名从 2008 年的第 24 位下降至 2018 年的第 28 位，表中所列日本其他港口，横滨港、神户港、名古屋以及大阪港在国际港口排名上均呈现较快的下降趋势。

日本港口国际竞争力下降的原因，有研究指出主要是以下两点：①同其他港口相比日本港口的利用成本偏高，究其原因主要是行业垄断、价格保护、繁杂的港口审批和通关手续等制度性因素，以及港口作业机械化和信息化滞后等环境因素；②亚洲新兴国家经济增长、消费量增大以及日本本国产业结构调整引发航线及物流量减少①。

表 3　全球主要港口集装箱吞吐量及排名

2008 年			2013 年			2018 年		
港口	吞吐量（百万 TEU）	排名	港口	吞吐量（百万 TEU）	排名	港口	吞吐量（百万 TEU）	排名
新加坡港	29.92	1	上海港	33.62	1	上海港	42.01	1
上海港	27.98	2	新加坡港	32.24	2	新加坡港	36.60	2
香港港	24.49	3	深圳港	23.28	3	宁波舟山港	26.35	3
深圳港	21.41	4	香港港	22.35	4	深圳港	25.74	4
釜山港	13.45	5	釜山港	17.69	5	广州港	21.87	5
东京港	4.16	24	东京港	4.86	28	东京港	5.11	28
横滨港	3.48	29	横滨港	2.89	48	横滨港	3.03	58
名古屋港	2.82	39	名古屋港	2.71	51	神户港	2.94	64
神户港	2.56	44	神户港	2.55	56	名古屋港	2.88	68
大阪港	2.24	51	大阪港	2.49	60	大阪港	2.40	77

资料来源：CONTAINERISATION INTERNATIONAL YEARBOOK 2011，2014，2019.

二、日本港口地区经济发展的现状分析

日本 20 世纪 30 年代以来重点发展的是依托海外资源、需要广阔用地及大型港口设施的重工业，这些重工业集中建设在环太平洋地带的三大港湾，借助规模经济效应迅速形成了大规模的工业带，逐渐发展成现今"港

---

① 日本经济产业研究所：《我が国主要港湾地域の国際競争力強化に向けた調査報告書》，2002 年，第 27 页。

口-大都市-工业区重合"的空间布局，从而使日本沿海地区逐渐发展为世界上重要的工业集聚区，发挥着带动日本经济发展的核心作用。

（一）港口对区域经济的波及效果

港口经济通过影响产业发展继而影响劳动就业，因此衡量港口对地区经济拉动作用的核心指标是对该地区生产总值（GDP）和就业的贡献。据日本海事中心测算，2012 年横滨港及其相关产业对横滨市经济的波及效果为：港口相关产业就业人数 44.8 万人，占横滨市就业人数的 31.0%，创造了横滨市 GDP 的 31.3%；名古屋港口管理联合会的统计显示，名古屋港对所在地区爱知县的经济波及效果约为 31 万亿日元，相当于爱知县GDP 的 40%，名古屋港相关产业的就业人数 111 万人，占爱知县就业人数的 30%，同时对爱知县以外的地区同样产生了 6 万亿日元的波及效果和 35万人的就业岗位，爱知县居民消费品中服装类的 77%，家具类的 37% 以及食品类的 14% 都是经由名古屋港运输的。

日本国土技术政策综合研究所根据地方产业关联表计算了日本海上集装箱运输对地区经济的波及效果，研究结果显示：几大主要港口集装箱运输所产生的地区国民生产总值分别为名古屋港 7.26 万亿日元，对爱知县GDP 的直接贡献率为 9.0%；横滨港 7.25 万亿日元，对所在地神奈川县GDP 的贡献率为 5.2%；神户港 5.47 万亿日元，对所在地兵库县 GDP 的贡献率为 6.1%；大阪港 2.55 万亿日元，对大阪府 GDP 的贡献率为2.5%。[①] 同时，港口不仅带动了所在城市的经济发展，而且对周边区域经济也有巨大的辐射作用，如横滨港集装箱运输产生的生产诱发额为 19.1 万亿日元，这其中的 22.8% 贡献在神奈川县，另外 77.2% 则是带动了神奈川县周边地区的生产规模，名古屋港产生的 20 万亿日元生产诱发额，也有54.0% 是对周边地区的辐射。综上可见，日本港口通过推动对外贸易发挥港口经济的扩散效应，带动和强化了整个区域的竞争优势，对港口所在地

---

① 笹山博："47 都道府県間産業連関表を用いた海上コンテナ貨物の輸出による経済波及効果の推計"，*TECHNICAL NOTE of National Institute for Land Infrastructure Management* No. 602，2010，pp. 10 - 25。

及周边地区经济发展做出巨大贡献。

（二）港口地区产业结构及经济影响的实证分析

本文通过定量分析意图阐明日本主要港口所在地区的产业结构特征及经济成长因素。本文的分析对象是制造业，制造业是日本最具代表性和竞争力的产业，日本正是依靠制造业为主导的工业化成长带动了经济的飞速发展。同时，制造业也被称为港口依存产业，日本国土交通部统计数据显示，港口出口货物前五位为汽车、钢材、汽车配件、化学药品和生产设备，占全国出口量的59.2%（2014年），进口货物前五位为石油、煤炭、液化天然气、铁矿石和木材，占全国进口量的69.2%，可见日本制造业与港口的相互依赖程度之高。

本文选取的对象地区是日本六大重要港口地区，即超级枢纽港口所在地——东京都（东京港）、神奈川县（横滨港）、爱知县（名古屋港）、三重县（四日市港）、大阪府（大阪港）、兵库县（神户港）。这些地区也是日本重要工业地带，六个地区制造业GDP占全国总额的38%（2012年）。其中，占地区GDP份额最低为9%（东京），最高为46%（三重），因此也具有典型代表性，通过分析可以掌握各个地区整体的经济成长和产业特点。本文选取的年份为2002—2013年，将其分为前期（2002—2007年）和后期（2008—2013年）①。前后期的分割点为2008年，日本在这一年修改了制造业分类基准，所以修改前后不可直接进行比较，但期间内的统计数据完善，且统计口径一致，具有连续性。

表4　日本制造业行业分类

	2002—2007年				2008—2013年		
1	食品制造业	6	皮革毛皮制造业	1	食品制造业	6	陶瓷制造业
2	饮料烟草饲料制造业	7	陶瓷制造业	2	饮料烟草饲料制造业	7	钢铁制造业
3	化学纤维制造业	8	钢铁制造业	3	纤维制造业	8	非铁金属制品制造业
4	服装及其他纤维制造业	9	非铁金属制品制造业	4	木材木制品制造业	9	金属制品制造业
5	木材木制品制造业	10	金属制品制造业	5	家具装饰品制造业	10	通用设备制造业

① 除就业数以外的数据均为2005年可比价格。

续表

2002—2007 年				2008—2013 年			
11	家具装饰品制造业	18	通用设备制造业	11	造纸和纸制品业	18	生产专用设备制造业
12	造纸和纸制品业	19	电子器械制造业	12	印刷及相关产业	19	工业专用设备制造业
13	印刷及相关产业	20	通信设备制造业	13	化学制造业	20	电子零部件硬件制造业
14	化学制造业	21	电子零部件硬件制造业	14	石油、煤炭制品业	21	电子器械制造业
15	石油、煤炭制品业	22	交通运输设备制造业	15	塑料制品业	22	通信设备制造业
16	塑料制品业	23	精密仪器制造业	16	橡胶制品业	23	交通运输设备制造业
17	橡胶制品业	24	其他制造业	17	皮革毛皮制造业	24	其他制造业

1. 港口所在地区产业结构特征。专业化指数可用于计算各地区产业分布的相对比重和差异程度，是指某地区产业 i 的份额与全国产业 i 的份额比，专业化指数高说明产业 i 在该地区所占的比重大，是该地区的主要产业，即推动该地区经济发展的主要因素。通过计算得出日本主要港口所在地区制造业的专业化指数，如表 5 所示。

表5　各地区制造业专业化指数

	2002—2007 年							2008—2013 年					
	东京都	神奈川县	爱知县	三重县	大阪府	兵库县		东京都	神奈川县	爱知县	三重县	大阪府	兵库县
食品制造业	0.71	0.85	0.57	0.63	0.70	1.13	食品制造业	0.74	0.94	0.54	0.57	0.74	1.14
饮料烟草饮料制造业	0.36	0.67	0.44	0.73	0.29	1.32	饮料烟草饮料制造业	0.38	0.59	0.39	0.73	0.24	1.35
化学纤维制造业	0.29	0.15	1.28	0.60	1.39	0.63	纤维制造业	0.52	0.20	0.71	0.39	1.06	0.58
服装及其他纤维制造业	0.66	0.21	0.39	0.35	0.93	0.70	木材木制品制造业	0.23	0.20	0.50	0.77	0.65	0.54
木材木制品制造业	0.28	0.19	0.58	0.85	0.57	0.60	家具装饰品制造业	1.02	0.55	0.72	0.62	1.64	0.64
家具装饰品制造业	0.90	0.55	0.70	0.67	1.81	0.53	造纸和纸制品业	1.01	0.77	0.65	0.44	1.20	0.89
造纸和纸制品业	1.08	0.78	0.61	0.42	1.32	0.97	印刷及相关产业	4.91	0.71	0.56	0.28	1.55	0.55
印刷及相关产业	4.87	0.57	0.62	0.27	1.60	0.55	化学制造业	0.87	1.30	0.35	1.55	1.51	1.27
化学制造业	0.80	1.45	0.44	1.36	1.58	1.34	石油炼焦加工业	0.38	2.44	0.43	2.13	1.10	0.89
石油、炼焦加工业	0.40	2.26	0.42	2.03	0.99	1.00	塑料制品业	0.53	0.86	1.16	1.03	1.25	0.68
塑料制品业	0.62	0.79	1.23	0.97	1.21	0.67	橡胶制品业	0.79	0.74	0.99	2.46	0.91	1.13
橡胶制品业	0.87	1.06	0.95	2.34	0.89	1.24	皮革毛皮制造业	4.76	0.12	0.47	0.00	1.42	3.72
皮革毛皮制造业	4.84	0.11	0.30	0.04	1.45	3.68	陶瓷制造业	0.44	0.72	0.98	1.24	0.50	0.75
陶瓷制造业	0.47	0.66	0.93	1.41	0.49	0.76	钢铁制造业	0.35	0.80	1.31	0.44	1.48	1.88
钢铁制造业	0.41	0.86	1.30	0.60	1.44	1.85	非铁金属制品制造业	0.50	1.20	0.66	0.93	1.23	0.94
非铁金属制品制造业	0.49	1.09	0.59	1.50	1.07	0.92	金属制品业	0.90	0.97	0.87	0.96	1.80	1.06

| | 2002—2007 年 | | | | | | | 2008—2013 年 | | | | | |
	东京都	神奈川县	爱知县	三重县	大阪府	兵库县		东京都	神奈川县	爱知县	三重县	大阪府	兵库县
金属制品制造业	0.96	0.96	0.89	0.84	1.83	1.12	通用设备制造业	0.78	1.50	0.82	1.13	1.61	1.68
通用设备制造业	0.80	1.38	1.00	0.93	1.30	1.30	生产专用设备制造业	0.83	1.25	1.02	0.70	1.32	0.99
电气机械制造业	1.13	0.94	0.86	1.08	1.05	1.37	工业专用设备制造业	1.83	1.36	0.80	0.84	0.57	0.77
通信设备制造业	1.83	2.41	0.30	0.64	0.75	1.37	电子零部件硬件制造业	0.61	0.68	0.16	1.88	0.35	0.62
电子零部件硬件制造业	0.70	0.59	0.35	1.82	0.27	0.60	电子机械器具制造业	1.28	1.08	0.99	1.34	0.96	1.56
交通运输设备制造业	0.66	1.37	2.79	1.63	0.39	0.64	通信设备制造业	2.60	2.35	0.35	0.46	0.49	1.31
精密仪器制造业	2.44	1.13	0.50	0.06	0.71	0.42	交通运输设备制造业	0.68	1.20	2.79	1.57	0.41	0.62
其他制造业	1.79	1.10	0.69	0.64	1.14	0.93	其他制造业	1.91	0.70	0.61	0.56	1.16	0.97
指数 1.3 以上的业种数	4	5	2	7	9	8	指数 1.3 以上的业种数	5	5	2	6	8	6
指数 0.7 以下的业种数	10	9	14	11	5	8	指数 0.7 以下的业种数	10	6	13	8	7	7
变异系数	1.05	0.63	0.67	0.65	0.44	0.62	变异系数	1.04	0.59	0.66	0.63	0.44	0.60
专业化指数两极差	4.58	2.29	2.49	2.27	1.56	3.26	专业化指数两极差	4.53	2.32	2.63	2.17	1.56	3.19

注：专业化指数 1.3 以上的行业，即该地区的支柱行业。

东京专业化指数最高的是印刷及其相关产业和皮革毛皮制造业，达 4.5 以上，是东京的支柱制造业，此外通信设备制造业、精密仪器制造业、工业设备制造业的指数也较高。计算其变异系数均超过 1，专业化指数极差在 4.5 以上，说明东京的制造业结构性差异很大。日本从 20 世纪 70 年代起，通过实施"工业分散"战略，使东京的产业布局从以一般制造业、重化工业为主，逐渐蜕变为以金融服务、精密机械制造、出版印刷等高端产业为主，目前化工、石油、钢铁等产业部门已逐渐退出东京。神奈川同为日本首都圈的重要地区，吸纳了从东京迁移出的制造业，重点发展的是重化学工业及通信设备制造业，专业化指数的变异系数大大低于东京，极差也仅为东京的一半左右，说明相比东京来说产业结构差异性较小。爱知和三重为日本中部地区的重要经济支柱地区，三重的橡胶制品业和爱知的交通运输设备制造业领先于日本其他港口地区。爱知的专业化指数极差在后期有所升高，而三重则有所降低，说明爱知县在后期产业结构性差异扩大，支柱产业的份额增加，非支柱产业的份额降低，三重则相反。大阪和兵库构成日本关西经济圈，从表 5 可以看出大阪和兵库的钢铁制造业、金属制品制造业、通用设备制造业等行业的专业化指数较高，同时关西经济圈也以消费品生产为中心。与大阪相比，兵库的变异系数和专业化指数极差在后期虽有降低但仍然很大，说明其产业的结构性差异大，地区经济高度依赖支柱产业。

通过考察日本主要港口所在地区制造业的专业化指数发现各港口地区之间制造业分布具有较大差异性，各地功能特色鲜明，有各自支柱产业和特定的产业布局。如东京的印刷业，神奈川的石油、炼焦加工业以及三重的化工橡胶制品业，兵库的毛革毛皮加工业等。各港口地区围绕其支柱产业形成了各自的产业链，如名古屋所在的爱知县及中部地区拥有发达的临港加工制造产业，从钢铁产业到汽车产业和机械制造业，形成了一个完整的产业链①。总体看来，各地区的支柱制造业份额在增加，非支柱制造业的份额降低，呈现出日本制造业产业集聚的趋势。

2. 主要港口地区经济成长因素分析。Shift-Share（偏离－份额）分析法在国外广泛应用于区域与城市经济结构的分析中，尤其是在主导产业的选择当中应用较广。该方法是将某一个地区任意期间内的就业增加量按下列公式分解为国家增长分量、结构偏离分量、地区偏离分量三个部分。

$$\Delta E^r = \sum_i E_{i0}^r(s) + \sum_i E_{i0}^r(s_i - s) + \sum_i E_{i0}^r(s_i^r - s_i)$$

ΔE^r 代表任意期间内地区 r 的总就业增加量，E_{i0}^r 代表期间初始时期地区 r 产业 i 的就业增加量，s 代表任意期间内全国总就业增加率，s_i 代表任意期间产业 i 的全国总就业增加率，s_i^r 代表任意期间内地区 r 产业 i 的就业增加率。等式右边第一项为国家增长分量，即当假设地区 r 以全国总就业增长速度发展所产生的地区就业增加量。右边第二项的结构偏离分量指地区 r 特有的产业结构所产生的就业增加量，即地区 r 产业 i 就业实际增长与以全国总就业增长速度发展时所产生的增加量的差值。如果地区 r 的就业人数中的大部分都在超过全国增长率的产业中就业，地区结构分量就会为正，因此结构偏离分量也被认为是由于地区间产业结构不同所产生的就业

---

① 陈羽：“名古屋港发展经验分析及对我国港口的启示”，《中国港口》，2013年第3期，第63页。

增加效应。右边第三项是地区偏离分量，也称竞争分量，是地区 r 产业 i 的就业增加率和全国产业 i 的就业增加率的差值，可以认为地区偏离分量是各地区间的差异所产生的效应。通过 Shift-Share 分析法可以用来评价地区产业结构优势，进而明确找出推动该地区经济发展的主要因素，并将其数量化、直观化。当然 Shift-Share 分析也存在诸如不能检测结果显著性等弱点，但本文的目的在于分析地区经济发展各个要素的相对大小，所得结论不会因为显著性低而受到影响，这也是本文采用 Shift-Share 分析法的原因。

运用动态 Shift-Share 分析法对日本主要港口地区的制造业产业结构优势进行分析，找出地区经济增长的促进因素并对其进行时间序列比较，比较期间为前期（2002—2007 年）和后期（2008—2013 年），对象地区仍为上述六个日本超级枢纽港所在地。表 6 是 Shift-Share 分析结果。

表 6 Shift-Share 分析结果

2002—2007 年	就业增加量/人	国家增长分量/人	贡献率/%	结构偏离分量/人	贡献率/%	地区偏离分量/人	贡献率/%
东京都	− 54 419	9 969	− 18%	− 11 069	20%	− 53 319	98%
神奈川县	− 3 945	10 299	− 261%	15 974	− 405%	− 30 218	766%
爱知县	84 047	18 557	22%	41 440	49%	24 050	29%
三重县	24 485	4 396	18%	5 163	21%	14 926	61%
大阪府	− 29 311	13 158	− 45%	− 6 078	21%	− 36 391	124%
兵库县	10 291	8 733	85%	517	5%	1041	10%
2008—2013 年	就业增加量/人	国家增长分量/人	贡献率/%	结构偏离分量/人	贡献率/%	地区偏离分量/人	贡献率/%
东京都	− 83 055	− 41 712	50%	− 5 840	7%	− 35 503	43%
神奈川县	− 69 786	− 48 868	70%	2 821	− 4%	− 21 996	32%
爱知县	− 68 223	− 98 560	144%	15 206	− 22%	15 131	− 22%
三重县	− 19 137	− 23 947	125%	264	− 1%	4 545	− 24%
大阪府	− 76 381	− 60 562	79%	− 286	0%	− 15 533	20%
兵库县	− 33 529	− 44 358	132%	2 359	− 7%	8 471	− 25%

首先看前期的就业增加量，前期东京、神奈川、大阪的就业人数呈现负增长，即就业人数减少，尤其是东京和大阪减少幅度较大。神奈川位于

首都圈重要位置，与东京关联最为密切，也出现了就业人数的负增长。而相对于东京、大阪、神奈川的负增长，爱知、三重、兵库则呈现就业人数的大幅增加。特别是爱知的就业人数增加量超过 8 万人，三重也新增 2 万人以上。爱知和三重的主要产业为交通运输设备制造业和重化工制造业，是日本的传统优势产业，说明在日本经济整体实力下降的背景下，传统优势产业仍然保持着对经济的支撑力。全国增长分量皆为正，且神奈川、爱知及大阪均超过 1 万人，说明分析对象的六个地区制造业行业就业增加率都超过了全国水平，是制造业实力相对较强的地区。结构偏离分量计算结果，东京和大阪为负值，其他地区为正，爱知超过 4 万人，说明爱知等四个地区的产业结构优于全国，同上述专业化指数分析结果，爱知的交通运输设备制造业、钢铁业的数值较高，可以判断这些支柱产业是带动地区经济成长的主要因素。地区偏离分量，东京、神奈川县以及大阪均为负值且较大，而爱知、三重、兵库则为正值且较大。地区偏离分量符号和就业增加量的符号一一对应，可以认为前期各地区就业人数的变化是受国家增长分量和地区产业结构优势的双重影响产生的结果。

后期（2008—2013 年）的分析结果显示所有地区就业增加量均为负值，特别是东京、神奈川、大阪及爱知的负值较大。导致这一负值的最大影响因子为全国增加分量，贡献率各地均为 50% 以上，爱知则高达 144%。国家增长分量是假设以全国平均增长率发展计算的结果，印证了 2007—2009 年全球金融危机对贸易立国的日本带来较大影响，而这一负面影响在日本港口地区经济更为严重。结构偏离分量不论是数值还是贡献率都低于前期的结果，其原因可以解释为全国增长分量增加导致的变化。但神奈川、爱知、三重和兵库的结果均为正，说明这四个港口地区的制造产业结构优于全国，在全国就业增加放缓或负增长的背景下仍然发挥了带动就业的作用。后期的地区偏离分量和前期的结果基本一致，只是数值和贡献率均有所降低。

综上，Shift-Share 分析结果显示，日本受世界性危机的冲击和国际贸易形势变化等影响，制造业整体呈下降趋势，但传统优势产业仍然保持了一定的实力，特别是产业结构优于全国的港口地区，仍然发挥着对区域经济发展的辐射带动作用。虽然随着现代产业结构的升级和高科技化，日本的制造业在国民经济中所占的比例呈现出下降的趋势，但面对疲软的经济走势，日本的制造业相对于国内其他产业劳动生产率的优势依然存在，经济实力和国际竞争力最强的依然是制造业。因此，有学者认为变革建立新的制造业发展模式，才有可能使日本脱离疲软的经济走势，重新占据国际竞争优势①。

三、日本的经验及启示

日本依靠港口的优势条件，大力发展以制造业为主的港口产业群，实现了港口带动地区经济的发展模式。日本港口对工业化、区域经济发展的拉动作用表明了港口经济对一国的重要意义。全球金融危机已经过去十余年，其对实体经济的影响已逐步减弱，目前日本应该继续坚持贸易立国的原则，充分利用港口的进出口优势，实现港口地区贸易额增长。然而，日本港口的国际竞争力不断下降，这成为扩大国际贸易的最大障碍，因此首先应着力解决阻碍港口发展的制度问题（如行业垄断、价格保护及繁杂的港口审批和通关手续等）和软硬件问题（如港口作业机械化和信息化的滞后等），同时加快港口建设，降低港口利用成本，提高港口的国际竞争力。另一方面，我们从日本港口地区经济发展的经验中可得到如下启示：

第一，因地制宜，按照地区的特点发展优势产业链，突出重点产业。现代产业理论认为产业的运行是一个相互联系的整体，随着分工的不断演进，专业化程度不断加深，分工链条不断加长，只有深化分工、相互协调才能带来最终生产效率的提高以及市场交易的增加②。日本港口所在地区产业结构及功能特色鲜明，经过几十年的发展，形成了各自特定的产业布局和主导产业。所谓主导产业是指在区域经济增长中起组织和带动作用的产业，主导产业的发展能直接或间接影响并带动其他产业的发展，进而对

---

① 李毅："制造业在日本经济复苏中的角色探讨"，《日本学刊》，2015 年第 3 期，第 70 页。
② 王宪明、董立彬："日本港口经济发展的经济学解释及其启示"，《统计与决策》，2008 年第 7 期，第 150 页。

区域经济的增长产生巨大的拉动作用。区域经济的发展依赖主导产业，日本的港口地区也正是通过利用先进的生产技术和现有的生产资源，发展主导产业，形成与港湾紧密连接的产业链，最终通过港口贸易完成产品的对外出口，进而实现了对所在地区 GDP、就业以及税收的巨大拉动，并且通过间接效果辐射相关产业和周边地区。

第二，注重产业集群发展，以科技创新推动产业转型升级。日本临港地区通过产业集群提高了工业发展水平，实现集约化生产，进而促进地区的科技进步、经济繁荣，创造了大量的就业岗位。日本政府也通过引导和政策扶持不断推动产业结构调整，引进科技来促进产业升级。在产业政策层面上，日本针对 20 世纪 90 年代以来逐步暴露出的问题，特别强调了制造业的创新功能，即在产业层面进行基础技术研发和基础产业培育[1]。日本的现状是传统制造业虽然保持较强的竞争优势，但其增长空间面临很大约束，对经济增长的支撑能力逐步下降，而新兴产业虽然有一定突破，但总体上来说发展相对滞后[2]。由此可见，日本产业政策的调整并没有取得预期的效果，但日本港口地区较为成熟的产业链和规模经济的创新模式，仍然不断地为日本的经济发展带来新的可能。

第三，加强竞争与合作，强化产业分工与联系，提高群体竞争力。日本每个港口地区都注重将自身优势发挥出来，而不是盲目的竞争，这种竞争与合作对增强产业群、城市群和港口群的竞争优势是十分必要的[3]。港口经济的发展目标绝非港口本身经济总量的增长，更重要的是其广泛的产业关联产生的强大带动力，因此随着全球经济一体化进程的不断加快，相比个体以群体为特征的竞争体在市场经济中更加具有竞争力。一个国家的各个港口地区之间不应仅仅表现为竞争关系，还应通过合作来加强群体竞

---

① 林秀梅、马明：“日本制造业'路在何方'——基于全要素生产率分析的启示”，《现代日本经济》，2012 年第 2 期，第 63 页。

② 徐建伟、付保宗、周劲：“日本促进产业发展的经验与启示”，《宏观经济管理》，2016 年第 4 期，第 86 页。

③ 刘曙光、沈玉芳：“产业群、城市群和港口群协同发展的国际经验”，《创新》，2012 年第 3 期，第 67 页。

争力。日本的港口合并政策就是面对国际其他港口的激烈竞争，引入群体竞争主体，把合并后的阪神港作为阪神工业带的海上运输枢纽，打造超级枢纽大港；把东京港与横滨港合并后作为东京湾工业基地的输入输出口岸基地，打造国际战略港湾，提高港口的国际竞争力。实践证明，港口群的建设引导极大促进了临港产业集群的发展，这种超级港口群竞争主体的引入不仅能够发展各港口自身的优势，而且带动了所在地区经济及整个日本经济的发展。

四、对我国沿海地区经济发展的建议

改革开放 40 年来，我国港口发展的量和质均获得了较大程度的提升，已经实现从简单货物装卸到以港兴城，再到促进区域经济协调发展，服务国家海洋强国战略的重大升级，无论是建港技术、现代化装备水平，还是作业效率都实现了跨越式发展。港口的快速发展有效地带动了沿海港口地区经济的增长，而港口地区经济又为港口的发展提供了有力的支撑，可以说沿海港口城市对带动我国国民经济发展有着无可替代的强大作用。但我国港口地区经济发展还存在一些不均衡的问题，主要表现为港口与城市产业联动发展不均衡、产业聚集关联度弱、区域经济一体化建设乏力、发展规划不合理等问题。针对我国现状对沿海地区经济发展提出如下几点建议：

第一，挖掘地区自身优势，明确产业发展方向，培育临港核心工业区。区域经济的发展依赖其特定的推进型产业，即主导产业。因此，在产业选择方面，避免选择即将衰落或成长预期不高的传统制造业，应重点发展增长潜力大、附加值高、带动作用强的优势主导产业。鉴于我国临港工业区在产业层次、结构和布局方面趋同现象严重，提出应注重根据自身特点制定产业发展规划，发挥各地特点，形成各自优势产业，通过差异化发展来实现合作共赢和资源优化利用。

第二，发挥港口区位优势，依托腹地经济，完善区域产业链。港口具有明显的产业集聚优势，港口的发展又是以腹地经济发展为基础，港城发展呈现出一种相辅相成的良性发展机制，因此应实施促进产业集聚的腹地经济发展战略,推动产业集群发展,促进产业间互补与合作,降低交易成本,提高资源配置效率,促进产业集聚与区域经济发展相耦合,实现临港产业与腹地产业联动协调发展,形成基于产业链的精细化分工,以创新模式组织生产资源,形成区域性的生产综合体,提升临港产业对区域经济的带动力。

第三,注重发展新兴产业,布局功能层次较高的产业,形成科技创新产业区。应通过实施临港产业技术引进政策,增加临港产业中的科技含量,提高产业核心竞争力。将港口的粗放型扩展方式转变为集约型发展方式,从依靠物资消耗向依靠科技进步创新转变,通过高新技术促进传统产业升级,通过科技创新提升港口产业集群的软实力。同时,发挥科技创新型产业对周边地区的辐射带动性作用,从而推动整个区域经济的高速可持续发展。

第四,加强港口地区合作,形成相互配合、优势互补的局面,以港口群的建设引导和促进临港产业集群的发展,实现港口集群支撑产业集群和城市集群发展。根据各个港口自身的特点确定核心竞争力,共同建设现代化区域港口群,通过港口资源的整合提升产业能力和集聚效应,优化港口分工,促进港口群稳健长远的发展。

第五,积极参与"一带一路"国际合作,推进我国与沿线国家在港航基础设施建设领域的深度合作,构筑海上互联互通网络,开展港口、海运物流和临港产业等领域的广泛合作,积极发展海洋合作伙伴关系,通过"一带一路"国际产能合作,实现互利互赢。

港口是沿海城市对外开放的门户,也是对外贸易的支撑,更是城市发展的重要动力。在我国,港口建设为我国海洋战略的实施提供坚实支撑,习近平总书记提出:"要加快建设世界一流海洋港口,完善现代海洋产业体系、发展绿色可持续的海洋生态环境,为海洋强国建设做出贡献。"因此,在海洋强国战略背景下,中国港口的发展要继续强化战略引领,推动港口高质量发展,把港口改革发展作为强国建设的重要内容,通过资源整合和业务协同发展、区域经济一体化发展,推进港口转型升级,拉动港口地区经济高质量发展,必将更好推进海洋强国战略目标的实现。